FUNDAMENTOS DE FÍSICO-QUÍMICA

O GEN | Grupo Editorial Nacional – maior plataforma editorial brasileira no segmento científico, técnico e profissional – publica conteúdos nas áreas de ciências exatas, humanas, jurídicas, da saúde e sociais aplicadas, além de prover serviços direcionados à educação continuada e à preparação para concursos.

As editoras que integram o GEN, das mais respeitadas no mercado editorial, construíram catálogos inigualáveis, com obras decisivas para a formação acadêmica e o aperfeiçoamento de várias gerações de profissionais e estudantes, tendo se tornado sinônimo de qualidade e seriedade.

A missão do GEN e dos núcleos de conteúdo que o compõem é prover a melhor informação científica e distribuí-la de maneira flexível e conveniente, a preços justos, gerando benefícios e servindo a autores, docentes, livreiros, funcionários, colaboradores e acionistas.

Nosso comportamento ético incondicional e nossa responsabilidade social e ambiental são reforçados pela natureza educacional de nossa atividade e dão sustentabilidade ao crescimento contínuo e à rentabilidade do grupo.

MASSAS ATÔMICAS PADRÕES – 1979

(Referente à massa atômica relativa, A_r $(^{12}C) = 12$)

Elemento	Símbolo	Número atômico	Massa atômica	Elemento	Símbolo	Número atômico	Massa atômica
Actínio	Ac	89	227,0278	Lítio	Li	3	6,941*
Alumínio	Al	13	26,98154	Lutécio	Lu	71	174,967*
Amerício	Am	95	(243)	Magnésio	Mg	12	24,305
Antimônio	Sb	51	121,75*	Manganês	Mn	25	54,9380
Argônio	Ar	18	39,948	Mendelévio	Md	101	(258)
Arsênio	As	33	74,9216	Mercúrio	Hg	80	200,59*
Astatínio	At	85	(210)	Molibdênio	Mo	42	95,94
Bário	Ba	56	137,33	Neodímio	Nd	60	144,24*
Berílio	Be	4	9,01218	Neônio	Ne	10	20,179
Berquélio	Bk	97	(247)	Netúnio	Np	93	237,0482
Bismuto	Bi	83	208,9804	Nióbio	Nb	41	92,9064
Boro	B	5	10,81	Níquel	Ni	28	58,69
Bromo	Br	35	79,904	Nitrogênio	N	7	14,0067
Cádmio	Cd	48	112,41	Nobélio	No	102	(259)
Cálcio	Ca	20	40,08	Ósmio	Os	76	190,2
Califórnio	Cf	98	(251)	Ouro	Au	79	169,9665
Carbono	C	6	12,011	Oxigênio	O	8	15,9994*
Cério	Ce	58	140,12	Paládio	Pd	46	106,42
Césio	Cs	55	132,9054	Platina	Pt	78	195,08*
Chumbo	Pb	82	207,2	Plutônio	Pu	94	(254)
Cloro	Cl	17	35,453	Polônio	Po	84	(209)
Cobalto	Co	27	58,9332	Potássio	K	19	39,0983
Cobre	Cu	29	63,546*	Praseodímio	Pr	59	140,9077
Criptônio	Kr	36	83,80	Prata	Ag	47	107,868
Cromo	Cr	24	51,996	Promécio	Pm	61	(145)
Cúrio	Cm	96	(247)	Protactínio	Pa	91	231,0359
Disprósio	Dy	66	162,50*	Rádio	Ra	88	226,0254
Einstéinio	Es	99	(252)	Radônio	Rn	86	(222)
Enxofre	S	16	32,06	Rênio	Re	75	186,207
Érbio	Er	68	167,26*	Ródio	Rh	45	102,9055
Escândio	Sc	21	44,9559	Rubídio	Rb	37	85,4678*
Estanho	Sn	50	118,69*	Rutênio	Ru	44	101,07*
Estrôncio	Sr	38	87,62	Samário	Sm	62	150,36*
Európio	Eu	63	151,96	Selênio	Se	34	78,96*
Férmio	Fm	100	(257)	Silício	Si	14	28,0855*
Ferro	Fe	26	55,847*	Sódio	Na	11	22,98977
Flúor	F	9	18,998403	Tálio	Tl	81	180,9479
Fósforo	P	15	30,97376	Tântalo	Ta	73	204,323
Frâncio	Fr	87	(223)	Tecnécio	Tc	43	(98)
Gadolínio	Gd	64	157,25*	Telúrio	Te	52	127,60*
Gálio	Ga	31	69,72	Térbio	Tb	65	158,9254
Germânio	Ge	32	72,59*	Titânio	Ti	22	47,88*
Háfnio	Hf	72	178,49*	Tório	Th	90	232,0381
Hélio	He	2	4,00260	Túlio	Tm	69	168,9342
Hidrogênio	H	1	1,0079	Tungstênio	W	74	183,85*
Hólmio	Ho	67	164,9304	(Unnilhexio)	(Unh)	106	(263)
Índio	In	49	114,82	(Unnilpentio)	(Unp)	105	(262)
Iodo	I	53	126,9045	(Unnilquadio)	(Unq)	104	(261)
Irídio	Ir	77	192,22*	Urânio	U	92	238,0289
Itérbio	Yb	70	173,04*	Vanádio	V	23	50,9415
Ítrio	Y	39	88,9059	Xenônio	Xe	54	131,29*
Lantânio	La	57	138,9055*	Zinco	Zn	30	65,38
Laurêncio	Lr	103	(260)	Zircônio	Zr	40	91,22

Fonte: Pure and Applied Chemistry, 51, 405 (1979); a impressão foi feita mediante a devida permissão.

Os valores são considerados precisos em ± 1 no último dígito ou em ± 3 quando for seguido por um asterisco (*). Os valores entre parênteses indicam os elementos radioativos cujas massas atômicas não podem ser tomadas precisamente sem o conhecimento da origem do elemento; o valor dado é o número da massa atômica do isótopo do elemento de maior meia-vida conhecido.

FUNDAMENTOS DE FÍSICO-QUÍMICA

Gilbert Castellan

Tradução
Cristina Maria Pereira dos Santos
Engenheira Química
Roberto de Barros Faria
Prof. do Instituto de Química — UFRJ

O autor e a editora empenharam-se para citar adequadamente e dar o devido crédito a todos os detentores dos direitos autorais de qualquer material utilizado neste livro, dispondo-se a possíveis acertos caso, inadvertidamente, a identificação de algum deles tenha sido omitida.

Não é responsabilidade da editora nem do autor a ocorrência de eventuais perdas ou danos a pessoas ou bens que tenham origem no uso desta publicação.

Apesar dos melhores esforços do autor, dos tradutores, do editor e dos revisores, é inevitável que surjam erros no texto. Assim, são bem-vindas as comunicações de usuários sobre correções ou sugestões referentes ao conteúdo ou ao nível pedagógico que auxiliem o aprimoramento de edições futuras. Os comentários dos leitores podem ser encaminhados à **LTC — Livros Técnicos e Científicos Editora** pelo e-mail faleconosco@grupogen.com.br.

1.ª edição: 1986
Reimpressões: 1988, 1989, 1991, 1992, 1994 (duas), 1995, 1996, 1997, 1999, 2001, 2003, 2007, 2008, 2009, 2010, 2011, 2012, 2014, 2015, 2016 e 2019.

Título do original em inglês: Physical Chemistry
Copyright © 1983 by Addison-Wesley Publishing Company, Inc.
All rights reserved. Authorized translation from English Language edition published by Addison-Wesley Publishing Company, Inc.

Direitos exclusivos para a língua portuguesa
Copyright © 1986 by
LTC — Livros Técnicos e Científicos Editora Ltda.
Uma editora integrante do GEN | Grupo Editorial Nacional

Reservados todos os direitos. É proibida a duplicação ou reprodução deste volume, no todo ou em parte, sob quaisquer formas ou por quaisquer meios (eletrônico, mecânico, gravação, fotocópia, distribuição na internet ou outros), sem permissão expressa da editora.

Travessa do Ouvidor, 11
Rio de Janeiro, RJ — CEP 20040-040
Tels.: 21-3543-0770 / 11-5080-0770
Fax: 21-3543-0896
faleconosco@grupogen.com.br
www.grupogen.com.br

CIP-BRASIL. CATALOGAÇÃO-NA-FONTE
SINDICATO NACIONAL DOS EDITORES DE LIVROS, RJ.

C344f

Castellan, Gilbert William, 1924-1996
Fundamentos de físico-química / Gilbert Castellan ; tradução Cristina Maria Pereira dos Santos, Roberto de Barros Faria . - [Reimpr.]. - Rio de Janeiro : LTC, 2019.

Tradução de: Physical chemistry
Contém exercícios
Apêndices
ISBN 978-85-216-0489-1

1. Físico-química. I. Título.

08-1306.

CDD: 541
CDU: 544

Nota do Editor

A edição brasileira desta obra foi preparada para proporcionar ao estudante universitário brasileiro um texto introdutório de Físico-Química que cobrisse as suas necessidades de aprendizagem e se apresentasse mais adequado aos programas seguidos nas universidades. Para isto deixaram de ser incluídos os capítulos mais avançados do original em inglês do Prof. Gilbert Castellan, que autorizou a estrutura adotada, permitindo a produção deste excelente livro em preços mais razoáveis, sem prejudicar as suas linhas básicas e científicas.

Uma Palavra ao Estudante

Na maioria das universidades, o curso de Físico-Química é reputado como difícil. Ele não é, nem deveria ser, o curso mais fácil, mas é preciso que se diga não ser necessário o QI de um gênio para compreender o assunto.

O maior obstáculo ao aprendizado da Físico-Química é a idéia de que a memorização das equações é um modo sensato de aprender. A memória deve ser reservada para os fundamentos e definições importantes. As equações existem para ser compreendidas, e não memorizadas. Em Física e em Química uma equação não é uma mistura confusa de símbolos, mas a expressão de uma relação entre quantidades físicas. Durante o estudo, mantenha papel e lápis à mão. Maneje a equação final de uma dedução. Se ela exprime a pressão como uma função da temperatura, transforme-a para expressar a temperatura como uma função da pressão. Faça gráficos das funções de modo que você possa "vê-las". Que acontecerá com o gráfico se um dos parâmetros for mudado? Leia o significado físico através dos vários termos e dos sinais algébricos que aparecem nas equações. Se foi feita uma hipótese simplificadora durante a dedução, volte atrás e veja o que aconteceria se a hipótese fosse omitida. Aplique o raciocínio a um caso específico diferente. Invente problemas envolvendo a equação e resolva-os. Jogue com a equação de todos os modos possíveis até entender o seu significado.

Nas primeiras partes do livro foi dada ênfase especial ao significado das equações; espero não me ter tornado maçante, mas é importante interpretar uma expressão matemática em termos do seu conteúdo físico.

Tente, por todos os meios, manter sempre presente os princípios fundamentais que estão sendo aplicados; *memorize-os* e, acima de tudo, *entenda-os*. Utilize o seu tempo para compreender os *métodos* que são usados para atacar um problema.

No Apêndice I encontra-se uma breve recapitulação de algumas das idéias matemáticas mais importantes e dos métodos que são usados. Se alguma delas não lhe for familiar gaste um tempo para revê-la num texto de matemática. Uma vez estabelecidas as relações entre as variáveis, a álgebra e o cálculo são simplesmente instrumentos mecânicos, mas que devem ser respeitados como ferramentas de precisão.

Se os problemas lhe trazem dificuldade, aprenda a técnica de resolvê-los. Os princípios contidos no livro de G. Polya*, *How to Solve It,* ajudaram muitos dos meus alunos. Faça tantos problemas quanto possível. As respostas numéricas de todos os problemas encontram-se no Apêndice VII. Invente seus próprios problemas sempre que possível. Você se tornará capaz de dominar o assunto se não se limitar a observar o seu professor e se dedicar à resolução de problemas. Para ajudá-lo nisto consiga uma boa calculadora "científica" (um estudante consciencioso desejaria uma calculadora programável e com memória contínua) e aprenda a usá-la ao máximo da sua capacidade. A leitura do manual de instruções lhe poupará centenas de horas!

Finalmente, não deixe que a reputação de dificuldade o desanime. Muitas pessoas aprenderam Físico-Química e muitas o fizeram com prazer.

---

* G. Polya. *How to Solve It,* Anchor Book n.º 93. New York: Doubleday e Co., 1957.

Prefácio

Um curso introdutório de físico-química deve apresentar os princípios fundamentais aplicáveis a todos os tipos de sistemas físico-químicos. Além da exposição dos fundamentos, o primeiro curso em físico-química toma tantas direções quantos sejam os professores. Eu tento cobrir aqui os fundamentos e algumas aplicações em profundidade. O meu primeiro desejo foi escrever um livro no qual o estudante pudesse, com aplicação, ler e compreender; para fornecer ao principiante um guia confiável e compreensível para estudo na ausência do professor. Espero que este livro seja suficientemente legível para que os professores possam deixar de lado os temas superficiais e os aspectos mais elementares para as leituras programadas, enquanto usam as aulas para esclarecer os pontos mais difíceis. Os Caps. 1, 5 e 6 contêm material básico geral e são previstos exclusivamente para leitura.

Exceto onde isto sobrecarregaria desnecessariamente o estudante, o assunto é apresentado de forma matematicamente rigorosa. Apesar disto, não se exigem conhecimentos matemáticos além do cálculo elementar. A justificativa para um tratamento rigoroso é pedagógica; isto torna o assunto mais simples. O principiante pode achar, a princípio, difícil seguir uma dedução longa, mas *poderá* segui-la se ela for rigorosa e lógica. Algumas deduções "simplificadas" não são difíceis de ser seguidas, mas sim impossíveis.

Há várias diferenças importantes entre esta edição e a anterior. Sou muito grato ao Prof. James T. Hynes da Universidade do Colorado que gentilmente forneceu as questões ao final de cada capítulo. Estas constituem uma importante adição a este livro. As questões variam em dificuldade; algumas são relativamente simples, enquanto outras desafiam o estudante a tomar uma linha de raciocínio de um capítulo e aplicá-la além dos tópicos que são discutidos explicitamente. Foram adicionados vários problemas novos. As respostas de todos os problemas encontram-se no Apêndice VII. Foram incluídos mais exemplos resolvidos; estes estão agora destacados no texto e não escondidos nele. Está em preparação um manual separado no qual os problemas mais representativos são resolvidos em detalhes. Certas seções do texto estão marcadas com uma estrela. Esta indica que o material é (1) uma ilustração adicional ou uma ramificação do tópico sob discussão ou (2) um tópico mais avançado.

No tratamento da termodinâmica alguns erros que haviam sido cometidos foram corrigidos, algumas passagens esclarecidas e foram introduzidos alguns poucos tópicos novos. Foi mantida a ênfase nos princípios da termodinâmica como generalizações da experiência. O capítulo sobre pilhas eletroquímicas foi revisto e adicionou-se uma discussão sobre pilhas eletroquímicas como fonte de energia. O capítulo sobre fenômenos de superfície inclui agora seções sobre a isoterma de BET e sobre as propriedades das partículas muito pequenas.

TERMINOLOGIA E UNIDADES

Com apenas umas poucas exceções, foram seguidas as recomendações da União Internacional de Química Pura e Aplicada (UIQPA) para os símbolos e terminologia. Mantive o nome

X / PREFÁCIO

tradicional de "grau de avanço da reação" para o parâmetro ξ, em vez de "extensão da reação", que é o nome recomendado pela UIQPA. A conotação da palavra "avanço", quando aplicada às reações químicas, permite uma variedade de expressões que a palavra "extensão" e suas derivadas não permitem. Para o trabalho termodinâmico mantive a convenção de sinal usada na edição anterior. Tentei (penso eu, sem sucesso) escrever uma discussão mais clara sobre o ciclo de Carnot e suas conseqüências usando a convenção alternativa de sinal. Após examinar alguns outros livros que usam a convenção de sinal alternativa, cheguei, então, à conclusão de que as suas discussões sobre o segundo princípio não se distinguiam pela maior clareza. Parece-me que, se os subterfúgios usados em alguns desses livros são necessários para a maior clareza de exposição, a emenda é pior do que o soneto.

Ao longo do livro utilizou-se quase que exclusivamente o sistema SI. Exceto para as equações termodinâmicas que envolvem 1 atm ou 1 mol/l como estados padrões (e umas poucas outras equações que explicitamente envolvem unidades não-SI), todas as equações neste livro foram escritas no sistema SI, de forma que, se os valores de todas as quantidades físicas forem expressos nas unidades SI corretas, a quantidade desejada será obtida na unidade SI correta. O resultado final é que os cálculos físico-químicos não são apenas simplificados, mas sim *enormemente* simplificados. O estudante não mais precisa reunir e guardar toda a confusão mental que era formalmente necessária para fazer uso das várias equações da físico-química. Uma das maiores graças concedidas ao estudante pelo sistema SI é que há somente um valor para a constante dos gases, R. O valor sistemático de R é o único usado e o único impresso neste livro. Para aqueles que desejarem usar qualquer outro valor eu deixo a oportunidade de confundir as coisas e sofrer as conseqüências.

AGRADECIMENTOS

Nesta terceira edição meu objetivo foi preservar as melhores partes das edições anteriores e melhorar as outras, esperando sempre ser capaz de saber distinguir qual é qual. Nesta tarefa fui auxiliado pelas seguintes pessoas que revisaram todo o manuscrito ou a maior parte dele. Meus melhores agradecimentos aos Profs. Irving Epstein, Universidade Brandeis; James T. Hynes, Universidade do Colorado; Paul J. Karol, Universidade Carnegie-Mellon; Lawrence Lohr, Universidade de Michigan; Alden C. Mead, Universidade de Minnesota e Earl Mortenson, Universidade Estado Cleveland. Estas revisões foram completas e construtivas; a forma final do livro deve muito a eles. Sou especialmente grato pela boa-vontade que tiveram para rever um manuscrito que nem sempre estava numa forma clara e limpa.

Meus agradecimentos aos autores anteriores em físico-química que moldaram meus pensamentos em vários tópicos. Meu particular agradecimento aos meus primeiros professores no assunto, Profs. Karl F. Herzfeld, Walter J. Moore e Francis O. Rice. Além destes, expresso minha gratidão ao Prof. James A. Beattie pela permissão de reproduzir suas definições do livro *Lectures on Elementary Chemical Thermodynamics*. Acredito que a influência destas exposições especialmente claras dentro da parte de termodinâmica é notável. Sou especialmente grato às aulas do Prof. Beattie com relação à introdução do segundo princípio no Cap. 8.

Sou grato a todos os meus colegas na Universidade de Maryland, que fizeram sugestões, apontaram erros, responderam às minhas questões e me ajudaram de outras formas. Meus especiais agradecimentos aos Profs. Raj Khanna e Paul Mazzocchi que forneceram espectros obtidos nos laboratórios para ilustrações; ao Prof. Robert J. Munn que escreveu o programa de computador para construir o índice.

PREFÁCIO / XI

Desejo expressar minha gratidão a todos os professores, alunos e leitores casuais que gastaram seu tempo escrevendo cartas com perguntas, críticas e sugestões. O livro está bastante melhorado como um resultado dos seus comentários.

Desejo também agradecer aos editores e à equipe de produção da Addison-Wesley pelo seu excelente trabalho. Robert L. Rogers, o Editor de Ciências, facilitou meu caminho durante a preparação do manuscrito, ajudando-me com conselhos, verificando em tempo as revisões e tomando as decisões editoriais sábia e rapidamente. Margaret Pinette, a Editora de Produção, resolveu todos os meus problemas e queixas sobre as provas de revisão e sempre de forma amável e com bom humor. Joseph Vetere, o Coordenador de Arte, foi freqüentemente excepcional ao atender aos meus desejos com relação às várias ilustrações neste livro. Eu sou grato ao trabalho de todos eles.

Finalmente, à minha esposa, Joan McDonald Castellan, e aos nossos filhos, Stephen, Bill, David e Susan, pelos seus constantes estímulos e paciente resignação, eu sou grato de uma forma que não tenho como expressar em palavras.

College Park, Md.   G. W. C.
Outubro 1982

Sumário

1
Alguns Conceitos Químicos Fundamentais | 1

1.1	Introdução	1
1.2	Os tipos de matéria	1
1.3	Os tipos de substâncias	1
1.4	Massas atômica e molar	2
1.5	Símbolos e fórmulas	3
1.6	O mol	4
1.7	Equações químicas	4
1.8	O Sistema Internacional de Unidades – SI	7

2
Propriedades Empíricas dos Gases | 8

2.1	Lei de Boyle e lei de Charles	8
2.2	Massa molecular de um gás – Princípio de Avogadro e a lei dos gases ideais	10
2.3	A equação de estado – Propriedades extensiva e intensiva	14
2.4	Propriedades do gás ideal	15
2.5	Determinação das massas molares dos gases e substâncias voláteis	17
2.6	Misturas – Variáveis de composição	19
2.7	Equação de estado de uma mistura gasosa – Lei de Dalton	20
2.8	O conceito de pressão parcial	21
2.9	A lei de distribuição barométrica	23
	Questões	29
	Problemas	29

3
Gases Reais | 34

3.1	Desvios do comportamento ideal	34
3.2	Modificando a equação do gás ideal – A equação de Van der Waals	35
3.3	Implicações da equação de Van der Waals	37
3.4	Isotermas de um gás real	41
3.5	Continuidade dos estados	42
3.6	Isotermas da equação de Van der Waals	43
3.7	O estado crítico	44
3.8	A lei dos estados correspondentes	47
3.9	Outras equações de estado	48
	Questões	50
	Problemas	50

XIV / SUMÁRIO

4
A Estrutura dos Gases — 53

4.1 Introdução — 53
4.2 Teoria cinética dos gases – Hipóteses fundamentais — 53
4.3 Cálculos da pressão de um gás — 54
4.4 Lei das pressões parciais de Dalton — 59
4.5 Distribuições e funções distribuição — 59
4.6 A distribuição de Maxwell — 60
★ 4.7 Suplemento matemático — 65
4.8 Avaliação de A e β — 69
4.9 Cálculo de valores médios usando a distribuição de Maxwell — 71
★ 4.10 A distribuição de Maxwell como uma distribuição de energia — 73
4.11 Valores médios das componentes individuais – Equipartição da energia — 75
4.12 Equipartição da energia e quantização — 77
★ 4.13 Cálculo da capacidade calorífica de vibração — 81
★ 4.14 A lei de distribuição de Maxwell-Boltzmann — 84
★ 4.15 Verificação experimental da lei de distribuição de Maxwell — 85
Questões — 86
Problemas — 87

5
Algumas Propriedades dos Líquidos e Sólidos — 89

5.1 Fases condensadas — 89
5.2 Coeficientes de dilatação térmica e de compressibilidade — 90
5.3 Calores de fusão – Vaporização e sublimação — 91
5.4 Pressão de vapor — 92
5.5 Outras propriedades dos líquidos — 94
5.6 Revisão das diferenças estruturais entre sólidos, líquidos e gases — 94
Questões — 94
Problemas — 94

6
Os Princípios da Termodinâmica: Generalidades e o Princípio Zero — 97

6.1 Tipos de energia e o primeiro princípio da termodinâmica — 97
6.2 Restrições na conversão da energia de uma forma em outra — 98
6.3 O segundo princípio da termodinâmica — 98
6.4 O princípio zero da termodinâmica — 99
6.5 Termometria — 101
Questões — 104
Problemas — 104

7
A Energia e o Primeiro Princípio da Termodinâmica – Termoquímica — 106

7.1 Termos termodinâmicos – Definições — 106
7.2 Trabalho e calor — 107
7.3 Trabalho de expansão — 109
7.4 Trabalho de compressão — 112
7.5 Quantidades máxima e mínima de trabalho — 113
7.6 Transformações reversíveis e irreversíveis — 115

SUMÁRIO / XV

7.7 A energia e o primeiro princípio da termodinâmica — 117
7.8 Propriedades da energia — 119
7.9 Um pouco de matemática — Diferenciais exatas e inexatas — 119
7.10 Variações na energia correlacionadas com as variações nas propriedades do sistema — 120
7.11 Mudanças de estado a volume constante — 121
7.12 Medida de $(\partial U/\partial V)_T$ — Experiência de Joule — 122
7.13 Mudanças de estado a pressão constante — 124
7.14 Relação entre C_p e C_v — 126
7.15 Medida de $(\partial H/\partial p)_T$ — Experiência de Joule-Thomson — 128
7.16 Mudanças de estado adiabáticas — 131
7.17 Uma nota sobre a resolução de problemas — 133
7.18 Aplicação do primeiro princípio da termodinâmica a reações químicas. O calor de reação — 135
7.19 A reação de formação — 136
7.20 Valores convencionais das entalpias molares — 138
7.21 A determinação dos calores de formação — 139
7.22 Seqüência de reações — Lei de Hess — 140
★ 7.23 Calores de solução e diluição — 142
7.24 Calores de reação a volume constante — 142
7.25 Dependência do calor de reação com a temperatura — 144
7.26 Entalpias de ligação — 147
★ 7.27 Medidas calorimétricas — 149
Questões — 150
Problemas — 151

8
Introdução ao Segundo Princípio da Termodinâmica — 160

8.1 Observações gerais — 160
8.2 O ciclo de Carnot — 160
8.3 O segundo princípio da termodinâmica — 161
8.4 Características de um ciclo reversível — 162
8.5 Um moto-contínuo de segunda espécie — 162
8.6 Rendimento das máquinas térmicas — 164
8.7 Outra máquina impossível — 164
8.8 Escala de temperatura termodinâmica — 167
8.9 Retrospecto — 168
8.10 Ciclo de Carnot com um gás ideal — 169
8.11 O refrigerador de Carnot — 170
8.12 A bomba de calor — 171
8.13 Definição de entropia — 172
8.14 Demonstração geral — 173
8.15 A desigualdade de Clausius — 175
8.16 Conclusão — 176
Questões — 176
Problemas — 177

9
Propriedades da Entropia e o Terceiro Princípio da Termodinâmica — 180

9.1 Propriedades da entropia — 180
9.2 Condições de estabilidade térmica e mecânica de um sistema — 180
9.3 Variações de entropia em transformações isotérmicas — 181
9.4 Um pouco de matemática. Mais propriedades das diferenciais exatas. A regra cíclica — 183
9.5 Relação entre as variações de entropia e as variações de outras variáveis de estado — 186
9.6 A entropia como uma função da temperatura e do volume — 187

XVI / SUMÁRIO

9.7	A entropia como uma função da temperatura e da pressão	190
9.8	A dependência da entropia com a temperatura	192
9.9	Variações de entropia no gás ideal	192
9.10	O terceiro princípio da termodinâmica	195
9.11	Variações de entropia nas reações químicas	199
9.12	Entropia e probabilidade	200
9.13	Forma geral para o ômega	204
9.14	A distribuição de energia	205
9.15	A entropia do processo de mistura e as exceções ao terceiro princípio da termodinâmica	208
	Questões	210
	Problemas	210

10
Espontaneidade e Equilíbrio
215

10.1	As condições gerais de equilíbrio e de espontaneidade	215
10.2	Condições de equilíbrio e de espontaneidade sob restrições	216
10.3	Retrospecto	219
10.4	Forças responsáveis pelas transformações naturais	220
10.5	As equações fundamentais da termodinâmica	221
10.6	A equação de estado termodinâmica	222
10.7	As propriedades de A	224
10.8	As propriedades de G	226
10.9	A energia de Gibbs de gases reais	228
10.10	A dependência da energia de Gibbs com a temperatura	229
	Questões	230
	Problemas	230

11
Sistemas de Composição Variável – Equilíbrio Químico
234

11.1	A equação fundamental	234
11.2	As propriedades de μ_i	235
11.3	A energia de Gibbs de uma mistura	236
11.4	O potencial químico de um gás ideal puro	237
11.5	Potencial químico de um gás ideal em uma mistura de gases ideais	238
11.6	Energia de Gibbs e entropia do processo de mistura	239
11.7	Equilíbrio químico numa mistura	243
11.8	O comportamento geral de G como uma função de ξ	245
11.9	Equilíbrio químico numa mistura de gases ideais	246
11.10	Equilíbrio químico numa mistura de gases reais	249
11.11	As constantes de equilíbrio K_x e K_c	249
11.12	Energia de Gibbs padrão de formação	250
11.13	A dependência da constante de equilíbrio com a temperatura	253
11.14	Equilíbrio entre gases ideais e fases condensadas puras	256
★ 11.15	O princípio de LeChatelier	258
★ 11.16	Constantes de equilíbrio a partir de medidas calorimétricas. O terceiro princípio e o seu contexto histórico	260
★ 11.17	Reações químicas e a entropia do universo	261
★ 11.18	Reações acopladas	262
11.19	Dependência das outras funções termodinâmicas com a composição	263
11.20	As quantidades parciais molares e as regras de edição	264
11.21	A equação de Gibbs-Duhem	266
11.22	Quantidades parciais molares em misturas de gases ideais	267

SUMÁRIO / XVII

⋆ 11.23	Calor diferencial de solução	268
	Questões	268
	Problemas	268

12
Equilíbrio de Fases em Sistemas Simples – A Regra das Fases 277

12.1	A condição de equilíbrio	277
12.2	Estabilidade das fases formadas por uma substância pura	277
12.3	Variação das curvas $\mu = f(T)$ com a pressão	278
12.4	A equação de Clapeyron	280
12.5	O diagrama de fase	284
12.6	A integração da equação de Clapeyron	286
12.7	Efeito da pressão sobre a pressão de vapor	288
12.8	A regra das fases	289
12.9	O problema dos componentes	292
	Questões	293
	Problemas	294

13
Soluções
I. A Solução Ideal e as Propriedades Coligativas 297

13.1	Tipos de soluções	297
13.2	Definição de solução ideal	297
13.3	A forma analítica do potencial químico na solução líquida ideal	300
13.4	Potencial químico de um soluto em uma solução binária ideal – Aplicação da equação de Gibbs-Duhem	300
13.5	Propriedades coligativas	301
13.6	O abaixamento crioscópico	303
⋆ 13.7	Solubilidade	306
13.8	Elevação ebulioscópica	308
13.9	Pressão osmótica	309
	Questões	313
	Problemas	313

14
Soluções
II. Mais de um Componente Volátil – A Solução Diluída Ideal 316

14.1	Características gerais da solução ideal	316
14.2	O potencial químico em soluções ideais	317
14.3	Soluções binárias	319
14.4	A regra da alavanca	320
14.5	Mudanças de estado quando se reduz a pressão isotermicamente	321
14.6	Diagramas temperatura-composição	322
14.7	Mudanças de estado com o aumento da temperatura	323
14.8	Destilação fracionada	324
14.9	Azeótropos	327
14.10	A solução diluída ideal	329
14.11	Os potenciais químicos na solução diluída ideal	331
14.12	A lei de Henry e a solubilidade dos gases	334
14.13	Distribuição de um soluto entre dois solventes	336

XVIII / SUMÁRIO

14.14	Equilíbrio químico na solução ideal	336
	Questões	338
	Problemas	339

15
Equilíbrio entre Fases Condensadas — 342

15.1	Equilíbrio entre fases-líquidas	342
15.2	Destilação de líquidos parcialmente miscíveis e imiscíveis	345
15.3	Equilíbrio sólido-líquido – O diagrama eutético simples	348
15.4	Diagramas dos pontos de solidificação com formação de compostos	353
15.5	Compostos que possuem pontos de fusão incongruentes	353
★15.6	Miscibilidade no estado sólido	357
★15.7	Elevação do ponto de solidificação	357
★15.8	Miscibilidade parcial no estado sólido	358
★15.9	Equilíbrio gás-sólido. Pressão de vapor de sais hidratados	360
★15.10	Sistemas de três componentes	361
★15.11	Equilíbrio líquido-líquido	363
★15.12	Solubilidade de sais – Efeito do íon comum	364
★15.13	Formação de sal duplo	365
★15.14	O método dos "resíduos úmidos"	366
★15.15	Separação pela adição de sal	368
	Questões	369
	Problemas	369

16
Equilíbrio em Sistemas Não-Ideais — 372

16.1	O conceito de atividade	372
16.2	O sistema de atividades racionais	373
16.3	Propriedades coligativas	375
16.4	O sistema prático	376
16.5	Atividades e equilíbrio	379
16.6	Atividades em soluções eletrolíticas	380
16.7	A teoria de Debye-Hückel sobre a estrutura das soluções iônicas diluídas	385
16.8	Equilíbrio em soluções iônicas	393
	Questões	395
	Problemas	395

17
Equilíbrio em Pilhas Eletroquímicas — 398

17.1	Introdução	398
17.2	Definições	398
17.3	O potencial químico das espécies carregadas	399
17.4	Diagramas de pilha	402
17.5	A pilha de Daniell	403
17.6	A energia de Gibbs e o potencial da pilha	405
17.7	A equação de Nernst	406
17.8	O eletrodo de hidrogênio	406
17.9	Potenciais de eletrodos	408
17.10	Dependência do potencial da pilha em relação à temperatura	412
17.11	Tipos de eletrodos	413
17.12	Constantes de equilíbrio a partir dos potenciais padrões das meias-pilhas	415

SUMÁRIO / XIX

17.13	O significado do potencial de meia-pilha	417
17.14	A medida do potencial das pilhas	419
17.15	Reversibilidade	420
17.16	A determinação do $\mathscr{E}^°$ para uma meia-pilha	421
17.17	Determinação das atividades e dos coeficientes de atividades a partir dos potenciais das pilhas	422
★ 17.18	Pilhas de concentração	423
17.19	Processos eletroquímicos industriais	427
17.20	As pilhas eletroquímicas como fontes de energia	427
17.21	Duas fontes de energia úteis	430
	Questões	433
	Problemas	434

18
Fenômenos de Superfície — 439

18.1	Energia e tensão superficiais	439
18.2	Grandeza da tensão superficial	440
18.3	Medida da tensão superficial	441
18.4	Formulação termodinâmica	444
18.5	Ascensão capilar e depressão capilar	445
18.6	Propriedades de pequenas partículas	447
18.7	Bolhas – Gotas sésseis	450
★ 18.8	Interfaces líquido-líquido e sólido-líquido	451
18.9	Tensão superficial e adsorção	454
18.10	Filmes superficiais	458
18.11	Adsorção em sólidos	460
18.12	Adsorção física e química	462
18.13	A isoterma de Brunauer, Emmet e Teller (BET)	463
18.14	Fenômenos elétricos nas interfaces – A dupla camada	468
18.15	Efeitos eletrocinéticos	470
18.16	Colóides	471
18.17	Eletrólitos coloidais – Sabões e detergentes	474
18.18	Emulsões e espumas	476
	Questões	476
	Problemas	476

APÊNDICE I
Alguns Conceitos Matemáticos — 480

AI.1	Função e derivada	480
AI.2	A integral	481
AI.3	O teorema do valor médio	481
AI.4	Teorema de Taylor	481
AI.5	Funções de mais de uma variável	482
AI.6	Solução da Eq. (4.27)	483
AI.7	O método dos mínimos quadrados	484
AI.8	Vetores e Matrizes	486

APÊNDICE II
Alguns Fundamentos de Eletrostática — 491

AII.1	Lei de Coulomb	491
AII.2	O campo elétrico	491

XX / SUMÁRIO

AII.3 O potencial elétrico   492
AII.4 O fluxo   493
AII.5 A equação de Poisson   494

APÊNDICE III
O Sistema Internacional de Unidades: SI   497

AIII.1 As quantidades e unidades básicas do SI   497
AIII.2 Definições das unidades básicas SI   497
AIII.3 Quantidades físicas e secundárias   498
AIII.4 Prefixos SI   499
AIII.5 Algumas regras gramaticais   499
AIII.6 Equações com problemas dimensionais   500
AIII.7 Um símbolo – Uma quantidade   501

APÊNDICE IV   502

APÊNDICE V
Propriedades Químicas Termodinâmicas a 298,15 K   504

APÊNDICE VI
Tabela de Caracteres dos Grupos   508

APÊNDICE VII
Respostas dos Problemas   510

Índice Remissivo   521

1

Alguns Conceitos Químicos Fundamentais

1.1 INTRODUÇÃO

Começamos o estudo da Físico-Química com uma breve referência a algumas idéias fundamentais e práticas comuns em Química. São coisas bem familiares, mas é sempre conveniente recordá-las.

1.2 OS TIPOS DE MATÉRIA

Os vários tipos de matéria podem ser separados em duas divisões principais: 1) substâncias e 2) misturas.

Num determinado conjunto de condições experimentais, uma *substância* apresenta um conjunto definido de propriedades físicas e químicas que não dependem da história prévia ou do método de preparação da substância. Por exemplo, depois de adequadamente purificado, o cloreto de sódio tem as mesmas propriedades, independentemente de ter sido obtido de sal-gema ou preparado em laboratório por combinação de hidróxido de sódio com ácido clorídrico.

Por outro lado, as misturas podem variar amplamente em composição química. Conseqüentemente, as suas propriedades físicas e químicas variam com a composição e podem depender do modo de preparação. Decididamente a maioria dos materiais que ocorrem na natureza são misturas de substâncias. Por exemplo, uma solução de sal em água, um punhado de terra ou uma lasca de madeira são todos misturas.

1.3 OS TIPOS DE SUBSTÂNCIAS

As substâncias são de dois tipos: elementos e compostos. Um elemento não pode ser dividido em substâncias mais simples pelos métodos químicos comuns, mas um composto pode. Um método químico comum é qualquer método envolvendo uma energia da ordem de 1000 kJ/mol ou menor.

Por exemplo, o elemento mercúrio não pode sofrer nenhuma decomposição *química* do tipo $Hg \rightarrow X + Y$, na qual X e Y tenham, individualmente, massas menores que a massa original de mercúrio. Para propósitos desta definição, tanto X quanto Y devem ter massa pelo menos equivalente ao átomo de hidrogênio, já que a reação $Na \rightarrow Na^+ + e^-$ é uma reação química envolvendo uma energia de cerca de 500 kJ/mol. Em contraste, o composto metano pode ser decomposto, quimicamente, em substâncias mais simples de massa menor que o metano original: $CH_4 \rightarrow C + 2H_2$.

Todos os materiais naturais podem ser, em última análise, quimicamente divididos em 89 elementos. Além destes, 16 outros elementos foram recentemente preparados mediante os

2 / FUNDAMENTOS DE FÍSICO-QUÍMICA

métodos da Física Nuclear (métodos envolvendo energias da ordem de 10^8 kJ/mol ou maiores). Em virtude da grande diferença entre as energias envolvidas em métodos químicos e nucleares, não há possibilidades de confundi-los. Os núcleos dos átomos são preservados durante as reações e apenas os elétrons mais externos dos átomos, os elétrons de valência, são afetados.

Os átomos de um elemento podem-se combinar quimicamente com os átomos de um outro elemento para formar as pequenas partes do composto chamado moléculas; por exemplo, quatro átomos de hidrogênio podem-se combinar com um átomo de carbono para formar uma molécula de metano, CH_4. Os átomos de um único elemento também podem-se combinar com eles mesmos para formar moléculas do elemento, como, por exemplo, é o caso das moléculas de H_2, O_2, Cl_2, P_4 e S_8.

1.4 MASSAS ATÔMICA E MOLAR

Qualquer átomo possui um núcleo minúsculo com diâmetro de $\sim 10^{-14}$ m, no centro de uma nuvem eletrônica relativamente grande com diâmetro de $\sim 10^{-10}$ m. A carga negativa da nuvem eletrônica contrabalança exatamente a carga positiva nuclear. Cada átomo, ou nuclídeo, pode ser descrito pela especificação de dois números, Z e A; Z, o número atômico, é o número de prótons no núcleo e A, o número de massa, é igual a $Z + N$, onde N é o número de neutrons no núcleo. Os átomos de elementos diferentes distinguem-se por possuir diferentes valores de Z. Os átomos de um único elemento têm, todos, o mesmo valor de Z, podendo ter, no entanto, valores diferentes de A. Os átomos com o mesmo Z e com diferentes valores de A são os *isótopos* do elemento. Os nuclídeos descritos por $Z = 1, A = 1, 2$, ou 3 são os três isótopos do hidrogênio, que são simbolizados por $_1^1H$, $_1^2H$ e $_1^3H$. Os três principais isótopos do carbono são $_6^{12}C$, $_6^{13}C$ e $_6^{14}C$.

O isótopo de carbono com número de massa 12 foi escolhido como o elemento de definição para a escala de massas atômicas. Assim, definimos a *unidade de massa atômica*, de símbolo u, como sendo exatamente 1/12 da massa de um átomo de carbono-12, o que nos leva a u = 1,6605655 $\times 10^{-27}$ kg. A massa atômica relativa de um átomo, A_r, é definida por: $A_r = m/u$, onde m é a massa de átomo; por exemplo, A_r $(_1^1H)$ = 1,007825; A_r $(_6^{12}C)$ = 12 (exatamente); A_r $(_8^{16}O)$ = 15,99491. Em qualquer amostra macroscópica de um elemento podem estar presentes vários isótopos diferentes na mistura isotópica de ocorrência natural. O valor que aparece na tabela de massas atômicas é a *média* das massas atômicas relativas de todos os átomos nessa mistura natural. Se x_i for a fração do átomo de isótopo particular na mistura, a média, $<A_r>$, será, então,

$$\langle A_r \rangle = x_1(A_r)_1 + x_2(A_r)_2 + \cdots = \sum_i x_i(A_r)_i. \tag{1.1}$$

■ **EXEMPLO 1.1** A comparação isotópica do nitrogênio de ocorrência natural é 99,63% de $_7^{14}N$, para o qual $(A_r)_{14}$ = 14,00307, e 0,37% de $_7^{15}N$, para o qual $(A_r)_{15}$ = 15,00011. Assim, a massa atômica relativa média é

$$\langle A_r \rangle = 0,9963(14,00307) + 0,0037(15,00011) \doteq 14,007$$

A variabilidade na composição isotópica das amostras de um elemento, vindas de fontes diferentes, ainda é a principal origem da incerteza na massa atômica relativa média desse elemento.

A massa molar relativa de uma molécula pode ser calculada somando-se as massas atômicas relativas de todos seus átomos. Somando a massa atômica do carbono, 12,011, com quatro vezes a massa atômica do hidrogênio, 4 (1,008) obtém-se a massa molar do metano, CH_4, 16,043. Este método de calcular as massas molares admite que não haja variação de massa quando o átomo de carbono se combina com quatro átomos de hidrogênio para formar metano. Isto é, na reação

$$C + 4H \longrightarrow CH_4$$

a massa total à esquerda, 16,043 unidades, será igual à massa total à direita, 16,043 unidades, se a massa molar do CH_4 for calculada pelo método acima.

O problema da conservação da massa nas reações químicas foi sujeito a investigações experimentais muito precisas e, em nenhum caso, foi demonstrada a variação de massa durante uma reação química. A lei de conservação da massa é válida para as reações químicas dentro dos limites de precisão das experiências conduzidas até agora. A variação de massa que acompanha qualquer reação química pode ser calculada a partir da lei de equivalência massa-energia da teoria da relatividade. Se a energia envolvida na reação química for ΔU e Δm for a variação de massa a ela associada, então $\Delta U = (\Delta m) c^2$, onde c é a velocidade da luz, igual a 3×10^8 m/seg. Os cálculos mostram que a variação de massa é da ordem de 10^{-11} gramas por quilojoule de energia envolvida na reação. Essa variação de massa é muito pequena para ser detectada pelos métodos atuais e, portanto, a lei da conservação da massa pode ser considerada exata em todas as situações químicas.

Note que os termos "massa atômica" e "massa molar" foram trocados pelos termos tradicionais "peso atômico" e "peso molecular", respectivamente.

1.5 SÍMBOLOS E FÓRMULAS

Com o passar dos anos foi desenvolvido um conjunto de símbolos para os elementos. Dependendo do contexto, o símbolo de um elemento pode representar várias coisas diferentes: pode ser uma mera abreviação do nome do elemento, pode simbolizar um átomo do elemento e mais comumente representa $6,022 \times 10^{23}$ átomos do elemento, um *mol*.

As fórmulas dos compostos são interpretadas de vários modos, entretanto em todos os casos elas descrevem a composição relativa do composto. Em substâncias como quartzo e sal de cozinha, não aparecem moléculas distintas. Portanto, as fórmulas SiO_2 e $NaCl$ têm apenas um significado empírico; estas fórmulas descrevem o número relativo dos átomos dos elementos presentes no composto e nada mais.

Para substâncias que consistem de moléculas distintas, suas fórmulas descrevem o número relativo dos átomos constituintes e o número total de átomos na molécula; por exemplo, acetileno, C_2H_2; benzeno, C_6H_6; hexafluoreto de enxofre, SF_6.

As fórmulas estruturais são usadas para descrever o modo pelo qual os átomos estão ligados na molécula. Dentro das limitações impostas por um diagrama bidimensional, indicam a geometria da molécula. As ligações dentro de uma molécula são ilustradas usando símbolos convencionais para ligações simples e múltiplas, pares de elétrons e centros de carga positivos e negativos na molécula. As fórmulas estruturais têm a sua maior utilidade ao representar substâncias que têm moléculas distintas. Até o momento não foi encontrado um modo abreviado e satisfatório para representar a complexidade estrutural de substâncias como o quartzo e o sal de

4 / FUNDAMENTOS DE FÍSICO-QUÍMICA

cozinha. Ao se usar e com grande intensidade qualquer fórmula estrutural, é preciso suplementar mentalmente o diagrama utilizado.

1.6 O MOL

O conceito de *quantidade de substância* é fundamental à medição química. A quantidade de substância de um sistema é proporcional ao número de entidades elementares dessa substância presentes no sistema. As entidades elementares devem ser descritas; elas podem ser átomos, moléculas, íons ou grupos específicos de tais partículas. A própria entidade é uma unidade natural para a medida da quantidade de substância; por exemplo, podemos descrever a quantidade de substância numa amostra de ferro dizendo que existem $2,0 \times 10^{24}$ átomos de Fe na amostra. A quantidade de substância em um cristal de NaCl pode ser descrita dizendo-se que existem $8,0 \times 10^{20}$ pares de íons, $Na^+ Cl^-$, no cristal.

Uma vez que qualquer amostra real de matéria contém um enorme número de átomos ou moléculas, uma unidade maior do que a própria entidade é necessária para medir a quantidade de substância. A unidade SI para a quantidade de substância é o *mol*. O mol é definido como a quantidade de substância presente em exatamente 0,012 kg de carbono-12. Um mol de qualquer substância contém o mesmo número de entidades elementares que o número de átomos de carbono presentes em exatamente 0,012 kg de carbono-12. Esse número é a constante de Avogadro, $N_A = 6,022045 \times 10^{23}$ mol^{-1}.

1.7 EQUAÇÕES QUÍMICAS

Uma equação química é um método abreviado de descrever uma transformação química. As substâncias do lado esquerdo da equação são chamadas de *reagentes* e as do lado direito de *produtos*. A equação

$$MnO_2 + HCl \longrightarrow MnCl_2 + H_2O + Cl_2$$

exprime o fato de que o dióxido de manganês reagirá com o ácido clorídrico para formar cloreto manganoso, água e cloro. Do modo como está escrita, esta equação pouco faz além de registrar a reação e as fórmulas apropriadas de cada substância. Se a equação for balanceada,

$$MnO_2 + 4\,HCl \longrightarrow MnCl_2 + 2\,H_2O + Cl_2,$$

exprime o fato de que o número de átomos de um dado tipo precisa ser o mesmo dos dois lados da equação. Mais importante ainda, *a equação química balanceada é uma expressão da lei da conservação da massa*. As equações químicas fornecem a relação entre as massas dos vários reagentes e produtos que, em geral, é de enorme importância em problemas químicos.

1.7.1 Estequiometria

Considere um sistema possuindo uma composição inicial descrita por um conjunto de números de moles: $n_1^0, n_2^0, \ldots, n_i^0$. Se uma reação ocorre, esses números de moles variam com o progresso da reação. Os números de moles das várias espécies não variam independentemente; as variações estão relacionadas com os coeficientes estequiométricos da equação química. Por exemplo, se a reação do dióxido de manganês com o ácido clorídrico ocorre como foi escrita anteriormente, dizemos que ocorreu *um mol da reação*. Isto significa que 1 mol de MnO_2 e 4 moles de HCl são consumidos e que 1 mol de $MnCl_2$, 2 moles de H_2O e 1 mol de Cl_2 são produzidos. Após ocorrer ξ moles de reação, os números de moles das substâncias são dados por

$$n_{MnO_2} = n^0_{MnO_2} - \xi; \qquad n_{HCl} = n^0_{HCl} - 4\xi;$$
$$n_{MnCl_2} = n^0_{MnCl_2} + \xi; \qquad n_{H_2O} = n^0_{H_2O} + 2\xi; \qquad n_{Cl_2} = n^0_{Cl_2} + \xi. \tag{1.1}$$

Uma vez que reagentes são consumidos e produtos são produzidos, os sinais algébricos aparecem como mostrado nas Eqs. 1.1.

A variável ξ foi primeiro introduzida por DeDonder, que a chamou de "grau de avanço" da reação. Aqui, chamaremos essas variáveis simplesmente de *avanço* da reação. As equações 1.1 mostram que a composição de qualquer estágio da reação é descrita pelos números de moles iniciais, pelos coeficientes estequiométricos e pelo avanço.

Podemos ver como generalizar essa descrição, se reescrevermos a equação química mudando os reagentes para o lado direito da equação. Assim,

$$0 = MnCl_2 + 2H_2O + Cl_2 + (-1)MnO_2 + (-4)HCl$$

Essa forma sugere que qualquer reação química pode ser escrita na forma

$$0 = \sum_i v_i A_i \tag{1.2}$$

onde A_i representa as fórmulas químicas das várias espécies na reação e os coeficientes estequiométricos, v_i, adquirem sinal negativo para os reagentes e sinal positivo para os produtos. Dessa forma, vemos que cada um dos números de moles nas Eqs. 1.1 tem a forma

$$n_i = n^0_i + v_i \xi \tag{1.3}$$

A equação 1.3 é a relação geral entre os números de moles e o avanço de qualquer reação.

Diferenciando, obtemos

$$dn_i = v_i d\xi$$

ou

$$\frac{dn_i}{v_i} = d\xi \tag{1.4}$$

Essa equação relaciona variações de todos os números de moles com a variação de uma variável, $d\xi$.

6 / FUNDAMENTOS DE FÍSICO-QUÍMICA

1.7.2 A Capacidade de Avanço

O valor de ξ aumenta à medida que a reação avança, atingindo um valor limite quando um ou mais de um dos reagentes é consumido. Esse valor limite de ξ é a *capacidade de avanço*, ξ^0, da mistura reacional. Se dividirmos a Eq. 1.3 por $- v_i$, obteremos

$$n_i = (-v_i)\left(\frac{n_i^0}{-v_i} - \xi\right) \tag{1.5}$$

Se definirmos $\xi_i^0 = n_i^0/(-v_i)$, teremos

$$n_i = (-v_i)(\xi_i^0 - \xi) \tag{1.6}$$

A quantidade $n_i^0/(-v_i) = \xi_i^0$ é chamada de *capacidade de avanço* da substância i. Obviamente, se a substância i é um reagente, $-v_i$ é positivo e as capacidades de avanço dos reagentes são todas positivas. Se os valores de ξ_i^0 são todos iguais, esse valor comum de $\xi_i^0 = \xi^0$ é chamado de *capacidade de avanço da mistura*. Se os valores de ξ_i^0 não são todos iguais, existe pelo menos um valor menor de todos, que é o ξ_j^0. Esse valor identifica a substância j como sendo o reagente limitante e $\xi_j^0 = \xi^0$ como sendo a capacidade de avanço da mistura. O valor de ξ não pode exceder a ξ^0, uma vez que isso significaria que o reagente j (e possivelmente outros) ficaria com um número negativo de moles. Assim, ξ^0 é o maior valor de ξ.

Similarmente, se a substância i é um produto, $-v_i$ é negativo e $n_i^0/(-v_i) = \xi_i^0$ também. Isso é possível se *nenhum* dos produtos n_i for zero e a reação mover-se na direção contrária (ξ é negativo). Neste caso, ξ_i^0 são as capacidades de avanço dos produtos. Se ξ_k^0 é o menor valor negativo dessa série, a substância k é o regente limitante para a reação inversa e ξ_k^0 é a capacidade de avanço da mistura para a reação inversa. O valor de ξ não pode ser menor do que ξ_k^0, uma vez que isso significaria que o produto k (e possivelmente outros) ficaria com um número de moles negativo. Dessa forma, teremos que $\xi_k^0 = \xi_i$, onde este é o menor valor de ξ. (Nota: geralmente, não existem produtos no início da reação. Isso significa que $n_i^0 = 0$ para todos os produtos, que a capacidade de avanço da reação inversa é zero e que ξ só pode ter valores positivos.)

Se a reação chega ao seu final, $\xi = \xi^0$ e o número final de moles das várias espécies é dado por

$$n_i(\text{final}) = n_i^0 + v_i\xi^0 = (-v_i)(\xi_i^0 - \xi^0) \tag{1.7}$$

Se não houver produtos no início da reação, n_i (final) $= v_i\xi^0$ para as espécies de produtos. O número de moles de qualquer produto é a capacidade de avanço da mistura multiplicada por seus respectivos coeficientes estequiométricos.

A utilidade dessa formulação para cálculos estequiométricos simples é ilustrada no Exemplo 1.2, onde as quantidades apropriadas de cada espécie estão arranjadas embaixo da fórmula de cada uma das espécies na equação química. Sua utilidade em outras aplicações serão demonstradas em outras partes do livro.

■ EXEMPLO 1.2   Assuma que 0,80 moles de óxido férrico reagem com 1,20 moles de carbono. Que a quantidade de cada substância estará presente quando a reação terminar?

Equação:	Fe_2O_3	$+$	$3C$	$\longrightarrow$	$2Fe$	$+$	$3CO$
v_i	-1		-3		$+2$		$+3$
n_i^0	0,80		1,20		0		0
$\xi_i^0 = n_i^0/(-v_i)$	0,80		0,40		0		0
Portanto, $\xi^0 = 0,40$							
$n_i = (-v_i)(\xi_i^0 - \xi)$	$0,80 - \xi$		$3(0,40 - \xi)$		2ξ		3ξ
Quando $\xi = \xi^0 = 0,40$							
n_i (final) $= (-v_i)(\xi_i^0 - \xi^0)$	0,40		0		0,80		1,20

1.8 O SISTEMA INTERNACIONAL DE UNIDADES, SI

Antigamente, vários sistemas de unidades métricas eram usados pelos cientistas, cada um deles possuindo suas vantagens e desvantagens. Recentemente, foi feito um acordo internacional para o uso de um único conjunto de unidades para as várias quantidades físicas, bem como fez-se uma recomendação de uma série de símbolos para as unidades e para as próprias quantidades físicas. O SI será usado nesse livro com algumas poucas adições. Devido à importância de se verificar o estado padrão de pressão, a atmosfera será conservada como uma unidade de pressão, além do pascal, que é a unidade SI. O litro será usado com o conhecimento de que $1 \, l = 1 \, dm^3$ (exatamente).

Qualquer sistema de unidades depende da seleção de "unidades básicas" para o conjunto de propriedades físicas que são escolhidas como sendo dimensionalmente independentes. No Apêndice III damos as definições das unidades básicas, algumas das unidades derivadas mais comuns e uma lista dos prefixos que são usados para transformar as unidades. Você deverá familiarizar-se completamente com as unidades, seus símbolos e os prefixos, uma vez que eles serão usados ao longo do texto.

2

Propriedades Empíricas
dos Gases

2.1 LEI DE BOYLE E LEI DE CHARLES

Dentre os três estados de agregação, apenas o estado gasoso permite, comparativamente, uma descrição quantitativa simples. Aqui nos restringiremos à relação entre propriedades tais como massa, pressão, volume e temperatura. Vamos admitir que o sistema esteja em equilíbrio de tal modo que o valor das propriedades não mude com o tempo, na medida em que os vínculos externos do sistema não se alterem.

Um sistema está num estado ou condição definida quando todas as propriedades do sistema têm valores definidos, que são determinados pelo estado do sistema. Portanto, o estado do sistema é descrito especificando-se os valores de algumas ou de todas as suas propriedades. A questão importante consiste em saber se é necessário dar os valores de cinqüenta diferentes propriedades, vinte ou cinco, para assegurar que o estado do sistema esteja completamente descrito. A resposta depende, até certo ponto, de quão precisa se deseja a descrição. Se tivéssemos o hábito de medir os valores das propriedades com vinte algarismos significativos, e graças a Deus não temos, seria necessário uma longa lista de propriedades. Felizmente, mesmo em experiências de grande refinamento, somente quatro propriedades são comumente necessárias: massa, volume, temperatura e pressão.

A equação de estado do sistema é a relação matemática entre os valores destas quatro propriedades. Somente três propriedades precisam ser especificadas para descrever o estado do sistema; a quarta pode ser calculada da equação de estado, que é obtida do conhecimento do comportamento experimental do sistema.

As primeiras medidas quantitativas do comportamento pressão-volume dos gases foram feitas por Robert Boyle em 1662. Seus resultados indicavam que o volume é inversamente proporcional à pressão: $V = C/p$, onde p é a pressão, V é o volume e C é uma constante. A Fig. 2.1 mostra V em função de p. A Lei de Boyle pode ser escrita na forma

$$pV = C \tag{2.1}$$

e se aplica apenas a uma massa de gás à temperatura constante.

PROPRIEDADES EMPÍRICAS DOS GASES / 9

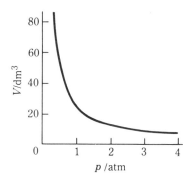
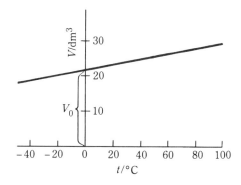

Fig. 2.1 Volume como uma função da pressão, Lei de Boyle ($t = 25°C$).

Fig. 2.2 Volume como uma função da temperatura, Lei de Charles ($p = 1$ atm).

Charles posteriormente mostrou que a constante C é uma função da temperatura. Este é um dos modos de enunciar a Lei de Charles.

Gay-Lussac fez medidas do volume mantendo uma massa fixa de gás sob pressão fixa e descobriu que o volume variava linearmente com a temperatura. Isto é expresso pela equação

$$V = a + bt, \qquad (2.2)$$

onde t é a temperatura e a e b são constantes. Um gráfico do volume em função da temperatura está indicado na Fig. 2.2. O coeficiente linear é $a = V_0$, isto é, o volume a $0°C$. O coeficiente angular da curva é a derivada* $b = (\partial V/\partial t)_p$. Portanto, a Eq. (2.2) pode ser escrita numa forma equivalente

$$V = V_0 + \left(\frac{\partial V}{\partial t}\right)_p t. \qquad (2.3)$$

As experiências de Charles mostraram que, para uma massa fixa de gás sob pressão constante, o aumento *relativo* do volume por grau de aumento de temperatura era o *mesmo para todos os gases* nos quais ele fez medidas. A uma pressão fixa, o aumento de volume por grau é $(\partial V/\partial t)_p$; portanto, o aumento relativo em volume por grau, a $0°C$, é $(1/V_0)(\partial V/\partial t)_p$. Esta quantidade é o *coeficiente de expansão térmica* a $0°C$, para o qual se usa o símbolo α_0

$$\alpha_0 = \frac{1}{V_0}\left(\frac{\partial V}{\partial t}\right)_p. \qquad (2.4)$$

Então, a Eq. (2.3) pode ser escrita em termos de α_0

$$V = V_0(1 + \alpha_0 t) = V_0 \alpha_0 \left(\frac{1}{\alpha_0} + t\right), \qquad (2.5)$$

---

* Usam-se derivadas parciais em vez de derivadas comuns, pois o volume depende da pressão; a e b são constantes somente se a pressão for constante. A derivada parcial $(\partial V/\partial t)_p$ é o coeficiente angular da reta, nas condições da experiência, e dá a variação do volume com a temperatura a pressão constante.

10 / FUNDAMENTOS DE FÍSICO-QUÍMICA

que é conveniente porque expressa o volume do gás em termos do volume a zero grau e uma constante, α_0, que é a mesma para todos os gases, e, como se conclui, é praticamente independente da pressão na qual as medidas são feitas. Se medirmos α_0 a várias pressões vamos encontrar que para todos os gases α_0 tende ao mesmo valor limite, para $p = 0$. A forma da Eq. (2.5) sugere uma transformação de coordenadas que deve ser útil, isto é, define uma nova temperatura T em termos da temperatura usada até aqui através da equação

$$T = \frac{1}{\alpha_0} + t. \tag{2.6}$$

A Eq. (2.6) define uma nova escala de temperaturas, chamada *escala gasosa,* ou, mais exatamente, escala do gás ideal. A importância dessa escala reside no fato de que α_0 e, conseqüentemente, $1/\alpha_0$, têm o mesmo valor para todos os gases. Por outro lado, α_0 depende da escala de temperatura usada originalmente para t. Se t for em graus Celsius (símbolo: $^\circ$C), então $1/\alpha_0 = 273{,}15\,^\circ$C e a escala T resultante é numericamente idêntica à escala de temperatura termodinâmica, a qual iremos discutir com mais detalhes no Cap. 8. A unidade SI de temperatura termodinâmica é o kelvin (símbolo: K). As temperaturas na escala termodinâmica são freqüentemente chamadas de temperaturas absolutas ou de temperaturas kelvin. De acordo com a Eq. (2.6) (veja também o Apêndice III, Seç. A-III-6),

$$T = 273{,}15 + t. \tag{2.7}$$

As Eqs. (2.5) e (2.6) se combinam para fornecer

$$V = \alpha_0 V_0 T, \tag{2.8}$$

que estabelece que o volume de um gás sob pressão fixa é diretamente proporcional à temperatura termodinâmica.

2.2 MASSA MOLECULAR DE UM GÁS – PRINCÍPIO DE AVOGADRO E A LEI DOS GASES IDEAIS

Até aqui foram obtidas duas relações entre as quatro variáveis, a Lei de Boyle, Eq. (2.1) (massa fixa, temperatura constante), e a Lei de Gay-Lussac ou Charles, Eq. (2.8) (massa fixa, pressão constante). Essas duas equações podem ser combinadas numa equação geral observando que V_0 é o volume a $0\,^\circ$C e, portanto, está relacionado com a pressão pela Lei de Boyle, $V_0 = C_0/p$, onde C_0 é o valor da constante a $t = 0$. Dessa forma, a Eq. (2.8) torna-se

$$V = \frac{C_0 \alpha_0 T}{p} \qquad \text{(massa fixa).} \tag{2.9}$$

A restrição de massa fixa é removida imaginando-se que, se a temperatura e a pressão forem mantidas constantes e a massa do gás for duplicada, o volume duplicará. Isso significa que a

PROPRIEDADES EMPÍRICAS DOS GASES / 11

constante C_0 é proporcional à massa do gás; portanto, escrevemos $C_0 = Bw$, onde B é uma constante e w é a massa. Introduzindo esse resultado na Eq. (2.9) obtemos

$$V = \frac{B\alpha_0 wT}{p},$$ (2.10)

que é a relação geral entre as quatro variáveis V, w, T e p. A constante B tem um valor diferente para cada gás.

Para a Eq. (2.10) ser útil deveríamos ter à mão uma tabela de B para os vários gases. Para evitar isso, B é expressa em termos de uma massa característica para cada gás. Seja M a massa de gás em um recipiente sob um conjunto de condições padrões T_0, p_0 e V_0. Se gases diferentes forem mantidos num volume padrão V_0, sob pressão e temperatura padrão p_0 e T_0, então, pela Eq. (2.10), para cada gás

$$M = \left(\frac{1}{B\alpha_0}\right)\left(\frac{p_0 V_0}{T_0}\right).$$ (2.11)

Já que as condições padrões são escolhidas para atender às conveniências, a relação $R = p_0 V_0/T_0$ tem um valor numérico fixo para qualquer escolha particular e tem, é claro, o mesmo valor para todos os gases (R é chamada *constante dos gases perfeitos*). A Eq. (2.11) pode, então, ser escrita da forma

$$M = \frac{R}{B\alpha_0} \qquad \text{ou} \qquad B = \frac{R}{M\alpha_0}.$$

Usando este valor para B na Eq. (2.10), obtemos

$$V = \left(\frac{w}{M}\right)\frac{RT}{p}.$$ (2.12)

Seja o $n = w/M$ o número de massas características do gás contido na massa w. Então, $V = nRT/p$, ou

$$pV = nRT.$$ (2.13)

A Eq. (2.13), lei dos gases ideais, tem grande importância no estudo dos gases. Ela não contém nada que seja característica de um gás, mas é uma generalização aplicável a todos os gases.

Agora nos perguntamos sobre o significado da massa característica M. O princípio de Avogadro diz que volumes iguais de gases diferentes, nas mesmas condições de temperatura e pressão, contêm o mesmo número de moléculas, isto é, eles contêm a mesma quantidade de substância. Comparamos volumes iguais, V_0, sob as mesmas condições de temperatura e pressão, T_0 e P_0, para obter as massas caracteríticas dos diferentes gases. De acordo com o princí-

12 / FUNDAMENTOS DE FÍSICO-QUÍMICA

pio de Avogadro, essas massas características precisam conter o mesmo número de moléculas. Se escolhemos p_0, T_0 e V_0 de maneira que o número seja igual a $N_A = 6,022 \times 10^{23}$, a quantidade de substância na massa característica é, então, um mol e M é a massa molecular. Além disso, M é N_A vezes a massa da molécula individual, m, ou

$$M = N_A m. \tag{2.14}$$

Na Eq. (2.13) n é o número de moles do gás presente. Como o valor de R está diretamente ligado à definição de massa molecular, vamos encontrar mais adiante que a constante dos gases perfeitos aparece em equações que descrevem propriedades molares de sólidos, líquidos, bem como de gases.

O mol foi originalmente definido através do tipo de procedimento descrito anteriormente. Primeiro, à mistura isotópica de oxigênio comum foi designada uma massa molecular de exatamente 32 g/mol. Em seguida, um recipiente de volume conhecido com exatidão foi preenchido com oxigênio, a $0°C$ e 1 atm, e a massa de oxigênio no recipiente foi devidamente medida. Finalmente, a partir dessas medidas, o volume necessário para conter exatamente 32 g de oxigênio (a $0°C$ e 1 atm) foi calculado. Esse é V_0, o volume molar padrão. Conhecendo V_0, podemos calcular a massa molecular de qualquer outro gás a partir de uma medida da densidade do gás.

O valor moderno de V_0, baseado na definição do mol que considera como unidade de massa atômica o carbono-12, é $V_0 = 22,41383\ l/mol = 22,41383 \times 10^{-3}\ m^3/mol$. Como $T_0 = 273,15\ K$ (exatamente) e $p_0 = 1\ atm = 1,01325 \times 10^5\ Pa$ (exatamente), o valor de R é

$$R = \frac{p_0 V_0}{T_0} = \frac{(1,01325 \times 10^5\ Pa)(22,41383 \times 10^{-3}\ m^3/mol)}{273,15\ K}$$
$$= 8,31441\ Pa\ m^3\ K^{-1}\ mol^{-1} = 8,31441\ J\ K^{-1}\ mol^{-1}.$$

Para a maior parte de nossos cálculos aqui usados, o valor aproximado

$$R = 8,314\ J\ K^{-1}\ mol^{-1},$$

é suficientemente exato. Note que R possui as dimensões: energia kelvin^{-1} mol^{-1}.

2.2.1 Comentários Sobre as Unidades

A unidade SI de pressão é o pascal (Pa), definido por

$$1\ Pa = 1\ N/m^2 = 1\ J/m^3 = 1\ kg\ m^{-1}\ s^{-2}.$$

As unidades práticas comuns de pressão são a atmosfera (atm), o torr (Torr) e o milímetro de mercúrio (mmHg). A atmosfera padrão é definida por

$$1\ atm = 1,01325 \times 10^5\ Pa \quad (exatamente).$$

PROPRIEDADES EMPÍRICAS DOS GASES / 13

O torr é definido por

$$760 \text{ Torr} = 1 \text{ atm} \qquad \text{(exatamente)}.$$

O milímetro de mercúrio convencional (mmHg) é a pressão exercida por uma coluna de exatamente 1 mm de altura de um fluido possuindo uma densidade de exatamente 13,5951 g/cm^3, em um local onde a aceleração da gravidade seja, precisamente, de 9,80665 m/s^2. O milímetro de mercúrio é maior do que o torr em cerca de 14 partes em 10^8. Para os nossos objetivos, 1 mmHg = 1 Torr.

A unidade SI de volume é o metro cúbico. As unidades práticas de volume são o centímetro cúbico e o litro (l). As relações são

$$1 \, l = 1 \text{ dm}^3 = 1000 \text{ cm}^3 = 10^{-3} \text{ m}^3 \qquad \text{(todas exatas)}.$$

Em problemas onde se trabalha com a lei dos gases ideais, as temperaturas são expressas em kelvin, as pressões em pascal e os volumes em metro cúbico.

■ **EXEMPLO 2.1** Um mol de um gás ideal ocupa 12 l, a 25°C. Qual a pressão do gás?

A relação necessária para se trabalhar com os dados e a incógnita é a lei dos gases ideais. Fazendo a conversão para o SI, temos

$$T = 273,15 + 25 = 298 \text{ K} \qquad \text{e} \qquad V = 12 \text{ L} \times 10^{-3} \text{ m}^3/\text{L} = 0,012 \text{ m}^3.$$

Assim,

$$p = \frac{nRT}{V} = \frac{1 \text{ mol}(8,314 \text{ J K}^{-1} \text{ mol}^{-1})(298 \text{ K})}{0,012 \text{ m}^3} = 2,06 \times 10^5 \text{ J/m}^3$$

$$= 2,06 \times 10^5 \text{ Pa} = 206 \text{ kPa}.$$

Se a pressão for pedida em atm, teremos $p = 206$ kPa (1 atm/101 kPa) = 2,04 atm.

■ **EXEMPLO 2.2** Um gás está contido em um recipiente de 50 l, a uma pressão de 8 atm, a 20°C. Quantos moles de gás existem no recipiente?

Passando para SI, $T = 273,15 + 20 = 293$ K, $V = 50 \, l(10^{-3} \text{ m}^3/l) = 0,050 \text{ m}^3$ e $p = 8$ atm$(1,013 \times 10^5 \text{ Pa/atm}) = 8(1,013 \times 10^5)$ Pa.

Assim,

$$n = \frac{pV}{RT} = \frac{8(1,013 \times 10^5 \text{ Pa})(0,050 \text{ m}^3)}{8,314 \text{ J K}^{-1} \text{ mol}^{-1}(293 \text{ K})} = 16,6 \text{ mol}.$$

2.3 A EQUAÇÃO DE ESTADO – PROPRIEDADES EXTENSIVA E INTENSIVA

A lei dos gases ideais, $pV = nRT$, é uma relação entre as quatro variáveis que descrevem o estado de qualquer gás. Como tal, é uma *equação de estado*. As variáveis nesta equação se encontram em duas classes: n e V são variáveis extensivas (propriedades extensivas), enquanto que p e T são variáveis intensivas (propriedades intensivas).

O valor de qualquer propriedade extensiva é obtido somando-se os valores desta propriedade em cada parte do sistema. Admitamos que o sistema seja subdividido em pequenas partes, como na Fig. 2.3. Então, o volume total do sistema é obtido somando-se os volumes de todas as pequenas partes. Da mesma forma, o número total de moles (ou massa total) do sistema é obtido somando-se o número de moles (ou massa) de cada parte. Por definição, tais propriedades são extensivas. Deve-se deixar claro que o valor obtido é independente do modo como o sistema é subdividido.

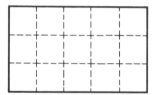

Fig. 2.3 Subdivisão de um sistema.

As propriedades intensivas não são obtidas por tais processos de soma, mas são medidas em qualquer ponto do sistema e cada uma possui um valor uniforme através de um sistema em equilíbrio; por exemplo T e p.

As variáveis extensivas são proporcionais à massa do sistema. Por exemplo, para um gás ideal $n = w/M$ e $V = wRT/Mp$. Ambos, n e V são proporcionais à massa do sistema. Dividindo V por n, obtemos $\overline{V}$, o volume por mol:

$$\overline{V} = \frac{V}{n} = \frac{RT}{p}. \tag{2.15}$$

A relação entre V e n não é proporcional à massa; já que formando essa relação a massa se cancela $\overline{V}$ é uma variável intensiva. A relação entre quaisquer duas variáveis extensivas é *sempre* uma variável intensiva.

Se a lei dos gases ideais for escrita na forma

$$p\overline{V} = RT, \tag{2.16}$$

torna-se uma relação entre *três variáveis intensivas*: pressão, temperatura e volume molar. Isso é importante porque podemos agora discutir as propriedades de um gás ideal, sem nos preocuparmos continuamente com o fato de estarmos lidando com 10 moles ou 10 milhões de moles. Deve ficar claro que nenhuma propriedade fundamental do sistema depende da escolha acidental de 20 ou 100 g para estudo. No projeto da bomba atômica, microquantidades de materiais foram usadas nos estudos preliminares e vastos projetos foram construídos baseados nas propriedades determinadas nessa escala reduzida. Se fosse o caso das propriedades fundamentais dependerem das *quantidades* da substância usada, poderíamos imaginar o governo fornecendo fundos para pesquisa de sistemas extremamente grandes; enormes edifícios talvez fossem necessários, dependendo da ambição dos pesquisadores. Para a discussão dos princípios, as variáveis intensivas são as significativas. Em aplicações práticas, como no projeto de equipamentos e na engenharia, as propriedades extensivas também são importantes, já que condicionam o tamanho do equipamento, a potência da máquina, a capacidade de produção de uma fábrica em toneladas por dia, etc.

2.4 PROPRIEDADES DO GÁS IDEAL

Se valores arbitrários forem atribuídos a quaisquer duas das três variáveis p, $\bar{V}$ e T, o valor da terceira variável poderá ser calculado a partir da lei dos gases ideais. Portanto, qualquer conjunto de duas variáveis é um conjunto de variáveis *independentes*; a outra é uma variável *dependente*. O fato do estado de um gás estar completamente descrito se os valores de quaisquer duas variáveis intensivas forem especificados permite uma representação geométrica para os estados de um sistema.

Na Fig. 2.4, p e $\bar{V}$ foram escolhidos como variáveis independentes. Qualquer ponto, como A, determina um par de valores p e $\bar{V}$; isto é suficiente para descrever o estado do sistema. Portanto, qualquer ponto, do primeiro quadrante do diagrama p-$\bar{V}$ (tanto p como $\bar{V}$ precisam ser positivos para ter sentido físico), descreve um estado diferente do sistema. Além disso, cada estado do gás é representado por algum ponto no diagrama p-$\bar{V}$.

Freqüentemente, é útil tomar todos os pontos que correspondem a uma certa restrição no estado do gás, como, por exemplo, os pontos que correspondem à mesma temperatura. Na Fig. 2.4, as curvas designadas por T_1, T_2 e T_3 reúnem todos os pontos que representam um estado do gás ideal nas temperaturas T_1, T_2 e T_3, respectivamente. As curvas da Fig. 2.4 são chamadas *isotermas*. As isotermas do gás ideal são hipérboles equiláteras determinadas pela relação

$$p = \frac{RT}{\bar{V}}. \tag{2.17}$$

Para cada curva, T assume um valor constante diferente.

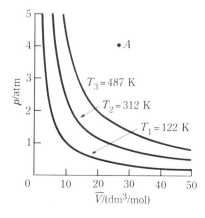

Fig. 2.4 Isotermas do gás ideal.

Na Fig. 2.5, cada ponto corresponde a um conjunto de valores para as coordenadas $\overline{V}$ e T; novamente, como na Fig. 2.4, cada ponto representa um estado do gás. Na Fig. 2.5, pontos correspondentes à mesma pressão estão reunidos em retas que são chamadas *isóbaras*. As isóbaras do gás ideal são descritas pela equação

$$\overline{V} = \left(\frac{R}{p}\right)T, \qquad (2.18)$$

onde se atribuem valores constantes para a pressão.

Como nas outras figuras, cada ponto da Fig. 2.6 representa um estado do gás, já que determina valores de p e T. As retas de volume molar constante são chamadas *isométricas* e são descritas pela equação

$$p = \left(\frac{R}{\overline{V}}\right)T, \qquad (2.19)$$

onde se atribuem valores constantes para o volume molar.

A grande utilidade desses diagramas deriva do fato de que todos os estados, gasoso, líquido e sólido, de qualquer substância pura, podem ser representados no mesmo diagrama. Usaremos essa idéia extensivamente e em particular no Cap. 12.

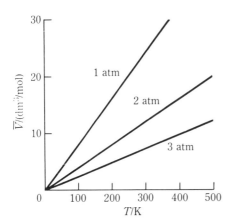
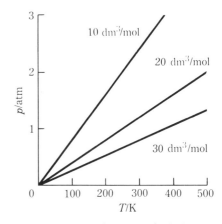

Fig. 2.5 Isóbaras do gás ideal.   **Fig. 2.6** Isométricas do gás ideal.

Um exame cuidadoso das Figs. 2.4, 2.5 e 2.6 e das Eqs. (2.17), (2.18) e (2.19) nos leva a conclusões um tanto bizarras acerca do gás ideal. Por exemplo, a Fig. 2.5 e a Eq. (2.18) dizem que o volume de um gás ideal mantido sob pressão constante é zero a $T = 0$ K. Semelhantemente, a Fig. 2.4 e a Eq. (2.17) nos dizem que o volume de um gás ideal, mantido a temperatura constante, aproxima-se de zero, à medida que a pressão se torna infinitamente grande. Essas previsões não correspondem ao comportamento observado para os gases reais a baixas temperaturas e altas pressões. À medida que um gás real sob pressão constante é resfriado, observamos uma diminuição de volume, mas numa certa temperatura definida o gás se liquefaz; depois que a liquefação ocorreu, não se observa grande diminuição do volume continuando-se a diminuição de temperatura. Similarmente, uma compressão isotérmica de um gás real pode produzir liquefação e, depois disso, um aumento de pressão produz uma pequena variação de volume. É por tudo isso que existe uma boa razão para se referir à expressão $p\bar{V} = RT$ como lei dos gases *ideais*. A discussão acima nos mostra que podemos esperar que a lei dos gases ideais falhe na previsão de propriedades dos gases reais a baixas temperaturas e altas pressões. A experiência mostra que o comportamento de todos os gases reais aproxima-se do caso ideal, à medida que a pressão se aproxima de zero.

No Cap. 3, serão discutidos em detalhes os desvios da lei dos gases ideais. Por enquanto, faremos apenas algumas observações gerais sobre a possibilidade de se usar a lei dos gases ideais para prever as propriedades dos gases reais. Na prática, se não for necessária uma aproximação muito grande, não hesitaremos em usar a lei dos gases ideais. Essa aproximação é em muitos casos bastante boa; talvez dentro de 5%. A lei dos gases ideais, que é de aplicação tão ampla, é surpreendentemente precisa em muitas situações práticas.

A lei dos gases ideais é tanto mais precisa quanto maior for a temperatura, em relação à temperatura crítica, e quanto mais baixa for a pressão em relação à pressão crítica* da substância. A lei dos gases ideais nunca é usada em trabalhos de precisão.

2.5 DETERMINAÇÃO DAS MASSAS MOLARES DOS GASES E SUBSTÂNCIAS VOLÁTEIS

A lei dos gases ideais é útil na determinação das massas molares de substâncias voláteis. Com esse objetivo, um bulbo de volume conhecido é preenchido com o gás a uma pressão e temperatura determinadas. Mede-se a massa de gás no bulbo. Essas medidas são suficientes para determinar a massa molar da substância. Da Eq. (2.12) temos $pV = (w/M)RT$; então

$$M = \left(\frac{w}{V}\right)\frac{RT}{p} = \left(\frac{\rho}{p}\right)RT, \tag{2.20}$$

onde ρ (= w/V) é a densidade. Todas as quantidades no segundo membro da Eq. (2.20) são conhecidas através das medidas; portanto, M pode ser calculado.

Um valor aproximado da massa molar é usualmente suficiente para determinar a fórmula molecular de uma substância. Por exemplo, se uma análise química de um gás fornece uma fórmula empírica $(CH_2)_n$, então a massa molar deve ser um múltiplo de 14 g/mol; as possibilidades são 28, 42, 56, 70, etc. Se uma determinação de massa molar usando a Eq. (2.20) fornece o valor 54 g/mol, então podemos concluir que $n = 4$ e que o material é o butano. O fato do gás não ser estritamente ideal não nos perturba na nossa conclusão. Nesse exemplo, os valores possíveis de M são suficientes separados, de forma que, mesmo tendo a lei dos gases ideais precisão de 5%, não teríamos dificuldade em assinalar o valor correto da fórmula molecular para o gás. Nesse exemplo, é pouco provável que a lei dos gases ideais, para uma escolha conveniente das condições experimentais, apresentasse um erro maior que 2%.

---

*Acima da temperatura crítica e acima da pressão crítica não é possível distinguir líquido e vapor como entidades distintas, ver Seç. 3.5.

Tabela 2.1 Formação de dímeros

Composto	Fórmula empírica	Fórmula molecular do vapor
Cloreto de alumínio	$AlCl_3$	Al_2Cl_6
Brometo de alumínio	$AlBr_3$	Al_2Br_6
Ácido fórmico	$HCOOH$	$(HCOOH)_2$
Ácido acético	CH_3COOH	$(CH_3COOH)_2$
Trióxido de arsênio	As_2O_3	As_4O_6
Pentóxido de arsênio	As_2O_5	As_4O_{10}
Trióxido de fósforo	P_2O_3	P_4O_6
Pentóxido de fósforo	P_2O_5	P_4O_{10}

Já que a determinação da massa molar juntamente com a análise química estabelece a fórmula molecular das substâncias gasosas, os resultados são de grande importância. Por exemplo, umas substâncias comuns exibem a formação de *dímeros*; uma função de duas unidades simples. A Tab. 2.1 mostra algumas destas substâncias, todas sólidas ou líquidas na temperatura ambiente. As medidas das massas molares precisam ser feitas a temperaturas suficientemente altas para vaporizar esses materiais.

O fato de que o comportamento de um gás real aproxima-se do comportamento de um gás ideal, à medida que a pressão é diminuída, é usado como base para a determinação precisa de massas molares dos gases. De acordo com a Eq. (2.20), a razão entre densidade e pressão deve ser independente da pressão: $\rho/p = M/RT$. Isto é correto para um gás ideal, mas se a densidade de um gás real for medida a uma temperatura e a várias pressões diferentes, a razão entre densidade e pressão irá depender ligeiramente da pressão. A pressões suficientemente baixas, ρ/p é uma função linear da pressão. A linha reta pode ser extrapolada para fornecer um valor de ρ/p à pressão nula $(\rho/p)_0$, que é adequado para o gás ideal e pode ser usado na Eq. (2.20) para dar um valor preciso de M:

$$M = \left(\frac{\rho}{p}\right)_0 RT. \qquad (2.21)$$

Esse procedimento está ilustrado para o amoníaco na Fig. 2.7.

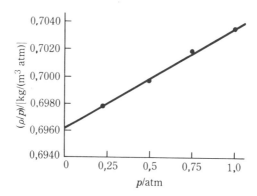

Fig. 2.7 Gráfico de ρ/p em função de p para o amoníaco, a 25°C.

2.6 MISTURAS; VARIÁVEIS DE COMPOSIÇÃO

O estado ou a condição de uma mistura de vários gases não depende apenas da pressão, do volume e da temperatura, mas também da composição da mistura. Conseqüentemente, um método de se exprimir a composição precisa ser estabelecido. O método mais simples seria o de indicar o número de moles n_1, n_2, . . . das várias substâncias na mistura (as massas também serviriam). Este método tem a desvantagem de que os números de moles são variáveis extensivas. É preferível expressar a composição de uma mistura em termos de um conjunto de variáveis intensivas.

Foi mostrado que a razão de duas variáveis extensivas é uma variável intensiva. Assim, o número de moles pode ser convertido em variável intensiva, dividindo-se cada um deles por alguma variável extensiva, o que pode ser feito de vários modos.

As concentrações volumétricas são obtidas pela divisão de cada um dos números de moles pelo volume da mistura.

$$\tilde{c}_i = \frac{n_i}{V} \qquad (2.22)$$

A unidade SI para concentração volumétrica é mol/m^3. Reservaremos o símbolo $\tilde{c}_i$ para a concentração volumétrica expressa em mol/m^3. Usaremos o símbolo c_i para a concentração volumétrica na unidade mais comumente utilizada, mol/l = mol/dm^3, chamada de concentração *molar* ou *molaridade*. As concentrações volumétricas são satisfatórias para descrever a composição de misturas líquidas ou sólidas, porque o volume é comparativamente insensível a variações de temperatura e pressão. Como o volume de um gás depende acentuadamente da temperatura e pressão, as concentrações volumétricas não são usualmente convenientes para descrever a composição de misturas gasosas.

As razões molares, r_i, são obtidas escolhendo-se um dos números de moles e dividindo todos os outros por esse. Escolhendo-se n_1 como divisor, temos

$$r_i = \frac{n_i}{n_1}. \qquad (2.23)$$

Uma variante deste método, a concentração molal m_i, é usualmente empregada para soluções líquidas. Seja o solvente o componente 1, com massa molar M_1. A molalidade do componente i é o número de moles de i por unidade de massa (kg) do solvente. Uma vez que a massa do solvente é $n_1 M_1$, o número de moles do soluto por quilograma do solvente é m_i:

$$m_i = \frac{n_i}{n_1 M_1} = \frac{r_i}{M_1}. \qquad (2.24)$$

A molalidade é a razão molar multiplicada por uma constante, $1/n_1$. Já que as razões molares e as molalidades são completamente independentes da temperatura e pressão, são preferíveis às concentrações molares para a descrição físico-química de misturas de qualquer tipo.

20 / FUNDAMENTOS DE FÍSICO-QUÍMICA

As frações molares, x_i, são obtidas dividindo cada um dos números de moles pelo número total de moles de todas as substâncias presentes, $n_i = n_1 + n_2 + \ldots$,

$$x_i = \frac{n_i}{n_t}. \tag{2.25}$$

A soma das frações molares de todas as substâncias de uma mistura é unitária:

$$x_1 + x_2 + x_3 + \cdots = 1. \tag{2.26}$$

Em virtude dessa relação, a composição da mistura é descrita quando as frações molares de todas as substâncias, exceto uma, são especificadas; a fração molar remanescente é calculada usando-se a Eq. (2.26). Do mesmo modo que as molalidades e as razões molares, as frações molares são independentes da temperatura e pressão e, portanto, são adequadas para descrever a composição de qualquer mistura. As misturas gasosas são comumente descritas por frações molares já que as relações p-V-T apresentam, nestes termos, uma forma concisa e simétrica.

2.7 EQUAÇÃO DE ESTADO DE UMA MISTURA GASOSA; LEI DE DALTON

A experiência mostra que, para uma mistura de gases, a lei dos gases ideais é correta na forma

$$pV = n_t RT, \tag{2.27}$$

onde n_i é o número total de moles de todos os gases no volume V. A Eq. (2.27) e o conhecimento das frações molares de todos, exceto um, os constituintes da mistura representam uma descrição completa do estado de equilíbrio do sistema.

É desejável relacionar as propriedades de sistemas complicados com as de sistemas mais simples; dessa forma, tentaremos descrever o estado de uma mistura gasosa em termos dos estados de gases puros não-misturados. Consideremos uma mistura de três gases descrita pelos números de moles n_1, n_2, n_3, num recipiente de volume V à temperatura T. Se $n_t = n_1 + n_2 + n_3$, então a pressão exercida pela mistura é dada por

$$p = \frac{n_t RT}{V} \tag{2.28}$$

Definimos pressão parcial de cada gás numa mistura como a pressão que o gás exerceria se ocupasse sozinho o volume V, na temperatura T. Assim, as pressões parciais p_1, p_2, p_3 são dadas por:

$$p_1 = n_1 \frac{RT}{V}, \qquad p_2 = n_2 \frac{RT}{V}, \qquad p_3 = n_3 \frac{RT}{V}. \tag{2.29}$$

Somando essas equações, obtemos

$$p_1 + p_2 + p_3 = (n_1 + n_2 + n_3)\frac{RT}{V} = n_t\frac{RT}{V}.$$

A comparação desta equação com a Eq. (2.28) mostra que

$$p = p_1 + p_2 + p_3. \tag{2.30}$$

Esta é a lei das pressões parciais de Dalton que estabelece que, a uma dada temperatura, a pressão total exercida por uma mistura gasosa é igual à soma das pressões parciais dos constituintes gasosos. O primeiro gás exerce uma pressão parcial p_1, o segundo gás exerce uma pressão parcial p_2 e assim por diante. As pressões parciais são calculadas com o uso da Eq. (2.29). As pressões parciais são relacionadas de modo simples com as frações molares dos gases na mistura. Dividindo ambos os membros da primeira das Eqs. (2.29) pela pressão total p, obtemos

$$\frac{p_1}{p} = \frac{n_1 RT}{pV}; \tag{2.31}$$

mas, pela Eq. (2.28), $p = n_t RT/V$. Usando este valor de p no segundo membro da Eq. (2.31), obtemos

$$\frac{p_1}{p} = \frac{n_1}{n_t} = x_1.$$

Portanto,

$$p_1 = x_1 p, \qquad p_2 = x_2 p, \qquad p_3 = x_3 p.$$

Essas equações são convenientemente abreviadas escrevendo

$$p_i = x_i p \qquad (i = 1, 2, 3, \ldots), \tag{2.32}$$

onde p_i é a pressão parcial do gás que tem fração molar x_i. A Eq. (2.32) permite o cálculo da pressão parcial de qualquer gás numa mistura a partir da fração molar do gás e da pressão total da mistura.

Duas coisas devem ser notadas acerca da Eq. (2.32): primeiro, se usarmos concentrações molares ou razões molares, o resultado final não será tão simples como o expresso pela Eq. (2.32); segundo, examinando os passos que levaram à Eq. (2.32), é óbvio que ela não se restringe a uma mistura de três gases; ela é correta para uma mistura contendo qualquer número de gases.

2.8 O CONCEITO DE PRESSÃO PARCIAL

A definição dada nas Eqs. (2.29) para pressão parcial de gases numa mistura é puramente matemática; perguntamos agora se esse conceito matemático de pressão parcial tem algum significado físico ou não. Os resultados de duas experiências ilustradas nas Figs. 2.8 e 2.9 respondem a esta questão. Consideremos primeiramente a experiência mostrada na Fig. 2.8. Um recipiente, Fig. 2.8(a), é dividido em dois compartimentos de igual volume V. O compartimento superior contém hidrogênio sob pressão de uma atmosfera; o compartimento inferior está evacuado. Um dos braços de um manômetro está coberto por uma folha fina de paládio e está conectado ao compartimento cheio de hidrogênio. O outro braço do manômetro está aberto e sob uma pressão de 1 atm, que é mantida constante durante a experiência, assim como a temperatura. No início da experiência, os níveis do mercúrio nos dois braços do manômetro estão na mesma altura. Isso é possível porque a membrana do paládio é permeável ao hidrogênio mas não a outros gases e, portanto, a membrana não bloqueia a entrada do hidrogênio no braço do manômetro.

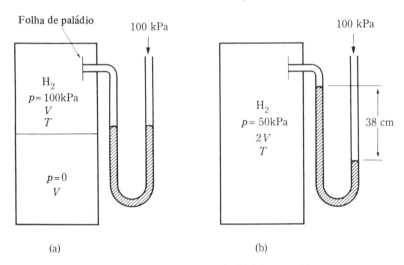

Fig. 2.8 (a) Divisão no lugar. (b) Divisão removida.

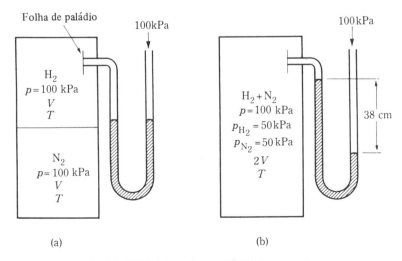

Fig. 2.9 (a) Divisão no lugar. (b) Divisão removida.

A divisão é removida e o hidrogênio ocupa todo o recipiente. Depois de certo tempo, os níveis de mercúrio estão nas posições finais da Fig. 2.8(b). Já que o volume disponível para o hidrogênio duplicou, a pressão no recipiente caiu para a metade do seu valor original. (Neste cálculo desprezamos o volume do braço do manômetro.)

Numa segunda experiência, Fig. 2.9, o compartimento inferior contém nitrogênio (que não passa pela folha de paládio) sob 1 atm de pressão. No início da experiência, os níveis de mercúrio estão na mesma altura. A divisão é removida e os gases misturam-se dentro do recipiente. Depois de certo tempo, os níveis estão nas posições indicadas na Fig. 2.9(b). O resultado dessa experiência é *exatamente* o mesmo que o da primeira experiência, na qual o compartimento inferior estava evacuado. O hidrogênio comporta-se exatamente como se o nitrogênio não estivesse presente. Esse resultado importante significa que o conceito de pressão parcial possui tanto significado físico como matemático.

A interpretação de cada experiência é imediata. Na primeira, o manômetro lê a pressão total tanto antes como depois de se ter removida a divisão:

$$p_{inicial} = \frac{n_{H_2} R T}{V} = 1 \text{ atm},$$

$$p_{final} = \frac{n_{H_2} R T}{2V} = \tfrac{1}{2} \text{ atm}.$$

Na segunda experiência, o manômetro lê a *pressão total* antes da membrana ter sido removida e a *pressão parcial de hidrogênio na mistura* depois da remoção da membrana:

$$p_{inicial} = \frac{n_{H_2} R T}{V} = 1 \text{ atm},$$

$$p_{H_2 \, (final)} = \frac{n_{H_2} R T}{2V} = \tfrac{1}{2} \text{ atm},$$

$$p_{N_2 \, (final)} = \frac{n_{N_2} R T}{2V} = \tfrac{1}{2} \text{ atm},$$

$$p_{total, \, final} = p_{H_2} + p_{N_2} = \tfrac{1}{2} + \tfrac{1}{2} = 1 \text{ atm}.$$

Note que a pressão total no recipiente não varia depois da remoção da divisão.

É possível medir diretamente a pressão parcial de qualquer gás numa mistura, se existe uma membrana seletivamente permeável a esse gás; por exemplo, o paládio é permeável ao hidrogênio e certos tipos de vidro são permeáveis ao hélio. O fato de que, no momento, apenas poucas membranas são conhecidas não destrói a realidade física do conceito de pressão parcial. Mais tarde, será mostrado que no equilíbrio químico envolvendo gases e nos equilíbrios físicos, como a solubilidade de gases em líquidos e sólidos, a pressão parcial dos gases na mistura é que é significativa (outra confirmação do significado físico do conceito.)

2.9 A LEI DE DISTRIBUIÇÃO BAROMÉTRICA

Na discussão feita até aqui sobre o comportamento dos gases ideais foi tacitamente admitido que a pressão do gás tem o mesmo valor em qualquer parte do recipiente. Estritamente falando, essa hipótese é correta apenas na ausência de campos de força. Já que todas as medidas são feitas em sistemas no laboratório que estão sempre na presença de um campo gravitacional, é importante conhecer qual o efeito produzido pela influência desse campo. Pode-se dizer que, para sistemas gasosos de tamanhos comuns, a influência do campo gravitacional é tão fraca que é imperceptível mesmo com métodos experimentais extremamente refinados. Para um fluido de maior densidade, como um líquido, o efeito é bastante pronunciado e a pressão será diferente em diferentes alturas num recipiente.

Uma coluna de fluido, Fig. 2.10, tendo seção transversal de área A a uma temperatura uniforme T, está sujeita a um campo gravitacional agindo de cima para baixo, dando a uma par-

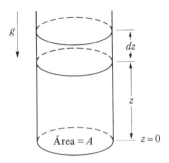

Fig. 2.10 Coluna de fluido em um campo gravitacional.

tícula uma aceleração g. A coordenada vertical z é medida de baixo para cima, a partir do chão, onde $z = 0$. A pressão a qualquer altura z, na coluna, é determinada pela massa total do fluido, m, acima desta altura. A força de cima para baixo sobre esta massa é mg; esta força dividida pela área é a pressão na altura z:

$$p = \frac{mg}{A}. \tag{2.33}$$

Seja a pressão na altura $z + dz$ igual a $p + dp$; assim,

$$p + dp = \frac{m'g}{A},$$

onde m' é a massa do fluido acima da altura $z + dz$. Mas

$$m' + dm = m \quad \text{ou} \quad m' = m - dm,$$

se dm é a massa do fluido na fatia entre z e $z + dz$. Então

$$p + dp = \frac{(m - dm)g}{A} = \frac{mg}{A} - \frac{g\,dm}{A}$$

Em vista da Eq. (2.33) esta igualdade torna-se

$$dp = -\frac{g\,dm}{A}.$$

Se ρ é a densidade do fluido, então $dm = \rho A\, dz$; usando isto na expressão para dp obtemos

$$dp = -\rho g\, dz. \tag{2.34}$$

A equação diferencial, Eq. (2.35), relaciona a variação na pressão, dp, com a densidade do fluido, a aceleração da gravidade e o incremento na altura dz. O sinal negativo significa que, se a altura aumentar (dz é $+$), a pressão do fluido diminuirá (dp é $-$). O efeito da variação na altura sobre a pressão é proporcional à dimensão do fluido; portanto, o efeito é importante para os líquidos e desprezível para os gases.

Se a densidade de um fluido é independente da pressão, como é o caso dos líquidos, a Eq. (2.34) pode ser integrada imediatamente. Já que ρ e g são constantes, eles podem ser removidos da integral e obtemos

$$\int_{p_0}^{p} dp = -\rho g \int_{0}^{z} dz,$$

que, depois de integrada, dá

$$p - p_0 = -\rho g z, \tag{2.35}$$

onde p_0 é a pressão na base da coluna e p é a pressão na altura z acima do início da coluna. A Eq. (2.35) é a fórmula usual para pressão hidrostática de um líquido.

Para se aplicar a Eq. (2.34) a um gás é preciso reconhecer que a densidade de um gás é uma função da pressão. Se o gás é ideal, então, da Eq. (2.20), $\rho = Mp/RT$. Usando este resultado na Eq. (2.34), temos

$$dp = -\frac{Mgp\, dz}{RT}.$$

Separando as variáveis fica

$$\frac{dp}{p} = -\frac{Mg\, dz}{RT} \tag{2.36}$$

e, integrando, obtemos

$$\ln p = -\frac{Mgz}{RT} + C. \tag{2.37}$$

A constante de integração C é avaliada em termos da pressão na base; quando $z = 0$, $p = p_0$. Usando esses valores na Eq. (2.37), encontramos que $\ln p_0 = C$. Substituindo esse valor de C e rearrumando, reduzimos a Eq. (2.37) a

$$\ln\left(\frac{p}{p_0}\right) = -\frac{Mgz}{RT} \tag{2.38}$$

ou

$$p = p_0 e^{-Mgz/RT}. \tag{2.39}$$

Já que a densidade é proporcional à pressão e o número de moles por metro cúbico também o é, a Eq. (2.39) pode ser escrita em duas outras formas equivalentes:

$$\rho = \rho_0 e^{-Mgz/RT} \quad \text{ou} \quad \tilde{c} = \tilde{c}_0 e^{-Mgz/RT}, \qquad (2.40)$$

onde ρ e ρ_0 são as densidades e $\tilde{c}$ e $\tilde{c}_0$ são as concentrações em mol/m^3 a z e ao nível do solo. Quaisquer das Eqs. (2.39) ou (2.40) são chamadas lei de distribuição barométrica ou lei de distribuição gravitacional. A equação é uma lei de distribuição, uma vez que descreve a distribuição do gás na coluna. A Eq. (2.39) relaciona a pressão em qualquer altura z com a altura, a temperatura da coluna, a massa molar do gás e a aceleração produzida pelo campo gravitacional. A Fig. 2.11 mostra um gráfico de p/p_0 contra z para o nitrogênio em três temperaturas, de acordo com a Eq. (2.39). A Fig. 2.11 mostra que a temperaturas mais altas a distribuição é mais homogênea do que a temperaturas mais baixas. A variação na pressão com a altura é menos pronunciada à medida que a temperatura sobe; se a temperatura fosse infinita, a pressão seria a mesma em qualquer parte da coluna.

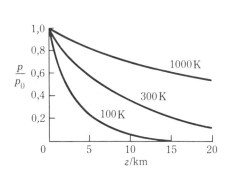

Fig. 2.11 Gráfico de p/p_0 contra z para o nitrogênio.

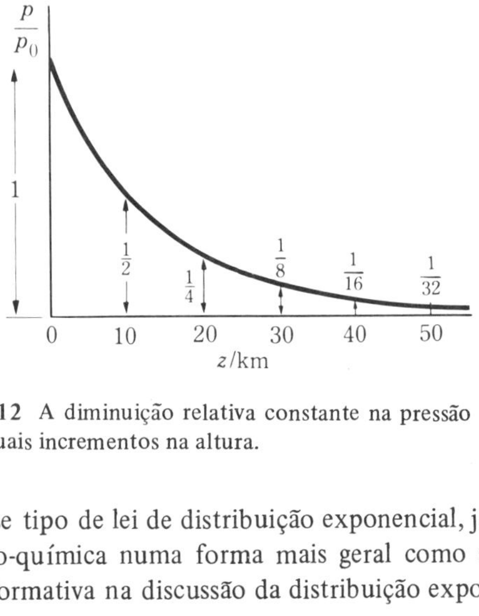

Fig. 2.12 A diminuição relativa constante na pressão com iguais incrementos na altura.

É conveniente examinar mais detidamente esse tipo de lei de distribuição exponencial, já que ocorre tão freqüentemente em Física e Físico-química numa forma mais geral como a *distribuição de Boltzmann*. A Eq. (2.36) é mais informativa na discussão da distribuição exponencial e pode ser escrita como

$$\frac{-dp}{p} = \frac{Mg\,dz}{RT}, \qquad (2.41)$$

que diz que a diminuição relativa na pressão*, $-dp/p$, é uma constante, Mg/RT, multiplicada pelo aumento na altura, dz. Segue-se daí que esta diminuição relativa é a mesma em todas as posições na coluna; portanto, não importa a escolha da origem do eixo z. Por exemplo, suponhamos que, para um certo gás, a pressão ao nível do solo seja 1 atm e a distribuição mostre que a pressão diminui para 1/2 atm a uma altura de 10 km. Então, para esse mesmo gás, a pressão na altura z + 10 km é a metade do valor da pressão na altura z. Assim, em qualquer altura,

---

*Como dp é um aumento, $-dp$ é um decréscimo.

PROPRIEDADES EMPÍRICAS DOS GASES / 27

a pressão é a metade do valor que tinha na altura 10 km abaixo. Esse aspecto da lei de distribuição está enfatizado na Fig. 2.12.

O argumento não depende da escolha da metade como valor relativo. Suponhamos que, para o mesmo gás, a pressão na altura 6,3 km seja 0,88 do valor no solo. Dessa forma, em outro intervalo de 6,3 km a pressão cairá outra vez de um fator 0,88. A pressão a $2(6,3) = 12,6$ km será, então, $(0,88)(0,88) = 0,774$ do seu valor no solo (ver o Probl. 2.33).

Outro ponto a se notar acerca da Eq. (2.41) é que a diminuição relativa na pressão é proporcional a Mg/RT. Conseqüentemente, para qualquer gás particular, a diminuição relativa será menor a temperaturas mais altas (ver a Fig. 2.11). A uma temperatura especificada, a diminuição relativa é maior para um gás que tenha maior massa molar do que para um gás com menor massa molar.

Para uma mistura gasosa no campo gravitacional, pode ser mostrado que cada um dos gases obedece à lei de distribuição independentemente dos outros. Para cada gás,

$$p_i = p_{i0} e^{-M_i gz/RT}, \qquad (2.42)$$

onde p_i é a pressão parcial do gás i na mistura, na altura z, p_{i0} é a pressão parcial do gás no solo e M_i é a massa molar do gás. Uma conseqüência interessante dessa lei é que as pressões parciais de gases muito leves diminuem menos rapidamente com a altura que as dos gases mais pesados. Portanto, na atmosfera terrestre, a composição em percentagem nas alturas muito grandes é bastante diferente da composição do solo. A uma altura de 100 km os gases leves como o hélio e o neônio têm uma maior percentagem na atmosfera do que junto ao solo.

Usando a Eq. (2.42) podemos estimar a composição atmosférica em diferentes altitudes. Mesmo embora a atmosfera não seja isotérmica e não esteja em equilíbrio, estas estimativas não são muito ruins.

■ **EXEMPLO 2.3** A pressão parcial do argônio na atmosfera é de 0,0093 atm. Qual é a pressão do argônio a 50 km, se a temperatura for de $20°C$? $g = 9,807$ m/s^2.

No SI, $M_{Ar} = 0,0399$ kg/mol e $z = 50$ km $= 5 \times 10^4$ m. Então,

$$\frac{Mgz}{RT} = \frac{(0,0399 \text{ kg/mol})(9,807 \text{ m/s}^2)(5 \times 10^4 \text{ m})}{(8,314 \text{ J/K mol})(293 \text{ K})} = 8,03,$$

e

$$p = p_0 e^{-Mgz/RT} = 0,0093 \text{ atm } e^{-8,03} = 3.0 \times 10^{-6} \text{ atm.}$$

★ **2.9.1 A Distribuição de Partículas numa Solução Coloidal**

A lei de distribuição na Eq. (2.40) não se aplica somente aos gases, mas também descreve a dependência da concentração de partículas coloidais ou poliméricas suspensas numa solução líquida com relação a posição na solução. O número total de moles da substância no elemento de volume entre z_1 e z_2 é dado por dn:

$$dn = \tilde{c} \, dV = \tilde{c}A \, dz \qquad (2.43)$$

28 / FUNDAMENTOS DE FÍSICO-QUÍMICA

Para obter o número total de moles, $n(z_1, z_2)$, entre quaisquer duas posições, z_1 e z_2, na coluna, integramos a Eq. (2.43) entre aquelas posições:

$$n(z_1, z_2) = \int_{z_1}^{z_2} dn = \int_{z_1}^{z_2} \tilde{c}A \, dz. \tag{2.44}$$

O volume aprisionado entre z_1 e z_2 é

$$V(z_1, z_2) = \int_{z_1}^{z_2} A \, dz.$$

A concentração média, $<\tilde{c}>$, na camada é

$$\langle \tilde{c} \rangle = \frac{n(z_1, z_2)}{V(z_1, z_2)} = \frac{\displaystyle\int_{z_1}^{z_2} \tilde{c}A \, dz}{\displaystyle\int_{z_1}^{z_2} A \, dz}. \tag{2.45}$$

Se a coluna é uniforme na seção transversal, então a área A é constante e obtemos

$$\langle \tilde{c} \rangle = \frac{\displaystyle\int_{z_1}^{z_2} \tilde{c} \, dz}{z_2 - z_1}. \tag{2.46}$$

Usamos $\tilde{c}$ como uma função de z da Eq. (2.40) para avaliar a integral. Desta forma podemos relacionar a concentração em qualquer parte do recipiente com o número total de moles. Uma vez que a distribuição das moléculas de um polímero em solução é determinada pela massa molar do polímero, a diferença na concentração entre o topo e a base da solução pode ser usada para medir a massa molar do polímero.

■ **EXEMPLO 2.4** Considere uma coluna de ar a 20°C no campo gravitacional da terra. Qual a fração de nitrogênio presente na atmosfera situada abaixo de 20 km?

O número de moles do gás abaixo da altura z é dado pela Eq. (2.44):

$$n(0, z) = \int_0^z dn = \int_0^z \tilde{c}A \, dz = A\tilde{c}_0 \int_0^z e^{-Mgz/RT} \, dz = A\tilde{c}_0 \frac{RT}{Mg} (1 - e^{-Mgz/RT}).$$

O número total de moles é

$$n(0, \infty) = \int_0^\infty dn = A\tilde{c}_0 \frac{RT}{Mg} \lim_{z\to\infty} (1 - e^{-Mgz/RT}) = A\tilde{c}_0 \frac{RT}{Mg}.$$

A fração abaixo de z é $n(0, z)/n(0, \infty) = 1 - e^{-Mgz/RT}$. Neste caso, como para o nitrogênio $M = 0,0280$ kg/mol, $z = 2 \times 10^4$ m e $T = 293$ K,

$$\frac{Mgz}{RT} = \frac{(0,0280 \text{ kg/mol})(9,807 \text{ m/s}^2)(2 \times 10^4 \text{ m})}{(8,314 \text{ J/K mol})(293 \text{ K})} = 2,25;$$

então

$$\frac{n(0, 20 \text{ km})}{n(0, \infty)} = 1 - e^{-2,25} = 1 - 0,10 = 0,90.$$

QUESTÕES

2.1 Por que os quatro valores das propriedades massa, volume, temperatura e pressão são insuficientes para descrever o estado de um gás que *não* está em equilíbrio; por exemplo, um gás turbulento?

2.2 Na lei dos gases ideais, n pode ser identificado como o número de moles sem a hipótese de Avogadro?

2.3 De acordo com a lei de Dalton, a quem se deve a maior parte da pressão da atmosfera (que é ar)?

2.4 Por que todas as moléculas de gás na atmosfera simplesmente não caem na terra?

2.5 A força que atua sobre um íon de carga negativa $-q$ num campo elétrico constante E, na direção z, é $F = -qE$. Por analogia ao caso gravitacional, qual é a distribuição espacial destes íons imersos na coluna de um gás e sujeito a um campo vertical constante E? (Ignore o efeito da gravidade nos íons e no gás.)

PROBLEMAS

Fatores de conversão:

Volume: $1 \, l = 1 \, \text{dm}^3 = 10^{-3} \, \text{m}^3$ (todos os valores são exatos)
Pressão: $1 \, \text{atm} = 760 \, \text{torr} = 1,01325 \times 10^5 \, \text{Pa}$ (todos os valores são exatos).

2.1 5 g de etano estão contidas num bulbo de 1 dm³ de capacidade. O bulbo é tão fraco que romperá se a pressão exceder 1 MPa. A que temperatura a pressão do gás atingirá o valor de ruptura?

2.2 Um cilindro grande para estocar gases comprimidos tem um volume de cerca de 0,050 m³. Se o gás é estocado sobre uma pressão de 15 MPa a 300 K, quantos moles do gás estão contidos no cilindro? Qual será a massa de oxigênio em tal cilindro?

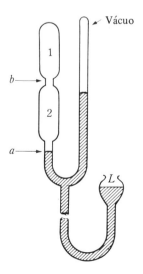

Fig. 2.13

30 / FUNDAMENTOS DE FÍSICO-QUÍMICA

2.3 Existe hélio a $30,2°C$ no sistema ilustrado na Fig. 2.13. O nível do bulbo L pode ser elevado de tal modo a preencher o bulbo inferior com mercúrio e forçar o gás para a parte superior do equipamento. O volume no bulbo 1 até a marca b é $100,5$ cm^3 e o volume do bulbo 2 entre as duas marcas a e b é $110,0$ cm^3. A pressão exercida pelo hélio é medida pela diferença entre os níveis de mercúrio no equipamento e no braço evacuado do manômetro. Quando o nível de mercúrio está em a, a diferença de níveis é de $20,14$ mm. A densidade do mercúrio a $30,2°C$ é $13,5212$ g/cm^3 e a aceleração da gravidade é $9,80665$ m/s^2. Qual é a massa de hélio no equipamento?

2.4 O mesmo tipo de equipamento do Probl. 2.3 é usado aqui. Neste caso, o volume v_1 não é conhecido; o volume do bulbo 2, v_2, é $110,0$ cm^3. Quando o nível de mercúrio está em a, a diferença de níveis é $15,42$ mm. Quando o nível de mercúrio sobe para b, a diferença entre os níveis é de $27,35$ mm. Use os valores dados no Probl. 2.3 da densidade do mercúrio e de g. A temperatura é $30,2°C$. a) Qual é a massa de hélio no sistema? b) Qual é o volume do bulbo 1?

2.5 Suponhamos que, no estabelecimento de uma escala de massas atômicas, as condições padrões foram escolhidas como $p_0 = 1$ atm, $V_0 = 0,03$ m^3 (exatamente) e $T_0 = 300$ K (exatamente). Calcule a "constante dos gases", o "número de Avogadro" e as massas de um "mol" de átomos de hidrogênio e de átomos de oxigênio.

2.6 O coeficiente de expansão térmica α é definido por $\alpha = (1/V)\,(\partial V/\partial T)_p$. Usando a equação de estado, calcule o valor de α para um gás ideal.

2.7 O coeficiente de compressibilidade κ definido por $k = -(1/V)\,(\partial V/\partial p)_T$. Calcule o valor de κ para um gás ideal.

2.8 Para um gás ideal, exprima a derivada $(\partial p/\partial T)_V$ em termos de α e κ.

2.9 Considere uma mistura gasosa num recipiente de 2 dm^3 a $27°C$. Para cada mistura, calcule a pressão parcial de cada gás, a pressão total e a composição da mistura em percentagem molar. Compare os resultados dos quatro cálculos.

a) 1 g H_2 e 1 g O_2
b) 1 g N_2 e 1 g O_2
c) 1 g CH_4 e 1 g NH_3
d) 1 g H_2 e 1 g Cl_2

2.10 Uma amostra de ar é coletada sobre água a $20°C$. No equilíbrio a pressão total do ar úmido é 1 atm. A pressão de vapor da água no equilíbrio, a $20°C$, é $17,54$ torr; a composição do ar seco é 78 mol % de N_2, 21 mol % de O_2 e 1 mol % de Ar.

a) Calcule as pressões parciais de nitrogênio, oxigênio e argônio na mistura úmida.
b) Calcule as frações molares de nitrogênio, oxigênio, argônio e água na mistura úmida.

2.11 Considere uma amostra de 20 l de ar úmido a $60°C$, sob uma pressão total de 1 atm, na qual a pressão parcial de vapor de água é $0,120$ atm. Assuma a composição do ar seco dada no Probl. 2.10.

a) Quais são as percentagens molares de cada um dos gases na amostra?
b) A umidade relativa percentual é definida como U. R. % = $100\,p_a/p_{a_0}$, onde p_a é a pressão parcial da água na amostra e p_{a_0} é a pressão de vapor da água em equilíbrio na temperatura em questão. A $60°C$, $p_{a_0} = 0,197$ atm. Que volume a mistura deve ocupar a $60°C$, se a umidade relativa for de 100%?
c) Que fração da água condensará, se a pressão total da mistura for aumentada, isotermicamente, para 200 atm?

2.12 Uma caixa contém água líquida em equilíbrio com vapor d'água a $30°C$. A pressão de vapor da água em equilíbrio a $30°C$ é $31,82$ torr. Aumentando-se o volume da caixa, parte da água líquida evaporá a fim de manter a pressão de equilíbrio. Há $0,90$ g de água presente. Qual deve ser o volume da caixa para que todo o líquido evapore? (Ignore o volume da água líquida.)

PROPRIEDADES EMPÍRICAS DOS GASES / 31

2.13 A pressão total de uma mistura de oxigênio e nitrogênio é 1,00 atm. Após se inflamar a mistura, a água formada é retirada. O gás restante é hidrogênio puro e exerce uma pressão de 0,40 atm, quando medido nas mesmas condições de T e V da mistura original. Qual era a composição original da mistura (% molar)?

2.14 Uma mistura de nitrogênio e vapor d'água é introduzida num frasco que contém um agente secante. Imediatamente após a introdução, a pressão no frasco é 760 torr. Depois de algumas horas, a pressão atinge o valor estacionário de 745 torr.

a) Calcule a composição, em percentagem molar, da mistura original.
b) Se a experiência é realizada a $20°C$ e o agente secante aumenta seu peso de 0,150 g, qual é o volume do frasco? (O volume ocupado pelo agente secante pode ser desprezado.)

2.15 Uma mistura de oxigênio e hidrogênio é analisada passando-a sobre óxido de cobre aquecido e através de um tubo secador. O hidrogênio reduz o CuO de acordo com a equação $CuO + H_2 \rightarrow Cu + H_2O$; o oxigênio, então, reoxida o cobre formado: $Cu + 1/2 O_2 \rightarrow CuO$; $100,0$ cm^3 da mistura, medidos a $25°C$ e 750 torr, fornecem 84,5 cm^3 de oxigênio seco, medidos a $25°C$ e 750 torr depois de passar pelo CuO e pelo agente secante. Qual é a composição original da mistura?

2.16 Uma amostra de C_2H_6 é queimada num volume de ar suficiente para fornecer o dobro da quantidade de oxigênio necessária para queimar o C_2H_6 completamente a CO_2 e H_2O. Qual a composição (fração molar) da mistura gasosa, após queima completa do etano? Assuma que toda a água presente está na fase vapor e que o ar possui 78% de nitrogênio, 21% de oxigênio e 1% de argônio.

2.17 Sabe-se que uma amostra gasosa é mistura de etano e butano. Um bulbo de 200,0 cm^3 de capacidade é preenchido com o gás a uma pressão de 100,0 kPa a $20,0°C$. Se o peso do gás no bulbo é 0,3846 g, qual é a percentagem molar de butano na mistura?

2.18 Um bulbo de 138,2 ml de volume contém 0,6946 g de gás a 756,2 torr e $100,0°C$. Qual a massa molar do gás?

2.19 Considere uma coluna isotérmica de um gás ideal a $25°C$. Qual deve ser a massa molar deste gás a (a) 10 km, (b) 1 km e (c) 1 m, se a sua pressão é 0,80 da pressão no solo? (d) Que tipos de moléculas possuem massas molares da grandeza encontrada em (c)?

2.20 Admitindo que o ar tem uma massa molar média de 28,9 g/mol e que a atmosfera é isotérmica a $25°C$, calcule a pressão barométrica em Vila Monte Verde (MG), que está a 1 600 m acima do nível do mar; calcule a pressão barométrica no topo do Monte Evans, que está a 4 348 m acima do nível do mar. A pressão do nível do mar pode ser tomada como 760 torr.

2.21 Considere um "gás ideal formado de batatas" que tem as seguintes propriedades: ele obedece à lei dos gases ideais, as partículas pesam 100 g, mas não ocupam volume, isto é, são massas pontuais.

a) A $25°C$, calcule a altura na qual o número de batatas por metro cúbico cai a um milionésimo do valor ao nível do solo.
b) Reconhecendo que uma batata real ocupa um volume, existe alguma correspondência entre o resultado do cálculo em (a) e a distribuição espacial de batatas observada num saco de papel?

2.22 Considere a pressão na altura de 10 km numa coluna de ar, $M = 0,0289$ kg/mol. Se a pressão no solo permanecer a 1 atm, mas a temperatura variar de 300 K para 320 K, qual será a variação na pressão a 10 km de altitude?

2.23 A 300 K uma mistura gasosa num campo gravitacional exerce uma pressão total de 1,00 atm e consiste de nitrogênio, $M = 0,0280$ kg/mol, numa fração molar de 0,600; o outro gás é dióxido de carbono, $M = 0,0440$ kg/mol.

a) Calcule as pressões parciais de N_2 e CO_2, a pressão total e a fração molar de N_2 na mistura a 50 km de altitude.

32 / FUNDAMENTOS DE FÍSICO-QUÍMICA

b) Calcule o número de moles de nitrogênio entre 0 e 50 km de altitude numa coluna cuja área da seção reta é de 5 m^2.

2.24 A composição aproximada da atmosfera ao nível do mar é dada na tabela abaixo.*

Gás	Percentagem em moles
Nitrogênio	78,09
Oxigênio	20,93
Argônio	0,93
Dióxido de carbono	0,03
Neônio	0,0018
Hélio	0,0005
Criptônio	0,0001
Hidrogênio	5×10^{-5}
Xenônio	8×10^{-6}
Ozona	5×10^{-5}

Desprezando os quatro últimos componentes, calcule as pressões parciais dos outros, a pressão total e a composição da atmosfera em percentagem molar a altitudes de 50 e 100 km. ($t = 25°C$.)

2.25 A solução de um polímero, $M = 200$ kg/mol, enche um recipiente até uma altura de 10 cm, a $27°C$. Se a concentração do polímero no fundo da solução é c_0, qual é a concentração no topo da solução?

2.26 Considere uma solução coloidal, $M = 150$ kg/mol, num campo gravitacional a 300 K. Se a concentração do colóide é 0,00080 mol/l no topo da solução e 0,0010 mol/l no fundo,

a) Qual a profundidade da solução?
b) Calcule a concentração média do colóide nos 0,10 m mais baixos da solução.
c) Calcule o número de moles nos 0,10 m mais baixos da solução, se a área da seção reta do recipiente é 20 cm^2.

2.27 A solução de um polímero tem uma concentração média, $< \tilde{c} >$, igual a 0,100 mol/m^3 e uma massa molar média de 20,0 kg/mol. A $25°C$ a solução preenche um cilindro de 50 cm de altura. Quais são as concentrações do polímero no topo e no fundo do cilindro?

2.28 A 300 K, a solução de um polímero enche um cilindro até 0,20 m de altura; a área da seção reta é de 20 cm^2.

a) Se a concentração no topo da solução é 95% da concentração no fundo, qual é a massa molar do polímero?
b) Calcule a massa total do polímero no recipiente, se $\tilde{c}_0 = 0,25$ mol/m^3.
c) Calcule a concentração média do polímero na solução.

2.29 Um balão tendo a capacidade 10.000 m^3 é preenchido com hélio a $20°C$ e 1 atm de pressão. Se o balão é carregado com 80% da carga que ele pode deslocar ao nível do solo, a que altura o balão atingirá o equilíbrio? Admita que o volume do balão é constante, a atmosfera isotérmica a $20°C$, a massa molar do ar é de 28,9 g/mol e a pressão a nível do solo é 1 atm. A massa do balão é $1,3 \times 10^6$ g.

2.30 Quando Júlio César morreu, o seu último suspiro teria tido um volume de 500 cm^3. Este gás expelido continha 1 mol% de argônio. Admita que a temperatura era de 300 K e que a pressão ao nível do solo

---

*Com permissão de Van Nostrand's *Scientific Encyclopedia*, 3ª ed., New York: D. Van Nostrand Co., Inc., 1958, p. 34.

PROPRIEDADES EMPÍRICAS DOS GASES / 33

era 1 atm. Admita que a temperatura e a pressão são uniformes na superfície terrestre e que ainda tenham os mesmos valores. Se as moléculas de argônio de Júlio César tivessem permanecido na atmosfera e tivessem se misturado completamente, quantas respirações, de 500 cm^3 cada, precisamos dar, para, em média, inalarmos uma das moléculas de argônio de Júlio César? O raio médio da Terra é $6,37 \times 10^6$ m.

2.31 Mostre que $x_i = (y_i/M_i)/[(y_1/M_1) + (y_2/M_2) + \ldots]$, na qual x_i, y_i e M_i representam a fração molar, a percentagem em peso e a massa molar do componente i, respectivamente.

2.32 Expresse as pressões parciais numa mistura de gases. a) em termos das concentrações volumétricas $\tilde{c}_i$ e b) em termos das relações molares r_i.

2.33 Se, a uma altura especificada Z, a pressão do gás é p_Z e a $z = 0$ é p_0, mostre que em qualquer altura z, $p = p_0 f^{z/Z}$, onde $f = p_Z/p_0$.

2.34 Considere um gás ideal com uma massa molar fixa e numa temperatura determinada em um campo gravitacional. Se numa altitude de 5,0 km a pressão é 0,90 do valor no solo, que fração do valor no solo terá a pressão a 10 km? E a 15 km?

2.35 a) Mostre que, se calcularmos o número total de moléculas de um gás na atmosfera utilizando a fórmula barométrica, obtemos o mesmo resultado que se admitíssemos que o gás tem a mesma pressão do nível do solo até a altura $z = RT/Mg$ e pressão nula acima deste nível.
b) Mostre que a massa total da atmosfera terrestre é dada por Ap_0/g, onde p_0 é a pressão total no nível do solo e A é a área da superfície terrestre. Note que este resultado não depende da composição da atmosfera. (Faça este problema primeiro calculando a massa de cada constituinte, fração molar x_i, massa molar M_i e somando. Então, examinando o resultado, resolva-o da forma mais fácil.)
c) Se o raio médio da Terra é $6,37 \times 10^6$ m e $p_0 = 1$ atm, calcule a massa da atmosfera.

2.36 Como os gases na atmosfera estão distribuídos de modo diferente, de acordo com suas massas molares, a percentagem *média* de cada gás é diferente da percentagem no nível do solo. São dados os valores (x_i^0) das frações molares ao nível do solo.
a) Deduza uma relação entre a fração molar média do gás na atmosfera e as frações molares ao nível do solo.
b) Se as frações molares de N_2, O_2 e Ar ao nível do solo são 0,78, 0,21 e 0,01, respectivamente, calcule as frações molares médias de N_2, O_2 e Ar na atmosfera.
c) Mostre que a *fração ponderal média* de qualquer gás na atmosfera é igual a sua *fração molar ao nível do solo*.

2.37 Considere uma coluna de gás no campo gravitacional. Calcule a altura Z, determinada pela condição de que metade da massa da coluna está abaixo da cota Z.

2.38 Para a dissociação $N_2O_4 \rightleftharpoons 2NO_2$, a constante de equilíbrio a 25°C é $K = 0,115$; ela está relacionada ao grau de dissociação α e à pressão em atm por $K = 4\alpha^2 p/(1 - \alpha^2)$. Se n é o número de moles de N_2O_4 que estariam presentes se não ocorresse dissociação, calcule V/n a $p = 2$ atm, 1 atm e 0,5 atm, assumindo que a mistura em equilíbrio possui comportamento. Compare os resultados com os volumes que obteríamos no caso da dissociação não ocorrer.

2.39 Para a mistura descrita no Probl. 2.38, mostre que à medida que p se aproxima de zero o fator de compressibilidade $Z = pV/nRT$ se aproxima de 2, em vez do valor unitário usual. Por que isto ocorre?

3

Gases Reais

3.1 DESVIOS DO COMPORTAMENTO IDEAL

Uma vez que a lei dos gases ideais não representa precisamente o comportamento dos gases reais, tentaremos agora formular equações mais realistas para o estado dos gases e explorar as implicações dessas equações.

Se as medidas de pressão, volume molar e temperatura de um gás não confirmam a relação $p\overline{V} = RT$, dentro da precisão das medidas, dizemos que o gás desvia-se da idealidade ou que exibe um comportamento não-ideal. Para observar os desvios de modo mais claro, a relação entre o volume molar observado $\overline{V}$ e o volume molar ideal $\overline{V}_{id}$ ($= RT/p$) é colocada como função de p a temperatura constante. Essa relação é chamada *fator de compressibilidade Z*. Então,

$$Z = \frac{\overline{V}}{\overline{V}_{id}} = \frac{p\overline{V}}{RT}. \tag{3.1}$$

Para o gás ideal, $Z = 1$ e é independente da pressão e da temperatura. Para os gases reais, $Z = Z(T, p)$ é uma função tanto da pressão como da temperatura.

A Fig. 3.1 mostra Z em função da pressão a $0°C$ para o nitrogênio, hidrogênio e para o gás ideal. Para o hidrogênio, Z é maior que a unidade (valor ideal) em todas as pressões. Para o nitrogênio, Z é menor que a unidade a pressões baixas, mas é maior que a unidade para pressões muito altas. Note-se que o intervalo de pressões, na Fig. 3.1, é muito grande; próximo a uma atmosfera, ambos os gases se comportam de modo praticamente ideal. Note-se, também, que a escala vertical da Fig. 3.1 está bem mais expandida do que a da Fig. 3.2.

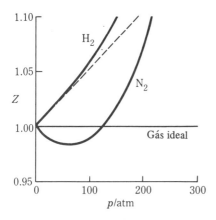
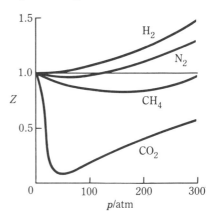

Fig. 3.1 Gráfico de Z contra p para o H_2, N_2 e para o gás ideal a $0°C$.

Fig. 3.2 Gráfico de Z contra p para vários gases a $0°C$.

A Fig. 3.2 mostra um gráfico de Z em função de p para vários gases a $0°$C. Note-se que, para aqueles gases que se liquefazem facilmente, Z cai de modo violento abaixo da linha do gás ideal, na região de baixas pressões.

3.2 MODIFICANDO A EQUAÇÃO DO GÁS IDEAL – A EQUAÇÃO DE VAN DER WAALS

Como pode a equação do gás ideal ser modificada para fornecer uma equação que represente os resultados experimentais de modo mais preciso? Começamos por corrigir um defeito óbvio da equação do gás ideal, isto é, a previsão de que, sob pressão finita, o volume de um gás é zero, no zero absoluto de temperatura: $\overline{V} = RT/p$. Resfriando os gases reais, estes se liquefazem e finalmente se solidificam; depois da liquefação, o volume não muda muito. Podemos obter uma nova equação tal que preveja um volume positivo finito para o gás a 0 K, adicionando uma constante positiva b ao volume ideal:

$$\overline{V} = b + \frac{RT}{p}. \tag{3.2}$$

De acordo com a Eq. (3.2), o volume molar a 0 K é b e devemos esperar que b seja aproximadamente comparável ao volume molar do líquido ou sólido.

A Eq. (3.2) também prevê que, à medida que a pressão torna-se infinita, o volume molar aproxima-se do valor limite b. Essa previsão está mais de acordo com a experiência do que a previsão da lei dos gases ideais de que o volume molar se aproxima de zero em pressões muito altas.

Agora seria interessante ver de que modo a Eq. (3.2) prevê as curvas nas Figs. 3.1 e 3.2. Já que, por definição, $Z = p\overline{V}/RT$, a multiplicação da Eq. (3.2) por p/RT fornece

$$Z = 1 + \frac{bp}{RT}. \tag{3.3}$$

Já que a Eq. (3.2) requer que Z seja uma função linear da pressão com um coeficiente angular positivo b/RT, ela não explica a curva para o nitrogênio na Fig. 3.1, que começa da origem com um coeficiente angular negativo. Entretanto, a Eq. (3.3) pode representar o comportamento do hidrogênio. Na Fig. 3.1, a linha pontilhada é um gráfico da Eq. 3.3 que se aproxima, na origem, à curva do hidrogênio. Na região de baixas pressões a linha pontilhada representa os valores experimentais muito bem.

Podemos concluir da Eq. (3.3) que a hipótese de que as moléculas de um gás têm tamanho finito é suficiente para explicar os valores de Z maiores que a unidade. Evidentemente esse efeito de tamanho é o dominante no aparecimento de desvios da idealidade para o hidrogênio a $0°$C. É também claro que algum outro efeito deve produzir os desvios da idealidade em gases como o nitrogênio e o metano, pois o efeito de tamanho não pode explicar seu comportamento na região de baixas pressões. Este outro efeito precisa agora ser investigado.

Já observamos que os gases que têm valores de Z menores que a unidade são o metano e o CO_2, que se liquefazem facilmente. Portanto, começamos por suspeitar de uma conexão entre a facilidade de liquefação e o fator de compressibilidade, e perguntamos por que um gás se liquefaz. Em primeiro lugar, a energia, o calor de vaporização, precisa ser suprido para retirar uma molécula do líquido e colocá-la no vapor. Essa energia é necessária porque existem forças de atração agindo entre a molécula e as moléculas vizinhas no líquido. A força de atração é forte se as moléculas estão próximas umas das outras, como no líquido, e muito fracas se as moléculas estão distanciadas como num gás. O problema é achar um modo apropriado de modificar a equação do gás para levar em consideração o efeito dessas forças atrativas fracas.

A pressão exercida por um gás nas paredes de um recipiente age para fora. As forças atrativas entre as moléculas tendem a puxar as moléculas entre si, diminuindo, portanto, a pressão na parede para um valor inferior ao do gás ideal. Essa redução na pressão deve ser proporcional às forças de atração entre as moléculas do gás.

Consideremos dois elementos de volume, v_1 e v_2, num recipiente gasoso (Fig. 3.3). Suponhamos que cada volume elementar contenha uma molécula e que a força atrativa entre os dois elementos de volume seja um valor pequeno f. Se outra molécula for adicionada a v_2, mantendo uma molécula em v_1, a força agindo entre os dois elementos torna-se $2f$; a adição de uma terceira molécula a v_2 aumenta a força para $3f$, e assim por diante. A força de atração entre

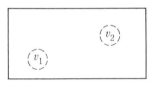

Fig. 3.3 Elementos de volume em um gás.

os dois elementos de volume é, portanto, proporcional a $\tilde{c}_2$, a concentração de moléculas em v_2. Se o número de moléculas em v_2 for mantido constante e adicionarmos moléculas a v_1, então a força deverá dobrar, triplicar etc. A força é, portanto, proporcional a $\tilde{c}_1$, a concentração de moléculas em v_1. Dessa forma, a força agindo entre os dois elementos pode ser escrita: força $\alpha\ \tilde{c}_1 \tilde{c}_2$. Já que a concentração num gás é em toda parte a mesma, $\tilde{c}_1 = \tilde{c}_2 = \tilde{c}$ e então: força $\alpha\ \tilde{c}^2$. Mas $\tilde{c} = n/V = 1/\overline{V}$; conseqüentemente: força $\alpha\ 1/\overline{V}^2$.

Reescrevemos a Eq. (3.2) na forma

$$p = \frac{RT}{\overline{V} - b}. \tag{3.4}$$

Em virtude das forças atrativas entre as moléculas, a pressão é menor que a dada pela Eq. (3.4) de uma quantidade proporcional a $1/\overline{V}^2$, portanto um termo deve ser subtraído do segundo membro da equação para fornecer:

$$p = \frac{RT}{\overline{V} - b} - \frac{a}{\overline{V}^2}, \tag{3.5}$$

onde a é uma constante positiva aproximadamente proporcional à energia de vaporização do líquido. Duas coisas devem ser notadas acerca da introdução do termo $a/\overline{V}^2$. Primeiro, as forças agindo em qualquer elemento de volume no interior de um gás têm resultante nula. Somente aqueles elementos de volume próximos à parede do recipiente experimentam um desbalanceamento de forças que tende a puxá-las para o centro. Portanto o efeito das forças atrativas é sentido apenas nas paredes do recipiente. Segundo, a dedução admitiu implicitamente uma faixa de ação efetiva das forças atrativas da ordem de centímetros; de fato, a faixa de ação dessas forças é da ordem de nanômetros. A dedução pode ser feita sem essa hipótese e fornecer o mesmo resultado.

Tabela 3.1 Constantes de van der Waals

Gás	$a/\text{Pa m}^6 \text{ mol}^{-2}$	$b/10^{-6} \text{ m}^3 \text{ mol}^{-1}$
He	0,00345	23,4
H_2	0,0247	26,6
O_2	0,138	31,8
CO_2	0,366	42,9
H_2O	0,580	31,9
Hg	0,820	17,0

Francis Weston Sears, *An Introduction to Thermodynamics, the Kinetic Theory of Gases, and Statistical Mehanics.* Reading, Mass.: Addison-Wesley Publishing Co., Inc., 1950.

A Eq. (3.5) é a *equação de van der Waals,* proposta por van der Waals, que foi o primeiro a reconhecer a influência do tamanho molecular e das forças intermoleculares na pressão de um gás. Estas forças fracas de atração são chamadas forças de van der Waals. As constantes de van der Waals *a* e *b* para alguns gases são dadas na Tab. 3.1. A equação de van der Waals é freqüentemente escrita nas seguintes formas equivalentes, mas menos instrutivas

$$\left(p + \frac{a}{\overline{V}^2}\right)(\overline{V} - b) = RT \qquad \text{ou} \qquad \left(p + \frac{n^2 a}{V^2}\right)(V - nb) = nRT, \tag{3.6}$$

onde $V = n\overline{V}$ foi usado para escrever a segunda equação.

3.3 IMPLICAÇÕES DA EQUAÇÃO DE VAN DER WAALS

A equação de van der Waals leva em consideração dois efeitos: primeiro, o efeito do tamanho molecular, Eq. (3.2),

$$p = \frac{RT}{(\overline{V} - b)}.$$

Como o denominador na equação acima é menor que o denominador na equação do gás ideal, o efeito de tamanho, por si só, aumenta a pressão acima do valor ideal. De acordo com essa equação, é o espaço vazio entre as moléculas, o volume "livre", que segue a lei dos gases ideais. Segundo, é levado em consideração o efeito das forças intermoleculares, Eq. (3.5),

$$p = \frac{RT}{\overline{V} - b} - \frac{a}{\overline{V}^2},$$

O efeito das forças atrativas por si só reduz a pressão abaixo do valor ideal, o que é considerado pela subtração de um termo da pressão.

Para calcular Z para o gás de van der Waals, multiplicamos a Eq. (3.5) por $\overline{V}$ e dividimos por RT; isso fornece

$$Z = \frac{p\overline{V}}{RT} = \frac{\overline{V}}{\overline{V} - b} - \frac{a}{RT\overline{V}}.$$

38 / FUNDAMENTOS DE FÍSICO-QUÍMICA

Dividindo o numerador e o denominador do primeiro termo do segundo membro por $\bar{V}$ temos:

$$Z = \frac{1}{1 - b/\bar{V}} - \frac{a}{RT\bar{V}}.$$

A pressões baixas, $b/\bar{V}$ é pequeno comparado com a unidade, portanto o primeiro termo do segundo membro pode ser desenvolvido numa série de potências em $1/\bar{V}$ por divisão; logo, $1/(1 - b/\bar{V}) = 1 + (b/\bar{V}) + (b/\bar{V})^2 + \ldots$ Usando esse resultado na equação precedente para Z e fatorando, temos

$$Z = 1 + \left(b - \frac{a}{RT}\right)\frac{1}{\bar{V}} + \left(\frac{b}{\bar{V}}\right)^2 + \left(\frac{b}{\bar{V}}\right)^3 + \cdots, \tag{3.7}$$

que exprime Z em função da temperatura e do volume molar. Seria preferível ter Z em função da temperatura e da pressão; entretanto, isso nos obrigaria a resolver a equação de van der Waals para $\bar{V}$ em função de T e p e, então, multiplicando o resultado por p/RT obteríamos Z em função de T e p. Como a equação de van der Waals é uma equação do terceiro grau em $\bar{V}$, as soluções são muito complicadas para serem particularmente informativas. Contentamo-nos com uma expressão aproximada para $Z(T, p)$, que obtemos da Eq. (3.7) observando que quando $p \to 0$, $(1/\bar{V}) \to 0$ e $Z = 1$. Essa expansão de Z corrigida para o termo em p^2 é

$$Z = 1 + \frac{1}{RT}\left(b - \frac{a}{RT}\right)p + \frac{a}{(RT)^3}\left(2b - \frac{a}{RT}\right)p^2 + \cdots. \tag{3.8}$$

O coeficiente correto de p poderia ter sido obtido simplesmente substituindo-se $1/\bar{V}$ na Eq. (3.7) pelo valor ideal; entretanto, este procedimento nos levaria a valores incorretos para os coeficientes das potências superiores da pressão. (Veja a Seç. 3.3.1 para a derivação da Eq. (3.8)).

A Eq. (3.8) mostra que os termos responsáveis pelo comportamento não-ideal não desaparecem somente quando a pressão se aproxima de zero, mas também quando a temperatura tende para infinito. Assim, como uma regra geral, os gases reais estão mais próximos da idealidade quando a pressão é baixa e a temperatura é alta.

O segundo termo do segundo membro da Eq. (3.8) deve ser comparado com o segundo termo do segundo membro da Eq. (3.3), que considera apenas o efeito do volume molecular finito. O coeficiente angular da curva Z em função de p é obtido derivando-se parcialmente a Eq. (3.8) relativamente à pressão, mantendo a temperatura constante:

$$\left(\frac{\partial Z}{\partial p}\right)_T = \frac{1}{RT}\left(b - \frac{a}{RT}\right) + \frac{2a}{(RT)^3}\left(2b - \frac{a}{RT}\right)p + \cdots.$$

Para $p = 0$, todos os termos de maior grau são anulados e a derivada reduz-se simplesmente a

$$\left(\frac{\partial Z}{\partial p}\right)_T = \frac{1}{RT}\left(b - \frac{a}{RT}\right), \qquad p = 0, \tag{3.9}$$

onde a derivada é o *valor inicial do coeficiente angular* da curva Z em função de p. Se $b > a/RT$, o coeficiente angular é positivo e o efeito do tamanho é predominante no comportamento do gás. Por outro lado, se $b < a/RT$, então o coeficiente angular inicial é negativo e o efeito das forças atrativas domina o comportamento do gás. Portanto, a equação de van der Waals, que inclui os efeitos de tamanho e de forças intermoleculares, pode interpretar tanto os coeficientes angulares positivos quanto os negativos nas curvas Z em função de p. Interpretando a Fig. 3.2, podemos dizer que a 0°C o efeito das forças atrativas domina o comportamento do metano e do dióxido de carbono, enquanto que o efeito do tamanho molecular domina o comportamento do hidrogênio.

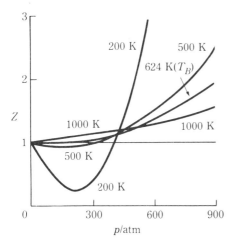

Fig. 3.4 Gráfico de Z contra p para o etileno a várias temperaturas (T_B = temperatura de Boyle).

Tendo examinado as curvas Z em função de p para vários gases a uma temperatura, focalizamos agora nossa atenção para as curvas Z em função de p, para um *único gás* a diferentes temperaturas. A Eq. (3.9) mostra que, se a temperatura for suficientemente baixa, o termo a/RT será maior que b e, assim, o coeficiente angular inicial da curva Z em função de p será negativo. À medida que a temperatura se eleva, a/RT torna-se cada vez menor; se a temperatura for suficientemente alta, a/RT torna-se menor que b e o coeficiente angular inicial da curva Z em função de p torna-se positivo. Finalmente, se a temperatura for extremamente alta, a Eq. (3.9) mostra que o coeficiente angular inicial da curva Z em função de p aproxima-se de zero. Esse comportamento é mostrado na Fig. 3.4.

Em alguma temperatura intermediária T_B, temperatura de Boyle, o coeficiente angular inicial é nulo. A condição para isto é dada pela Eq. (3.9) como sendo $b - a/RT_B = 0$. Isto fornece

$$T_B = \frac{a}{Rb}. \tag{3.10}$$

Na temperatura de Boyle, a curva Z em função de p é tangente à curva para o gás ideal em $p = 0$ e sobe acima da curva para o gás ideal, de modo muito suave. Na Eq. (3.8), o segundo termo é anulado à temperatura T_B e os termos seguintes são muito pequenos até que se atinjam pressões muito altas. Dessa forma, na temperatura de Boyle, o gás ideal comporta-se idealmente numa faixa ampla de pressões, porque os efeitos de tamanho e de forças intermoleculares são praticamente compensados. Isso também está mostrado na Fig. 3.4. As temperaturas de Boyle para vários gases são dadas na Tab. 3.2.

Tabela 3.2 Temperaturas de Boyle para vários gases

Gás	He	H_2	N_2	Ar	CH_4	CO_2	C_2H_4	NH_3
T_B/K	23,8	116,4	332	410	506	600	624	995

40 / FUNDAMENTOS DE FÍSICO-QUÍMICA

Dos dados da Tab. 3.2, as curvas na Fig. 3.2 são compreensíveis. Todas são para $0°C$. Portanto, o hidrogênio está acima de sua temperatura de Boyle e sempre tem Z maior que a unidade. Os outros gases estão abaixo de suas temperaturas de Boyle e, portanto, têm valores de Z menores que a unidade na faixa de baixas pressões.

A equação de van der Waals representa uma melhoria sensível relativamente à lei dos gases ideais, no sentido de que nos dá razões qualitativas para os desvios do comportamento ideal. Esta melhoria é ganha, entretanto, com considerável sacrifício. A lei dos gases ideais não contém nada que dependa de um gás individual; a constante R é uma constante universal. A equação de van der Waals contém duas constantes que são diferentes para cada gás. Nesse sentido, uma equação de van der Waals diferente precisa ser usada para cada gás. Na Seç. 3.8 será visto que essa perda de generalidade pode ser remediada para a equação de van der Waals e para certas equações de estado.

3.3.1 Um Artifício Matemático

Conforme já foi dito, para a equação de van der Waals não é imediata a obtenção de Z como uma função de T e p de uma maneira direta. É necessário usar um artifício matemático para transformar a Eq. (3.7) numa série de potências da pressão.

A pressões baixas, podemos desenvolver Z como uma série de potências em p.

$$Z = 1 + A_1 p + A_2 p^2 + A_3 p^3 + \cdots,$$

onde os coeficientes $A_1, A_2, A_3, \ldots$, são funções apenas da temperatura. Para determinar estes coeficientes usamos a definição de Z, Eq. (3.1), para escrever $(1/\overline{V}) = p/RTZ$. Usando 'este valor de $(1/\overline{V})$ na Eq. (3.7), esta fica na forma

$$1 + A_1 p + A_2 p^2 + A_3 p^3 + \cdots$$
$$= 1 + \left(b - \frac{a}{RT}\right) \frac{p}{RTZ} + \left(\frac{b}{RT}\right)^2 \frac{p^2}{Z^2} + \left(\frac{b}{RT}\right)^3 \frac{p^3}{Z^3} + \cdots.$$

Subtraindo 1 de ambos os membros e dividindo o resultado por p obtemos

$$A_1 + A_2 p + A_3 p^2 + \cdots$$
$$= \frac{1}{RT}\left(b - \frac{a}{RT}\right) \frac{1}{Z} + \left(\frac{b}{RT}\right)^2 \frac{p}{Z^2} + \left(\frac{b}{RT}\right)^3 \frac{p^2}{Z^3} + \cdots. \tag{3.11}$$

No limite de pressão nula, $Z = 1$, esta equação torna-se

$$A_1 = \frac{1}{RT}\left(b - \frac{a}{RT}\right)$$

que é o valor procurado para A_1. Usando este valor de A_1 na Eq. (3.11) a transformamos em

$$A_1 + A_2 p + A_3 p^2 + \cdots = A_1\left(\frac{1}{Z}\right) + \left(\frac{b}{RT}\right)^2 \frac{p}{Z^2} + \left(\frac{b}{RT}\right)^3 \frac{p^2}{Z^3} + \cdots.$$

Repetimos o procedimento subtraindo A_1 de ambos os membros, dividindo por p e tomando o valor limite para p tendendo a zero. Note que, para pressão nula, $(Z-1)/p = A_1$. Então,

$$A_2 = \left(\frac{b}{RT}\right)^2 - A_1^2 = \frac{a}{(RT)^3}\left(2b - \frac{a}{RT}\right),$$

que é o coeficiente procurado para p^2 na Eq. (3.8). Este procedimento pode ser repetido para obter A_3, A_4 e assim por diante, mas a álgebra torna-se mais tediosa a cada repetição.

3.4 ISOTERMAS DE UM GÁS REAL

Se as relações pressão-volume para um gás real forem medidas em várias temperaturas, obtém-se um conjunto de isotermas como o que está indicado na Fig. 3.5. A altas temperaturas, as isotermas se assemelham às de um gás ideal, enquanto que a baixas temperaturas as curvas têm uma aparência bem diferente. A porção horizontal, a baixas temperaturas, é particularmente interessante. Seja um recipiente de gás no estado descrito pelo ponto A da Fig. 3.5. Imagine que uma parede do recipiente seja móvel (um pistão); mantendo a temperatura em T_1, empurramos vagarosamente essa parede, diminuindo o volume. À medida que o volume se torna menor, a pressão sobe lentamente, ao longo da curva, até que o volume V_2 seja atingido. Uma redução de volume além de V_2 não produz variação na pressão, até que V_3 seja atingido. Uma pequena redução no volume de V_3 a V_4 produz um grande aumento na pressão de p_e a p'. Essa é uma seqüência de eventos bem característica, particularmente a redução de volume num grande intervalo, no qual a pressão permanece num valor constante p_e.

Se olharmos o que está acontecendo dentro do recipiente, observaremos que em V_2 aparecem as primeiras gotas de líquido. À medida que se vai de V_2 a V_3, aparece mais e mais líquido; a pressão constante p_e é a pressão de vapor de equilíbrio do líquido na temperatura T_l. Em V_3, o último traço de gás desaparece. Uma redução subseqüente de volume simplesmente comprime o líquido; a pressão sobe rapidamente, já que o líquido é praticamente incompressível. As curvas à esquerda no diagrama são, portanto, isotermas para o líquido. A uma temperatura mais alta o comportamento é qualitativamente o mesmo, mas a faixa de volume na qual ocorre a condensação é menor e a pressão de vapor é maior. Indo a temperaturas mais altas, o patamar se reduz finalmente a um ponto à temperatura T_c, a temperatura crítica. À medida que

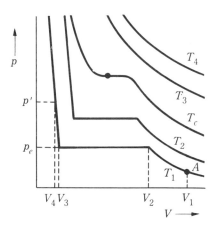

Fig. 3.5 Isotermas de um gás real.

a temperatura se eleva acima de T_c, as isotermas aproximam-se cada vez mais das do gás ideal; não aparece nenhum patamar acima de T_c.

3.5 CONTINUIDADE DOS ESTADOS

Na Fig. 3.6 os pontos finais dos patamares da Fig. 3.5 foram ligados por uma linha pontilhada. Assim como em qualquer diagrama $p - V$, cada ponto na Fig. 3.6 representa um estado do sistema. Da discussão no parágrafo precedente, podemos concluir que um ponto como A, na extrema esquerda do diagrama, representa um estado líquido da substância. Um ponto como C, à direita no diagrama, representa um estado gasoso da substância. Pontos sob a curva formada pela linha pontilhada representam estados do sistema nos quais líquidos e vapor coexistem em equilíbrio. É sempre possível fazer uma distinção nítida entre os estados do sistema nos quais uma *fase* está presente e estados nos quais duas fases* coexistem em equilíbrio, isto é, entre pontos que estão sob a curva pontilhada e aqueles que estão fora desta curva. Entretanto, deve-se notar que não existe uma linha divisória entre os estados líquido e gasoso. O fato de que nem sempre é possível distinguir um líquido de um gás é o *princípio da continuidade dos estados*.

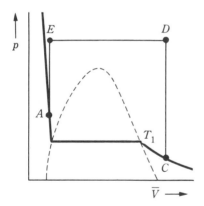

Fig. 3.6 Região de duas fases e a continuidade dos estados.

Na Fig. 3.6 os pontos A e C pertencem à mesma isoterma T_1. O ponto C, claramente, representa um estado gasoso e o ponto A representa o líquido obtido comprimindo-se o gás isotermicamente. Entretanto, suponha que começamos em C, aumentando a temperatura do gás e mantendo o seu volume constante. A pressão sobe ao longo da linha CD. Tendo chegado ao ponto D, a pressão é mantida constante e o gás é resfriado; isso diminui o volume ao longo da linha DE. Tendo chegado ao ponto E, o volume é outra vez mantido constante e o gás é resfriado; isso diminui a pressão até que se atinge o ponto A. Em nenhum instante dessa série de mudanças o ponto que representa o estado do gás passou através da região de duas fases. A condensação no sentido usual do termo não ocorreu. O ponto A poderia razoavelmente representar um estado gasoso altamente comprimido da substância. A afirmação de que o ponto A representa *claramente* um estado líquido precisa ser modificada. A distinção entre líquido e gás

---

*Uma *fase* e uma região de uniformidade num sistema. Isto significa uma região de composição química e propriedades físicas uniformes. Portanto, um sistema contendo líquido e vapor tem duas regiões de uniformidade. Nas duas fases, a densidade é uniforme mas apresenta valores diferentes.

nem sempre é clara. Como esse exemplo mostra, esses dois estados da matéria podem ser transformados um no outro continuamente. Se nos referirmos a estados na região do ponto A como estados líquidos ou estados gasosos altamente comprimidos, dependerá puramente do ponto de vista que for mais conveniente no momento.

Se o ponto que representa o estado do sistema estiver sob a curva pontilhada, o líquido e o gás podem ser distinguidos, uma vez que ambos estão presentes em equilíbrio e existe uma superfície de descontinuidade separando-os. Na ausência dessa superfície de descontinuidade não existe um modo fundamental de distinguir entre líquido e gás.

3.6 ISOTERMAS DA EQUAÇÃO DE VAN DER WAALS

Consideremos a equação de van der Waals na forma

$$p = \frac{RT}{\overline{V} - b} - \frac{a}{\overline{V}^2}. \tag{3.12}$$

Quando V é muito grande, essa equação se aproxima da lei dos gases ideais, já que V é muito grande, comparado com b, e $a/\overline{V}^2$ é muito pequeno, comparado com o primeiro termo. Isso é verdade em todas as temperaturas. Em altas temperaturas, o termo $a/\overline{V}^2$ pode ser ignorado, uma vez que ele é pequeno, comparado com $RT(\overline{V} - b)$. Um gráfico das isotermas p em função de $\overline{V}$, calculado a partir da equação de van der Waals, encontra-se na Fig. 3.7. É evidente, pela figura, que, na região de grandes volumes, as isotermas assemelham-se às isotermas para o gás ideal, do mesmo modo que a isoterma na temperatura mais alta, T_3.

A temperaturas mais baixas e a volumes menores, nenhum dos termos da equação pode ser desprezado. O resultado é bastante curioso. Na temperatura T_c, a isoterma desenvolve um ponto E de inflexão. A temperaturas ainda menores, as isotermas exibem um máximo e um mínimo.

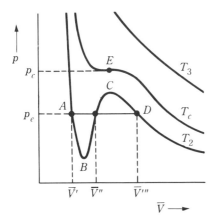

Fig. 3.7 Isotermas do gás de van der Waals.

A comparação das isotermas de van der Waals com as de um gás real mostra semelhança em certos aspectos. A curva na temperatura T_c, na Fig. 3.7, assemelha-se à curva na temperatura crítica, na Fig. 3.5. A curva à temperatura T_2, na Fig. 3.7, prevê três valores de volume, $\overline{V}'$, $\overline{V}''$, $\overline{V}'''$, na pressão p_e. O correspondente patamar, na Fig. 3.5, prevê infinitos valores de $\overline{V}$

44 / FUNDAMENTOS DE FÍSICO-QUÍMICA

na pressão p_e. É importante nos convencermos de que mesmo funções muito complicadas não exibiriam um patamar como o que aparece na Fig. 3.5. A oscilação da equação de van der Waals nessa região é o máximo que se pode esperar de uma função contínua simples.

As seções AB e DC da curva de van der Waals em T_2 podem ser conseguidas experimentalmente. Se o volume de um gás à temperatura T_2 for gradualmente reduzido, a pressão subirá ao longo da isoterma até atingir o ponto D, na pressão p_e. Neste ponto, a condensação deveria ocorrer, entretanto pode acontecer que o líquido não se forme, de modo que uma posterior redução de volume produz um aumento da pressão ao longo da linha DC. Nessa região (DC), a pressão do gás excede a pressão de vapor de equilíbrio do líquido, p_e, na temperatura T_2; esses pontos representam, portanto, pontos do estado de um vapor supersaturado (ou superresfriado). Semelhantemente, se o volume de um líquido na temperatura T_2 for aumentado, a pressão cairá até atingir o ponto A, na pressão p_e. Neste ponto, deveria formar-se vapor, entretanto pode acontecer que o vapor não se forme, de modo que um posterior aumento de volume produz uma redução da pressão ao longo da linha AB. Ao longo da linha AB o líquido existe sob pressões que correspondem a pressões de vapor de equilíbrio do líquido a temperaturas abaixo de T_2. O líquido está na temperatura T_2 e, dessa forma, esses pontos representam estados do líquido superaquecido. Os estados de líquido superaquecido e de vapor super-resfriado são estados *metaestáveis*; eles são instáveis no sentido de que pequenas perturbações são suficientes para provocar a reversão espontânea do sistema para o estado estável, em que as duas fases estão presentes em equilíbrio.

A seção BC da isoterma de van der Waals não pode ser realizada experimentalmente. Nessa região o coeficiente angular da curva $p - \overline{V}$ é positivo; aumentando o volume de tal sistema, aumentaria a pressão e diminuindo o volume de tal sistema, diminuiria a pressão! Estados na região BC são *instáveis*; pequenas perturbações do sistema em estados como os que vão de B a C poderiam produzir explosão ou colapso do sistema.

3.7 O ESTADO CRÍTICO

Se na equação de van der Waals, na forma dada pela Eq. (3.6), efetuarmos os parênteses e o resultado for multiplicado por $\overline{V}^2/p$, ela poderá ser recomposta na forma

$$\overline{V}^3 - \left(b + \frac{RT}{p}\right)\overline{V}^2 + \frac{a}{p}\,\overline{V} - \frac{ab}{p} = 0. \tag{3.13}$$

Como a Eq. (3.13) é uma equação do terceiro grau, ela pode ter três raízes reais para certos valores de pressão e temperatura. Na Fig. 3.7 essas três raízes para T_2 e p_e são as interseções da reta horizontal de ordenada p_e com a isoterma à temperatura T_2. Todas as raízes caem dentro da região de duas fases ou nos seus limites. Como vimos, em ambas as Figs. 3.6 e 3.7 a região de duas fases diminui e finalmente se fecha no topo. Isso significa que existe uma certa pressão máxima p_c e uma certa temperatura máxima T_c na qual o líquido e o vapor podem coexistir. Essa condição de temperatura e pressão é o ponto crítico e o volume correspondente é o volume crítico $\overline{V}_c$. À medida que a região de duas fases diminui, as três raízes da equação de van der Waals se aproximam uma das outras, já que precisam permanecer na fronteira ou dentro desta região. No ponto crítico, as três raízes são iguais a $\overline{V}_e$. A equação do terceiro grau pode ser escrita em termos das suas três raízes $\overline{V}'$, $\overline{V}''$, $\overline{V}'''$:

$$(\overline{V} - \overline{V}')(\overline{V} - \overline{V}'')(\overline{V} - \overline{V}''') = 0.$$

No ponto crítico $\overline{V}' = \overline{V}'' = \overline{V}''' = \overline{V}_c$, de tal forma que a equação se torna $(\overline{V} - \overline{V}_c)^3 = 0$. Efetuando, temos

$$\overline{V}^3 - 3\overline{V}_c\overline{V}^2 + 3\overline{V}_c^2\overline{V} - \overline{V}_e^3 = 0. \tag{3.14}$$

Nas mesmas condições a Eq. (3.13) se torna

$$\overline{V}^3 - \left(b + \frac{RT_c}{p_c}\right)\overline{V}^2 + \frac{a}{p_c}\,\overline{V} - \frac{ab}{p_c} = 0. \tag{3.15}$$

As Eqs. (3.14) e (3.15) são simplesmente modos diferentes de se escrever a mesma equação, os coeficientes das potências de $\overline{V}$ são os mesmos em ambas as equações. Igualando os coeficientes, obtemos três equações:[*]

$$3\overline{V}_c = b + \frac{RT_c}{p_c}, \qquad 3\overline{V}_c^2 = \frac{a}{p_c}, \qquad \overline{V}_c^3 = \frac{ab}{p_c}. \tag{3.16}$$

As Eqs. (3.16) podem ser vistas sob dois pontos de vista. Primeiro, o conjunto de equações pode ser resolvido para $\overline{V}_c$, p_c e T_c em termos de a, b e R; portanto,

$$\overline{V}_c = 3b, \qquad p_c = \frac{a}{27b^2}, \qquad T_c = \frac{8a}{27Rb}. \tag{3.17}$$

Se os valores de a e b forem conhecidos, as Eqs. (3.17) poderão ser usadas para calcular $\overline{V}_c$, p_c e T_c.

Tomando o segundo ponto de vista, resolvemos a equação para a, b e R em termos de p_c, $\overline{V}_c$ e T_c. Então,

$$b = \frac{\overline{V}_c}{3}, \qquad a = 3p_c\overline{V}_c^2, \qquad R = \frac{8p_c\overline{V}_c}{3T_c}. \tag{3.18}$$

---

[*]Um método equivalente de obter essas relações é usar o fato de que o ponto de inflexão na curva p em função de $\overline{V}$ ocorre no ponto crítico p_c, T_c, $\overline{V}_c$. As condições para o ponto de inflexão são

$$(\partial p/\partial \overline{V})_T = 0, \qquad (\partial^2 p/\partial \overline{V}^2)_T = 0.$$

Da equação de van der Waals,

$$\left(\frac{\partial p}{\partial \overline{V}}\right)_T = \frac{-RT}{(\overline{V} - b)^2} + \frac{2a}{\overline{V}^3},$$

$$\left(\frac{\partial^2 p}{\partial \overline{V}^2}\right)_T = \frac{2RT}{(\overline{V} - b)^3} - \frac{6a}{\overline{V}^4}.$$

Portanto, no ponto crítico,

$$0 = -RT_c/(\overline{V}_c - b)^2 + 2a/\overline{V}_c^3, \qquad 0 = 2RT_c/(\overline{V}_c - b)^3 - 6a/\overline{V}_c^4.$$

Essas duas equações, juntamente com a equação de van der Waals para este ponto,

$$p_c = RT_c/(\overline{V}_c - b) - a/\overline{V}_c^2,$$

são equivalentes às Eqs. (3.16).

46 / FUNDAMENTOS DE FÍSICO-QUÍMICA

Usando as Eqs. (3.18), podemos calcular os valores das constantes a, b e R a partir dos dados críticos. Entretanto, o valor de R assim obtido não concorda muito bem com o valor de R conhecido, surgindo, assim, alguma dificuldade.

Como experimentalmente é difícil determinar $\overline{V}_c$ com precisão, seria melhor se a e b pudessem ser obtidos a partir de p_c e T_c somente. Isto é feito tomando a terceira das Eqs. (3.18) e resolvendo para $\overline{V}_c$. Isto fornece

$$\overline{V}_c = \frac{3RT_c}{8p_c}.$$

Este valor de $\overline{V}_c$ substituído nas duas primeiras Eqs. (3.18) fornece

$$b = \frac{RT_c}{8p_c}, \qquad a = \frac{27(RT_c)^2}{64p_c}. \tag{3.19}$$

Usando as Eqs. (3.19) e o valor comum de R podemos calcular a e b apenas a partir de p_c e T_c. Este é o procedimento mais usual. Entretanto, para sermos honestos, deveríamos comparar o valor $\overline{V}_c = 3RT_c/8p_c$ com o valor medido de $\overline{V}_c$. O resultado é novamente muito ruim. Os valores observados e calculados de $\overline{V}_c$ discordam mais do que o que poderia ser explicado pelas dificuldades experimentais.

A dificuldade toda reside no fato de que a equação de van der Waals não é muito precisa nas proximidades do estado crítico. Esse fato, juntamente com o fato de que os valores tabelados destas constantes são quase sempre calculados (de um modo ou de outro) a partir dos dados críticos, significa que a equação de van der Waals, embora represente uma melhoria relativamente à equação do gás ideal, não pode ser usada para cálculos precisos das propriedades dos gases. A grande virtude da equação de van der Waals está no fato de que o estudo de suas previsões nos dá uma visão excelente do comportamento dos gases e de suas relações com os líquidos e o fenômeno da liquefação. O importante é que essa equação prevê o estado crítico; é pena que ela não descreva suas propriedades com seis algarismos significativos, mas isso é de importância secundária. Outras equações, que são muito precisas, estão à disposição. Os dados críticos de alguns gases estão na Tab. 3.3.

Tabela 3.3 Constantes críticas de gases

Gás	p_c/MPa	$\overline{V}_c/10^{-6}$ m^3	T_c/K
He	0,229	62	5,25
H$_2$	1,30	65	33,2
N$_2$	3,40	90	126
O$_2$	5,10	75	154
CO$_2$	7,40	95	304
SO$_2$	7,8	123	430
H$_2$O	22,1	57	647
Hg	360	40	1900

Francis Weston Sears, *An Introduction to Thermodynamics, the Kinetic Theory of Gases and Statistical Mechanics.* Reading, Mass.: Addison-Wesley Publishing Co., Inc., 1950.

3.8 A LEI DOS ESTADOS CORRESPONDENTES

Usando os valores de a, b e R dados pelas Eqs. (3.18), podemos escrever a equação de van der Waals na seguinte forma equivalente

$$p = \frac{8p_c \overline{V}_c T}{3T_c(\overline{V} - \overline{V}_c/3)} - \frac{3p_c \overline{V}_c^2}{\overline{V}^2},$$

que pode ser recomposta na forma

$$\frac{p}{p_c} = \frac{8(T/T_c)}{3(\overline{V}/\overline{V}_c) - 1} - \frac{3}{(\overline{V}/\overline{V}_c)^2}. \qquad (3.20)$$

A Eq. (3.20) envolve apenas as razões p/p_c, T/T_c e $\overline{V}/\overline{V}_c$. Isso sugere que as razões acima sejam variáveis mais significativas para a caracterização do gás do que as variáveis p, T e $\overline{V}$. Essas razões são chamadas *variáveis reduzidas do estado*, π, τ, ϕ:

$$\pi = p/p_c, \qquad \tau = T/T_c, \qquad \phi = \overline{V}/\overline{V}_c.$$

Escrita em termos dessas variáveis, a equação de van der Waals se torna

$$\pi = \frac{8\tau}{3\phi - 1} - \frac{3}{\phi^2}. \qquad (3.21)$$

O importante acerca da Eq. (3.21) é que ela não contém nenhuma constante que seja peculiar a um gás individual; dessa maneira, ela deve ser capaz de descrever todos os gases. Deste modo, a perda de generalidade da equação de van der Waals comparada com a equação do gás ideal foi eliminada. Equações como a Eq. (3.21), que exprimem uma das variáveis reduzidas em função das outras duas, são expressões da *lei dos estados correspondentes*.

Dois gases na mesma temperatura reduzida e sob a mesma pressão reduzida estão em estados correspondentes. Pela lei dos estados correspondentes, eles devem ocupar o mesmo volume reduzido. Por exemplo, o argônio a 302 K e sob 16 atm de pressão e o metano a 381 K e sob 18 atm estão em estados correspondentes, uma vez que $\tau = 2$ e $\pi = 1/3$.

Qualquer equação de estado que envolva apenas duas constantes além de R pode ser escrita apenas em termos das variáveis reduzidas. Por essa razão, equações que envolviam mais que duas constantes foram, em certa época, acusadas de contradizer a lei dos estados correspondentes. Ao mesmo tempo, havia grandes esperanças de que uma equação precisa com duas constantes pudesse ser descoberta para representar os dados experimentais. Essas esperanças foram abandonadas, pois agora sabe-se que os dados experimentais não suportam a lei dos estados correspondentes como lei de grande precisão, em grandes intervalos de pressão e temperatura. Embora a lei não seja exata, tem uma grande importância na engenharia; no intervalo de pressões e temperaturas industriais, a lei em geral vale com precisão suficiente para os cálculos de engenharia. Comumente são usados gráficos de Z em função de p/p_c a várias temperaturas reduzidas em vez de uma equação (Fig. 3.8).

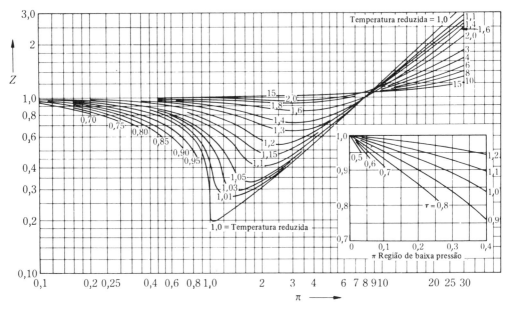

Fig. 3.8 O fator de compressibilidade em função da pressão reduzida e da temperatura reduzida. (O. A. Hougen e K. M. Watson, *Chemical Process Principles,* parte II. New York: John Wiley and Sons, 1947.)

3.9 OUTRAS EQUAÇÕES DE ESTADO

A equação de van der Waals é apenas uma das muitas equações que foram propostas para levar em consideração os dados experimentais p-V-T dos gases. Várias dessas equações estão relacionadas na Tab. 3.4, juntamente com expressões da lei dos estados correspondentes para as equações com duas constantes e os valores previstos para a razão crítica $RT_c/p_c\overline{V}_c$. Das equações na Tab. 3.4, a equação de Beattie-Bridgeman ou a equação virial são as melhores para trabalhos de precisão. A equação de Beattie-Bridgeman envolve cinco constantes além de R: A_0, a, B_0, b e c. Os valores das constantes de Beattie-Bridgeman para alguns gases são dados na Tab. 3.5.

Tabela 3.4 Equações de estado

Equação de van der Waals:

$$p = \frac{RT}{\overline{V} - b} - \frac{a}{\overline{V}^2} \qquad \pi = \frac{8\tau}{3\phi - 1} - \frac{3}{\phi^2} \qquad \frac{RT_c}{p_c\overline{V}_c} = \tfrac{8}{3} = 2{,}67$$

Equação de Dieterici:

$$p = \frac{RTe^{-a/\overline{V}RT}}{\overline{V} - b} \qquad \pi = \frac{\tau e^{2 - 2/\phi\tau}}{2\phi - 1} \qquad \frac{RT_c}{p_c\overline{V}_c} = \tfrac{1}{2}e^2 = 3{,}69$$

Equação de Berthelot:

$$p = \frac{RT}{\overline{V} - b} - \frac{a}{T\overline{V}^2} \qquad \pi = \frac{8}{3\phi - 1} - \frac{3}{\tau\phi^2} \qquad \frac{RT_c}{p_c\overline{V}_c} = \tfrac{8}{3} = 2{,}67$$

O quadro continua na página seguinte.

Equação modificada de Berthelot:

$$p = \frac{RT}{\overline{V}}\left[1 + \frac{9}{128\tau}\left(1 - \frac{6}{\tau^2}\right)\pi\right] \qquad \pi = \frac{128\tau}{9(4\phi - 1)} - \frac{16}{3\tau\phi^2} \qquad \frac{RT_c}{p_c \overline{V}_c} = \tfrac{32}{9} = 3,56$$

Equação geral de virial:

$$p\overline{V} = RT\left(1 + \frac{B}{\overline{V}} + \frac{C}{\overline{V}^2} + \frac{D}{\overline{V}^3} + \cdots\right).$$

$B, C, D, \ldots$ são chamados segundo, terceiro, quarto ... coeficiente virial. São funções da temperatura.

Desenvolvimento em série em função da pressão:

$$p\overline{V} = RT(1 + B'p + C'p^2 + D'p^3 + \cdots)$$

B', C', etc. são funções da temperatura.

Equação de Beattie-Bridgeman:

1) Forma virial:
$$p\overline{V} = RT + \frac{\beta}{\overline{V}} + \frac{\gamma}{\overline{V}^2} + \frac{\delta}{\overline{V}^3}$$

2) Forma explicitando o volume:
$$\overline{V} = \frac{RT}{p} + \frac{\beta}{RT} + \gamma'p + \delta'p^2 + \cdots$$

$$\beta = RT\left(B_0 - \frac{A_0}{RT} - \frac{c}{T^3}\right)$$

$$\gamma = RT\left(-B_0 b + \frac{A_0 a}{RT} - \frac{B_0 c}{T^3}\right) \qquad \gamma' = \frac{1}{RT}\left[\frac{\gamma}{RT} - \left(\frac{\beta}{RT}\right)^2\right]$$

$$\delta = RT\left(\frac{B_0 bc}{T^3}\right) \qquad \delta' = \frac{1}{(RT)^2}\left[\frac{\delta}{RT} - \frac{3\beta\gamma}{(RT)^2} + 2\left(\frac{\beta}{RT}\right)^3\right]$$

É interessante examinar os valores da razão crítica $RT_c/p_c\overline{V}_c$ previstos pelas várias equações na Tab. 3.4. O valor médio dessa razão para um grande número de gases não-polares, exceto H_2 e He, é 3,65. É claro, então, que a equação de van der Waals será menos útil em temperaturas e pressões próximas dos valores críticos; veja Seç. 3.6. A equação de Dieterici é muito melhor próximo ao ponto crítico, entretanto é pouco usada em virtude de envolver uma função transcendente. Das equações com duas constantes, a equação modificada de Berthelot é a mais freqüentemente usada para estimar volumes, que são melhores que os estimados a partir da equação do gás ideal. A temperatura e a pressão crítica do gás precisam ser conhecidas para podermos usá-la.

Finalmente, deve ser notado que todas as equações de estado que são propostas para os gases foram baseadas em duas idéias fundamentais pela primeira vez sugeridas por van der Waals: 1) as moléculas têm tamanho e 2) existem forças que agem entre as moléculas. As equações mais modernas incluem a dependência entre as forças intermoleculares e as distâncias de separação das moléculas.

50 / FUNDAMENTOS DE FÍSICO-QUÍMICA

Tabela 3.5 Constantes da equação de Beattie-Bridgeman

Gás	A_0 10^{-3} Pa m^6 mol^{-2}	a 10^{-6} m^3 mol^{-1}	B_0 10^{-6} m^3 mol^{-1}	b 10^{-6} m^3 mol^{-1}	c K^3 m^3 mol^{-1}
He	2,19	59,84	14,00	0,0	0,040
H_2	20,01	− 5,06	20,96	− 43,59	0,504
O_2	151,09	+ 25,62	46,24	+ 4,208	48,0
CO_2	507,31	71,32	104,76	72,35	660,0
NH_3	242,48	170,31	34,15	191,12	4768,8

Calculados a partir dos dados de Francis Weston Sears. *An Introduction to Thermodynamics, the Kinetic Theory of Gases, and Statistical Mechanics.* Reading, Mass.: Addison-Wesley Publishing Co., Inc., 1950.

QUESTÕES

3.1 Descreva os dois tipos de interações intermoleculares responsáveis pelos desvios de um gás do comportamento ideal e indique a direção dos seus efeitos sobre a pressão.

3.2 Qual o fenômeno comum que indica a existência de atrações intermoleculares entre as moléculas de água na fase gasosa?

3.3 Qual dos dois, O_2 ou H_2O, tem a pressão mais alta nos mesms valores de T e V? (Use, sem calcular, a Tabela 3.1.)

3.4 Descreva um caminho entre os pontos A e C na Fig. 3.6, ao longo do qual líquido e gás possam ser distinguidos.

3.5 Dê argumentos físicos que expliquem por que a pressão e temperatura críticas aumentam com o aumento do valor de a na equação de van der Waals.

PROBLEMAS

3.1 Para um certo gás a 0°C e 1 atm de pressão, $Z = 1,00054$. Faça uma estimativa do valor de b para este gás.

3.2 Se $Z = 1,00054$ a 0°C e 1 atm e a temperatura de Boyle para o gás é 107 K, faça uma estimativa dos valores de a e de b. (São necessários apenas os primeiros dois termos da expressão de Z.)

3.3 As constantes críticas para a água são 374°C, 22,1 MPa e 0,0566 l/mol. Calcule os valores de a, b e R; usando a equação de van der Waals, compare o valor de R com o valor correto e observe a discrepância. Calcule as constantes a e b a partir de p_c e T_c apenas. Usando esses valores e o valor correto de R, calcule o volume crítico e compare com o valor correto.

3.4 Encontre a relação entre as constantes a e b da equação de Berthelot e as constantes críticas.

3.5 Encontre a relação entre as constantes a e b da equação de Dieterici e as constantes críticas. (Note que isso não pode ser feito igualando as três raízes da equação.)

3.6 A temperatura crítica do etano é 32,3°C e a pressão crítica é 48,2 atm. Calcule o volume crítico usando a) a equação do gás ideal, b) a equação de van der Waals, lembrando que para um gás de van der Waals $p_c \bar{V}_c / RT_c = 3/8$, c) a equação modificada de Berthelot. d) Compare os resultados com o valor experimental, 0,139 l/mol.

GASES REAIS / 51

3.7 A pressão de vapor da água líquida a 25°C é 23,8 torr e a 100°C é 760 torr. Usando a equação de van der Waals de uma forma ou de outra como guia, mostre que o vapor d'água saturado comporta-se de modo mais próximo a um gás ideal a 25°C do que a 100°C.

3.8 O fator de compressibilidade para o metano é dado por $Z = 1 + Bp + Cp^2 + Dp^3$. Se p está em atm, os valores das constantes são como os seguintes:

T/K	B	C	D
200	$-5,74 \times 10^{-3}$	$6,86 \times 10^{-6}$	$18,0 \times 10^{-9}$
1000	$+0,189 \times 10^{-3}$	$0,275 \times 10^{-6}$	$0,144 \times 10^{-9}$

Faça um gráfico dos valores de Z em função de p nessas duas temperaturas, no intervalo de 0 a 1000 atm.

3.9 Usando a equação de Beattie-Bridgeman, calcule o volume molar do amoníaco a 300°C e 200 atm de pressão.

3.10 Compare o volume molar do dióxido de carbono a 400 K e 100 atm calculado pela equação de Beattie-Bridgeman com o calculado pela equação de van der Waals.

3.11 Usando a equação de Beattie-Bridgeman, calcule a temperatura de Boyle para o O_2 e para o CO_2. Compare os valores com os calculados a partir da equação de van der Waals.

3.12 A 300 K, qual o valor do volume molar para o qual a contribuição do produto $p\overline{V}$ do termo em $1/\overline{V}^2$ na equação de Beattie-Bridgeman será igual ao termo em $1/\overline{V}$ (a) para o oxigênio? (b) Que valor de pressão corresponde a este volume molar?

3.13 A pressões baixas, a equação de Berthelot tem a forma

$$\overline{V} = \frac{RT}{p} + b - \frac{a}{RT^2}$$

na qual a e b são constantes. Encontre a expressão para α, o coeficiente de expansão térmica, em função de T e p apenas. Encontre a expressão para a temperatura de Boyle em termos de a, b e R.

3.14 Mostre que $T\alpha = 1 + T\,(\partial \ln Z/\partial T)_p$ e que $p\kappa = 1 - p\,(\partial \ln Z/\partial p)_T$.

3.15 Se o fator de compressibilidade de um gás é $Z\,(p, T)$, a equação de estado pode ser escrita como $p\overline{V}/RT = Z$. Mostre como isto afeta a equação para a distribuição do gás num campo gravitacional. Da equação diferencial para a distribuição, mostre que se Z é maior que a unidade, a distribuição é mais ampla para o gás real do que para gás ideal e que o inverso é verdadeiro se Z for menor que a unidade. Se $Z = 1 + Bp$, onde B é uma função da temperatura, integre a equação e avalie a constante de integração para obter a forma explícita da função de distribuição.

3.16 A pressões altas (pequenos volumes), a equação de van der Waals, Eq. (3.13), pode ser escrita na forma

$$\overline{V} = b + \frac{p}{a}\left(b + \frac{RT}{p}\right)\overline{V}^2 - \left(\frac{p}{a}\right)\overline{V}^3.$$

Se desprezarmos o termo quadrático e o cúbico, obteremos como primeira aproximação para a menor raiz da equação, $V_0 = b$, que representaria o volume do líquido. Usando esse valor aproximado de $\overline{V}$ nos termos de ordem superior, mostre que a aproximação seguinte para o volume do líquido é $\overline{V} = b + b^2 RT/a$. Desta expressão, mostre que a primeira aproximação para o coeficiente de expansão térmica de um líquido de van der Waals é $\alpha = bR/a$.

52 / FUNDAMENTOS DE FÍSICO-QUÍMICA

3.17 Usando a mesma técnica que é utilizada para obter a Eq. (3.8), demonstre a relação dada na Tab. (3.4) entre γ e γ' da equação de Beattie-Bridgeman.

3.18 A que temperatura o coeficiente angular da curva Z em função de p (em $p = 0$) tem um valor máximo para o gás de van der Waals? Qual é o valor do coeficiente angular máximo?

4

A Estrutura dos Gases

4.1 INTRODUÇÃO

O objetivo principal da Física e da Química é interpretar quantitativamente as propriedades observadas nos sistemas macroscópicos em termos dos tipos e arranjos de átomos e moléculas que constituem estes sistemas. Buscamos uma interpretação do comportamento em termos da estrutura de um sistema. Tendo estudado as propriedades de um sistema, imaginamos em nossa mente um modelo do sistema, constituído de átomos e moléculas, e as forças de interação entre essas entidades. As leis da Mecânica e da Estatística são aplicadas a este modelo para prever as propriedades deste sistema idealizado. Se muitas das propriedades previstas estão de acordo com as propriedades observadas, o modelo é bom. Se apenas algumas ou nenhuma das propriedades previstas estão de acordo com as propriedades observadas, o modelo é inadequado ou pobre. Este modelo ideal pode ser alterado ou substituído por outro até que as suas previsões sejam satisfatórias.

Estruturalmente, os gases são as substâncias naturais mais simples e, portanto, um modelo simples e cálculos elementares fornecem resultados em excelente concordância com a experiência. A teoria cinética dos gases prevê uma ilustração bonita e importante da relação entre a teoria e a experiência no campo da Física, bem como das técnicas comumente usadas no relacionamento entre estrutura e propriedades.

4.2 TEORIA CINÉTICA DOS GASES – HIPÓTESES FUNDAMENTAIS

O modelo usado na teoria cinética dos gases pode ser descrito por três hipóteses fundamentais acerca da estrutura dos gases:

1) Um gás é composto de um grande número de diminutas partículas (átomos ou moléculas).

2) Na ausência de um campo de forças, estas partículas movem-se em linha reta. (A primeira Lei de Newton é obedecida.)

3) Estas partículas interagem (isto é, colidem) umas com as outras de modo não muito freqüente.

Além destas hipóteses, impomos a condição de que, em qualquer colisão, a energia cinética total das duas moléculas é a mesma antes e depois da colisão. Este tipo de colisão é chamado *colisão elástica*.

Se o gás consiste de um grande número de partículas que se movimentam, então o movimento das partículas deve ser completamente ao acaso ou caótico. As partículas movem-se em todas as direções com diversas velocidades, umas rapidamente e outras mais devagar. Se o movimento fosse ordenado (digamos que todas as partículas numa caixa retangular se movimentassem em trajetórias perfeitamente paralelas), tal condição não poderia persistir. Qualquer irregularidade na parede da caixa tiraria alguma partícula da sua trajetória; a colisão desta com outra tiraria uma segunda partícula, e assim por diante. Evidentemente, em pouco tempo o movimento seria caótico.

4.3 CÁLCULOS DA PRESSÃO DE UM GÁS

Se uma partícula colide com uma parede e volta, uma força é exercida sobre a parede no momento da colisão. Esta força dividida pela área da parede seria a pressão momentânea exercida na parede pelo impacto e retorno da partícula. Calculando-se a força exercida sobre a parede pelos impactos de muitas moléculas, podemos avaliar a pressão exercida pelo gás.

Consideremos uma caixa retangular de comprimento l e seção transversal de área A (Fig. 4.1). Na caixa existe uma partícula de massa m viajando com uma velocidade u_1 numa direção paralela ao comprimento da caixa. Quando a partícula atinge o lado direito da caixa, é refletida e viaja na direção oposta com uma velocidade $-u_1$. Depois de um período de tempo

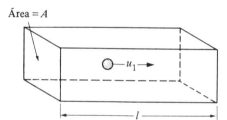

Fig. 4.1

ela retorna à parede da direita, a colisão se repete e assim por diante. Se um manômetro, suficientemente sensível para responder ao impacto desta única partícula, fosse adaptado à parede, a leitura em função do tempo seria como a indicada na Fig. 4.2(a). O intervalo de tempo entre os picos é o tempo necessário para a partícula atravessar a caixa e voltar novamente, e portanto é a distância percorrida dividida pela velocidade, $2l/u_1$. Se uma segunda partícula de mesma massa e viajando numa trajetória paralela com uma velocidade maior fosse colocada na caixa, a leitura seria como está indicado na Fig. 4.2(b).

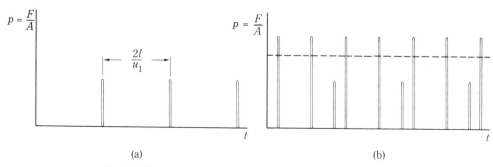

Fig. 4.2 Força resultante da colisão de partículas com a parede.

A ESTRUTURA DOS GASES / 55

Na verdade não existe um manômetro que responda ao impacto de moléculas individuais. Em qualquer situação de laboratório, um manômetro lê um *valor médio* estacionário da força por unidade de área exercida pelos impactos de um número enorme de moléculas; este fato está indicado pela linha tracejada na Fig. 4.2 (b).

Para calcular o valor médio da pressão começamos com a segunda Lei de Newton:

$$F = ma = m\frac{du}{dt} = \frac{d(mu)}{dt},$$ (4.1)

onde F é a força agindo na partícula de massa m, a é a aceleração e u é a velocidade da partícula. De acordo com a Eq. (4.1), a força agindo na partícula é igual à variação da quantidade de movimento na unidade de tempo. A força agindo na parede é igual e de sinal oposto a esta. Para a partícula na Fig. 4.1, a quantidade de movimento antes da colisão é mu_1, enquanto que a quantidade de movimento depois da colisão é $-mu_1$. Assim, a variação da quantidade de movimento na colisão é igual à diferença entre a quantidade de movimento final e a inicial. Portanto, temos $(-mu_1) - mu_1 = -2mu_1$. Então, a variação da quantidade de movimento na unidade de tempo é a variação da quantidade de movimento numa colisão multiplicada pelo número de colisões da partícula com a parede num segundo. Como o tempo entre as colisões é igual ao tempo para percorrer a distância $2l$, $t = 2l/u_1$, então o número de colisões por segundo é $u_1/2l$. Portanto a variação da quantidade de movimento por segundo é igual a $-2mu_1 (u_1/2l)$. Logo, a força agindo na partícula é dada por $F = -mu_1^2/l$ e a força agindo na parede por $F_p = +mu_1^2/l$. Mas a pressão p' é F_p/A; portanto

$$p' = \frac{mu_1^2}{Al} = \frac{mu_1^2}{V},$$ (4.2)

na qual $Al = V$ é o volume da caixa.

A Eq. (4.2) dá a pressão p', exercida por apenas uma partícula; se mais partículas forem adicionadas cada uma movimentando-se paralelamente ao comprimento da caixa com velocidades $u_2, u_3, \ldots$, a força total, e, portanto, a pressão total p, será a soma das forças exercidas por cada partícula:

$$p = \frac{m(u_1^2 + u_2^2 + u_3^2 + \cdots)}{V}.$$ (4.3)

A média dos quadrados das velocidades, $<u^2>$, é definida por

$$\langle u^2 \rangle = \frac{(u_1^2 + u_2^2 + u_3^2 + \cdots)}{N},$$ (4.4)

onde N é o número de partículas na caixa. É esta média dos quadrados das velocidades que aparece na Eq. (4.3). Usando a Eq. (4.4) na Eq. (4.3) obtemos

$$p = \frac{Nm\langle u^2 \rangle}{V},$$ (4.5)

que é a equação final da pressão de um *gás unidimensional*[*]. Antes de usar a Eq. (4.5), precisa-

---

[*]Um gás unidimensional é um gás no qual se imagina que todas as moléculas se movam em apenas uma direção (ou na direção inversa).

mos examinar a sua dedução para ver quais os efeitos que as colisões e as várias direções de movimento terão no resultado.

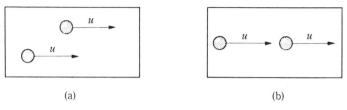

Fig. 4.3

O efeito das colisões é facilmente determinado. Admitiu-se que todas as partículas viajavam em trajetórias paralelas. Esta situação está ilustrada na Fig. 4.3(a) para duas partículas tendo a mesma velocidade u. Se as duas partículas viajarem na mesma trajetória, teremos a situação indicada na Fig. 4.3(b). Neste último caso, as moléculas colidem uma com a outra e cada uma é refletida. Uma das moléculas nunca atinge a parede da direita e, portanto, não pode transferir sua quantidade de movimento a ela. Entretanto, a outra moléculas choca-se com a parede da direita o dobro de vezes que no caso de trajetórias paralelas e, portanto, a quantidade de movimento transferida para a parede num dado intervalo de tempo não depende do fato das partículas percorrerem trajetórias paralelas ou a mesma trajetória. Concluímos que as colisões no gás não alteram o resultado dado pela Eq. (4.5). O mesmo resultado continua valendo se as duas moléculas se moverem com velocidades diferentes. Como uma analogia que pode ser útil imaginemos uma brigada de bombeiros transportando baldes de água para um incêndio. Se trabalharem dois homens, a quantidade de água que chega na unidade de tempo é a mesma se um dos homens entrega o balde ao outro no meio do percurso ou se ambos correm a distância completa que separa o incêndio do tanque d'água.

O fato de que as moléculas viajam em direções diferentes, e não todas na mesma direção como se admitiu originalmente, acarreta um efeito importante no resultado. Como um primeiro argumento poderíamos dizer que, em média, apenas um terço das moléculas se move em cada uma das três direções, portanto o fator N na Eq. (4.5) deveria ser substituído por $N/3$. Esta alteração fornece

$$p = \frac{\frac{1}{3}Nm\langle u^2 \rangle}{V}. \tag{4.6}$$

Este argumento simples dá o resultado correto, mas a razão é mais complexa do que aquela em que se baseia o argumento. Para ganharmos uma melhor compreensão em relação ao efeito das direções, a Eq. (4.6) será deduzida de um modo diferente.

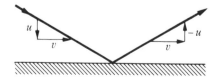

Fig. 4.4 Inversão da componente normal da velocidade na parede.

O vetor velocidade da partícula, c, pode ser resolvido numa componente normal à parede, u, e duas componentes tangenciais v e w. Consideremos uma partícula que se choca com a parede com um ângulo arbitrário e que seja refletida (Fig. 4.4). A única componente da velocidade que muda com a colisão é a componente *normal* u. A componente tangencial v tem a mesma direção, sentido e módulo antes e depois da colisão. O mesmo vale para a segunda componente tangencial w que não está indicada na Fig. 4.4. Como a única coisa que acontece é a inversão do sentido da componente normal, a variação da quantidade de movimento por cada colisão com a parede é $-2mu$; o número de impactos por segundo é igual a $u/2l$. Portanto a Eq. (4.5) deveria ser lida

$$p = \frac{Nm\langle u^2 \rangle}{V}, \qquad (4.7)$$

onde $<u^2>$ é o valor médio do quadrado da componente normal da velocidade. Se as componentes forem tomadas ao longo dos três eixos x, y e z, como na Fig. 4.5, então o quadrado do vetor velocidade estará relacionado com os quadrados das componentes através de

$$c^2 = u^2 + v^2 + w^2. \qquad (4.8)$$

Para qualquer molécula, as componentes da velocidade são todas diferentes e, portanto, cada termo no segundo membro da Eq. (4.8) tem um valor diferente. Entretanto, se na Eq. (4.8) for tomada a média para todas as moléculas, obtemos

$$\langle c^2 \rangle = \langle u^2 \rangle + \langle v^2 \rangle + \langle w^2 \rangle \qquad (4.9)$$

Não há razão para que, depois de ter sido feita a média para todas as moléculas, uma direção seja preferida em relação às outras. Assim, devemos ter $<u^2> = <v^2> = <w^2>$. Usando este resultado na Eq. (4.9) obtemos

$$\langle u^2 \rangle = \tfrac{1}{3}\langle c^2 \rangle. \qquad (4.10)$$

A direção x é tomada como normal à parede; portanto, colocando $<u^2>$ da Eq. (4.10) na (4.7) obtemos a equação exata para a pressão:

$$p = \frac{\tfrac{1}{3}Nm\langle c^2 \rangle}{V}, \qquad (4.11)$$

que é a mesma que a obtida pelo argumento simples, Eq. (4.6). Observe que na Eq. (4.6) $u = c$, pois v e w foram tomados iguais a zero na sua dedução.

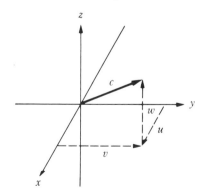

Fig. 4.5 Componentes do vetor velocidade.

Seja $\epsilon = \tfrac{1}{2} mc^2$ a energia cinética de qualquer molécula. Se tomarmos a média para todas as moléculas nos dois membros desta equação, teremos $<\epsilon> = \tfrac{1}{2} m <c^2>$. Usando este resultado na Eq. (4.11), temos $p = 2N<\epsilon>/3V$, ou

$$pV = \tfrac{2}{3}N\langle \epsilon \rangle. \qquad (4.12)$$

58 / FUNDAMENTOS DE FÍSICO-QUÍMICA

É encorajador observar que a Eq. (4.12) se assemelha bastante com a lei dos gases ideais. Conseqüentemente, examinemos o modo pelo qual o volume apareceu na Eq. (4.12). Se o recipiente da Fig. 4.1 for aumentado ligeiramente, o volume será aumentado de uma pequena quantidade. Se as velocidades das partículas forem as mesmas, será necessário um tempo maior para uma partícula viajar entre as paredes e, portanto, fará menos colisões com a parede por segundo, reduzindo a pressão sobre a parede. Assim, um aumento de volume reduz a pressão simplesmente porque há menos colisões com a parede em qualquer intervalo de tempo.

Comparemos agora a Eq. (4.12) com a lei dos gases ideais,

$$pV = nRT.$$

Se a Eq. (4.12) descreve o gás ideal, então

$$nRT = \tfrac{2}{3}N\langle\epsilon\rangle.$$

onde n e N são relacionados por $n = N/N_A$, sendo N_A o número de Avogadro. Portanto,

$$RT = \tfrac{2}{3}N_A\langle\epsilon\rangle. \tag{4.13}$$

Seja U a energia cinética total associada com o movimento ao acaso das moléculas num mol de gás. Então $U = N_A \langle\epsilon\rangle$, e

$$U = \tfrac{3}{2}RT. \tag{4.14}$$

A Eq. (4.14) é um dos resultados mais fascinantes da teoria cinética, já que nos permite uma interpretação da temperatura. Ela diz que a energia cinética de um movimento ao acaso é proporcional à temperatura absoluta. Por esta razão, o movimento ao acaso ou caótico é muitas vezes chamado *movimento térmico* das moléculas. No zero absoluto de temperatura este movimento cessa completamente. Portanto, a temperatura é uma medida da energia cinética média do movimento caótico. É importante compreender que a temperatura *não* está associada com a energia cinética de uma molécula, mas com a energia cinética *média* de um número enorme de moléculas, ou seja, trata-se de um conceito estatístico. É $\langle\epsilon\rangle$ e não ϵ que aparece na Eq. (4.13). Corretamente falando, um sistema composto de uma molécula ou mesmo de poucas moléculas não tem uma temperatura.

O fato de que a lei dos gases ideais não contém nada que seja característico de um dado gás implica que numa temperatura especificada todos os gases têm a mesma energia cinética média. Aplicando a Eq. (4.13) a dois gases diferentes, temos $\tfrac{3}{2}RT = N_A\langle\epsilon_1\rangle$, $(3/2)RT = N_A\langle\epsilon_2\rangle$ e, portanto, $\langle\epsilon_1\rangle = \langle\epsilon_2\rangle$ ou $\tfrac{1}{2}m_1\langle c_1^2\rangle = \tfrac{1}{2}m_2\langle c_2^2\rangle$. A velocidade média quadrática, c_{vmq}, é definida por

$$c_{\text{vmq}} = \sqrt{\langle c^2\rangle}. \tag{4.15}$$

A relação entre as velocidades médias quadráticas de duas moléculas de massas diferentes é igual à raiz quadrada do inverso da relação das massas:

$$\frac{(c_{\text{vmq}})_1}{(c_{\text{vmq}})_2} = \sqrt{\frac{m_2}{m_1}} = \sqrt{\frac{M_2}{M_1}}, \tag{4.16}$$

onde $M = N_A m$ é a massa molar. O gás mais pesado terá menor velocidade média quadrática.

O valor numérico da velocidade média quadrática de qualquer gás é calculado combinando-se a Eq. (4.13) com $< \epsilon > = (1/2) m < c^2 >$, donde $RT = (2/3) N_A (1/2) m < c^2 >$ ou $< c^2 > = 3RT/M$, e

$$c_{vmq} = \sqrt{\frac{3RT}{M}}. \tag{4.17}$$

■ **EXEMPLO 4.1** Se compararmos o hidrogênio, $M_1 = 2$ g/mol, e o oxigênio, $M_2 = 32$ g/mol, teremos

$$(c_{vmq})_{H_2} = (c_{vmq})_{O_2} \sqrt{\frac{32}{2}} = 4(c_{vmq})_{O_2}.$$

Em todas as temperaturas, o hidrogênio tem uma velocidade média quadrática quatro vezes maior que o oxigênio, enquanto que as energias cinéticas médias são as mesmas.

■ **EXEMPLO 4.2** Para o oxigênio a $20°C$, $T = 293$ K, com $M = 0,0320$ kg/mol, teremos

$$c_{vmq} = \sqrt{\frac{3(8,314 \text{ J K}^{-1} \text{ mol}^{-1})(293 \text{ K})}{0,0320 \text{ kg mol}^{-1}}} = \sqrt{22,8 \times 10^4 \text{ m}^2/\text{s}^2} = 478 \text{ m/s} = 1720 \text{ km/h}.$$

O último resultado dá bem uma idéia da ordem de grandeza das velocidades moleculares.

À temperatura ambiente, o intervalo usual das velocidades moleculares é de 300 a 500 m/s. Para o hidrogênio, em virtude de sua pequena massa, a velocidade média quadrática é da ordem de 1900 m/s.

4.4 LEI DAS PRESSÕES PARCIAIS DE DALTON

Numa mistura de gases, a pressão total é a soma das forças por unidade de área produzidas pelos impactos de cada tipo de molécula na parede de um recipiente. Cada tipo de molécula contribui, para a pressão, com um termo do tipo da Eq. (4.11). Para uma mistura de gases temos

$$p = \frac{N_1 m_1 \langle c_1^2 \rangle}{3V} + \frac{N_2 m_2 \langle c_2^2 \rangle}{3V} + \frac{N_3 m_3 \langle c_3^2 \rangle}{3V} + \cdots \tag{4.18}$$

ou

$$p = p_1 + p_2 + p_3 + \cdots, \tag{4.19}$$

onde $p_1 = N_1 m_1 < c_1^2 > /3V$, $p_2 = N_2 m_2 < c_2^2 > /3V$, ... A lei de Dalton é, portanto, uma conseqüência imediata da teoria cinética dos gases.

4.5 DISTRIBUIÇÕES E FUNÇÕES DISTRIBUIÇÃO

Já foi discutida a distribuição de moléculas num campo gravitacional. Foi mostrado que a pressão diminui regularmente com o aumento da altura, o que implica que as moléculas estão distribuídas de tal modo que existem menos moléculas por centímetro cúbico em níveis mais

60 / FUNDAMENTOS DE FÍSICO-QUÍMICA

altos do que em níveis mais baixos. A expressão analítica que descreve esta situação é a *função distribuição*. Uma distribuição no espaço tridimensional é uma distribuição *espacial*. Na teoria cinética dos gases é importante conhecer a distribuição de velocidades, isto é, quantas moléculas têm velocidades num dado intervalo. O objetivo das seções que seguem é deduzir a função de distribuição das velocidades. Antes de atacar o problema, é útil mencionar algumas idéias importantes sobre as distribuições.

Antes de mais nada, uma distribuição é a divisão de um grupo de coisas em classes. Se tivermos mil bolas e cinco caixas e distribuímos as bolas nas caixas de uma certa maneira, o resultado será uma distribuição. Se dividirmos a população do Brasil em classes de acordo com a idade, o resultado será uma distribuição etária. Tal distribuição mostra quantas pessoas existem com idades entre 0 a 20 anos, 20 e 40 anos, 40 e 60 anos etc. A população poderia ser dividida em classes de acordo com a quantidade de dinheiro que possui em conta bancária ou de acordo com as suas dívidas. Cada uma destas classificações constitui uma distribuição de maior ou menor importância.

A partir de uma distribuição podemos calcular valores médios. Das distribuições mencionadas poderíamos calcular a idade média das pessoas no Brasil, a quantidade média de dinheiro em conta bancária por pessoa e a dívida média por pessoa. Para que essas médias tenham uma precisão razoável, devemos ter cuidado na escolha da largura do intervalo de classificação. Sem entrar nos detalhes que interferem na escolha da largura do intervalo, é suficiente dizer que ele deve ser pequeno, mas não muito. Considerando a distribuição etária, é óbvio que não faria sentido escolher 100 anos como largura do intervalo; praticamente todos de qualquer grupo cairiam nesse intervalo único e não teríamos dividido o grupo em classes. Portanto, a largura do intervalo deve ser pequena. Se por outro lado escolhermos um intervalo muito pequeno como, por exemplo, de um dia, então em qualquer grupo pequeno, digamos de 10 pessoas, encontraríamos uma pessoa em cada um dos dez intervalos e os demais vazios. Para qualquer grupo numeroso, o tempo necessário simplesmente para escrever uma distribuição tão detalhada seria enorme. Além disso, se a distribuição fosse feita num outro dia, toda ela sofreria um deslocamento. Conseqüentemente, na construção de uma distribuição, a largura do intervalo escolhido deve ser suficientemente grande para eliminar detalhes que não interessem e suficientemente estreita para que saliente os aspectos importantes e para que possam ser calculadas médias significativas.

4.6 A DISTRIBUIÇÃO DE MAXWELL

Num recipiente com gás, as moléculas viajam em várias direções com diferentes velocidades. Admitiremos que os movimentos das moléculas são completamente ao acaso. Colocamos, então, o seguinte problema. Qual é a probabilidade de se encontrar uma molécula com velocidade entre os valores c e $c + dc$, independentemente da direção em que a molécula se movimente?

Este problema pode ser dividido em partes mais simples e a sua solução é obtida combinando-se as soluções destas. Sejam u, v e w as componentes da velocidade nas direções x, y e z, respectivamente. Seja dn_u o número de moléculas cuja componente na direção x tenha um valor entre u e $u + du$. Então a probabilidade de encontrar tal molécula é, por definição, dn_u/N, onde N é o número de moléculas no recipiente. Se a largura do intervalo, du, for pequena é razoável admitir que dobrando-se a sua largura dobrará o número de moléculas no intervalo. Portanto

dn_u/N é proporcional a du. A probabilidade dn_u/N também dependerá da componente u. Portanto, escrevemos

$$\frac{dn_n}{N} = f(u^2)\, du, \qquad (4.20)$$

onde a forma da função matemática $f(u^2)$ fica a ser determinada.[*]

Neste ponto deve ficar claro por que a função depende de u^2, e não simplesmente de u. Em virtude do movimento molecular ser ao acaso, a probabilidade de encontrar uma molécula com componente x no intervalo entre u e $u + du$ é a mesma de encontrar uma molécula com a componente x no intervalo entre $-u$ e $-(u + du)$. Em outras palavras, a molécula tem a mesma chance de ir para um lado com uma velocidade ou para o lado oposto com a mesma velocidade. Se a direção influenciasse, o movimento não seria ao acaso e o gás como um todo teria uma velocidade numa direção preferencial. A simetria necessária é assegurada escrevendo-se $f(u^2)$ em vez de $f(u)$. Do mesmo modo, o número de moléculas tendo componente y entre v e $v + dv$ é dn_v e a probabilidade de encontrarmos uma molécula cuja componente y esteja entre v e $v + dv$ é dada por

$$\frac{dn_v}{N} = f(v^2)\, dv, \qquad (4.21)$$

onde a função $f(v^2)$ *tem exatamente a mesma forma* que a função $f(u^2)$ na Eq. (4.20). Estas funções têm a mesma forma, pois o fato da distribuição ser ao acaso não permite que uma direção seja diferente de outra.[*] Com uma notação análoga temos para a componente z,

$$\frac{dn_w}{N} = f(w^2)\, dw. \qquad (4.22)$$

Agora uma questão mais complicada. Qual é a probabilidade de se encontrar uma molécula que simultaneamente tenha a componente x no intervalo entre u e $u + du$ e a componente y no intervalo entre v e $v + dv$? Sendo dn_{uv} o número de moléculas que satisfazem esta condição, então a probabilidade de encontrar uma molécula nestas condições, dn_{nv}/N, é, por definição, o produto das probabilidades de encontrar moléculas que satisfaçam as condições separadamente. Isto é, $dn_{uv}/N = (dn_u/N)\,(dn_v/N)$, ou

$$\frac{dn_{uv}}{N} = f(u^2) f(v^2)\, du\, dv. \qquad (4.23)$$

A Fig. 4.6 ilustra o significado das Eqs. (4.20), (4.21) e (4.23). Os valores de u e v para cada molécula determinam um ponto representativo, marcado no sistema coordenado $u - v$ da Eq. 4.6. Os pontos representativos para duas moléculas diferentes podem eventualmente coincidir, não importa. O importante é que cada molécula é assim representada. O número total de pontos representativos é N, o número total de moléculas no recipiente. Então, o número de moléculas tendo a componente x da velocidade entre u e $u + du$ é o número de pontos representativos numa faixa vertical na posição u e de largura du. Este número é dn_u e, pela Eq. (4.20), é igual a $N f(u^2)\, du$. Semelhantemente, o número de pontos representativos numa faixa

---

[*]Escrevendo a Eq. (4.20) deste modo admitimos implicitamente que a probabilidade dn_u/N não depende de modo algum dos valores das componentes da velocidade v e w, nas direções y e z. Esta hipótese é válida, mas não será justificada aqui.

[*]Admitiu-se aqui que não existe nenhum campo de força, como o campo gravitacional, agindo numa direção particular.

horizontal na posição v e com largura dv é o número de moléculas tendo componente y da velocidade entre v e $v + dv$. O número de moléculas que satisfazem ambas as condições, simultaneamente, é o número de pontos representativos no pequeno retângulo formado pela interseção das duas faixas vertical e horizontal. Pela Eq. (4.23) este número de moléculas é $dn_{uv} = Nf(u^2) f(v^2) \, du \, dv$. A *densidade* de pontos representativos na posição (u, v) é o número dn_{uv} dividido pela área do pequeno retângulo, $du \, dv$:

$$\text{Densidade no ponto } (u, v) = \frac{dn_{uv}}{du \, dv} = Nf(u^2)f(v^2). \tag{4.24}$$

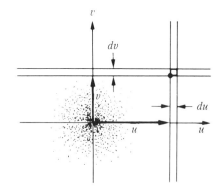

Fig. 4.6 Espaço de velocidade bidimensional.

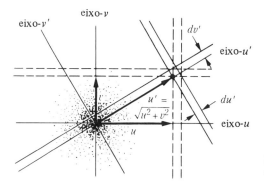

Fig. 4.7 Espaço de velocidade bidimensional com um sistema de coordenadas diferente.

Para deduzir a forma da função $f(u^2)$, introduz-se um novo conjunto de eixos coordenados, u' e v', na posição indicada na Fig. 4.7. Os intervalos de velocidades no novo sistema de coordenadas são du' e dv'. O número de pontos representativos na área $du' \, dv'$ é dado por $dn_{u'v'} = \text{Nf}(u'^2) f(v'^2) \, du' \, dv'$. A densidade de pontos representativos na posição (u', v') é

$$\text{Densidade no ponto } (u', v') = \frac{dn_{u'v'}}{du' \, dv'} = Nf(u'^2)f(v'^2). \tag{4.25}$$

Entretanto, a posição (u', v') é a mesma que a (u, v) e, portanto, a densidade de pontos representativos é a mesma independentemente do sistema de coordenadas usado para descrevê-la. Das Eqs. (4.24) e (4.25),

$$Nf(u'^2)f(v'^2) = Nf(u^2)(fv^2). \tag{4.26}$$

A posição (u, v) no primeiro sistema de coordenadas corresponde no segundo sistema à posição $u' = (u^2 + v^2)^{1/2}$, $v' = 0$. Usando esta relação na Eq. (4.26) obtemos

$$f(u^2 + v^2)f(0) = f(u^2)f(v^2).$$

Como $f(0)$ é uma constante, seja $f(0) = A$. Então

$$Af(u^2 + v^2) = f(u^2)f(v^2). \tag{4.27}$$

O Apêndice I mostra que as únicas funções que satisfazem a Eq. (4.27) são

$$f(u^2) = Ae^{\beta u^2} \qquad e \qquad f(u^2) = Ae^{-\beta u^2},$$

onde β é uma constante positiva. A situação física nos obriga a escolher o sinal negativo na exponencial, isto é,

$$f(u^2) = Ae^{-\beta u^2}, \qquad f(v^2) = Ae^{-\beta v^2}. \tag{4.28}$$

A Eq. (4.20) torna-se

$$\frac{dn_u}{N} = Ae^{-\beta u^2}\, du. \tag{4.29}$$

Se fosse escolhido o sinal positivo, a probabilidade de encontrar uma molécula com a componente u da velocidade tendendo ao infinito seria, pela Eq. (4.29), infinita. Isto exigiria, para o sistema, energia cinética infinita, o que é, conseqüentemente, um caso impossível. Do modo como está escrita, a Eq. (4.29) faz sentido físico; a probabilidade de encontrar uma molécula com componente x de velocidade infinita é zero.

Embora o problema original não tenha sido resolvido, fizemos um progresso considerável. É bom que neste ponto façamos um retrospecto do que foi conseguido. Antes de mais nada, admitimos que a probabilidade de encontrarmos uma molécula com a componente x da velocidade no intervalo entre u e $u + du$ dependia apenas do valor de u e da largura do intervalo du. Isto foi expresso pela Eq. (4.20), como $dn_u/N = f(u^2)\, du$. Uma argumentação mais longa com base na teoria da probabilidade nos levou finalmente à forma funcional de $f(u^2) = A$ exp $(-\beta u^2)$. O ponto importante em todo esse assunto é a noção de distribuição ao acaso. O argumento é quase que somente matemático. Apenas duas hipóteses tipicamente físicas estão envolvidas: a noção de movimento ao acaso e o valor finito de $f(u^2)$ para $u \to \infty$. A forma da função distribuição é completamente determinada por estas duas hipóteses. O sucesso do tratamento nos dará confiança na imagem de um gás como uma coleção de moléculas cujos movimentos são completamente ao acaso. A idéia de movimentos ao acaso nos leva ao uso da teoria da probabilidade e a função distribuição que aparece, A exp $(-\beta u^2)$, é famosa na teoria da probabilidade: ela é a distribuição Gaussiana. Esta função é a que governa qualquer distribuição completamente ao acaso; por exemplo, ela expressa a distribuição ao acaso dos erros em todos os tipos de medidas experimentais.

Estamos agora em posição de resolver o problema original, ou seja, encontrar a distribuição das velocidades moleculares e avaliar as constantes A e β que aparecem na função distribuição.

A probabilidade dn_{uvw}/N de encontrar uma molécula com componentes da velocidade simultaneamente nos intervalos entre u e $u + du$, v e $v + dv$ e w e $w + dw$ é dada pelo produto das probabilidades individuais: $dn_{uvw}/N = (dn_u/N)(dn_v/N)(dn_w/N)$, ou

$$\frac{dn_{uvw}}{N} = f(u^2)f(v^2)f(w^2)\, du\, dv\, dw.$$

De acordo com as Eqs. (4.28),

$$\frac{dn_{uvw}}{N} = A^3 e^{-\beta(u^2+v^2+w^2)}\, du\, dv\, dw. \tag{4.30}$$

A Fig. 4.8 representa um espaço tridimensional de velocidades.* Neste espaço uma molécula é representada por um ponto determinado pelos valores das três componentes da velocidade u, v e w. O número total de pontos representativos no paralelepípedo no ponto (u, v, w) é dn_{uvw}. A densidade de pontos neste paralelepípedo é

$$\text{Densidade no ponto } (u, v, w) = \frac{dn_{uvw}}{du\, dv\, dw} = NA^3 e^{-\beta(u^2+v^2+w^2)}, \tag{4.31}$$

onde a Eq. (4.30) foi usada para obter o último membro da Eq. (4.31). Como $c^2 = u^2 + v^2 + w^2$ [veja a Eq. (4.8) e a Fig. 4.5], temos

$$\text{Densidade no ponto } (u, v, w) = NA^3 e^{-\beta c^2}. \tag{4.32}$$

O segundo membro da Eq. (4.32) depende apenas das constantes N, A, β e de c^2; conseqüentemente, ele não depende de modo algum da direção particular do vetor velocidade mas apenas do comprimento do vetor, isto é, da velocidade. A densidade de pontos representativos tem o mesmo valor em qualquer ponto da superfície esférica de raio c no espaço de velocidades, Fig. 4.8 (b).

Colocamos agora a questão: Quantos pontos encontram-se na camada esférica entre as esferas de raios c e $c + dc$? Este número de pontos, dn_c, será igual ao número de moléculas tendo velocidades entre c e $c + dc$, independente das diferentes direções em que as moléculas se mo-

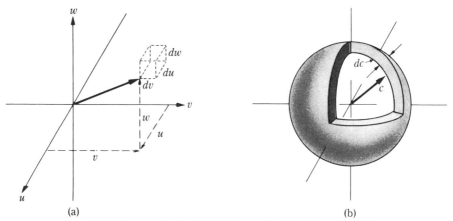

Fig. 4.8 (a) Espaço de velocidade tridimensional. (b) Camada esférica.

---

*As Figs. 4.6 e 4.7 são exemplos de espaços bidimensionais de velocidades.

vimentam. O número de pontos, dn_c, nesta camada é a densidade nos pontos da superfície esférica de raio c multiplicada pelo volume da camada, ou seja,

$$dn_c = \text{densidade nos pontos da superfície esférica} \times \text{vol. da camada.} \qquad (4.33)$$

O volume da camada, dV_{camada}, é a diferença entre os volumes da esfera externa e interna.

$$dV_{\text{camada}} = \frac{4\pi}{3}(c + dc)^3 - \frac{4\pi}{3}c^3 = \frac{4\pi}{3}[3c^2\,dc + 3c(dc)^2 + (dc)^3].$$

Os termos do segundo membro que envolvem $(dc)^2$ e $(dc)^3$ são infinitésimos de ordem superior e se anulam mais rapidamente que dc, no limite, quando $dc \to 0$; estes termos são desprezados e obtemos $dV_{\text{camada}} = 4\pi c^2\,dc$. Usando este resultado e a Eq. (4.32) na Eq. (4.33), temos

$$dn_c = 4\pi N A^3 e^{-\beta c^2} c^2\,dc, \qquad (4.34)$$

que relaciona dn_c, o número de moléculas com velocidades entre c e $c + dc$, com N, c, dc e as constantes A e β. A Eq. (4.34) é uma forma da distribuição de Maxwell e é a solução ao problema colocado no início desta seção. Antes de utilizarmos a Eq. (4.34) precisamos avaliar as constantes A e β.

★ 4.7 SUPLEMENTO MATEMÁTICO

Na teoria cinética dos gases lidamos com integrais do tipo geral:

$$I_n(\beta) = \int_0^\infty x^{2n+1} e^{-\beta x^2}\,dx \qquad (\beta > 0; n > -1). \qquad (4.35)$$

Se fizermos a substituição $y = \beta x^2$, a integral se reduz à forma

$$I_n(\beta) = \tfrac{1}{2}\beta^{-(n+1)} \int_0^\infty y^n e^{-y}\,dy.$$

Entretanto, a função fatorial $(n!)$ é definida por

$$n! = \int_0^\infty y^n e^{-y}\,dy, \qquad (n > -1), \qquad (4.36)$$

de modo que

$$I_n(\beta) = \int_0^\infty x^{2n+1} e^{-\beta x^2}\,dx = \tfrac{1}{2}(n!)\beta^{-(n+1)}. \qquad (4.37)$$

As integrais de ordem superior podem ser obtidas das de menor ordem por derivação; derivando a Eq. (4.37) em relação a β, temos

$$\frac{dI_n(\beta)}{d\beta} = -\int_0^\infty x^{2n+3} e^{-\beta x^2}\,dx = -\tfrac{1}{2}[(n+1)!]\beta^{-(n+2)} = -I_{n+1}(\beta),$$

66 / FUNDAMENTOS DE FÍSICO-QUÍMICA

ou

$$I_{n+1}(\beta) = -\frac{dI_n(\beta)}{d\beta}. \tag{4.38}$$

Comumente ocorrem dois casos:

Caso I. $n = 0$ ou um inteiro positivo.

Neste caso aplicamos diretamente a Eq. (4.37) e não há dificuldade. O menor termo é

$$I_0(\beta) = \tfrac{1}{2}\beta^{-1}.$$

Todos os outros termos podem ser obtidos da Eq. (4.37) ou derivando I_0 (β) e usando a Eq. (4.38).

Caso II. $n = -\dfrac{1}{2}$, $\dfrac{1}{2}$, $\dfrac{3}{2}$ ou $n = m - \dfrac{1}{2}$, onde $m = 0$ ou um inteiro positivo.

Neste caso podemos também usar a Eq. (4.37) diretamente, mas teremos dificuldades, a menos que conheçamos o valor da função fatorial para valores não inteiros. Se $n = m - \dfrac{1}{2}$, a função toma a forma

$$I_{m-1/2}(\beta) = \int_0^\infty x^{2m} e^{-\beta x^2}\, dx = \tfrac{1}{2}[(m - \tfrac{1}{2})!]\beta^{-(m+1/2)}. \tag{4.39}$$

Quando $m = 0$, temos

$$I_{-1/2}(\beta) = \int_0^\infty e^{-\beta x^2}\, dx = \beta^{-1/2} \int_0^\infty e^{-y^2}\, dy = \beta^{-1/2} I_{-1/2}(1), \tag{4.40}$$

onde usamos $x = \beta^{-\frac{1}{2}} y$. Comparando este resultado com o último membro da Eq. (4.39), encontramos que

$$I_{-1/2}(1) = \int_0^\infty e^{-y^2}\, dy = \tfrac{1}{2}(-\tfrac{1}{2})!. \tag{4.41}$$

A integral, $I_{-\frac{1}{2}}$ (1), não pode ser avaliada por métodos elementares. Prosseguimos escrevendo a integral de dois modos,

$$I_{-1/2}(1) = \int_0^\infty e^{-x^2}\, dx \qquad \text{e} \qquad I_{-1/2}(1) = \int_0^\infty e^{-y^2}\, dy,$$

para então multiplicá-las obtendo:

$$I^2_{-1/2}(1) = \int_0^\infty \int_0^\infty e^{-(x^2+y^2)}\, dx\, dy.$$

A integração é sobre a área do primeiro quadrante; fazendo uma mudança de variáveis para $r^2 =$

$= x^2 + y^2$ e substituindo $dx\, dy$ pelo elemento de área em coordenadas polares, $r\, d\phi\, dr$, cobrimos o primeiro quadrante integrando ϕ de zero a $\pi/2$ e r de 0 a ∞: a integral torna-se

$$I^2_{-1/2}(1) = \int_0^{\pi/2} d\phi \int_0^\infty e^{-r^2} r\, dr = \frac{\pi}{2}\left(\frac{1}{2}\right) \int_0^\infty e^{-r^2}\, d(r^2) = \frac{\pi}{4} \int_0^\infty e^{-y}\, dy.$$

A última integral é igual a 0! = 1. Assim, tomando a raiz quadrada de ambos os membros temos

$$I_{-1/2}(1) = \tfrac{1}{2}\sqrt{\pi}. \tag{4.42}$$

Comparando as Eqs. (4.41) e (4.42) segue-se que $(-\tfrac{1}{2})! = \sqrt{\pi}$ e, portanto, das Eqs. (4.40) e (4.42) vem:

$$I_{-1/2}(\beta) = \tfrac{1}{2}\sqrt{\pi}\,\beta^{-1/2}.$$

Derivando e usando a Eq. (4.38) obtemos

$$I_{1/2}(\beta) = -\frac{dI_{-1/2}}{d\beta} = \tfrac{1}{2}\sqrt{\pi}(\tfrac{1}{2}\beta^{-3/2})$$

e

$$I_{3/2}(\beta) = -\frac{dI_{1/2}}{d\beta} = \tfrac{1}{2}\sqrt{\pi}(\tfrac{1}{2}\cdot\tfrac{3}{2}\beta^{-5/2}).$$

A repetição deste procedimento nos leva finalmente a

$$I_{m-1/2}(\beta) = \int_0^\infty x^{2m} e^{-\beta x^2}\, dx = \tfrac{1}{2}\sqrt{\pi}\,\frac{(2m)!}{2^{2m}m!}\,\beta^{-(m+1/2)}. \tag{4.43}$$

Comparando este resultado com a Eq. (4.39) obtemos o seguinte resultado para a função fatorial de valores fracionários

$$(m - \tfrac{1}{2})! = \sqrt{\pi}\,\frac{(2m)!}{2^{2m}m!}. \tag{4.44}$$

A Tab. (4.1) apresenta as fórmulas utilizadas com mais freqüência.

Tab. 4.1 Integrais que ocorrem na teoria cinética dos gases

$$(1)\quad \int_{-\infty}^\infty x^{2n} e^{-\beta x^2}\, dx = 2\int_0^\infty x^{2n} e^{-\beta x^2}\, dx \qquad\qquad (6)\quad \int_{-\infty}^\infty x^{2n+1} e^{-\beta x^2}\, dx = 0$$

$$(2)\quad \int_0^\infty e^{-\beta x^2}\, dx = \tfrac{1}{2}\sqrt{\pi}\,\beta^{-1/2} \qquad\qquad (7)\quad \int_0^\infty x e^{-\beta x^2}\, dx = \tfrac{1}{2}\beta^{-1}$$

$$(3)\quad \int_0^\infty x^2 e^{-\beta x^2}\, dx = \tfrac{1}{4}\sqrt{\pi}\,\beta^{-3/2} \qquad\qquad (8)\quad \int_0^\infty x^3 e^{-\beta x^2}\, dx = \tfrac{1}{2}\beta^{-2}$$

$$(4)\quad \int_0^\infty x^4 e^{-\beta x^2}\, dx = \tfrac{3}{8}\sqrt{\pi}\,\beta^{-5/2} \qquad\qquad (9)\quad \int_0^\infty x^5 e^{-\beta x^2}\, dx = \beta^{-3}$$

$$(5)\quad \int_0^\infty x^{2n} e^{-\beta x^2}\, dx = \tfrac{1}{2}\left(\frac{\pi}{\beta}\right)^{1/2}\frac{(2n)!}{2^{2n} n!\, \beta^n} \quad (10)\quad \int_0^\infty x^{2n+1} e^{-\beta x^2}\, dx = \frac{n!}{2}\,\beta-(n+1)$$

68 / FUNDAMENTOS DE FÍSICO-QUÍMICA

★ 4.7.1 A Função Erro

Freqüentemente temos ocasião de usar integrais do tipo do Caso II indicado anteriormente, nas quais o limite superior de integração não se estende ao infinito, mas assume algum valor finito. Estas integrais são conhecidas como função erro (fer). Definimos

$$\text{fer}(x) = \frac{2}{\sqrt{\pi}} \int_0^x e^{-u^2}\, du. \tag{4.45}$$

Se o limite superior se estender a $x \to \infty$, a integral vale $\frac{1}{2}\sqrt{\pi}$ e, portanto,

$$\text{fer}(\infty) = 1.$$

Logo, à medida que x varia de zero ao infinito, fer (x) varia de zero à unidade. Se a ambos os membros da definição adicionarmos a integral de x a ∞ multiplicada por $2/\sqrt{\pi}$ obteremos

$$\text{fer}(x) + \frac{2}{\sqrt{\pi}} \int_x^\infty e^{-u^2}\, du = \frac{2}{\sqrt{\pi}} \left[\int_0^x e^{-u^2}\, du + \int_x^\infty e^{-u^2}\, du \right] = \frac{2}{\sqrt{\pi}} \int_0^\infty e^{-u^2}\, du = 1.$$

Então,

$$\frac{2}{\sqrt{\pi}} \int_x^\infty e^{-u^2}\, du = 1 - \text{fer}(x).$$

Definimos a função erro complementar, ferc (x), por

$$\text{ferc}(x) = 1 - \text{fer}(x). \tag{4.46}$$

Logo

$$\int_x^\infty e^{-u^2}\, du = \frac{\sqrt{\pi}}{2}\, \text{ferc}(x) \tag{4.47}$$

Alguns valores da função erro são dados na Tab. 4.2.

Tab. 4.2 A função erro:

$$\text{fer}(x) = \frac{2}{\sqrt{\pi}} \int_0^x e^{-u^2}\, du$$

x	$\text{fer}(x)$	x	$\text{fer}(x)$	x	$\text{fer}(x)$
0,00	0,000	0,80	0,742	1,60	0,976
0,10	0,112	0,90	0,797	1,70	0,984
0,20	0,223	1,00	0,843	1,80	0,989
0,30	0,329	1,10	0,880	1,90	0,993
0,40	0,428	1,20	0,910	2,00	0,995
0,50	0,521	1,30	0,934	2,20	0,998
0,60	0,604	1,40	0,952	2,40	0,9993
0,70	0,678	1,50	0,966	2,50	0,9996

4.8 AVALIAÇÃO DE A E β

As constantes A e β são determinadas, exigindo-se que a distribuição forneça os valores corretos do número total de moléculas e da energia cinética média. O número total de moléculas é obtido somando-se dn_c a todos os possíveis valores de c entre zero e infinito:

$$N = \int_{c=0}^{c=\infty} dn_c. \tag{4.48}$$

A energia cinética média é calculada multiplicando-se a energia cinética, $1/2mc^2$, pelo número de moléculas que têm essa energia cinética, dn_c, somando-a a todos os valores de c, e dividindo-se pelo número total de moléculas N:

$$\langle\epsilon\rangle = \frac{\int_{c=0}^{c=\infty} \frac{1}{2}mc^2 \, dn_c}{N}. \tag{4.49}$$

As Eqs. (4.48) e (4.49) determinam A e β.

Substituindo-se dn_c na Eq. (4.48) pelo valor dado pela Eq. (4.34), temos:

$$N = \int_0^\infty 4\pi N A^3 e^{-\beta c^2} c^2 \, dc.$$

Dividindo por N e pondo em evidência as constantes, temos

$$1 = 4\pi A^3 \int_0^\infty c^2 e^{-\beta c^2} \, dc.$$

Da Tab. 4.1 temos $\int_0^\infty c^2 e^{-\beta c^2} \, dc = \pi^{1/2}/4\beta^{3/2}$. Logo, $1 = 4\pi A^3 \pi^{1/2}/4\beta^{3/2}$. Portanto, finalmente

$$A^3 = \left(\frac{\beta}{\pi}\right)^{3/2}, \tag{4.50}$$

que dá o valor de A^3 em termos de β.

Na segunda condição, Eq. (4.49), usamos o valor de dn_c da Eq. (4.34):

$$\langle\epsilon\rangle = \frac{\int_0^\infty \frac{1}{2}mc^2 4\pi N A^3 e^{-\beta c^2} c^2 \, dc}{N}.$$

Usando a Eq. (4.50), temos

$$\langle\epsilon\rangle = 2\pi m\left(\frac{\beta}{\pi}\right)^{3/2} \int_0^\infty c^4 e^{-\beta c^2} \, dc.$$

Da Tab. 4.1, temos $\int_0^\infty c^4 e^{-\beta c^2} \, dc = 3\pi^{1/2}/8\beta^{5/2}$. Assim $<\epsilon>$ torna-se $<\epsilon> = 3m/4\beta$ e, portanto,

$$\beta = \frac{3m}{4\langle\epsilon\rangle}, \tag{4.51}$$

70 / FUNDAMENTOS DE FÍSICO-QUÍMICA

que exprime β em termos da energia média por molécula, $<\epsilon>$. Entretanto, a Eq. (4.13) relaciona a energia média por molécula com a temperatura:

$$\langle\epsilon\rangle = \frac{3}{2}\left(\frac{R}{N_A}\right)T = \tfrac{3}{2}kT. \tag{4.13a}$$

A constante dos gases perfeitos por molécula é a constante de Boltzmann, $k = R/N_A = 1,3807 \times 10^{-23}$ J/K. Usando esta relação na Eq. (4.51), temos β explicitamente em termos de m e T:

$$\beta = \frac{m}{2kT}. \tag{4.52}$$

Usando a Eq. (4.52) na Eq. (4.50), obtemos

$$A^3 = \left(\frac{m}{2\pi kT}\right)^{3/2}, \qquad A = \left(\frac{m}{2\pi kT}\right)^{1/2}. \tag{4.53}$$

Usando as Eqs. (4.52) e (4.53) para β e A^3 na Eq. (4.34), obtemos a distribuição de Maxwell na forma explícita:

$$dn_c = 4\pi N\left(\frac{m}{2\pi kT}\right)^{3/2} c^2 e^{-mc^2/2kT}\, dc. \tag{4.54}$$

A distribuição de Maxwell exprime o número de moléculas tendo velocidades entre c e $c + dc$ em termos do número total de moléculas presentes, da massa das moléculas, da temperatura e da velocidade. (Para simplificar os cálculos com a distribuição de Maxwell, note que a relação $m/k = M/R$, onde M é a massa molar.) É costume colocar a distribuição de Maxwell num gráfico com a função $(1/N)\,(dn_c/dc)$ como ordenada e c como abscissa. A fração de moléculas com velocidades no intervalo entre c e $c + dc$ é dn_c/N; dividindo por dc obtemos a fração de moléculas neste intervalo de velocidades por unidade de largura do intervalo:

$$\frac{1}{N}\frac{dn_c}{dc} = 4\pi\left(\frac{m}{2\pi kT}\right)^{3/2} c^2 e^{-mc^2/2kT}. \tag{4.55}$$

O gráfico da função para o nitrogênio em duas temperaturas está indicado na Fig. 4.9.

A função ilustrada na Fig. 4.9 é a probabilidade de encontrar uma molécula tendo velocidade entre c e $c + dc$, dividida pela largura do intervalo, dc. Falando de um modo não muito preciso, a ordenada é a probabilidade de ser encontrada uma molécula com uma velocidade entre c e $(c + 1)$ m/s. A curva é parabólica próximo à origem, pois o fator c^2 é predominante nesta região e a função exponencial vale praticamente um; para valores de c maiores, o fator exponencial domina o comportamento da função, causando uma diminuição rápida de valor. Como conseqüência do comportamento contrastante dos dois fatores, a função produto tem um máximo na velocidade, c_{mp}. Esta é chamada *velocidade mais provável*, pois corresponde a um máximo na curva de probabilidade; c_{mp} pode ser calculada derivando-se a função da direita da Eq. (4.55) e igualando-se a derivada a zero para encontrar a localização das tangentes horizontais. Este procedimento leva a

$$ce^{-mc^2/2kT}\left(2 - \frac{mc^2}{kT}\right) = 0.$$

A curva tem três tangentes horizontais: para $c = 0$, para $c \to \infty$, quando $\exp(-\frac{1}{2} mc^2/kT) = 0$, e quando $2 - mc^2/kT = 0$. Esta última condição determina c_{mp}:

$$c_{mp} = \sqrt{\frac{2kT}{m}} = \sqrt{\frac{2RT}{M}}. \tag{4.56}$$

A Fig. 4.9 mostra que a probabilidade de se encontrar moléculas com velocidades muito baixas ou muito altas é praticamente nula. A maioria das moléculas tem velocidades em torno de c_{mp}.

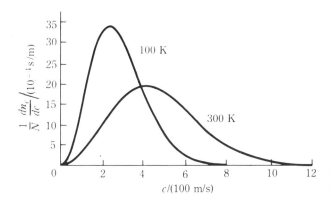

Fig. 4.9 Distribuição de Maxwell para o nitrogênio a duas temperaturas.

A Fig. 4.9 mostra também que um aumento de temperatura amplia a distribuição de velocidades e desloca o máximo para valores maiores de c. A área sob as duas curvas na Fig. 4.9 é a mesma, pois é unitária nos dois casos. Isto requer que a curva se alargue à medida que a temperatura aumenta. A distribuição de velocidades também depende da massa da molécula. À mesma temperatura um gás pesado apresenta uma distribuição mais comprimida que um gás leve.

O aparecimento da temperatura como um parâmetro da distribuição fornece outra interpretação do, ainda misterioso, conceito de temperatura. De modo não muito preciso, a temperatura é uma medida da amplitude da distribuição de velocidades. Se por qualquer método conseguirmos comprimir a distribuição, descobriremos que a temperatura do sistema diminuiu. No zero absoluto de temperatura, a distribuição torna-se infinitamente estreita; todas as moléculas têm a mesma energia cinética, zero.

4.9 CÁLCULO DE VALORES MÉDIOS USANDO A DISTRIBUIÇÃO DE MAXWELL

Da distribuição de Maxwell pode ser calculada a média de qualquer quantidade que dependa da velocidade. Se quisermos calcular o valor médio $<g>$ de alguma função da velocidade, $g(c)$, multiplicamos a função $g(c)$ por dn_c, número de moléculas que têm velocidade c; então somamos para todos os valores de c, de zero ao infinito, e dividimos pelo número total de moléculas no gás:

$$\langle g \rangle = \frac{\int_{c=0}^{c=\infty} g(c)\, dn_c}{N}. \tag{4.57}$$

72 / FUNDAMENTOS DE FÍSICO-QUÍMICA

4.9.1 Exemplos de Cálculos de Valores Médios

■ **EXEMPLO 4.3** Como um exemplo do uso da Eq. (4.57), podemos calcular a energia cinética média das moléculas de um gás; para este caso, $g(c) = \epsilon = 1/2mc^2$. Assim, a Eq. (4.57) torna-se

$$\langle \epsilon \rangle = \frac{\int_{c=0}^{c=\infty} \frac{1}{2}mc^2 \, dn_c}{N},$$

que é idêntica à Eq. (4.49). Se colocarmos o valor de dn_c e integrarmos, obteremos, é claro, que $<\epsilon> = \frac{3}{2}kT$, pois usamos esta relação para determinar a constante β na função distribuição.

■ **EXEMPLO 4.4** Outro valor médio de importância é a velocidade média $<\beta>$. Usando a Eq. (4.57), temos

$$\langle c \rangle = \frac{\int_{c=0}^{c=\infty} c \, dn_c}{N}.$$

Usando o valor de dn_c, da Eq. (4.54), obtemos

$$\langle c \rangle = 4\pi \left(\frac{m}{2\pi kT} \right)^{3/2} \int_0^\infty c^3 e^{-mc^2/2kT} \, dc.$$

A integral pode ser obtida da Tab. 4.1, ou pode ser avaliada por métodos elementares através de uma mudança de variáveis: $x = \frac{1}{2} mc^2/kT$. Esta substituição fornece

$$\langle c \rangle = \sqrt{\frac{8kT}{\pi m}} \int_0^\infty x e^{-x} \, dx.$$

Mas, $\int_0^\infty x \, e^{-x} \, dx = 1$, portanto

$$\langle c \rangle = \sqrt{\frac{8kT}{\pi m}}. \tag{4.58}$$

Deve-se notar que a velocidade média não é igual à velocidade média quadrática, $c_{vmq} = (3kT/m)^{1/2}$, mas é um pouco menor. A velocidade mais provável, $c_{mp} = (2kT/m)^{1/2}$, é ainda menor. A velocidade média e a velocidade média quadrática ocorrem freqüentemente nos cálculos físico-químicos.

Como as velocidades das moléculas são distribuídas, podemos nos referir ao desvio da velocidade de uma molécula em relação ao seu valor médio, isto é, $\delta = c - <c>$. O desvio médio em relação ao valor médio é, evidentemente, zero. Entretanto, o quadrado dos desvios em relação à média, $\delta^2 = (c - <c>)^2$, tem um valor médio diferente de zero. Esta quantidade nos dá uma medida da largura da distribuição. Cálculos deste tipo de valores médios (Probls. 4.7 e 4.8) nos dão uma compreensão mais profunda do significado de temperatura, particularmente no caso da distribuição da energia.

4.10 A DISTRIBUIÇÃO DE MAXWELL COMO UMA DISTRIBUIÇÃO DE ENERGIA

A distribuição de velocidades, Eq. (4.54), pode ser transformada numa distribuição de energia. A energia çinética de uma molécula é $\epsilon = \frac{1}{2} mc^2$. Então, $c = (2/m)^{1/2} \epsilon^{1/2}$. Diferenciando, obtemos $dc = (1/2m)^{1/2} \epsilon^{-1/2} d\epsilon$. O intervalo de energia $d\epsilon$ corresponde ao intervalo de velocidade dc e, portanto, o número de partículas dn_c no intervalo de velocidade corresponde ao número de partículas dn_ϵ no intervalo de energia. Substituindo c e dc na distribuição de velocidades pelos seus equivalentes, de acordo com esta equação, obtemos a distribuição de energia

$$ dn_\epsilon = 2\pi N \left(\frac{1}{\pi kT} \right)^{3/2} \epsilon^{1/2} e^{-\epsilon/kT} d\epsilon, \tag{4.59} $$

onde dn_ϵ é o número de moléculas tendo energias cinéticas entre ϵ e $\epsilon + d\epsilon$. Esta forma da função de distribuição está colocada no gráfico da Fig. 4.10(a) em função de ϵ. Observe-se o formato diferente desta curva quando comparada com a distribuição de velocidades. Em particular, a distribuição de energia tem uma tangente vertical na origem e, portanto, aumenta de modo muito mais rápido que a distribuição de velocidades que tem uma tangente horizontal. Depois de passar pelo máximo, a distribuição de energia cai de modo mais suave que a distribuição de velocidades. Como acontecia anateriormente, a distribuição se espalha mais a temperaturas mais altas, ou seja, tem uma maior proporção de moléculas com energias maiores. Como antes, as áreas sob as curvas são as mesmas a diferentes temperaturas.

Freqüentemente, é importante conhecer que fração de moléculas num gás tem energias cinéticas maiores do que um dado valor ϵ. Esta quantidade pode ser calculada a partir da função distribuição. Seja $N(\epsilon')$ o número de moléculas com energias maiores que ϵ'. Então $N(\epsilon')$ é a soma do número de moléculas com energias no intervalo acima de ϵ':

$$ N(\epsilon') = \int_{\epsilon'}^{\infty} dn_\epsilon. \tag{4.60} $$

A fração de moléculas com energias maiores do que ϵ' é $N(\epsilon')/N$; usando a expressão da Eq. (4.59) como integrando na Eq. (4.60), esta fração torna-se

$$ \frac{N(\epsilon')}{N} = 2\pi \left(\frac{1}{\pi kT} \right)^{3/2} \int_{\epsilon'}^{\infty} \epsilon^{1/2} e^{-\epsilon/kT} d\epsilon. \tag{4.61} $$

As substituições

$$ \epsilon = kTx^2, \qquad d\epsilon = kT \, d(x^2), $$

e

$$ \epsilon^{1/2} = (kT)^{1/2} x, $$

reduzem a Eq. (4.61) a

$$ \frac{N(\epsilon')}{N} = \frac{2}{\sqrt{\pi}} \int_{\sqrt{\epsilon'/kT}}^{\infty} x e^{-x^2} d(x^2) = -\frac{2}{\sqrt{\pi}} \int_{\sqrt{\epsilon'/kT}}^{\infty} x \, d(e^{-x^2}). $$

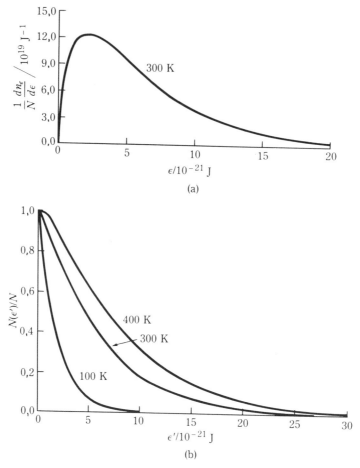

Fig. 4.10 (*a*) Distribuição de energia a 300 K. (*b*) Fração de moléculas com energia superior a ϵ'.

Integrando por partes, temos

$$\frac{N(\epsilon')}{N} = -\frac{2}{\sqrt{\pi}} \left[xe^{-x^2} \Big|_{\sqrt{\epsilon'/kT}}^{\infty} - \int_{\sqrt{\epsilon'/kT}}^{\infty} e^{-x^2}\, dx \right],$$

$$\frac{N(\epsilon')}{N} = 2\left(\frac{\epsilon'}{\pi kT}\right)^{1/2} e^{-\epsilon'/kT} + \frac{2}{\sqrt{\pi}} \int_{\sqrt{\epsilon'/kT}}^{\infty} e^{-x^2}\, dx. \qquad (4.62)$$

A integral na Eq. (4.62) pode ser expressa em termos da função erro complementar definida na Eq. (4.47).

$$\frac{N(\epsilon')}{N} = 2\left(\frac{\epsilon'}{\pi kT}\right)^{1/2} e^{-\epsilon'/kT} + \text{ferc}(\sqrt{\epsilon'/kT}). \qquad (4.63)$$

A ESTRUTURA DOS GASES / 75

Entretanto, se a energia ϵ' for muito maior que kT, o valor da integral na Eq. (4.62) é aproximadamente zero (pois a área sob a curva do integrando, que parte de um limite inferior grande é que vai até o infinito, é muito pequena). Neste caso importante, a Eq. (4.55) torna-se

$$\frac{N(\epsilon')}{N} = 2\left(\frac{\epsilon'}{\pi kT}\right)^{1/2} e^{-\epsilon'/kT}, \qquad \epsilon' \gg kT. \tag{4.64}$$

A Eq. (4.64) tem a propriedade de seu segundo membro variar rapidamente com a temperatura, particularmente para temperaturas baixas. A Fig. 4.10 (b) mostra a variação de $N(\epsilon')/N$ com ϵ' a três temperaturas, calculada a partir da Eq. (4.62). A Fig. 4.10 (b) também mostra, graficamente, que a fração de moléculas tendo energias maiores que ϵ' aumenta rapidamente com a temperatura, particularmente se ϵ' estiver na região de alta energia. Esta propriedade dos gases, que também é dos líquidos e sólidos, tem um significado fundamental em conexão com o aumento da velocidade das reações químicas com a temperatura. Como apenas as moléculas que possuem uma energia maior que um certo mínimo podem reagir quimicamente e, como a fração de moléculas cujas energias excedem este mínimo aumenta com a temperatura de acordo com a Eq. (4.62), a velocidade de uma reação química aumenta com a temperatura.*

4.11 VALORES MÉDIOS DAS COMPONENTES INDIVIDUAIS – EQUIPARTIÇÃO DA ENERGIA

É instrutivo calcular os valores médios das componentes da velocidade. Com este objetivo é mais conveniente usar a distribuição de Maxwell na forma da Eq. (4.30). O valor médio de u é então dado por uma equação análoga à Eq. (4.57):

$$\langle u \rangle = \frac{\displaystyle\int_{-\infty}^{\infty} \int_{-\infty}^{\infty} \int_{-\infty}^{\infty} u \, dn_{uvw}}{N}.$$

Esta integração é feita para todos os possíveis valores das três componentes; note-se que qualquer componente pode ter qualquer valor de $-\infty$ a $+\infty$. Usando dn_{uvw} da Eq. (4.30), obtemos

$$\langle u \rangle = A^3 \int_{-\infty}^{\infty} \int_{-\infty}^{\infty} \int_{-\infty}^{\infty} u e^{-\beta(u^2 + v^2 + w^2)} \, du \, dv \, dw$$

$$= A^3 \int_{-\infty}^{\infty} u e^{-\beta u^2} \, du \int_{-\infty}^{\infty} e^{-\beta v^2} \, dv \int_{-\infty}^{\infty} e^{-\beta w^2} \, dw. \tag{4.65}$$

Pela Fórmula (6) da Tab. 4.1, a primeira integral do segundo membro da Eq. (4.65) é nula; portanto $<u> = 0$. O mesmo resultado é obtido para o valor médio das outras componentes:

$$\langle u \rangle = \langle v \rangle = \langle w \rangle = 0. \tag{4.66}$$

A razão para que o valor médio das componentes individuais seja zero é fisicamente óbvia. Se o valor médio de qualquer componente tivesse um valor diferente de zero, isto corresponderia a

---

* Outras condições sendo comparáveis, a velocidade de uma reação química depende da temperatura através de um fator $A e^{-\epsilon_a/kT}$, onde A é uma constante e ϵ_a é uma energia característica. Note a semelhança com a forma do segundo membro da Eq. (4.64).

um movimento da massa do gás como um todo nesta direção particular, entretanto, a presente discussão aplica-se apenas a gases em repouso.

A função distribuição para a componente x pode ser escrita [veja as Eqs. (4.20), (4.29), (4.52) e (4.53)] como

$$\frac{1}{N}\frac{dn_u}{du} = f(u^2) = \left(\frac{m}{2\pi kT}\right)^{1/2} e^{-mu^2/2kT}, \qquad (4.67)$$

que está representada graficamente na Fig. 4.11. É a simetria da função relativamente à origem de u que leva ao valor nulo de $<u>$. A interpretação da temperatura como uma medida da largura da distribuição é ilustrada de modo bastante claro pelas duas curvas na Fig. 4.11. A área sob a curva deve ter o mesmo valor, ou seja, a unidade. A probabilidade de se encontrar uma molécula com velocidade u é a mesma de se encontrar uma molécula com velocidade $-u$; isto foi assegurado na nossa escolha original da função como dependendo somente de u^2.

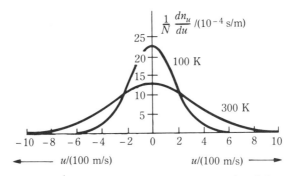

Fig. 4.11 Distribuição da componente x no nitrogênio.

Embora o valor médio da componente da velocidade em qualquer direção seja zero, em virtude do número de moléculas tendo componentes u e $-u$ ser igual, o valor médio da energia cinética associada a esta componente particular tem um valor positivo. As moléculas com componente da velocidade u contribuem para a média com $(1/2)mu^2$ e aquelas com componente $-u$ contribuem com $(1/2)m(-u)^2 = (1/2)mu^2$. As contribuições de partículas movendo-se em direções opostas são somadas fazendo-se a média da energia, enquanto que em se fazendo a média das componentes da velocidade elas se anulam. Para calcular o valor médio de $\epsilon_x = (1/2)mu^2$, usamos a distribuição de Maxwell do mesmo modo que antes:

$$\langle \epsilon_x \rangle = \frac{\int_{-\infty}^{\infty} \int_{-\infty}^{\infty} \int_{-\infty}^{\infty} \tfrac{1}{2}mu^2 \, dn_{uvw}}{N}.$$

Usando a Eq. (4.30), obtemos

$$\langle \epsilon_x \rangle = \tfrac{1}{2}mA^3 \int_{-\infty}^{\infty} \int_{-\infty}^{\infty} \int_{-\infty}^{\infty} u^2 e^{-\beta(u^2+v^2+w^2)} \, du \, dv \, dw$$

$$= \tfrac{1}{2}mA^3 \int_{-\infty}^{\infty} u^2 e^{-\beta u^2} \, du \int_{-\infty}^{\infty} e^{-\beta v^2} \, dv \int_{-\infty}^{\infty} e^{-\beta w^2} \, dw.$$

Usando as Fórmulas (1) e (2) da Tab. 4.1, temos

$$\int_{-\infty}^{\infty} e^{-\beta v^2} \, dv = \int_{-\infty}^{\infty} e^{-\beta w^2} \, dw = \left(\frac{\pi}{\beta}\right)^{1/2},$$

e pelas Fórmulas (1) e (3) e pela Tab. 4.1,

$$\int_{-\infty}^{\infty} u^2 e^{-\beta u^2} \, du = \frac{\pi^{1/2}}{2\beta^{3/2}} = \frac{1}{2\beta} \left(\frac{\pi}{\beta}\right)^{1/2}.$$

Introduzindo-se estes valores para as integrais chegamos a

$$\langle \epsilon_x \rangle = \tfrac{1}{2} m A^3 \left(\frac{1}{2\beta}\right) \left(\frac{\pi}{\beta}\right)^{1/2} \left(\frac{\pi}{\beta}\right)^{1/2} \left(\frac{\pi}{\beta}\right)^{1/2} = \frac{mA^3}{4\beta} \left(\frac{\pi}{\beta}\right)^{3/2}.$$

Usando os valores de A^3 da Eq. (4.53) e o valor de β da Eq. (4.52), obtemos finalmente

$$\langle \epsilon_x \rangle = \tfrac{1}{2} kT.$$

O mesmo resultado pode ser obtido para $< \epsilon_y >$ e $< \epsilon_z >$; portanto

$$\langle \epsilon_x \rangle = \langle \epsilon_y \rangle = \langle \epsilon_z \rangle = \tfrac{1}{2} kT. \tag{4.68}$$

Como a energia cinética total média é a soma de três termos, o seu valor é $(3/2)kT$, valor este dado pela Eq. (4.13a):

$$\langle \epsilon \rangle = \langle \epsilon_x \rangle + \langle \epsilon_y \rangle + \langle \epsilon_z \rangle = \tfrac{1}{2} kT + \tfrac{1}{2} kT + \tfrac{1}{2} kT = \tfrac{3}{2} kT. \tag{4.69}$$

A Eq. (4.68) exprime a importante lei da *equipartição da energia*. Ela diz que a energia total média é dividida entre as três componentes independentes do movimento que são chamados *graus de liberdade*. A molécula tem três graus de liberdade de translação. A lei da equipartição pode ser enunciada do seguinte modo: se a energia de *uma* molécula puder ser escrita na forma de uma soma de termos, cada um dos quais proporcional ao quadrado de uma velocidade ou de um deslocamento, então cada um dos termos quadrados contribui com $(1/2)kT$ para a energia *média*. Como um exemplo, a energia translacional de cada molécula no gás é

$$\epsilon = \tfrac{1}{2} mu^2 + \tfrac{1}{2} mv^2 + \tfrac{1}{2} mw^2. \tag{4.70}$$

Como cada termo é proporcional ao quadrado de uma componente da velocidade e cada um contribui com $(1/2)kT$ para a energia média, portanto, podemos escrever

$$\langle \epsilon \rangle = \tfrac{1}{2} kT + \tfrac{1}{2} kT + \tfrac{1}{2} kT = \tfrac{3}{2} kT. \tag{4.71}$$

4.12 EQUIPARTIÇÃO DA ENERGIA E QUANTIZAÇÃO

Um sistema mecânico constituído de N partículas é descrito especificando-se três coordenadas para cada partícula ou um total de $3N$ coordenadas. Portanto, num sistema deste tipo, existem $3N$ componentes de movimento independentes ou graus de liberdade. Se as N partículas encontram-se ligadas para formar uma molécula poliatômica, então as $3N$ coordenadas e componentes do movimento são convenientemente escolhidas como segue:

De translação. Três coordenadas descrevem a posição do centro de massa; o movimento nestas coordenadas corresponde à translação da molécula como um todo. A energia armazenada neste modo de movimento é apenas a energia cinética, $\epsilon_{trans} = \frac{1}{2}mu^2 + \frac{1}{2}mv^2 + \frac{1}{2}mw^2$. Cada um destes termos contém o quadrado de uma componente da velocidade e, portanto, como vimos, cada um contribui com $\frac{1}{2}kT$ para a energia média.

Rotacional. São necessários dois ângulos para descrever a orientação de uma molécula linear no espaço e três ângulos para uma molécula não-linear. O movimento nestas coordenadas corresponde à rotação em torno de dois eixos (molécula linear) ou três eixos (molécula não-linear) no espaço. A equação para a energia de rotação assume a forma

$$\epsilon_{rot} = \tfrac{1}{2}I\omega_x^2 + \tfrac{1}{2}I\omega_y^2 \quad \text{(molécula linear)}$$

$$\epsilon_{rot} = \tfrac{1}{2}I_x\omega_x^2 + \tfrac{1}{2}I_y\omega_y^2 + \tfrac{1}{2}I_z\omega_z^2 \quad \text{(molécula não-linear)}.$$

onde ω_x, ω_y e ω_z são as velocidades angulares e I_x, I_y e I_z são os momentos de inércia em relação aos eixos x, y e z, respectivamente. (No caso linear $I_x = I_y = I$.) Como cada termo na expressão da energia é proporcional ao quadrado de um componente da velocidade, cada termo contribui em média com a sua parcela ($\frac{1}{2}kT$) de energia. Portanto, a energia rotacional média das moléculas lineares é $\frac{2}{2}kT$, enquanto que das não-lineares é $\frac{3}{2}kT$. Os modos rotacionais de uma molécula diatômica então ilustrados na Fig. 4.12.

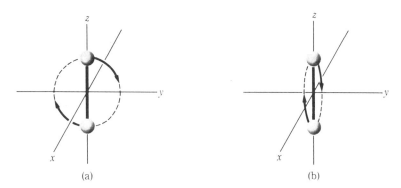

Fig. 4.12 Modos rotacionais de uma molécula diatômica. (*a*) Rotação em torno do eixo *x*. (*b*) Rotação em torno do eixo *y*.

De vibração. Restam $3N - 5$ coordenadas para as moléculas lineares e $3N - 6$ coordenadas para as moléculas não-lineares. Estas coordenadas descrevem as distâncias de ligação e os ângulos de ligação na molécula. Os movimentos nessas coordenadas correspondem a vibrações (axial ou angular) da molécula. Portanto moléculas lineares têm $3N - 5$ modos de vibração e moléculas não-lineares possuem $3N - 6$ modos vibracionais. Admitindo que as vibrações sejam harmônicas, a energia de cada modo de vibração pode ser escrita na forma

$$\epsilon_{vib} = \tfrac{1}{2}\mu\left(\frac{dr}{dt}\right)^2 + \tfrac{1}{2}k(r - r_0)^2,$$

na qual μ é uma massa apropriada, k é a constante de força, r_0 é o valor de equilíbrio da coordenada r e dr/dt é a velocidade. O primeiro termo desta expressão é a energia cinética e o segundo

A ESTRUTURA DOS GASES / 79

é a energia potencial. Pela lei da equipartição, o primeiro termo deve contribuir com $\frac{1}{2} kT$ para energia média, pois ele contém uma velocidade ao quadrado. O segundo termo deve contribuir com $\frac{1}{2} kT$ para a energia média já que contém o quadrado da coordenada $r - r_0$. Cada modo de vibração deve, portanto, contribuir para a energia média do sistema com $\frac{1}{2} kT + \frac{1}{2} kT = kT$. Assim, a energia média das vibrações é $(3N - 5)kT$ para moléculas lineares e $(3N - 6)kT$ para moléculas não-lineares. A energia total média por molécula será

$$\langle \epsilon_t \rangle = \tfrac{3}{2}kT + \tfrac{2}{2}kT + (3N - 5)kT \qquad \text{(moléculas lineares)}$$

$$\langle \epsilon_t \rangle = \tfrac{3}{2}kT + \tfrac{3}{2}kT + (3N - 6)kT \qquad \text{(moléculas não-lineares)}.$$

Se multiplicarmos estes valores pelo número de Avogadro (N_A) para convertê-los em energias médias por mol obtemos:

Gases monoatômicos:

$$\bar{U} = \tfrac{3}{2}RT \tag{4.72}$$

Gases poliatômicos:

$$\bar{U} = \tfrac{3}{2}RT + \tfrac{2}{2}RT + (3N - 5)RT \qquad \text{(linear)} \tag{4.73}$$

$$\bar{U} = \tfrac{3}{2}RT + \tfrac{3}{2}RT + (3N - 6)RT \qquad \text{(não-lineares)}. \tag{4.74}$$

Se escoar calor para um gás mantido a volume constante, a energia do gás será aumentada da quantidade de energia transferida pelo escoamento do calor. A relação entre o aumento de energia e o aumento de temperatura do sistema é a capacidade calorífica a volume constante, C_v. Portanto, por definição,

$$C_v \equiv \left(\frac{\partial U}{\partial T} \right)_V. \tag{4.75}$$

Diferenciando as energias molares em relação à temperatura, obtemos as capacidades caloríficas molares $\bar{C}_v$ previstas pela lei da equipartição da energia.

Gases monoatômicos:

$$\bar{C}_v = \tfrac{3}{2}R. \tag{4.76}$$

Gases poliatômicos:

$$\bar{C}_v = \tfrac{3}{2}R + \tfrac{2}{2}R + (3N - 5)R \qquad \text{(linear)}. \tag{4.77}$$

$$\bar{C}_v = \tfrac{3}{2}R + \tfrac{3}{2}R + (3N - 6)R \qquad \text{(não-linear)}. \tag{4.78}$$

Se examinarmos os valores das capacidades caloríficas iremos encontrar que para os gases monoatômicos $\bar{C}_v/R = 1,5000$, com um grande grau de precisão. Este valor é independente da temperatura numa faixa ampla de temperaturas. Se examinarmos as capacidades caloríficas de gases poliatômicos, Tab. 4.3, iremos verificar que existem dois pontos de desacordo entre os dados experimentais e as previsões da lei da equipartição. As capacidades caloríficas observadas (1) são sempre substancialmente menores que os valores previstos e (2) dependem acentuadamente da temperatura. A lei da equipartição é uma lei da física clássica e essas discrepâncias

80 / FUNDAMENTOS DE FÍSICO-QUÍMICA

foram uma das primeiras indicações de que a Mecânica Clássica não era adequada para descrever as propriedades moleculares. Para ilustrar a dificuldade escolhemos o caso de moléculas diatômicas, que são necessariamente lineares. Para moléculas diatômicas, $N = 2$ e obtemos da lei da equipartição que:

$$\frac{\bar{C}_v}{R} = \frac{3}{2} + \frac{2}{2} + 1 = \frac{7}{2} = 3,5.$$

Com exceção do H_2, os valores observados para moléculas diatômicas, a temperaturas ordinárias, ficam entre 2,5 e 3,5, um bom número deles estando próximo de 2,50. Como o valor de translação de 1,5 é observado com tanta precisão para moléculas monoatômicas, é válido suspeitar que a dificuldade está com o movimento rotacional ou de vibração. Notando que moléculas não-lineares têm $\bar{C}_v/R > 3,0$, concluímos que a dificuldade está com o movimento de vibração.

Tab. 4.3 Capacidades caloríficas de gases a 298,15 k

Monoatômicos	
Espécies	$\bar{C}_v/R$
He, Ne, Ar, Kr, Xe	1,5000

Diatômicos			
Espécies	$\bar{C}_v/R$	Espécies	$\bar{C}_v/R$
H_2	2,468	F_2	2,78
N_2, HF, HBr, HCl	2,50	Cl_2	3,08
CO	2,505	ICl	3,26
HI	2,51	Br_2	3,33
O_2	2,531	IBr	3,37
NO	2,591	I_2	3,43

Triatômicos			
Linear	$\bar{C}_v/R$	Não-linear	$\bar{C}_v/R$
CO_2	3,466	H_2O	3,038
N_2O	3,655	H_2S	3,09
COS	3,99	NO_2	3,56
CS_2	4,490	SO_2	3,79

Tetratômicos			
Linear	$\bar{C}_v/R$	Não-linear	$\bar{C}_v/R$
C_2H_2	4,283	H_2CO	3,25
C_2N_2	6,844	NH_3	3,289
		HN_3	4,042
		P_4	7,05

A explicação do comportamento observado está no fato de que o movimento de vibração é quantizado. A energia de um oscilador está restrita a *certos* valores discretos. Este fato apresenta-se em contraste com o oscilador clássico que pode assumir qualquer valor de energia. No nosso caso, em vez das energias de vários osciladores estarem distribuídas continuamente em todo intervalo de energias, os osciladores estão distribuídos em vários estados quânticos (níveis de energia). O estado de menor energia é chamado de *estado fundamental*; os outros estados são chamados de *estados excitados*. Os valores permitidos de energia de um oscilador harmônico são dados pela expressão

$$\epsilon_s = (s + \tfrac{1}{2})h\nu \qquad (s = 0, 1, 2, \ldots), \tag{4.79}$$

na qual o número quântico s é zero ou um inteiro positivo, $h = 6,626 \times 10^{-34}$ Js é a constante de Planck e ν é a freqüência *clássica* do oscilador, $\nu = (1/2\pi)\sqrt{k/\mu}$, onde k é a constante de força e μ é a massa reduzida do oscilador.

A lei da equipartição depende da habilidade de duas partículas trocarem energia livremente, entre os vários modos de movimento, ao colidirem. Essa condição é satisfeita pelos movimentos de translação e rotacional, uma vez que, nestes modos, as moléculas podem aceitar energia em qualquer quantidade, embora pequena, sujeitas apenas às restrições dinâmicas da conservação da energia e momento totais. Mas, uma vez que o modo de vibração é quantizado, ele pode aceitar somente uma quantidade de energia igual ao quantum vibracional, $h\nu$. Para uma molécula como o oxigênio, seu quantum energético é sete vezes maior do que a energia média de translação das moléculas a 25°C. Assim, a colisão entre duas moléculas com energias cinéticas médias não poderia elevar uma ou outra molécula a um estado de vibração maior, pois isto iria requerer uma energia muito maior do que a que elas possuem. Conseqüentemente, todas as moléculas permanecem, praticamente, no estado de vibração fundamental e o gás não apresenta uma capacidade calorífica de vibração. Quando a temperatura é suficientemente alta de forma que a energia térmica média é comparável ao quantum de vibração, $h\nu$, a capacidade calorífica aproxima-se do valor previsto pela lei da equipartição. A temperatura necessária depende da vibração.

★ 4.13 CÁLCULO DA CAPACIDADE CALORÍFICA DE VIBRAÇÃO

A distribuição dos osciladores é regida por uma lei exponencial

$$n_s = \frac{Ne^{-\epsilon_s/kT}}{Q} \tag{4.80}$$

onde n_s é o número de osciladores tendo energia ϵ_s. A *função partição* Q é determinada pela condição de que a soma do número de osciladores em todos os níveis de energia deve fornecer o número total de osciladores, N. Isto é,

$$\sum_{s=0}^{\infty} n_s = N. \tag{4.81}$$

Portanto, tirando o valor de n_s na Eq. (4.80),

$$\sum_{s=0}^{\infty} \frac{Ne^{-\varkappa\epsilon_s}}{Q} = N.$$

82 / FUNDAMENTOS DE FÍSICO-QUÍMICA

Logo,

$$Q = \sum_{s=0}^{\infty} e^{-\alpha \epsilon_s}, \qquad (4.82)$$

onde fizemos $\alpha = 1/kT$ por conveniência de cálculo.

A energia média é obtida multiplicando-se a energia de cada nível pelo número de moléculas naquele nível, somando-se por todos os níveis e dividindo-se pelo número total de moléculas.

$$\langle \epsilon \rangle = \frac{\sum\limits_{s=0}^{\infty} \epsilon_s n_s}{N}.$$

Substituindo-se n_s/N pelo seu valor da Eq. (4.80) obtemos

$$\langle \epsilon \rangle = \sum_{s=0}^{\infty} \frac{\epsilon_s e^{-\alpha \epsilon_s}}{Q} = \frac{1}{Q} \sum_{s=0}^{\infty} \epsilon_s e^{-\alpha \epsilon_s}.$$

Se diferenciarmos a Eq. (4.82) com relação a α obteremos

$$\frac{dQ}{d\alpha} = - \sum_{s=0}^{\infty} \epsilon_s e^{-\alpha \epsilon_s}. \qquad (4.83)$$

Usando este resultado na expressão para $< \epsilon >$, vamos encontrar que

$$\langle \epsilon \rangle = -\frac{1}{Q} \frac{dQ}{d\alpha} = -\frac{d \ln Q}{d\alpha}. \qquad (4.84)$$

Para avaliar Q, substituímos $\epsilon_s = (s + \frac{1}{2})h\nu$ na expressão de Q:

$$Q = \sum_{s=0}^{\infty} e^{-\alpha h\nu(s+1/2)} = e^{-\alpha h\nu/2} \sum_{s=0}^{\infty} e^{-\alpha h\nu s} = e^{-\alpha h\nu/2} \sum_{s=0}^{\infty} x^s;$$

onde escrevemos, do lado direito, $x = e^{-\alpha h\nu}$. Mas $\Sigma_{s=0}^{\infty} x^s = 1 + x + x^2 + \ldots$, que é o desenvolvimento em série da expressão $1/(1 - x)$; portanto

$$Q = \frac{e^{-\alpha h\nu/2}}{1 - x} = \frac{e^{-\alpha h\nu/2}}{1 - e^{-\alpha h\nu}},$$

ou

$$\ln Q = -\tfrac{1}{2}\alpha h\nu - \ln(1 - e^{-\alpha h\nu}).$$

Diferenciando, obtemos

$$\frac{d \ln Q}{d\alpha} = -\tfrac{1}{2}h\nu - \frac{h\nu e^{-\alpha h\nu}}{1 - e^{-\alpha h\nu}} = -\tfrac{1}{2}h\nu - \frac{h\nu}{e^{\alpha h\nu} - 1}.$$

Usando esta expressão na Eq. (4.84), obtemos, depois de colocar $\alpha = 1/kT$,

$$\langle \epsilon \rangle = \tfrac{1}{2}h\nu + \frac{h\nu}{e^{h\nu/kT} - 1}. \qquad (4.85)$$

Observamos, assim, que a energia média é composta da energia do ponto zero $\tfrac{1}{2}h\nu$, que é a menor energia possível para o oscilador quântico, mais um termo que depende da temperatura.

A temperaturas muito baixas $hv/kT \gg 1$, o que vale dizer que $\exp(hv/kT) \gg 1$ e, portanto, o segundo termo é muito pequeno dando

$$\langle \epsilon \rangle = \tfrac{1}{2}hv \qquad \text{e} \qquad \bar{C}_v = 0.$$

Efetivamente, todos os osciladores estão no menor estado quântico com $s = 0$.

A temperaturas muito altas em que $hv/kT \ll 1$, podemos desenvolver a função exponencial dando $e^{hv/kT} \approx 1 + hv/kT$; então $e^{hv/kT} - 1 \approx hv/kT$, e temos

$$\langle \epsilon \rangle = \tfrac{1}{2}hv + kT.$$

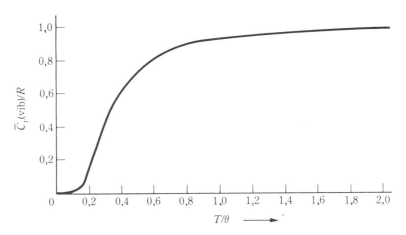

Fig. 4.13 Função de Einstein para $\bar{C}_v/R$ contra T/θ.

Para um mol,

$$\bar{U} = N_A \tfrac{1}{2}hv + RT$$

e

$$\bar{C}_v = R.$$

Portanto é somente a temperaturas altas que a capacidade calorífica de vibração atinge o valor clássico R.

É costume definir uma temperatura característica $\theta = hv/k$ para cada oscilador. Então,

$$\langle \epsilon \rangle = \tfrac{1}{2}hv + \frac{k\theta}{e^{\theta/T} - 1}, \tag{4.86}$$

$$\bar{U} = N_A \langle \epsilon \rangle = N_A \tfrac{1}{2}hv + \frac{R\theta}{e^{\theta/T} - 1}, \tag{4.87}$$

e

$$\frac{\bar{C}_v(\text{vib})}{R} = \left(\frac{\theta}{T}\right)^2 \frac{e^{\theta/T}}{(e^{\theta/T} - 1)^2}. \tag{4.88}$$

84 / FUNDAMENTOS DE FÍSICO-QUÍMICA

A função no segundo membro da Eq. (4.88) é conhecida como função de Einstein. Ela está indicada em função de (T/θ) na Fig. 4.13. Portanto, para cada molécula diatômica, temos para a capacidade calorífica que:

$$\frac{\bar{C}_v}{R} = \frac{5}{2} + \left(\frac{\theta}{T}\right)^2 \frac{e^{\theta/T}}{(e^{\theta/T} - 1)^2}.$$

No caso de moléculas poliatômicas que possuem mais de uma vibração, como a água (H_2O) que possui três vibrações, existem três freqüências distintas ocorrendo, portanto, três temperaturas características distintas, de tal forma que a capacidade calorífica contém três diferentes funções de Einstein,

$$\frac{\bar{C}_v}{R} = 3.0 + \left(\frac{\theta_1}{T}\right)^2 \frac{e^{\theta_1/T}}{(e^{\theta_1/T} - 1)^2} + \left(\frac{\theta_2}{T}\right)^2 \frac{e^{\theta_2/T}}{(e^{\theta_2/T} - 1)^2} + \left(\frac{\theta_3}{T}\right)^2 \frac{e^{\theta_3/T}}{(e^{\theta_3/T} - 1)^2}.$$

A Tab. 4.4 fornece os valores das temperaturas características para várias moléculas.

Tab. 4.4 Valores de θ para vários gases, em K

H_2	6210	Br_2	470
N_2	3340	I_2	310
O_2	2230	CO_2	$\theta_1 = 1890$
CO	3070		$\theta_2 = 3360$
NO	2690		$\theta_3 = \theta_4 = 954$
HCl	4140		
HBr	3700	H_2O	$\theta_1 = 5410$
HI	3200		$\theta_2 = 5250$
Cl_2	810		$\theta_3 = 2290$

Terrell L. Hill, *Introduction to Statistical Thermodynamics*. Addison-Wesley Publishing Co., Inc., Reading, Mass., 1960.

★ 4.14 A LEI DE DISTRIBUIÇÃO DE MAXWELL-BOLTZMANN

Foram discutidos até aqui dois tipos de distribuição: a distribuição espacial de moléculas num campo gravitacional (a distribuição de Boltzmann) e a distribuição de velocidades num gás (a distribuição de Maxwell). Estas podem ser combinadas na lei de distribuição de Maxwell-Boltzmann.

A fórmula barométrica governa a distribuição espacial de moléculas num campo gravitacional de acordo com a equação

$$\tilde{N} = \tilde{N}_0 e^{-Mgz/RT}, \tag{4.89}$$

onde $\tilde{N}$ e $\tilde{N}_0$ são os números de partículas por metro cúbico nas cotas z e zero, respectivamente. A lei de distribuição de Boltzmann governa a distribuição espacial em qualquer sistema no qual as partículas têm uma energia potencial que depende da posição. Para qualquer campo que admita um potencial, a distribuição de Boltzmann pode ser escrita na forma

$$\tilde{N} = \tilde{N}_0 e^{-\epsilon_p/kT}, \tag{4.90}$$

onde ϵ_p é a energia potencial da partícula no ponto (x, y, z) e $\tilde{N}$ é o número de partículas por metro cúbico nesta posição.

Para o caso especial do campo gravitacional, $\epsilon_p = mgz$. Este valor de ϵ_p substituído na Eq. (4.90) reduz esta equação à Eq. (4.89) pois $m/k = M/R$.

A combinação da distribuição de velocidades com a distribuição espacial se escreve

$$\frac{d\tilde{N}^*}{\tilde{N}_0} = 4\pi \left(\frac{m}{2\pi kT}\right)^{3/2} c^2 e^{-(mc^2/2 + \epsilon_p)/kT} \, dc, \qquad (4.91)$$

onde $d\tilde{N}^*$ é o número de moléculas por metro cúbico na posição (x, y, z) que têm velocidades compreendidas entre c e $c + dc$. A Eq. (4.91) é a distribuição de Maxwell-Boltzmann, que é semelhante à distribuição de Maxwell, exceto pelo fato do fator exponencial conter a energia total, cinética mais a potencial, em vez de conter apenas a energia cinética.

Em qualquer posição no espaço, ϵ_p tem um valor constante e, portanto, $\exp(-\epsilon_p/kT)$ é uma constante. Então o segundo membro da Eq. (4.91) é simplesmente a distribuição de Maxwell multiplicada por uma constante. Isto significa que, em qualquer posição, a distribuição de velocidade é do tipo de Maxwell, independentemente do valor da energia potencial nesse ponto. Para um gás no campo gravitacional isto significa que embora existam menos moléculas por metro cúbico a 50 km de altura do que ao nível do mar, a fração de moléculas cujas velocidades estão num certo intervalo é a mesma em ambos os níveis.

★ 4.15 VERIFICAÇÃO EXPERIMENTAL DA LEI DE DISTRIBUIÇÃO DE MAXWELL

As evidências indiretas de que a distribuição de Maxwell está correta são numerosas. A relação entre a lei de distribuição e a velocidade das reações químicas já foi brevemente mencionada (Seç. 4.10). Veremos mais tarde que a forma funcional da dependência da constante de velocidade com a temperatura, determinada experimentalmente, concorda com a dependência esperada a partir da distribuição de Maxwell. Esta concordância pode ser considerada como uma evidência indireta, tanto da distribuição de Maxwell como de nossas idéias sobre a velocidade das reações.

Apenas para argumentar, suponhamos que as velocidades não fossem distribuídas e que todas as moléculas se movessem com a mesma velocidade. Consideremos agora o efeito do campo gravitacional em tal gás. Se ao nível do mar todas as moléculas tivessem a mesma componente vertical de velocidade (W), então todas teriam uma energia cinética $\frac{1}{2} mW^2$. A altura máxima que qualquer molécula poderia atingir seria aquela em que toda a energia cinética ao nível do mar se converteria em energia potencial; esta altura H seria determinada pela igualdade $mgH = \frac{1}{2} mW^2$, ou $H = W^2/2g$. Nenhuma molécula poderia atingir uma altura maior que H e, se esta situação prevalecesse, a atmosfera teria uma fronteira superior bem nítida. Além disso, a densidade da atmosfera aumentaria com a altura acima do nível do mar, pois as moléculas nos níveis mais altos estariam se movimentando mais devagar e, portanto, gastariam uma maior parte do tempo nestes níveis mais altos. Nenhuma destas previsões é confirmada pelas observações. A distribuição de Maxwell diz, entretanto, que algumas moléculas têm energias cinéticas maiores e, portanto, podem atingir alturas maiores; a proporção de moléculas com estas altas energias é, no entanto, pequena. A distribuição de Maxwell prevê que a densidade atmosférica diminui com o aumento da altura e que, portanto, não há nenhuma fronteira superior nítida.

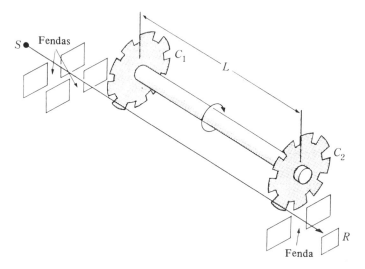

Fig. 4.14 Experiência para verificar a distribuição de Maxwell. (Copiado com permissão de K. F. Herzfeld e H. Smallwood, *A Treatise on Physical Chemistry*, H. S. Taylor e S. Glasstone, editores, Vol. II, 3.ª ed., New York: D. Van Nostrand Co. Inc., 1951, pág. 37.)

Foi feito um grande número de determinações experimentais diretas da distribuição de velocidades e todas verificaram a lei de distribuição de Maxwell dentro do erro experimental. Um esquema da aparelhagem utilizada num dos métodos está indicado na Fig. 4.14. O equipamento é encerrado numa câmara de alto vácuo. As moléculas escapam através de um orifício da fonte S, são colimadas pelas fendas e, então, passam através de uma das aberturas entre os dentes da roda dentada C_1. As rodas dentadas C_1 e C_2 são montadas no mesmo eixo, que gira rapidamente. Apenas as moléculas que têm uma velocidade tal que atravessem o comprimento L no tempo necessário para que a roda dentada se desloque de uma distância igual à abertura de um dente, podem atingir o detetor em R. Alterando a velocidade de rotação do eixo, moléculas com diferentes velocidades alcançarão R. Note-se a semelhança deste método com o de Fizeau de medida da velocidade da luz.*

QUESTÕES

4.1 Por que são necessárias leis de probabilidade para descrever as moléculas gasosas?

4.2 Qual é a explicação da teoria cinética para a dependência $p \propto V^{-1}$ da lei dos gases ideais?

4.3 Dê uma interpretação cinética para o fato de que p, para 1 mol de moléculas gasosas de O_2, é metade do valor para 2 moles de átomos de O gasoso a uma dada T e V.

4.4 Por que a distribuição de Maxwell vai a zero para velocidades altas? (Imagine o que tais moléculas fariam ao se chocar com as paredes.) E à velocidade zero? (Imagine uma molécula inicialmente em repouso, no gás.)

---

*Para uma descrição de vários métodos de determinação da distribuição de velocidades veja-se K. F. Herzfeld e H. Smallwood no *A Treatise on Physical Chemistry*, H. S. Taylor e S. Glasstone, editores, Vol. II, 3.ª ed., New York: D. Van Nostrand Co., Inc., 1951, pág. 35 e seguintes.

A ESTRUTURA DOS GASES / 87

4.5 Se as moléculas gasosas pesadas se movem mais lentamente do que as moléculas gasosas leves, por que a energia cinética média independe da massa?

4.6 Para um gás em escoamento todas as componentes da velocidade média das moléculas devem desaparecer?

PROBLEMAS

4.1 Calcule a velocidade média quadrática, a velocidade média e a velocidade mais provável de uma molécula de oxigênio a 300 K e a 500 K. Compare com os valores para o hidrogênio.

4.2 a) Compare a velocidade média de uma molécula de oxigênio com a de uma molécula de tetracloreto de carbono a 20°C.
b) Compare as suas energias cinéticas médias.

4.3 a) Calcule a energia cinética de um mol de um gás a 300 K e a 500 K.
b) Calcule a energia cinética média de uma molécula a 300 K.

4.4 A teoria cinética foi certa vez criticada em seus fundamentos, pois deveria se aplicar do mesmo modo a batatas. Calcule a velocidade média a 25°C de uma batata pesando 100 g. Admitindo a ausência do campo gravitacional terrestre, quanto tempo levaria uma batata para andar 1 m? (Depois de fazer o problema, compare com o resultado do Prob. 2.21.)

4.5 Uma molécula de oxigênio, possuindo uma velocidade igual à velocidade média a 300 K é libertada da superfície terrestre num movimento ascendente. Se ela é capaz de se mover sem se colidir com outras moléculas, que altura ela irá atingir antes de começar a cair? Qual a altura atingida se ela tivesse uma energia cinética igual à energia cinética média a 300 K?

4.6 Suponha que em algum instante inicial todas as moléculas num recipiente tenham a mesma energia de translação, $2,0 \times 10^{-21}$ J. À medida que o tempo passa, o movimento torna-se caótico e as energias finalmente estão distribuídas segundo a distribuição de Maxwell.

a) Calcule a temperatura final do sistema.
b) Que fração de moléculas finalmente terão energias no intervalo entre $1,98 \times 10^{-21}$ e $2,02 \times 10^{-21}$ J? [*Sugestão:* Como o intervalo de energias na parte (b) é pequeno, pode ser usada a forma diferencial da distribuição de Maxwell.]

4.7 A quantidade $(c - <c>)^2 = c^2 - 2c<c> + <c>^2$ é o quadrado do desvio da velocidade de uma molécula relativamente à velocidade média. Calcule o valor médio desta quantidade usando a distribuição de Maxwell e, então, tome a raiz quadrada do resultado para obter o desvio médio quadrático da distribuição. Observe o modo como esta última quantidade depende da temperatura e da massa da molécula.

4.8 A quantidade $(\epsilon - <\epsilon>)^2 = \epsilon^2 - 2\epsilon<\epsilon> + <\epsilon>^2$ é o quadrado do desvio da energia da molécula relativamente à energia média. Calcule o valor médio desta quantidade usando a distribuição de Maxwell. A raiz quadrada desta quantidade é o desvio médio quadrático da distribuição. Observe sua dependência com a temperatura e a massa da molécula.

4.9 O tempo necessário para uma molécula percorrer um metro é $1/c$.

a) Calcule o tempo médio necessário para a molécula percorrer um metro.
b) Calcule o desvio médio quadrático entre o tempo e o tempo médio.
c) Que fração das moléculas precisa de um tempo maior do que o médio para percorrer um metro?

4.10 Que fração de moléculas possui energia entre $<\epsilon> - \frac{1}{2} kT$ e $<\epsilon> + \frac{1}{2} kT$?

4.11 Calcule a energia correspondente ao máximo da curva de distribuição de energias.

88 / FUNDAMENTOS DE FÍSICO-QUÍMICA

4.12 Que fração de moléculas num gás possui energias maiores do que kT, $2kT$, $5kT$ e $10kT$?

4.13 Que fração das moléculas têm energias entre $< \epsilon > - \delta \epsilon$ e $< \epsilon > + \delta \epsilon$, onde $\delta \epsilon$ é o desvio médio quadrático da energia média?

4.14 Que fração das moléculas tem velocidades entre $< c > - \delta \epsilon$ e $< c > + \delta c$, onde δc representa o desvio médio quadrático da velocidade média?

4.15 A velocidade de escape da superfície do planeta é dada por $v_e = \sqrt{2gR}$. Na terra a aceleração da gravidade é $g = 9,80$ m/s² e o raio $R_T = 6,37 \times 10^6$ m. A 300 K que fração de

a) Moléculas de hidrogênio possuem velocidades que excedem à velocidade de escape?
b) Moléculas de nitrogênio possuem velocidades que excedem à velocidade de escape?

Na lua, $g = 1,67$ m/s² e o raio $R_L = 1,74 \times 10^6$ m. Admitindo uma temperatura de 300 K, que fração de

c) Moléculas de hidrogênio possuem velocidades que excedem à de escape?
d) Moléculas de nitrogênio possuem velocidades que excedem à velocidade de escape?

4.16 Que fração de moléculas de Cl_2 ($\theta = 810$ K) está em estados de vibração excitados a 298,15 K, 500 K e 700 K?

4.17 A temperatura característica de vibração do cloro é 810 K. Calcule a capacidade calorífica do cloro a 298,15 K, 500 K e 700 K.

4.18 As freqüências vibracionais no CO_2 são $7,002 \times 10^{13}$, $3,939 \times 10^{13}$, $1,988 \times 10^{13}$ e $1,988 \times 10^{13}$ s⁻¹. Calcule as temperaturas características correspondentes e as contribuições de cada uma para a capacidade calorífica a 298,15 K.

4.19 A capacidade calorífica do F_2 a 298 K é $(\bar{C}_v/R) = 2,78$. Calcule a freqüência vibracional característica.

4.20 Qual é a contribuição para $\bar{C}_v$ (vib)/R às temperaturas $T = 0,1\theta$; $0,2\theta$; $0,5\theta$; θ e $1,5\theta$?

4.21 A molécula de água tem três freqüências vibracionais: $11,27 \times 10^{13}$, $10,94 \times 10^{13}$ e $4,767 \times 10^{13}$ s⁻¹. Qual destas freqüências contribui significativamente para a capacidade calorífica a 298,15 K? Qual é a capacidade calorífica total a 298,15 K, 500 K, 1000 K e 2000 K?

4.22 Que fração de moléculas está no primeiro estado de vibração excitado, a 300 K (a) para o I_2 com $\theta = 310$ K; (b) para o H_2 com $\theta = 6210$ K.

4.23 Que fração das moléculas de CO_2, a 300 K, está no primeiro, no segundo e no terceiro estados excitados das duas vibrações angulares com $\nu = 1,988 \times 10^{13}$ s⁻¹?

4.24 Qual o valor de T/θ necessário para que menos da metade das moléculas estejam no estado de vibração fundamental? A que temperatura isso corresponderia para o I_2 com $\theta = 310$ K?

4.25 Como uma função de θ/T, faça um gráfico da fração de moléculas

a) no estado de vibração fundamental;
b) no primeiro estado excitado;
c) no segundo estado excitado.

5

Algumas Propriedades dos Líquidos e Sólidos

5.1 FASES CONDENSADAS

Genericamente, os sólidos e os líquidos são chamados de *fases condensadas*. Esse nome procura salientar a alta densidade dos líquidos ou sólidos quando comparada com a baixa densidade dos gases. Esta diferença em densidade é um dos aspectos mais marcantes que diferencia os gases dos sólidos ou líquidos. A massa do ar contido numa sala de tamanho moderado não excede 100 quilos enquanto que, a massa de líquido necessário para preencher a mesma sala seria de algumas centenas de toneladas. Por outro lado, o volume por mol é muito maior para os gases do que para os líquidos e sólidos. Nas CNTP, um gás ocupa 22.400 cm^3/mol, enquanto que a maioria dos líquidos e sólidos ocupam entre 10 e 100 cm^3/mol. Nessas condições, o volume molar de um gás é de 500 a 1000 vezes maior que o de um líquido ou sólido.

Se a razão entre os volumes de um gás e de um líquido é 1000, então a razão das distâncias entre as moléculas de um gás, quando comparada com o líquido, é a raiz cúbica deste valor, ou seja, 10. As moléculas de um gás estão 10 vezes mais distanciadas, em média, que as moléculas de um líquido. A distância entre moléculas num líquido é aproximadamente igual ao diâmetro molecular; portanto, no gás, as moléculas estão separadas por distâncias que são, em média, dez vezes seu diâmetro. Esse grande espaçamento no gás, quando comparado com o líquido, resulta em propriedades características do gás e o contraste destas, quando comparadas com as do líquido. Isso ocorre em virtude da natureza das forças intermoleculares de van der Waals, que são de pequeno alcance. O efeito dessas forças diminui acentuadamente com o aumento da distância entre as moléculas e cai a valores praticamente desprezíveis em distâncias de quatro a cinco vezes o diâmetro molecular. Se medirmos as forças pelo valor do termo $a/\overline{V}^2$ da equação de van der Waals, então, um aumento em volume por um fator de 1000, indo do líquido para o gás, diminui o termo de um fator de 10^6. Por outro lado, no líquido, o efeito das forças de van der Waals é um milhão de vezes maior que num gás.

Em gases, o volume ocupado pelas moléculas é pequeno, comparado com o volume total, e o efeito das forças intermoleculares é muito pequeno. Em primeira aproximação, esses efeitos são ignorados e qualquer gás é descrito pela lei do gás ideal, que é estritamente correta apenas quando $p = 0$. Esta condição implica uma separação infinita entre as moléculas; as forças intermoleculares seriam exatamente iguais a zero e o volume molecular seria completamente desprezível.

É possível encontrar uma equação de estado para sólidos ou para líquidos que tenha a mesma generalidade que a equação do gás ideal? Com base no que foi dito, a resposta só pode ser negativa. As distâncias entre moléculas nos líquidos e sólidos são tão pequenas e o efeito das forças intermoleculares é tão grande que as propriedades das fases condensadas dependem de todos os aspectos das forças que agem entre as moléculas. Portanto, devemos esperar que a equação de estado será diferente para cada líquido ou sólido. Se a lei da força que age entre as moléculas fosse particularmente simples e tivesse a mesma expressão analítica para todas as mo-

90 / FUNDAMENTOS DE FÍSICO-QUÍMICA

léculas, poderíamos esperar que a lei dos estados correspondentes fosse universalmente válida. De fato, as forças intermoleculares não seguem uma lei simples com precisão, de tal forma que a lei dos estados correspondentes não tem uma generalidade tão grande. Permanece, entretanto, uma aproximação conveniente em muitas situações práticas.

5.2 COEFICIENTES DE DILATAÇÃO TÉRMICA E DE COMPRESSIBILIDADE

A dependência entre o volume de um sólido ou líquido e a temperatura, à pressão constante, pode ser expressa pela equação

$$V = V_0(1 + \alpha t), \tag{5.1}$$

onde t é a temperatura em graus Celsius, V_0 é o volume do sólido ou do líquido a $0°C$, e α é o coeficiente de dilatação térmica. A Eq. (5.1) é formalmente a mesma que a Eq. (2.5), que relaciona o volume de um gás com a temperatura. A diferença importante entre as duas equações é que o valor de α é aproximadamente o mesmo para todos os gases, enquanto que cada líquido ou sólido tem o seu valor particular de α. Qualquer substância particular tem diferentes valores de α no estado sólido e no estado líquido. O valor de α é constante em intervalos limitados de temperatura. Para que os cálculos sejam descritos com precisão num intervalo grande de temperatura, é necessário usar uma equação com maiores potências de t:

$$V = V_0(1 + at + bt^2 + \cdots), \tag{5.2}$$

onde a e b são constantes. Para gases e sólidos, α é *sempre* positivo, enquanto que para líquidos α é *usualmente* positivo. Existem alguns poucos líquidos para os quais α é negativo num pequeno intervalo de temperatura. Por exemplo, entre 0 e $4°C$, a água apresenta um valor de α negativo. Nesse pequeno intervalo de temperatura, o volume específico da água torna-se menor, à medida que a temperatura aumenta.

Na Eq. (5.1), V_0 é uma função da pressão. Experimentalmente, sabe-se que a relação entre o volume e a pressão é dada por

$$V_0 = V_0^0 [1 - \kappa(p - 1)], \tag{5.3}$$

onde V_0^0 é o volume a $0°C$ sob uma atmosfera de pressão, p é a pressão em atmosferas e κ é o *coeficiente de compressibilidade,* que é constante para uma dada substância num grande intervalo de pressão. O valor de κ é diferente para cada substância e para os estados sólido e líquido da mesma substância. Será mostrado, na Seç. 9.2, que a condição necessária para a estabilidade mecânica de uma substância é que κ seja positivo.

De acordo com a Eq. (5.3), o volume de um sólido ou líquido diminui linearmente com a pressão. Esse comportamento está em marcante contraste com o comportamento dos gases, para os quais o volume é inversamente proporcional à pressão. Além disso, os valores de κ para os líquidos e sólidos são extremamente pequenos, sendo da ordem de 10^{-6} a 10^{-5} atm^{-1}. Se tomarmos $\kappa = 10^{-5}$, então, para uma pressão de duas atmosferas, o volume da fase condensada será, pela Eq. (5.3), $V = V_0^0 [1 - 10^{-5} (1)]$. A diminuição em volume indo de 1 para 2 atm de pressão é de 0,001%. Se um gás fosse submetido à mesma variação de pressão, o volume seria diminuído para a metade. Em virtude de mudanças moderadas de pressão produzirem apenas variações mínimas no volume de líquidos e sólidos, é muitas vezes conveniente considerá-los como sendo *incompressíveis* ($\kappa = 0$) em primeira aproximação.

ALGUMAS PROPRIEDADES DOS LÍQUIDOS E SÓLIDOS / 91

Aos coeficientes α e κ são usualmente dadas definições mais gerais que as das Eqs. (5.1) e (5.3). As definições gerais são

$$\alpha = \frac{1}{V}\left(\frac{\partial V}{\partial T}\right)_p, \qquad \kappa = -\frac{1}{V}\left(\frac{\partial V}{\partial p}\right)_T. \qquad (5.4)$$

De acordo com as Eqs. (5.4), α é o aumento relativo $(\partial V/V)$ em volume por unidade de aumento na temperatura, à pressão constante. Semelhantemente, κ é a diminuição relativa em volume $(-\partial V/V)$, por unidade de aumento na pressão, à temperatura constante.

Se o aumento da temperatura for pequeno, a definição geral de α fornecerá como resultado a Eq. (5.1). Recompondo a Eq. (5.4), temos

$$\frac{dV}{V} = \alpha \, dT. \qquad (5.5)$$

Se a temperatura for mudada de T_0 para T (correspondendo a variação de $0°$ para $t°C$), então o volume variará de V_0 para V. Admitindo α constante, a integração conduz a $\ln (V/V_0) = \alpha (T - T_0)$ ou $V = V_0 e^{\alpha (T - T_0)}$. Se $\alpha (T - T_0) \ll 1$, podemos desenvolver a exponencial em série obtendo $V = V_0 [1 + \alpha (T - T_0)]$ que é idêntica à Eq. (5.1), se $T_0 = 273,15$ K. Por um argumento semelhante, a definição de κ pode ser conduzida para um pequeno incremento na pressão à Eq. (5.3).

Combinando as Eqs. (5.1) e (5.3) por eliminação de V_0, obtemos uma equação de estado para a fase condensada:

$$V = V_0^0[1 + \alpha(T - T_0)] [1 - \kappa(p - 1)]. \qquad (5.6)$$

Para usar a equação para qualquer sólido ou líquido particular, os valores de α e κ para essa substância precisam ser conhecidos. Valores de α e κ, para alguns sólidos e líquidos comuns, são dados na Tab. 5.1.

Tab. 5.1 Coeficientes de dilatação térmica e compressibilidade a 20°C

	Sólidos					
	Cobre	Grafita	Platina	Quartzo	Prata	NaCl
$\alpha/10^{-4}$ K^{-1}	0,492	0,24	0,265	0,15	0,583	1,21
$\kappa/10^{-6}$ atm^{-1}	0,78	3,0	0,38	2,8	1,0	4,2
	Líquidos					
	C_6H_6	CCl_4	C_2H_5OH	CH_3OH	H_2O	Hg
$\alpha/10^{-4}$ K^{-1}	12,4	12,4	11,2	12,0	2,07	1,81
$\kappa/10^{-6}$ atm^{-1}	94	103	110	120	45,3	3,85

5.3 CALORES DE FUSÃO – VAPORIZAÇÃO E SUBLIMAÇÃO

A absorção ou o desprendimento de calor sem variação de temperatura é característico de uma mudança no estado de agregação de uma substância. A quantidade de calor absorvida

92 / FUNDAMENTOS DE FÍSICO-QUÍMICA

na transformação de sólido para líquido é o *calor de fusão*. A quantidade de calor absorvida na transformação de líquido para vapor é o *calor de vaporização*. A transformação direta do sólido para vapor é chamada de *sublimação*. A quantidade de calor absorvida é o *calor de sublimação*, que é aproximadamente igual à soma dos calores de fusão e vaporização.

Um fato óbvio, mas importante, acerca das fases condensadas é que as forças intermoleculares mantêm as moléculas juntas. A vaporização de um líquido requer que as moléculas sejam separadas, separação essa que se faz contra as forças intermoleculares. A energia necessária é medida quantitativamente pelo calor de vaporização. Semelhantemente, é necessária uma energia para tirar as moléculas do arranjo ordenado no cristal para o arranjo desordenado, usualmente com distâncias de separação ligeiramente maiores, que existe no líquido. Essa energia é medida pelo calor de fusão.

Líquidos compostos de moléculas que possuem forças comparativamente maiores agindo entre elas têm calor de vaporização alto, enquanto que aqueles compostos de moléculas com pequena interação têm calores de vaporização baixos. A constante a de van der Waals é uma medida da intensidade das forças atrativas e, portanto, devemos esperar que os calores de vaporização das substâncias se ordenem da forma que os valores de a. Isso é de fato correto; pode-se mostrar que, para um fluido de van der Waals, o calor de vaporização por mol, Q_{vap}, é igual a a/b.

5.4 PRESSÃO DE VAPOR

Se uma certa quantidade de um líquido puro for colocada num recipiente evacuado, cujo volume é maior que o do líquido, uma porção de líquido irá evaporar de modo a preencher com vapor o volume restante do recipiente. Desde que permaneça algum líquido depois que o equilíbrio se estabeleceu, a pressão do vapor no recipiente é uma função apenas da temperatura do sistema. A pressão desenvolvida é a *pressão de vapor* do líquido, que é uma propriedade característica de cada líquido; ela aumenta rapidamente com a temperatura. A temperatura na qual a pressão de vapor é igual a 1 atm é o *ponto normal de ebulição* do líquido T_{eb}. Alguns sólidos são suficientemente voláteis para produzir pressões de vapor mensuráveis, mesmo a temperaturas comuns; se acontecer que a pressão de vapor de um sólido atinja 1 atm, a uma temperatura abaixo do ponto de fusão do sólido, o sólido sublima. Esta temperatura é chamada ponto normal de sublimação, T_s. O ponto de ebulição e o ponto de sublimação dependem da pressão imposta à substância.

A existência de uma pressão de vapor e o seu aumento com a temperatura são conseqüências da distribuição de energia de Maxwell-Boltzmann. Mesmo a temperaturas baixas, uma fração das moléculas no líquido tem, em virtude da distribuição de energia, energia em excesso além da energia de coesão do líquido. Como foi mostrado na Seç. 4.10, esta fração aumenta rapidamente com o aumento da temperatura. O resultado é um aumento rápido da pressão de vapor com o aumento da temperatura. O mesmo é verdade para os sólidos voláteis.

Isto significa que, numa dada temperatura, um líquido com maior energia de coesão (isto é, um grande calor de vaporização molar Q_{vap}) terá uma menor pressão de vapor que um líquido com uma pequena energia de coesão. A $20°C$ o calor de vaporização da água é 44 kJ/mol, enquanto que o do tetracloreto de carbono é 32 kJ/mol; correspondentemente, as pressões de vapor nesta temperatura são 2,33 kPa para água e 12,13 kPa para o tetracloreto de carbono.

Considerando a distribuição geral de Boltzmann, a relação entre a pressão de vapor e o calor de vaporização torna-se plausível. Um sistema contendo líquido e vapor em equilíbrio possui duas regiões nas quais a energia potencial de uma molécula tem valores diferentes. O efeito marcante das forças intermoleculares faz com que a energia potencial de um líquido seja baixa; $W = 0$. Comparativamente, no gás a energia potencial (W) é alta. Pela lei de Boltzmann, Eq. (4.90), o número de moléculas de gás por metro cúbico é $\tilde{N} = A \exp(-W/RT)$, onde A é uma constante. No gás, o número de moléculas por metro cúbico é proporcional à pressão de vapor e, portanto, temos $p = B \exp(-W/RT)$, onde B é uma outra constante. A energia necessária para tomar uma molécula do líquido e colocá-la no vapor é W, ou seja, a energia de vaporização. Como veremos mais tarde, o calor de vaporização molar, Q_{vap}, está relacionado com W através de: $Q_{vap} = W + RT$. Colocando este valor de W na expressão de p, obtemos

$$p = p_\infty e^{-Q_{vap}/RT}, \tag{5.7}$$

onde p_∞ é também uma constante. A Eq. (5.7) relaciona a pressão de vapor, a temperatura e o calor de vaporização; trata-se de uma forma da equação de Clausius-Clapeyron, para a qual daremos uma dedução mais rigorosa na Seç. 12.9. A constante p_∞ tem as mesmas unidades que p e pode ser avaliada em termos de Q_{vap} e do ponto normal de ebulição T_{eb}. Em T_{eb} a pressão de vapor é 1 atmosfera, portanto $1 \text{ atm} = p_\infty e^{-Q_{vap}/RT_{eb}}$. Logo

$$p_\infty = (1 \text{ atm}) e^{+Q_{vap}/RT_b}. \tag{5.8}$$

A equação auxiliar (5.8) é suficiente para avaliar a constante p_∞.

Tomando os logaritmos, a Eq. (5.7) torna-se

$$\ln p = -\frac{Q_{vap}}{RT} + \ln p_\infty, \tag{5.9}$$

que é útil para a representação gráfica da variação da pressão de vapor com a temperatura. A função $\ln p$ é colocada nas ordenadas e a função $1/T$ nas abscissas. A Eq. (5.9) é, portanto, a equação de uma reta, cujo coeficiente angular é $-Q_{vap}/R$. (Se fossem usados logaritmos decimais, o coeficiente angular seria $-Q_{vap}/2{,}303\,R$.) O coeficiente linear (a $1/T = 0$) é $\ln p_\infty$ (ou $\log_{10} p_\infty$). A Fig. 5.1 é um gráfico típico; os dados de pressão de vapor são para o benzeno.

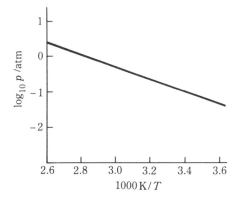

Fig. 5.1 Gráfico de $\log_{10} p$ contra $1/T$ para o benzeno.

Um método conveniente para determinar o calor de vaporização de um líquido é medir a pressão de vapor a várias temperaturas. Depois dos dados experimentais terem sido colocados em gráficos do tipo da Fig. 5.1, o coeficiente angular é medido e, deste valor, calculamos Q_{vap}.

94 / FUNDAMENTOS DE FÍSICO-QUÍMICA

Utilizando aparelhagens simples, esse método é capaz de fornecer resultados mais precisos que uma determinação calorimétrica de Q_{vap}, também com equipamento simples.

5.5 OUTRAS PROPRIEDADES DOS LÍQUIDOS

A viscosidade ou, mais precisamente, o coeficiente de viscosidade de um líquido mede a resistência ao escoamento sob tensão. Em virtude das moléculas de um líquido serem muito próximas umas das outras, um líquido é muito mais viscoso que um gás. O espaçamento pequeno e as forças intermoleculares contribuem para a resistência ao escoamento. A viscosidade será discutida em maior detalhe no Cap. 30.*

Uma molécula no interior de um líquido é atraída pelas suas vizinhas de modo aproximadamente igual e, num intervalo grande de tempo, não experimenta nenhum desbalanceamento de forças em qualquer direção particular. Uma molécula na superfície de um líquido é atraída pelas suas vizinhas, mas, como tem apenas vizinhos abaixo dela, é atraída em direção ao interior do líquido. Como as moléculas na superfície são ligadas apenas com moléculas de um lado, elas não têm uma energia tão baixa como aquelas no interior do líquido. Para remover uma molécula do interior do líquido para a superfície, há necessidade de se fornecer energia. Como a presença de outra molécula na superfície aumenta a área superficial, segue-se que precisa ser fornecida uma certa energia para aumentar a área da superfície líquida. A energia necessária para efetuar um aumento de 1 m² é chamada *tensão superficial* do líquido. A tensão superficial é tratada com mais detalhe no capítulo das propriedades de superfície. Por enquanto, simplesmente observamos que as forças intermoleculares são responsáveis por esse fenômeno.

5.6 REVISÃO DAS DIFERENÇAS ESTRUTURAIS ENTRE SÓLIDOS, LÍQUIDOS E GASES

Descrevemos a estrutura de um gás simplesmente em termos do movimento caótico das moléculas (movimento térmico), que são separadas uma das outras por distâncias que são muito grandes quando comparadas com seus próprios diâmetros. A influência das forças intermoleculares e do tamanho finito das moléculas é muito pequena e se anula no limite de pressão zero.

Como num líquido as moléculas são separadas por uma distância da mesma ordem de grandeza que o diâmetro molecular, o volume ocupado por um líquido é aproximadamente o mesmo que o volume das moléculas. Nessas distâncias pequenas, o efeito das forças intermoleculares é muito grande e, como resultado, cada molécula tem uma energia potencial baixa comparada com a sua energia num gás. A diferença de energia potencial entre o gás e o líquido é a energia que precisa ser suprida para vaporizar o líquido. O movimento das moléculas no líquido é ainda caótico, mas, como o líquido ocupa um volume muito menor, existe uma certa organização na distribuição das moléculas. Os líquidos têm um fator de compressibilidade pequeno, simplesmente porque existe pouco espaço entre as moléculas. Os líquidos são capazes de fluir sob tensão porque as moléculas estão livres para se mover em qualquer direção dentro do seu volume; é preciso, entretanto, que empurre as moléculas vizinhas, sendo, conseqüentemente, a resistência ao escoamento maior que para os gases.

---

*No 2º Volume (N. T.).

ALGUMAS PROPRIEDADES DOS LÍQUIDOS E SÓLIDOS / 95

As moléculas num sólido estão presas a um arranjo regular; o arranjo espacial não é ao acaso como num gás ou num líquido, mas é completamente ordenado. Os sólidos não fluem sob a aplicação de pequenas tensões como os líquidos ou gases, mas deformam-se ligeiramente e voltam às condições iniciais quando a tensão é removida. Esse arranjo altamente ordenado é sempre acompanhado por uma baixa energia potencial e, portanto, é necessária energia para converter um sólido num líquido. O arranjo ordenado usualmente conduz a um volume um pouco menor para os sólidos (5 a 10%) que para os líquidos. Os sólidos têm coeficientes de compressibilidade que são da mesma ordem de grandeza que os dos líquidos.

A distribuição de energia nos sólidos e líquidos é essencialmente a mesma que nos gases, na medida em que a temperatura seja suficientemente alta, e é descrita pela função de distribuição de Maxwell-Boltzmann. O movimento nos gases é caracterizado apenas pela energia cinética; nos sólidos e líquidos também intervém a energia potencial. O movimento nos sólidos consiste puramente de vibrações. Nos líquidos, algumas moléculas movem-se através do líquido, enquanto que outras estão momentaneamente aprisionadas pelas suas vizinhas e vibram entre estas. O movimento no líquido tem algumas das características do movimento livre das moléculas num gás e algumas características das vibrações das moléculas num sólido. Em resumo, os líquidos se assemelham mais a um sólido do que a um gás.

QUESTÕES

5.1 Por que se usam líquidos e não gases nas bombas hidráulicas?

5.2 Um líquido típico com $\alpha = 10^{-3}$ K^{-1} e $\kappa = 10^{-4}$ atm^{-1} é aquecido a 10 K. Estime a pressão externa necessária para manter a densidade do líquido constante.

5.3 Para a maioria das substâncias moleculares o calor de vaporização é várias vezes maior do que o calor de fusão. Explique este fato com base na estrutura e nas forças.

5.4 Qual o argumento que pode ser dado para o fato de que o naftaleno (contra mofo) tem uma pressão de vapor mensurável à temperatura ambiente?

5.5 O calor de vaporização do H_2O é cerca de 1,5 vezes o do CCl_4. Qual dos líquidos deve ter a maior tensão superficial?

PROBLEMAS

5.1 A 25°C, um recipiente rígido e selado é completamente cheio com água líquida. Se a temperatura subir de 10°C, qual a pressão que se desenvolverá no recipiente? Para a água, $\alpha = 2,07 \times 10^{-4}$ K^{-1} e $\kappa = 4,50 \times 10^{-5}$ atm^{-1}.

5.2 O coeficiente de expansão linear é definido por $a = (1/l)(dl/dt)$. Se a for muito pequeno e tiver o mesmo valor em qualquer direção para um sólido, mostre que o coeficiente α é aproximadamente igual a $3a$.

5.3 O termo que corrige a pressão na equação de van der Waals, $a/\overline{V}^2$, tem dimensões de energia por unidade de volume J/m^3; portanto, $a/\overline{V}$ é uma energia por mol. Suponha que a energia por mol para um fluido de van der Waals tenha a forma $\overline{U} = f(T) - a/\overline{V}$. A uma dada temperatura, encontre a diferença entre a energia da água como um gás e a energia da água líquida, admitindo que $\overline{V}_{gás} = 24$ dm^3/mol e $\overline{V}_{líq.} = 18$ cm^3/mol. Para a água, $a = 0,580$ m^6 Pa mol^{-2}. Compare essa diferença com o calor de vaporização, 44,016 kJ/mol.

96 / FUNDAMENTOS DE FÍSICO-QUÍMICA

5.4 O calor de vaporização da água é 44,016 kJ/mol. O ponto normal de ebulição (1 atm) é 100°C. Calcule o valor da constante p_∞ na Eq. (5.7) e a pressão de vapor da água a 25°C.

5.5 A equação de Clausius-Clapeyron relaciona a pressão de vapor de equilíbrio (p) com a temperatura T. Isso implica que o líquido ferve à temperatura T, se submetido à pressão p. Use essa idéia juntamente com a distribuição de Boltzmann para deduzir a relação entre o ponto de ebulição de um líquido (T), o ponto de ebulição sob 1 atm de pressão (T_0) e a altura z acima do nível do mar. Admita que a pressão ao nível do mar é $p_0 = 1$ atm. A temperatura da atmosfera é T_a. Se a atmosfera estiver a 27°C, calcule o ponto de ebulição da água a 2 km acima do nível do mar; $Q_{vap} = 44,016$ kJ/mol; $T_0 = 373$ K.

5.6 Se $\alpha = (1/V)\,(\partial V/\partial T)_p$, mostre que $\alpha = -(1/\rho)\,(\partial \rho/\partial T)_p$, onde ρ é a densidade.

5.7 Mostre que $(d\rho/\rho) = -\alpha dt + \kappa\,dp$, onde ρ é a densidade, $\rho = w/V$, onde a massa, w, são constantes e V é o volume.

5.8 Como na formação das derivadas parciais de segunda ordem de uma função de duas variáveis, a ordem de derivação é indiferente, temos $(\partial^2 V/\partial t\,\partial p) = (\partial^2 V/\partial p\,\partial t)$. Use esta relação para mostrar que $(\partial\alpha/\partial p)_t = -(\partial\kappa/\partial t)_p$.

5.9 Para o zinco metálico líquido temos os seguintes dados de pressão de vapor:

p/mmHg	10	40	100	400
$t/°C$	593	673	736	844

Lançando adequadamente num gráfico, determine o calor de vaporização do zinco e o seu ponto normal de ebulição.

5.10 Da definição geral de α, temos que $V = V_0 \exp\left(\int_0^t \alpha\,dt\right)$. Se α tem a forma $\alpha = \alpha_0 + \alpha' t + (\alpha''/2)\,t^2$, onde α_0, α' e α'' são constantes, encontre a relação entre α_0, α' e α'' e as constantes a, b e c na equação empírica

$$V = V_0(1 + at + bt^2 + ct^3).$$

6

Os Princípios da Termodinâmica:
Generalidades e o Princípio Zero

6.1 TIPOS DE ENERGIA E O PRIMEIRO
PRINCÍPIO DA TERMODINÂMICA

Como os sistemas físicos podem possuir energia numa grande variedade de formas, falamos de vários tipos de energia.

1) Energia cinética: energia adquirida por um corpo em virtude do seu movimento.

2) Energia potencial: energia adquirida por um corpo em virtude de sua posição em um campo de forças; por exemplo, uma massa num campo gravitacional, uma partícula carregada num campo elétrico.

3) Energia térmica: energia adquirida por um corpo em virtude da sua temperatura.

4) Energia possuída por uma substância em virtude da sua constituição; por exemplo, um composto tem energia "química", os núcleos têm energia "nuclear".

5) Energia possuída por um corpo em virtude da sua massa; a equivalência relativística massa-energia.

6) Um gerador "produz" energia elétrica.

7) Um motor "produz" energia mecânica.

Muitos outros exemplos poderiam ser mencionados: energia magnética, energia de deformação, energia superficial e assim por diante. O objetivo da Termodinâmica é de, logicamente, estabelecer as relações entre os tipos de energia e suas diversas manifestações. Os princípios da Termodinâmica governam as transformações de um tipo de energia em outro.

Nos últimos dois exemplos foi mencionada uma "produção" de energia. A energia elétrica "produzida" por um gerador não vem do nada. Algum dispositivo mecânico, como uma turbina, foi necessário para movimentar o gerador. Energia mecânica desapareceu e energia elétrica apareceu. A quantidade de energia elétrica "produzida" pelo gerador, mais as perdas por atrito, é exatamente igual à quantidade de energia mecânica "perdida" pela turbina. Semelhantemente, no último exemplo, a energia mecânica produzida pelo motor, mais as perdas de atrito, é exatamente igual à energia elétrica suprida ao motor pelas linhas de transmissão. A validade desse princípio da conservação foi estabelecida por muitos experimentos diretos, cuidadosos e refinados, e por centenas de milhares de experimentos que o confirmaram indiretamente.

O primeiro princípio da Termodinâmica é a expressão mais geral do princípio da conservação da energia, não sendo conhecida nenhuma exceção a esse princípio. O princípio da conservação da energia é uma generalização da experiência e não é dedutível de nenhum outro princípio.

98 / FUNDAMENTOS DE FÍSICO-QUÍMICA

6.2 RESTRIÇÕES NA CONVERSÃO DA ENERGIA DE UMA FORMA EM OUTRA

O primeiro princípio da Termodinâmica não impõe nenhuma restrição na conversão da energia de uma forma para outra, ele simplesmente requer que a quantidade total de energia seja a mesma antes e depois da conversão.

É sempre possível converter qualquer tipo de energia numa quantidade equivalente de energia térmica. Por exemplo, a saída de um gerador pode ser usada para operar um aquecedor imerso numa cuba de água. A energia térmica da água e do aquecedor é aumentada exatamente da quantidade de energia elétrica despendida. O motor elétrico pode girar uma pá de um agitador numa cuba de água (como na experiência de Joule), a energia mecânica sendo convertida num aumento de energia térmica da água, que se manifesta por um aumento da temperatura da água. Todos os tipos de energia podem ser completamente transformados em energia térmica manifestada por um aumento na temperatura de algum corpo, usualmente água. A quantidade de energia envolvida pode ser medida anotando-se o aumento de temperatura de uma massa conhecida de água.

A energia também pode ser classificada de acordo com a sua capacidade de aumentar a energia potencial de uma massa fazendo-a subir contra a força da gravidade. Somente um número limitado de tipos de energia pode ser completamente convertido numa massa subindo contra a gravidade, por exemplo, a energia mecânica produzida pelo motor elétrico. A energia térmica do vapor de uma caldeira e a energia química de um composto podem ser convertidas apenas parcialmente na elevação de uma massa. As limitações na conversão de energia de um tipo para outro nos leva ao segundo princípio da Termodinâmica.

6.3 O SEGUNDO PRINCÍPIO DA TERMODINÂMICA

Imaginemos a seguinte situação. Uma bola de aço é suspensa a uma altura h acima de uma placa de aço. Deixando cair a bola, ela perde a sua energia potencial e simultaneamente aumenta a sua velocidade e, portanto, sua energia cinética. A bola bate na placa e é devolvida. Admitindo que a colisão com a placa seja elástica, não há perda de energia para a placa durante a colisão. A bola, sendo devolvida, retorna à sua posição original, ganhando energia potencial e perdendo energia cinética até atingir a altura original h. Neste ponto a bola tem a sua energia potencial original, mgh, e a sua energia cinética original, zero. Nós podemos tanto parar o movimento nesse ponto como deixar a bola repetir o movimento quantas vezes quisermos. O primeiro princípio da Termodinâmica, neste caso, é simplesmente o princípio da conservação da energia mecânica. A soma da energia potencial e da energia cinética é constante através do movimento. O primeiro princípio não diz o quanto dessa energia é potencial e o quanto é cinética, apenas requer que a soma permaneça constante.

Imaginemos agora uma experiência um pouco diferente. A bola é colocada acima de um bécher com água. Deixando-a cair, ela perde energia potencial, ganha energia cinética e, então, entra na água para atingir o repouso no fundo do bécher. Estritamente do ponto de vista da mecânica parece que alguma energia foi destruída, uma vez que no estado final à bola não tem nem energia potencial nem energia cinética, enquanto que inicialmente possuía energia potencial. A mecânica não faz nenhuma previsão acerca dessa energia que "desapareceu". Entretanto, um exame cuidadoso do sistema revela que a temperatura da água é ligeiramente superior depois que a bola entrou e atingiu o repouso. A energia potencial da bola foi convertida em energia térmica da bola e da água. O primeiro princípio da Termodinâmica requer que tanto a bola co-

mo o bécher com água sejam incluídos no sistema e que o total da energia potencial, da energia cinética e da energia térmica, tanto da bola como da água, seja constante através do movimento. Usando E_b e E_a para as energias da bola e da água, a condição pode ser expressa por:

$$E_{b(\text{cin})} + E_{a(\text{cin})} + E_{b(\text{pot})} + E_{a(\text{pot})} + E_{b(\text{term})} + E_{a(\text{term})} = \text{constante.}$$

Exatamente como no caso da bola e da placa, o primeiro princípio da Termodinâmica não diz como essa quantidade constante de energia é distribuída entre as várias formas.

Existe uma diferença importante entre o caso da placa de aço e o do bécher com água. A bola pode voltar a cair novamente na placa por um período indefinido de tempo, mas ela cai apenas uma vez no bécher com água. Felizmente, nós nunca vimos uma bola, que está num copo d'água, subitamente abandoná-lo, deixando a água ligeiramente mais fria do que estava. É importante compreender, entretanto, que o primeiro princípio da Termodinâmica não é contra esse exemplo desconcertante.

O comportamento da bola e do bécher com água é típico de todos os processos reais num certo aspecto. Todo processo real tem uma seqüência que reconhecemos como natural, a seqüência oposta não é natural. Reconhecemos que a queda da bola e o repouso na água é uma seqüência natural. Se a bola estivesse em repouso no bécher e então saísse da água, admitiríamos que esta não é uma seqüência natural de eventos.

O segundo princípio da Termodinâmica tem relação com a direção dos processos naturais. Combinado com o primeiro princípio, ele nos permite prever a direção natural de qualquer processo e, como resultado, prever a situação de equilíbrio. Para escolher um exemplo complicado, se o sistema consistir de um tanque de gasolina e um motor montado sobre rodas, o segundo princípio nos permite prever que a seqüência natural de eventos é o consumo da gasolina, a produção de dióxido de carbono e água e o movimento para frente de todo o conjunto. Do segundo princípio, a eficiência máxima possível de conversão da energia química da gasolina em energia mecânica pode ser calculada. O segundo princípio também prevê que não podemos fabricar gasolina colocando dióxido de carbono e água no cano de descarga e empurrando o conjunto ao longo da rua, nem mesmo se o empurrássemos para *trás*!

É claro que, se a Termodinâmica pode prever resultados deste tipo, ela deve ser de enorme importância. Além de ser rica em suas conseqüências teóricas, a Termodinâmica é uma ciência imensamente prática. Um exemplo simples da importância do segundo princípio para o químico é o que permite o cálculo da posição de equilíbrio de qualquer reação química e define os parâmetros que caracterizam o equilíbrio, como, por exemplo, a constante de equilíbrio.

Por ora não entraremos no terceiro princípio da Termodinâmica. A principal utilidade desse princípio para o químico é permitir o cálculo das constantes de equilíbrio exclusivamente a partir de dados calorimétricos (dados térmicos).

6.4 O PRINCÍPIO ZERO DA TERMODINÂMICA

O princípio do equilíbrio térmico, o princípio zero da Termodinâmica, é um outro resultado importante. A sua importância para o conceito de temperatura não foi completamente compreendida até que outras partes da Termodinâmica alcançassem um estado avançado de desenvolvimento; daí o nome pouco usual, princípio zero.

Para ilustrar o princípio zero consideremos duas amostras de gás.* Uma amostra é confinada num volume V_1 e outra num volume V_2. As pressões são p_1 e p_2, respectivamente. No início, os dois sistemas são isolados um do outro e estão em completo equilíbrio. O volume de cada recipiente é fixo e imaginemos que cada um possui um manômetro como está indicado na Fig. 6.1 (a).

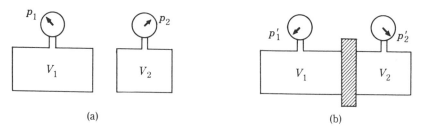

Fig. 6.1 (a) Sistemas isolados. (b) Sistemas em contato térmico.

Os dois sistemas são postos em contato através de uma parede. Existem duas possibilidades: ou a parede permite que os sistemas se influenciem ou não. Se os sistemas não se influenciam, a parede é *isolante* ou *adiabática*; é claro que, nesta situação, a pressão nos dois sistemas permanece inalterada após colocar os sistemas em contato. Se os sistemas se influenciam, depois de terem sido colocados em contato, observaremos que as leituras dos manômetros variam com o tempo, atingindo finalmente dois novos valores p_1' e p_2' que não variam mais com o tempo, Fig. 6.1 (b). Nessa situação a parede é *condutora* e os sistemas estão em *contato térmico*. Depois que as propriedades dos dois sistemas em contato térmico não variam mais com o tempo, os dois sistemas estão em *equilíbrio térmico*. Esses dois sistemas têm, então, uma propriedade em comum, a propriedade de estarem em equilíbrio térmico um com o outro.

Consideremos três sistemas A, B e C dispostos como na Fig. 6.2 (a). Os sistemas A e B estão em contato térmico e os sistemas B e C também. Esse sistema composto é mantido assim por um tempo suficiente para que atinja o equilíbrio térmico. Então A está em equilíbrio térmico com B, e C está em equilíbrio com B. Agora removemos A e C dos seus contatos com B e colocamos os dois em contato térmico, Fig. 6.2 (b). Observamos então que não há variação nas propriedades de A e C com o correr do tempo. Portanto A e C estão em equilíbrio térmico. Essa experiência é resumida no princípio zero da Termodinâmica: dois sistemas que estão em equilíbrio térmico com um terceiro estão em equilíbrio térmico entre si.

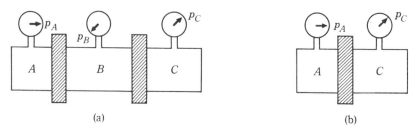

Fig. 6.2 O princípio zero.

---

*A argumentação não depende do tipo de substância escolhida podendo ser gases reais ou ideais, sólidos ou líquidos.

O conceito de temperatura pode tornar-se preciso pelas afirmações: 1) Sistemas em equilíbrio térmico têm a mesma temperatura. 2) Sistemas que não estão em equilíbrio térmico têm temperaturas diferentes. O princípio zero, portanto, nos dá uma definição operacional de temperatura que não depende da sensação fisiológica de "quente" ou "frio". Esta definição está de acordo com a fisiológica já que dois corpos em equilíbrio térmico fornecem a mesma sensação do que se entende por quente. O princípio zero está baseado na experiência de que sistemas em contato térmico não estão em equilíbrio completo um com o outro até que tenham atingido o mesmo grau de quentura, isto é, a mesma temperatura.

6.5 TERMOMETRIA

O princípio zero sugere um método para a medida da temperatura de qualquer sistema. Escolhemos um sistema, o termômetro, tendo alguma propriedade y que seja convenientemente mensurável e que varie de modo razoavelmente rápido com a temperatura. Permite-se que o termômetro entre em equilíbrio térmico com um sistema cuja temperatura é reproduzível, por exemplo, gelo fundente. Mede-se o valor de y. Como termômetro, suponhamos que escolhêssemos uma pequena quantidade de gás mantida num recipiente a volume constante, no qual está adaptado um manômetro. Depois que o termômetro tenha atingido o equilíbrio térmico com o gelo fundente, a agulha do manômetro ficará numa posição definida. Essa posição é marcada com qualquer número que queiramos; sigamos Celsius e marquemo-la zero. O termômetro é em seguida levado ao equilíbrio térmico com outro sistema cuja temperatura é reproduzível: água em ebulição a 1 atm de pressão. A agulha fica então em outra posição, que podemos marcar com qualquer número; seguindo novamente Celsius, marcaremos a nova posição com 100. Entre 0 e 100 colocamos 99 marcas igualmente espaçadas. Assim, abaixo de 100 e acima de 0 o mostrador está dividido em intervalos de mesmo tamanho. O termômetro está pronto. Para medir a temperatura de qualquer corpo, permite-se que o termômetro entre em equilíbrio térmico com esse corpo e a posição da agulha indicará a temperatura do corpo em graus. Um cuidado deve ser tomado: a propriedade escolhida como termométrica precisa aumentar ou diminuir continuamente à medida que a temperatura sobe no intervalo de aplicação do termômetro. A propriedade termométrica não pode ter máximo nem mínimo ou valor estacionário neste intervalo de temperatura.

6.5.1 A Equação Termométrica

O procedimento é facilmente redutível a uma fórmula através da qual a temperatura pode ser calculada a partir do valor mensurável da propriedade termométrica y. Seja y_g o valor no ponto de fusão do gelo e y_v o valor no ponto de ebulição de água. Esses pontos estão separados por 100 graus. Então

$$\frac{dy}{dt} = \frac{y_v - y_g}{100 - 0} = \frac{y_v - y_g}{100}.$$

O segundo membro dessa equação é uma constante; multiplicando por dt e integrando, obtemos

$$y = \frac{y_v - y_g}{100} t + C, \tag{6.1}$$

102 / FUNDAMENTOS DE FÍSICO-QUÍMICA

onde C é uma constante de integração. Mas para $t = 0$, $y = y_g$; usando esses valores, a Eq. (6.1) fica $y_g = C$. Usando este valor de C, a Eq. (6.1) reduz-se a

$$y = \frac{y_v - y_g}{100} t + y_g.$$

Explicitando o valor de t, obtemos

$$t = \frac{y - y_g}{y_v - y_g} 100, \tag{6.2}$$

que é a equação termométrica. Do valor medido da propriedade termométrica y, a temperatura nessa escala particular pode ser calculada.

De modo mais geral, suponha que tenhamos escolhido duas temperaturas fixas quaisquer, para as quais assinalamos os valores arbitrários t_1 e t_2. Se y_1 e y_2 são os valores das propriedades termométricas a essas temperaturas, a equação termométrica, Eq. (6.2), torna-se

$$t = t_1 + \frac{y - y_1}{y_2 - y_1} (t_2 - t_1) \tag{6.3}$$

Mais uma vez, a partir de uma medida de y podemos calcular t.

Pode-se levantar uma objeção contra esse procedimento devido ao fato de parecer necessário que a propriedade termométrica seja uma função linear da temperatura. A objeção é sem fundamento, já que não temos como saber se uma propriedade é linear com a temperatura, até termos escolhido algum método para medir a temperatura. De fato, o método de operação, pela sua natureza intrínseca, automaticamente torna a propriedade termométrica uma função linear da temperatura medida nessa escala particular. Isso revela uma dificuldade muito grande associada com a termometria. Uma escala diferente de temperatura é obtida para cada propriedade diferente que seja escolhida como propriedade termométrica. Até com uma mesma substância, obtemos diferentes escalas de temperatura dependendo de qual propriedade é escolhida como termométrica. Com efeito, essa é uma seqüência estranha de eventos; imaginemos as conseqüências se um estado semelhante de coisas existisse na medida do comprimento. O tamanho do centímetro seria, nesse caso, diferente dependendo de se o metro fosse feito de metal, madeira ou papel.

Podemos tentar salvar a situação buscando uma classe de substâncias tal que todas elas tenham alguma propriedade que se comporte mais ou menos do mesmo modo com a temperatura. Imediatamente, lembramo-nos dos gases. Para uma dada variação de temperatura, a variação relativa da pressão a volume constante (ou a variação relativa do volume sob pressão constante) é aproximadamente a mesma para todos os gases reais. O comportamento dos gases pode ser generalizado, no limite de pressão nula, ao do gás ideal. Portanto, podemos usar um gás ideal no termômetro e definir uma *escala de temperatura do gás ideal*. Esse procedimento é bastante útil conforme mostramos no Cap. 2. A despeito da sua utilidade, a escala do gás ideal não resolve a dificuldade. Na primeira situação, substâncias diferentes forneciam escalas de temperaturas diferentes, mas pelo menos cada uma das escalas dependia de alguma propriedade de uma substância *real*. A escala do gás ideal é uma generalização, mas a escala depende das propriedades de uma substância *hipotética*!

6.5.2 A Escala Termodinâmica de Temperatura

Felizmente existe um modo de contornar esta dificuldade. Usando-se o segundo princípio da Termodinâmica, é possível estabelecer uma escala de temperatura que é independente das propriedades de qualquer substância, seja ela real ou hipotética. Essa escala é a *absoluta* ou escala *termodinâmica* de temperatura, também chamada escala Kelvin em homenagem a Lorde Kelvin que foi o primeiro a demonstrar a possibilidade de se estabelecer tal escala. Escolhendo o mesmo tamanho de grau e com a definição usual de mol de uma substância, a escala Kelvin e a escala do gás ideal tornam-se numericamente idênticas. O fato de que existe essa identidade não destrói o caráter mais geral da escala Kelvin. Estabelecemos esta identidade em virtude da conveniência da escala do gás ideal comparada com outras possíveis escalas de temperatura.

Tendo contornado as dificuldades fundamentais, usamos qualquer tipo de termômetro com confiança, exigindo apenas que, se as temperaturas de dois corpos A e B forem medidas com diferentes termômetros, os termômetros precisam concordar no fato de que ou $t_A > t_B$ ou que $t_A = t_B$ ou que $t_A < t_B$. Os diferentes termômetros não precisam concordar no valor numérico, seja de t_A ou t_B. Se for necessário, a leitura de cada termômetro pode ser transformada na temperatura em graus Kelvin e então os valores numéricos precisam coincidir.

Originalmente, o ponto de fusão do gelo na escala Kelvin foi determinado usando-se um termômetro de gás a volume constante para medir a pressão e marcando-se 100 graus entre o ponto de fusão do gelo e o ponto de ebulição da água. A temperatura nessa escala centígrada gasosa é dada por

$$t = \frac{p - p_g}{p_v - p_g}\,(100),$$

onde p é a pressão na temperatura t e p_g e p_v são as pressões no ponto de fusão do gelo e no ponto de ebulição da água, respectivamente. Isto fornece que a quantidade

$$T_0 = \lim_{p_g \to 0} \frac{100 p_g}{p_v - p_g}$$

é uma constante universal, independente do gás no termômetro. A temperatura termodinâmica T é determinada por

$$T = \lim_{p_g \to 0} \frac{100 p}{p_v - p_g}$$

Infelizmente, embora o valor de T_0 não dependa do gás, ele irá depender da precisão com que os valores p_g e p_v serão medidos. Com o aumento da precisão nas medidas, o valor sofreu uma variação de 273,13 a 273,17. Isto não tem importância para as temperaturas normais, mas para pesquisadores trabalhando a temperaturas muito baixas isso foi intolerável. A 1,00 K, uma incerteza na origem da escala de ± 0,01 K pode ser comparada a um erro no ponto de ebulição da água de ± 4°C.

6.5.3 Definição Corrente da Escala de Temperatura

A definição corrente da escala de temperatura é baseada em um ponto fixo: o ponto triplo da água. A temperatura absoluta desse ponto é definida arbitrariamente como sendo *exata-*

104 / FUNDAMENTOS DE FÍSICO-QUÍMICA

mente 273,16 K. (O ponto triplo da água é a temperatura na qual a água líquida pura está em equilíbrio com o gelo e com o vapor d'água.) Essa definição fixa o tamanho do kelvin, o "grau" na escala termodinâmica. O tamanho do grau Celsius é definido como sendo igual a exatamente um kelvin e a origem da escala Celsius de temperatura é *definida* como sendo *exatamente* em 273,15 K. Esse ponto é muito próximo ao ponto de fusão do gelo; $t = + 0,0002\ °C$. Similarmente, $100°C$ é muito próximo do ponto de ebulição da água, mas não exatamente. A diferença é, no entanto, muito pequena para causar qualquer preocupação.

QUESTÕES

6.1 Um pêndulo no vácuo ficará balançando indefinidamente, mas atingirá o repouso se for imerso no ar. Como o primeiro e o segundo princípios se aplicam a essas situações?

6.2 Qual a propriedade termométrica empregada nos termômetros de mercúrio comuns?

PROBLEMAS

Fator de conversão:

1 watt = 1 joule/segundo.

6.1 Um motor elétrico requer 1 kWh para funcionar num determinado período de tempo. Nesse mesmo período ele produz 3200 quilojoules de trabalho mecânico. Que energia é dissipada por atrito e no enrolamento do motor?

6.2 Uma bola com 10 g de massa cai de uma altura de 1 metro e atinge o repouso. Que energia é dissipada em energia térmica?

6.3 Uma bala com 30 g de massa abandona o cano de um fuzil com uma velocidade de 900 m/s. Que energia é dissipada quando trouxermos essa bala ao repouso?

6.4 Uma proposta no chamado programa de combustíveis sintéticos é a de gaseificar o carvão *in situ* pela passagem de vapor por dentro da camada subterrânea de carvão, convertendo, assim, o carvão em CO e H_2 pela relação

$$C + H_2O \longrightarrow CO + H_2.$$

Para que essa reação ocorra, 175,30 kJ de energia precisam ser fornecidos a cada mol de carbono consumido. Essa energia é obtida queimando-se o carvão com ar ou oxigênio e introduzindo-se vapor na corrente gasosa. A reação

$$C + O_2 \longrightarrow CO_2$$

fornece 393,51 kJ para cada mol de carbono queimado. Quando a mistura de saída é finalmente usada como combustível, 282,98 kJ/mol de CO e 285,83 kJ/mol de H_2 são recuperados.

a) Que fração de carvão precisa ser queimada a CO_2 para que ocorra a reação gás-água?

b) Ajustando-se para que o carvão queimado promova o processo e admitindo-se que não existam perdas, que quantidade de energia a mais é obtida pela combustão do CO e H_2 do que aquela que teria sido obtida se o carvão tivesse sido queimado diretamente?

6.5 a) Suponha que usemos a pressão de vapor de equilíbrio da água como propriedade termométrica construindo uma escala de temperatura t'. Em termos da temperatura Celsius t a pressão de vapor é (com precisão de mmHg).

$t/°C$	0	25	50	75	100
$p/mmHg$	5	24	93	289	760

Se os pontos fixos, ponto de fusão de gelo e ponto de ebulição da água, são separados por $100°$ na escala t', quais serão as temperaturas t' correspondentes a $t = 0°$, $25°$, $50°$, $75°$ e $100°C$? Faça um gráfico de t' contra t.

b) As pressões de vapor do benzeno e da água, em termos da temperatura Celsius, têm os seguintes valores:

$t/°C$	7,6	26,1	60,6	80,1
$p\,(C_6H_6)/mmHg$	40	100	400	760
$p\,(H_2O)/mmHg$	8	25	154	356

Faça um gráfico da pressão de vapor do benzeno em função de t', a temperatura na escala de pressão de vapor da água.

6.6 O comprimento de uma barra metálica é dado em termos da temperatura Celsius t por

$$l = l_0(1 + at + bt^2),$$

onde a e b são constantes. Uma escala de temperatura t' é definida em termos do comprimento da barra metálica, tomando-se $100°$ entre o ponto de fusão do gelo e o ponto de ebulição da água. Encontre a relação entre t' e t.

6.7 Com a atual escala de temperatura absoluta, T, o zero da escala Celsius é definido como 273,15 K, exatamente. Suponha que fôssemos definir uma escala absoluta, T', tal que o zero da escala Celsius fosse exatamente 300 K′. Se o ponto de ebulição da água na escala Celsius é $100°C$, qual deveria ser o ponto de ebulição da água na escala T'?

7

A Energia e o Primeiro Princípio
da Termodinâmica: Termoquímica

7.1 TERMOS TERMODINÂMICOS – DEFINIÇÕES

Começando o estudo da Termodinâmica, é importante compreender o significado termodinâmico preciso dos termos que são empregados. As definições que seguem foram sucintamente expressas por J. A. Beattie.[*]

"*Sistema, Fronteira, Vizinhanças.* Um *sistema* termodinâmico é aquela parte do universo físico cujas propriedades estão sob investigação . . .

O sistema está localizado num espaço definido pela *fronteira*, que o separa do resto do universo; as *vizinhanças* . . .

O sistema é *isolado* quando a fronteira não permite qualquer interação com as vizinhanças. Um sistema isolado não produz efeitos ou perturbações observáveis em suas vizinhanças . . .

Um sistema é dito *aberto* quando ocorre passagem de massa através da fronteira e *fechado* quando isto não ocorre . . .

Propriedades de um sistema. Propriedades de um sistema são aqueles atributos físicos percebidos pelos sentidos ou feitos perceptíveis por certos métodos experimentais de investigação. As propriedades se distribuem em duas classes: 1) não-mensuráveis, como os tipos de substâncias que compõem um sistema e os estados de agregação de suas partes; 2) mensuráveis, como pressão e volume, às quais podemos atribuir um valor numérico por uma comparação direta ou indireta com um padrão.

Estado de um Sistema. Um sistema está num estado definido quando cada uma de suas propriedades têm um valor definido. Precisamos conhecer, de um estudo experimental do sistema ou da experiência com um sistema semelhante, quais propriedades precisam ser levadas em consideração com o objetivo de que o estado do sistema seja definido com suficiente precisão para os objetivos em pauta . . .

Mudança de Estado, Caminho, Ciclo, Processo. Seja um sistema sofrendo uma mudança de estado, de um estado inicial a um estado final bem especificados.

A *mudança de estado* é completamente definida quando os estados inicial e final são especificados.

O *caminho* da mudança de estado é definido fornecendo-se o estado inicial, a seqüência de estados intermediários dispostos na ordem percorrida pelo sistema e o estado final.

Um *processo* é um método de operação através do qual uma mudança de estado é efetuada. A descrição de um processo consiste em estabelecer algumas ou todas dentre as seguintes condições: 1) a fronteira, 2) a mudança de estado, o caminho ou os efeitos produzidos no sistema durante cada estágio do processo e 3) os efeitos produzidos nas vizinhanças durante cada estágio do processo.

Suponhamos que um sistema, tendo sofrido uma mudança de estado, retorne ao seu estado inicial. O caminho dessa transformação cíclica é chamado um *ciclo* e o processo pelo qual a transformação é efetuada é chamado processo cíclico.

Variável de Estado . . . Uma variável de estado é aquela que tem um valor definido quando o estado de um sistema é especificado . . . "

---

[*]J. A. Beattie, *Lectures on Elementary Chemical Thermodynamics*. Reproduzido com permissão do autor.

A ENERGIA E O PRIMEIRO PRINCÍPIO DA TERMODINÂMICA / 107

O leitor não deve subestimar as definições em virtude de sua simplicidade e clareza. Os significados, embora evidentemente "óbvios", são precisos. Essas definições devem ser perfeitamente compreendidas, de modo que quando um termo aparecer ele seja imediatamente reconhecido como tendo um significado preciso. Nas ilustrações que seguem, as questões que devem ser propostas mentalmente são: Qual é o sistema? Onde está a fronteira? Qual é o estado inicial? Qual é o estado final? Qual é o caminho da transformação? Estas e outras questões pertinentes serão úteis para esclarecer as discussões e absolutamente indispensáveis antes de se começar a resolver qualquer problema.

Em geral, um sistema deve estar contido num recipiente, de forma que a fronteira esteja *usualmente* localizada na superfície interna do recipiente. Como vimos no Cap. 2, o estado de um sistema é descrito através dos valores de um número suficiente de variáveis de estado; no caso de substâncias puras, duas variáveis intensivas tais como T e p são, em geral, suficientes.

7.2 TRABALHO E CALOR

Os conceitos de trabalho e calor são de fundamental importância em Termodinâmica e suas definições precisam ser completamente compreendidas; o uso do termo *trabalho* em Termodinâmica é muito mais restrito que seu uso geral em Física e o uso do termo *calor* é bastante diferente do significado cotidiano do termo. Novamente, as definições são as de J. A. Beattie.[*]

> *Trabalho.* Em Termodinâmica, trabalho é definido como qualquer quantidade que escoa através da fronteira de um sistema durante uma mudança de estado e é completamente conversível na elevação de uma massa nas vizinhanças.

Várias coisas devem ser notadas nessa definição de trabalho.

1) O trabalho aparece apenas na fronteira de um sistema.
2) O trabalho aparece apenas *durante* uma mudança de estado.
3) O trabalho se manifesta através de um efeito nas *vizinhanças*.
4) A quantidade de trabalho é igual a mgh, onde m é a massa que foi suspensa, g é a aceleração devido à gravidade e h é altura em que a massa foi suspensa.
5) O trabalho é uma quantidade algébrica; ele é positivo quando a massa é suspensa ($h = +$), neste caso dizemos que o trabalho foi produzido nas vizinhanças ou que escoa *para* as vizinhanças; ele é negativo quando a massa é abaixada ($h = -$), neste caso dizemos que o trabalho foi destruído nas vizinhanças ou que escoou a *partir* das vizinhanças.[**]

> *Calor.* Explicamos como dois sistemas atingiram o equilíbrio térmico, dizendo que uma quantidade de calor Q escoou de um sistema a temperatura mais alta para um sistema a temperatura mais baixa.
>
> Em Termodinâmica, o calor é definido como uma quantidade que escoa através da fronteira de um sistema durante uma mudança de estado, em virtude de uma diferença de temperatura entre o sistema e suas vizinhanças, e escoa de um ponto a temperatura mais alta para um ponto a temperatura mais baixa.[*]

Novamente várias coisas devem ser enfatizadas.

1) O calor aparece apenas na fronteira do sistema.

---

[*]J. A. Beattie, *op. cit.*
[**]Partes desse parágrafo seguem de perto a discussão de Beattie. Com a permissão do autor.

2) O calor aparece apenas *durante* uma mudança de estado.
3) O calor se manifesta por um efeito nas *vizinhanças*.
4) A quantidade de calor é proporcional à massa de água que, nas vizinhanças, aumenta de 1 grau a temperatura, começando numa temperatura e sob uma pressão especificadas. (Precisamos concordar em usar um determinado termômetro.)
5) O calor é uma quantidade algébrica; é positivo quando uma massa de água nas vizinhanças é resfriada, neste caso dizemos que o calor escoou *a partir* das vizinhanças; é negativo quando uma massa de águas nas vizinhanças é aquecida, neste caso dizemos que o calor escoou *para* as vizinhanças.*

Nessas definições de calor e trabalho, é de importância enorme que o julgamento de haver ou não ocorrido escoamento de calor ou de trabalho, numa transformação, se baseia na observação dos *efeitos produzidos nas vizinhanças* e não do que aconteceu dentro do sistema. O exemplo seguinte esclarece esse ponto, bem como a distinção entre trabalho e calor.

Consideremos um sistema consistindo de 10 g de água líquida contida num bécher aberto, sob pressão constante de 1 atm. Inicialmente a água está a 25°C, de forma que descrevemos o estado inicial por $p = 1$ atm, $t = 25°C$. O sistema é agora imerso, digamos, em 100 g de água a uma temperatura mais alta, 90°C. O sistema é mantido em contato com estas 100 g até que a temperatura caia para 89°C, sendo, depois, o sistema removido. Dizemos que 100 unidades de calor escoaram a partir das vizinhanças já que 100 g de água nas vizinhanças apresentaram uma queda de temperatura de 1°C. O estado final do sistema é descrito por $p = 1$ atm, $t = 35°C$.

Consideremos, agora, o mesmo sistema, 10 g de água, $p = 1$ atm e $t = 25°C$, e introduzamos a pá de um agitador movida por uma massa que cai (Fig. 7.1). Ajustando adequadamente a massa que cai e a altura h de queda, a experiência pode ser ajustada de tal modo que, após a massa cair uma vez, a temperatura do sistema suba para 35°C. Então, o estado final é $p = 1$ atm, $t = 35°C$. Nessa experiência a *mudança de estado* do sistema é exatamente a mesma que na experiência anterior. Não há escoamento de calor, mas um escoamento de trabalho. Uma certa massa está numa altura menor nas vizinhanças.

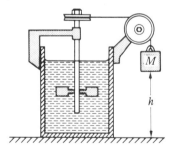

Fig. 7.1

Se não observássemos o experimentador enquanto a mudança de estado fosse efetuada, mas *observássemos o sistema* antes e depois da mudança de estado, não poderíamos concluir nada acerca do escoamento de calor ou de trabalho. Concluiríamos apenas que a temperatura do sistema estava maior, como veremos mais tarde, o que implica um aumento de *energia* do sistema. Por outro lado, se observássemos as vizinhanças antes e depois, encontraríamos corpos

---

* Partes desse parágrafo seguem de perto a discussão de Beattie. Com a permissão do autor.

mais frios e/ou massas mais baixas. Dessas observações nas vizinhanças poderíamos imediatamente concluir as quantidades de calor e trabalho que escoaram na transformação.*

Deve ter ficado claro que se um sistema está mais quente, isto é, está a uma temperatura mais alta depois que alguma transformação ocorreu, não significa que ele tenha mais "calor", ele poderia ter igualmente mais "trabalho". Na verdade o sistema não tem nem "calor" nem "trabalho"; esse uso desses termos deve ser evitado a todo custo. Esse uso parece advir da confusão entre os conceitos de calor e temperatura.

A experiência na Fig. 7.1 é a clássica experiência de Joule sobre "o equivalente mecânico do calor". Esta experiência juntamente com as anteriores de Rumford foram responsáveis pelo abandono da teoria do calórico e do reconhecimento de que "calor" é, num certo sentido, equivalente à energia mecânica comum. Mesmo hoje em dia, essa experiência é descrita com as palavras "trabalho é convertido em *calor*." Na definição moderna do termo, não há calor envolvido na experiência de Joule. Hoje em dia, a observação de Joule é descrita dizendo-se que a destruição de trabalho nas vizinhanças produz um aumento de temperatura no sistema. Ou, de forma menos rígida, o trabalho das vizinhanças é convertido em energia térmica do sistema.

Os dois experimentos, imersão do sistema na água quente e a rotação de uma pá no sistema, envolvem a mesma *mudança de estado,* mas efeitos diferentes de calor e trabalho. As quantidades de calor e trabalho que escoam dependem do processo e, portanto, do *caminho* que une os estados inicial e final. Calor e trabalho são chamados *funções que dependem do caminho.*

7.3 TRABALHO DE EXPANSÃO

Se um sistema altera seu volume contra uma pressão que se opõe, observa-se, nas vizinhanças, um efeito de trabalho. Esse trabalho de expansão aparece na maioria das situações práticas. Seja, como sistema, uma quantidade de gás contida num cilindro montado com um pistom D (Fig. 7.2a). Admite-se que o pistom não tenha massa e que se mova sem atrito. O cilindro é imerso num termostato, para que a temperatura do sistema seja constante através da mudança

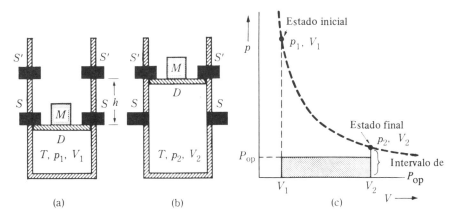

Fig. 7.2 Expansão em um único estágio. (*a*) Estado inicial. (*b*) Estado final. (*c*) Trabalho produzido numa expansão em um único estágio, $W = P_{op}(V_2 - V_1)$.

---

*O trabalho de expansão que acompanha o aumento de temperatura é desprezível e foi ignorado para tornar a argumentação mais clara.

110 / FUNDAMENTOS DE FÍSICO-QUÍMICA

de estado. A menos que se especifique o contrário, em todas as experiências com cilindros admitir-se-á que o espaço acima do pistom esteja evacuado, de modo que não existe pressão do ar empurrando o pistom para baixo.

No estado inicial, o pistom D é mantido contra o conjunto de presilhas S pela pressão do gás. Um segundo conjunto de presilhas S' é colocado para segurar o pistom depois que o primeiro conjunto tenha sido retirado. O estado inicial do sistema é descrito por T, p_1, V_1. Colocamos uma pequena massa M sobre o pistom; essa mesma precisa ser suficientemente pequena de forma que, quando as presilhas S forem retiradas, o pistom suba e seja forçado contra as presilhas S'. O estado final do sistema é T, p_2, V_2 (Fig. 7.2b). A fronteira é a parede interna do cilindro e do pistom e se expande, durante a transformação, para envolver um volume maior V_2. Trabalho é produzido nessa transformação, uma vez que uma massa M *nas vizinhanças* foi elevada de uma distância vertical h contra a força da gravidade Mg. A quantidade de trabalho produzida é

$$W = Mgh. \tag{7.1}$$

Se a área do pistom é A, então a pressão que age no pistom para baixo é $Mg/A = P_{op}$ e é a pressão que se *opõe* ao movimento do pistom. Portanto, $Mg = P_{op}A$. Usando esse valor na Eq. (7.1), obtemos

$$W = P_{op}Ah.$$

Entretanto, o produto Ah é simplesmente o volume adicional envolvido pela fronteira na mudança de estado. Assim, $Ah = V_2 - V_1 = \Delta V$ e temos*

$$W = P_{op}(V_2 - V_1). \tag{7.2}$$

O trabalho produzido na mudança de estado, Eq. (7.2), é representado graficamente pela área hachurada no diagrama $p - V$ da Fig. 7.2 (c). A curva pontilhada é a isoterma do gás, na qual os estados inicial e final foram indicados. É evidente que M pode ser qualquer valor arbitrário desde zero até algum limite superior definido e que ainda permita que o pistom suba até as presilhas S'. Segue-se que P_{op} pode ter qualquer valor no intervalo $0 \leqslant P_{op} \leqslant p_2$, de tal forma que a quantidade de trabalho produzida pode ter qualquer valor entre 0 e algum limite superior. *O trabalho é uma função do caminho.* Precisamos lembrar-nos de que P_{op} é arbitrário e que não está relacionado com a pressão do sistema.

O sinal de W é determinado pelo sinal de ΔV, já que $P_{op} = Mg/A$ é sempre positivo. Na expansão, $\Delta V = +$, $W = +$ e a massa sobe. Na compressão, $\Delta V = -$, $W = -$ e a massa desce.

7.3.1 Expansão em Dois Estágios

Tal como está escrita, a Eq. (7.2) é correta apenas se P_{op} for constante através da mudança de estado. É fácil imaginar modos mais complicados de realizar a expansão. Suponhamos que uma massa maior fosse colocada sobre o pistom durante a primeira parte da expansão de V_1 até

---

*As diferenças entre o valor final e o valor inicial de uma função de estado é tão freqüente em Termodinâmica que se usa um símbolo especial. A letra grega maiúscula delta, Δ, aparece na frente do símbolo da função de estado. O símbolo ΔV é lido "delta ve" ou "o aumento do volume" ou "a diferença em volume". O símbolo Δ sempre significa uma *diferença* de dois valores, que é *sempre* tomado na ordem, valor final menos valor inicial.

algum valor intermediário do volume V'; assim, uma massa menor substituiria a maior na expansão de V' a V_2. Numa expansão desse tipo, de dois estágios, aplicamos a Eq. (7.2) a cada estágio de expansão, usando diferentes valores de P_{op} em cada estágio. Então, o trabalho total produzido será a soma das quantidades produzidas em cada estágio:

$$W = W_{\text{primeiro estágio}} + W_{\text{segundo estágio}} = P'_{op}(V' - V_1) + P''_{op}(V_2 - V').$$

A quantidade de trabalho produzida numa expansão de dois estágios é representada pelas áreas hachuradas na Fig. 7.3 para o caso especial em que $P''_{op} = p_2$.

A comparação entre as Figs. 7.2 (c) e 7.3 nos mostra que, para uma mesma mudança de estado feita em dois estágios, a produção de trabalho é maior do que num único estágio de expansão. Se fossem medidos os calores, encontraríamos também diferentes quantidades associadas com cada caminho.

7.3.2 Expansão em Vários Estágios

Numa expansão em vários estágios, o trabalho produzido é a soma das pequenas quantidades de trabalho produzidas em cada estágio. Se P_{op} for constante à medida que o volume aumentar de uma quantidade infinitesimal dV, então a pequena quantidade de trabalho dW será dada por

$$dW = P_{op} dV. \qquad (7.3)$$

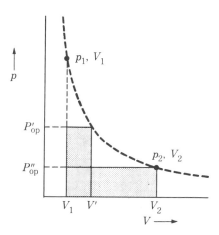

Fig. 7.3 Trabalho produzido numa expansão em dois estágios, $W = P'_{op}(V' - V_1) + P''_{op}(V_2 - V')$.

O trabalho total produzido na expansão de V_1 para V_2 é a integral

$$W = \int_1^2 dW = \int_{V_1}^{V_2} P_{op} dV, \qquad (7.4)$$

que é a expressão geral para o trabalho de expansão, qualquer que seja o sistema. Conhecendo-se P_{op} em função do volume, a integral é avaliada pelos métodos usuais.

112 / FUNDAMENTOS DE FÍSICO-QUÍMICA

Observamos que a diferencial $đW$ não é integrada do modo comum. A integral de uma diferencial comum dx entre limites fornece uma diferença finita, Δx,

$$\int_{x_1}^{x_2} dx = x_2 - x_1 = \Delta x,$$

mas a integral de $đW$ é a soma de pequenas quantidades de trabalho produzidas ao longo de cada elemento da trajetória do processo,

$$\int_1^2 đW = W,$$

onde W é a quantidade total de trabalho produzido. Isto explica o uso do $đ$ em vez do d comum. A diferencial $đW$ é uma *diferencial não-exata* e dx é uma *diferencial exata*. Mais sobre o assunto virá mais tarde.

7.4 TRABALHO DE COMPRESSÃO

O trabalho destruído numa compressão é calculado usando-se a mesma equação empregada no trabalho produzido numa expressão. Na compressão, o volume final é menor que o volume inicial, de tal forma que, em cada estágio, ΔV é negativo; portanto, o trabalho total destruído é negativo. O sinal é automaticamente levado em consideração no processo de integração, desde que, na Eq. (7.4), o volume do estado final seja o extremo superior de integração e o volume do estado inicial o limite inferior. Entretanto, comparando o trabalho de compressão com o trabalho de expansão, verificaremos que a diferença entre eles não é apenas algébrica. Para comprimir o gás, precisamos de maiores massas sobre o pistom do que aquelas que são elevadas na expansão. Portanto, é destruído mais trabalho na compressão de um gás do que é produzido na correspondente expansão. A compressão de um gás, em um único estágio, ilustra esse ponto.

O sistema é o mesmo que antes: um gás mantido numa temperatura constante T; agora, porém, o estado inicial é o estado expandido T, p_2, V_2, enquanto que o estado final é o estado comprimido T, p_1, V_1. As posições das presilhas são arranjadas de tal modo que o pistom se apóie nelas. A Fig. 7.4 (a, b) mostra que, se o gás for comprimido ao volume final V_1 num único estágio, precisaremos escolher uma massa suficientemente grande para produzir uma pressão oposta P_{op}, que seja *pelo menos* tão grande quanto a pressão final p_1. A massa poderá ser maior do que este valor, mas não menor. Se escolhermos a massa M de tal modo que $P_{op} = p_1$, então o trabalho destruído será igual à área hachurada do retângulo na Fig. 7.4 (c), evidentemente com um sinal negativo:

$$W = P_{op}(V_1 - V_2).$$

O trabalho destruído na compressão num único estágio é muito maior do que o trabalho produzido na expansão num único estágio; Fig. 7.2 (c). Poderíamos destruir quantidades maiores de trabalho nessa compressão usando massas maiores.

Se a compressão for feita em dois estágios, primeiro comprimindo com uma massa menor até um volume intermediário e, então, com uma massa maior até o volume final, a destruição de trabalho será menor; o trabalho destruído é a área hachurada dos retângulos na Fig. 7.5.

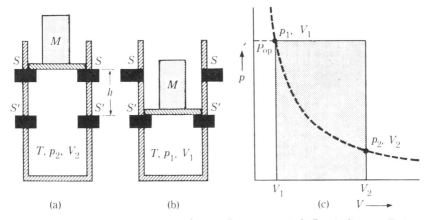

Fig. 7.4 Compressão em um único estágio. (*a*) Estado inicial. (*b*) Estado final. (*c*) Trabalho destruído numa compressão em um único estágio, $W = P_{op}(V_1 - V_2)$.

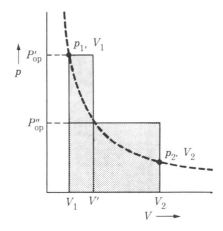

Fig. 7.5 Trabalho destruído numa compressão em dois estágios, $W = P''_{op}(V' - V_2) + P'_{op}(V_1 - V')$.

7.5 QUANTIDADES MÁXIMA E MÍNIMA DE TRABALHO

Na expansão em dois estágios, a produção de trabalho foi maior do que num único estágio. Parece razoável que se a expansão fosse feita em muitos estágios, usando uma massa grande no começo e tornando-a menor à medida que a expansão prosseguisse, mais trabalho seria produzido. Isto é correto, mas existe uma limitação a esse procedimento. As massas que usarmos não poderão ser tão grandes a ponto de comprimir o sistema, mas deverão permitir que ele se expanda. Fazendo a expansão num número progressivamente maior de estágios, o trabalho produzido poderá ser aumentado até um valor máximo definido.* Correspondentemente, o

---

*Isto é verdade apenas se a temperatura for constante ao longo do caminho da mudança de estado. Se a temperatura variar ao longo do caminho, não existirá limite superior para o trabalho produzido.

trabalho destruído numa compressão de dois estágios será menor que o trabalho destruído numa compressão num único estágio. Numa compressão de muitos estágios, o trabalho destruído será ainda menor.

O trabalho de expansão é dado por

$$W = \int_{V_i}^{V_f} P_{op} \, dV.$$

Para que a integral tenha um valor máximo, P_{op} precisa ser o maior possível em cada estágio do processo. Mas se o gás for expandido, P_{op} precisará ser menor que a pressão p do gás. Portanto, para obter o trabalho máximo, ajustamos, em cada estágio, a pressão que se opõe ao valor $P_{op} = p - dp$, isto é, a um valor infinitesimalmente menor que a pressão do gás. Então.

$$W_m = \int_{V_i}^{V_f} (p - dp) \, dV = \int_{V_i}^{V_f} (p \, dV - dp \, dV),$$

onde V_i e V_j são os volumes inicial e final. O segundo termo da integral é um infinitésimo de ordem superior relativamente ao primeiro e, portanto, tem um limite, igual a zero. Logo, para o trabalho máximo de expansão,

$$W_m = \int_{V_i}^{V_f} p \, dV. \tag{7.5}$$

Semelhantemente, encontramos o trabalho mínimo necessário para a compressão, estabelecendo o valor de P_{op} em cada estágio como infinitesimalmente maior que a pressão do gás; $P_{op} = p + dp$. O argumento, obviamente, levará à Eq. (7.5) para o trabalho mínimo necessário para a compressão se V_i e V_f são o volume inicial e o volume final na compressão. A Eq. (7.5), é claro, é geral e não se restringe aos gases.

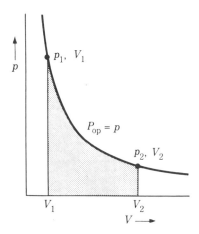

Fig. 7.6 $W_{máx.}$ ou $W_{mín.}$

Para o gás ideal, a quantidade máxima de trabalho produzida na expansão ou a quantidade mínima destruída na compressão é igual à área hachurada sob a isoterma, Fig. 7.6. Para o gás ideal, o trabalho máximo ou mínimo numa mudança de estado isotérmica é facilmente calculado, uma vez que $p = nRT/V$. Usando esse valor para a pressão na Eq. (7.5), obtemos

$$W_{\text{máx., mín.}} = \int_{V_i}^{V_f} \frac{nRT}{V} \, dV = nRT \int_{V_i}^{V_f} \frac{dV}{V} = nRT \ln \frac{V_f}{V_i}. \tag{7.6}$$

Sob as condições descritas, n e T são constantes durante a transformação e podem ser removidas do sinal de integração. Note-se que, na expansão, $V_f > V_i$, de tal modo que o logaritmo é positivo; na compressão, $V_f < V_i$ e o logaritmo é negativo. Desse modo, o sinal de W é automaticamente levado em consideração.

7.6 TRANSFORMAÇÕES REVERSÍVEIS E IRREVERSÍVEIS

Consideremos o mesmo sistema de antes: uma quantidade de gás confinada num cilindro à temperatura constante T. Expandimos o gás do estado T, p_1, V_1 até o estado T, p_2, V_2 e, a seguir, comprimimos o gás até o estado original. O gás foi sujeito a uma transformação *cíclica*, retornando ao estado inicial. Façamos esse ciclo por dois processos diferentes e calculemos o trabalho líquido efetuado, $W_{\text{cí}}$, para cada processo.

Processo I: Expansão num único estágio com $P_{\text{op}} = p_2$ e, então, compressão num único estágio com $P_{\text{op}} = p_1$.
O trabalho produzido na expansão é, pela Eq. (7.4),

$$W_{\text{exp.}} = p_2(V_2 - V_1),$$

enquanto que o trabalho produzido na compressão é

$$W_{\text{comp.}} = p_1(V_1 - V_2).$$

O trabalho líquido efetuado no ciclo é a soma desses dois trabalhos:

$$W_{\text{cí}} = p_2(V_2 - V_1) + p_1(V_1 - V_2) = (p_2 - p_1)(V_2 - V_1).$$

Já que $V_2 - V_1$ é positivo e $p_2 - p_1$ é negativo, $W_{\text{cí}}$ é negativo. Houve destruição de trabalho nesse ciclo. O sistema foi restaurado ao seu estado inicial, mas as vizinhanças não foram restauradas; as massas estão mais baixas nas vizinhanças depois do ciclo.

Processo II: O processo limite de expansão em vários estágios com $P_{\text{op}} = p$ e, então, o processo de compressão, em vários estágios, com $P_{\text{op}} = p$.
Pela Eq. (7.5), o trabalho produzido na expansão é

$$W_{\text{exp.}} = \int_{V_1}^{V_2} p \, dV,$$

enquanto que o trabalho produzido na compressão é, pela Eq. (7.5),

$$W_{\text{comp.}} = \int_{V_2}^{V_1} p \, dV.$$

116 / FUNDAMENTOS DE FÍSICO-QUÍMICA

O trabalho líquido efetuado no ciclo é

$$W_{cí} = \int_{V_1}^{V_2} p \, dV + \int_{V_2}^{V_1} p \, dV = \int_{V_1}^{V_2} p \, dV - \int_{V_1}^{V_2} p \, dV = 0.$$

(A mudança de sinal na segunda integral é efetuada mudando-se os extremos de integração.) Se a transformação for conduzida por esse segundo método, o sistema será restaurado ao seu estado inicial e *as vizinhanças também serão restauradas à sua condição inicial,* por não haver produção líquida de trabalho.

Suponhamos que um sistema sofra uma mudança de estado através de uma seqüência especificada de estados intermediários e, então, seja restaurado ao seu estado original atravessando a mesma seqüência de estados na ordem reversa. Se as vizinhanças também forem trazidas ao seu estado original, a transformação em qualquer das direções será *reversível.* O processo correspondente é um processo reversível. Se as vizinhanças não forem restauradas ao seu estado original depois do ciclo, a transformação e o processo serão *irreversíveis.*

Evidentemente, o segundo processo descrito acima é um processo reversível, enquanto que o primeiro é irreversível. Existe ainda outra característica importante dos processos reversíveis e irreversíveis. No processo irreversível descrito acima, uma única massa é colocada no pistom, as presilhas são retiradas, o pistom sobe e chega à posição final. À medida que isso ocorre, o equilíbrio interno do gás deixa de existir, estabelecem-se correntes de convecção e a temperatura flutua. É necessário um intervalo de tempo finito para que o gás atinja o equilíbrio sob o novo conjunto de condições. Uma situação semelhante acontece na compressão irreversível. Este comportamento difere completamente do que ocorre numa expansão reversível, na qual em cada estágio a pressão que se opõe difere apenas infinitesimalmente da pressão de equilíbrio do sistema e o volume aumenta apenas infinitesimalmente. No processo reversível, o equilíbrio interno do gás é perturbado apenas infinitesimalmente e, no limite, não é perturbado. Portanto, em qualquer estágio numa transformação reversível, o afastamento do sistema do equilíbrio não é mais do que infinitesimal.

Obviamente, não podemos de fato levar a efeito uma transformação reversível. Seria necessário um intervalo de tempo infinito, se o aumento de volume em cada estágio fosse verdadeiramente infinitesimal. Os processos reversíveis não são, portanto, processos reais, mas *processos ideais. Os processos reais são sempre irreversíveis.* Com paciência e sagacidade podemos aproximar-nos da reversibilidade, mas nunca atingi-la. Os processos reversíveis são importantes porque os efeitos de trabalho a eles associados representam os valores máximos e mínimos. Assim, existem limites estabelecidos na capacidade de uma determinada transformação produzir trabalho; na realidade obteremos menos, mas o importante é que não devemos esperar obter mais.

No ciclo isotérmico descrito acima, o trabalho líquido produzido no ciclo irreversível foi negativo, isto é, o trabalho foi destruído. Isto é uma característica fundamental de toda transformação isotérmica cíclica *irreversível* e, portanto, de toda a transformação isotérmica cíclica *real.* Se qualquer sistema mantido a temperatura constante for submetido a uma transformação cíclica por processos irreversíveis (processos reais), uma certa quantidade de trabalho será destruída nas vizinhanças. Este é, de fato, um modo de enunciar o segundo princípio da Termodinâmica. O maior efeito de trabalho será produzido num ciclo isotérmico reversível e neste, como vimos, $W_{cí} = 0$. Dessa forma, não podemos esperar obter uma quantidade positiva de trabalho nas vizinhanças a partir de uma transformação cíclica de um sistema mantido numa temperatura constante.

O exame dos argumentos apresentados anteriormente mostra que as conclusões gerais a que chegamos não dependem do fato do sistema escolhido para ilustração consistir de um gás; as conclusões são válidas independentemente do material que constitui o sistema. Dessa maneira, para calcular o trabalho de expansão produzido numa transformação de qualquer que seja o sistema, usamos a Eq. (7.4) e, para calcular o trabalho produzido numa transformação reversível, colocamos $P_{op} = p$ e usamos a Eq. (7.5).

Por uma modificação apropriada do argumento, poderíamos mostrar que as conclusões gerais a que chegamos são corretas para qualquer tipo de trabalho: trabalho elétrico, trabalho efetuado contra um campo magnético, etc. Para calcular as quantidades desses e de outros tipos de trabalho, não usaríamos, é claro, a integral da pressão pela variação de volume, mas a integral de uma força apropriada pelo deslocamento correspondente.

7.7 A ENERGIA E O PRIMEIRO PRINCÍPIO DA TERMODINÂMICA

O trabalho produzido numa transformação cíclica é a soma das pequenas quantidades de trabalho dW produzidas em cada estágio do ciclo. Semelhantemente, o calor extraído das vizinhanças numa transformação cíclica é a soma das pequenas quantidades de calor dQ extraídas em cada estágio do ciclo. Essas somas são simbolizadas por *integrais cíclicas* de dW e dQ:

$$W_{cí} = \oint dW, \qquad Q_{cí} = \oint dQ.$$

Em geral, $W_{cí}$ e $Q_{cí}$ não são zero; esta é uma característica das funções que dependem do caminho.

Em constraste, note-se que, se somarmos a diferencial de qualquer *propriedade de estado* do sistema ao longo de qualquer ciclo, a diferença total, isto é, a integral cíclica, deverá ser zero. Como em qualquer ciclo o sistema retorna ao estado inicial, a variação total de qualquer propriedade de estado é zero. Por outro lado, se encontrarmos uma quantidade diferencial dy tal que

$$\oint dy = 0 \qquad \text{(todos os ciclos)}, \tag{7.7}$$

então dy será a diferencial de alguma propriedade de estado do sistema. Este é um teorema puramente matemático, colocado aqui em termos físicos. Usando esse teorema e o primeiro princípio da Termodinâmica, descobrimos a existência de uma propriedade de estado do sistema, a *energia*.

O primeiro princípio da Termodinâmica é o reconhecimento da seguinte experiência universal: *Se um sistema é sujeito a qualquer transformação cíclica, o trabalho produzido nas vizinhanças é igual ao calor extraído das vizinhanças.* Em termos matemáticos, o primeiro princípio estabelece que

$$\oint dW = \oint dQ \qquad \text{(todos os ciclos)}. \tag{7.8}$$

O sistema não sofre uma variação líquida no ciclo, mas a condição das vizinhanças muda. Se as massas nas vizinhanças estiverem mais altas depois do ciclo do que antes, então alguns corpos

118 / *FUNDAMENTOS DE FÍSICO-QUÍMICA*

nas vizinhanças deverão estar mais frios. Se as massas estiverem mais baixas, então alguns corpos estarão mais quentes.

Recompondo a Eq. (7.8), teremos

$$\oint (dQ - dW) = 0 \qquad \text{(todos os ciclos).} \qquad (7.9)$$

Mas se a Eq. (7.9) for verdadeira, então o teorema matemático irá requerer que a quantidade sob o sinal de integração seja uma diferencial de alguma propriedade de estado do sistema. Essa propriedade de estado é chamada de *energia, U,* do sistema e a diferencial é dU, definida por

$$dU \equiv dQ - dW; \qquad (7.10)$$

então, é claro,

$$\oint dU = 0 \qquad \text{(todos os ciclos).} \qquad (7.11)$$

Portanto, pelo primeiro princípio, relacionamos os efeitos de calor e trabalho observados nas vizinhanças numa transformação cíclica e deduzimos a existência de uma propriedade de estado do sistema, a energia. A Eq. (7.10) é um modo equivalente de enunciar o primeiro princípio.

A Eq. (7.10) mostra que quando pequenas quantidades de calor e trabalho, dQ e dW, aparecem na fronteira, a energia do sistema sofre uma variação dU. Para uma mudança de estado finita, integramos a Eq. (7.10):

$$\int_i^f dU = \int_i^f dQ - \int_i^f dW,$$

$$\Delta U = Q - W, \qquad (7.12)$$

onde $\Delta U = U_{\text{final}} - U_{\text{inicial}}$. Note-se que apenas uma diferença de energia dU ou ΔU foi definida e, assim, podemos calcular as diferenças de energia numa mudança de estado, mas não podemos atribuir um valor *absoluto* para a energia do sistema em qualquer estado particular.

Podemos mostrar que a energia é conservada em qualquer mudança de estado. Consideremos uma transformação arbitrária num sistema A; então

$$\Delta U_A = Q - W,$$

onde Q e W são os efeitos de calor e trabalho manifestados nas vizinhanças imediatas pelas variações de temperatura dos corpos e as variações de altura das massas. É possível escolher uma fronteira que envolva tanto o sistema A quanto suas vizinhanças imediatas, de forma que nenhum efeito resultante das transformações em A seja observado fora desta fronteira. Esta fronteira separa um novo sistema composto (o sistema original A e as suas vizinhanças imediatas M) do restante do universo. Uma vez que não se observam efeitos de calor e trabalho fora deste sistema composto, a variação de energia deste sistema composto é zero

$$\Delta U_{A+M} = 0$$

Mas a variação na energia do sistema composto é a soma das variações na energia dos subsistemas, A e M. Assim,

$$\Delta U_{A+M} = \Delta U_A + \Delta U_M = 0 \qquad \text{ou} \qquad \Delta U_A = -\Delta U_M$$

A ENERGIA E O PRIMEIRO PRINCÍPIO DA TERMODINÂMICA / 119

Esta equação nos diz que, em qualquer transformação, todo aumento na energia do sistema A é exatamente balanceado por uma diminuição igual na energia das suas vizinhanças.

Disto segue que

$$U_A(\text{final}) - U_A(\text{inicial}) + U_M(\text{final}) - U_M(\text{inicial}) = 0,$$

ou

$$U_A(\text{final}) + U_M(\text{final}) = U_A(\text{inicial}) + U_M(\text{inicial}),$$

que mostra que a energia do sistema composto é constante.

Se imaginarmos o universo composto de uma miríade de tais sistemas compostos, em cada um dos quais $\Delta U = 0$, então no seu total $\Delta U = 0$. Assim, temos o famoso enunciado de Clausius para o primeiro princípio da termodinâmica: "A energia do universo é uma constante."

7.8 PROPRIEDADES DA ENERGIA

Para uma dada mudança de estado, o aumento da energia ΔU do sistema depende apenas do estado inicial e final do sistema, e não do caminho que une os dois estados. Tanto Q como W dependem do caminho, mas a diferença $Q - W = \Delta U$ é independente do caminho. Isto equivale a dizer que dQ e dW são diferenciais não-exatas, enquanto que dU é uma diferencial exata.

A energia é uma propriedade de estado *extensiva* do sistema; sob as mesmas condições de T e p, 10 mol da substância que compõe o sistema tem dez vezes mais energia que um mol. A energia por mol é uma propriedade de estado intensiva do sistema.

A energia é conservada em todas as transformações. Um moto-contínuo de primeira espécie é uma máquina que cria energia através de alguma transformação de um sistema. O primeiro princípio da Termodinâmica diz que é impossível construir tal máquina, mas não diz que ninguém tenha tentado! Ninguém até hoje conseguiu, embora neste campo tenha havido fraudes famosas.

7.9 UM POUCO DE MATEMÁTICA – DIFERENCIAIS EXATAS E INEXATAS

Uma diferencial exata integra-se numa diferença finita, $\int_1^2 dU = U_2 - U_1$, que é independente do caminho de integração. Uma diferencial não-exata integra-se para uma quantidade total, $\int_1^2 dQ = Q$, que depende do caminho de integração. A integral cíclica de uma diferencial exata, Eq. (7.7), é zero para qualquer ciclo. A integral cíclica de uma diferencial inexata é usualmente não-nula.

Note-se que o simbolismo ΔQ e ΔW *não tem significado*. Se ΔW significasse alguma coisa, significaria $W_2 - W_1$; mas o sistema, seja no estado final ou inicial, não tem nenhum trabalho W_1 ou W_2, nem qualquer calor Q_1 ou Q_2. Calor e trabalho aparecem *durante uma mudança* de estado; eles não são propriedades do estado, mas são propriedades que dependem do caminho.

As propriedades de estado de um sistema, tais como T, p, V e U, têm diferenciais que são exatas. Diferenciais de propriedades que dependem do caminho, tais como Q e W, não são exatas. Para mais propriedades de diferenciais exatas e inexatas, veja Seç. 9.6.

120 / FUNDAMENTOS DE FÍSICO-QUÍMICA

7.10 VARIAÇÕES NA ENERGIA CORRELACIONADAS COM AS VARIAÇÕES NAS PROPRIEDADES DO SISTEMA

Usando o primeiro princípio na forma

$$\Delta U = Q - W,$$

podemos calcular ΔU para uma mudança de estado a partir dos valores medidos de Q ou W, ou seja, por seus efeitos nas vizinhanças. Entretanto, uma mudança de estado no sistema implica mudanças nas propriedades do sistema, tais como T e V. Essas propriedades do sistema são facilmente mensuráveis nos estados inicial e final e é útil relacionar a variação de energia do sistema com, digamos, variações em sua temperatura e volume. É deste problema que iremos tratar agora.

Escolhendo um sistema de massa fixa, podemos descrever o seu estado por T e V. Então $U = U(T, V)$ e a variação de energia dU relaciona-se com as variações de temperatura dT e de volume dV através da diferencial total

$$dU = \left(\frac{\partial U}{\partial T}\right)_V dT + \left(\frac{\partial U}{\partial V}\right)_T dV. \tag{7.13}$$

A diferencial de qualquer propriedade de estado, qualquer diferencial exata, pode ser escrita na forma da Eq. (7.13). (Veja Apêndice I.) Expressões desse tipo são usadas tão freqüentemente que é essencial compreender o seu significado físico e matemático. A Eq. (7.13) diz que se a temperatura do sistema aumentar de uma quantidade dT e o volume aumentar de uma quantidade dV, então o aumento total da energia dU é a soma de duas contribuições: o primeiro termo, $(\partial U/\partial T)_V dT$, é o aumento de energia resultante apenas do aumento de temperatura; o segundo termo, $(\partial U/\partial V)_T dV$, é o aumento de energia resultante apenas do aumento de volume. O primeiro termo é a taxa de aumento de energia com a temperatura, a volume constante, $(\partial U/\partial T)_V$, multiplicado pelo aumento de temperatura dT. O segundo termo é interpretado de um modo análogo. Cada vez que uma expressão desse tipo aparecer, deverá haver um esforço para dar essa interpretação a cada termo até que se torne um hábito. O hábito de ler o significado físico numa equação ajudará muito no esclarecimento nas deduções que seguem.

Como a energia é uma propriedade importante do sistema, as derivadas parciais $(\partial U/\partial T)_V$ e $(\partial U/\partial V)_T$ são também propriedades importantes do sistema. Essas derivadas nos dão a taxa de variação da energia com a temperatura a volume constante ou com o volume a temperatura constante. Se os valores dessas derivadas forem conhecidos, poderemos integrar a Eq. (7.13) e obter a variação da energia a partir da variação da temperatura e do volume do sistema. Portanto, precisamos expressar essas derivadas em termos de quantidades mensuráveis.

Começamos combinando as Eqs. (7.10) e (7.13) para obter

$$đQ - P_{\text{op}} dV = \left(\frac{\partial U}{\partial T}\right)_V dT + \left(\frac{\partial U}{\partial V}\right)_T dV, \tag{7.14}$$

onde $P_{\text{op}} dV$ substituiu $đW$, tendo sido ignoradas outras formas de trabalho que não o de expansão. (Se outros tipos de trabalho precisarem ser incluídos, faremos $đW = P_{\text{op}} dV + đW_a$, onde $đW_a$ representará pequenas quantidades de outros tipos de trabalho.) Em seguida aplicaremos a Eq. (7.14) a várias mudanças de estado.

7.11 MUDANÇAS DE ESTADO A VOLUME CONSTANTE

Se o volume de um sistema for constante durante a mudança de estado, então $dV = 0$ e o primeiro princípio, Eq. (7.10), torna-se

$$dU = dQ_V, \qquad (7.15)$$

onde o índice indica a restrição de volume constante. Mas a volume constante a Eq. (7.14) torna-se

$$dQ_V = \left(\frac{\partial U}{\partial T}\right)_V dT, \qquad (7.16)$$

que relaciona o calor extraído das vizinhanças, dQ_V, com o aumento de temperatura dT do sistema, a volume constante. Ambos, dQ_V e dT, são facilmente mensuráveis; a razão dQ_V/dT entre o calor extraído das vizinhanças e o aumento de temperatura do sistema é a capacidade calorífica (C_v) do sistema a volume constante. Portanto, dividindo a Eq. (7.16) por dT, obtemos

$$C_v \equiv \frac{dQ_V}{dT} = \left(\frac{\partial U}{\partial T}\right)_V. \qquad (7.17)$$

Ambos os membros da Eq. (7.17) são definições equivalentes de C_v. O que é importante acerca da Eq. (7.17) é que identificamos a derivada parcial $(\partial U/\partial T)_V$ com uma quantidade facilmente mensurável, C_v. Substituindo na Eq. (7.13) a derivada por C_v, obtemos, já que $dV = 0$,

$$dU = C_v \, dT \qquad \text{(variação infinitesimal)}, \qquad (7.18)$$

ou, integrando, temos

$$\Delta U = \int_{T_1}^{T_2} C_v \, dT \qquad \text{(variação finita)}. \qquad (7.19)$$

Usando a Eq. (7.19) podemos calcular ΔU exclusivamente a partir de propriedades do sistema. Integrando a Eq. (7.15), obtemos a relação adicional

$$\Delta U = Q_V \qquad \text{(variação finita)}. \qquad (7.20)$$

Tanto a Eq. (7.19) como a (7.20) expressam a variação da energia numa transformação a volume constante em termos de quantidades mensuráveis. Essas equações se aplicam a qualquer sistema: sólidos, líquidos, gases, misturas, lâminas de barbear velhas, etc.

Note-se que na Eq. (7.20) ΔU e Q_V têm o mesmo sinal. De acordo com a convenção para Q, se o calor escoa *a partir* das vizinhanças, $Q_V > 0$ e também $\Delta U > 0$; a energia do sistema aumenta. Se o calor escoa *para* as vizinhanças, tanto Q_V como ΔU são negativos; a energia do sistema diminui. Além disso, como C_v é sempre positivo, a Eq. (7.18) mostra que se a temperatura aumenta, $dT > 0$, a energia do sistema aumenta; se a temperatura diminui, $dT < 0$, significando uma diminuição da energia do sistema, $\Delta U < 0$. Para um sistema mantido a volume constante, a temperatura é um reflexo direto da energia do sistema.

Como a energia do sistema é uma propriedade de estado extensiva, a capacidade calorífica também o é. A capacidade calorífica por mol, $\tilde{C}$, é uma propriedade intensiva; é a quantidade que encontramos nas tabelas. Se a capacidade calorífica de um sistema é constante no intervalo de temperaturas de interesse, então a Eq. (7.19) reduz-se à forma especial

$$\Delta U = C_v \Delta T. \tag{7.21}$$

Essa capacidade é bastante útil, particularmente se o intervalo de temperaturas ΔT não for muito grande. Em intervalos pequenos de temperatura a capacidade calorífica da maioria das substâncias não varia muito.

Embora as Eqs. (7.19) e (7.20) sejam completamente gerais para um processo a volume constante, uma dificuldade prática aparece se o sistema consiste inteiramente de sólidos ou líquidos. Se um líquido ou sólido é mantido num recipiente de volume fixo e a temperatura é aumentada de uma pequena quantidade, a pressão sobe para valores enormes em virtude da pequena compressibilidade do líquido. Qualquer recipiente comum seria deformado e aumentaria de volume ou então se romperia. Do ponto de vista experimental, processos a volume constante são possíveis apenas para sistemas que são, ao menos parcialmente, gasosos.

■ **EXEMPLO 7.1** Calcule ΔU e Q_V para a transformação de 1 mol de hélio, a volume constante, de 25°C para 45°C; $\overline{C}_v = \frac{3}{2}R$.

A volume constante

$$\Delta U = \int_{T_1}^{T_2} C_v \, dT = \tfrac{3}{2} R \int_{T_1}^{T_2} dT = \tfrac{3}{2} R \, \Delta T = \tfrac{3}{2} R (20 \, \text{K})$$

$$Q_V = \Delta U = \tfrac{3}{2} (8{,}314 \, \text{J/K mol})(20 \, \text{K}) = 250 \, \text{J/mol}.$$

7.12 MEDIDA DE $(\partial U / \partial V)_T$ — EXPERIÊNCIA DE JOULE

A identificação da derivada $(\partial U / \partial V)_T$, com quantidades facilmente mensuráveis, não é tão fácil de ser conseguida. Para gases isto pode ser feito, pelo menos em princípio, através de uma experiência imaginada por Joule. Dois recipientes A e B são conectados através de uma torneira. No estado inicial, enche-se A com um gás, à pressão p, enquanto que em B se faz vácuo. O equipamento é imerso num grande banho de água e permite-se que entre em equilíbrio com a água à temperatura T, que é lida no termômetro (Fig. 7.7). A água é agitada vigorosamente para atingir o equilíbrio térmico mais rapidamente. A torneira é aberta e o gás se expande para pre-

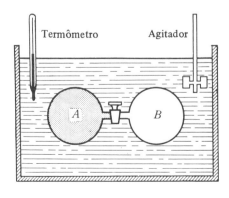

Fig. 7.7 Experiência da expansão de Joule.

encher os recipientes A e B uniformemente. Depois de se esperar algum tempo a fim de que o sistema entre em equilíbrio térmico com a água do banho, a temperatura da água é lida novamente. Joule não observou diferença de temperatura da água antes e depois da abertura da torneira.

Interpretemos a experiência. Para começar, não há produção de trabalho nas vizinhanças. A fronteira que inicialmente está ao longo das paredes internas do recipiente A move-se de tal modo que está sempre envolvendo toda a massa de gás; a fronteira expande-se contra uma pressão oposta nula e, portanto, não produz trabalho. Esta é a chamada *expansão livre* de um gás. Fazendo $đW = 0$, vemos que o primeiro princípio torna-se $dU = đQ$. Como a temperatura das vizinhanças (a água) não variou, segue-se que $đQ = 0$. Assim, $dU = 0$. Como o sistema e a água estão em equilíbrio térmico, a temperatura do sistema também não variou; $dT = 0$. Nesta situação, a Eq. (7.13) torna-se

$$dU = \left(\frac{\partial U}{\partial V}\right)_T dV = 0.$$

Como $dV \neq 0$, segue-se que

$$\left(\frac{\partial U}{\partial V}\right)_T = 0. \qquad (7.22)$$

Se a derivada da energia relativamente ao volume é nula, a energia é independente do volume. Isso significa que a energia do gás é função apenas da temperatura. Essa regra de comportamento é a *Lei de Joule,* que pode ser expressa pela Eq. (7.22) ou por $U = U(T)$.

Experiências posteriores, especialmente a experiência de Joule-Thomson, mostraram que a lei de Joule não é precisa para gases reais. No equipamento de Joule, a grande capacidade calorífica do banho d'água e a pequena capacidade calorífica do gás reduzem o efeito abaixo dos limites observáveis. Para gases reais, a derivada $(\partial U/\partial V)_T$ é uma quantidade muito pequena, usualmente positiva. O gás ideal obedece exatamente à lei de Joule.

Até que tenhamos as equações do segundo princípio da Termodinâmica, o problema de identificar $(\partial U/\partial V)_T$ com quantidades facilmente mensuráveis é, no máximo, uma tentativa. A experiência de Joule, que não funciona muito bem com gases, é completamente inadequada para líquidos e sólidos. Uma circunstância favorável intervém para simplificar as coisas para os líquidos e sólidos. São necessárias pressões muito altas mesmo para efetuar uma pequena variação de volume de um líquido ou sólido mantidos a temperatura constante. A variação de energia que acompanha uma variação isotérmica de volume de um líquido ou sólido é, integrando-se a Eq. (7.13) com $dT = 0$,

$$\Delta U = \int_{V_1}^{V_2} \left(\frac{\partial U}{\partial V}\right)_T dV.$$

Os volumes inicial e final V_1 e V_2 são tão próximos que a derivada é constante nessa pequena faixa de volume; removendo-a do sinal de integração e integrando dV, a equação torna-se

$$\Delta U = \left(\frac{\partial U}{\partial V}\right)_T \Delta V. \qquad (7.23)$$

Muito embora para líquidos e sólidos o valor da derivada seja muito grande, ΔV é tão pequeno que o produto na Eq. (7.23) é praticamente nulo. Conseqüentemente, com uma boa aproximação, a energia de todas as substâncias pode ser considerada como função apenas da temperatura. Essa afirmação é precisa apenas para o gás ideal. Para evitar erros nas deduções, a derivada será mantida nas equações. Tendo identificado $(\partial U/\partial T)_V$ com C_v, vamos, a partir daqui, escrever a diferencial total de U, Eq. (7.13), na forma

$$dU = C_v\, dT + \left(\frac{\partial U}{\partial V}\right)_T dV. \qquad (7.24)$$

7.13 MUDANÇAS DE ESTADO A PRESSÃO CONSTANTE

Na prática de laboratório, a maioria das mudanças de estado são levadas a efeito sob pressão atmosférica constante, que é igual à pressão do sistema. A mudança de estado a pressão constante pode ser visualizada encerrando o sistema num cilindro fechado por um pistom pesado que flutua livremente, em vez do pistom ser mantido numa posição por um conjunto de presilhas (Fig. 7.8). Como ele flutua livremente, sua posição de equilíbrio é determinada pelo balanceamento da pressão de oposição desenvolvida pela massa M contra a pressão do sistema. Não importando o que façamos com o sistema, o pistom se moverá até que se atinja a condição $p = P_{op}$. A pressão p no sistema poderá ser levada a qualquer valor constante ajustando-se adequadamente a massa M. Em condições comuns de laboratório, a massa da coluna de ar acima do sistema flutua sobre este e mantém a sua pressão num valor constante p.

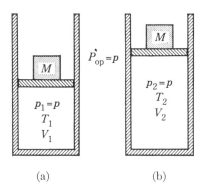

Fig. 7.8 Mudança de estado a pressão constante. (*a*) Estado inicial. (*b*) Estado final.

Como $P_{op} = p$, o primeiro princípio torna-se, para uma mudança de estado a pressão constante,

$$dU = dQ_p - p\, dV. \qquad (7.25)$$

Como p é constante, esta é integrada para fornecer

$$\int_1^2 dU = \int_1^2 dQ_p - \int_{V_1}^{V_2} p\, dV,$$
$$U_2 - U_1 = Q_p - p(V_2 - V_1).$$

Recompondo, obtemos

$$(U_2 + pV_2) - (U_1 + pV_1) = Q_p. \qquad (7.26)$$

A ENERGIA E O PRIMEIRO PRINCÍPIO DA TERMODINÂMICA / 125

Como $p_1 = p_2 = p$, na Eq. (7.26) o primeiro p pode ser substituído por p_2 e o segundo por p_1:

$$(U_2 + p_2 V_2) - (U_1 + p_1 V_1) = Q_p. \tag{7.27}$$

Como a pressão e o volume do sistema dependem apenas do estado, o produto pV também será função apenas do estado do sistema. A função $U + pV$, sendo uma combinação de variáveis de estado, é em si uma variável de estado H. Definimos

$$H \equiv U + pV; \tag{7.28}$$

H é chamada *entalpia* do sistema[*], uma propriedade de estado extensiva.

Usando a definição de H, podemos escrever a Eq. (7.27) como $H_2 - H_1 = Q_p$ ou

$$\Delta H = Q_p, \tag{7.29}$$

que mostra que, num processo a pressão constante, o calor extraído das vizinhanças é igual ao aumento de entalpia do sistema. Comumente, os efeitos de calor são medidos a pressão constante; portanto, esses efeitos de calor indicam variações da entalpia do sistema e não significam variações em sua energia. Para calcular a variação de energia num processo a pressão constante, a Eq. (7.26) é escrita como

$$\Delta U + p\Delta V = Q_p. \tag{7.30}$$

Conhecendo Q_p e a variação de volume ΔV, podemos calcular o valor de ΔU.

A Eq. (7.29) encontra aplicação imediata na vaporização de um líquido sob pressão e temperatura constantes. O calor extraído das vizinhanças é o calor de vaporização Q_{vap}. Como a transformação é feita a pressão constante, $Q_{\text{vap}} = \Delta H_{\text{vap}}$. Semelhantemente, o calor de fusão de um sólido é o aumento de entalpia durante a fusão: $Q_{\text{fus}} = \Delta H_{\text{fus}}$.

Para uma mudança infinitesimal no estado de um sistema, a Eq. (7.29) toma a forma

$$dH = dQ_p. \tag{7.31}$$

Como H é uma função de estado, dH é uma diferencial exata; escolhendo T e p como variáveis convenientes para H, podemos escrever a diferencial total como

$$dH = \left(\frac{\partial H}{\partial T}\right)_p dT + \left(\frac{\partial H}{\partial p}\right)_T dp. \tag{7.32}$$

Numa transformação a pressão constante, $dp = 0$ e a Eq. (7.32) torna-se $dH = (\partial H/\partial T)_p \, dT$. Combinando esta com a Eq. (7.31) temos

$$dQ_p = \left(\frac{\partial H}{\partial T}\right)_p dT,$$

que relaciona o calor extraído das vizinhanças com o aumento de temperatura do sistema. A razão dQ_p/dT é C_p, capacidade calorífica do sistema a pressão constante. Dessa forma temos

$$C_p \equiv \frac{dQ_p}{dT} = \left(\frac{\partial H}{\partial T}\right)_p, \tag{7.33}$$

---

[*]É importante notar que o aparecimento do produto pV na definição da entalpia resulta da forma algébrica do trabalho de expansão e não está relacionado com a presença do produto pV na lei dos gases ideais.

126 / FUNDAMENTOS DE FÍSICO-QUÍMICA

que identifica a importante derivada parcial $(\partial H/\partial T)_p$ com a quantidade mensurável C_p. Por esta razão, a diferencial total na Eq. (7.32) será escrita na forma

$$dH = C_p \, dT + \left(\frac{\partial H}{\partial p}\right)_T dp. \tag{7.34}$$

Para qualquer transformação a pressão constante, como $dp = 0$, a Eq. (7.34) reduz-se a

$$dH = C_p \, dT, \tag{7.35}$$

ou, para uma mudança finita de estado de T_1 a T_2,

$$\Delta H = \int_{T_1}^{T_2} C_p \, dT. \tag{7.36}$$

Se C_p é constante no intervalo de temperatura de interesse, a Eq. (7.36) torna-se

$$\Delta H = C_p \, \Delta T. \tag{7.37}$$

As equações desta seção são bastante gerais e se aplicam a qualquer transformação a pressão constante de qualquer sistema de massa fixa, desde que não ocorram mudanças de fase ou reações químicas.

■ **EXEMPLO 7.2** Para a prata, $\bar{C}_p/(J/K \text{ mol}) = 23,43 + 0,00628 T$. Calcule ΔH no caso de 3 moles de prata serem aquecidos de 25°C até o ponto de fusão, 961°C, a 1 atm de pressão.

À p constante para 1 mol, $\Delta H = \displaystyle\int_{T_1}^{T_2} C_p \, dT = \int_{T_1}^{T_2} (23,43 + 0,00628 T) \, dT.$

$$\Delta H = 23,43(T_2 - T_1) + \tfrac{1}{2}(0,00628)(T_2^2 - T_1^2) \text{ J/mol}.$$

Uma vez que $T_1 = 273,15 + 25 = 298,15$ e $T_2 = 273,15 + 961 = 1234,15$, $T_2 - T_1 = 936$ K.

$$\Delta H = 23,43(936) + \tfrac{1}{2}(0,00628)(1234^2 - 298^2) = 21\,930 + 4500 = 26\,430 \text{ J/mol}.$$

Para 3 mol, $\Delta H = 3$ mol $(26\,430 \text{ J/mol}) = 79\,920$ J.

7.14 RELAÇÃO ENTRE C_p E C_v

Para uma dada mudança no estado de um sistema, que apresenta uma variação de temperatura dT a ela associada, o calor extraído das vizinhanças pode ter diferentes valores, pois depende do caminho da mudança de estado. Portanto, não é surpreendente que o sistema tenha mais de um valor para a capacidade calorífica. De fato, a capacidade calorífica de um sistema pode ter qualquer valor de menos infinito a mais infinito. Entretanto, apenas dois valores, C_p e C_v, têm maior importância. Como não são iguais, é importante encontrar a relação entre eles.

Atacamos esse problema calculando o calor extraído a pressão constante, usando a Eq. (7.14) na forma

$$dQ = C_v \, dT + \left(\frac{\partial U}{\partial V}\right)_T dV + P_{op} \, dV.$$

Para uma variação a pressão constante, com $P_{op} = p$, esta equação torna-se

$$dQ_p = C_v \, dT + \left[p + \left(\frac{\partial U}{\partial V} \right)_T \right] dV.$$

Como $C_p = dQ_p/dT$, dividimos por dT e obtemos

$$C_p = C_v + \left[p + \left(\frac{\partial U}{\partial V} \right)_T \right] \left(\frac{\partial V}{\partial T} \right)_p, \tag{7.38}$$

que é a relação desejada entre C_p e C_v. Esta é usualmente escrita na forma

$$C_p - C_v = \left[p + \left(\frac{\partial U}{\partial V} \right)_T \right] \left(\frac{\partial V}{\partial T} \right)_p. \tag{7.39}$$

Essa equação é uma relação geral entre C_p e C_v. Será mostrado mais adiante que a quantidade no segundo membro será sempre positiva; dessa forma, C_p será sempre maior que C_v para qualquer substância. O excesso de C_p relativamente a C_v é constituído da soma de dois termos. O primeiro termo,

$$p \left(\frac{\partial V}{\partial T} \right)_p,$$

é o trabalho produzido, $p \, dV$, por unidade de aumento de temperatura no processo a pressão constante. O segundo termo,

$$\left(\frac{\partial U}{\partial V} \right)_T \left(\frac{\partial V}{\partial T} \right)_p,$$

é a energia necessária para afastar as moléculas contra as forças intermoleculares atrativas.

Se um gás é expandido, a distância média entre as moléculas aumenta. Uma pequena quantidade de energia precisa ser suprida ao gás para levar as moléculas a essa maior separação contra as forças atrativas; a energia necessária por unidade de aumento de volume é dada pela derivada $(\partial U/\partial V)_T$. Num processo a volume constante, não há produção de trabalho e a distância média entre as moléculas permanece a mesma. Portanto, a capacidade calorífica é pequena; todo o calor extraído vai para o movimento caótico e se reflete num aumento de temperatura. Num processo a pressão constante, o sistema expande-se contra a pressão que se opõe e produz trabalho nas vizinhanças; o calor extraído das vizinhanças é dividido em três porções. A primeira porção produz trabalho nas vizinhanças, a segunda provê a energia necessária para separar as moléculas a uma distância maior e a terceira aumenta a energia do movimento caótico. Apenas essa última porção reflete-se num aumento de temperatura. Para produzir um incremento de temperatura de um grau, mais calor precisa ser extraído num processo a pressão constante do que num processo a volume constante. Assim, C_p é maior que C_v.

Outra quantidade útil é a razão entre a capacidade calorífica, γ, definida por

$$\gamma \equiv \frac{C_p}{C_v}. \tag{7.40}$$

Do que foi dito, é claro que γ será sempre maior do que a unidade.

128 / FUNDAMENTOS DE FÍSICO-QUÍMICA

A diferença entre as capacidades caloríficas para o gás ideal adquire uma forma particularmente simples porque, pela lei de Joule, $(\partial U/\partial V)_T = 0$. Então a Eq. (7.39) fica

$$C_p - C_v = p\left(\frac{\partial V}{\partial T}\right)_p. \tag{7.41}$$

Se considerarmos as capacidades caloríficas molares, o volume na derivada será o volume molar e como, da equação de estado, $\overline{V} = RT/p$, segue-se que, derivando relativamente à temperatura, mantendo a pressão constante, temos $(\partial \overline{V}/\partial T)_p = R/p$. Colocando esse valor na Eq. (7.41), ela reduz-se simplesmente a

$$\overline{C}_p - \overline{C}_v = R. \tag{7.42}$$

Embora a Eq. (7.42) seja precisa e correta apenas para o gás ideal, ela é uma aproximação útil para os gases reais.

A diferença entre as capacidades caloríficas para líquidos ou sólidos é, usualmente, bastante pequena e, exceto em trabalho de grande precisão, é suficiente tomar

$$C_p = C_v, \tag{7.43}$$

ainda que existam algumas notáveis exceções a esta regra. A razão física para haver uma igualdade aproximada entre C_p e C_v é óbvia. Os coeficientes de dilatação térmica de líquidos e sólidos são muito pequenos, de tal modo que a variação de volume por aumento de um grau na temperatura é muito pequena; correspondentemente, o trabalho produzido na expansão é pequeno e é necessária pouca energia para o pequeno aumento no espaçamento entre as moléculas. Praticamente todo o calor extraído das vizinhanças vai para o aumento da energia do movimento caótico e, portanto, reflete-se num aumento de temperatura, que é aproximadamente tão grande quanto num processo a volume constante. Pelas razões mencionadas no fim da Seç. 7.11, não é fácil medir diretamente C_v para um líquido ou sólido; por outro lado, C_p é facilmente mensurável. Os valores tabelados para as capacidades caloríficas de líquidos e sólidos são valores de C_p.

7.15 MEDIDA DE $(\partial H/\partial p)_T$ – EXPERIÊNCIA DE JOULE-THOMSON

Para a identificação da derivada parcial $(\partial h/\partial p)_T$ com quantidades facilmente acessíveis do ponto de vista experimental, deparamos com as mesmas dificuldades encontradas com $(\partial U/\partial V)_T$ na Seç. 7.12. Essas duas derivadas se relacionam. De fato, diferenciando a definição $H = U + pV$, obtemos

$$dH = dU + p\,dV + V\,dp.$$

Introduzindo os valores de dH e dU das Eqs. (7.24) e (7.34), temos

$$C_p\,dT + \left(\frac{\partial H}{\partial p}\right)_T dp = C_v\,dT + \left[\left(\frac{\partial U}{\partial V}\right)_T + p\right]dV + V\,dp. \tag{7.44}$$

Impondo a restrição da temperatura ser constante, $dT = 0$, e dividindo por dp, obtemos

$$\left(\frac{\partial H}{\partial p}\right)_T = \left[p + \left(\frac{\partial U}{\partial V}\right)_T\right]\left(\frac{\partial V}{\partial p}\right)_T + V, \tag{7.45}$$

que é uma equação mais compacta.

Para líquidos e sólidos, o primeiro termo do segundo membro da Eq. (7.45) é em geral muito menor que o segundo termo; dessa maneira, uma boa aproximação é

$$\left(\frac{\partial H}{\partial p}\right)_T = V \quad \text{(sólidos e líquidos)}. \tag{7.46}$$

Como o volume molar de líquidos e sólidos é muito pequeno, a menos que as variações de pressão sejam enormes, a variação de entalpia com a pressão pode ser ignorada.

Para o gás ideal,

$$\left(\frac{\partial H}{\partial p}\right)_T = 0. \tag{7.47}$$

Esse resultado pode ser obtido de modo mais fácil a partir da definição $H = U + pV$. Para o gás ideal, $p\bar{V} = RT$, logo

$$\bar{H} = \bar{U} + RT. \tag{7.48}$$

Como a energia do gás ideal é função apenas da temperatura, pela Eq. (7.48), a entalpia é função apenas da temperatura e independente da pressão. O resultado da Eq. (7.47) também poderia ser obtido da Eq. (7.45) e da lei de Joule.

A derivada $(\partial H/\partial p)_T$ é muito pequena para gases reais, mas pode ser medida. A experiência de Joule, na qual o gás se expandia livremente, não foi capaz de mostrar uma diferença mensurável de temperatura entre os estados final e inicial. Mais tarde, Joule e Thomson realizaram uma experiência diferente, a experiência de Joule-Thomson (Fig. 7.9).

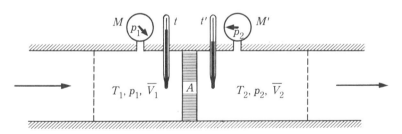

Fig. 7.9 Experiência de Joule-Thomson.

Um fluxo estacionário de gás passa através de um tubo isolado no sentido das flechas; na posição A existe uma obstrução, que pode ser um disco poroso ou um diafragma com pequeno furo ou, como na experiência original, um lenço de seda. Em virtude da obstrução, existe uma queda de pressão ao se passar da esquerda para a direita, medida pelos manômetros M e M'. Qualquer queda de temperatura é medida pelos termômetros t e t'. A fronteira do sistema move-se com o gás, envolvendo sempre a mesma massa. Consideremos a passagem de um mol de gás através da obstrução. O volume à esquerda decresce do volume molar $\bar{V}_1$; como o gás é empurrado pelo gás que está por trás e exerce uma pressão p_1, o trabalho produzido é

$$W_{\text{esq}} = \int_{\bar{V}_1}^{0} p_1 \, dV$$

130 / FUNDAMENTOS DE FÍSICO-QUÍMICA

O volume à direita aumenta do volume molar $\overline{V}_2$; o gás que escoa precisa empurrar o gás à sua frente, o qual exerce uma pressão oposta p_2. O trabalho produzido é

$$W_{dir} = \int_0^{\overline{V}_2} p_2 \, dV$$

Ao final, o trabalho produzido é a soma destas duas quantidades

$$W = \int_{\overline{V}_1}^0 p_1 \, dV + \int_0^{\overline{V}_2} p_2 \, dV = p_1(-\overline{V}_1) + p_2 \overline{V}_2 = p_2 \overline{V}_2 - p_1 \overline{V}_1$$

Como o tubo é isolado, $Q = 0$ e, pelo primeiro princípio, temos

$$\overline{U}_2 - \overline{U}_1 = Q - W = -(p_2 \overline{V}_2 - p_1 \overline{V}_1).$$

Recompondo, temos

$$\overline{U}_2 + p_2 \overline{V}_2 = \overline{U}_1 + p_1 \overline{V}_1, \qquad \overline{H}_2 = \overline{H}_1.$$

A entalpia do gás é uma constante na expansão Joule-Thomson. A diminuição de temperatura, $-\Delta T$, e a diminuição de pressão, $-\Delta p$, observadas são combinadas na relação

$$\left(\frac{-\Delta T}{-\Delta p}\right)_H = \left(\frac{\Delta T}{\Delta p}\right)_H.$$

O coeficiente de Joule-Thomson μ_{JT} é definido como o valor limite dessa razão quando Δp tende a zero:

$$\mu_{JT} = \left(\frac{\partial T}{\partial p}\right)_H. \tag{7.49}$$

A queda de temperatura (efeito Joule-Thomson) é facilmente mensurável nessa experiência, particularmente se a diferença de pressão for grande. Uma demonstração cabal desse efeito pode ser conseguida abrindo-se parcialmente a válvula de uma bala de nitrogênio comprimido; depois de alguns minutos, a válvula se resfria o suficiente para formar uma camada de gelo por condensação da umidade do ar. (Isso não deve ser feito com hidrogênio ou oxigênio em virtude da possibilidade de explosão ou incêndio!) Se a bala de gás estiver praticamente cheia, a pressão estará em cerca de 150 atm e a pressão de escape em 1 atm. Com essa queda de pressão, a queda de temperatura será bastante grande.

A relação entre μ_{JT} e a derivada $(\partial H/\partial p)_T$ é simples. A diferencial total de H,

$$dH = C_p \, dT + \left(\frac{\partial H}{\partial p}\right)_T dp,$$

exprime a variação de H em termos da variação de T e p. É possível mudar T e p, de tal modo que H permaneça constante, se impusermos a condição $dH = 0$. Nessas condições, a relação torna-se

$$0 = C_p \, dT + \left(\frac{\partial H}{\partial p}\right)_T dp.$$

Dividindo por dp temos

$$0 = C_p\left(\frac{\partial T}{\partial p}\right)_H + \left(\frac{\partial H}{\partial p}\right)_T.$$

Usando a definição de μ_{JT} e recompondo, temos

$$\left(\frac{\partial H}{\partial p}\right)_T = -C_p\mu_{JT}. \tag{7.50}$$

Portanto, se medirmos C_p e μ_{JT}, o valor de $(\partial H/\partial p)_T$ poderá ser calculado a partir da Eq. (7.50). Note que, combinando as Eqs. (7.50) e (7.45), poderemos obter o valor de $(\partial U/\partial V)_T$ em termos de quantidades mensuráveis.

O coeficiente de Joule-Thomson é positivo na temperatura ambiente e abaixo dela para todos os gases, exceto para o hidrogênio e o hélio, que têm coeficientes de Joule-Thomson negativos. Esses dois gases se aquecerão após sofrer esse tipo de expansão. Cada gás tem uma temperatura característica, acima da qual o coeficiente de Joule-Thomson é negativo, a temperatura de inversão Joule-Thomson. A temperatura de inversão para o hidrogênio é em torno de $-80°C$; abaixo dessa temperatura o hidrogênio se resfriará numa expansão Joule-Thomson. A temperatura de inversão da maioria dos gases é muito mais alta que a temperatura ambiente.

O efeito Joule-Thomson pode ser usado como base para um dispositivo refrigerador. O gás resfriado do lado de baixa pressão envolve a linha de alta pressão para reduzir a temperatura do gás antes que ele se expanda. A repetição deste procedimento pode reduzir a temperatura do lado de alta pressão a valores bastante baixos. Se a temperatura for suficientemente baixa, então, na expansão a temperatura cairá abaixo do ponto de ebulição do líquido e produzir-se-ão gotas de líquido. Esse procedimento é essencialmente o que é feito no método de Linde para a produção de ar líquido. O refrigerador doméstico comum tem um lado de alta pressão e outro de baixa pressão separados por uma válvula de expansão, mas neste caso o resfriamento resulta da evaporação de um líquido refrigerante do lado de baixa pressão; o refrigerante é liquefeito por compressão do lado de alta pressão.

7.16 MUDANÇAS DE ESTADO ADIABÁTICAS

Se não há escoamento de calor durante uma mudança de estado, $\bar{d}Q = 0$ e a mudança de estado é *adiabática*. Experimentalmente, podemos nos aproximar desta condição envolvendo o sistema com uma camada de material isolante ou mantendo-o dentro de uma garrafa onde há vácuo entre a parede interna e a externa. Para uma mudança de estado adiabática, como $\bar{d}Q = 0$, o primeiro princípio fica

$$dU = -\bar{d}W, \tag{7.51}$$

ou, para uma mudança de estado finita,

$$\Delta U = -W. \tag{7.52}$$

Da Eq. (7.52), $W = -\Delta U$, o que significa que o trabalho W é produzido à custa de uma diminuição da energia do sistema, $-\Delta U$. A diminuição de energia num sistema é evidenciada quase que somente por uma diminuição de temperatura do sistema; portanto, se trabalho é produzido numa mudança de estado adiabática, a temperatura do sistema cai. Se trabalho é destruído nu-

132 / FUNDAMENTOS DE FÍSICO-QUÍMICA

ma transformação adiabática, W é $-$ e ΔU é $+$; o trabalho destruído aumenta a energia e a temperatura do sistema.

Se estiver envolvido apenas trabalho do tipo pressão-volume, a Eq. (7.51) torna-se

$$dU = -P_{op}\, dV, \tag{7.53}$$

que mostra claramente que numa expansão dV é $+$ e dU é $-$, isto é, a energia diminui e a temperatura também. Se o sistema é comprimido adiabaticamente, dV é $-$ e dU é $+$, isto é, a energia e a temperatura aumentam.

7.16.1 Caso Especial: Mudanças de Estado Adiabáticas com o Gás Ideal

Em virtude da lei de Joule, para um gás ideal temos que $dU = C_v dT$. Usando esta expressão na Eq. (7.53), obtemos

$$C_v\, dT = -P_{op}\, dV, \tag{7.54}$$

que nos mostra imediatamente que dT e dV têm sinais opostos. A queda de temperatura é proporcional a P_{op} e, para um dado aumento de volume, teremos um valor máximo quando o valor de P_{op} for máximo, isto é, quando $P_{op} = p$. Conseqüentemente, para uma variação fixa de volume, a expansão *adiabática reversível* produzirá a maior queda de temperatura; por outro lado, uma compressão adiabática reversível entre dois volumes especificados produzirá o menor aumento de temperatura.

Para uma mudança de estado adiabática reversível do gás ideal, $P_{op} = p$ e a Eq. (7.54) torna-se

$$C_v\, dT = -p\, dV. \tag{7.55}$$

Para integrar essa equação, C_v e p precisam ser expressos em função das variáveis de integração T e V. Como U é uma função apenas da temperatura, C_v é também uma função apenas da temperatura; da lei dos gases ideais, $p = nRT/V$ e a Eq. (7.55) torna-se

$$C_v\, dT = -nRT\, \frac{dV}{V}.$$

Dividindo por T, para separar as variáveis, e usando $C_v = \bar{C}_v/n$, teremos

$$\bar{C}_v\, \frac{dT}{T} = -R\, \frac{dV}{V}.$$

Descrevendo o estado inicial por T_1, V_1 e o estado final por T_2, V_2 e integrando, obteremos

$$\int_{T_1}^{T_2} \bar{C}_v\, \frac{dT}{T} = -R \int_{V_1}^{V_2} \frac{dV}{V}.$$

Se $\bar{C}_v$ for constante, o removeremos do sinal de integração e chegaremos a

$$\bar{C}_v \ln\left(\frac{T_2}{T_1}\right) = -R \ln \frac{V_2}{V_1}. \tag{7.56}$$

Como $R = \bar{C}_p - \bar{C}_v$, então $R/\bar{C}_v = (\bar{C}_p/\bar{C}_v) - 1 = \gamma - 1$. Esse valor de $R/\bar{C}_v$ reduzirá a Eq. (7.56) a

$$\ln\left(\frac{T_2}{T_1}\right) = -(\gamma - 1)\ln\left(\frac{V_2}{V_1}\right),$$

que poderá ser escrita na forma

$$\frac{T_2}{T_1} = \left(\frac{V_1}{V_2}\right)^{\gamma - 1}$$

ou

$$T_1 V_1^{\gamma - 1} = T_2 V_2^{\gamma - 1}. \tag{7.57}$$

Usando a lei dos gases ideais, poderemos transformar essa equação nas formas equivalentes

$$T_1^\gamma p_1^{1-\gamma} = T_2^\gamma p_2^{1-\gamma}, \tag{7.58}$$

$$p_1 V_1^\gamma = p_2 V_2^\gamma. \tag{7.59}$$

A Eq. (7.59), por exemplo, diz que dois estados quaisquer de um gás ideal que possam ser conectados por um processo adiabático reversível preenchem a condição $pV^\gamma = $ constante. As Eqs. (7.57) e (7.58) podem ser interpretadas de modo análogo. Embora sejam bastante especializadas, ocasionalmente faremos uso dessas equações.

7.17 UMA NOTA SOBRE A RESOLUÇÃO DE PROBLEMAS

Até aqui temos mais de cinqüenta equações. A resolução de um problema seria uma tarefa dificílima se fosse necessária uma busca através desse conjunto de equações na esperança de, rapidamente, encontrarmos a adequada. Em qualquer problema, apenas as equações fundamentais devem ser aplicadas. O conjunto de condições do problema imediatamente limitará essas equações fundamentais a formas mais simples, a partir das quais deverá ficar claro como calcular as "incógnitas". Até aqui temos apenas sete equações fundamentais:

1) A expressão do trabalho de expansão: $dW = P_{op}\, dV$.
2) A definição da energia: $dU = dQ - dW$.
3) A definição da entalpia: $H = U + pV$.
4) A definição das capacidades caloríficas:

$$C_v = \frac{dQ_V}{dT} = \left(\frac{\partial U}{\partial T}\right)_V, \qquad C_p = \frac{dQ_p}{dT} = \left(\frac{\partial H}{\partial T}\right)_p.$$

5) Duas conseqüências puramente matemáticas:

$$dU = C_v\, dT + \left(\frac{\partial U}{\partial V}\right)_T dV, \qquad dH = C_p\, dT + \left(\frac{\partial H}{\partial p}\right)_T dp.$$

É claro que é essencial compreender o significado dessas equações e o significado de termos tais como isotérmica, adiabática e reversível. Esses termos têm conseqüências matemáticas definitivas para as equações. Para problemas que envolvem o gás ideal devem ser conhecidas

134 / FUNDAMENTOS DE FÍSICO-QUÍMICA

a equação de estado, as conseqüências matemáticas da lei de Joule e a relação entre as capacidades caloríficas. As equações que resolvem cada problema devem ser deduzidas a partir dessas poucas equações fundamentais. Outros métodos de ataque, como tentar memorizar tantas equações quanto possível, resultará em pânico, paralisia e paranóia.

■ **EXEMPLO 7.3**   Um gás ideal, $\bar{C}_v = \frac{5}{2}R$, é expandido adiabaticamente contra uma pressão constante de 1 atm até que o seu volume seja o dobro. Se a temperatura inicial é $25°C$ e a pressão inicial 5 atm, calcule T_2 e, depois, Q, W, ΔU e ΔH por mol de gás para a transformação.

Dados: Estado inicial, T_1, p_1, V_1.   Estado final: T_2, p_2, $2V_1$.

Moles do gás $= n$ (não dado). $P_{op} = 1$ atm

Primeiro princípio: $dU = {\not{d}}Q - P_{op}\, dV$.

Condições: Adiabático, portanto ${\not{d}}Q = 0$ e $Q = 0$. Gás ideal, portanto, $dU = C_v dT$. Isto reduz o primeiro princípio a $C_v dT = -P_{op} dV$.

Uma vez que tanto C_v como P_{op} são constantes, a integral do primeiro princípio nos dá

$$C_v \int_{T_1}^{T_2} dT = -P_{op} \int_{V_1}^{V_2} dV \qquad \text{ou} \qquad C_v(T_2 - T_1) = -P_{op}(V_2 - V_1).$$

Então,

$$C_v = n\bar{C}_v = n\tfrac{5}{2}R; \qquad V_2 - V_1 = 2V_1 - V_1 = V_1 = nRT_1/p_1.$$

O primeiro princípio torna-se, dessa forma,

$$n\tfrac{5}{2}R(T_2 - T_1) = -P_{op}nRT_1/p_1.$$

Resolvendo para T_2 teremos

$$T_2 = T_1\left(1 - \frac{2P_{op}}{5p_1}\right) = 298\ \text{K}\left[1 - \frac{2}{5}\left(\frac{1\ \text{atm}}{5\ \text{atm}}\right)\right] = 274\ \text{K}.$$

Usando o valor de T_2,

$$\Delta U = \bar{C}_v(T_2 - T_1) = \tfrac{5}{2}R(274\ \text{K} - 298\ \text{K}) = \tfrac{5}{2}(8,314\ \text{J/K mol})(-24\ \text{K})$$

$$= -500\ \text{J/mol}.$$

Assim, $W = -\Delta U = 500$ J/mol.

$$\Delta H = \int_{T_1}^{T_2} \bar{C}_p\, dT = (\bar{C}_v + R)(T_2 - T_1)$$

$$= (\tfrac{5}{2}R + R)(-24\ \text{K}) = -\tfrac{7}{2}(8,314\ \text{J/K mol})(24\ \text{K})$$

$$= -700\ \text{J/mol}$$

Nota 1:   Uma vez que o gás é ideal, usamos $\bar{C}_p = \bar{C}_v + R$.

Nota 2:   Não precisamos do valor de n para o cálculo de T_2. Uma vez que não foi dado o valor de n, podemos calcular somente os valores de W, ΔU e ΔH *por mol* do gás.

7.18 APLICAÇÃO DO PRIMEIRO PRINCÍPIO DA TERMODINÂMICA A REAÇÕES QUÍMICAS. O CALOR DE REAÇÃO

Se uma reação química se dá num sistema, a temperatura do sistema imediatamente depois da reação é, em geral, diferente da temperatura imediatamente antes. Para restaurar o sistema à sua temperatura inicial, é preciso haver um escoamento de calor, seja para as vizinhanças ou a partir destas. Se o sistema estiver mais quente depois da reação do que antes, precisará escoar calor *para* as vizinhanças com o objetivo de restaurar o sistema à sua temperatural inicial. Nesse caso a reação é *exotérmica* e, pela convenção para o calor, o calor da reação é negativo. Se o sistema estiver mais frio depois da reação do que antes, precisará escoar calor a *partir* das vizinhanças com o objetivo de restaurar o sistema à sua temperatura inicial. Neste caso a reação é *endotérmica* e o calor de reação é positivo. O *calor de uma reação* é o calor extraído das vizinhanças numa transformação dos reagentes, a T e p, para os produtos com os *mesmos* T e p.

No laboratório, a maioria das reações químicas são conduzidas sob pressão constante; portanto o calor extraído das vizinhanças é igual à variação de entalpia do sistema. Para evitar confusão entre a variação de entalpia associada a uma reação química e aquela associada com uma variação de temperatura ou de pressão do sistema, os estados final e inicial do sistema precisam estar à mesma temperatura e pressão.

Por exemplo, na reação

$$Fe_2O_3(s) + 3\,H_2(g) \longrightarrow 2\,Fe(s) + 3\,H_2O(l),$$

os estados inicial e final são:

Estado inicial	Estado final
T, p	T, p
1 mol de Fe_2O_3 sólido	2 moles de Fe sólido
3 moles de H_2 gasoso	3 moles de H_2O líquido

Como o estado de agregação de cada substância deve ser especificado, as letras s, l, g aparecem entre parênteses depois das fórmulas das substâncias. Suponhamos que uma mudança de estado ocorresse em duas etapas distintas. Na primeira etapa, os reagentes a T e p são transformados adiabaticamente nos produtos a T' e p.

Etapa 1:
$$\underbrace{Fe_2O_3(s) + 3\,H_2(g)}_{T,\,p} \longrightarrow \underbrace{2\,Fe(s) + 3\,H_2O(l).}_{T',\,p}$$

A pressão constante, $\Delta H = Q_p$, mas, como a primeira etapa é adiabática, $(Q_p)_1 = 0$ e $\Delta H_1 = 0$. Na segunda etapa, o sistema é colocado num reservatório de calor à temperatura inicial T. O calor escoa para o reservatório ou do reservatório à medida que os produtos de reação retornam à temperatura inicial.

Etapa 2:
$$\underbrace{2\,Fe(s) + 3\,H_2O(l)}_{T',\,p} \longrightarrow \underbrace{2\,Fe(s) + 3\,H_2O(l),}_{T,\,p}$$

para a qual $\Delta H_2 = Q_p$. A soma das duas etapas é a mudança de estado global

$$Fe_2O_3(s) + 3\,H_2(g) \longrightarrow 2\,Fe(s) + 3\,H_2O(l)$$

136 / FUNDAMENTOS DE FÍSICO-QUÍMICA

e ΔH para a reação global é a soma das variações de entalpia nas duas etapas: $\Delta H = \Delta H_1 + \Delta H_2 = 0 + Q_p$,

$$\Delta H = Q_p, \tag{7.60}$$

onde Q_p é o calor de reação, isto é, o aumento de entalpia do sistema resultante da reação química.

O aumento de entalpia de uma reação química pode ser encarado de um modo diferente. Numa dada temperatura e pressão, a entalpia molar $\bar{H}$ de cada substância tem um valor definido. Para qualquer reação, podemos escrever

$$\Delta H = H_{\text{final}} - H_{\text{inicial}} \tag{7.61}$$

Mas a entalpia do estado final ou do estado inicial é a soma das entalpias das substâncias presentes no fim e no início. Dessa maneira, no exemplo

$$H_{\text{final}} = 2\bar{H}(\text{Fe, s}) + 3\bar{H}(\text{H}_2\text{O, l}),$$

e

$$H_{\text{inicial}} = \bar{H}(\text{Fe}_2\text{O}_3, \text{s}) + 3\bar{H}(\text{H}_2, \text{g}),$$

e a Eq. (7.61) torna-se

$$\Delta H = [2\bar{H}(\text{Fe, s}) + 3\bar{H}(\text{H}_2\text{O, l})] - [\bar{H}(\text{Fe}_2\text{O}_3, \text{s}) + 3\bar{H}(\text{H}_2, \text{g})]. \tag{7.62}$$

Parece razoável que a medida de ΔH pudesse nos levar à determinação das quatro entalpias molares na Eq. (7.62). Entretanto, existem quatro "incógnitas" e apenas uma equação. Poderíamos medir os calores de várias reações diferentes, mas isto introduziria mais "incógnitas". Assim sendo, trataremos dessa dificuldade nas duas próximas seções.

7.19 A REAÇÃO DE FORMAÇÃO

Podemos simplificar o resultado na Eq. (7.62) considerando a reação de formação de um composto. A reação de formação de um composto tem, no lado dos produtos, *um mol* do composto e *nada mais*; no lado dos reagentes, aparecem somente os elementos nos seus estados de agregação estáveis. O aumento na entalpia em uma tal reação é o *calor de formação* ou a *entalpia de formação* do composto, ΔH_f. As reações seguintes são exemplos de reações de formação.

$$\text{H}_2(\text{g}) + \tfrac{1}{2}\text{O}_2(\text{g}) \longrightarrow \text{H}_2\text{O}(\text{l})$$

$$2\,\text{Fe}(\text{s}) + \tfrac{3}{2}\text{O}_2(\text{g}) \longrightarrow \text{Fe}_2\text{O}_3(\text{s})$$

$$\tfrac{1}{2}\text{H}_2(\text{g}) + \tfrac{1}{2}\text{Br}_2(\text{l}) \longrightarrow \text{HBr}(\text{g})$$

$$\tfrac{1}{2}\text{N}_2(\text{g}) + 2\,\text{H}_2(\text{g}) + \tfrac{1}{2}\text{Cl}_2(\text{g}) \longrightarrow \text{NH}_4\text{Cl}(\text{s})$$

Se escrevermos o ΔH para estas reações em termos das entalpias molares das substâncias, obteremos, usando os dois primeiros como exemplos,

$$\Delta H_f(\text{H}_2\text{O, l}) = \bar{H}(\text{H}_2\text{O, l}) - \bar{H}(\text{H}_2, \text{g}) - \tfrac{1}{2}\bar{H}(\text{O}_2, \text{g})$$

$$\Delta H(\text{Fe}_2\text{O}_3, \text{s}) = \bar{H}(\text{Fe}_2\text{O}_3, \text{s}) - 2\bar{H}(\text{Fe, s}) - \tfrac{3}{2}\bar{H}(\text{O}_2, \text{g})$$

A ENERGIA E O PRIMEIRO PRINCÍPIO DA TERMODINÂMICA / 137

Resolvendo, em cada exemplo, para a entalpia molar do composto, teremos

$$\bar{H}(H_2O, l) = \bar{H}(H_2, g) + \tfrac{1}{2}\bar{H}(O_2, g) + \Delta H_f(H_2O, l)$$
$$\bar{H}(Fe_2O_3, s) = 2\bar{H}(Fe, s) + \tfrac{3}{2}\bar{H}(O_2, g) + \Delta H_f(Fe_2O_3, s)$$

(7.63)

Estas equações mostram que a entalpia molar de um composto é igual à entalpia total dos elementos que formam o composto mais a entalpia de formação do composto. Assim, para qualquer composto, podemos escrever,

$$H(\text{composto}) = \Sigma H(\text{elementos}) + \Delta H_f(\text{composto}),$$

(7.64)

na qual ΣH(elementos) é a entalpia total dos elementos (nos seus estados de agregação estáveis) no composto.

A seguir, introduziremos os valores de $\bar{H}(H_2O, l)$ e $\bar{H}(Fe_2O_3, s)$ dados pela Eq. (7.63) na Eq. (7.62); isto fornecerá

$$\Delta H = 2\bar{H}(Fe, s) + 3[\bar{H}(H_2, g) + \tfrac{1}{2}\bar{H}(O_2, g) + \Delta H_f(H_2O, l)]$$
$$- [2\bar{H}(Fe, s) + \tfrac{3}{2}\bar{H}(O_2, g) + \Delta H_f(Fe_2O_3, s)] - 3\bar{H}(H_2, g)$$

Colecionando os termos semelhantes chegamos a

$$\Delta H = 3\Delta H_f(H_2O, l) - \Delta H_f(Fe_2O_3, s)$$

(7.65)

A equação (7.65) mostra que a variação na entalpia da reação depende somente dos calores de formação dos *compostos* na reação. A variação na entalpia é independente das entalpias dos elementos nos seus estados de agregação estáveis.

Um momento de reflexão sobre a Eq. (7.64) nos diz que esta independência quanto aos valores das entalpias dos elementos deve estar correta para todas as reações químicas. Se substituirmos, na expressão para o ΔH de uma reação, a entalpia molar de cada composto pela expressão da Eq. (7.64), é claro que a soma das entalpias dos elementos que compõem os reagentes precisa ser igual à soma das entalpias dos elementos que compõem os produtos. A equação química balanceada exige isto. Portanto, as entalpias dos elementos devem ser eliminadas da expressão. Ficaremos somente com a combinação adequada das entalpias de formação dos compostos. Esta conclusão é correta a qualquer temperatura e pressão.

A entalpia de formação de um composto a 1 atm de pressão é a entalpia *padrão* de formação, ΔH_f°. Os valores de ΔH_f° a $25°C$ para vários compostos encontram-se no Apêndice V, Tabela A-V.

■ **EXEMPLO 7.4**   Usando os valores de ΔH_f° dados na Tabela A-V, calcule o calor da reação

$$Fe_2O_3(s) + 3H_2(g) \longrightarrow 2Fe(s) + 3H_2O(l),$$

Da Tabela A-V temos

$$\Delta H_f^\circ(H_2O, l) = -285,830 \text{ kJ/mol}; \qquad \Delta H_f^\circ(Fe_2O_3, s) = -824,2 \text{ kJ/mol}.$$

Então,

$$\Delta H = 3(-285,830 \text{ kJ/mol}) - 1(-824,2 \text{ kJ/mol}) = (-857,5 + 824,2) \text{ kJ/mol}$$
$$= -33,3 \text{ kJ/mol}.$$

138 / FUNDAMENTOS DE FÍSICO-QUÍMICA

O sinal negativo indica que a reação é exotérmica. Note que os coeficientes estequiométricos nestas expressões são *números puros*. A unidade para ΔH é kJ/mol. Isto significa por *mol de reação*. Uma vez equilibrada a equação química de uma determinada maneira, como acima, isto define o mol de reações. Se equilibrarmos a reação diferentemente como, por exemplo,

$$\tfrac{1}{2}Fe_2O_3(s) + \tfrac{3}{2}H_2(g) \longrightarrow Fe(s) + \tfrac{3}{2}H_2O(l)$$

então esta quantidade da reação deverá ser um mol de reações e ΔH será

$$\Delta H = \tfrac{3}{2}(-285,830 \text{ kJ/mol}) - \tfrac{1}{2}(-824,2 \text{ kJ/mol}) = -428,7 + 412,1 = -16,6 \text{ kJ/mol.}$$

7.20 VALORES CONVENCIONAIS DAS ENTALPIAS MOLARES

A entalpia molar $\bar{H}$ de qualquer substância é uma função de T e p: $\bar{H} = \bar{H}(T, p)$. Escolhendo $p = 1$ atm como pressão *padrão,* definimos entalpia molar *padrão* $\bar{H}^\circ$ de uma substância por

$$\bar{H}^\circ = \bar{H}(T, 1 \text{ atm}). \tag{7.66}$$

Desta, é claro que $\bar{H}^\circ$ é função apenas da temperatura. O sinal zero em qualquer quantidade termodinâmica indica o valor dessa quantidade na pressão padrão. (Em virtude da dependência da entalpia com a pressão ser muito pequena, Seç. 7.15, usaremos, em geral, entalpias padrões a pressões outras que não uma atmosfera; o erro não será sério, a menos que a pressão seja muito grande como, por exemplo, 1.000 atm.)

Conforme mostrado na Seç. 7.19, a variação de entalpia em qualquer reação química não depende dos valores numéricos das entalpias dos elementos que formam o composto. Por isto, podemos atribuir qualquer valor arbitrário conveniente às entalpias molares dos elementos nos seus estados de agregação estáveis, numa determinada temperatura e pressão. Claramente, se escolhermos os valores aleatoriamente a partir de uma lista telefônica, isto poderá introduzir uma boa dose de trabalho numérico desnecessário aos cálculos. Uma vez que os números não vão importar, eles podem ser todos iguais e, assim, podem todos ser iguais a zero e eliminar com isto operações matemáticas.

À entalpia de todos os *elementos* no seu estado de agregação mais estável a 1 atm de pressão e 298,15 K atribui-se o valor zero. Por exemplo, a 1 atm e 298,15 K, o estado de agregação estável para o bromo é o estado líquido. Portanto, o bromo líquido, hidrogênio gasoso, zinco sólido, enxofre sólido (rômbico) e carbono sólido (grafita) têm todos $\bar{H}^\circ_{298,15} = 0$. (Escreveremos H_{298} como uma abreviatura de $H_{298,15}$.)

Para os elementos sólidos que existem em mais de uma forma cristalina, à forma mais estável a 25°C e 1 atm é atribuído o valor $\bar{H}^\circ = 0$; por exemplo, atribuímos zero para o enxofre rômbico em vez do enxofre monoclínico e para grafita em vez do diamante. Nos casos onde há possibilidade de mais de uma forma molecular (por exemplo, oxigênio atômico O; oxigênio diatômico O_2; ozônio O_3) atribui-se o valor nulo para a forma mais estável a 25°C e 1 atm de pressão; para o oxigênio, $\bar{H}^\circ_{298}(O_2, g) = 0$. Agora que o valor da entalpia padrão dos elementos a 298,15 K foi atribuído, o valor em qualquer outra temperatura poderá ser calculado. Como a pressão é constante, $d\bar{H}^\circ = \bar{C}^\circ_p \, dT$, então

$$\int_{298}^{T} d\bar{H}^\circ = \int_{298}^{T} \bar{C}^\circ_p \, dT, \qquad \bar{H}^\circ_T - \bar{H}^\circ_{298} = \int_{298}^{T} \bar{C}^\circ_p \, dT,$$

$$\bar{H}^\circ_T = \bar{H}^\circ_{298} + \int_{298}^{T} \bar{C}^\circ_p \, dT, \tag{7.67}$$

A ENERGIA E O PRIMEIRO PRINCÍPIO DA TERMODINÂMICA / 139

que é correta tanto para elementos como para compostos; para elementos, o primeiro termo do segundo membro é nulo.

Dada a definição da reação de formação, se fizermos a atribuição convencional, $\bar{H}^\circ$ (elementos) = 0, na expressão para o calor de formação, Eq. (7.63) ou Eq. (7.64), encontraremos que para qualquer composto

$$\bar{H}^\circ = \Delta H_f^\circ. \tag{7.68}$$

O calor padrão de formação ΔH_f° é entalpia molar convencional do composto relativamente aos elementos que o compõem. Analogamente, se os calores de formação ΔH_f° de todos os compostos numa reação química forem conhecidos, o calor de reação poderá ser calculado a partir de equações análogas à Eq. (7.62).

7.21 A DETERMINAÇÃO DOS CALORES DE FORMAÇÃO

Em alguns casos é possível determinar diretamente o calor de formação de um composto conduzindo a reação de formação num calorímetro e medindo o efeito de calor produzido. Dois exemplos importantes são

$$C(\text{grafita}) + O_2(g) \longrightarrow CO_2(g), \qquad \Delta H_f^\circ = -393,51 \text{ kJ/mol}$$

$$H_2(g) + \tfrac{1}{2}O_2(g) \longrightarrow H_2O(l), \qquad \Delta H_f^\circ = -285,830 \text{ kJ/mol}.$$

Essas reações podem ser conduzidas facilmente num calorímetro; as reações se completam e as condições podem ser facilmente arranjadas de modo a que seja formado apenas um produto. Em virtude da importância dessas duas reações, os valores foram determinados com grande exatidão.

A maioria das reações de formação são inadequadas para medidas calorimétricas; esses calores de formação precisam ser determinados por métodos indiretos. Por exemplo,

$$C(\text{grafita}) + 2 H_2(g) \longrightarrow CH_4(g).$$

Essa reação possui três inconvenientes quanto à sua utilização nos calorímetros. A combinação da grafita com o hidrogênio não ocorre rapidamente; se conseguíssemos que esses materiais reagissem num calorímetro, o produto não seria metano puro, mas sim uma mistura complexa de vários hidrocarbonetos. Mesmo que conseguíssemos analisar os produtos que compõem essa mistura, os resultados de tal experiência seriam impossíveis de interpretar.

Existe um método que é, em geral, aplicável quando o composto queima facilmente, para dar produtos definidos. O calor de formação de um composto pode ser calculado a partir da medida do calor de combustão do mesmo composto. A reação de combustão tem, no lado dos reagentes, um mol da substância a ser queimada mais a quantidade de oxigênio necessária para queimá-la completamente; os compostos orgânicos que contêm somente carbono, hidrogênio e oxigênio queimam formando dióxido de carbono gasoso e água líquida.

Por exemplo, a reação de combustão do metano é

$$CH_4(g) + 2 O_2(g) \longrightarrow CO_2(g) + 2 H_2O(l).$$

O calor de combustão medido é $\Delta H_{\text{comb}}^\circ = -890,36$ kJ/mol. Em termos das entalpias das substâncias individuais,

$$\Delta H_{\text{comb}}^\circ = \bar{H}^\circ(CO_2, g) + 2\bar{H}^\circ(H_2O, l) - \bar{H}^\circ(CH_4, g).$$

140 / FUNDAMENTOS DE FÍSICO-QUÍMICA

Resolvendo esta equação para $\bar{H}^{\circ}$ (CH$_4$, g),

$$\bar{H}^{\circ}(\mathrm{CH}_4, \mathrm{g}) = \bar{H}^{\circ}(\mathrm{CO}_2, \mathrm{g}) + 2\bar{H}^{\circ}(\mathrm{H}_2\mathrm{O}, \mathrm{l}) - \Delta H^{\circ}_{\mathrm{comb}}. \tag{7.69}$$

As entalpias molares do CO_2 e H_2O são conhecidas com grande precisão; desses valores e da medida do calor de combustão, a entalpia molar do metano (o calor de formação) pode ser calculada usando-se a Eq. (7.69):

$$\bar{H}^{\circ}(\mathrm{CH}_4, \mathrm{g}) = -393{,}51 + 2(-285{,}83) - (-890{,}36)$$
$$= -965{,}17 + 890{,}36 = -74{,}81 \text{ kJ/mol}.$$

A medida do calor de combustão é usada para determinar os calores de formação de todos os compostos orgânicos que contêm apenas carbono, hidrogênio e oxigênio. Esses compostos queimam completamente no calorímetro fornecendo CO_2 e H_2O. O método da combustão é também para compostos orgânicos contendo enxofre e nitrogênio; entretanto, nesse caso os produtos de reação não são tão bem definidos. O enxofre pode terminar como ácido sulfuroso ou sulfúrico, o nitrogênio pode terminar na forma elementar ou como uma mistura de oxiácidos. Nesses casos, é necessária uma grande dose de engenhosidade na determinação das condições ideais para a reação e na análise dos produtos de reação. A exatidão dos valores obtidos para essa última classe de compostos é muito menor do que a obtida para compostos contendo apenas carbono, hidrogênio e oxigênio.

O problema da determinação do calor de formação de qualquer composto se resume no de encontrar alguma reação química envolvendo o composto que seja adequada a uma medida calorimétrica, para, então, medirmos o calor dessa reação. Se os calores de formação de todas as outras substâncias envolvidas na reação forem conhecidos, o problema estará resolvido. Se o calor de formação de uma das substâncias não for conhecido, então precisaremos encontrar uma reação calorimétrica para essa substância e assim por diante.

Encontrar uma série de reações, a partir das quais possa ser obtido um valor exato do calor de formação de um dado composto, pode ser um problema desafiador. Uma reação calorimétrica precisa processar-se rapidamente, completando-se no máximo em alguns minutos, com o menor número possível de reações secundárias e, de preferência, nenhuma. Poucas reações químicas ocorrem sem uma reação lateral concomitante, mas o seu efeito pode ser minimizado controlando-se as condições de reação de tal modo a favorecer a reação principal o tanto quanto possível. A mistura final precisa ser cuidadosamente analisada e o efeito térmico das reações laterais precisa ser subtraído do valor medido. A calorimetria de precisão exige muito trabalho.

7.22 SEQÜÊNCIA DE REAÇÕES – LEI DE HESS

A mudança de estado de um sistema produzida por uma dada reação química é bem definida. A correspondente variação de entalpia é também definida, pois a entalpia é função de estado. Portanto, se transformarmos um dado conjunto de reagentes num dado conjunto de produtos por mais de uma seqüência de reações, a variação total de entalpia será a mesma para cada seqüência. Essa regra, que é uma conseqüência do primeiro princípio da Termodinâmica, era originalmente conhecida como lei de Hess da soma constante dos calores. Comparando dois métodos diferentes para sintetizar o cloreto de sódio a partir de sódio e cloro, temos:

A ENERGIA E O PRIMEIRO PRINCÍPIO DA TERMODINÂMICA / 141

Método 1:

$$Na(s) + H_2O(l) \longrightarrow NaOH(s) + \tfrac{1}{2}H_2(g), \quad \Delta H = -139,78 \text{ kJ/mol}$$
$$\tfrac{1}{2}H_2(g) + \tfrac{1}{2}Cl_2(g) \longrightarrow HCl(g), \quad \Delta H = -92,31 \text{ kJ/mol}$$
$$HCl(g) + NaOH(s) \longrightarrow NaCl(s) + H_2O(l), \quad \Delta H = -179,06 \text{ kJ/mol}$$

Reação global: $Na(s) + \tfrac{1}{2}Cl_2(g) \longrightarrow NaCl(s), \quad \Delta H_{global} = -411,15 \text{ kJ/mol}$

Método 2:

$$\tfrac{1}{2}H_2(g) + \tfrac{1}{2}Cl_2(g) \longrightarrow HCl(g), \quad \Delta H = -92,31 \text{ kJ/mol}$$
$$Na(s) + HCl(g) \longrightarrow NaCl(s) + \tfrac{1}{2}H_2(g), \quad \Delta H = -318,84 \text{ kJ/mol}$$

Reação global: $Na(s) + \tfrac{1}{2}Cl_2(g) \longrightarrow NaCl(s), \quad \Delta H_{net} = -411,15 \text{ kJ/mol}$

A reação química global é obtida adicionando-se todas as reações na seqüência; a variação total de entalpia é obtida adicionando-se todas as variações de entalpia na seqüência. A variação total de entalpia precisa ser a mesma para cada seqüência que tem a mesma reação química global. Qualquer número de reações pode ser adicionado ou subtraído para fornecer a reação química desejada; as variações de entalpia das reações são adicionadas ou subtraídas algebricamente de modo correspondente.

Se uma certa reação química for combinada numa seqüência com a mesma reação escrita no sentido reverso, não haverá efeito químico global e, dessa forma, $\Delta H = 0$ para essa combinação. Segue-se imediatamente que ΔH para a reação reversa é igual, porém de sinal oposto ao da reação direta.

A utilidade dessa propriedade das seqüências, que nada mais é senão o fato de que a variação de entalpia do sistema independe do caminho, é ilustrada pela seqüência

1) $\qquad C(\text{grafita}) + \tfrac{1}{2}O_2(g) \longrightarrow CO(g), \qquad \Delta H_1,$

2) $\qquad CO(g) + \tfrac{1}{2}O_2(g) \longrightarrow CO_2(g), \qquad \Delta H_2.$

A variação global na seqüência é

3) $\qquad C(\text{grafita}) + O_2(g) \longrightarrow CO_2(g), \qquad \Delta H_3.$

Assim, $\Delta H_3 = \Delta H_1 + \Delta H_2$. Nesse caso particular, ΔH_2 e ΔH_3 são facilmente mensuráveis no calorímetro, enquanto que ΔH_1 não o é. Como o valor de ΔH_1 é calculado a partir desses dois outros valores, não há necessidade de medi-lo.

Semelhantemente, subtraindo a reação 2) da reação 1) obtemos

4) $\qquad C(\text{grafita}) + CO_2(g) \longrightarrow 2CO(g), \qquad \Delta H_4 = \Delta H_1 - \Delta H_2,$

e o calor dessa reação também pode ser obtido a partir dos valores medidos.

142 / FUNDAMENTOS DE FÍSICO-QUÍMICA

★ 7.23 CALORES DE SOLUÇÃO E DILUIÇÃO

O *calor de solução* é a variação de entalpia associada com a adição de uma dada quantidade de um soluto a uma certa quantidade de solvente, a temperatura e pressão constantes. Por conveniência, usaremos nos exemplos a água como solvente, mas o argumento pode ser aplicado a qualquer solvente com pequenas modificações. A mudança de estado é representada por

$$X + nAq \longrightarrow X \cdot nAq, \quad \Delta H_S.$$

Um mol de soluto X é adicionado a n moles de água. À água damos o símbolo Aq; é conveniente atribuir um valor convencional nulo para a entalpia da água nessas reações de solução.

Consideremos os exemplos

$$
\begin{array}{llll}
HCl(g) + 10\,Aq & \longrightarrow & HCl \cdot 10\,Aq, & \Delta H_1 = -69,01 \text{ kJ/mol} \\
HCl(g) + 25\,Aq & \longrightarrow & HCl \cdot 25\,Aq, & \Delta H_2 = -72,03 \text{ kJ/mol} \\
HCl(g) + 40\,Aq & \longrightarrow & HCl \cdot 40\,Aq, & \Delta H_3 = -72,79 \text{ kJ/mol} \\
HCl(g) + 200\,Aq & \longrightarrow & HCl \cdot 200\,Aq, & \Delta H_4 = -73,96 \text{ kJ/mol} \\
HCl(g) + \infty\,Aq & \longrightarrow & HCl \cdot \infty\,Aq, & \Delta H_5 = -74,85 \text{ kJ/mol}
\end{array}
$$

Os valores de ΔH mostram que o calor de solução depende da quantidade de solvente. À medida que mais solvente é usado, o calor de solução aproxima-se de um valor limite que é o valor para a solução "diluída infinitamente"; para o HCl esse valor limite é dado por ΔH_5.

Se subtrairmos a primeira equação da segunda no conjunto acima, obtemos

$$HCl \cdot 10\,Aq + 15\,Aq \longrightarrow HCl \cdot 25\,Aq, \quad \Delta H = \Delta H_2 - \Delta H_1 = -3,02 \text{ kJ/mol}.$$

Esse valor de ΔH é um calor de diluição, o calor extraído das vizinhanças quando se adiciona mais solvente a uma solução. O calor de diluição de uma solução depende da concentração original da solução e da quantidade de solvente adicionado.

O calor de formação de uma solução é a entalpia associada à reação (usando ácido clorídrico como exemplo):

$$\tfrac{1}{2}H_2(g) + \tfrac{1}{2}Cl_2(g) + nAq \longrightarrow HCl \cdot nAq, \quad \Delta H_f^{\circ},$$

onde o solvente Aq é contado como tendo entalpia nula.

O calor de solução definido acima é o calor *integral* de solução. Isto o distingue do calor *diferencial* de solução que será definido na Seç. 11.24.

7.24 CALORES DE REAÇÃO A VOLUME CONSTANTE

Se qualquer dos reagentes ou produtos da reação calorimétrica forem gasosos, será necessário conduzir a reação numa bomba calorimétrica selada. Nessas condições, o sistema sofrerá uma transformação a volume constante e não a pressão constante. O calor de reação medido a volume constante é igual ao aumento de energia, e não ao aumento de entalpia:

$$Q_V = \Delta U \tag{7.70}$$

A mudança de estado correspondente é

$$R(T, V, p) \longrightarrow P(T, V, p'),$$

onde $R(T, V, p)$ representa os reagentes nas condições iniciais T, V, p e $P(T, V, p')$ representa os produtos nas condições finais T, V, p'. A temperatura e o volume permanecem constantes, mas a pressão pode, na transformação, variar de p para p'.

Para relacionar ΔU na Eq. (7.70) com o correspondente ΔH, aplicamos a equação de definição de H para os estados inicial e final:

$$H_{final} = U_{final} + p'V, \qquad H_{inicial} = U_{inicial} + pV.$$

Subtraindo a segunda equação da primeira, obtemos

$$\Delta H = \Delta U + (p' - p)V. \tag{7.71}$$

As pressões inicial e final, na bomba calorimétrica, são determinadas pelo número de moles dos gases presentes no início e no final; admitindo que os gases se comportem idealmente, temos

$$p = \frac{n_R RT}{V}, \qquad p' = \frac{n_P RT}{V},$$

onde n_R e n_P são o número total de moles dos reagentes *gasosos* e produtos *gasosos* na reação. A Eq. (7.71) torna-se

$$\Delta H = \Delta U + (n_P - n_R)RT,$$
$$\Delta H = \Delta U + \Delta nRT. \tag{7.72}$$

Estritamente falando, o ΔH na Eq. (7.72) é o ΔH para a transformação a volume constante. Para convertê-lo ao valor apropriado de ΔH a pressão constante, precisamos adicionar a variação da entalpia correspondente ao processo:

$$P(T, V, p') \longrightarrow P(T, V', p).$$

Para essa variação de pressão a temperatura constante, a variação de entalpia é praticamente nula (Seç. 7.15) e exatamente zero se estiverem envolvidos apenas gases ideais. Portanto, para todos os propósitos práticos, o ΔH na Eq. (7.72) é igual ao ΔH num processo a pressão constante, enquanto que o ΔU refere-se à transformação a volume constante. Com boa aproximação, a Eq. (7.72) pode ser interpretada como

$$Q_p = Q_V + \Delta nRT. \tag{7.73}$$

É através das Eqs. (7.72) ou (7.73) que as medidas numa bomba calorimétrica, $Q_V = \Delta U$, são convertidas em valores de $Q_p = \Delta H$. Em medidas de precisão pode-se tornar necessário incluir os efeitos das imperfeições gasosas ou a variação da entalpia dos produtos com a pressão; isso dependerá das condições empregadas na experiência.

■ **EXEMPLO 7.5** Consideremos a combustão do ácido benzóico numa bomba calorimétrica:

$$C_6H_5COOH(s) + \tfrac{15}{2}O_2(g) \longrightarrow 7CO_2(g) + 3H_2O(l).$$

144 / FUNDAMENTOS DE FÍSICO-QUÍMICA

Nessa reação, $n_P = 7$, enquanto que $n_R = \frac{15}{2}$. Assim, $\Delta n = 7 - \frac{15}{2} = -\frac{1}{2}$, $T = 298,15$ K e temos

$$Q_p = Q_V - \tfrac{1}{2}(8,3144 \text{ J/K mol})(298,15 \text{ K}), \qquad Q_p = Q_V - 1239 \text{ J/mol}.$$

Note que apenas o número de moles *dos gases* foi levado em conta no cálculo de Δn.

7.25 DEPENDÊNCIA DO CALOR DE REAÇÃO COM A TEMPERATURA

Se conhecermos o valor de ΔH° para uma reação a uma dada temperatura, digamos a 25°C, então poderemos calcular o calor de reação em qualquer outra temperatura, se as capacidades caloríficas de todas as substâncias tomando parte na reação forem conhecidas. O ΔH° de qualquer reação é

$$\Delta H^\circ = H^\circ \text{ (produtos)} - H^\circ \text{ (reagentes)}.$$

Para encontrar a dependência dessa quantidade com a temperatura, derivamos relativamente à temperatura:

$$\frac{d\,\Delta H^\circ}{dT} = \frac{dH^\circ}{dT} \text{ (produtos)} - \frac{dH^\circ}{dT} \text{ (reagentes)}$$

Mas, por definição, $dH^\circ/dT = C_p^\circ$. Portanto,

$$\frac{d\,\Delta H^\circ}{dT} = C_p^\circ \text{ (produtos)} - C_p^\circ \text{(reagentes)}$$

$$\frac{d\,\Delta H^\circ}{dT} = \Delta C_p^\circ. \tag{7.74}$$

Note-se que, como H° e ΔH° são funções apenas da temperatura (Seç. 7.20), estas derivadas são derivadas comuns, e não derivadas parciais.

O valor de ΔC_p° é calculado a partir das capacidades caloríficas individuais, do mesmo modo que ΔH° é calculado a partir dos valores individuais das entalpias molares. Multiplicamos a capacidade calorífica molar de cada produto pelo número de moles do produto envolvido na reação; a soma dessas quantidades para cada produto fornece a capacidade calorífica dos produtos. Um procedimento semelhante nos leva à capacidade calorífica dos reagentes. A diferença entre os valores das capacidades caloríficas dos produtos e dos reagentes é ΔC_p.

Escrevendo a Eq. (7.74) na forma diferencial, temos

$$d\,\Delta H^\circ = \Delta C_p^\circ \, dT.$$

Integrando entre uma temperatura fixa T_0 e qualquer outra temperatura T, obtemos

$$\int_{T_0}^{T} d\,\Delta H^\circ = \int_{T_0}^{T} \Delta C_p^\circ \, dT.$$

A primeira integral é simplesmente ΔH°, que, quando calculada entre os limites, torna-se

$$\Delta H_T^\circ - \Delta H_{T_0}^\circ = \int_{T_0}^{T} \Delta C_p^\circ \, dT.$$

Recompondo, temos

$$\Delta H_T^\circ = \Delta H_{T_0}^\circ + \int_{T_0}^{T} \Delta C_p^\circ \, dT. \qquad (7.75)$$

Conhecendo o valor do aumento da entalpia à temperatura fixa T_0, podemos calcular o valor a qualquer outra temperatura T, usando a Eq. (7.75). Se qualquer das substâncias mudar de estado de agregação nesse intervalo de temperatura, é necessário incluir a variação de entalpia correspondente.

Se o intervalo de temperatura compreendido pela integração da Eq. (7.75) for pequeno, as capacidades caloríficas de todas as substâncias envolvidas poderão ser consideradas constantes. Se o intervalo de temperatura for muito grande, as capacidades caloríficas precisarão ser tomadas em função da temperatura. Para muitas substâncias essa função assume a forma

$$C_p = a + bT + cT^2 + dT^3 + \cdots, \qquad (7.76)$$

onde a, b, c, d, ... são constantes para um dado material. Na Tab. 7.1, estão relacionados os valores das constantes para um certo número de substâncias em múltiplos de R, a constante dos gases perfeitos.

■ **EXEMPLO 7.6** Calcule ΔH° a 85°C para a reação

$$Fe_2O_3(s) + 3H_2(g) \longrightarrow 2Fe(s) + 3H_2O(l).$$

Os dados são: $\Delta H_{298}^\circ = -33,29$ kJ/mol;

Substância	Fe_2O_3 (s)	Fe (s)	H_2O (l)	H_2 (g)
$\bar{C}_p^\circ/$(J/K mol)	103,8	25,1	75,3	28,8

Primeiro calculamos ΔC_p°.

$$\Delta C_p^\circ = 2\bar{C}_p^\circ(Fe, s) + 3\bar{C}_p^\circ(H_2O, l) - [\bar{C}_p^\circ(Fe_2O_3, s) + 3\bar{C}_p^\circ(H_2, g)]$$
$$= 2(25,1) + 3(75,3) - [103,8 + 3(28,8)] = 85,9 \text{ J/K mol}.$$

Como 85°C = 358 K, temos

$$\Delta H_{358}^\circ = \Delta H_{298}^\circ + \int_{298}^{358} 85,9 \, dT$$

$$= -33,29 \text{ kJ/mol} + 85,9(358 - 298) \text{ J/mol}$$

$$= -33,29 \text{ kJ/mol} + 85,9(60) \text{ J/mol} = -33,29 \text{ kJ/mol} + 5150 \text{ J/mol}$$

$$= -33,29 \text{ kJ/mol} + 5,15 \text{ kJ/mol} = -28,14 \text{ kJ/mol}.$$

146 / FUNDAMENTOS DE FÍSICO-QUÍMICA

Note-se que é preciso tomar cuidado para expressar ambos os termos em quilojoules ou ambos em joules antes de adicioná-los!

■ **EXEMPLO 7.7**   Calcule o calor de reação a $1.000°C = 1.273$ K para a reação

$$\tfrac{1}{2}H_2(g) + \tfrac{1}{2}Cl_2(g) \longrightarrow HCl(g)$$

Dados $\Delta H_{298}^{\circ} = -92,312$ kJ/mol e os dados para C_p, extraídos da Tab. 7.1, são:

$$\bar{C}_p^{\circ}(H_2)/R = 3,4958 - 0,1006(10^{-3})T + 2,419(10^{-7})T^2$$

$$\bar{C}_p^{\circ}(Cl_2)/R = 3,8122 + 1,2200(10^{-3})T - 4,856(10^{-7})T^2$$

$$\bar{C}_p^{\circ}(HCl)/R = 3,3876 + 0,2176(10^{-3})T + 1,860(10^{-7})T^2$$

Começamos calculando o valor $\Delta C_p^{\circ}/R$ para a integral na Eq. (7.75). É melhor dispor o trabalho em colunas:

$$\Delta C_p^{\circ}/R = \quad 3,3876 + 0,2176(10^{-3})T + 1,860(10^{-7})T^2$$
$$-\tfrac{1}{2}[3,4958 - 0,1006(10^{-3})T + 2,419(10^{-7})T^2]$$
$$-\tfrac{1}{2}[3,8122 + 1,2200(10^{-3})T - 4,856(10^{-7})T^2]$$

$$\Delta C_p^{\circ} = R[-0,2664 - 0,3421(10^{-3})T + 3,079(10^{-7})T^2]$$

$$\int_{298}^{1273} \Delta C_p^{\circ}\, dT = R\left[-0,2664 \int_{298}^{1273} dT - 0,3421(10^{-3}) \int_{298}^{1273} T\, dT\right.$$

$$\left. + 3,079(10^{-7}) \int_{298}^{1273} T^2\, dT\right]$$

$$= R[-0,2664(1273 - 298) - \tfrac{1}{2}(0,3421)(10^{-3})(1273^2 - 298^2)$$

$$+ \tfrac{1}{3}(3,079)(10^{-7})(1273^3 - 298^3)]$$

$$= R(-259,7 - 262,0 + 209,0) = (8,3144 \text{ J/K mol})(-312,7 \text{ K})$$

$$= -2,600 \text{ kJ/mol}$$

$$\Delta H_{1273}^{\circ} = \Delta H_{298}^{\circ} + \int_{298}^{1273} \Delta C_p^{\circ}\, dT = -92,312 \text{ kJ/mol} - 2,600 \text{ kJ/mol}$$

$$= -94,912 \text{ kJ/mol}.$$

Note-se que são incluídas as capacidades caloríficas de *todas* as substâncias que participam da reação; os elementos não podem ser omitidos, como era o caso no cálculo da diferença de entalpias.

A ENERGIA E O PRIMEIRO PRINCÍPIO DA TERMODINÂMICA / 147

Tab. 7.1 Capacidade calorífica dos gases em função da temperatura
$$\overline{C}_p/R = a + bT + cT^2 + dT^3$$
Faixa de temperatura: 300 K a 1500 K

	a	$b/10^{-3}\ K^{-1}$	$c/10^{-7}\ K^{-2}$	$d/10^{-9}\ K^{-3}$
H_2	3,4958	− 0,1006	2,419	
O_2	3,0673	+ 1,6371	− 5,118	
Cl_2	3,8122	1,2200	− 4,856	
Br_2	4,2385	0,4901	− 1,789	
N_2	3,2454	0,7108	− 0,406	
CO	3,1916	0,9241	− 1,410	
HCl	3,3876	0,2176	+ 1,860	
HBr	3,3100	0,4805	0,796	
NO	3,5326	− 0,186	12,81	−0,547
CO_2	3,205	+ 5,083	− 17,13	
H_2O	3,633	1,195	+ 1,34	
NH_3	3,114	3,969	− 3,66	
H_2S	3,213	2,870	− 6,09	
SO_2	3,093	6,967	− 45,81	+1,035
CH_4	1,701	9,080	− 21,64	
C_2H_6	1,131	19,224	− 55,60	
C_2H_4	1,424	14,393	− 43,91	
C_2H_2	3,689	6,352	− 19,57	
C_3H_8	1,213	28,782	− 88,23	
C_3H_6	1,637	22,703	− 69,14	
C_3H_4	3,187	15,595	− 47,59	
C_6H_6	−0,206	39,061	−133,00	
$C_6H_5CH_3$	+0,290	47,048	−157,14	
C(grafita)	−0,637	7,049	− 51,99	1,384

Calculados a partir da compilação de H. M. Spencer e J. L. Justice, *J. Am. Chem. Soc.*, **56**:2311 (1934); H. M. Spencer e G. N. Flanagan, *J. Am. Chem. Soc.*, **64**:2511 (1942); H. M. Spencer, *Ind. Eng. Chem.*, **40**:2152 (1948).

7.26 ENTALPIAS DE LIGAÇÃO

Se considerarmos a atomização da molécula diatômica gasosa,

$$O_2(g) \longrightarrow 2O(g) \qquad \Delta H^\circ_{298} = 498,34\ kJ/mol,$$

a quantidade 498,34 kJ é denominada entalpia de ligação da molécula de oxigênio.
Semelhantemente, podemos escrever

$$H_2O(g) \longrightarrow 2H(g) + O(g) \qquad \Delta H^\circ_{298} = 926,98\ kJ/mol$$

e denominar $\frac{1}{2}$ (926,98) = 463,49 kJ/mol de entalpia média de ligação da ligação O–H na água. Na medida em que lidarmos com moléculas que tenham as ligações equivalentes, como as moléculas H_2O, NH_3 e CH_4, o procedimento poderá ser usado.

148 / FUNDAMENTOS DE FÍSICO-QUÍMICA

Por outro lado, em se tratando de uma molécula como H_2O_2, na qual existem dois diferentes tipos de ligação, é necessário introduzir-se alguma hipótese adicional. Usualmente, admite-se que, na média, a ligação OH na molécula de H_2O_2 é a mesma que na água. A entalpia de atomização da molécula de H_2O_2 é

$$H_2O_2(g) \longrightarrow 2\,H(g) + 2\,O(g) \qquad \Delta H^\circ_{298} = 1070,6 \text{ kJ/mol}.$$

Se subtrairmos a entalpia de duas ligações OH, obteremos $1070,6 - 927,0 = 143,6$ kJ/mol como a força da ligação simples O–O. Claramente o método não nos garante a precisão da fração decimal e podemos dizer que a ligação simples oxigênio-oxigênio tem uma força de cerca de 144 kJ/mol.

Tab. 7.2 Calores de formação dos átomos gasosos a 25°C

Átomo	ΔH_f (kJ/mol)	Átomo	ΔH_f (kJ/mol)	Átomo	ΔH_f (kJ/mol)
O	249,17	Br	111,86	N	472,68
H	217,997	I	106,762	P	316,5
F	79,39	S	276,98	C	716,67
Cl	121,302	Se	202,4	Si	450

Os calores de formação dos átomos devem ser conhecidos antes de calcularmos a força da ligação. Alguns destes valores são dados na Tab. 7.2.

★ 7.26.1 ENERGIAS DE LIGAÇÃO

Se desejamos saber a energia da ligação, assumindo que todas as espécies se comportam como gases ideais, podemos usar a relação

$$\Delta U = \Delta H - \Delta nRT.$$

No caso da molécula de oxigênio, $\Delta n = 1$, de forma que

$$\Delta U = 498,34 \text{ kJ/mol} - (1)(8,3144 \text{ J/K mol})(298,15 \text{ K})(10^{-3} \text{ kJ/J})$$
$$= 498,34 \text{ kJ/mol} - 2,48 \text{ kJ/mol} = 495,86 \text{ kJ/mol}.$$

Esta é a energia média que deve ser fornecida para se quebrar um mol de ligações na molécula de oxigênio, a 25°C. Nesta temperatura, algumas das moléculas estarão em estados rotacionais e vibracionais excitados; estas moléculas necessitarão de um pouco menos de energia para quebrar as ligações do que uma que esteja no seu estado fundamental. A 0 K todas as moléculas estão no estado fundamental e, assim, todas necessitam da mesma energia para quebrar a ligação. Se corrigirmos o valor de ΔU para 0 K, obteremos a energia de ligação. A relação é

$$\Delta U_{298} = \Delta U_0 + \int_0^{298} \Delta C_v \, dT.$$

Uma vez que $\bar{C}_v(\text{O, g}) = \frac{3}{2}R$ e $\bar{C}_v(\text{O}_2, \text{g}) = \frac{5}{2}R$, sendo estes valores independentes da temperatura, temos que $\Delta C_v = 2\left(\frac{3}{2}R\right) - \frac{5}{2}R = \frac{1}{2}R$. Então,

$$\Delta U_0 = \Delta U_{298} - \tfrac{1}{2}R \int_0^{298} dT = 495.86 \text{ kJ/mol} - \tfrac{1}{2}(8,314 \text{ J/K mol})(298,15 \text{ K})(10^{-3} \text{ kJ/J})$$

$$= 495,86 \text{ kJ/mol} - 1,24 \text{ kJ/mol} = 494,62 \text{ kJ/mol}$$

Esta é a energia da ligação dupla oxigênio-oxigênio. Para qualquer molécula cujos dados se encontram disponíveis, o cálculo é imediato como mostrado anteriormente. Note que a diferença entre a entalpia de ligação a $25°C$, ΔH_{298}°, e a energia de ligação, ΔU_0, é apenas 3,72 kJ em cerca de 500 kJ. Isto é somente 0,7%. As diferenças são, geralmente, dessa ordem de grandeza, de forma que freqüentemente não nos preocuparemos com elas.

★ 7.27 MEDIDAS CALORIMÉTRICAS

É difícil descrever como é calculado o calor de uma reação a partir das quantidades que são realmente medidas numa experiência calorimétrica. Não é possível, em pouco espaço, descrever todos os tipos de calorímetros ou todas as variações e refinamentos da técnica que é necessária nos casos individuais e em trabalhos de precisão. Uma situação altamente ideal será descrita para ilustrar os métodos envolvidos.

A situação será mais simples se o calorímetro for um calorímetro *adiabático*. No laboratório, esse equipamento é bastante complexo; no papel, simplesmente diremos que o recipiente contendo o sistema é perfeitamente isolado, de tal modo que o calor não escoa, seja para dentro ou para fora do sistema. Sob pressão constante, para qualquer transformação dentro do calorímetro, o primeiro princípio nos dá

$$\Delta H = Q_p = 0. \tag{7.77}$$

A mudança de estado pode ser representada por

$$K(T_1) + R(T_1) \longrightarrow K(T_2) + P(T_2) \quad (p = \text{constante}),$$

onde K simboliza o calorímetro, R os reagentes e P os produtos. Como o sistema é isolado, a temperatura final T_2 difere da temperatura inicial T_1, sendo ambas medidas tão precisamente quanto possível com um termômetro sensível.

Podemos supor que a mudança de estado ocorra em duas etapas:

1) $$R(T_1) \longrightarrow P(T_1), \qquad \Delta H_{T_1},$$

2) $$K(T_1) + R(T_1) \longrightarrow K(T_2) + P(T_2), \qquad \Delta H_2.$$

Pela Eq. (7.77), o ΔH total é igual a zero, de forma que $\Delta H_{T_1} + \Delta H_2 = 0$ ou $\Delta H_{T_1} = -\Delta H_2$. A segunda etapa é simplesmente uma variação de temperatura do calorímetro e dos produtos de reação, portanto

$$\Delta H_2 = \int_{T_1}^{T_2} [C_p(K) + C_p(P)]\, dT,$$

e obtemos, para o calor de reação à temperatura T_1,

$$\Delta H_{T_1} = -\int_{T_1}^{T_2} [C_p(K) + C_p(P)]\, dT. \tag{7.78}$$

Se as capacidades caloríficas do calorímetro e os produtos da reação forem conhecidos, o calor de reação à temperatura T_1 poderá ser calculado a partir das temperaturas medidas T_1 e T_2.

150 / *FUNDAMENTOS DE FÍSICO-QUÍMICA*

Se as capacidades caloríficas necessárias não forem conhecidas, o valor de ΔH_2 poderá ser medido como segue. Resfriam-se o calorímetro e os produtos à temperatura inicial T_1. (Isso implica estarmos considerando T_2 maior que T_1.) O calorímetro e os produtos são levados de T_1 a T_2, permitindo que uma corrente elétrica escoe num resistor imerso no calorímetro; a variação de entalpia nessa etapa é ΔH_2. Esta variação pode ser relacionada com o trabalho elétrico gasto na resistência que, sendo o produto da corrente dada pela diferença de potencial ao longo da resistência e o tempo, pode ser medido com bastante precisão.

Se incluirmos o trabalho elétrico dW_{el}, à pressão constante, o primeiro princípio torna-se

$$dU = dQ - p\,dV - dW_{el}. \tag{7.79}$$

Diferenciando $H = U + pV$ sob pressão constante, obtemos $dH = dU + p\,dV$. Somando esta equação com a Eq. (7.79) temos

$$dH = dQ - dW_{el}. \tag{7.80}$$

Para um processo adiabático, $dQ = 0$ e a integração da Eq. (7.80) fornece

$$\Delta H = -W_{el}. \tag{7.81}$$

Aplicando a Eq. (7.81) ao método elétrico de levar os produtos e o calorímetro da temperatura inicial para a final, temos $\Delta H_2 = W_{el}$ e, portanto, como $\Delta H_{T_1} + \Delta H_2 = 0$, obtemos

$$\Delta H_{T_1} = W_{el}. \tag{7.82}$$

Como o trabalho foi destruído nas vizinhanças, W_{el} e, portanto, ΔH_{T_1} são negativos. A reação é exotérmica, que é um resultado que deriva da hipótese de T_2 ser maior que T_1. Para reações endotérmicas, o procedimento é modificado de maneira óbvia.

Um esquema diferente pode ser imaginado para as etapas na reação:

3) $\qquad\qquad K(T_1) + R(T_1) \longrightarrow K(T_2) + R(T_2), \qquad \Delta H_3,$

4) $\qquad\qquad\qquad\qquad R(T_2) \longrightarrow P(T_2), \qquad\qquad \Delta H_{T_2}.$

Novamente, o ΔH total é zero e, então, $\Delta H_3 + \Delta H_{T_2} = 0$ ou

$$\Delta H_{T_2} = -\Delta H_3 = -\int_{T_1}^{T_2} [C_p(K) + C_p(R)]\,dT. \tag{7.83}$$

Se as capacidades caloríficas do calorímetro e os reagentes forem conhecidas, o calor de reação à temperatura T_2 poderá ser calculado a partir da Eq. (7.83).

Se lidarmos com uma bomba calorimétrica de tal forma que o volume seja constante em vez da pressão, o argumento permanecerá o mesmo. Em todas as equações, ΔH será simplesmente substituído por ΔU e C_p por C_v.

QUESTÕES

7.1 Qual a diferença entre energia e calor? E a diferença entre energia e trabalho? E entre calor e trabalho?

A ENERGIA E O PRIMEIRO PRINCÍPIO DA TERMODINÂMICA / 151

7.2 Alguns livros definem o trabalho, W', como positivo quando um peso é *abaixado* nas vizinhanças, isto é, quando as vizinhanças realizam trabalho sobre o sistema. Como podemos expressar o primeiro princípio em termos de Q e W'? (Justifique o sinal à frente de W'.)

7.3 A diferença entre o trabalho realizado na expansão real de um gás e o realizado numa expansão reversível pode ser mostrada como sendo da ordem de $U/<u>$. No caso, $<u>$ é a velocidade molecular média e U é a velocidade do pistão. Qual a velocidade do pistão necessária para que ocorra um desvio de 10% da fórmula do trabalho reversível?

7.4 Por que a entalpia é uma quantidade útil?

7.5 Para um processo a pressão constante, $\Delta H = Q_p$. Então pode concluir-se que Q_p é uma função de estado? Por quê?

7.6 Qual a interpretação, a nível molecular, para a dependência da energia termodinâmica com relação ao volume?

7.7 Qual a relação entre a lei de Hess e o fato de que a entalpia é uma função de estado?

7.8 Por que C_p é maior que C_v para um gás ideal? Dê uma explicação a nível molecular.

7.9 Por que necessitamos integrar as capacidades caloríficas nos cálculos mais exatos de $\Delta H°$?

7.10 ΔU para a maioria das reações químicas está na faixa de 200 a 400 kJ/mol. Dentro de uma precisão de 10%, existe alguma diferença entre ΔH e ΔU?

PROBLEMAS

Antes de fazer estes problemas leia a Seç. 7.17.

7.1 Sujeitando-se um mol de um gás ideal, $\overline{C}_v = 12,47$ J/K mol, a várias mudanças de estado, qual será a variação de temperatura em cada caso?

  a) Perda de 512 J de calor; destruição de 134 J de trabalho.
  b) Absorção de 500 J de calor; produção de 500 J de trabalho.
  c) Sem escoamento de calor; destruição de 126 J de trabalho.

7.2 Numa dada mudança de estado são destruídos 44 J de trabalho e a energia interna aumenta de 170 J. Qual é a capacidade calorífica do sistema, se a temperatura deste aumentou de 10 K.

7.3 Três moles de um gás ideal expandem-se, isotermicamente, contra uma pressão oposta de 100 kPa, de 20 para 60 dm³. Calcule Q, W, ΔU e ΔH.

7.4 a) Três moles de um gás ideal a 27°C expandem-se isotérmica e reversivelmente de 20 para 60 dm³. Calcule Q, W, ΔU e ΔH.
  b) Calcule Q, W, ΔU e ΔH para o caso do mesmo gás a 27°C ser comprimido isotérmica e reversivelmente de 60 dm³ para 20 dm³.

7.5 Três moles de um gás ideal são comprimidos isotermicamente de 60 *l* para 20 *l*, usando-se uma pressão constante de 5 atm. Calcule Q, W, ΔU e ΔH.

7.6 Deduza uma equação para o trabalho produzido numa expansão isotérmica e reversível de V_1 para V_2 de um gás cuja equação de estado é

$$p\overline{V} = RT + (bRT - a)\left(\frac{1}{\overline{V}}\right)$$

152 / FUNDAMENTOS DE FÍSICO-QUÍMICA

7.7 Um mol de um gás de van der Waals a 300 K expande-se isotérmica e reversivelmente de 20 dm^3 para 60 dm^3 ($a = 0,556$ m^6 Pa mol^{-2}; $b = 0,064$ dm^3/mol). Para o gás de van der Waals $(\partial U/\partial V)_T = a/\bar{V}^2$. Calcule W, Q, ΔU e ΔH para esta transformação.

7.8 Um mol de um gás ideal é mantido sob pressão constante, $P_{op} = p = 200$ kPa. A temperatura é variada de 100°C para 25°C. Sendo $\bar{C}_v = \frac{3}{2}R$, calcule W, Q, ΔU e ΔH.

7.9 Um mol de um gás ideal, $\bar{C}_v = 20,8$ J/K mol, é transformado a volume constante de 0°C para 75°C. Calcule Q, W, ΔU e ΔH.

7.10 Calcule ΔH e ΔU para a transformação de um mol de um gás ideal de 27°C e 1 atm para 327°C e 17 atm. $\bar{C}_p = 20,9 + 0,042$ T J/K mol.

7.11 Se um gás ideal sofre uma expansão politrópica reversível, vale a relação $pV^n = C$, onde C e n são constantes, com $n > 1$.

 a) Calcule W para tal expansão, se um mol do gás se expandir de V_1 para V_2 e se $T_1 = 300$ K, $T_2 = 200$ K e $n = 2$.
 b) Se $\bar{C}_v = \frac{5}{2}R$, calcule Q, ΔU e ΔH.

7.12 A 25°C o coeficiente de expansão térmica da água é $\alpha = 2,07 \times 10^{-4}$ K^{-1} e a densidade é 0,9970 g/cm^3. Se elevarmos 200 g de água de 25°C para 50°C, à pressão constante de 101 kPa,

 a) Calcule W.
 b) Dado $\bar{C}_p/($J/K mol$) = 75,30$, calcule Q, ΔH e ΔU.

7.13 Um mol de um gás ideal é comprimido adiabaticamente num único estágio com uma pressão oposta constante e igual a 1,00 MPa. Inicialmente o gás está a 27°C e 0,100 MPa de pressão; a pressão final é 1,00 MPa. Calcule a temperatura final do gás, Q, W, ΔU e ΔH. Faça para dois casos: *Caso 1.* Gás monoatômico, $\bar{C}_v = (3/2)R$. *Caso 2.* Gás diatômico, $\bar{C}_v$ (5/2)R. Qual seria a influência nas várias quantidades se usássemos n moles em vez de um mol?

7.14 Um mol de um gás ideal a 27°C e 0,100 MPa é comprimido adiabática e reversivelmente a uma pressão final de 1,00 MPa. Calcule a temperatura final, Q, W, ΔU e ΔH para os mesmos dois casos do Probl. 7.13.

7.15 Um mol de um gás ideal a 27°C e 1,00 MPa de pressão é expandido adiabaticamente a uma pressão final de 0,100 MPa contra uma pressão oposta de 0,100 MPa. Calcule a temperatura final, Q, W, ΔU e ΔH para os dois casos em que $\bar{C}_v = (3/2)R$ e $\bar{C}_v = (5/2)R$.

7.16 Um mol de um gás ideal a 27°C e 1,0 MPa de pressão é expandido adiabática e reversivelmente até que a pressão seja de 0,100 MPa. Calcule a temperatura final, Q, W, ΔU e ΔH para os dois casos, $\bar{C}_v = \frac{3}{2}R$ e $\bar{C}_v = \frac{5}{2}R$.

7.17 Numa expansão adiabática de um mol de um gás ideal a uma temperatura inicial de 25°C, o trabalho produzido foi de 1200 J. Se $\bar{C}_v = \frac{3}{2}R$, calcule a temperatura final, Q, W, ΔU e ΔH.

7.18 Expandindo-se adiabaticamente um mol de um gás ideal, $\bar{C}_v = \frac{5}{2}R$, até que a temperatura caia de 20°C para 10°C, calcule Q, W, ΔU e ΔH.

7.19 O pneu de um automóvel contém ar à pressão total de 320 kPa e está a 20°C. Removendo-se a válvula, deixa-se o ar expandir adiabaticamente contra uma pressão externa constante de 100 kPa até que as pressões dentro e fora do pneu se igualem. A capacidade calorífica molar do ar é $\bar{C}_v = \frac{5}{2}R$; o ar pode ser considerado como um gás ideal. Calcule a temperatura final do gás no pneu, Q, W, ΔU e ΔH por mol do gás no pneu.

A ENERGIA E O PRIMEIRO PRINCÍPIO DA TERMODINÂMICA / 153

7.20 Uma garrafa a $21,0°C$ contém um gás ideal sob a pressão de 126,4 kPa. Removendo-se a rolha, o gás expande-se adiabaticamente contra a pressão constante da atmosfera, 101,9 kPa. Obviamente, parte do gás é expelido da garrafa. Quando a pressão no interior da garrafa se torna igual a 101,9 kPa recoloca-se a rolha rapidamente. O gás, que esfriou na expansão adiabática, aquece-se agora lentamente até que a sua temperatura seja novamente de $21,0°C$. Qual a pressão final na garrafa?

    a) Se o gás for monoatômico, $\overline{C}_v/R = \frac{3}{2}$.
    b) Se o gás for diatômico, $\overline{C}_v/R = \frac{5}{2}$.

7.21 O método descrito no Probl. 7.20 é o método de Clément-Désormes para a determinação de γ, a razão entre as capacidades caloríficas. Numa experiência, um gás é confinado inicialmente à pressão $p_1 = 151,2$ kPa, a pressão ambiente é $p_2 = 100,8$ kPa e a pressão final após a temperatura ter sido equilibrada novamente é $p_3 = 116,3$ kPa. Calcule γ para este gás. Assuma que o gás é ideal.

7.22 Ao se comprimir um mol de um gás ideal, $\overline{C}_v = \frac{5}{2}R$, adiabaticamente, a temperatura é elevada de $20°C$ para $50°C$. Calcule Q, W, ΔU e ΔH.

7.23 Comprime-se adiabaticamente um mol de um gás ideal, que possui $\overline{C}_v = \frac{5}{2}R$ e está inicialmente a $25°C$ e 100 kPa, usando-se uma pressão constante igual à pressão final, até que a temperatura do gás atinja $325°C$. Calcule a pressão final, Q, W, ΔU e ΔH para esta transformação.

7.24 Um mol de um gás ideal, $\overline{C}_v = \frac{3}{2}R$, inicialmente a $20°C$ e 1,0 MPa, sofre uma transformação em dois estágios. Para cada estágio e para a transformação global calcule Q, W, ΔU e ΔH.

    a) Estágio I: Expansão reversível e isotérmica para um volume o dobro do volume inicial.
    b) Estágio II: Começando-se no final do estágio I, mantendo-se o volume constante, elevou-se a temperatura para $80°C$.

7.25 Um mol de um gás ideal, $\overline{C}_v = \frac{5}{2}R$, é submetido a duas transformações de estado sucessivas.

    a) Inicialmente a $25°C$ e 100 kPa, o gás é expandido exotermicamente contra uma pressão constante de 20 kPa para duas vezes o seu volume inicial.
    b) Após sofrer a transformação (a) o gás é esfriado a volume constante de $25°C$ para $-25°C$. Calcule Q, W, ΔU e ΔU para as transformações (a), (b) e para a transformação total $(a) + (b)$.

7.26 a) Um gás ideal sofre uma expansão num único estágio contra uma pressão de oposição constante de T, p_1, V_1 para T, p_2, V_2. Qual a maior massa M que poderá ser levantada de uma altura h nesta expansão?
    b) O sistema em (a) é restabelecido ao seu estado inicial por uma compressão num único estágio. Qual a menor massa M' que deverá cair da altura h para restabelecer o sistema?
    c) Na transformação cíclica (a) e (b), qual a massa total que será abaixada da altura h?
    d) Se $h = 10$ cm, $p_1 = 1,0$ MPa, $p_2 = 0,50$ MPa, $T = 300$ K e $n = 1$ mol, calcule os valores das massas em (a), (b) e (c).

7.27 Um mol de um gás ideal é expandido de T, p_1, V_1 a T, p_2, V_2 em dois estágios:

	Pressão de oposição	Variação de volume
Primeiro estágio	P' (constante)	V_1 a V'
Segundo estágio	p_2 (constante)	V' a V_2

Sabe-se que o ponto P', V' cai na isoterma à temperatura T.

    a) Formule a expressão para o trabalho produzido nesta expansão em termos de T, p_1, p_2 e P'.
    b) Para que valor de P' este trabalho de expansão em dois estágios será máximo?
    c) Qual é o valor do trabalho máximo produzido?

154 / FUNDAMENTOS DE FÍSICO-QUÍMICA

7.28 A capacidade calorífica do óxido de chumbo sólido, PbO, é dada por:

$$\bar{C}_p/(\text{J/K mol}) = 44,35 + 1,67 \times 10^{-3}\, T.$$

Calcule a variação de entalpia do PbO, se este for esfriado, a pressão constante, de 500 K para 300 K.

7.29 Do valor de $\bar{C}_p$ para o oxigênio dado na Tab. 7.1, calcule Q, W, ΔU e ΔH por mol de oxigênio para as seguintes mudanças de estado:

a) p = constante, $100°C$ para $300°C$;
b) V = constante, $100°C$ para $300°C$.

7.30 O coeficiente de Joule-Thomson para um gás de van der Waals é dado por

$$\mu_{JT} = [(2a/RT) - b]/\bar{C}_p.$$

Calcule o valor de ΔH para a compressão isotérmica (300 K) de um mol de nitrogênio de 1 para 500 atm: $a = 0,136\ \text{m}^6\ \text{Pa mol}^{-2}$; $b = 0,0391\ \text{dm}^3/\text{mol}$.

7.31 O ponto de ebulição do nitrogênio é $-196°C$ e $\bar{C}_p = \frac{7}{2}R$. As constantes de van der Waals e μ_{JT} são dadas no Probl. 7.30. Qual deverá ser a pressão inicial do nitrogênio se desejarmos uma queda de temperatura numa expansão Joule-Thomson de um único estágio de $25°C$ até seu ponto de ebulição? (A pressão final deve ser 1 atm.)

7.32 Repita o cálculo do Probl. 7.31 para a amônia: ponto de ebulição $= -34°C$, $\bar{C}_p = 35,6\ \text{J/K mol}$, $a = 0,423\ \text{m}^6\ \text{Pa/mol}^2$ e $b = 0,037\ \text{dm}^3/\text{mol}$.

7.33 Pode-se mostrar que, para um gás de van der Waals, $(\partial U/\partial V)_T = a/\bar{V}^2$. Um mol de um gás de van der Waals a $20°C$ é expandido adiabática e reversivelmente de $20,0\ \text{dm}^3$ para $60,0\ \text{dm}^3$; $\bar{C}_v = 4,79R$, $a = 0,556\ \text{m}^6\ \text{Pa mol}^{-2}$, $b = 64 \times 10^{-6}\ \text{m}^3/\text{mol}$. Calcule Q, W, ΔU e ΔH.

7.34 Se um mol de um gás de van der Waals, para o qual pode-se mostrar que $(\partial U/\partial V)_T = a/\bar{V}^2$, for expandido isotermicamente de um volume igual a b, o volume líquido, para um volume de $20,0\ l$, calcule ΔU para a transformação; $a = 0,136\ \text{m}^6\ \text{Pa mol}^{-2}$ e $b = 0,0391\ \text{dm}^3/\text{mol}$.

7.35 Dos dados na Tab. A-V, calcule os valores de ΔH°_{298} para as seguintes reações:

a) $2O_3(g) \rightarrow 3O_2(g)$.
b) $H_2S(g) + \frac{3}{2}O_2(g) \rightarrow H_2O(l) + SO_2(g)$.
c) $TiO_2(s) + 2Cl_2(g) \rightarrow TiCl_4(l) + O_2(g)$.
d) $C(\text{grafita}) + CO_2(g) \rightarrow 2CO(g)$.
e) $CO(g) + 2H_2(g) \rightarrow CH_3OH(l)$.
f) $Fe_2O_3(s) + 2Al(s) \rightarrow Al_2O_3(s) + 2Fe(s)$.
g) $NaOH(s) + HCl(g) \rightarrow NaCl(s) + H_2O(l)$.
h) $CaC_2(s) + 2H_2O(l) \rightarrow Ca(OH)_2(s) + C_2H_2(g)$.
i) $CaCO_3(s) \rightarrow CaO(s) + CO_2(g)$.

7.36 Assumindo que os gases são ideais, calcule ΔU°_{298} para cada uma das reações no Probl. 7.35.

7.37 A $25°C$ e 1 atm de pressão temos os dados:

Substância	$H_2(g)$	C(grafita)	$C_6H_6(l)$	$C_2H_2(g)$,
$\Delta H^{\circ}_{\text{combustão}}/(\text{kJ/mol})$	$-285,83$	$-393,51$	$-3267,62$	$-1299,58$.

a) Calcule o ΔH° de formação do benzeno líquido.
b) Calcule o ΔH° para a reação $3C_2H_2(g) \rightarrow C_6H_6(l)$.

A ENERGIA E O PRIMEIRO PRINCÍPIO DA TERMODINÂMICA / 155

7.38 Para as seguintes reações a 25°C

$$\Delta H°/(kJ/mol)$$
$$CaC_2(s) + 2 H_2O(l) \longrightarrow Ca(OH)_2(s) + C_2H_2(g), \quad -127,9;$$
$$Ca(s) + \tfrac{1}{2}O_2(g) \longrightarrow CaO(s), \quad -635,1;$$
$$CaO(s) + H_2O(l) \longrightarrow Ca(OH)_2(s), \quad -65,2.$$

O calor de combustão da grafita é $-393,51$ kJ/mol e o do C_2H_2 (g) é $-1299,58$ kJ/mol. Calcule o calor de formação do CaC_2 (s) a 25°C.

7.39 Uma amostra de sacarose, $C_{12}H_{22}O_{11}$, pesando 0,1265 g é queimada numa bomba calorimétrica. Depois da reação ter-se completado, determinou-se que, para produzir eletricamente o mesmo incremento de temperatura, foram gastos 2.082,3 Joules.

a) Calcule o calor de combustão da sacarose.
b) A partir do calor de combustão e dos dados na Tab. A-V, calcule o calor de formação da sacarose.
c) Se o incremento de temperatura na experiência é de 1,743°C, qual é a capacidade calorífica do calorímetro e acessórios?

7.40 Queimando-se completamente 3,0539 g de álcool etílico líquido, C_2H_5OH, a 25°C numa bomba calorimétrica, o calor liberado é igual a 90,447 kJ.

a) Calcule o $\Delta H°$ molar da combustão do álcool etílico a 25°C.
b) Se o $\Delta H°_f$ do CO_2 (g) e do H_2O (l) são iguais a $-393,51$ kJ/mol e $-285,83$ kJ/mol, respectivamente, calcule o $\Delta H°_f$ do álcool etílico.

7.41 Dos seguintes dados a 25°C:

$$Fe_2O_3(s) + 3 C(grafita) \longrightarrow 2 Fe(s) + 3 CO(g), \quad \Delta H° = 492,6 \text{ kJ/mol};$$
$$FeO(s) + C(grafita) \longrightarrow Fe(s) + CO(g), \quad \Delta H° = 155,8 \text{ kJ/mol};$$
$$C(grafita + O_2(g)) \longrightarrow CO_2(g), \quad \Delta H° = -393,51 \text{ kJ/mol};$$
$$CO(g) + \tfrac{1}{2}O_2(g) \longrightarrow CO_2(g), \quad \Delta H° = -282,98 \text{ kJ/mol}.$$

calcule o calor padrão de formação do FeO (s) e do Fe_2O_3 (s).

7.42 Sabe-se que a 25°C:

$$O_2(g) \longrightarrow 2 O(g), \quad \Delta H° = 498,34 \text{ kJ/mol};$$
$$Fe(s) \longrightarrow Fe(g), \quad \Delta H° = 416,3 \text{ kJ/mol}.$$

e $\Delta H°_f$ (FeO, S) $= -272$ kJ/mol.

a) Calcule $\Delta H°$ a 25°C para a reação

$$Fe(g) + O(g) \longrightarrow FeO(s).$$

b) Admitindo que os gases sejam ideais, calcule $\Delta U°$ para esta reação. (Esta quantidade trocada de sinal, isto é, $+933$ kJ/mol, é a energia de coesão do cristal.)

7.43 A 25°C, temos as seguintes entalpias de formação:

Composto	$SO_2(g)$	$H_2O(l)$
$\Delta H°_f/(kJ/mol)$	$-296,81$	$-285,83$

156 / FUNDAMENTOS DE FÍSICO-QUÍMICA

Para as reações a $25°C$:

$$2\,H_2S(g) + Fe(s) \longrightarrow FeS_2(s) + 2\,H_2(g), \qquad \Delta H° = -137{,}0\ kJ/mol;$$

$$H_2S(g) + \tfrac{3}{2}O_2(g) \longrightarrow H_2O(l) + SO_2(g) \qquad \Delta H° = -562{,}0\ kJ/mol.$$

Calcule o calor de formação do $H_2S(g)$ e do FeS_2 (s).

7.44 A $25°C$:

Substância	Fe(s)	FeS$_2$(s)	Fe$_2$O$_3$(s)	S(rômbico)	SO$_2$(g)
$\Delta H_f°/(kJ/mol)$			$-824{,}2$		$-296{,}81$
$\bar{C}_p/R$	3,02	7,48		2,72	

Para a reação:

$$2\,FeS_2(s) + \tfrac{11}{2}O_2(g) \longrightarrow Fe_2O_3(s) + 4\,SO_2(g), \qquad \Delta H° = -1655\ kJ/mol.$$

Calcule $\Delta H_f°$ do FeS_2 (s) a $300°C$.

7.45 a) Dos dados na Tab. A-V, calcule o calor de vaporização da água a $25°C$.
b) Calcule o trabalho produzido na vaporização de um mol de água a $25°C$ e sob pressão constante de 1 atm.
c) Calcule o ΔU de vaporização da água a $25°C$.
d) Os valores de $\bar{C}_p$ (J/K mol) são: vapor d'água, 33,577; água líquida, 75,291. Calcule o calor de vaporização a $100°C$.

7.46 A 1000 K, a partir dos dados:

$$N_2(g) + 3\,H_2(g) \longrightarrow 2\,NH_3(g), \qquad \Delta H° = -123{,}77\ kJ/mol;$$

Substância	N$_2$	H$_2$	NH$_3$
$\bar{C}_p/R$	3,502	3,466	4,217

calcule o calor de formação do NH_3 a 300 K.

7.47 Para a reação:

$$C(grafita) + H_2O(g) \longrightarrow CO(g) + H_2(g), \qquad \Delta H_{298}° = 131{,}28\ kJ/mol.$$

Os valores de $\bar{C}_p/(J/K\ mol)$ são: grafita, 8,53; $H_2O(g)$, 33,58; $CO(g)$, 29,12; H_2 (g), 28,82. Calcule o valor de $\Delta H°$ a $125°C$.

7.48 A partir dos dados nas Tabs. A-V e 7.1, calcule o $\Delta H_{1000}°$ para a reação

$$2\,C(grafita) + O_2(g) \longrightarrow 2\,CO(g).$$

7.49 Dos valores de $\bar{C}_p$ dados na Tab. 7.1, e dos dados:

$$\tfrac{1}{2}H_2(g) + \tfrac{1}{2}Br_2(l) \longrightarrow HBr(g), \qquad \Delta H_{298}° = -36{,}38\ kJ/mol;$$

$$Br_2(l) \longrightarrow Br_2(g), \qquad \Delta H_{298}° = 30{,}91\ kJ/mol.$$

calcule $\Delta H_{1000}°$ para a reação

$$\tfrac{1}{2}H_2(g) + \tfrac{1}{2}Br_2(g) \longrightarrow HBr(g).$$

A ENERGIA E O PRIMEIRO PRINCÍPIO DA TERMODINÂMICA / 157

7.50 Usando os dados do Apêndice V e da Tab. 7.1, calcule o ΔH°_{298} e o ΔH°_{1000} para a reação:

$$C_2H_2(g) + \tfrac{5}{2}O_2(g) \longrightarrow 2CO_2(g) + H_2O(g).$$

7.51 Os dados são:

$$CH_3COOH(l) + 2O_2(g) \longrightarrow 2CO_2(g) + 2H_2O(l), \qquad \Delta H^\circ_{298} = -871,5\ \text{kJ/mol};$$
$$H_2O(l) \longrightarrow H_2O(g), \qquad \Delta H^\circ_{373,15} = 40,656\ \text{kJ/mol};$$
$$CH_3COOH(l) \longrightarrow CH_3COOH(g), \qquad \Delta H^\sigma_{391,4} = 24,4\ \text{kJ/mol}.$$

Substância	$CH_3COOH(l)$	$O_2(g)$	$CO_2(g)$	$H_2O(l)$	$H_2O(g)$
$\overline{C}_p/R$	14,9	3,53	4,46	9,055	4,038

Calcule o $\Delta H^\circ_{391,4}$ para a reação:

$$CH_3COOH(g) + 2O_2(g) \longrightarrow 2CO_2(g) + 2H_2O(g).$$

7.52 Fornecidos os dados a 25°C:

Composto	$TiO_2(s)$	$Cl_2(g)$	C(grafita)	CO(g)	$TiCl_4(l)$
$\Delta H^\circ_f/(\text{kJ/mol})$	-945			$-110,5$	
$\overline{C}^\circ_p/(\text{J/K mol})$	55,06	33,91	8,53	29,12	145,2

Para a reação:

$$TiO_2(s) + 2C(\text{grafita}) + 2Cl_2(g) \longrightarrow 2CO(g) + TiCl_4(l), \qquad \Delta H^\circ_{298} = -80\ \text{kJ/mol}$$

a) Calcule o ΔH° para esta reação a 135,8°C, o ponto de ebulição do $TiCl_4$.
b) Calcule o ΔH°_f para o $TiCl_4$ (l) a 25°C.

7.53 A partir dos calores de solução a 25°C:

$$HCl(g) + 100\ \text{Aq} \longrightarrow HCl \cdot 100\ \text{Aq}, \qquad \Delta H^\circ = -73,61\ \text{kJ/mol};$$
$$NaOH(s) + 100\ \text{Aq} \longrightarrow NaOH \cdot 100\ \text{Aq}, \qquad \Delta H^\circ = -44,04\ \text{kJ/mol};$$
$$NaCl(s) + 200\ \text{Aq} \longrightarrow NaCl \cdot 200\ \text{Aq}, \qquad \Delta H^\circ = +4,23\ \text{kJ/mol};$$

e dos calores de formação do $HCl(g)$, $NaOH(s)$, $NaCl(s)$ e $H_2O(l)$ da Tab. A-V, calcule ΔH° para a reação

$$HCl \cdot 100\ \text{Aq} + NaOH \cdot 100\ \text{Aq} \longrightarrow NaCl \cdot 200\ \text{Aq} + H_2O(l).$$

7.54 Dos calores de formação a 25°C:

Solução	$H_2SO_4 \cdot 600\,\text{Aq}$	$KOH \cdot 200\,\text{Aq}$	$KHSO_4 \cdot 800\,\text{Aq}$	$K_2SO_4 \cdot 1000\,\text{Aq}$
$\Delta H^\circ/(\text{kJ/mol})$	$-890,98$	$-481,74$	$-1148,8$	$-1412,98$

Calcule ΔH° para as reações:

$$H_2SO_4 \cdot 600\,\text{Aq} + KOH \cdot 200\,\text{Aq} \longrightarrow KHSO_4 \cdot 800\,\text{Aq} + H_2O(l).$$
$$KHSO_4 \cdot 800\,\text{Aq} + KOH \cdot 200\,\text{Aq} \longrightarrow K_2SO_4 \cdot 1000\,\text{Aq} + H_2O(l).$$

Use a Tab. A-V para o calor de formação da $H_2O(l)$.

158 / FUNDAMENTOS DE FÍSICO-QUÍMICA

7.55 Dos calores de formação a 25°C:

Solução	$\Delta H°/(kJ/mol)$	Solução	$\Delta H°/(kJ/mol)$
H_2SO_4 (l)	− 813,99	$H_2SO_4 . 10Aq$	− 880,53
$H_2SO_4 . 1Aq$	− 841,79	$H_2SO_4 . 20Aq$	− 884,92
$H_2SO_4 . 2Aq$	− 855,44	$H_2SO_4 . 100Aq$	− 887,64
$H_2SO_4 . 4Aq$	− 867,88	$H_2SO_4 . \infty Aq$	− 909,27

Calcule o calor de solução do ácido sulfúrico para essas várias soluções e faça o gráfico de ΔH_s em função da fração molar da água em cada solução.

7.56 Dos seguintes dados a 25°C:

$$\tfrac{1}{2} H_2(g) + \tfrac{1}{2} O_2(g) \longrightarrow OH(g), \qquad \Delta H° = \quad 38,95 \; kJ/mol;$$

$$H_2(g) + \tfrac{1}{2} O_2(g) \longrightarrow H_2O(g), \qquad \Delta H° = -241,814 \; kJ/mol;$$

$$H_2(g) \longrightarrow 2H(g), \qquad \Delta H° = \quad 435,994 \; kJ/mol;$$

$$O_2(g) \longrightarrow 2O(g), \qquad \Delta H° = \quad 498,34 \; kJ/mol.$$

calcule $\Delta H°$ para

a) $OH(g) \rightarrow H(g) + O(g)$,
b) $H_2O(g) \rightarrow 2H(g) + O(g)$,
c) $H_2O(g) \rightarrow H(g) + OH(g)$.
d) Admitindo que os gases sejam ideais, calcule os valores de $\Delta U°$ para estas três reações.

Nota: A variação de energia em (a) é chamada energia de ligação do radical OH; metade da variação de energia em (b) é a energia média da ligação O–H na água. A variação de energia em (c) é a energia de dissociação da ligação O–H na água.

7.57 Com os dados da Tab. A-V e os calores de formação a 25°C dos compostos gasosos:

Composto	SiF_4	$SiCl_4$	CF_4	NF_3	OF_2	HF
$\Delta H_f°/(kJ/mol)$	− 1614,9	− 657,0	− 925	− 125	− 22	− 271

Calcule as seguintes energias das ligações simples: Si–F; Si–Cl; C–F; N–F; O–F; H–F.

7.58 A partir dos dados na Tab. A-V, calcule a entalpia das ligações:

a) ligação C–H no CH_4;
b) ligação simples C–C no C_2H_6;
c) ligação dupla C=C no C_2H_4;
d) ligação tripla C≡C no C_2H_2.

7.59 Usando os dados da Tab. A-V, calcule a entalpia média de ligação da ligação oxigênio-oxigênio no ozônio.

7.60 A temperatura adiabática de chama é a temperatura final alcançada por um sistema se um mol da substância é queimado adiabaticamente sob condições especificadas. Calcule a temperatura adiabática da chama do hidrogênio, usando os valores de $\bar{C}_p$ derivados dos valores de $\bar{C}_v$ da Tab. 4.3 e dos dados da Tab. A-V, quando queimado em (*a*) oxigênio e (*b*) ar. (*c*) Assuma que para o vapor d'água $\bar{C}_p/R = = 4,0 + f(\theta_1/T) + f(\theta_2/T) + f(\theta_3/T)$, onde $f(\theta/T)$ é a função de Einstein, Eq. 4.88), e os valores de θ_1, θ_2 e θ_3 estão na Tab. 4.4. Calcule temperatura adiabática de chama no oxigênio usando esta expressão para C_p e compare-a com o resultado obtido em (*a*).

A ENERGIA E O PRIMEIRO PRINCÍPIO DA TERMODINÂMICA / 159

7.61 O calor de combustão do glicogênio é em torno de 476 kJ/mol de carbono. Assuma que a velocidade média de perda de calor num homem adulto é de 150 watts. Se assumirmos que todo este calor vem da oxidação do glicogênio, quantas unidades de glicogênio (1 mol de carbono por unidade) devem ser oxidadas por dia para fornecer esta perda de calor?

7.62 Considere uma sala de aula de aproximadamente 5 m $\times$ 10 m $\times$ 3 m. Inicialmente, $t = 20°C$ e $p = 1$ atm. Há 50 pessoas na sala, cada uma perdendo energia para a sala a uma velocidade média de 150 watts. Assuma que as paredes, teto, chão e mobília estão perfeitamente isolados e não absorvem qualquer calor. Quanto tempo durará a prova de físico-química, se o professor concordar, inadvertidamente, em liberar a turma quando a temperatura do ar na sala atingir a temperatura do corpo, 37°C? Para o ar, $\overline{C}_p = \frac{7}{2}R$. Deve-se negligenciar a perda de ar para fora ocorrida à medida que a temperatura sobe.

7.63 Estime a variação de entalpia para a água líquida, $\overline{V} = 18,0 \text{ cm}^3/\text{mol}$, se a pressão for aumentada de 10 atm a temperatura constante. Compare este valor com a variação de entalpia produzida por um aumento de 10°C na temperatura a pressão constante; $\overline{C}_p = 75,3 \text{ J/K mol}$.

7.64 Calcule a temperatura final do sistema se adicionarmos 20 g de gelo a $-5°C$ a 100 g de água líquida a 21°C em um frasco de Dewar (uma garrafa térmica); para a transformação $H_2O(s) \rightarrow H_2O(l)$; $\Delta H° = 6009 \text{ J/mol}$.

$$\overline{C}_p(H_2O, s)/(J/K \text{ mol}) = 37,7, \qquad \overline{C}_p(H_2O, l)/(J/K \text{ mol}) = 75,3.$$

7.65 A partir do princípio da equipartição e do primeiro princípio calcule γ para um gás ideal que seja (a) monoatômico, (b) diatômico e (c) triatômico não-linear; (d) compare os valores previstos pelo princípio da equipartição com os valores na Tab. 4.3 para (a) Ar, (b) N_2 e I_2, (c) H_2O; (e) assumindo a equipartição, qual o valor limite de γ à medida que o número de átomos na molécula torna-se muito grande?

7.66 Usando a Eq. (7.45) e a lei de Joule mostre que para o gás ideal $(\partial H/\partial p)_T = 0$.

7.67 A partir da lei dos gases ideais e da Eq. (7.57) obtenha as Eqs. (7.58) e (7.59).

7.68 Aplicando a Eq. (7.44) a uma transformação a volume constante mostre que

$$C_p - C_v = [V - (\partial H/\partial p)_T](\partial p/\partial T)_v.$$

8

Introdução ao Segundo
Princípio da Termodinâmica

8.1 OBSERVAÇÕES GERAIS

No Cap. 6 mencionamos o fato de que todas as transformações reais possuem uma direção que consideramos como natural. A transformação no sentido oposto não seria natural, ou seja, não seria real. Na natureza, os rios correm das montanhas para o mar e nunca no sentido oposto. As árvores crescem, dão frutos, e depois perdem suas folhas. A imagem das folhas secas subindo, ligando-se novamente à árvore e mais tarde transformando-se em frutos é evidentemente grotesca. Uma barra metálica isolada, inicialmente quente numa das pontas e fria na outra, atinge uma temperatura uniforme; uma barra metálica, inicialmente à temperatura uniforme, nunca desenvolverá espontaneamente uma extremidade quente e outra fria.

O primeiro princípio da Termodinâmica não diz nada acerca da preferência de uma direção relativamente à direção oposta. O primeiro princípio exige apenas que a energia do universo permaneça a mesma antes e depois da transformação. Nas transformações descritas acima, a energia do universo não se alterou; a transformação satisfaz o primeiro princípio, seja numa direção ou noutra.

Seria útil se um sistema possuísse uma ou mais propriedades que sempre variassem numa direção, com o sistema sofrendo uma transformação natural, e variassem na direção oposta, se imaginássemos o sistema sofrendo uma "transformação não-natural". Felizmente, existe uma propriedade deste tipo, a entropia, bem como várias outras que dela derivam. Para preparar os fundamentos para a definição matemática da entropia, precisamos desviar um pouco nossa atenção e estudar algumas das características das transformações cíclicas. Tendo feito isso, voltaremos aos sistemas químicos e às implicações químicas do segundo princípio.

8.2 O CICLO DE CARNOT

Em 1824, um engenheiro francês, Sadi Carnot, investigou os princípios que governam a transformação da energia térmica, "calor", em energia mecânica, trabalho. Ele baseou seus estudos na transformação cíclica de um sistema que agora é chamada ciclo de Carnot. O ciclo de Carnot consiste de quatro etapas reversíveis e, portanto, é um ciclo reversível. Um sistema está sujeito consecutivamente às seguintes transformações *reversíveis* de estado:

Etapa 1: Expansão isotérmica.   *Etapa 2:* Expansão adiabática.

Etapa 3: Compressão isotérmica.   *Etapa 4:* Compressão adiabática.

Como a massa do sistema é fixa, o estado pode ser descrito por duas das três variáveis T, p, V. Um sistema desse tipo, que produz apenas efeitos de calor e trabalho nas vizinhanças, é chamado de uma *máquina térmica*. Uma *fonte térmica* é um sistema que tem a mesma temperatura em todos os seus pontos; esta temperatura não é afetada qualquer que seja a quantidade de calor que entre ou que saia da fonte.

Imaginemos que o material que compõe o sistema, a substância de "trabalho", esteja no interior de um cilindro fechado por um pistom. Na Etapa 1, o cilindro é imerso numa fonte térmica à temperatura T_1 e se expande isotermicamente do volume inicial V_1 ao volume V_2. O cilindro agora é retirado da fonte, isolado e, na Etapa 2, é expandido adiabaticamente de V_2 a V_3; nessa etapa, a temperatura do sistema cai de T_1 a uma temperatura mais baixa T_2. O isolamento é removido e o cilindro é colocado numa fonte térmica à temperatura T_2. Na Etapa 3 o sistema é comprimido isotermicamente de V_3 a V_4. O cilindro é removido da fonte e isolado novamente. Na Etapa 4 o sistema é comprimido adiabaticamente de V_4 ao volume original V_1. Nessa compressão adiabática a temperatura aumenta de T_2 à temperatura original T_1. Portanto, como sempre acontece num ciclo, o sistema é restaurado ao seu estado inicial.

Os estados inicial e final e a aplicação do primeiro princípio a cada etapa no ciclo de Carnot estão descritos na Tab. 8.1. Para o ciclo, $\Delta U = 0 = Q_{cf.} - W_{cf.}$, ou

$$W_{cí} = Q_{cí}. \tag{8.1}$$

A soma das expressões do primeiro princípio para as quatro etapas fornece

$$W_{cí} = W_1 + W_2 + W_3 + W_4, \tag{8.2}$$

Tab. 8.1

Etapa	Estado inicial	Estado final	Expressão do primeiro princípio
1	T_1, p_1, V_1	T_1, p_2, V_2	$\Delta U_1 = Q_1 - W_1$
2	T_1, p_2, V_2	T_2, p_3, V_3	$\Delta U_2 = -W_2$
3	T_2, p_3, V_3	T_2, p_4, V_4	$\Delta U_3 = Q_2 - W_3$
4	T_2, p_4, V_4	T_1, p_1, V_1	$\Delta U_4 = -W_4$

$$Q_{cí} = Q_1 + Q_2. \tag{8.3}$$

Combinando as Eqs. (8.1) e (8.3), temos

$$W_{cí} = Q_1 + Q_2. \tag{8.4}$$

[Note que os índices dos $Q(s)$ foram escolhidos para corresponder àqueles dos $T(s)$.] Se $W_{cí.}$ é positivo, então o trabalho foi produzido à custa da energia térmica das vizinhanças. O sistema não sofre nenhuma transformação líquida no ciclo.

8.3 O SEGUNDO PRINCÍPIO DA TERMODINÂMICA

O que é importante acerca da Eq. (8.4) é que $W_{cí.}$ é a soma de *dois* termos, cada um dos quais associado a uma temperatura *diferente*. Poderíamos imaginar um processo cíclico complicado, envolvendo muitas fontes térmicas a diferentes temperaturas; para tal caso

$$W_{cí} = Q_1 + Q_2 + Q_3 + Q_4 + \cdots,$$

162 / FUNDAMENTOS DE FÍSICO-QUÍMICA

onde Q_1 é o calor extraído da fonte à temperatura T_1, e assim por diante. Alguns dos $Q(s)$ terão sinal positivo e outros terão negativo; o efeito líquido de trabalho no ciclo é a soma algébrica de todos os valores de Q.

É possível se imaginar um processo cíclico tal que $W_{cí}$ seja positivo, isto é, tal que depois do ciclo as massas estejam verdadeiramente mais altas nas vizinhanças. Isto pode ser feito de modo complicado usando-se fontes em muitas temperaturas diferentes ou pode ser feito usando-se apenas duas fontes em duas temperaturas diferentes, como no ciclo de Carnot. Entretanto, a experiência mostra que não é possível construir tal máquina usando apenas uma fonte térmica (compare com a Seç. 7.6). Portanto, se

$$W_{cí} = Q_1,$$

onde Q_1 é o calor extraído de uma única fonte térmica à temperatura uniforme; então $W_{cí}$ é negativo, ou na melhor das hipóteses zero, isto é,

$$W_{cí} \leq 0.$$

Essa experiência está de acordo com o segundo princípio da Termodinâmica. *É impossível para um sistema operando num ciclo e acoplado a uma única fonte térmica produzir uma quantidade positiva de trabalho nas vizinhanças.* Este enunciado é equivalente ao proposto por Kelvin em 1850.

8.4 CARACTERÍSTICAS DE UM CICLO REVERSÍVEL

De acordo com o segundo princípio, o processo mais simples capaz de produzir uma quantidade positiva de trabalho nas vizinhanças envolve pelo menos duas fontes térmicas a temperaturas diferentes. A máquina de Carnot opera em tal ciclo e, em virtude da sua simplicidade, tornou-se o protótipo das máquinas térmicas cíclicas. Uma propriedade importante do ciclo de Carnot é o fato de ser reversível. Numa transformação cíclica, a reversibilidade exige que, depois do ciclo ter-se completado num sentido e no sentido oposto, as vizinhanças sejam restauradas à sua condição inicial. Isso significa que as fontes e as massas precisam ser restauradas à sua condição inicial, o que pode ser conseguido somente se a inversão do ciclo trocar o sinal de W, Q_1 e Q_2 individualmente. Os valores de W e Q individuais não mudam fazendo uma máquina reversível funcionar no sentido oposto; mudam apenas os sinais. Portanto, para uma máquina reversível temos:

Ciclo direto: $W_{cí}$, Q_1, Q_2, $W_{cí} = Q_1 + Q_2$;

Ciclo reverso: $-W_{cí}$, $-Q_1$, $-Q_2$, $-W_{cí} = -Q_1 + (-Q_2)$.

8.5 UM MOTO-CONTÍNUO DE SEGUNDA ESPÉCIE

Uma máquina de Carnot com duas fontes térmicas é usualmente representada de um modo esquemático como na Fig. 8.1. O trabalho W produzido nas vizinhanças pela máquina reversível E_r é indicado pela flecha que aponta para as vizinhanças. As quantidades de calor Q_1 e Q_2 extraídas das fontes são indicadas por flechas que apontam para o sistema. Em todas as discussões que seguem, escolheremos T_1 como a temperatura mais alta.

O segundo princípio tem como conseqüência imediata que Q_1 e Q_2 não têm o mesmo sinal algébrico. Faremos a demonstração por absurdo. Admitamos que tanto Q_1 como Q_2 sejam positivos; então W, sendo a soma de Q_1 e Q_2, é também positivo. Se Q_2 é positivo, então o calor escoa para fora da fonte à temperatura T_2, como indica a flecha na Fig. 8.1. Suponhamos que restaurássemos esta quantidade de calor Q_2 à fonte à temperatura T_2 ligando as duas fontes por uma barra metálica, de tal modo que o calor pudesse escoar diretamente da fonte à temperatura mais alta para a fonte à temperatura mais baixa (Fig. 8.2). Fazendo a barra de tamanho e formato adequados, podemos arranjar as coisas de tal modo que, no tempo necessário para a máquina percorrer um ciclo no qual extrai Q_2 da fonte, uma quantidade igual de calor Q_2 escoa para a mesma fonte através da barra. Portanto, depois do ciclo, a fonte à temperatura T_2 é restaurada ao seu estado inicial; ou seja, a máquina e a fonte à temperatura T_2 formam uma máquina cíclica composta, envolvida pelo quadro na Fig. 8.2. Esta máquina cíclica composta

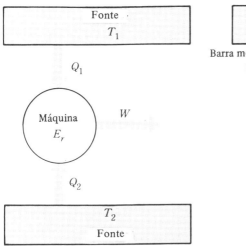

Fig. 8.1 Representação esquemática da máquina de Carnot.

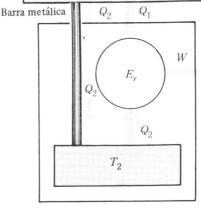

Fig. 8.2 Uma máquina impossível.

está ligada a uma única fonte térmica à temperatura T_1 e produz uma quantidade positiva de trabalho. O segundo princípio diz que tal máquina é impossível. Nossa hipótese de Q_1 e Q_2 serem positivos levou a uma contradição do segundo princípio. Se admitíssemos que Q_1 e Q_2 fossem negativos, então W seria negativo. Revertendo a máquina, isto é, fazendo-a funcionar no sentido inverso, Q_1, Q_2 e W tornam-se positivos e a demonstração seria feita como antes. Concluímos que Q_1 e Q_2 precisam ter sinais diferentes, porque de outro modo poderíamos construir essa máquina, que é impossível.

Suponhamos, por um instante, que na nossa sala instalássemos a máquina impossível, indicada na Fig. 8.2. A sala em si pode servir como fonte térmica. Colocamos a máquina em movimento (note que não precisamos ligá-la!). A máquina está então extraindo calor da sala e produzindo trabalho mecânico. Qualquer pessoa com algum senso de economia usaria este trabalho para fazer funcionar um gerador elétrico. Enquanto tranqüilamente mandamos um recado à companhia de eletricidade, dizendo que não precisamos mais dos seus serviços, observamos que a sala começa a ficar fria. Um ar-condicionado! Excelente no verão, mas nada animador no inverno. No inverno podemos colocar a máquina fora da sala. O calor é então extraído

164 / FUNDAMENTOS DE FÍSICO-QUÍMICA

da atmosfera; a máquina pode funcionar por muito tempo, antes que a temperatura caia de pelo menos um grau; enquanto isso, continuamos sem pagar contas de luz. O maravilhoso acerca dessa máquina é que a atmosfera nunca ficará fria. Quando usamos a energia elétrica armazenada, ela retorna principalmente sob a forma de "calor". Essa máquina maravilhosa não existe no mercado. A verdade é que a experiência mostra não ser possível construir tal máquina. Trata-se de um moto-contínuo de segunda espécie.

8.6 RENDIMENTO DAS MÁQUINAS TÉRMICAS

A experiência mostra que, se uma máquina térmica opera entre duas fontes térmicas, de tal modo que uma quantidade de calor positiva seja produzida, então Q_1, o calor extraído da fonte à temperatura mais alta, é positivo e Q_2, o calor extraído da fonte à temperatura mais baixa, é negativo. O valor negativo de Q_2 significa que o calor escoa para a fonte à temperatura mais baixa. A máquina, produzindo trabalho, extrai uma quantidade de calor Q_1 da fonte à temperatura mais alta e rejeita uma quantidade $-Q_2$ para a fonte a uma temperatura mais baixa. A flecha entre a fonte à temperatura T_2 e a máquina das Figs. 8.1 e 8.2 parece, então, errada. Entretanto, reteremos a direção das flechas e lembraremos sempre que, em cada caso, um dos calores Q será negativo. Isto preserva a nossa convenção original para o calor (Q): positivo quando escoa a partir das vizinhanças; os sinais automaticamente aparecerão, não havendo necessidade de nos preocuparmos.

O rendimento ϵ de uma máquina térmica é definido como a relação entre o trabalho produzido e a quantidade de calor extraída da fonte à temperatura mais alta:

$$\epsilon \equiv \frac{W}{Q_1}. \tag{8.5}$$

Mas, como $W = Q_1 + Q_2$,

$$\epsilon = 1 + \frac{Q_2}{Q_1}. \tag{8.6}$$

Como Q_1 e Q_2 diferem em sinal, o segundo termo da Eq. (8.6) é negativo e, conseqüentemente, o rendimento é menor do que 1. O rendimento é a fração de calor extraída da fonte à temperatura mais alta e que é convertida em trabalho no processo cíclico.

8.7 OUTRA MÁQUINA IMPOSSÍVEL

Consideremos duas máquinas E_r e E', ambas operando num ciclo entre as mesmas fontes térmicas. Serão iguais ou diferentes os seus rendimentos? As máquinas podem ser projetadas de modo diferente e podem usar substâncias de trabalho diferentes. Seja E_r uma máquina reversível e E' qualquer outra máquina, reversível ou não. As fontes estão às temperaturas T_1 e T_2, com $T_1 > T_2$. Para a máquina E_r, podemos escrever

$$W = Q_1 + Q_2, \qquad \text{(ciclo direto)};$$

$$-W = -Q_1 + (-Q_2), \qquad \text{(ciclo reverso)}.$$

Para a máquina E'

$$W' = Q'_1 + Q'_2, \qquad \text{(ciclo direto)}.$$

Suponhamos que movimentássemos a máquina E_r no seu ciclo reverso acoplada à máquina E', funcionando no ciclo direto. Isto dá uma máquina cíclica composta que produz efeitos de calor e trabalho, que são simplesmente a soma dos efeitos individuais dos respectivos ciclos:

$$-W + W' = -Q_1 + (-Q_2) + Q'_1 + Q'_2. \tag{8.7}$$

Fazendo a máquina E_r de tamanho adequado, as coisas podem ser conduzidas de tal modo que a máquina composta não produza efeitos de trabalho nas vizinhanças; isto é, ajustaremos E_r até que $-W + W' = 0$, ou

$$\dot{W} = W'. \tag{8.8}$$

A Eq. (8.7) pode ser recomposta na forma

$$Q_1 - Q'_1 = -(Q_2 - Q'_2). \tag{8.9}$$

Examinemos agora esses efeitos de calor nas fontes sob a hipótese do rendimento de E' ser maior que o de E_r, isto é,

$$\epsilon' > \epsilon.$$

Pela definição de rendimento, isso implica que

$$\frac{W'}{Q'_1} > \frac{W}{Q_1}.$$

Como pela Eq. (8.8) $W = W'$, a desigualdade torna-se

$$\frac{1}{Q'_1} > \frac{1}{Q_1},$$

que é equivalente a $Q_1 > Q'_1$ ou

$$Q'_1 - Q_1 < 0, \qquad \text{(uma quantidade negativa)}.$$

O calor extraído da fonte à temperatura T_1 pela máquina E' funcionando no sentido direto é Q'_1 e pela máquina E_r no sentido reverso é $-Q_1$. A quantidade total de calor extraído de T_1 é a soma dessas duas quantidades, $Q'_1 - Q_1$, que, pelo nosso argumento, é negativa. Se o calor extraído da fonte é negativo, o calor realmente escoa *para* a fonte. Portanto esta máquina bombeia calor para a fonte à temperatura T_1. O calor extraído da fonte à temperatura T_2 é, pelas mesmas considerações, $Q'_2 - Q_2$. Nosso argumento, juntamente com a Eq. (8.9), mostra que essa quantidade de calor é positiva. O calor é extraído do reservatório à temperatura T_2. As várias quantidades estão indicadas na Tab. 8.2. As quantidades para a máquina composta são a soma das quantidades para as máquinas separadas, isto é, a soma das duas colunas anteriores na Tab. 8.2.

166 / FUNDAMENTOS DE FÍSICO-QUÍMICA

Tab. 8.2

	E_r direto	E_r reverso	E' direto	Máquina composta E_r (reverso) $+ E'$ (direto)
Trabalho produzido	W	$-W$	W	0
Calor que sai de T_1	Q_1	$-Q_1$	Q_1'	$Q_1' - Q_1 = -$
Calor que sai de T_2	Q_2	$-Q_2$	Q_2'	$Q_2' - Q_2 = +$
Primeiro princípio	$W = Q_1 + Q_2$	$-W = -Q_1 - Q_2$	$W = Q_1' + Q_2'$	$0 = (Q_1' - Q_1) + (Q_2' - Q_2)$

A última coluna mostra que a máquina composta extrai uma quantidade negativa de calor, $Q_1' - Q_1$, da fonte a T_1. Conseqüentemente, a máquina injeta uma quantidade positiva de calor na fonte à temperatura mais alta e extrai uma igual quantidade de calor da fonte à temperatura mais baixa. O aspecto extraordinário dessa máquina é que ela não produz trabalho nem necessita de trabalho para ser operada.

Novamente, imaginemos essa máquina instalada na nossa sala. Colocando uma panela de água quente numa extremidade da sala, uma panela de água fria na outra e colocamos a máquina em movimento. Ela começa a bombear calor do lado frio para o lado quente. Depois de algum tempo, teremos água em ebulição no lado quente e água congelando no lado frio. Se o projetista tiver sido suficientemente previdente para fazer o lado frio no formato de uma geladeira portátil, podemos manter cerveja gelada neste lado e café quente no outro. Qualquer anfitriã ou dona-de-casa ficaria maravilhada com esse dispositivo. Que cozinha! Que combinação fogão-geladeira! E, novamente, não teríamos de pagar contas à companhia de eletricidade. A experiência mostra que não é possível construir essa máquina; esse é outro exemplo de um moto-contínuo de segunda espécie.

O argumento que nos levou a essa máquina impossível estava baseado apenas no primeiro princípio e numa hipótese. A hipótese de que o rendimento de E' é maior do que o rendimento de E_r é, portanto, errada. Concluímos que o rendimento de qualquer máquina E' deve ser menor ou igual ao rendimento de uma máquina reversível E_r, ambas operando entre as mesmas fontes térmicas:

$$\epsilon' \leq \epsilon. \tag{8.10}$$

A relação na Eq. (8.10) é outra conseqüência importante do segundo princípio. A máquina E' é qualquer máquina; a máquina E_r é qualquer máquina *reversível*. Consideremos duas máquinas *reversíveis* com rendimentos ϵ_1 e ϵ_2. Como a segunda é reversível, o rendimento da primeira precisa ser menor ou igual ao rendimento da segunda, pela Eq. (8.10):

$$\epsilon_1 \leq \epsilon_2. \tag{8.11}$$

Mas a primeira máquina é reversível e, portanto, pela Eq. (8.10), o rendimento da segunda precisa ser menor ou igual ao rendimento da primeira:

$$\epsilon_2 \leq \epsilon_1. \tag{8.12}$$

INTRODUÇÃO AO SEGUNDO PRINCÍPIO DA TERMODINÂMICA / 167

O único modo para que ambas as equações, (8.11) e (8.12), possam ser satisfeitas simultaneamente é se

$$\epsilon_1 = \epsilon_2. \tag{8.13}$$

A Eq. (8.13), que resulta do segundo princípio, significa que *todas as máquinas reversíveis operando entre as mesmas fontes térmicas têm o mesmo rendimento.*

De acordo com a Eq. (8.13), o rendimento não depende da máquina e, portanto, não pode depender do projeto da máquina ou da substância de trabalho usada na máquina. A única especificação feita é quanto às temperaturas das fontes. Dessa forma, o rendimento é função apenas das temperaturas das fontes:

$$\epsilon = f(T_1, T_2). \tag{8.14}$$

Como da Eq. (8.6), $\epsilon = 1 + Q_2/Q_1$, a relação Q_2/Q_1 é função apenas das temperaturas:

$$\frac{Q_2}{Q_1} = g(T_1, T_2). \tag{8.15}$$

Do conceito de reversibilidade segue-se que uma máquina irreversível produzirá efeitos de calor e trabalho nas vizinhanças que são diferentes daqueles produzidos por uma máquina reversível. Portanto, o rendimento de uma máquina irreversível é diferente do rendimento da reversível; o rendimento não pode ser maior, devendo ser menor.

8.8 ESCALA DE TEMPERATURA TERMODINÂMICA

Para uma máquina reversível, tanto o rendimento como a relação Q_2/Q_1 podem ser calculados diretamente a partir das quantidades medidas de trabalho e calor que escoam para as vizinhanças. Portanto, temos propriedades mensuráveis que dependem apenas das temperaturas e são independentes das propriedades de qualquer tipo especial de substância. Conseqüentemente, é possível estabelecer uma escala de temperatura, independente das propriedades de quaisquer substâncias. Isso contorna a dificuldade associada às escalas empíricas de temperatura descritas na Seç. 6.5. Essa é a escala absoluta ou escala de temperatura termodinâmica.

Operamos uma máquina reversível do seguinte modo. A fonte de baixa temperatura está a uma temperatura fixa e arbitrária t_0. A temperatura t_0 é a temperatura em qualquer escala empírica. O calor extraído dessa fonte é Q_0. Se fizermos funcionar a máquina com a fonte à temperatura mais alta t, uma quantidade de calor Q escoará a partir dessa fonte e uma quantidade positiva de trabalho será produzida. Mantendo t_0 e Q_0 constantes, aumentamos a temperatura da outra fonte para algum valor mais alto t'. Experimentalmente constatamos que mais calor Q' é extraído da fonte à temperatura t'. Portanto, o calor extraído da fonte quente aumenta com o aumento da temperatura. Por essa razão, escolhemos o calor extraído da fonte quente como propriedade termométrica. Podemos definir a temperatura termodinâmica θ por

$$Q = a\theta, \tag{8.16}$$

onde a é uma constante e Q é o calor extraído da fonte quente. Escrevendo a Eq. (8.15) com a notação apropriada a essa situação, temos $Q_0/Q = g(t, t_0)$. Desta equação, é claro que, se Q_0 e

168 / *FUNDAMENTOS DE FÍSICO-QUÍMICA*

t_0 são constantes, então Q é função apenas de t. Na Eq. (8.16) escolhemos arbitrariamente Q como uma função razoável e simples da temperatura absoluta.

O trabalho produzido no ciclo é $W = Q + Q_0$, o qual, usando a Eq. (8.16), torna-se

$$W = a\theta + Q_0. \tag{8.17}$$

Agora, se a fonte a alta temperatura for resfriada até que atinja θ_0, a temperatura da fonte fria, o ciclo torna-se um ciclo isotérmico e não há produção de trabalho. Como é um ciclo reversível, $W = 0$ e, portanto, $0 = a\theta_0 + Q_0$, ou seja, $Q_0 = -a\theta_0$. Então a Eq. (8.17) torna-se

$$W = a(\theta - \theta_0). \tag{8.18}$$

Para o rendimento, obtemos

$$\epsilon = \frac{\theta - \theta_0}{\theta}. \tag{8.19}$$

Como não há nada de especial acerca da temperatura da fonte fria, exceto que $\theta > \theta_0$, as Eqs. (8.18) e (8.19) aplicam-se a qualquer máquina térmica reversível que opera entre duas temperaturas termodinâmicas θ e θ_0. A Eq. (8.18) mostra que o trabalho produzido por uma máquina térmica reversível é diretamente proporcional à diferença de temperatura na escala termodinâmica, enquanto que o rendimento é igual à relação entre a diferença de temperatura e a temperatura da fonte quente. A fórmula de Carnot, Eq. (8.19), que relaciona o rendimento de uma máquina reversível com as temperaturas das fontes, é, provavelmente, a fórmula mais comentada de toda a Termodinâmica.

Lord Kelvin foi o primeiro a definir a escala de temperatura termodinâmica, chamada escala Kelvin em sua honra, a partir das propriedades das máquinas reversíveis. Se escolhermos o mesmo tamanho de grau para a escala Kelvin e para a escala do gás ideal e se ajustarmos a constante de proporcionalidade a na Eq. (8.16) para concordar com a definição usual de um mol do gás ideal, então a escala do gás ideal e a temperatura na escala Kelvin tornam-se *numericamente* iguais. Entretanto, a escala Kelvin é a fundamental. A partir de agora usaremos T para a temperatura termodinâmica, $\theta = T$, exceto onde o uso de θ possa ajudar a dar maior ênfase.

Uma vez dado um valor positivo à temperatura termodinâmica, todas as outras temperaturas tornam-se positivas, pois, se assim não fosse, os calores, Q, para as duas fontes teriam o mesmo sinal e isto resultaria, como vimos, num moto-contínuo.

8.9 RETROSPECTO

A partir das características de um tipo muito simples e particular de máquina térmica, a máquina de Carnot, e da experiência universal de que certos tipos de máquinas não podem ser construídas, concluímos que os rendimentos de todas as máquinas térmicas reversíveis, operando entre as mesmas duas fontes térmicas, são iguais e dependem apenas das temperaturas das fontes. Foi possível, então, estabelecer a escala termodinâmica de temperatura, que é independente das propriedades de qualquer substância individual e que relaciona o rendimento da máquina com as temperaturas nesta escala:

$$\epsilon = \frac{\theta_1 - \theta_2}{\theta_1} = \frac{T_1 - T_2}{T_1},$$

onde $\theta_1 = T_1$ é a temperatura da fonte quente.

INTRODUÇÃO AO SEGUNDO PRINCÍPIO DA TERMODINÂMICA / 169

O segundo princípio foi enunciado no sentido de que é impossível para uma máquina, operando num ciclo e acoplada a uma fonte a uma única temperatura, produzir uma quantidade positiva de trabalho nas vizinhanças. Isso é equivalente ao enunciado do segundo princípio devido a Kelvin e Planck. A possibilidade de outro tipo de máquina foi também delineada. É impossível para uma máquina operando num ciclo ter, como *único* efeito, a transferência de uma quantidade de calor de uma fonte a temperatura mais baixa para uma fonte a temperatura mais alta. Este é, em essência, o conteúdo do enunciado de Clausius do segundo princípio. Ambas as máquinas constituem um moto-contínuo de segunda espécie. Se fosse possível construir uma delas, a outra também poderia ser construída. (A demonstração da equivalência é deixada como exercício, Probl. 8.1.) O enunciado de Kelvin-Planck e o enunciado de Clausius do segundo princípio da Termodinâmica são, é claro, completamente equivalentes.

Nesse estudo de máquinas termodinâmicas, foi nossa intenção chegar à definição de alguma propriedade de estado, cuja variação associada a uma dada mudança de estado levasse a um critério para decidir se uma transformação de estado é real ou natural. Chegamos perto dessa definição, mas primeiro examinaremos o ciclo de Carnot usando um gás ideal como substância de trabalho, e também descreveremos a operação do refrigerador de Carnot.

8.10 CICLO DE CARNOT COM UM GÁS IDEAL

Se um gás ideal é usado como substância de trabalho numa máquina de Carnot, a aplicação do primeiro princípio a cada uma das etapas no ciclo pode ser escrita no esquema da Tab. 8.3. Os valores de W_1 e W_3, que são as quantidades de trabalho produzidas numa expansão isotérmica reversível de um gás ideal, foram obtidos da Eq. (7.6). Os valores de ΔU foram calculados integrando-se a equação $dU = C_v dT$. O trabalho total produzido num ciclo é a soma das quan-

Tab. 8.3

Etapa n.º	Caso geral	Gás ideal
1	$\Delta U_1 = Q_1 - W_1$	$0 = Q_1 - RT_1 \ln(V_2/V_1)$
2	$\Delta U_2 = -W_2$	$\int_{T_1}^{T_2} C_v\, dT = -W_2$
3	$\Delta U_3 = Q_2 - W_3$	$0 = Q_2 - RT_2 \ln(V_4/V_3)$
4	$\Delta U_4 = -W_4$	$\int_{T_2}^{T_1} C_v\, dT = -W_4$

tidades individuais:

$$W = RT_1 \ln\left(\frac{V_2}{V_1}\right) - \int_{T_1}^{T_2} C_v\, dT + RT_2 \ln\left(\frac{V_4}{V_3}\right) - \int_{T_2}^{T_1} C_v\, dT.$$

As duas integrais somam zero, como podemos ver trocando-se os limites de integração e, portanto, mudando o sinal de ambas. Logo,

$$W = RT_1 \ln\left(\frac{V_2}{V_1}\right) - RT_2 \ln\left(\frac{V_3}{V_4}\right), \tag{8.20}$$

onde o sinal do segundo termo foi trocado invertendo-se o argumento do logaritmo.

170 / FUNDAMENTOS DE FÍSICO-QUÍMICA

A Eq. (8.20) pode ser simplificada lembrando-se que os volumes V_2 e V_3 estão ligados por uma transformação adiabática reversível; o mesmo é verdade para V_4 e V_1. Pela Eq. (7.57),

$$T_1 V_2^{\gamma-1} = T_2 V_3^{\gamma-1}, \qquad T_1 V_1^{\gamma-1} = T_2 V_4^{\gamma-1}.$$

Dividindo-se a primeira equação pela segunda, obtemos

$$\left(\frac{V_2}{V_1}\right)^{\gamma-1} = \left(\frac{V_3}{V_4}\right)^{\gamma-1} \qquad \text{ou} \qquad \frac{V_2}{V_1} = \frac{V_3}{V_4}.$$

Colocando-se esse resultado na Eq. (8.20), obtemos

$$W = R(T_1 - T_2) \ln \left(\frac{V_2}{V_1}\right). \tag{8.21}$$

Da equação para a primeira etapa no ciclo, temos

$$Q_1 = R T_1 \ln \left(\frac{V_2}{V_1}\right),$$

e o rendimento é dado por

$$\epsilon = \frac{W}{Q_1} = \frac{T_1 - T_2}{T_1} = 1 - \frac{T_2}{T_1}. \tag{8.22}$$

A Eq. (8.21) mostra que o trabalho total produzido depende da diferença de temperatura entre os dois reservatórios [compare com a Eq. (8.18)] e a relação de volume V_2/V_1 (a razão de compressão). O rendimento é função apenas das duas temperaturas [compare com a Eq. (8.19)]. É evidente, a partir da Eq. (8.22), que, para o rendimento ser unitário, ou a fonte fria precisaria estar à temperatura $T_2 = 0$ ou a fonte quente precisaria estar à temperatura T_1 igual a infinito. Nenhuma das duas situações é fisicamente realizável.

Tab. 8.4

Ciclo	Q_1	Q_2	W
Direto	$+$	$-$	$+$
Reverso	$-$	$+$	$-$

8.11 O REFRIGERADOR DE CARNOT

Se uma máquina térmica reversível operasse de tal forma a produzir uma quantidade positiva de trabalho nas vizinhanças então uma quantidade positiva de calor seria extraída da fonte quente e o calor seria rejeitado para a fonte fria. Suponhamos que este seja o ciclo direto. Se a máquina é revertida, os sinais de todas as quantidades de calor e trabalho são invertidos. O trabalho é destruído, $W < 0$; o calor é extraído da fonte fria e rejeitado para a fonte quente. Nesse ciclo reverso pela destruição de trabalho, o calor é bombeado a partir da fonte fria para a fonte quente; a máquina é um refrigerador. Note que o refrigerador é bastante diferente da nossa má-

INTRODUÇÃO AO SEGUNDO PRINCÍPIO DA TERMODINÂMICA / 171

quina impossível, que bombeava calor da extremidade fria para a extremidade quente da máquina. A máquina impossível não destruía trabalho no processo como um refrigerador o faz. Os sinais das quantidades de trabalho e de calor dos dois modos de operar estão mostrados na Tab. 8.4 (T_1 é a temperatura mais alta).

O *coeficiente de eficiência* ou simplesmente a *eficiência* η de um refrigerador é a relação entre o calor extraído da fonte de baixa temperatura e o trabalho destruído:

$$\eta = \frac{Q_2}{-W} = \frac{Q_2}{-(Q_1 + Q_2)}, \qquad (8.23)$$

pois $W = Q_1 + Q_2$. Também, como $(Q_2/Q_1) = -(T_2/T_1)$, obtemos

$$\eta = \frac{T_2}{T_1 - T_2}. \qquad (8.24)$$

A eficiência é o calor extraído do recipiente frio por unidade de trabalho gasto. Da Eq. (8.24) é evidente que à medida que T_2, temperatura dentro do recipiente frio, torna-se menor, a eficiência cai rapidamente; isso acontece porque o numerador da Eq. (8.24) diminui e o denominador aumenta. A quantidade de trabalho que precisa ser gasta para manter uma temperatura baixa, havendo um determinado escoamento de calor para dentro do recipiente, aumenta rapidamente quando a temperatura do recipiente diminui.

8.12 A BOMBA DE CALOR

Suponha que coloquemos a máquina de Carnot funcionando num ciclo reverso, como um refrigerador, mas que, ao invés de termos o interior do refrigerador servindo como fonte fria, usamos o exterior da casa como fonte fria e o interior da casa como fonte quente. Assim, o refrigerador bombeia calor, Q_2, de fora da casa e rejeita calor, $-Q_1$, para dentro da casa. A eficiência da bomba de calor, η_{bc}, é a quantidade de calor bombeada para dentro da fonte de maior temperatura, $-Q_1$, por unidade de trabalho destruído, $-W$.

$$\eta_{bc} \equiv \frac{-Q_1}{-W} = \frac{Q_1}{W} = \frac{Q_1}{Q_1 + Q_2}. \qquad (8.25)$$

Como $Q_2/Q_1 = -T_2/T_1$,

$$\eta_{bc} = \frac{T_1}{T_1 - T_2}. \qquad (8.26)$$

Essa importante fórmula é mais bem ilustrada por um exemplo. Suponha que a temperatura exterior seja $5°C$ e a interior $20°C$. Se $-W = 1$ kJ, a quantidade de calor bombeada para fora da casa será

$$-Q_1 = \frac{T_1}{T_1 - T_2}(-W) = \frac{293\ K}{15\ K}(1\ kJ) = 20\ kJ.$$

Isso significa que, se compararmos uma casa usando resistência elétrica com outra usando uma bomba de calor, o gasto de 1 kJ na resistência fornecerá 1 kJ de calor para a casa, enquanto que o gasto de 1 kJ na bomba de calor fornecerá 20 kJ de calor. A vantagem da bomba de calor sobre a resistência é evidente, embora as eficiências das máquinas reais sejam substancialmente

172 / FUNDAMENTOS DE FÍSICO-QUÍMICA

inferiores ao máximo teórico dado pelo segundo princípio. Com as temperaturas dadas, as eficiências das máquinas reais variam de 2 a 3 (ainda bons fatores de multiplicação). No entanto, quando a temperatura exterior cai abaixo de 5°C, a bomba de calor começa a ter problemas. Mediante a demanda normal de aquecimento, é difícil fornecer ar frio a uma velocidade que seja suficiente para manter o radiador frio à temperatura ambiente. A temperatura do radiador cai e a eficiência diminui, como é mostrado pela Eq. (8.26).

Se experimentarmos avaliar diretamente a economia relativa de uma bomba de calor contra a queima de um combustível fóssil, precisamos ter em mente que, se a energia elétrica vinda do combustível fóssil mover a bomba de calor, a potência da unidade estará sujeita à limitação de Carnot. O rendimento total de uma moderna unidade a vapor é em torno de 35 por cento. Assim, no limite de lucratividade no uso do combustível fóssil, a eficiência da bomba de calor precisará ser de, pelo menos, $1/0,35 = 2,9$.

8.13 DEFINIÇÃO DE ENTROPIA

Assim como o primeiro princípio levou à definição de energia, também o segundo princípio leva à definição de uma propriedade de estado do sistema, a entropia. Uma das características das propriedades de estado de um sistema é que a soma das variações dessas propriedades num ciclo seja nula. Por exemplo, a soma das variações da energia de um sistema num ciclo é dada por $\oint dU = 0$. Agora nos perguntamos se o segundo princípio define alguma nova quantidade cuja soma das variações num ciclo seja nula.

Começamos comparando duas expressões para o rendimento de uma máquina térmica reversível que opera entre duas fontes nas temperaturas termodinâmicas θ_1 e θ_2. Vimos que

$$\epsilon = 1 + \frac{Q_2}{Q_1} \quad \text{e} \quad \epsilon = 1 - \frac{\theta_2}{\theta_1}.$$

Subtraindo essas duas expressões chegamos ao resultado

$$\frac{Q_2}{Q_1} + \frac{\theta_2}{\theta_1} = 0,$$

que pode ser rearranjada na forma

$$\frac{Q_1}{\theta_1} + \frac{Q_2}{\theta_2} = 0. \tag{8.27}$$

O primeiro membro da Eq. (8.27) é simplesmente a soma, ao longo do ciclo, da quantidade Q/θ. Poderia ser escrito como a integral cíclica da quantidade diferencial dQ/θ:

$$\oint \frac{dQ}{\theta} = 0 \quad \text{(ciclos reversíveis).} \tag{8.28}$$

Como a soma ao longo do ciclo da quantidade dQ/θ é zero, esta quantidade é a diferencial de alguma propriedade de estado; esta propriedade é chamada de *entropia* do sistema e a ela damos o símbolo S. A equação que define a entropia é, portanto,

$$dS \equiv \frac{dQ_{\text{rev}}}{T}, \tag{8.29}$$

onde o índice "rev" foi usado para indicar a restrição a ciclos reversíveis. O símbolo θ para a temperatura termodinâmica foi substituído por T que é mais comum. Note-se que embora dQ_{rev} não seja a diferencial de uma propriedade de estado, dQ_{rev}/T o é; dQ_{rev}/T é uma diferencial *exata*.

8.14 DEMONSTRAÇÃO GERAL

Mostramos que dQ_{rev}/T tem uma integral cíclica igual a zero para ciclos que envolvem apenas duas temperaturas. O resultado pode ser generalizado para qualquer ciclo.

Consideremos uma máquina de Carnot. Então num ciclo

$$W = \oint dQ, \tag{8.30}$$

e mostramos que para uma máquina de Carnot,

$$\oint \frac{dQ}{T} = 0. \tag{8.31}$$

(Por definição do ciclo de Carnot, Q é um Q reversível.) Consideremos outra máquina E'. Então, num ciclo, pelo primeiro princípio,

$$W' = \oint dQ'; \tag{8.32}$$

admitamos, entretanto, que para essa máquina,

$$\oint \frac{dQ'}{T} > 0. \tag{8.33}$$

Essa segunda máquina pode executar um ciclo tão complicado quanto desejarmos, pode ter muitas fontes térmicas e pode usar qualquer substância como substância de trabalho.

As duas máquinas podem ser acopladas criando-se uma máquina cíclica composta. O trabalho produzido pela máquina composta no seu ciclo é $W_c = W + W'$, o qual, pelas Eqs. (8.30) e (8.32), é igual a

$$W_c = \oint (dQ + dQ') = \oint dQ_c \tag{8.34}$$

onde $dQ_c = dQ + dQ'$.

Se adicionarmos as Eqs. (8.31) e (8.33), obteremos

$$\oint \frac{(dQ + dQ')}{T} > 0,$$

$$\oint \frac{dQ_c}{T} > 0. \tag{8.35}$$

Agora, ajustamos a direção de operação e o tamanho da máquina de Carnot, de tal modo que a máquina composta não produza trabalho; o trabalho necessário para operar E' é suprido pela máquina de Carnot, ou vice-versa. Então, $W_c = 0$ e a Eq. (8.34) torna-se

$$\oint dQ_c = 0. \tag{8.36}$$

Sob que condições as Eqs. (8.35) e (8.36) serão compatíveis?

174 / FUNDAMENTOS DE FÍSICO-QUÍMICA

Como cada uma das integrais cíclicas pode ser considerada como uma soma de termos, escrevemos as Eqs. (8.36) e (8.35) nas formas

$$Q_1 + Q_2 + Q_3 + Q_4 + \cdots = 0, \tag{8.37}$$

e

$$\frac{Q_1}{T_1} + \frac{Q_2}{T_2} + \frac{Q_3}{T_3} + \frac{Q_4}{T_4} + \cdots > 0. \tag{8.38}$$

A soma no primeiro membro da Eq. (8.37) consiste de um certo número de termos, alguns positivos e outros negativos. Mas os positivos compensam os negativos e a soma é nula. Temos que encontrar números (temperaturas) tais que, dividindo cada termo da Eq. (8.37) por um número adequado, obteremos uma soma na qual os termos positivos predominam satisfazendo, portanto, a exigência da desigualdade (8.38). Podemos fazer com que os termos positivos predominem se dividirmos os termos positivos na Eq. (8.37) por números pequenos e os termos negativos por números grandes. Entretanto, isso significa que estamos associando valores positivos de Q com temperaturas baixas e valores negativos com temperaturas altas. Isso implica que o calor está sendo extraído de fontes a temperaturas baixas e está sendo rejeitado para as fontes a temperaturas mais altas na operação da máquina composta. A máquina composta é, conseqüentemente, impossível e a nossa hipótese, Eq. (8.33), não está correta. Segue que para qualquer máquina E'

$$\oint \frac{dQ'}{T} \leq 0. \tag{8.39}$$

Podemos distinguir dois casos:

Caso I: A máquina E' é reversível.

Excluímos a possibilidade expressa pela Eq. (8.33); se admitirmos que para E'

$$\oint \frac{dQ'}{T} < 0,$$

então poderemos reverter o funcionamento desta máquina, o que troca todos os sinais (mas não a grandeza) dos Q (s). Então teremos

$$\oint \frac{dQ'}{T} > 0,$$

e a demonstração é como a anterior. Isto nos leva à conclusão de que, para qualquer sistema,

$$\oint \frac{dQ_{\text{rev}}}{T} = 0 \qquad \text{(todos os ciclos reversíveis)}. \tag{8.40}$$

Portanto, cada sistema tem uma propriedade de estado S (a entropia), tal que

$$dS = \frac{dQ_{\text{rev}}}{T}. \tag{8.41}$$

O estudo das propriedades da entropia será retomado no próximo capítulo.

Caso II: A máquina E' não é reversível.

Para qualquer máquina temos apenas as possibilidades expressas pela Eq. (8.39). Mostramos que a igualdade vale para máquinas reversíveis. Como os efeitos de calor e trabalho associados a um ciclo reversível são diferentes daqueles associados a um ciclo reversível, segue-se que o valor de $\oint dQ/T$, que é nulo para o ciclo reversível, será forçosamente diferente de zero para os irreversíveis. Mostramos que para qualquer máquina o valor não pode ser maior que zero. Portanto, para ciclos irreversíveis teremos necessariamente que

$$\oint \frac{dQ}{T} < 0 \qquad \text{(todos os ciclos irreversíveis)}. \qquad (8.42)$$

8.15 A DESIGUALDADE DE CLAUSIUS

Consideremos o seguinte ciclo: um sistema é transformado irreversivelmente do estado 1 ao estado 2 e então restaurado reversivelmente do estado 2 ao estado 1. A integral cíclica é

$$\oint \frac{dQ}{T} = \int_1^2 \frac{dQ_{\text{irr}}}{T} + \int_2^1 \frac{dQ_{\text{rev}}}{T} < 0,$$

e é, pela Eq. (8.42), menor que zero, pois o ciclo é irreversível. Usando a definição de dS, esta relação torna-se

$$\int_1^2 \frac{dQ_{\text{irr}}}{T} + \int_2^1 dS < 0.$$

Os limites de integração podem ser trocados na segunda integral (mas não na primeira!) pela mudança do sinal. Portanto, temos

$$\int_1^2 \frac{dQ_{\text{irr}}}{T} - \int_1^2 dS < 0,$$

ou, recompondo, temos:

$$\int_1^2 dS > \int_1^2 \frac{dQ_{\text{irr}}}{T}. \qquad (8.43)$$

Se a mudança do estado 1 para o estado 2 for infinitesimal, temos

$$dS > \frac{dQ_{\text{irr}}}{T}, \qquad (8.44)$$

ou seja, a desigualdade de Clausius, que é um requisito fundamental para uma transformação real. A desigualdade (8.44) nos permite decidir se alguma transformação ocorrerá ou não na natureza. Nós não usaremos em geral a (8.44) do modo como está formulada, mas a manipularemos para expressar a desigualdade em termos de propriedades de estado do sistema, em vez de propriedades que dependem do caminho como dQ_{irr}.

A desigualdade de Clausius pode ser aplicada diretamente às transformações num sistema isolado, $dQ_{\text{irr}} = 0$. A desigualdade torna-se, então,

$$dS > 0. \qquad (8.45)$$

176 / FUNDAMENTOS DE FÍSICO-QUÍMICA

A condição para uma transformação real num sistema isolado é que dS seja positivo, ou seja, que a entropia cresça. Qualquer transformação natural ocorrendo dentro de um sistema isolado é acompanhada de um aumento de entropia do sistema. A entropia de um sistema isolado continua a aumentar na medida em que as transformações vão ocorrendo em seu interior. Quando as transformações cessarem, o sistema estará em equilíbrio e a entropia terá atingido um valor máximo. Portanto, a condição de equilíbrio *num sistema isolado* é que a entropia tenha um valor máximo.

Portanto, também são propriedades fundamentais da entropia: 1) a entropia de um sistema isolado é aumentada por qualquer transformação natural que ocorra no seu interior; e 2) a entropia de um sistema isolado tem um valor máximo no equilíbrio. Transformações em sistemas não-isolados produzem efeitos no sistema e em suas vizinhanças imediatas. O sistema e suas vizinhanças imediatas constituem um sistema isolado composto, no qual a entropia aumenta na medida em que transformações naturais ocorrem no seu interior. Portanto, no universo, a entropia aumenta continuamente na medida em que ocorrem transformações naturais.

Clausius exprimiu os dois princípios da Termodinâmica no famoso aforismo: "A energia do universo é constante e a entropia tende a atingir um máximo".

8.16 CONCLUSÃO

Pelo que se poderia chamar um longo caminho, a existência de uma propriedade de estado, a entropia, foi demonstrada. A experiência desta propriedade é uma conseqüência do segundo princípio da Termodinâmica. O princípio zero definiu a temperatura, o primeiro princípio a energia e o segundo princípio a entropia. Nosso interesse no segundo princípio da Termodinâmica advém do fato de que esse princípio tem alguma relação com a direção natural de uma transformação. Ele proibe a construção de uma máquina que faz com que o calor escoe de uma fonte fria para uma fonte quente sem outro efeito. Do mesmo modo, o segundo princípio identificará, também, a direção "natural" de uma reação química. Em algumas situações, o segundo princípio diz que nenhuma das direções da reação química é natural; a reação está, então, em equilíbrio. A aplicação do segundo princípio às reações químicas é a abordagem mais proveitosa quando do estudo do equilíbrio químico. Felizmente essa aplicação pode ser feita de modo bastante fácil e é feita sem esta interminável combinação de máquinas cíclicas.

QUESTÕES

8.1 Usando as considerações da Seç. 7.6, como o enunciado de Kelvin, $W_{cí} \leqslant 0$, da Seç. 8.3, pode ser ampliado para (a) $W_{cí} = 0$, em um ciclo reversível, e (b) $W_{ci} < 0$, em um ciclo irreversível?

8.2 Poderia o rendimento da máquina de Carnot ser maior pelo (a) aumento de T_1, com T_2 fixo, ou (b) decréscimo de T_2, com T_1 fixo? Explique.

8.3 Como $\int dQ_{rev}/T$ pode desaparecer quando for integrada em torno de um ciclo, enquanto a integral cíclica de dQ_{rev} permanece finita?

8.4 Verifique a Eq. (8.43), usando a Eq. (8.41), avaliando (a) $\int dQ_{irr}/T$ para a expansão de Joule, irreversível, de um gás ideal variando de um volume V_1 a um volume V_2 (Fig. 7.7) e (b) $\int dQ_{rev}/T$ para a expansão reversível isotérmica de um gás ideal entre os mesmos volumes.

INTRODUÇÃO AO SEGUNDO PRINCÍPIO DA TERMODINÂMICA / 177

PROBLEMAS

Fatores de conversão:

$$1 \text{ watt} = 1 \text{ joule por segundo } (1 \text{ W} = 1 \text{ J/s})$$
$$1 \text{ cavalo-vapor} = 746 \text{ watts } (1 \text{ cv} = 746 \text{ W})$$

8.1   a) Considere a máquina impossível que é acoplada apenas a uma fonte térmica e produz um trabalho líquido nas vizinhanças. Acople essa máquina impossível com uma máquina de Carnot, de tal modo que a máquina composta seja um "fogão-refrigerador".

      b) Acople o "fogão-refrigerador" a uma máquina de Carnot de tal modo que a máquina composta produza trabalho num ciclo isotérmico.

8.2   Qual é o rendimento máximo possível de uma máquina térmica que tem como fonte quente água em ebulição sob pressão a 125°C e como fonte fria água a 25°C?

8.3   A estação geradora de Pico de Giz, em Maryland, é uma moderna unidade geradora de vapor que fornece energia elétrica para Washington e áreas vizinhas a Maryland. As unidades Um e Dois têm uma capacidade de geração total de 710 MW. A pressão de vapor é de 3600 lbs/in^2 = 25 MPa e a temperatura na saída do superaquecedor é de 540°C (1000°F). A temperatura do condensado é a 30°C (86°F).

      a) Qual o rendimento de Carnot da máquina?

      b) Se o rendimento da caldeira é de 91,2%, o rendimento total da turbina, que inclui o rendimento de Carnot e o rendimento mecânico, é de 46,7% e o rendimento do gerador é de 98,4%, qual o rendimento total da unidade? (Nota: Outros 5% do total precisam ser subtraídos do cálculo em consideração a outras perdas que ocorrem na unidade.)

      c) Uma das unidades de queima de carvão produz 355 MW. Quantas toneladas métricas (1 tonelada métrica = 1 Mg) de carvão por hora são necessárias para abastecer essa unidade na sua potência máxima, se o calor de combustão do carvão é de 29,0 MJ/kg?

      d) Que quantidade de calor por minuto é rejeitada da fonte a 30°C, na operação da unidade em (c)?

      e) Se 250.000 galões/minuto de água passam pelo condensador, qual o aumento de temperatura da água? C_p = 4,18 J/K g, 1 galão = 3,79 litros e densidade = 1,0 kg/l.

(Os dados são cortesia de William Herrmann da Potomac Electric Power Company.)

8.4   a) O hélio líquido entra em ebulição a cerca de 4 K e o hidrogênio líquido a cerca de 20 K. Qual o rendimento de uma máquina reversível, operando entre essas duas fontes térmicas, a essas temperaturas?

      b) Se quisermos a mesma eficiência que em (a), para uma máquina com uma fonte fria à temperatura comum, 300 K, qual deveria ser a temperatura da fonte quente?

8.5   O fluxo de energia solar é em torno de 4 J/cm^2 min. Em um coletor sem focalização a temperatura pode atingir um valor de 90°C. Se operarmos uma máquina térmica usando o coletor como fonte térmica e uma fonte de baixa temperatura a 25°C, calcule a área do coletor necessária para que a máquina térmica produza 1 cavalo-vapor. Assuma que a máquina opera no rendimento máximo.

8.6   Um refrigerador é operado por um motor de 1/4 de hp. Se o interior da caixa deve ser mantido a − 20°C contra uma temperatura exterior máxima de 35°C, qual é o fluxo máximo para o interior da caixa (em watts) que pode ser tolerado, se o motor funcionar continuamente. Admita que a eficiência é 75% do valor de uma máquina reversível.

8.7   Suponha um motor elétrico realizando trabalho para operar um refrigerador de Carnot. Se o calor que vaza para dentro do refrigerador é de 1200 J/s e o seu interior é mantido a − 10°C, enquanto o exterior é mantido a 30°C, qual o tamanho do motor (em cavalos-vapor) que precisa ser usado para que o motor funcione continuamente? Assuma que os rendimentos envolvidos têm os maiores valores possíveis.

8.8   Suponha um motor elétrico realizando trabalho para operar um refrigerador de Carnot. O interior do refrigerador está a 0°C. A água líquida é obtida a 0°C e convertida em gelo a 0°C. Para converter 1 g

178 / FUNDAMENTOS DE FÍSICO-QUÍMICA

de gelo em 1 g de água líquida são necessários $\Delta H_{fus} = 334$ J/g. Se a temperatura fora do recipiente é de 20°C, que massa de gelo pode ser produzida em um minuto por um motor de 1/4 de cv funcionando continuamente? Assuma que o refrigerador é perfeitamente isolado e que os rendimentos envolvidos têm seus maiores valores possíveis.

8.9 Mediante 1 atm de pressão, o hélio entra em ebulição a 4,216 K. O calor de vaporização é de 84 J/mol. Qual o tamanho de motor (em cavalos-vapor) que é necessário para fazer funcionar um refrigerador que precisa transformar 2 mol de hélio gasoso, a 4,216 K, em hélio líquido, a 4,216 K, em um minuto? Assuma que a temperatura ambiente é de 300 K e que a eficiência do refrigerador é 50% do máximo possível.

8.10 Um motor de 0,1 cavalo-vapor é usado para fazer funcionar um refrigerador de Carnot. Se o motor trabalha continuamente, qual será a temperatura obtida dentro do refrigerador se há um vazamento de calor para dentro do mesmo de 500 J/s e a temperatura no exterior é de 20°C? Admita que a máquina trabalhe no seu rendimento máximo.

8.11 Se uma bomba de calor está proporcionando uma temperatura de 21°C dentro de uma casa, a partir de um exterior a 1°C, calcule o valor máximo da eficiência. Se a extremidade fria da bomba de calor funciona como um coletor solar, qual deve ser a área do coletor se a temperatura de 1°C deve ser mantida enquanto são bombeados 2 kJ/s de calor para dentro da casa? Assuma que o fluxo solar é de 40 kJ m^{-2} min^{-1}.

8.12 Se uma unidade de combustível fóssil, operando entre 540°C e 50°C, fornece potência elétrica para o funcionamento de uma bomba de calor que trabalha entre 25°C e 5°C, qual a quantidade de calor bombeada para dentro da casa por unidade da quantidade de calor extraída da caldeira da unidade?

a) Assuma que os rendimentos são iguais aos valores máximos teóricos.
b) Assuma que o rendimento da unidade é de 70% do valor máximo e que a eficiência da bomba de calor é 10% do valor máximo.
c) Se uma caldeira pode usar 80% da energia do combustível fóssil para aquecer a casa seria mais econômico, em termos de consumo global de combustível fóssil, usar uma bomba de calor ou uma caldeira? Faça os cálculos levando em consideração os casos (a) e (b).

8.13 Um condicionador de ar de 23.600 BTU/h possui uma razão de rendimento energético (RRE) de 7,5. O RRE é definido como o número de BTU/h extraído da sala dividido pela potência consumida em watts (1 BTU = 1,055 kJ).

a) Qual a eficiência real desse aparelho?
b) Se a temperatura externa é de 32°C e a temperatura interna é de 22°C, qual a porcentagem do valor máximo teórico que corresponde à eficiência?

8.14 As temperaturas padrões de avaliação do desempenho das bombas de calor para altas temperaturas são 70°F (21,1°C) para a temperatura interna e 47°F (8,33°C) para a temperatura externa. Para baixas temperaturas de aquecimento as temperaturas padrões são 70°F e 17°F (-- 8,33°C). Calcule a eficiência teórica da bomba para essas duas condições. Os valores alcançados pelas máquinas comerciais variam de 1,0 a 2,4 para baixas temperaturas de aquecimento e de 1,7 a 3,2 para altas temperaturas de aquecimento.

8.15 As condições padrões para avaliação de condicionadores de ar são 80°F (26,7°C) para a temperatura interior e 95°F (35,0°C) para a temperatura exterior. Calcule a eficiência teórica para essas condições. Que valor de RRE representa essa eficiência? (O RRE foi definido no Probl. 8.13.) *Nota:* Os valores de RRE para as máquinas comerciais variam de 4,35 a 12,80.

8.16 a) Suponha que escolhêssemos o rendimento de uma máquina reversível como propriedade termométrica para uma escala termodinâmica de temperatura. Seja a fonte fria que tenha uma temperatura fixa. Meça o rendimento da máquina com a fonte quente no ponto de fusão do gelo, 0°, e com a fonte quente no ponto de vaporização da água, 100°. Qual é a relação entre as temperaturas, *t*, nessa escala e a temperatura termodinâmica usual *T*?

INTRODUÇÃO AO SEGUNDO PRINCÍPIO DA TERMODINÂMICA / 179

b) Suponha que a fonte quente estivesse numa temperatura fixa e que definíssemos a escala de tempe-ratura, medindo o rendimento com a fonte fria no ponto de vaporização da água e no ponto de fusão do gelo. Encontre a relação entre t e T para esse caso. (Escolha $100°$ entre o ponto de fusão do gelo e o ponto de vaporização da água.)

8.17 Consideremos o seguinte ciclo usando um mol de gás ideal, inicialmente a $25°C$ e 1 atm de pressão.

Etapa 1. Expansão isotérmica contra uma pressão nula até dobrar o volume (Expansão de Joule).

Etapa 2. Compressão reversível isotérmica de 1/2 atm para 1 atm.

a) Calcule o valor de $\oint dQ/T$; note que o sinal está de acordo com a Eq. (8.42).
b) Calcule ΔS para a Etapa 2.
c) Lembrando que, para o ciclo, $\Delta S_{ciclo} = 0$, encontre o valor de ΔS para a Etapa 1.
d) Mostre que ΔS para a Etapa 1 *não* é igual ao valor de Q da Etapa 1 dividido por T.

9

Propriedades da Entropia
e o Terceiro Princípio
da Termodinâmica

9.1 PROPRIEDADES DA ENTROPIA

Em cada ano a pergunta "Que é entropia?" ecoa nas aulas de Físico-Química. Quem pergunta raramente encara a resposta como sendo satisfatória. A questão advém do fato de que muitas pessoas acham que a entropia é alguma coisa que se pode ver, sentir ou pôr numa garrafa, se pudessem observar o sistema por um prisma adequado. A dificuldade aparece por duas razões. Primeiro, é preciso admitir que a entropia é algo menos palpável do que uma quantidade de calor ou trabalho. Segundo, a questão em si é vaga, sem intenção, é claro. Muita dor de cabeça pode ser evitada, pelo menos no momento, se simplesmente ignorarmos essa pergunta vaga, "Que é entropia?", e considerarmos questões e afirmações precisas sobre a entropia. Como a entropia varia com a temperatura sob pressão constante? Como a entropia varia com o volume a temperatura constante? Se soubermos como a entropia se porta em várias circunstâncias, certamente saberemos bastante acerca do que ela "é". Mais tarde, a entropia será relacionada com o "acaso" numa distribuição espacial das partículas ou de energia das partículas constituintes de um sistema. Entretanto, essa relação com o "acaso" depende da suposição de um modelo estrutural para o sistema, enquanto que a definição puramente termodinâmica é independente de qualquer modelo estrutural e, de fato, não requer tal modelo. A entropia é definida pela equação diferencial

$$dS = \frac{dQ_{rev}}{T},$$
(9.1)

da qual segue que a entropia é uma *função unívoca* e uma propriedade *extensiva* do sistema. A diferencial dS é uma diferencial *exata*. Para uma transformação finita, do estado 1 ao estado 2 temos, da Eq. (9.1),

$$\Delta S = S_2 - S_1 = \int_1^2 \frac{dQ_{rev}}{T}.$$
(9.2)

Como os valores de S_2 e S_1 dependem apenas dos estados 1 e 2, não importa se a transformação de estado é *efetuada* por um processo reversível ou irreversível; ΔS será sempre o mesmo. Entretanto, se usarmos a Eq. (9.2) para *calcular* ΔS, precisamos usar o calor extraído ao longo de qualquer caminho *reversível* ligando os dois estados.

9.2 CONDIÇÕES DE ESTABILIDADE TÉRMICA E MECÂNICA DE UM SISTEMA

Antes de começar uma discussão detalhada das propriedades da entropia, dois fatos precisam ser conhecidos. O primeiro é que a capacidade calorífica a volume constante, C_v, é sempre positiva para uma substância pura num único estado de agregação; o segundo é que o coeficiente de compressibilidade k é sempre positivo para tal substância. Embora essas duas verdades sejam passíveis de uma demonstração matemática elegante a partir do segundo princípio, um argumento físico será suficientemente convincente para os nossos objetivos.

Suponhamos que para um dado sistema, C_v fosse negativo e que o sistema fosse mantido a volume constante. Se um vento quente atingir o sistema, uma quantidade de calor, $dQ_v = +$, escoará das vizinhanças; além disso, por definição, $dQ_v = C_v dT$. Como dQ_v é positivo e por hipótese C_v é negativo, dT será negativo para satisfazer a esta relação. Portanto, o escoamento de calor para o sistema abaixa sua temperatura, o que causa uma maior entrada de calor no sistema, e o sistema se resfria ainda mais. E assim, o sistema atingirá temperaturas muito baixas simplesmente porque foi atingido por um golpe de ar quente. Pelo mesmo argumento, um golpe de ar frio tornaria o sistema extremamente quente. Seria um absurdo termos objetos numa sala aquecidos ao rubro ou congelados simplesmente por terem sofrido um golpe de ar. Portanto C_v precisa ser positivo para assegurar a estabilidade térmica do sistema contra eventuais variações na temperatura externa.

O coeficiente de compressibilidade foi definido pela Eq. (5.4) como

$$\kappa = -\frac{1}{V}\left(\frac{\partial V}{\partial p}\right)_T; \tag{9.3}$$

portanto, a temperatura constante, $dp = -(dV/V\kappa)$. Suponhamos que, a temperatura constante, um sistema sofra acidentalmente uma pequena compressão, ficando dV negativo. Se κ fosse negativo, para satisfazer à relação dp seria negativo. A pressão do sistema diminuindo permitiria que a pressão externa comprimisse o sistema um pouco mais, o que diminuiria ainda mais a pressão. O sistema entraria em colapso. Se o volume do sistema acidentalmente aumentasse, o sistema explodiria. Concluímos que κ é positivo se o sistema tiver estabilidade mecânica contra variações acidentais no seu volume.

9.3 VARIAÇÕES DE ENTROPIA EM TRANSFORMAÇÕES ISOTÉRMICAS

Para qualquer transformação de estado isotérmica T, sendo constante, pode ser removido da integral na Eq. (9.2) a qual se reduz imediatamente a

$$\Delta S = \frac{Q_{\text{rev}}}{T}. \tag{9.4}$$

A variação de entropia para a transformação pode ser calculada avaliando-se a quantidade de calor necessária para conduzir a transformação de estado reversivelmente.

A Eq. (9.4) é usada para calcular a variação de entropia associada com uma mudança de estado de agregação na temperatura de equilíbrio. Consideremos um líquido em equilíbrio com o seu vapor sob pressão de 1 atm. A temperatura é a temperatura de equilíbrio, isto é, o ponto normal de ebulição do líquido. Imaginemos, como na Fig. 9.1(a), que o sistema seja mantido dentro de um cilindro por um pistom flutuante e portador de uma massa equivalente a 1 atm de pressão. O cilindro está imerso numa fonte térmica, na temperatura de equilíbrio T_{eb}. Se a temperatura da fonte for aumentada infinitesimalmente, uma pequena quantidade de calor escoará da fonte para o sistema, algum líquido irá se vaporizar, e a massa M subirá, como na Fig. 9.1(b).

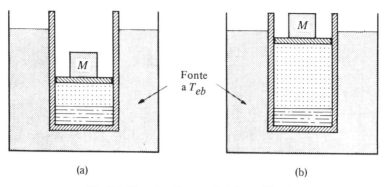

Fig. 9.1 Vaporização reversível de um líquido.

Se a temperatura da fonte for diminuída infinitesimalmente, a mesma quantidade de calor escoará de volta para a fonte. O vapor formado condensará e a massa voltará à sua posição original. Tanto o sistema como a fonte são restaurados à sua condição inicial nesse pequeno ciclo; a transformação é reversível e a quantidade de calor necessária é um $Q_{rev.}$. A pressão é constante e, portanto, $Q_p = \Delta H$. Assim, para a vaporização de um líquido no seu ponto de ebulição, a Eq. (9.4) torna-se

$$\Delta S_{vap} = \frac{\Delta H_{vap}}{T_{eb}}. \tag{9.5}$$

Pelo mesmo argumento, a entropia de fusão no ponto de fusão é dada por

$$\Delta S_{fus} = \frac{\Delta H_{fus}}{T_f}, \tag{9.6}$$

onde ΔH_{fus} é o calor de fusão no ponto de fusão T_f. Para qualquer mudança de fase na temperatura de equilíbrio T_e, a entropia de transição é dada por

$$\Delta S = \frac{\Delta H}{T_e}, \tag{9.7}$$

onde ΔH é o calor de transição na temperatura T_e.

9.3.1 Regra de Trouton

Para muitos líquidos, a entropia de vaporização no ponto normal de ebulição tem aproximadamente o mesmo valor:

$$\Delta S_{vap} \approx 90 \text{ J/K mol}. \tag{9.8}$$

A Eq. (9.8) é a Regra de Trouton. Segue-se imediatamente que, para líquidos que obedecem a esta regra,

$$\Delta H_{vap} \approx (90 \text{ J/K mol}) T_{eb} \tag{9.9}$$

que é útil para se obter um valor aproximado do calor de vaporização de um líquido a partir do conhecimento do seu ponto de ebulição.

A Regra de Trouton não vale para líquidos associados tais como água, álcool e aminas. Também não vale para substâncias cujo ponto de ebulição é de 150 K ou menor. A Regra de Hildebrand, que veremos mais tarde, inclui essas substâncias de baixo ponto de ebulição mas não os líquidos associados.

Não existe uma regra igualmente geral para a entropia de fusão no ponto de fusão. Para a maioria das substâncias, a entropia de fusão é muito menor que a entropia de vaporização, ficando usualmente na faixa que varia de R a $4R$. Se as partículas que compõem a substâncias forem átomos, como no caso dos metais, a entropia de fusão é igual a R. Se a molécula que compõe a substância for grande, como num hidrocarboneto de cadeia longa, a entropia de fusão pode atingir valores da ordem de $15R$.

9.4 UM POUCO DE MATEMÁTICA. MAIS PROPRIEDADES DAS DIFERENCIAIS EXATAS. A REGRA CÍCLICA

A diferencial total de uma função de duas variáveis $f(x, y)$ é escrita na forma

$$df = \frac{\partial f}{\partial x}\, dx + \frac{\partial f}{\partial y}\, dy. \tag{9.10}$$

Como os coeficientes diferenciais $(\partial f/\partial x)$ e $(\partial f/\partial y)$ são funções de x e y, podemos escrever

$$M(x, y) = \frac{\partial f}{\partial x}, \qquad N(x, y) = \frac{\partial f}{\partial y}, \tag{9.11}$$

e a Eq. (9.10) torna-se

$$df = M(x, y)\, dx + N(x, y)\, dy. \tag{9.12}$$

Se formarmos as derivadas segundas da função $f(x, y)$, existirão várias possibilidades: $(\partial f/\partial x)$ poderá ser derivada relativamente a x ou a y, podendo o mesmo acontecer com $(\partial f/\partial y)$. Obteremos, assim,

$$\frac{\partial^2 f}{\partial x^2}, \quad \frac{\partial^2 f}{\partial y\, \partial x}, \quad \frac{\partial^2 f}{\partial x\, \partial y}, \quad \frac{\partial^2 f}{\partial y^2}.$$

Dessas quatro, apenas três são distintas. Pode ser mostrado que, para qualquer função de várias variáveis, a ordem de derivação relativamente a duas variáveis tais como x e y é irrelevante e as derivadas mistas são iguais, isto é,

$$\frac{\partial^2 f}{\partial y\, \partial x} = \frac{\partial^2 f}{\partial x\, \partial y}. \tag{9.13}$$

Derivando a primeira das Eqs. (9.11) relativamente a y e a segunda relativamente a x, obtemos

$$\frac{\partial M}{\partial y} = \frac{\partial^2 f}{\partial y\, \partial x}, \quad \frac{\partial N}{\partial x} = \frac{\partial^2 f}{\partial x\, \partial y}.$$

Essas duas equações sob a luz da Eq. (9.13) fornecem

$$\frac{\partial M}{\partial y} = \frac{\partial N}{\partial x}. \tag{9.14}$$

184 / FUNDAMENTOS DE FÍSICO-QUÍMICA

As derivadas na Eq. (9.14) algumas vezes são chamadas de "derivadas cruzadas", em virtude da sua relação com a diferencial total, Eq. (9.12):

$$df = M \, dx + N \, dy.$$

(Em todas as equações acima, os índices nas derivadas que indicam que x ou y são constantes foram eliminados para simplificar a escrita.)

■ **EXEMPLO 9.1**   Se escrevermos a equação do primeiro princípio como $dU = \not{d}Q_{\text{rev.}} - p \, dV$, usando a Eq. (9.1), $\not{d}Q_{\text{rev.}} = T \, dS$, esta equação ficará na forma

$$dU = T \, dS - p \, dV.$$

Aplicando a regra da derivada cruzada, Eq. (9.14), na equação acima, obtemos

$$\left(\frac{\partial T}{\partial V}\right)_S = -\left(\frac{\partial p}{\partial S}\right)_V. \tag{9.15}$$

A Eq. (9.15) faz parte de um grupo importante de equações denominadas relações de Maxwell; seu significado será discutido mais tarde juntamente com outras equações desse grupo. A igualdade das derivadas cruzadas será usada freqüentemente na argumentação que segue.

A regra expressa pela Eq. (9.14) advém do fato da expressão diferencial $M \, dx + N \, dy$ ser a diferencial total de alguma função $f(x, y)$, isto é, $M \, dx + N \, dy$ ser uma diferencial exata. A recíproca também é verdadeira. Por exemplo, suponhamos que tivéssemos uma expressão da forma

$$R(x, y) \, dx + Q(x, y) \, dy. \tag{9.16}$$

Esta seria uma diferencial exata se, e somente se,

$$\frac{\partial R}{\partial y} = \frac{\partial Q}{\partial x}. \tag{9.17}$$

Se a Eq. (9.17) for satisfeita, então existirá alguma função de x e y, $g(x, y)$, para a qual

$$dg = R \, dx + Q \, dy.$$

Se a Eq. (9.17) não for satisfeita, então tal função $g(x, y)$ não existirá e a expressão diferencial (9.16) será uma diferencial não-exata.

9.4.1 A Regra Cíclica

Outra relação útil entre derivadas parciais é a regra cíclica. A diferencial total de uma função $z(x, y)$ é escrita como

$$dz = \left(\frac{\partial z}{\partial x}\right)_y dx + \left(\frac{\partial z}{\partial y}\right)_x dy. \tag{9.18}$$

PROPRIEDADES DA ENTROPIA / 185

Restringindo agora a Eq. (9.18) a variações de x e y que deixam o valor de z inalterado ($dz = 0$) temos

$$0 = \left(\frac{\partial z}{\partial x}\right)_y (\partial x)_z + \left(\frac{\partial z}{\partial y}\right)_x (\partial y)_z.$$

Dividindo por $(\partial y)_z$, temos

$$0 = \left(\frac{\partial z}{\partial x}\right)_y \left(\frac{\partial x}{\partial y}\right)_z + \left(\frac{\partial z}{\partial y}\right)_x.$$

Multiplicando pelo recíproco do segundo termo, $(\partial y/\partial z)_x$, obtemos

$$0 = \left(\frac{\partial z}{\partial x}\right)_y \left(\frac{\partial x}{\partial y}\right)_z \left(\frac{\partial y}{\partial z}\right)_x + 1.$$

E, com uma pequena recomposição,

$$\left(\frac{\partial x}{\partial y}\right)_z \left(\frac{\partial y}{\partial z}\right)_x \left(\frac{\partial z}{\partial x}\right)_y = -1, \tag{9.19}$$

que é a regra cíclica. As variáveis x, y, z nos numeradores se relacionam com y, z, x nos denominadores e com os índices z, x, y através de uma permutação cíclica. Se três variáveis quaisquer estiverem ligadas por uma relação funcional, então as três derivadas parciais deverão satisfazer a uma relação do tipo da Eq. (9.19). Como em muitas situações da Termodinâmica as variáveis de estado são funções de duas outras variáveis, a Eq. (9.19) encontra aplicação freqüente. A parte agradável de uma equação como a Eq. (9.19) é que não temos que memorizá-la. Escrevendo as três variáveis em qualquer ordem x, y, z e tornando a escrevê-las novamente em qualquer ordem, de tal modo que nas colunas verticais não apareça a mesma letra, há apenas duas possibilidades:

$$xyz, \qquad xyz,$$
$$yzx, \qquad zxy.$$

A primeira seqüência fornece os numeradores das derivadas e a segunda os denominadores; os índices são facilmente obtidos já que em qualquer derivada o mesmo símbolo não ocorre duas vezes. Dos diagramas podemos escrever

$$\left(\frac{\partial x}{\partial y}\right)_z \left(\frac{\partial y}{\partial z}\right)_x \left(\frac{\partial z}{\partial x}\right)_y = -1 \qquad e \qquad \left(\frac{\partial x}{\partial z}\right)_y \left(\frac{\partial y}{\partial x}\right)_z \left(\frac{\partial z}{\partial y}\right)_x = -1.$$

A primeira expressão é a Eq. (9.19) e a segunda é o recíproco da Eq. (9.19). Já que o recíproco de -1 é também -1, é praticamente impossível não escrever corretamente essas equações.

186 / FUNDAMENTOS DE FÍSICO-QUÍMICA

9.4.2 Aplicação da Regra Cíclica

Suponhamos que as três variáveis sejam pressão, temperatura e volume. Escreveremos a regra cíclica usando as variáveis p, T, V:

$$\left(\frac{\partial p}{\partial T}\right)_V \left(\frac{\partial T}{\partial V}\right)_p \left(\frac{\partial V}{\partial p}\right)_T = -1.$$

Das definições de coeficiente de dilatação térmica e coeficientes de compressibilidade, temos

$$\left(\frac{\partial V}{\partial T}\right)_p = V\alpha \quad \text{e} \quad \left(\frac{\partial V}{\partial p}\right)_T = -V\kappa.$$

Usando as definições de α e κ, a regra cíclica torna-se

$$\left(\frac{\partial p}{\partial T}\right)_V \frac{1}{V\alpha}(-V\kappa) = -1,$$

de tal modo que

$$\left(\frac{\partial p}{\partial T}\right)_V = \frac{\alpha}{\kappa}. \tag{9.20}$$

Como estas duas regras à disposição, a da derivada cruzada e a cíclica, estamos aptos a manipular as equações termodinâmicas de modo a colocá-las em formas úteis.

EXERCÍCIOS

1) Calcule $\partial f/\partial x$ e $\partial f/\partial y$ para cada uma das seguintes funções e verifique que as derivadas segundas mistas são iguais. (a) $x^2 + y^2$; (b) xy; (c) $x^2 y^3 + 2x^3 y^2 - 5x^5 + xy^4$; (d) x/y; (e) sen xy^2.
2) Quais das seguintes expressões são diferenciais exatas? (a) $2dx - 3dy$; (b) $y\,dx + x\,dy$; (c) $y\,dx - x\,dy$; (d) $3x^2 y\,dx + x^3\,dy$; (e) $y^2\,dx + x^2\,dy$.
3) Se $z = xy^3$, calcule $(\partial y/\partial x)_z$, (a) resolvendo, diretamente, y em termos de z e x, e depois diferenciando; (b) usando a regra cíclica.

9.5 RELAÇÃO ENTRE AS VARIAÇÕES DE ENTROPIA E AS VARIAÇÕES DE OUTRAS VARIÁVEIS DE ESTADO

A equação de definição da entropia

$$dS = \frac{dQ_{\text{rev}}}{T} \tag{9.21}$$

relaciona a variação de entropia com um efeito, dQ_{rev}, nas vizinhanças. Seria útil transformar essa equação de modo a relacionar a variação de entropia com a variação de outras variáveis de estado do sistema. Isto é fácil de ser feito.

Se ocorrer apenas trabalho do tipo pressão-volume, então, numa transformação reversível, temos $P_{op.} = p$, que é a pressão do sistema, de tal modo que o primeiro princípio torna-se

$$dQ_{rev} = dU + p\,dV. \tag{9.22}$$

Dividindo a Eq. (9.22) por T e usando a definição de dS, obtemos

$$dS = \frac{1}{T}\,dU + \frac{p}{T}\,dV, \tag{9.23}$$

que relaciona a variação de entropia dS com variação de energia e volume, dU e dV, e ainda com a pressão e a temperatura do sistema. A Eq. (9.23), uma combinação do primeiro e do segundo princípio da Termodinâmica, é a equação fundamental da Termodinâmica; todas as nossas discussões sobre as propriedades de equilíbrio de um sistema começarão com essa equação ou equações que com ela se relacionam de modo imediato.

No momento, é suficiente lembrar que tanto o coeficiente $1/T$ como p/T são sempre positivos. De acordo com a Eq. (9.23), existem dois modos independentes de se variar a entropia de um sistema: variando-se a energia ou o volume. Observamos que se o volume for constante $(dV = 0)$, um aumento de energia $(dU = +)$ implica um aumento de entropia. E, também, se a energia for constante $(dU = 0)$, um aumento de volume $(dV = +)$ implica um aumento de entropia. Esse comportamento é uma característica fundamental da entropia. A volume constante, a entropia cresce com a energia. A energia constante, a entropia cresce com o volume.

No laboratório, comumente não exercemos controle direto sobre a energia do sistema. Como podemos controlar convenientemente a temperatura e o volume ou a temperatura e a pressão, é útil transformar a Eq (9.23) para conjuntos mais convenientes de variáveis, ou seja, T e V ou T e p.

9.6 A ENTROPIA COMO UMA FUNÇÃO DA TEMPERATURA E DO VOLUME

Considerando a entropia como função de T e V, temos $S = S(T, V)$ e a diferencial total é escrita como

$$dS = \left(\frac{\partial S}{\partial T}\right)_V dT + \left(\frac{\partial S}{\partial V}\right)_T dV. \tag{9.24}$$

A Eq. (9.23) pode ser colocada na forma da Eq. (9.24) se expressarmos dU em termos de dT e dV. Nessas variáveis,

$$dU = C_v dT + \left(\frac{\partial U}{\partial V}\right)_T dV. \tag{9.25}$$

Usando esse valor de dU na Eq. (9.12), temos

$$dS = \frac{C_v}{T}\,dT + \frac{1}{T}\left[p + \left(\frac{\partial U}{\partial V}\right)_T\right]dV. \tag{9.26}$$

188 / FUNDAMENTOS DE FÍSICO-QUÍMICA

Como a Eq. (9.26) expressa a variação de entropia em termos de variações de T e V, ela é idêntica à Eq. (9.24), que faz o mesmo. Em vista dessa identidade, podemos escrever

$$\left(\frac{\partial S}{\partial T}\right)_V = \frac{C_v}{T}, \qquad (9.27)$$

e

$$\left(\frac{\partial S}{\partial V}\right)_T = \frac{1}{T}\left[p + \left(\frac{\partial U}{\partial V}\right)_T\right]. \qquad (9.28)$$

Como C_v/T é sempre positivo (Seç. 9.2), a Eq. (9.27) expressa o fato importante de que, a volume constante, a entropia aumenta com o aumento da temperatura. Note-se que a relação da entropia com a temperatura é simples, o coeficiente diferencial é a capacidade calorífica apropriada dividida pela temperatura. Para uma variação finita de temperatura a volume constante

$$\Delta S = \int_{T_1}^{T_2} \frac{C_v}{T}\, dT. \qquad (9.29)$$

■ **EXEMPLO 9.2** Um mol de argônio é aquecido a volume constante de 300 K a 500 K; $\bar{C}_v = \frac{3}{2}R$. Calcule a variação de entropia para essa mudança de estado.
  Solução.

$$\Delta S = \int_{300}^{500} \frac{\frac{3}{2}R}{T}\, dT = \frac{3}{2}R \ln \frac{500 \text{ K}}{300 \text{ K}} = 0,766R = 0,766(8,314 \text{ J/K mol}) = 6,37 \text{ J/K mol}.$$

Note que, se tivessem sido usados dois moles, C_v seria o dobro e a variação de entropia também.

Em contraste com a simplicidade da dependência com a temperatura, a dependência com o volume a *temperatura constante* dada pela Eq. (9.28) é complicada. Relembremos que a dependência com o volume a *energia constante,* Eq. (9.23), é bastante simples. Podemos obter uma expressão mais simples para a dependência da entropia com o volume a temperatura constante mediante as seguintes considerações. Derivamos a Eq. (9.27) em relação ao volume mantendo a temperatura constante,

$$\frac{\partial^2 S}{\partial V\, \partial T} = \frac{1}{T}\frac{\partial C_v}{\partial V} = \frac{1}{T}\frac{\partial^2 U}{\partial V\, \partial T}.$$

onde substituímos C_v por $(\partial U/\partial T)_V$. Semelhantemente, derivamos a Eq. (9.28) em relação à temperatura mantendo o volume constante.

$$\frac{\partial^2 S}{\partial T\, \partial V} = \frac{1}{T}\left[\left(\frac{\partial p}{\partial T}\right)_V + \frac{\partial^2 U}{\partial T\, \partial V}\right] - \frac{1}{T^2}\left[p + \left(\frac{\partial U}{\partial V}\right)_T\right].$$

Entretanto, como S é uma função de T e V (dS é uma diferencial exata) as derivadas segundas mistas são iguais e então

$$\frac{\partial^2 S}{\partial V\, \partial T} = \frac{\partial^2 S}{\partial T\, \partial V},$$

ou

$$\frac{1}{T}\left(\frac{\partial^2 U}{\partial V\, \partial T}\right) = \frac{1}{T}\left(\frac{\partial p}{\partial T}\right)_V + \frac{1}{T}\left(\frac{\partial^2 U}{\partial T\, \partial V}\right) - \frac{1}{T^2}\left[p + \left(\frac{\partial U}{\partial V}\right)_T\right].$$

As mesmas considerações aplicam-se a U: as derivadas segundas mistas são iguais. Isto reduz a equação anterior a

$$p + \left(\frac{\partial U}{\partial V}\right)_T = T\left(\frac{\partial p}{\partial T}\right)_V. \tag{9.30}$$

Comparando as Eqs. (9.30) e (9.28) obtemos

$$\left(\frac{\partial S}{\partial V}\right)_T = \left(\frac{\partial p}{\partial T}\right)_V. \tag{9.31}$$

A Eq. (9.31) é uma expressão relativamente mais simples para a dependência entre a entropia e o volume a temperatura constante, pois a derivada $(\partial p/\partial T)_V$ é facilmente mensurável para qualquer sistema. Da Eq. (9.20), a regra cíclica, temos que $(\partial p/\partial T)_V = \alpha/\kappa$. Usando esse resultado, obtemos

$$\left(\frac{\partial S}{\partial V}\right)_T = \frac{\alpha}{\kappa}. \tag{9.32}$$

Como κ é positivo, o sinal da derivada depende do sinal de α. Portanto, de acordo com esta equação, para a maioria das substâncias, o volume aumenta com a temperatura de forma que α é positivo. De acordo com a Eq. (9.32), para a maioria das substâncias, a entropia aumentará com o aumento de volume. A água tendo um valor de α negativo entre $0°C$ e $4°C$ é uma exceção à regra.

    As equações escritas nesta seção são aplicáveis a qualquer substância e, portanto, podemos escrever a diferencial total da entropia para qualquer substância em função de T e V na forma

$$dS = \frac{C_v}{T}\, dT + \frac{\alpha}{\kappa}\, dV. \tag{9.33}$$

Exceto para gases, a dependência da entropia com o volume à temperatura constante é suficientemente pequena para ser desprezível na maioria das situações práticas.

190 / FUNDAMENTOS DE FÍSICO-QUÍMICA

9.7 A ENTROPIA COMO UMA FUNÇÃO DA TEMPERATURA E DA PRESSÃO

Se a entropia for considerada como uma função da temperatura e da pressão, $S = S(T, p)$, a diferencial total será

$$dS = \left(\frac{\partial S}{\partial T}\right)_p dT + \left(\frac{\partial S}{\partial p}\right)_T dp. \tag{9.34}$$

Para trazer a Eq. (9.23) para essa forma, introduzimos a relação entre a energia e a entalpia na forma $U = H - pV$; a diferenciação fornece

$$dU = dH - p\, dV - V\, dp.$$

Usando esse valor de dU na Eq. (9.23), temos

$$dS = \frac{1}{T} dH - \frac{V}{T} dp, \tag{9.35}$$

que é outra versão da equação fundamental (9.23); ela relaciona dS com as variações de entalpia e pressão. Podemos expressar dH em termos de dT e dp; como vimos antes:

$$dH = C_p\, dT + \left(\frac{\partial H}{\partial p}\right)_T dp. \tag{9.36}$$

Usando esse valor de dH na Eq. (9.35), obtemos

$$dS = \frac{C_p}{T} dT + \frac{1}{T}\left[\left(\frac{\partial H}{\partial p}\right)_T - V\right] dp. \tag{9.37}$$

Como as Eqs. (9.34) e (9.37) expressam dS em termos de dT e dp, elas são idênticas. A comparação dessas duas equações mostra que

$$\left(\frac{\partial S}{\partial T}\right)_p = \frac{C_p}{T}, \tag{9.38}$$

e

$$\left(\frac{\partial S}{\partial p}\right)_T = \frac{1}{T}\left[\left(\frac{\partial H}{\partial p}\right)_T - V\right]. \tag{9.39}$$

Para qualquer substância, a relação C_p/T é sempre positiva. Portanto, a Eq. (9.38) diz que, a pressão constante, a entropia sempre aumenta com a temperatura. Aqui, novamente, a dependência da entropia com a temperatura é simples, sendo a derivada a relação entre a capacidade calorífica apropriada e a temperatura.

Na Eq. (9.39) temos uma expressão complicada para a dependência da entropia com a pressão a temperatura constante. Para simplificar as coisas, formamos novamente as derivadas segundas mistas e as igualamos. Derivando a Eq. (9.38) em relação à pressão, a temperatura constante, temos

$$\frac{\partial^2 S}{\partial p\, \partial T} = \frac{1}{T}\left(\frac{\partial C_p}{\partial p}\right)_T = \frac{1}{T}\frac{\partial^2 H}{\partial p\, \partial T}.$$

Na igualdade acima usamos $C_p = (\partial H/\partial T)_p$. Semelhantemente, a derivação da Eq. (9.39) em relação à temperatura fornece

$$\frac{\partial^2 S}{\partial T\, \partial p} = \frac{1}{T}\left[\frac{\partial^2 H}{\partial T\, \partial p} - \left(\frac{\partial V}{\partial T}\right)_p\right] - \frac{1}{T^2}\left[\left(\frac{\partial H}{\partial p}\right)_T - V\right].$$

Igualando as derivadas mistas, obtemos

$$\frac{1}{T}\frac{\partial^2 H}{\partial p\, \partial T} = \frac{1}{T}\frac{\partial^2 H}{\partial T\, \partial p} - \frac{1}{T}\left(\frac{\partial V}{\partial T}\right)_p - \frac{1}{T^2}\left[\left(\frac{\partial H}{\partial p}\right)_T - V\right].$$

Como as derivadas segundas mistas de H também são iguais, esta equação se reduz a

$$\left(\frac{\partial H}{\partial p}\right)_T - V = -T\left(\frac{\partial V}{\partial T}\right)_p. \tag{9.40}$$

Combinando este resultado com a Eq. (9.39), temos

$$\left(\frac{\partial S}{\partial p}\right)_T = -\left(\frac{\partial V}{\partial T}\right)_p = -V\alpha, \tag{9.41}$$

onde foi usada a definição de α. Na Eq. (9.41) temos uma expressão para a dependência da entropia com a pressão a temperatura constante em função de V e α, que são quantidades facilmente mensuráveis para qualquer sistema. A entropia pode ser escrita em função da temperatura e da pressão na forma

$$dS = \frac{C_p}{T}\, dT - V\alpha\, dp. \tag{9.42}$$

9.7.1 Variação da Entropia de um Líquido com a Pressão

Para os sólidos, $\alpha \approx 10^{-4}\ \text{K}^{-1}$ ou menor, enquanto que para os líquidos $\alpha \approx 10^{-3}\ \text{K}^{-1}$ ou menor. Suponha que um líquido possui um volume molar de $100\ \text{cm}^3/\text{mol} = 10^{-4}\ \text{m}^3/\text{mol}$. Qual a variação de entropia, se a pressão for aumentada de $1\ \text{atm} = 10^5\ \text{Pa}$, a temperatura constante?

Como a temperatura é constante, temos $dT = 0$ na Eq. (9.42), obtendo, assim, $dS = -V\alpha\, dp$. Por serem constantes, V e α podem ser removidos da integral; dessa forma,

$$\Delta S = -\int_{p_1}^{p_2} V\alpha\, dp = -V\alpha\, \Delta p = -(10^{-4}\ \text{m}^3/\text{mol})(10^{-3}\ \text{K}^{-1})(10^5\ \text{Pa})$$

$$= -0{,}01\ \text{J/K mol}.$$

192 / FUNDAMENTOS DE FÍSICO-QUÍMICA

Para produzir uma diminuição de entropia de 1 J/K é preciso que se aplique ao líquido uma pressão de pelo menos 100 atm. Como as variações de entropia com a pressão para um líquido ou um sólido são muito pequenas, usualmente a ignoraremos por completo. Se a pressão num gás fosse aumentada de 1 atm para 2 atm, a correspondente variação de entropia seria $\Delta S = -5,76$ J/K mol; a diminuição é maior simplesmente porque o volume diminui mais. Não podemos ignorar a variação de entropia que acompanha a variação de pressão num gás.

9.8 A DEPENDÊNCIA DA ENTROPIA COM A TEMPERATURA

Chamamos a atenção para a simplicidade da dependência da entropia com a temperatura tanto a volume como a pressão constantes. Essa simplicidade resulta da definição fundamental da entropia. Se o estado do sistema é descrito em termos da temperatura e qualquer outra variável independente x, então a capacidade calorífica do sistema numa transformação reversível a x constante é, por definição, $C_x = (dQ_{\text{rev.}})_x/dT$. Combinando essa equação com a definição de dS, obtemos, a x constante,

$$dS = \frac{C_x}{T} dT \qquad \text{ou} \qquad \left(\frac{\partial S}{\partial T}\right)_x = \frac{C_x}{T}. \tag{9.43}$$

Portanto, sob qualquer restrição, a dependência da entropia com a temperatura é simples; o coeficiente diferencial é sempre a capacidade calorífica apropriada dividida pela temperatura. Na maioria das aplicações práticas, x é V ou p. Assim, podemos tomar como definições equivalentes das capacidades caloríficas

$$C_v = T\left(\frac{\partial S}{\partial T}\right)_V \qquad \text{ou} \qquad C_p = T\left(\frac{\partial S}{\partial T}\right)_p. \tag{9.44}$$

■ **EXEMPLO 9.3** Um mol de ouro sólido é levado de $25°C$ a $100°C$, a pressão constante. $\bar{C}_p/(\text{J/K mol}) = 23,7 + 0,00519T$. Calcule ΔS para essa transformação.

$$\Delta S = \int_{T_1}^{T_2} \frac{C_p}{T} dT = \int_{298,15}^{373,15} \frac{(23,7 + 0,00519T)}{T} dT$$

$$= 23,7 \int_{298,15}^{373,15} \frac{dT}{T} + 0,00519 \int_{298,15}^{373,15} dT$$

$$= 23,7 \ln \frac{373,15}{298,15} + 0,00519(373,15 - 298,15) = 5,318 + 0,389 = 5,71 \text{ J/K mol.}$$

9.9 VARIAÇÕES DE ENTROPIA NO GÁS IDEAL

As relações deduzidas nas seções precedentes são aplicáveis a qualquer sistema. Elas adquirem uma forma particularmente simples quando aplicadas ao gás ideal, que resulta do fato de que, para o gás ideal, a energia e a temperatura são variáveis equivalentes: $dU = C_v dT$. Usando esse valor de dU na Eq. (9.23) obtemos imediatamente

$$dS = \frac{C_v}{T} dT + \frac{p}{T} dV. \tag{9.45}$$

O mesmo resultado poderia ser obtido usando-se a Lei de Joule, $(\partial U/\partial V)_T = 0$, na Eq. (9.26). Para usar a Eq. (9.45), todas as quantidades precisam ser expressas como funções das duas variáveis T e V. Portanto, substituindo a pressão por $p = nRT/V$, a equação torna-se

$$dS = \frac{C_v}{T} dT + \frac{nR}{V} dV. \tag{9.46}$$

Comparando a Eq. (9.46) com a (9.24), vemos que

$$\left(\frac{\partial S}{\partial V}\right)_T = \frac{nR}{V}. \tag{9.47}$$

Essa derivada é sempre positiva; numa transformação isotérmica, a entropia de um gás ideal aumenta com o volume. A taxa de aumento é menor a volumes maiores pois V aparece no denominador.

Para uma mudança de estado finita, integramos a Eq. (9.46) obtendo

$$\Delta S = \int_{T_1}^{T_2} \frac{C_v}{T} dT + nR \int_{V_1}^{V_2} \frac{dV}{V}.$$

Se C_v é constante, esta integra-se imediatamente obtendo-se

$$\Delta S = C_v \ln\left(\frac{T_2}{T_1}\right) + nR \ln\left(\frac{V_2}{V_1}\right). \tag{9.48}$$

A entropia do gás ideal é expressa em função de T e p usando a propriedade do gás ideal, $dH = C_p \, dT$, na Eq. (9.35), que se reduz a

$$dS = \frac{C_p}{T} dT - \frac{V}{T} dp.$$

Para expressar tudo em função de T e p, usamos $V = nRT/p$, de forma que

$$dS = \frac{C_p}{T} dT - \frac{nR}{p} dp. \tag{9.49}$$

Comparando a Eq. (9.49) com a Eq. (9.34), temos

$$\left(\frac{\partial S}{\partial p}\right)_T = -\frac{nR}{p}, \tag{9.50}$$

194 / FUNDAMENTOS DE FÍSICO-QUÍMICA

que mostra que a entropia diminui com o aumento isotérmico da pressão, resultado este esperado devido à dependência da entropia com o volume. Para uma mudança finita de estado, a Eq. (9.49) integra em

$$\Delta S = C_p \ln \left(\frac{T_2}{T_1} \right) - nR \ln \left(\frac{p_2}{p_1} \right), \tag{9.51}$$

onde C_p foi suposto constante na integração.

■ **EXEMPLO 9.4** Um mol de um gás ideal, $\bar{C}_p = \frac{5}{2}R$, inicialmente a $20°C$ e a uma pressão de 1 atm, é convertido a $50°C$ e a uma pressão de 8 atm. Calcule ΔS. Usando a Eq. (9.51), com $T_1 = 293,15$ K e $T_2 = 323,15$ K, temos

$$\Delta S = \frac{5}{2}R \ln \frac{323,15 \text{ K}}{293,15 \text{ K}} - R \ln \frac{8 \text{ atm}}{1 \text{ atm}} = \frac{5}{2}R(0,0974) - 2,079R$$

$$= -1,836R = -1,836(8,314 \text{ J/K mol}) = -15,26 \text{ J/K mol}.$$

Note que nesse exemplo, como nos anteriores, é essencial expressar a temperatura em kelvins. Note, também, que na segunda parte do problema, onde aparece *apenas uma razão entre pressões*, podemos usar qualquer unidade de pressão que esteja relacionada com o pascal por uma constante multiplicativa. Formando-se a razão, o fator de conversão irá desaparecer, não precisando ser, dessa forma, introduzido anteriormente.

9.9.1 Estado Padrão Para a Entropia de um Gás Ideal

Para uma mudança de estado a temperatura constante, a Eq. (9.50) pode ser escrita como

$$d\bar{S} = -\frac{R}{p} \, dp.$$

Suponhamos que se integre essa equação de $p = 1$ atm a qualquer pressão p. Então,

$$\bar{S} - \bar{S}° = -R \ln \left(\frac{p}{1 \text{ atm}} \right), \tag{9.52}$$

onde $\bar{S}°$ é o valor da entropia molar sob a pressão de 1 atm, isto é, é a entropia padrão na temperatura em questão.

Para calcular um valor numérico do logaritmo do segundo membro da Eq. (9.52), é essencial que a pressão seja expressa em atmosferas. Então, a relação $(p/1$ atm) será um número puro e é possível a operação de tomar os logaritmos. (Note-se que não é possível encontrar o logaritmo de cinco laranjas.) É costume abreviar a Eq. (9.52) sob a forma mais simples

$$\bar{S} - \bar{S}° = -R \ln p. \tag{9.53}$$

É necessário que se compreenda bem que, na Eq. (9.53), o valor de *p* é um número puro, dividindo o número obtido da pressão em atmosferas por 1 atm.

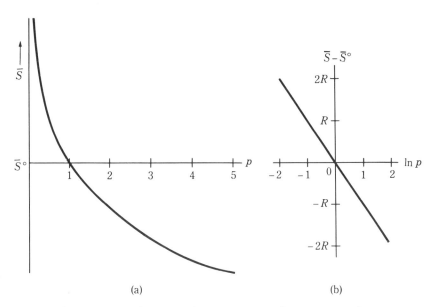

Fig. 9.2 (*a*) Entropia do gás ideal em função da pressão. (*b*) Entropia do gás ideal contra o ln *p*.

A quantidade $\bar{S} - \bar{S}°$ é a entropia molar na pressão *p* relativa à pressão de 1 atm. Um gráfico de $\bar{S} - \bar{S}°$ para o gás ideal, em função da pressão, está indicado na Fig. 9.2(*a*). A diminuição da entropia com a pressão é rápida a baixas pressões e torna-se menos acentuada a pressões mais altas. Existe uma vantagem evidente em se usar um gráfico de $\bar{S} - \bar{S}°$ em função de ln *p*, como o indicado na Fig. 9.2(*b*). O gráfico é linear e uma faixa ampla de pressões pode ser representada numa escala de tamanho razoável.

9.10 O TERCEIRO PRINCÍPIO DA TERMODINÂMICA

Consideremos a transformação, a pressão constante, de um sólido, do zero absoluto de temperatura até uma certa temperatura *T* abaixo do seu ponto de fusão:

$$\text{Sólido } (0\,K, p) \rightarrow \text{Sólido } (T, p).$$

A variação de entropia é dada pela Eq. (9.38),

$$\Delta S = S_T - S_0 = \int_0^T \frac{C_p}{T} dT,$$

$$S_T = S_0 + \int_0^T \frac{C_p}{T} dT. \qquad (9.54)$$

196 / FUNDAMENTOS DE FÍSICO-QUÍMICA

Como C_p é positivo, a integral da Eq. (9.54) é positiva, pois a entropia cresce com a temperatura. Portanto, a 0 K a entropia tem o seu menor valor algébrico possível, S_0; a entropia em qualquer outra temperatura será maior que S_0. Em 1913, M. Planck sugeriu que o valor de S_0 fosse zero para toda substância pura e perfeitamente cristalina. Este é o terceiro princípio da Termodinâmica: *A entropia de uma substância pura e perfeitamente cristalina é zero no zero absoluto de temperatura.*

Aplicando-se o terceiro princípio da Termodinâmica à Eq. (9.54), ela se reduz a

$$S_T = \int_0^T \frac{C_p}{T} \, dT, \tag{9.55}$$

onde S_T é chamada entropia do terceiro princípio ou, simplesmente, entropia do sólido à temperatura T e pressão p. Se a pressão for de 1 atm, então a entropia será também uma entropia padrão, S_T°. A Tab. 9.1 é uma seleção de valores de entropia para um certo número de diferentes tipos de substâncias.

Como uma variação de estado de agregação (fusão ou vaporização) envolve um aumento de entropia, essa contribuição deve ser incluída no cálculo da entropia de um líquido ou de um gás. Para a entropia padrão de um líquido acima do ponto de fusão da substância, temos

$$S_T^\circ = \int_0^{T_f} \frac{C_p^\circ(\text{s})}{T} \, dT + \frac{\Delta H_{\text{fus}}^\circ}{T_f} + \int_{T_f}^T \frac{C_p^\circ(\text{l})}{T} \, dT. \tag{9.56}$$

Semelhantemente, para um gás acima do ponto de ebulição da substância

$$S_T^\circ = \int_0^{T_f} \frac{C_p^\circ(\text{s})}{T} \, dT + \frac{\Delta H_{\text{fus}}^\circ}{T_f} + \int_{T_f}^{T_{eb}} \frac{C_p^\circ(\text{l})}{T} \, dT + \frac{\Delta H_{\text{vap}}^\circ}{T_{eb}} + \int_{T_{eb}}^T \frac{C_p^\circ(\text{g})}{T} \, dT. \tag{9.57}$$

Se o sólido sofrer qualquer transição entre uma forma cristalina e outra, a entropia de transição na temperatura de equilíbrio precisa ser incluída. Para calcular a entropia, as capacidades caloríficas da substância nos seus vários estados de agregação precisam ser medidas com precisão na faixa de temperatura desde zero absoluto até a temperatura de interesse. Os valores dos calores de transição e das temperaturas de transição também precisam ser medidos. Todas essas medidas podem ser feitas calorimetricamente.

Medidas da capacidade calorífica de alguns sólidos foram feitas a temperaturas de até alguns centésimos de grau acima do zero absoluto. Entretanto, isso não é usual. Comumente as medidas das capacidades caloríficas são feitas até uma certa temperatura T', que freqüentemente está no intervalo de 10 a 15 K. A essas temperaturas baixas, a capacidade calorífica dos sólidos segue com precisão a lei de Debye, que é

$$C_v = aT^3, \tag{9.58}$$

onde a é uma constante para cada substância. Nessas temperaturas, C_p e C_v são indistinguíveis; portanto, a lei de Debye é usada para avaliar a integral de C_p/T no intervalo de 0 K até a temperatura mais baixa em que foi feita a medida (T'). A constante a é determinada do valor de C_p ($= C_v$) medido a T'. Da lei de Debye, $a = (C_p)_{T'}/T'^3$.

Na faixa de temperatura acima de T', a integral

$$\int_{T'}^T \frac{C_p}{T} \, dT = \int_{T'}^T C_p \, d(\ln T) = 2{,}303 \int_{T'}^T C_p \, d(\log_{10} T)$$

é avaliada graficamente fazendo-se o gráfico de C_p/T contra T ou C_p contra $\log_{10} T$. A área sob a curva é o valor da integral. A Fig. 9.3 mostra o gráfico de C_p contra $\log_{10} T$ para um sólido, de 12 K a 298 K. A área total sob a curva, quando multiplicada por 2,303, fornece um valor de $\bar{S}^{\circ}_{298}$ igual a 32,6 J/K mol.

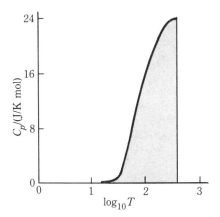

Fig. 9.3 Gráfico de C_p contra o $\log_{10} T$.

Em conclusão, devemos notar que o primeiro enunciado do terceiro princípio da Termodinâmica, o *Teorema do calor de Nernst*, foi formulado por Nernst em 1906 e diz que, em qualquer reação química que envolva apenas sólidos puros e cristalinos, a variação de entropia é nula, a 0 K. Esta forma é menos restritiva que o enunciado de Planck.

O terceiro princípio da Termodinâmica não tem a mesma generalidade que os outros dois, pois aplica-se apenas a uma classe especial de substâncias, ou seja, a substâncias cristalinas puras. A despeito dessa restrição, o terceiro princípio é extremamente útil. As razões para as exceções ao terceiro princípio podem ser mais bem compreendidas depois que tivermos discutido a interpretação estatística da entropia; o problema das exceções ao terceiro princípio será deixado para essa ocasião.

As seguintes considerações gerais podem ser feitas em relação aos valores de entropia que aparecem na Tab. 9.1.

1. As entropias dos gases são maiores que as dos líquidos, que, por sua vez, são maiores que as dos sólidos. Este fato é conseqüência imediata da Eq. (9.57).

2. A entropia dos gases aumenta logaritmicamente com a massa, fato este ilustrado pelos gases monoatômicos ou pela série de diatômicos HF, HCl, HBr e HI.

3. Comparando gases de mesma massa, como Ne, HF e H_2O, verificamos o efeito da capacidade calorífica rotacional. Dois graus de liberdade rotacionais adicionam $3,302R = 27,45$ J/K mol quando passamos do Ne para o HF. Mais um grau de liberdade rotacional na molécula de H_2O quando comparada com a de HF adiciona $1,811R = 15,06$ J/K mol. Semelhantemente, as moléculas de H_2O e NH_3 têm aproximadamente a mesma entropia. (Ambas têm 3 graus de liberdade rotacionais.) Para moléculas com mesma massa e mesma capacidade calorífica, mas de formato diferente, temos que quanto mais simétrica menor será a entropia; os exemplos evidentes não são muitos, mas entre eles compare as moléculas de N_2 com CO e NH_3 com CH_4.

198 / FUNDAMENTOS DE FÍSICO-QUÍMICA

Tab. 9.1
Entropias padrões a 298,15 K

Substância	$S_{298,15}^{\circ}/R$	Substância	$S_{298,15}^{\circ}/R$
Sólidos		**Líquidos**	
Uma unidade, simples		Hg	9,129
C (diamante)	0,286	Br_2	18,3068
Si	2,262	H_2O	8,4131
Sn (branco)	6,156	$TiCl_4$	30,35
Pb	7,79	CH_3OH	15,2
Cu	3,987	C_2H_5OH	19,3
Fe	3,28		
Al	3,410	**Gases**	
Ca	5,00	*Monoatômicos*	
Na	6,170	He	15,1591
K	7,779	Ne	17,5856
Uma unidade, complexa		Ar	18,6101
I_2	13,968	Kr	19,7213
P_4	19,77	Xe	20,3951
S_8 (rômbico)	30,842	*Diatômicos*	
C (grafita)	0,690	H_2	15,7041
Duas unidades, simples		HF	20,8872
SnO	6,876	HCl	22,4653
PbS	11,0	HBr	23,8844
HgO (vermelho)	8,449	HI	24,8340
AgCl	11,57	Cl_2	26,8167
FeO (wurstita)	6,91	O_2	24,6604
MgO	3,241	N_2	23,0325
CaO	4,58	NO	25,336
NaCl	8,68	CO	23,7607
KCl	9,93	*Triatômicos*	
KBr	11,53	H_2O	22,6984
KI	12,79	O_3	28,72
Duas unidades, complexas		NO_2	28,86
FeS_2 (pirita)	6,37	N_2O	26,43
NH_4Cl	11,4	CO_2	25,6996
$CaCO_3$ (calcita)	11,2	*Tetratômicos*	
$NaNO_3$	14,01	SO_3	30,87
$KClO_3$	17,2	NH_3	23,173
Três unidades, simples		P_4	33,66
SiO_2 (quartzo, α)	4,987	PCl_3	37,49
Cu_2O	11,20	C_2H_2	24,15
Ag_2O	14,6	*Pentatômicos*	
Na_2O	9,03	CH_4	22,389
Cinco unidades, simples		SiH_4	24,60
Fe_2O_3	10,51	SiF_4	33,995

Calculados a partir dos valores publicados nas Notas Técnicas NBS 270-3 contido na 270-8. Oficina Gráfica do Governo dos E.U.A., 1968-81; e Valores Recomendados pela CODATA para Termodinâmica 1977. Conselho Internacional de Uniões Científicas (abril 1978).

PROPRIEDADES DA ENTROPIA / **199**

4. No caso dos sólidos consistindo de uma unidade simples, a capacidade calorífica é exclusivamente vibracional. Um sólido possuindo ligações mais firmes (alta energia de coesão) tem freqüências características altas (no sentido da Seç. ★4.13) e, portanto, uma menor capacidade calorífica e uma menor entropia. Por exemplo, o diamante tem alta energia de coesão e entropia muito baixa; o silício tem baixa energia de coesão (também possui freqüências vibracionais baixas devido à sua alta massa), portanto, uma alta entropia.

5. Sólidos constituídos de duas, três . . . unidades simples têm entropias que aproximadamente são iguais a duas, três . . . vezes a entropia correspondente a uma unidade simples. A entropia por partícula é aproximadamente a mesma para várias substâncias.

6. Onde existe uma unidade complexa, o sólido é mantido por forças de van der Waals (forças de coesão muito pequenas). Correspondentemente, a entropia é grande. Note-se que as massas nos exemplos dados na tabela são bastante grandes.

7. Quando ocorrem unidades complexas em cristais, a entropia é maior, pois a capacidade térmica é maior devido aos graus de liberdade adicionais associados a estas unidades.

9.11 VARIAÇÕES DE ENTROPIA NAS REAÇÕES QUÍMICAS

A variação de entropia padrão numa reação química é calculada a partir dos dados tabelados mais ou menos do mesmo modo que a variação de entalpia padrão. Entretanto, existe uma diferença importante: *não* atribuímos o valor convencional zero para a entropia padrão dos elementos. O valor característico da entropia de cada elemento a $25°C$ e a 1 atm é determinado a partir do terceiro princípio. Como um exemplo, na reação

$$Fe_2O_3(s) + 3H_2(g) \longrightarrow 2Fe(s) + 3H_2O(l),$$

a variação de entropia padrão é dada por

$$\Delta S° = S°_{(final)} - S°_{(inicial)}. \tag{9.59}$$

Portanto,

$$\Delta S° = 2\bar{S}°(Fe, s) + 3\bar{S}°(H_2O, l) - \bar{S}°(Fe_2O_3, s) - 3\bar{S}°(H_2, g) \tag{9.60}$$

Pelos valores da Tab. 9.1, encontramos que para essa reação a $25°C$

$$\Delta S° = R[2(3,28) + 3(8,4131) - 10,51 - 3(15,7041)]$$
$$= -25,82R = -25,82(8,314 \text{ J/K mol}) = -214,7 \text{ J/K mol}.$$

Como a entropia dos gases é muito maior que a entropia das fases condensadas, existe uma grande diminuição de entropia nesta reação, pois um gás, o hidrogênio, é consumido para formar materiais condensados. Por outro lado, em reações nas quais um gás se forma à custa de materiais condensados, a entropia aumentará acentuadamente, como é o caso do seguinte exemplo:

$$Cu_2O(s) + C(s) \longrightarrow 2Cu(s) + CO(g) \qquad \Delta S°_{298} = +158 \text{ J/K mol}.$$

200 / FUNDAMENTOS DE FÍSICO-QUÍMICA

Do valor de ΔS° para uma reação a qualquer temperatura T_0, o valor em qualquer outra temperatura é facilmente obtido, aplicando-se a Eq. (9.38):

$$\Delta S^\circ = S^\circ \text{ (produtos)} - S^\circ \text{ (reagentes)}.$$

Derivando essa equação relativamente à temperatura, mantendo a pressão constante, temos

$$\left(\frac{\partial \, \Delta S^\circ}{\partial T}\right)_p = \left(\frac{\partial S^\circ(\text{produtos})}{\partial T}\right)_p - \left(\frac{\partial S^\circ(\text{reagentes})}{\partial T}\right)_p$$

$$= \frac{C_p^\circ(\text{produtos})}{T} - \frac{C_p^\circ(\text{reagentes})}{T} = \frac{\Delta C_p^\circ}{T}. \tag{9.61}$$

Escrevendo a Eq. (9.61) na forma diferencial e integrando entre a temperatura de referência T_0 e qualquer outra temperatura T, obtemos

$$\int_{T_0}^{T} d(\Delta S^\circ) = \int_{T_0}^{T} \frac{\Delta C_p^\circ}{T} \, dT$$

$$\Delta S_T^\circ = \Delta S_{T_0}^\circ + \int_{T_0}^{T} \frac{\Delta C_p^\circ}{T} \, dT, \tag{9.62}$$

que é aplicável a qualquer reação química na medida em que nenhum dos reagentes ou produtos sofra uma mudança de estado de agregação no intervalo de temperatura de T_0 até T.

9.12 ENTROPIA E PROBABILIDADE

A entropia de um sistema num estado definido pode ser relacionada ao que se chama de probabilidade deste estado. Para estabelecer essa relação, ou mesmo para definir o que se entende por probabilidade de um dado estado, é necessário ter algum modelo estrutural do sistema. Em contraste, a definição de entropia a partir do segundo princípio não requer um modelo estrutural; a definição não depende de admitirmos que o sistema é composto de átomos e moléculas ou imaginarmos que seja constituído de cestos de papel e tacos de bilhar. Por simplicidade postularemos que o sistema é composto de um grande número de pequenas partículas ou moléculas.

Imaginemos a seguinte situação. Uma grande sala é fechada e completamente evacuada. Num canto da sala existe uma pequena caixa que contém um gás sob pressão atmosférica. As paredes da caixa são retiradas de tal modo que as moléculas do gás tornam-se livres para se mover na sala. Depois de um período de tempo observamos que o gás está distribuído uniformemente através da sala. No instante em que a caixa foi aberta, adotando o ponto de vista clássico, cada molécula do gás tinha uma posição e uma velocidade definida. Em algum instante posterior, isto é, depois do gás ter preenchido a sala, a posição e a velocidade de cada molécula têm valores que estão relacionados de um modo complicado com os valores das posições e velocidades de todas as moléculas no instante de abertura da caixa. Nesse instante posterior, imaginemos que cada componente da velocidade de cada molécula seja exatamente invertido. Então as moléculas irão adquirir um movimento oposto ao original e, depois de um certo período de tempo, o gás será coletado no canto da sala, onde estava, originalmente, dentro da caixa fechada.

O estranho nisso é que não há razão para supor que um movimento particular, que levou ao preenchimento uniforme da sala, seja mais provável que esse mesmo movimento no sentido oposto que leva ao recolhimento do gás num canto da sala. Se assim é, por que nunca observamos o ar de uma sala se agrupar numa determinada porção? O fato de nunca observamos alguns movimentos de um sistema, que inerentemente são tão prováveis como aqueles que observamos, é chamado *paradoxo de Boltzmann*.

Este paradoxo é resolvido do seguinte modo. É verdade que um dado movimento de moléculas tem a mesma probabilidade de qualquer outro movimento. Mas também é verdade que, dentre todos os possíveis movimentos de um grupo de moléculas, o número total de movimentos que leva ao preenchimento uniforme do espaço disponível é muito maior que o número de movimentos que leva ao preenchimento de uma pequena parte do espaço disponível. E, assim sendo, embora cada movimento do sistema tenha a mesma probabilidade, a probabilidade de observarmos o espaço disponível preenchido uniformemente é proporcional ao número total de movimentos que resultariam nessa observação; conseqüentemente, a probabilidade de observarmos o preenchimento uniforme é incomparavelmente maior do que a probabilidade de qualquer outra observação.

Já é difícil imaginar o movimento detalhado de uma só partícula, quanto mais não seja de um grande número de partículas. Felizmente, para o cálculo não temos que lidar com o movimento das partículas, mas apenas com o número de modos de distribuir as partículas num dado volume. Uma ilustração simples é suficiente para mostrar como a probabilidade da distribuição uniforme se compara com a não-uniforme.

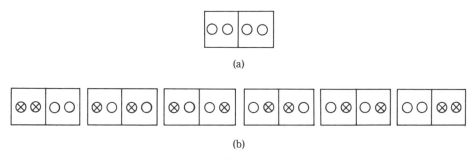

Fig. 9.4

Suponhamos um conjunto de quatro células, cada uma delas podendo conter uma bola. O conjunto dessas quatro células é, então, dividido de forma que fiquem duas células para cada lado, como é mostrado na Fig. 9.4(*a*). Tendo agora duas bolas para colocarmos nas células, obtemos as combinações mostradas na Fig. 9.4(*b*). (○ indica uma célula vazia e ⊗ indica uma célula ocupada.) Dessas seis combinações, quatro correspondem a um preenchimento uniforme, isto é, uma bola em cada metade da caixa. A probabilidade de preenchimento uniforme é, portanto, 4/6 = 2/3, enquanto que a probabilidade de encontrarmos duas bolas de um lado da caixa é 2/6 = 1/3. A probabilidade de qualquer combinação *particular* é 1/6. Enquanto quatro combinações levaram ao preenchimento uniforme, apenas duas combinações levaram a um preenchimento não-uniforme.

202 / FUNDAMENTOS DE FÍSICO-QUÍMICA

Suponhamos que haja oito células e duas bolas; então o número total de combinações é 28. Dessas 28 combinações, 16 correspondem a uma bola em cada metade da caixa. A probabilidade da distribuição uniforme é, portanto, $16/28 = 4/7$. É fácil mostrar que, se o número de células aumenta sem limite, a probabilidade de se encontrar uma bola em cada lado da caixa aproxima-se do valor $1/2$.

Neste ponto parece razoável perguntar o que a entropia tem a ver com isso. A entropia de um sistema num certo estado pode ser definida em termos do número de possíveis combinações de partículas que compõem o sistema e que são compatíveis com o estado do sistema. Cada uma dessas possíveis combinações é chamada um *microestado* do sistema. Seguindo Boltzmann, definimos a entropia pela equação

$$S = k \ln \Omega, \tag{9.63}$$

onde k é a constante de Boltzmann, $k = R/N_A$, e Ω é o número de microestados do sistema compatíveis com o estado do sistema. Como a probabilidade de um dado estado específico de um sistema é proporcional ao número de microestados que formam este estado, é claro, da Eq. (9.63), que a entropia depende do logaritmo da probabilidade do estado.

Suponhamos que se calcule a entropia para duas situações no seguinte exemplo.

Situação 1. As duas bolas estão na metade esquerda da caixa. Só existe uma combinação (microestado) que produz essa situação; portanto, $\Omega = 1$ e

$$S_1 = k \ln (1) = 0.$$

A entropia deste estado é zero.

Situação 2. As duas bolas podem estar em qualquer lugar da caixa. Como vimos, existem seis microestados correspondentes a essa situação; portanto, $\Omega = 6$, e

$$S_2 = k \ln (6).$$

O aumento de entropia associado com a expansão do sistema de duas para quatro células é então

$$\Delta S = S_2 - S_1 = k \ln 6 \qquad \text{para 2 bolas}$$
$$= \tfrac{1}{2} k \ln 6 \qquad \text{para 1 bola.}$$

Esse resultado é facilmente generalizado para se aplicar a uma caixa tendo N células. Quantas combinações são possíveis para duas bolas em N células? Existem N escolhas para se colocar a primeira bola; para cada escolha de célula para a primeira bola, existem $N - 1$ possibilidades para a segunda bola. O número total de arranjos de duas bolas em N células é, evidentemente, $N(N - 1)$. Entretanto, como não podemos distinguir entre a bola 1 na posição x e a bola 2 na posição y e o arranjo da bola 1 na posição y e a bola 2 na posição x, esse número precisa ser dividido por dois para se obter o número de combinações; portanto,

$$\Omega_1 = \frac{N(N - 1)}{2}.$$

A entropia desse sistema é, pela Eq. (9.63),

$$S_1 = k \ln \left[\tfrac{1}{2} N(N - 1)\right].$$

PROPRIEDADES DA ENTROPIA / 203

Se aumentarmos o número de células disponíveis para N', então, $\Omega_2 = (1/2)N' (N' - 1)$, e

$$S_2 = k \ln [\tfrac{1}{2}N'(N' - 1)].$$

O aumento de entropia associado com o aumento do número de células de N para N' é

$$\Delta S = S_2 - S_1 = k \ln \left[\frac{N'(N' - 1)}{N(N - 1)} \right]. \qquad (9.64)$$

Se $N' = 4$ e $N = 2$, isto leva ao resultado obtido originalmente para o aumento de 2 células para 4.

Uma aplicação mais instrutiva da Eq. (9.64) é obtida supondo-se que tanto N como N' são números grandes, tão grandes que $N - 1$ pode ser substituído por N e $N' - 1$ por N'. Então a Eq. (9.64) torna-se

$$\Delta S = k \ln \left(\frac{N'}{N} \right)^2 = 2k \ln \left(\frac{N'}{N} \right). \qquad (9.65)$$

Se nos perguntarmos em que situação física essa colocação ao acaso de bolas em células poderia ser aplicada, lembramo-nos imediatamente do gás ideal. No gás ideal a posição de uma molécula em qualquer instante é o resultado de uma probabilidade. A proximidade de outras moléculas não afeta a probabilidade de uma molécula estar onde está. Se aplicarmos a Eq. (9.65) ao gás ideal, as bolas tornam-se moléculas e o número de células é proporcional ao volume ocupado pelo gás; portanto, $N'/N = V'/V$, e a Eq. (9.65) torna-se

$$\Delta S \text{ (duas moléculas)} = 2k \ln \left(\frac{V'}{V} \right), \quad \Delta S \text{ (uma molécula)} = k \ln \left(\frac{V'}{V} \right).$$

Como $N_A k = R$, constante dos gases perfeitos, para um mol, temos

$$\Delta S \text{ (um mol)} = R \ln \left(\frac{V'}{V} \right), \qquad (9.66)$$

que é idêntica ao segundo termo da Eq. (9.48), a expressão do aumento de entropia que acompanha a expansão isotérmica de um mol de um gás ideal do volume V ao volume V'.

Do ponto de vista desta definição estrutural e estatística da entropia, a expansão isotérmica de um gás aumenta a entropia porque existem mais modos de arranjar um dado número de moléculas num volume maior do que num volume menor. Como a probabilidade de um dado estado é proporcional ao número de modos de arranjar as moléculas neste estado, o gás presente num grande volume está num estado mais provável do que aquele presente num volume pequeno. Se admitirmos que o estado de equilíbrio de um gás é o estado de maior probabilidade, então torna-se compreensível o fato do gás, numa sala, nunca se agrupar num canto. O gás atinge o estado mais provável ocupando o maior volume disponível. O estado de equilíbrio é o de maior probabilidade consistente com as restrições a que o sistema está sujeito e, portanto, tem uma entropia máxima.

204 / FUNDAMENTOS DE FÍSICO-QUÍMICA

9.13 FORMA GERAL PARA O ÔMEGA

Para calcular o número de combinação de três partículas em N células, procedemos do mesmo modo que antes. Existem N escolhas para colocar a primeira partícula, $N-1$ escolhas para a segunda e $N-2$ para a terceira. Isto daria um total de $N(N-1)(N-2)$ arranjos, entretanto não podemos distinguir entre os arranjos que são permutações das três partículas entre as células x, y, z. Existem 3! permutações; xyz, xzy, yxz, yzx, zxy, zyx. Portanto, para três partículas em N células, o número de microestados é

$$\Omega = \frac{N(N-1)(N-2)}{3!}. \tag{9.67}$$

Novamente, se o número de células (N) for muito maior que o número de partículas, para três partículas teremos

$$\Omega = \frac{N^3}{3!}.$$

Dessa forma aproximada podemos imediatamente tirar a conclusão de que, para N_a partículas, se N é muito maior que N_a, temos, aproximadamente,

$$\Omega = \frac{N^{N_a}}{N_a!}. \tag{9.68}$$

Por outro lado, se precisarmos da forma exata de Ω, a Eq. (9.67) pode ser generalizada para N_a partículas:

$$\Omega = \frac{N(N-1)(N-2)(N-3)\cdots(N-N_a+1)}{N_a!}.$$

Se multiplicarmos esta última equação por $(N-N_a)!$ tanto no numerador como no denominador, teremos

$$\Omega = \frac{N!}{N_a!(N-N_a)!}. \tag{9.69}$$

A entropia resultante da expansão de N para N' células é facilmente calculada usando-se a Eq. (9.68). Para N células,

$$S = k[\ln N^{N_a} - \ln (N_a!)],$$

enquanto que para N' células,

$$S' = k[\ln N'^{N_a} - \ln (N_a!)].$$

o valor de ΔS é

$$S' - S = \Delta S = N_a k \ln \left(\frac{N'}{N}\right).$$

PROPRIEDADES DA ENTROPIA / 205

Como antes, tomamos a relação $N'/N = V'/V$; então se $N_a = N_A$, a equação torna-se

$$\Delta S = R \ln \left(\frac{V'}{V}\right),$$

que é idêntica à Eq. (9.66).

9.14 A DISTRIBUIÇÃO DE ENERGIA

É bastante fácil fazer a transposição de combinações de bolas em células para a situação física de combinações de moléculas em pequenos elementos de volume. Combinando as moléculas nos elementos de volume, obtemos uma distribuição espacial de moléculas. O problema da distribuição espacial foi consideravelmente simplificado pela hipótese, implícita, de existir no máximo uma molécula num dado elemento de volume.

O problema da transposição de combinações de bolas em células para uma distribuição de energia é um pouco mais difícil. Começaremos admitindo que qualquer molécula possa ter um valor de energia entre zero e infinito. Em seguida dividiremos esse intervalo de energia em pequenos compartimentos de largura $d\epsilon$; os compartimentos são designados, começando com o de menor energia, por $\epsilon_1, \epsilon_2, \epsilon_3, \ldots$, como na Fig. 9.5. A distribuição é descrita especificando-se o número de moléculas n_1 tendo energias que caiam no primeiro compartimento, o número n_2 que caiam no segundo e assim por diante.

Fig. 9.5 Divisão da faixa de energia em compartimentos.

Consideremos uma coleção de N moléculas para a qual a distribuição de energia é descrita pelos números $n_1, n_2, n_3, n_4, n_5 \ldots$. De quantos modos pode ser conseguida essa distribuição? Começamos supondo que existem três moléculas em ϵ_1; existem N modos de escolher a primeira molécula, $(N - 1)$ para escolher a segunda e $(N - 2)$ para escolher a terceira. Portanto, parecem existir $N(N - 1)(N - 2)$ modos de selecionar três moléculas dentre N. Entretanto, a ordem de escolha não importa; a mesma distribuição seria obtida com as moléculas 1, 2 e 3, se fossem escolhidas na ordem 123, 132, 213, 231, 312 ou 321. Precisamos dividir o número total de modos de escolha por 3! para obtermos o número de modos distintos de escolha, que é, portanto:

$$\frac{N(N - 1)(N - 2)}{3!}.$$

Suponhamos que existam duas moléculas no segundo compartimento; estas devem ser escolhidas entre as $N - 3$ moléculas remanescentes; a primeira pode ser escolhida de $N - 3$ modos e a segunda de $N - 4$ modos. Novamente a ordem não importa e, portanto, dividimos por 2!. As duas moléculas no segundo compartimento podem ser escolhidas de

$$\frac{(N - 3)(N - 4)}{2!}$$

modos diferentes. O número total de modos de escolha de três moléculas no primeiro compartimento e de duas moléculas no segundo compartimento é o produto dessas expressões:

$$\frac{N(N-1)(N-2)(N-3)(N-4)}{3!\,2!}.$$

Assim procedendo, encontraríamos, então, quantos modos existiriam para a escolha do número de moléculas no compartimento três, dentre as $N-5$ moléculas remanescentes, e assim por diante. A repetição desse procedimento leva ao resultado final para o valor de Ω, o número total de modos de colocar n_1 moléculas no compartimento 1, n_2 no compartimento 2, ... que é dado por

$$\Omega = \frac{N!}{n_1!\,n_2!\,n_3!\,n_4!\,\ldots}. \tag{9.70}$$

O valor de Ω, o número de microestados para uma dada distribuição, dado pela Eq. (9.70) parece assustador. Entretanto, não nos precisamos valer exclusivamente dela para obter a informação que precisamos. Como sempre, a entropia resultante da distribuição de moléculas num intervalo de energias está relacionada com o número de microestados por $S = k \ln \Omega$. Se Ω for muito grande, a entropia será grande. É claro, da Eq. (9.70), que quanto menor as populações nos compartimentos, n_1, n_2 e n_3 ..., maior será o valor de Ω. Por exemplo, se cada compartimento estivesse vazio ou contivesse apenas uma molécula, todos os fatores no denominador seriam 0! ou 1!; o denominador valeria um e $\Omega = N!$. Este seria o maior valor possível para Ω e corresponderia ao maior valor possível para a entropia. Note-se que, nessa situação, as moléculas estão distribuídas ao máximo no intervalo de energia; portanto, uma distribuição de energia ampla significa alta entropia.

Em contraste, consideremos uma situação onde todas as moléculas menos uma estão amontoadas no primeiro nível; então

$$\Omega = \frac{N!}{(N-1)!\,1!\,0!\,0!\,\cdots} = N.$$

Se N é grande, então N é muito menor que $N!$; a entropia neste caso é muito menor do que para a distribuição ampla.

Para atingir uma alta entropia, as moléculas tentarão, portanto, se espalhar numa distribuição de energia tão ampla quanto possível, do mesmo modo como as moléculas de um gás preenchem o maior espaço disponível. A distribuição espacial é limitada pelas paredes do recipiente. A distribuição de energia está sujeita a uma limitação análoga. Num dado estado, um sistema tem um valor fixo para sua energia total; da distribuição, esse valor é

$$U = n_1\epsilon_1 + n_2\epsilon_2 + n_3\epsilon_3 + n_4\epsilon_4 + \cdots.$$

É claro que o sistema não pode ter muitas moléculas nos compartimentos de alta energia; se tivesse, a distribuição levaria a um valor de energia acima do valor fixado para aquele estado particular. Esta restrição limita severamente o número de microestados de um sistema. O valor de Ω deve atingir um máximo consistente com a restrição de que a soma das energias deve ser

PROPRIEDADES DA ENTROPIA / 207

o valor fixo U. As moléculas espalham-se num intervalo tão amplo quanto permita a exigência de ser coerente com a energia total do sistema, que é fixa.

Se a energia do sistema for aumentada, a distribuição poderá ser ampliada; o número de microestados e a entropia do sistema aumentarão. Esta é uma interpretação estatística do fato ilustrado pela equação fundamental, Eq. (9.12):

$$dS = \frac{1}{T} dU + \frac{p}{T} dV,$$

da qual obtemos o coeficiente diferencial

$$\left(\frac{\partial S}{\partial U}\right)_V = \frac{1}{T}.$$

Notamos na Seç. 9-5 que esse coeficiente era sempre positivo. No momento, notemos simplesmente, a coerência entre o sinal desse coeficiente e o argumento estatístico de que o aumento da energia aumenta o número de microestados e, portanto, a entropia.

Os dois modos fundamentais de se variar a entropia, num sistema expresso pela equação fundamental, são interpretados como os dois modos de se conseguir uma distribuição mais ampla. Aumentando-se o volume, a distribuição espacial se amplia; aumentando-se a energia, a distribuição de energia se amplia. Quanto mais ampla for a distribuição, mais provável será, pois pode ser conseguida através de um maior número de modos.

Agora é fácil compreender por que as entropias dos líquidos e sólidos praticamente não mudam com a variação da pressão. O volume dos materiais condensados se altera tão pouco com a variação de pressão que o formato da distribuição espacial praticamente não se altera. A entropia, portanto, permanece aproximadamente a mesma.

Podemos também compreender o fenômeno que se dá na expansão adiabática reversível de um gás; nessa expansão, $dQ_{rev.} = 0$, de tal modo que $dS = 0$. Como o volume do gás aumenta, a distribuição no espaço se amplia e essa parte da entropia aumenta. Se a variação total da entropia é zero, a distribuição entre as energias se concentra; isto corresponde a uma diminuição de energia que se reflete numa diminuição da temperatura do gás. O trabalho produzido numa expansão adiabática de um gás é conseguido à custa da diminuição de energia do sistema.

No Cap. 4, a distribuição de Maxwell das energias cinéticas em um gás foi discutida em detalhe. A energia média era dada por $\frac{3}{2} RT$. Assim, um aumento na temperatura correspondia a um aumento da energia do gás e também a uma ampliação na distribuição de energia. Essa ampliação na distribuição de energia com aumento de temperatura foi ressaltada naquela ocasião.

Do que foi dito, parece razoável esperar que a direção das transformações naturais corresponda à direção que aumenta a probabilidade do sistema. Portanto, em transformações naturais, devemos esperar que a entropia do sistema aumente. Isso, entretanto, não é bem verdade. Numa transformação natural, tanto o sistema como as vizinhanças estão envolvidos. Dessa forma, em qualquer transformação natural, é *necessário* que o universo atinja um estado de maior probabilidade e, portanto, de maior entropia. Numa transformação natural, a entropia do sistema pode diminuir se houver um aumento de entropia nas vizinhanças que compense a diminuição que ocorre no sistema. A variação da entropia numa transformação é uma ferramenta poderosa para determinar a direção natural da transformação.

208 / FUNDAMENTOS DE FÍSICO-QUÍMICA

9.15 A ENTROPIA DO PROCESSO DE MISTURA E AS EXCEÇÕES AO TERCEIRO PRINCÍPIO DA TERMODINÂMICA

O terceiro princípio da Termodinâmica é aplicável apenas àquelas substâncias que atingem uma configuração completamente ordenada no zero absoluto de temperatura. Num cristal puro, por exemplo, os átomos estariam localizados de um modo perfeito na rede cristalina. Se calcularmos o número de microestados de N átomos arranjados em N lugares, encontraremos que, embora existam $N!$ modos de arranjar os átomos, sendo os átomos idênticos, estes modos diferem apenas na ordem de escolha dos átomos. Como os arranjos não são distinguíveis, precisamos dividir por $N!$, e obtemos $\Omega = 1$ para um cristal perfeitamente ordenado. A entropia é, portanto,

$$S = k.\ln(1) = 0.$$

Suponhamos que combinemos diferentes tipos de átomos A e B em N lugares no cristal. Se N_a for o número de átomos A e N_b o número de átomos B, então $N_a + N_b = N$, que é o número total de posições. De quantos modos distintos podemos selecionar N_a posições para os átomos A e N_b posições para os átomos B? Esse número é dado pela Eq. (9.70):

$$\Omega = \frac{N!}{N_a! \, N_b!}. \tag{9.71}$$

A entropia do cristal obtido pela mistura é dada por

$$S = k \ln \frac{N!}{N_a! N_b!}. \tag{9.72}$$

Para utilizar esta expressão aplicamos a aproximação de Stirling; quando N é muito grande,

$$\ln N! = N \ln N - N. \tag{9.73}$$

A expressão da entropia torna-se

$$S = k(N \ln N - N - N_a \ln N_a + N_a - N_b \ln N_b + N_b).$$

Como $N = N_a + N_b$, temos

$$S = -k(N_a \ln N_a + N_b \ln N_b - N \ln N).$$

Mas $N_a = x_a N$ e $N_b = x_b N$, onde x_a é a fração molar de A e x_b é a fração molar de B. A expressão da entropia reduz-se a

$$S_{\text{mis}} = -Nk(x_a \ln x_a + x_b \ln x_b). \tag{9.74}$$

Como os termos entre parênteses na Eq. (9.74) são negativos (o logaritmo de uma fração é negativo), a entropia do cristal obtido por mistura é positiva. Se imaginarmos o cristal misto como formado a partir de um cristal puro A e de um cristal puro B, então para o processo de mistura,

$$A \text{ puro} + B \text{ puro} \rightarrow \text{cristal misto,}$$

a variação de entropia é

$$\Delta S_{mis} = S \text{ (cristal misto)} - S \text{ (}A \text{ puro)} - S \text{ (}B \text{ puro)}.$$

As entropias dos cristais puros são nulas e, portanto, ΔS para o processo de mistura é simplesmente

$$\Delta S_{mis} = - Nk \, (x_a \ln x_a + x_b \ln x_b), \tag{9.75}$$

e é uma quantidade positiva.

Como qualquer cristal impuro tem pelo menos a entropia de mistura no zero absoluto, a sua entropia não pode ser nula; tal substância não segue o terceiro princípio da Termodinâmica. Algumas substâncias que são puras do ponto de vista químico não preenchem a exigência de que o cristal seja perfeitamente ordenado no zero absoluto de temperatura. O monóxido de carbono (CO) e o óxido nitroso (NO) são exemplos clássicos. Nos cristais de CO e NO algumas moléculas são orientadas diferentemente de outras. Num cristal perfeito de CO, todas as moléculas deveriam estar alinhadas, por exemplo, com o oxigênio apontando para o norte e o carbono apontando para o sul. No cristal real, as duas extremidades das moléculas estão orientadas ao acaso e tudo se passa como se dois tipos de CO estivessem misturados meio a meio. A entropia molar de mistura seria

$$\Delta S = - N_A k(\tfrac{1}{2} \ln \tfrac{1}{2} + \tfrac{1}{2} \ln \tfrac{1}{2}) = N_A k \ln 2$$
$$= R \ln 2 = 0{,}693R = 5{,}76 \text{ J/K mol.}$$

O valor real da entropia residual do monóxido de carbono cristalino é $0{,}55R = 4{,}6$ J/K mol; a mistura não é, evidentemente, meio a meio. No caso do NO, a entropia residual é $0{,}33R = 2{,}8$ J/K mol, que é aproximadamente a metade de 5,76 J/K mol; isso foi explicado pela observação de que as moléculas no cristal de NO são dímeros, $(NO)_2$. Portanto, um mol de NO contém apenas $N_A/2$ moléculas duplas; isso reduz a entropia residual de um fator de dois.

No gelo, a entropia residual permanece no zero absoluto em virtude da distribuição ao acaso da ponte de hidrogênio nas moléculas de água do cristal. Levando em conta o valor da entropia residual, há concordância com a entropia observada.

Encontrou-se que o hidrogênio cristalino tem uma entropia residual de $0{,}750R = 6{,}23$ J/K mol no zero absoluto de temperatura. Esta entropia não é o resultado da desordem no cristal, mas, sim, de uma distribuição em vários estados quânticos. O hidrogênio comum é uma mistura de orto e para-hidrogênio que apresentam valores diferentes da quantidade de movimento angular total do spin nuclear. Como conseqüência dessa diferença, a energia rotacional do orto-hidrogênio a baixas temperaturas não se aproxima de zero, como acontece com o para-hidrogênio, mas atinge um valor finito. O orto-hidrogênio pode encontrar-se em qualquer um dentre nove estados possíveis, todos tendo a mesma energia, enquanto que o para-hidrogênio existe num único estado. Como resultado da mistura dos dois tipos de hidrogênio e da distribuição do orto-hidrogênio em nove estados diferentes de energia, o sistema apresenta uma entropia residual. O para-hidrogênio puro, como existe num único estado à baixa temperatura, não tem entropia residual e segue o terceiro princípio. O orto-hidrogênio puro está distribuído em nove estados no zero absoluto e tem uma entropia residual.

210 / FUNDAMENTOS DE FÍSICO-QUÍMICA

Do que foi dito, é evidente que substâncias vítreas ou amorfas que, como se sabe, apresentam uma disposição ao acaso das partículas constituintes possuem uma entropia residual no zero absoluto. O terceiro princípio restringe-se, portanto, a substâncias cristalinas puras. Cumpre fazer, dessa forma, uma restrição final à aplicação do terceiro princípio: a substância deve estar num único estado quântico. Esta exigência explica a dificuldade encontrada no caso do hidrogênio.

QUESTÕES

9.1 Em que circunstâncias especiais temos $\Delta S = \Delta H/T$?

9.2 O teorema de Green no plano (veja algum livro de cálculo) diz que

$$\oint df = \int_A dx\, dy \left[\frac{\partial^2 f}{\partial x\, \partial y} - \frac{\partial^2 f}{\partial y\, \partial x} \right].$$

Em palavras, a integral da derivada de uma função $f(x, y)$ em torno de um caminho cíclico é igual à integral da diferença das derivadas mistas mostradas sobre a área fechada A. Use esse teorema para demonstrar que a Eq. (9.13) é válida quando f é uma função de estado termodinâmica.

9.3 O valor negativo de α para a água entre $0°C$ e $4°C$ é atribuído à quebra de algumas estruturas ligadas por pontes de hidrogênio na passagem do sólido para o líquido. Como essa idéia nos permite visualizar a variação de S com V para a água, nessa faixa de temperatura?

9.4 Explique a tendência das diferenças nas entropias padrões de cada um dos seguintes pares: (a) C (diamante) e C (grafita); (b) Ar e F_2; (c) NH_3 e PCl_3.

9.5 Qual a utilidade do terceiro princípio?

9.6 Compare e diferencie as variações de entropia pura: (a) uma compressão isotérmica reversível de um gás ideal; (b) uma compressão adiabática reversível de um gás ideal. Discuta em termos de distribuições espaciais e de energia.

PROBLEMAS

9.1 Qual é a variação de entropia (ΔS) se a temperatura de um mol de um gás ideal é aumentada de 100 K para 300 K, $\bar{C}_v = (3/2)R$,

a) Se o volume é constante
b) Se a pressão é constante?
c) Qual seria a variação de entropia se fossem usados três moles em vez de um?

9.2 Um mol de hidrogênio gasoso é aquecido, a pressão constante, de 300 K a 500 K.

a) Calcule a variação de entropia para esta transformação utilizando os dados de capacidade calorífica da Tab. 7.1;
b) A entropia padrão do terceiro princípio para o hidrogênio a 300 K é igual a 130,592 J/K mol. Qual a entropia do hidrogênio a 1500 K?

9.3 Um sólido monoatômico tem uma capacidade calorífica de $\bar{C}_p = 3,1R$. Calcule o aumento de entropia de um mol deste sólido no caso da temperatura ser aumentada de 300 K a 500 K, a pressão constante.

PROPRIEDADES DA ENTROPIA / 211

9.4 Para o alumínio, $\overline{C}_p/(\text{J/K mol}) = 20{,}67 + 12{,}38 \times 10^{-3}\,T$.

a) Qual o valor de ΔS, se um mol de alumínio for aquecido de 25°C para 200°C?
b) Qual a entropia do alumínio a 200°C, se $S^\circ_{298} = 28{,}35$ J/K mol?

9.5 Usando a capacidade calorífica do alumínio do Probl. 9.4, calcule a capacidade calorífica média do alumínio na faixa de 300 a 400 K.

9.6 No ponto de ebulição, 35°C, o calor de vaporização do MoF_6 é de 25,1 kJ/mol. Calcule $\Delta S^\circ_{\text{vap.}}$.

9.7 a) Na temperatura de transição, 95,4°C, o calor de transição do enxofre rômbico para monoclínico é de 0,38 kJ/mol. Calcule a entropia de transição.
b) No ponto de fusão, 119°C, o calor de fusão do enxofre monoclínico é 1,23 kJ/mol. Calcule a entropia de fusão.
c) Os valores dados em (a) e (b) são para um mol de S, isto é, para 32 g; entretanto, na forma cristalina e líquida, a molécula é S_8. Converta os valores nas partes (a) e (b) levando em conta que é S_8. (Esses valores são mais representativos da ordem de grandeza usual das entropias de fusão e transição.)

9.8 a) Qual é a variação de entropia se um mol de água for aquecido de 0°C a 100°C, sob pressão constante; $\overline{C}_p = 75{,}291$ J/K mol.
b) O ponto de fusão é 0°C e o calor de fusão é 6,0095 kJ/mol. O ponto de ebulição é 100°C e o calor de vaporização é 40,6563 kJ/mol. Calcule ΔS para a transformação:

$$\text{gelo (0°C, 1 atm)} \rightarrow \text{vapor (100°C, 1 atm)}.$$

9.9 A 25°C e 1 atm, a entropia da água líquida é 69,950 J/K mol. Calcule a entropia do vapor de água a 200°C e 0,5 atm. Os dados são: $\overline{C}_p(\text{l})/(\text{J/K mol}) = 75{,}291$, $\overline{C}_p(\text{g})/(\text{J/K mol}) = 33{,}577$ e $\Delta H^\circ_{\text{vap.}} = 40{,}6563$ J/K mol no ponto de ebulição, 100°C. O vapor de água pode ser assumido como sendo um gás ideal.

9.10 A entropia padrão do chumbo, a 25°C, é $\overline{S}^\circ_{298} = 64{,}80$ J/K mol. A capacidade calorífica do chumbo sólido é $\overline{C}_p(\text{s})/(\text{J/K mol}) = 22{,}13 + 0{,}01172\,T + 0{,}96 \times 10^5\,T^{-2}$. O ponto de fusão é 327,4°C e o calor de fusão é 4770 J/mol. A capacidade calorífica do chumbo líquido é $\overline{C}_p(\text{l})/(\text{J/K mol}) = 32{,}51 - 0{,}00301\,T$.

a) Calcule a entropia padrão do chumbo líquido a 500°C.
b) Calcule o ΔH na mudança de chumbo sólido a 25°C para chumbo líquido a 500°C.

9.11 Para a grafita são dados:

$$\overline{S}^\circ_{298} = 5{,}74 \text{ J/K mol e } \overline{C}_p/(\text{J/K mol}) = -5{,}293 +$$
$$+ 58{,}609 \times 10^{-3}\,T - 432{,}24 \times 10^{-7}\,T^2 + 11{,}510 \times 10^{-9}\,T^3.$$

Calcule a entropia molar da grafita a 1500 K.

9.12 O mercúrio líquido entre 0°C e 100°C possui $\overline{C}_p/(\text{J/K mol}) = 30{,}093 - 4{,}944 \times 10^{-3}\,T$. Se um mol de mercúrio for levado de 0°C a 100°C, a pressão constante, calcule ΔH e ΔS.

9.13 Um mol de um gás ideal é expandido isotermicamente ao dobro do seu volume inicial.

a) Calcule ΔS.
b) Qual seria o valor de ΔS se fossem usados cinco moles em vez de um?

9.14 Um mol de monóxido de carbono é levado de 25°C e 5 atm para 125°C e 2 atm. Se $\overline{C}_p/R = 3{,}1916 + 0{,}9241 \times 10^{-3}\,T - 1{,}410 \times 10^{-7}\,T^2$, calcule ΔS. Assuma que o gás é ideal.

9.15 Um mol de um gás ideal, $\overline{C}_v = (3/2)R$, é transformado de 0°C e 2 atm a −40°C e 0,4 atm. Calcule ΔS para esta transformação de estado.

212 / FUNDAMENTOS DE FÍSICO-QUÍMICA

9.16 Um mol de um gás ideal, inicialmente a 25°C e 1 atm, é transformado para 40°C e 0,5 atm. Nessa transformação, são produzidos nas vizinhanças 300 J de trabalho. Se $\bar{C}_v = 3/2R$, calcule Q, ΔU, ΔH e ΔS.

9.17 Um mol de um gás de van der Waals, a 27°C, expande-se isotérmica e reversivelmente de 0,020 m³ para 0,060 m³. Para o gás de van der Waals, $(\partial U/\partial V)_T = a/\bar{V}^2$, $a = 0,556$ Pa m⁶/mol² e $b = 64 \times 10^{-6}$ m³/mol. Calcule Q, W, ΔU, ΔH e ΔS para a transformação.

9.18 Considere um mol de um gás ideal, $\bar{C}_v = 3/2R$, tendo seu estado inicial em 300 K e 1 atm. Para cada transformação de (a) a (g) calcule Q, W, ΔU, ΔH e ΔS; compare ΔS com Q/T.

   a) O gás é aquecido a 400 K, a volume constante.
   b) O gás é aquecido a 400 K, à pressão constante de 1 atm.
   c) O gás é expandido isotérmica e reversivelmente até que a pressão caia a 1/2 atm.
   d) O gás expande-se isotermicamente contra uma pressão externa constante de 1/2 atm até que a pressão do gás atinja o valor de 1/2 atm.
   e) O gás expande-se isotérmica contra uma pressão zero (expansão de Joule) até que a pressão do gás atinja o valor de 1/2 atm.
   f) O gás expande-se adiabaticamente contra uma pressão constante de 1/2 atm até que a pressão final seja de 1/2 atm.
   g) O gás expande-se adiabática e reversivelmente até que a pressão final seja de 1/2 atm.

9.19 Para o zinco metálico são dados os valores de $\bar{C}_p$ em função da temperatura. Calcule $\bar{S}°$ a 100 K para este metal.

T/K	$\bar{C}_p/(\text{J/K mol})$	T/K	$\bar{C}_p/(\text{J/K mol})$	T/K	$\bar{C}_p/(\text{J/K mol})$
1	0,000720	10	0,1636	50	11,175
2	0,001828	15	0,720	60	13,598
3	0,003791	20	1,699	70	15,426
4	0,00720	25	3,205	80	16,866
6	0,01895	30	4,966	90	18,108
8	0,0628	40	8,171	100	19,154

9.20 Ajuste os dados do Probl. 9.19 entre 0 e 4 K à curva $\bar{C}_p = \gamma T + aT^3$. O primeiro termo é uma contribuição do gás eletrônico no metal à capacidade calorífica. *Sugestão:* encontre as constantes γ e a, rearranje para $\bar{C}_p/T = \gamma - aT^2$ e construa $\bar{C}_p/T$ contra T^2 ou faça um ajuste por mínimos quadrados, (Veja Apêndice I, Seç. A-I-7.)

9.21 A sílica, SiO_2, possui uma capacidade calorífica dada por

$$\bar{C}_p(\text{quartzo-}\alpha, \text{s})/(\text{J/K mol}) = 46,94 + 34,31 \times 10^{-3}T - 11,30 \times 10^5 T^{-2}.$$

O coeficiente de expansão térmica é igual a $0,3530 \times 10^{-4}$ K⁻¹ e o volume molar é 22,6 cm³/mol. Se o estado inicial for 25°C e 1 atm e o estado final 225°C e 1000 atm, calcule ΔS para um mol de sílica.

9.22 Para a água líquida a 25°C, $\alpha = 2,07 \times 10^{-4}$ K⁻¹ e a densidade pode ser tomada como sendo 1,00 g/cm³. Calcule ΔS quando um mol de água líquida a 25°C é comprimido isotermicamente de 1 atm para 1000 atm supondo que:

   a) A água seja incompressível, isto é, $\kappa = 0$.
   b) Que $\kappa = 4,53 \times 10^{-5}$ atm⁻¹.

PROPRIEDADES DA ENTROPIA / 213

9.23 Para o cobre, a $25°C$, $\alpha = 0,492 \times 10^{-4}$ K^{-1}, $\kappa = 0,78 \times 10^{-6}$ atm^{-1} e a densidade é $8,92$ g/cm^3. Calcule ΔS para a compressão isotérmica de um mol de cobre inicialmente a 1 atm e 1000 atm nas duas hipóteses do Probl. 9.22.

9.24 No limite, quando $T = 0$ K, sabe-se empiricamente que o valor do coeficiente de expansão térmica dos sólidos tende a zero. Mostre que, como conseqüência, a entropia a 0 K é independente da pressão e que, portanto, não é necessário especificar a pressão no enunciado do terceiro princípio.

9.25 Considere a expressão:

$$dS = \frac{C_p}{T} dT - V\alpha\, dp$$

Suponha que a água possui $\bar{V} = 18$ cm^3/mol, $\bar{C}_p = 75,3$ J/K mol e $\alpha = 2,07 \times 10^{-4}$ K^{-1}. Calcule a diminuição de temperatura que ocorre se a água a $25°C$ e 1000 atm de pressão é conduzida reversível e adiabaticamente a 1 atm de pressão. Assuma $\kappa = 0$.

9.26 Mostre que $(\partial\alpha/\partial p)_T = -(\partial\kappa/\partial T)_p$.

9.27 Num frasco de Dewar (recipiente adiabático) adicionam-se 20 g de gelo a $-5°C$ a 30 g de água a $25°C$. Se as capacidades caloríficas forem $C_p(H_2O, l) = 4,18$ J/K g e $C_p(H_2O, s) = 2,09$ J/K g, qual será o estado final do sistema, sabendo-se que a pressão é constante? $\Delta H_{fus.} = 334$ J/g. Calcule ΔS e ΔH para a transformação.

9.28 Quantos gramas de água a $25°C$ precisam ser adicionados ao frasco de Dewar, contendo 20 g de gelo a $-5°C$, para satisfazer às condições abaixo de (a) e (d)? Calcule a variação de entropia em cada caso.

a) A temperatura final é $-2°C$; toda a água congela.
b) A temperatura final é $0°C$; metade da água congela.
c) A temperatura final é $0°C$; metade do gelo funde.
d) A temperatura final é $10°C$; todo o gelo funde.

Antes de fazer os cálculos, faça uma previsão do sinal de ΔS. (Use os dados do Probl. 9.27.)

9.29 Vinte gramas de vapor a $120°C$ e 300 g de água líquida a $25°C$ são colocados juntos dentro de um frasco isolado. A pressão é mantida em 1 atm. Se $C_p(H_2O, l) = 4,18$ J/K g, $C_p(H_2O, g) = 1,86$ J/K g e $\Delta H_{vap.} = 2257$ J/g, a $100°C$,

a) Qual a temperatura final do sistema e qual (ou quais) fase encontra-se presente?
b) Calcule ΔS para a transformação.

9.30 Um lingote de cobre, com uma massa de 1 kg e uma capacidade calorífica média de 0,39 J/K, está a uma temperatura de $500°C$.

a) Se o lingote for banhado em água, que massa de água a $25°C$ deverá ser usada para que o estado final do sistema consista de água líquida, vapor e cobre sólido a $100°C$, sendo metade da água convertida em vapor. A capacidade calorífica da água é de 4,18 J/K e o seu calor de vaporização é 2257 J/g.
b) Qual o valor de ΔS nessa transformação?

9.31 Delineie as possíveis combinações de

a) duas bolas em seis células;
b) quatro bolas em seis células;
c) qual é a probabilidade da distribuição uniforme em cada caso?

9.32 Suponha que três moléculas indistinguíveis estejam distribuídas entre três níveis de energia. As energias dos níveis são: 0,1 e 2 unidades.

214 / FUNDAMENTOS DE FÍSICO-QUÍMICA

a) Quantos microestados são possíveis se não houver restrições quanto à energia das três moléculas?

b) Quantos microestados são possíveis se a energia total das três moléculas for fixa e igual a uma unidade?

c) Encontre o número de microestados se a energia total for 2 unidades e calcule o aumento de entropia que acompanha o aumento de energia de uma para duas unidades.

9.33 Suponha que tenhamos N bolas distinguíveis que são distribuídas em N_c células.

a) Quantos microestados existirão se não tivermos o cuidado de que não exista mais do que uma bola em cada célula?

b) Quantos microestados correspondem a distribuições com apenas uma bola por célula?

c) Usando os resultados de (a) e (b), calcule a probabilidade de que num grupo de 23 pessoas não existam duas com a mesma data de nascimento.

9.34 O orto-hidrogênio puro pode existir em qualquer um de nove estados quânticos no zero absoluto. Calcule a entropia dessa mistura dos nove "tipos" de orto-hidrogênio; cada um tem uma fração molar de 1/9.

9.35 A entropia de uma mistura binária relativa aos seus componentes puros é dada pela Eq. (9.74). Como $x_a + x_b = 1$, escreva a entropia da mistura em termos de x_a ou de x_b, e mostre que a entropia é máxima quando $x_a = x_b = 1/2$. Calcule os valores de $S_{\text{mis.}}$ para $x_a = 0; 0,2; 0,4; 0,5; 0,6; 0,8; 1$. Faça um gráfico desses valores de $S_{\text{mis.}}$ em função de x_a.

10

Espontaneidade e Equilíbrio

10.1 AS CONDIÇÕES GERAIS DE EQUILÍBRIO E DE ESPONTANEIDADE

O nosso objetivo agora é encontrar as características que distinguem uma transformação irreversível (real) de uma transformação reversível (ideal). Começaremos indagando que relações existem entre a variação de entropia numa transformação e o escoamento irreversível de calor que a acompanha. Em cada ponto ao longo de uma transformação reversível, o sistema desloca-se do equilíbrio apenas infinitesimalmente. O sistema é transformado através de uma mudança reversível de estado, embora permaneça efetivamente, em equilíbrio. A condição para reversibilidade é, portanto, uma condição de equilíbrio; da equação de definição de dS, a condição de reversibilidade é que

$$T dS = dQ_{\text{rev}}. \tag{10.1}$$

Portanto, a Eq. (10.1) é a condição de equilíbrio.

A condição para uma transformação de estado irreversível é a desigualdade de Clausius, (8.44), que escrevemos na forma

$$T dS > dQ. \tag{10.2}$$

Transformações irreversíveis são transformações reais, naturais ou espontâneas. Iremos nos referir às transformações na direção natural como transformações espontâneas e à desigualdade (10.2) como condição de espontaneidade. As duas relações, Eqs. (10.1) e (10.2), podem ser combinadas numa única

$$T dS \geq dQ, \tag{10.3}$$

onde se admite que o sinal de igualdade implica um valor reversível de dQ.

Usando o primeiro princípio na forma $dQ = dU + dW$, a relação em (10.3) pode ser escrita como

$$T dS \geq dU + dW,$$

ou

$$-dU - dW + T dS \geq 0. \tag{10.4}$$

O trabalho inclui todos os tipos: $dW = P_{\text{op}}.\ dV + dW_a$. Este valor de dW conduz a relação (10.4) à forma

$$-dU - P_{\text{op}} dV - dW_a + T dS \geq 0. \tag{10.5}$$

216 / FUNDAMENTOS DE FÍSICO-QUÍMICA

Tanto a relação (10.4) como a (10.5) exprimem a condição de equilíbrio (=) e de espontanei-dade (>) para uma transformação em termos de variações nas propriedades do sistema dU, dV, dS e da quantidade de trabalho $đW$ ou $đWa$ associada à transformação.

10.2 CONDIÇÕES DE EQUILÍBRIO E DE ESPONTANEIDADE SOB RESTRIÇÕES

Combinando as restrições usualmente impostas em laboratório, as relações (10.4) e (10.5) podem ser expressas de modo simples e conveniente. Consideremos cada conjunto de restrições separadamente.

10.2.1 Transformações Num Sistema Isolado

Para um sistema isolado, $dU = 0$, $đW = 0$ e $đQ = 0$; portanto, (10.4) torna-se

$$dS \geq 0. \tag{10.6}$$

Esta exigência para um sistema isolado foi discutida em detalhe na Seç. 8.14, onde foi mostrado que num sistema isolado a entropia pode apenas crescer e atingir um máximo no equilíbrio.

Da relação (10.6) nos foi mostrado que um sistema isolado para estar no equilíbrio pre-cisa ter a mesma temperatura em todas as suas partes. Assumamos, agora, que um sistema iso-lado é subdividido em duas partes, α e β. Se uma quantidade de calor, $đQ_{rev}$, passar reversivel-mente da região α para a região β, obteremos

$$dS_\alpha = \frac{-đQ_{rev}}{T_\alpha} \qquad e \qquad dS_\beta = \frac{đQ_{rev}}{T_\beta}.$$

A variação total na entropia será, então,

$$dS = dS_\alpha + dS_\beta = \left(\frac{1}{T_\beta} - \frac{1}{T_\alpha}\right)đQ_{rev}.$$

Se esse fluxo de calor ocorrer espontaneamente, pela relação (10.6), $dS > 0$. Como $đQ_{rev}$ é positivo, isso significa que

$$\frac{1}{T_\beta} - \frac{1}{T_\alpha} > 0 \qquad ou \qquad T_\alpha > T_\beta.$$

Assim, temos que o calor flui espontaneamente da região de maior temperatura, α, para a de menor temperatura, β. No entanto, no equilíbrio $dS = 0$, o que requer

$$T_\alpha = T_\beta$$

Essa é a condição de equilíbrio térmico; um sistema em equilíbrio deve ter a mesma tempera-tura em todas as partes.

10.2.2 Transformações a Temperatura Constante

Se um sistema sofre uma transformação de estado isotérmica, então $T\,dS = d\,(TS)$ e a relação (10.4) pode ser escrita na forma

$$-dU + d(TS) \geq dW,$$

$$-d(U - TS) \geq dW. \qquad (10.7)$$

A combinação de variáveis $U - TS$ aparece tão freqüentemente que se dá um símbolo especial, A. Por definição,

$$A \equiv U - TS. \qquad (10.8)$$

Sendo uma combinação de funções de estado do sistema, A é uma função de estado do sistema; esta função A é chamada *energia de Helmholtz* do sistema.* A relação (10.7) reduz-se à forma

$$- dA \geq dW, \qquad (10.9)$$

ou, integrando,

$$- \Delta A \geq W. \qquad (10.10)$$

O significado de A é dado pela relação (10.10); o trabalho produzido numa transformação isotérmica é menor ou igual à diminuição da energia de Helmholtz. O sinal de igualdade aplica-se às transformações reversíveis, de tal modo que o trabalho máximo obtido numa transformação isotérmica de estado é igual à diminuição da energia de Helmholtz. Essa quantidade máxima de trabalho inclui todos os tipos de trabalho produzidos na transformação.

10.2.3 Transformações a Pressão e Temperatura Constantes

O sistema é confinado sob pressão constante, $P_{op.} = p$, que é a pressão de equilíbrio do sistema. Como p é uma constante, $p\,dV = d\,(pV)$. À temperatura é constante e, portanto, $T\,dS = d\,(TS)$. A relação (10.5) torna-se, então,

$$-[dU + d(pV) - d(TS)] \geq dW_a,$$

$$-d(U + pV - TS) \geq dW_a. \qquad (10.11)$$

A combinação de variáveis $U + pV - TS$ ocorre tão freqüentemente que se dá um símbolo especial G. Por definição,

$$G \equiv U + pV - TS = H - TS = A + pV. \qquad (10.12)$$

Sendo composta de propriedades de estado de um sistema, G é uma propriedade de estado; G é chamada *energia de Gibbs* do sistema. Comumente, G é chamado de *energia livre* do sistema.**

---

*No passado, a quantidade A recebeu vários nomes: função trabalho, função conteúdo máximo de trabalho, função de Helmholtz, energia livre de Helmholtz e, simplesmente, energia de Helmholtz. A UIQPA convencionou chamar o símbolo A de *energia de Helmholtz*.

** No passado, G era conhecido como: função de Gibbs, energia livre de Gibbs e, simplesmente, energia livre. A UIQPA convencionou o uso do símbolo G para designar a *energia de Gibbs*. Ao usar tabelas com dados termodinâmicos, você deverá perceber que a maioria delas estará utilizando o símbolo F para a energia de Gibbs. Infelizmente, no passado F era também usado como um símbolo para A. Sendo assim, no uso de qualquer tabela de dados, o melhor é certificar-se do significado dos símbolos utilizados.

218 / FUNDAMENTOS DE FÍSICO-QUÍMICA

Usando a Eq. (10.12), a relação (10.11) torna-se

$$-dG \geq dW_a, \tag{10.13}$$

ou, integrando,

$$-\Delta G \geq W_a. \tag{10.14}$$

Fixando nossa atenção no sinal de igualdade da relação (10.14), temos

$$-\Delta G = W_{a,\,rev}, \tag{10.15}$$

que revela uma propriedade importante da energia de Gibbs; a diminuição de energia de Gibbs $(-\Delta G)$ associada a uma mudança de estado a T e p constantes é igual à quantidade máxima de trabalho $W_{a,\,rev}$ (isto é, além do trabalho de expansão) que se poderia obter na transformação. Pela relação (10.14), em qualquer transformação real o trabalho obtido (excluído o trabalho de expansão) é menor que a diminuição da energia de Gibbs que acompanha a mudança de estado a T e p constantes.

Se quisermos que o trabalho W_a seja posto em evidência no laboratório, a transformação precisa ser conduzida num dispositivo que permita que o trabalho seja produzido; o exemplo químimo mais usual de tal dispositivo é uma pilha. Se colocarmos zinco granulado numa solução de sulfato de cobre, o cobre metálico irá precipitar e o zinco será dissolvido de acordo com a reação

$$Zn + Cu^{2+} \rightarrow Cu + Zn^{2+}.$$

É óbvio que o único trabalho produzido nesse modo de conduzir a reação é o trabalho de expansão e assim mesmo é muito pouco. Por outro lado, a mesma reação química pode ser levada a efeito de modo a produzir uma quantidade de trabalho elétrico $W_a = W_{el}$. Na pilha da Daniell mostrada na Fig. 17.1, um eletrodo de zinco é imerso numa solução de sulfato de zinco e um eletrodo de cobre é imerso numa solução de sulfato de cobre; as soluções estão em contato elétrico através de uma parede porosa que não permite que as soluções se misturem. A pilha de Daniell pode produzir o trabalho elétrico W_{el}, que está relacionado com a diminuição da energia de Gibbs, $-\Delta G$, da reação química pela relação (10.14). Se a pilha operar reversivelmente, então o trabalho elétrico produzido será igual à diminuição da energia de Gibbs. O funcionamento das pilhas será discutido em detalhe no Cap. 17.

Qualquer transformação espontânea *pode* ser arranjada de modo a realizar algum tipo de trabalho além do trabalho de expansão, o que necessariamente não significa um arranjo tão difícil. No momento, nosso interesse está em transformações que não são arranjadas de modo a produzir tipos especiais de trabalho; para esses casos, $dW_a = 0$ e a condição de equilíbrio e espontaneidade para uma transformação a p e T constantes, relação (10.14), torna-se

$$-dG \geq 0, \tag{10.16}$$

ou, para uma transformação finita,

$$-\Delta G \geq 0. \tag{10.17}$$

Tanto a relação (10.16) como a (10.17) mostram que há uma diminuição da energia de Gibbs em qualquer transformação real a T e p constantes; se a energia de Gibbs diminui, ΔG é negativo e $-\Delta G$ é positivo. As transformações espontâneas podem continuar a ocorrer em tais sistemas na medida em que a energia de Gibbs do sistema possa diminuir, isto é, *até que a energia de Gibbs do sistema atinja um valor mínimo*. O sistema em equilíbrio tem um valor mínimo da energia de Gibbs; essa condição de equilíbrio é expressa pelo sinal de igualdade na relação (10.16): $dG = 0$, condição matemática usual para um mínimo.

Dos vários critérios de equilíbrio e espontaneidade, faremos maior uso daqueles que envolvem dG ou ΔG, simplesmente porque a maioria das reações químicas e transformações de fase são sujeitas às condições de T e p constantes. Se soubermos como calcular as variações da energia de Gibbs para qualquer transformação, o sinal algébrico de ΔG nos dirá se a transformação poderá ocorrer na direção que imaginamos. Há três possibilidades:

1) $\Delta G = -$; a transformação pode ocorrer espontânea ou naturalmente;

2) $\Delta G = 0$; o sistema está em equilíbrio relativamente a essa transformação;

3) $\Delta G = +$; a direção natural é oposta à direção que imaginamos (a transformação é não-espontânea).

O terceiro caso é mais bem ilustrado por um exemplo. Suponhamos a questão da água poder ou não correr morro acima. A transformação pode ser escrita como

$$H_2O \text{ (nível baixo)} \rightarrow H_2O \text{ (nível alto)} \ (T \text{ e } p \text{ constantes)}.$$

Calculado o valor de ΔG para essa transformação, encontra-se um valor positivo. Concluímos que a direção para essa transformação, do modo como está escrita, não é a direção natural e que a direção natural ou espontânea é a oposta. Na ausência de restrições artificiais, a água a um nível mais alto escoará para um nível mais baixo e ΔG para o escoamento da água morro abaixo será igual e de sinal oposto ao do escoamento da água morro acima. As transformações que fornecem valores positivos de ΔG incluem transformações absurdas como, por exemplo, da água escoando morro acima, uma bola pulando para fora de um copo com água e um automóvel produzindo gasolina a partir de água e dióxido de carbono, à medida que é empurrado para trás.

10.3 RETROSPECTO

Comparando as transformações reais com as reversíveis chegamos à desigualdade de Clausius, $dS > đQ/T$, que nos dá um critério para uma transformação real ou espontânea. Com uma manipulação algébrica desse critério, encontramos expressões simples em termos da variação de entropia ou variações de duas novas funções A e G. Examinando o sinal algébrico de ΔS, ΔA ou ΔG para a transformação em questão, podemos decidir se ela poderá ou não ocorrer espontaneamente, obtendo-se, ao mesmo tempo, a condição de equilíbrio para a transformação. Essas condições de espontaneidade e equilíbrio estão resumidas na Tab. 10.1. De todas as condições que aparecem na Tab. 10.1 faremos maior uso daquelas da última linha, pois as restrições $W_a = 0$, T e p constantes são as mais freqüentemente usadas no laboratório.

O termo "espontâneo" aplicado a transformações de estado no sentido termodinâmico não deve ter um significado muito amplo. Significa apenas que a transformação de estado é *possível*. A Termodinâmica não pode dar nenhuma informação acerca do tempo necessário para a transformação se realizar. Por exemplo, a Termodinâmica prevê que, a $25°C$ e 1 atm, a reação entre hidrogênio e oxigênio para formar água é uma reação espontânea. Entretanto, na ausência de um catalisador ou de um evento que a inicie, como uma fagulha, eles não reagem para formar água em qualquer intervalo de tempo mensurável. O intervalo de tempo necessá-

220 / FUNDAMENTOS DE FÍSICO-QUÍMICA

rio para uma transformação atingir o equilíbrio é um assunto próprio da Cinética e não da Termodinâmica. A Termodinâmica nos diz o que *pode* ocorrer; a Cinética nos diz se levará um milhão de anos ou um milionésimo de segundo. Uma vez sabido que uma certa reação poderá ocorrer, será apenas uma questão de procurar um catalisador que diminua o intervalo de tempo necessário para que a reação atinja o equilíbrio. Seria inútil procurar um catalisador para uma reação termodinamicamente impossível.

Que se pode fazer acerca das transformações que têm ΔG positivo e que, portanto, são termodinamicamente impossíveis ou não-espontâneas? A natureza humana, sendo como é, não fica resignada ante o fato de que uma certa transformação seja "impossível". O escoamento "impossível" de água morro acima pode se tornar "possível", não através da ação de um catalisador que não se modifique na transformação, mas *acoplando* o escoamento não-espontâneo de uma certa massa de água morro acima com a queda espontânea de uma massa maior. Uma massa não pode por si só saltar do chão para cima, mas, se for acoplada através de uma polia com uma massa maior que caia da mesma altura, ela subirá. A transformação composta, a massa mais leve subindo e a maior descendo, é acompanhada de uma diminuição da energia de Gibbs e, portanto, é uma transformação "possível". Como veremos mais tarde, o acoplamento de uma variação de estado com outra poderá ser de grande interesse, quando lidamos com reações químicas.

Tab. 10.1

Restrições	Condição de espontaneidade		Condição de equilíbrio	
	$-(dU + p\,dV - T\,dS) - dW_a = +$		$-(dU + p\,dV - T\,dS) - dW_a = 0$	
Nenhuma	Transformação infinitesimal	Transformação finita	Transformação infinitesimal	Transformação finita
Sistema isolado	$dS = +$	$\Delta S = +$	$dS = 0$	$\Delta S = 0$
T constante	$dA + dW = -$	$\Delta A + W = -$	$dA + dW = 0$	$\Delta A + W = 0$
T e p constantes	$dG + dW_a = -$	$\Delta G + W_a = -$	$dG + dW_a = 0$	$\Delta G + W_a = 0$
$W_a = 0$; T e V constantes	$dA = -$	$\Delta A = -$	$dA = 0$	$\Delta A = 0$
$W_a = 0$; T e p constantes	$dG = -$	$\Delta G = -$	$dG = 0$	$\Delta G = 0$

10.4 FORÇAS RESPONSÁVEIS PELAS TRANSFORMAÇÕES NATURAIS

Numa transformação natural, a temperatura e pressão constantes, ΔG é negativo. Por definição, $G = H - TS$; portanto, a temperatura constante,

$$\Delta G = \Delta H - T\Delta S. \tag{10.18}$$

Duas contribuições para o valor de ΔG podem ser verificadas na Eq. (10.18): uma energética, ΔH, e uma entrópica, $T\,\Delta S$. Da Eq. (10.18) torna-se claro que para fazer ΔG negativo é melhor ter-se ΔH negativo (transformação exotérmica) e ΔS positivo. Numa transformação natural, o sistema procura atingir a menor entalpia (aproximadamente a menor energia) e a maior entropia. É também claro, da Eq. (10.18), que um sistema pode tolerar uma diminuição de entropia desde que o primeiro termo seja suficientemente negativo para contrabalançar o segundo. Semelhantemente, pode ser tolerado um aumento de entalpia, ΔH positivo, desde que ΔS seja suficientemente positivo para contrabalançar o primeiro termo. Deste modo, o compromisso entre baixa entalpia e alta entropia é atingido de modo a minimizar a energia de Gibbs no equilíbrio. A maioria das reações químicas comuns são exotérmicas na sua direção natural; em geral são tão exotérmicas que o termo $T \Delta S$ tem pequena influência na determinação da posição de equilíbrio. No caso de reações que são endotérmicas em sua direção natural, o termo $T \Delta S$ é muito importante na determinação da posição de equilíbrio.

10.5 AS EQUAÇÕES FUNDAMENTAIS DA TERMODINÂMICA

Além das propriedades mecânicas p e V, um sistema tem três propriedades fundamentais T, U e S, definidas pelos princípios da Termodinâmica e três variáveis compostas H, A e G, que são importantes. Estamos agora em posição de desenvolver um conjunto importante de equações diferenciais que relacionem essas propriedades entre si.

No momento, restringiremos nossa discussão a sistemas que produzem apenas trabalhos de expansão, portanto, $dW_a = 0$. Com essa restrição, a condição geral de equilíbrio é

$$dU = T\,dS - p\,dV. \tag{10.19}$$

Esta combinação do primeiro e segundo princípios da Termodinâmica é a equação fundamental da Termodinâmica. Usando as definições das funções compostas.

$$H = U + pV, \qquad A = U - TS, \qquad G = U + pV - TS,$$

e diferenciando cada uma, obtemos

$$dH = dU + p\,dV + V\,dp,$$
$$dA = dU - T\,dS - S\,dT,$$
$$dG = dU + p\,dV + V\,dp - T\,dS - S\,dT.$$

Em cada uma dessas três equações, dU é substituído pelo seu valor dado pela Eq. (10.19); depois de reunir os termos, as equações tornam-se [a Eq. (10.19) está repetida em primeiro lugar]

$$dU = T\,dS - p\,dV, \tag{10.19}$$

$$dH = T\,dS + V\,dp, \tag{10.20}$$

$$dA = -S\,dT - p\,dV, \tag{10.21}$$

$$dG = -S\,dT + V\,dp. \tag{10.22}$$

Estas quatro equações são algumas vezes conhecidas como as quatro equações fundamentais da Termodinâmica; na realidade, elas são simplesmente quatro modos diferentes de se olhar a mesma equação fundamental, Eq. (10.19).

A Eq. (10.19) relaciona a variação de energia com variações de entropia e volume. A Eq. (10.20) relaciona a variação de entalpia com variações de entropia e pressão. A Eq. (10.21)

222 / FUNDAMENTOS DE FÍSICO-QUÍMICA

relaciona a variação da energia de Helmholtz dA com variações de temperatura e volume. A Eq. (10.22) relaciona variações da energia de Gibbs com variações de temperatura e pressão. Em virtúde da simplicidade dessas equações, S e V são chamadas variáveis "naturais" para a energia; S e p são as variáveis naturais para a entalpia; T e V são as variáveis naturais para a energia de Helmholtz; e T e p são as variáveis naturais para a energia de Gibbs.

Como cada uma dessas expressões é uma expressão diferencial exata, segue-se que as derivadas cruzadas são iguais. Deste fato, obtemos, imediatamente, as quatro relações de Maxwell:

$$\left(\frac{\partial T}{\partial V}\right)_S = -\left(\frac{\partial p}{\partial S}\right)_V; \qquad (10.23)$$

$$\left(\frac{\partial T}{\partial p}\right)_S = \left(\frac{\partial V}{\partial S}\right)_p; \qquad (10.24)$$

$$\left(\frac{\partial S}{\partial V}\right)_T = \left(\frac{\partial p}{\partial T}\right)_V; \qquad (10.25)$$

$$-\left(\frac{\partial S}{\partial p}\right)_T = \left(\frac{\partial V}{\partial T}\right)_p. \qquad (10.26)$$

As duas primeiras dessas equações relacionam-se com mudanças de estado a entropia constante, isto é, mudanças de estado adiabáticas reversíveis. A derivada $(\partial T/\partial V)_S$ representa a taxa da variação da temperatura com o volume numa transformação adiabática reversível. Não nos ocuparemos muito das Eqs. (10.23) e (10.24).

As Eqs. (10.25) e (10.26) são de grande importância, porque relacionam a dependência da entropia com o volume, a temperatura constante, e a dependência da entropia com a pressão, a temperatura constante, com quantidades facilmente mensuráveis. Obtivemos estas relações anteriormente, Eqs. (9.31) e (9.41), utilizando o fato de dS ser uma diferencial exata. Obtivemo-las aqui por meio de um trabalho algébrico muito menor partindo do fato de dA e dG serem diferenciais exatas. As duas deduções são evidentemente equivalentes, pois A e G são funções de estado somente se S for uma função de estado.

10.6 A EQUAÇÃO DE ESTADO TERMODINÂMICA

As equações de estado discutidas até aqui, a lei dos gases ideais, a equação de van der Waals etc., são relações entre p, V e T obtidas de dados empíricos sobre o comportamento dos gases ou de especulações sobre os efeitos do tamanho molecular e das forças atrativas no comportamento dos gases. A equação de estado para um líquido ou sólido foi simplesmente expressa em termos dos coeficientes de expansão térmica e compressibilidade, determinados experimentalmente. Essas relações aplicam-se a sistemas em equilíbrio, mas existe uma condição de equilíbrio que é mais geral. O segundo princípio da Termodinâmica requer a relação, Eq. (10.19),

$$dU = T\,dS - p\,dV$$

como condição de equilíbrio. Desta relação, estamos aptos a deduzir uma equação de estado para qualquer sistema. Sejam as variações em U, S e V da Eq. (10.19) variações a T constante:

$$(\partial U)_T = T(\partial S)_T - p(\partial V)_T.$$

ESPONTANEIDADE E EQUILÍBRIO / 223

Dividindo-se agora por $(\partial V)_T$, temos

$$\left(\frac{\partial U}{\partial V}\right)_T = T\left(\frac{\partial S}{\partial V}\right)_T - p, \tag{10.27}$$

onde, da forma como foram escritas as derivadas, U e S são consideradas como funções de T e V. Portanto, as derivadas parciais na Eq. (10.27) são funções de T e V. Esta equação relaciona a pressão como função de T e V sendo, portanto, uma equação de estado. Usando o valor de $(\partial S/\partial V)_T$ da Eq. (10.25) e recompondo, a Eq. (10.27) torna-se

$$p = T\left(\frac{\partial p}{\partial T}\right)_V - \left(\frac{\partial U}{\partial V}\right)_T, \tag{10.28}$$

que talvez seja uma forma mais adequada para a equação.

Restringindo-se a segunda equação fundamental, Eq. (10.20), a temperatura constante, e dividindo-se por $(\partial p)_T$, obtemos

$$\left(\frac{\partial H}{\partial p}\right)_T = T\left(\frac{\partial S}{\partial p}\right)_T + V. \tag{10.29}$$

Usando-se a Eq. (10.26) e recompondo-se, ela torna-se

$$V = T\left(\frac{\partial V}{\partial T}\right)_p + \left(\frac{\partial H}{\partial p}\right)_T, \tag{10.30}$$

que é uma equação de estado geral exprimindo o volume como uma função da temperatura e da pressão. Essas equações de estado termodinâmicas são aplicáveis a qualquer substância. As Eqs. (10.28) e (10.30) foram obtidas anteriormente, Eqs. (9.30) e (9.40), mas não haviam sido discutidas.

10.6.1 Aplicações da Equação de Estado Termodinâmica

Se conhecêssemos o valor de $(\partial U/\partial V)_T$ ou $(\partial H/\partial p)_T$ de uma substância, conheceríamos imediatamente sua equação de estado a partir das Eqs. (10.28) ou (10.30). O mais comum é não conhecermos os valores dessas derivadas e, portanto, escreveremos a Eq. (10.28) na forma

$$\left(\frac{\partial U}{\partial V}\right)_T = T\left(\frac{\partial p}{\partial T}\right)_V - p. \tag{10.31}$$

Da equação empírica de estado, o segundo membro da Eq. (10.31) pode ser avaliado para fornecer o valor da derivada $(\partial U/\partial V)_T$. Por exemplo, para o gás ideal, $p = nRT/V$, de forma que $(\partial p/\partial T)_V = nR/V$. Usando estes valores na Eq. (10.31) obtemos $(\partial U/\partial V)_T = nRT/V - p = p - p = 0$. Já usamos antes esse resultado, que é a lei de Joule; esta demonstração prova a sua validade para o gás ideal.

Como, da Eq. (9.23), $(\partial p/\partial T)_V = \alpha/k$, a Eq. (10.31) é muitas vezes escrita na forma

$$\left(\frac{\partial U}{\partial V}\right)_T = T\frac{\alpha}{\kappa} - p = \frac{\alpha T - \kappa p}{\kappa}, \tag{10.32}$$

224 / FUNDAMENTOS DE FÍSICO-QUÍMICA

e a Eq. (10.30) na forma

$$\left(\frac{\partial H}{\partial p}\right)_T = V(1 - \alpha T).$$ (10.33)

É agora possível, usando as Eqs. (10.32) e (10.33), escrever as diferenciais totais de U e H numa forma contendo apenas quantidades que são facilmente mensuráveis:

$$dU = C_v dT + \frac{(\alpha T - \kappa p)}{\kappa} dV,$$ (10.34)

$$dH = C_p dT + V(1 - \alpha T) dp.$$ (10.35)

Essas equações juntamente com as duas equações para dS, Eqs. (9.33) e (9.42), são úteis na dedução de outras.

Usando a Eq. (10.32), podemos obter uma expressão simples para $C_p - C_v$. Da Eq. (7.39) temos

$$C_p - C_v = \left[p + \left(\frac{\partial U}{\partial V}\right)_T\right]V\alpha.$$

Usando o valor de $(\partial U/\partial V)_T$ da Eq. (10.32), obtemos

$$C_p - C_v = \frac{TV\alpha^2}{\kappa},$$ (10.36)

que permite a avaliação de $C_p - C_v$ a partir de quantidades que são facilmente mensuráveis para qualquer substância. Como T, V, k e α^2 são todos positivos, C_p é sempre maior que C_v.

Para o coeficiente de Joule-Thomson temos, da Eq. (7.50),

$$C_p\mu_{JT} = -\left(\frac{\partial H}{\partial p}\right)_T.$$

Usando a Eq. (10.33), obtemos para μ_{JT},

$$C_p\mu_{JT} = V(\alpha T - 1).$$ (10.37)

Portanto, se conhecermos C_p, V e α para o gás, podemos calcular μ_{JT}.

Essas quantidades são muito mais facilmente mensuráveis que o próprio μ_{JT}. Na temperatura de inversão de Joule-Thomson, μ_{JT} muda de sinal, portanto, $\mu_{JT} = 0$. Usando essa condição na Eq. (10.37), encontramos a temperatura de inversão, $T_{inv.}\ \alpha - 1 = 0$.

10.7 AS PROPRIEDADES DE A

As propriedades da energia de Helmholtz, A, são expressas pela equação fundamental (10.21),

$$dA = -S dT - p dV.$$

Esta equação mostra A como função de T e V e, portanto, temos a equação idêntica

$$dA = \left(\frac{\partial A}{\partial T}\right)_V dT + \left(\frac{\partial A}{\partial V}\right)_T dV.$$

Comparando essas duas equações vemos que

$$\left(\frac{\partial A}{\partial T}\right)_V = -S, \tag{10.38}$$

e

$$\left(\frac{\partial A}{\partial V}\right)_T = -p. \tag{10.39}$$

Como a entropia de qualquer substância é positiva, a Eq. (10.38) mostra que a energia de Helmholtz de qualquer substância diminui (sinal negativo) com o aumento da temperatura. Esta diminuição é maior quanto maior for a entropia da substância. Para gases, que têm entropias altas, a diminuição de A com a temperatura é maior que para líquidos e sólidos, que têm entropias relativamente menores.

Semelhantemente, o sinal negativo na Eq. (10.39) mostra que um aumento de volume diminui a energia de Helmholtz; essa diminuição é tanto maior quanto maior for a pressão.

10.7.1 A Condição Para o Equilíbrio Mecânico

Considere um sistema, com temperatura e volume total constantes, que é subdividido em duas regiões, α e β. Suponha que a região α se expanda reversivelmente de uma certa quantidade, dV_α, enquanto que a região β se contrai de uma igual quantidade, $dV_\beta = -dV_\alpha$, uma vez que o volume total precisa permanecer constante. Assim, da Eq. (10.39), obtemos

$$dA_\alpha = -p_\alpha dV_\alpha \qquad e \qquad dA_\beta = -p_\beta dV_\beta.$$

A variação total em A é, então,

$$dA = dA_\alpha + dA_\beta = -p_\alpha dV_\alpha - p_\beta dV_\beta = (p_\beta - p_\alpha) dV_\alpha.$$

Como nenhum trabalho é produzido, $dW = 0$, a Eq. (10.9) requer $dA < 0$, no caso da transformação ser espontânea. Assim sendo, $p_\alpha > p_\beta$, uma vez que dV_α é positivo. A região de alta pressão expande-se à custa da região de baixa pressão. A condição equilíbrio é dada por $dA = 0$, isto é,

$$p_\alpha = p_\beta.$$

Esta é a condição para o equilíbrio mecânico: a pressão precisa ter o mesmo valor em todas as partes do sistema.

226 / FUNDAMENTOS DE FÍSICO-QUÍMICA

10.8 AS PROPRIEDADES DE G

A equação fundamental (10.22),

$$dG = -S\,dT + V\,dp,$$

mostra a energia de Gibbs como uma função da temperatura e da pressão; a expressão equivalente é, portanto,

$$dG = \left(\frac{\partial G}{\partial T}\right)_p dT + \left(\frac{\partial G}{\partial p}\right)_T dp. \tag{10.40}$$

Comparando essas duas equações vemos que

$$\left(\frac{\partial G}{\partial T}\right)_p = -S, \tag{10.41}$$

e

$$\left(\frac{\partial G}{\partial p}\right)_T = V. \tag{10.42}$$

Em virtude da importância da energia de Gibbs, as Eqs. (10.41) e (10.42) contém duas das mais importantes informações da Termodinâmica. Novamente, como a entropia de qualquer substância é positiva, o sinal negativo na Eq. (10.41) mostra que um aumento de temperatura diminui a energia de Gibbs, se a pressão for constante. Essa diminuição é maior para os gases, que têm altos valores de entropia, do que para os líquidos ou sólidos, que têm baixos valores de entropia. Como V é sempre positivo, a Eq. (10.42) mostra que um aumento na pressão, a temperatura constante, acarreta um aumento da energia de Gibbs. Quanto maior o volume do sistema, maior será o aumento da energia de Gibbs para um dado aumento de pressão. O volume comparativamente maior de um gás implica o fato de que a energia de Gibbs de um gás aumenta muito mais rapidamente com a pressão do que aumentaria para um líquido ou um sólido.

A energia de Gibbs para qualquer material puro é convenientemente expressa integrando-se a Eq. (10.22), a temperatura constante, desde a pressão padrão, $p^\circ = 1$ atm, até qualquer outra pressão p:

$$\int_{p^\circ}^{p} dG = \int_{p^\circ}^{p} V\,dp, \qquad G - G^\circ = \int_{p^\circ}^{p} V\,dp,$$

ou

$$G = G^\circ(T) + \int_{p^\circ}^{p} V\,dp, \tag{10.43}$$

onde $G^\circ(T)$ é a energia de Gibbs da substância sob a pressão de 1 atm, ou seja, a energia de Gibbs *padrão*, que é uma função da temperatura.

Se a substância em questão for um líquido ou sólido, o volume será praticamente independente da pressão e poderá ser removido do sinal de integração; então

$$G(T, p) = G^\circ(T) + V(p - p^\circ) \qquad \text{(líquidos e sólidos)}. \tag{10.44}$$

Como o volume de líquidos e sólidos é pequeno, a menos que a pressão seja enorme, o segundo membro da Eq. (10.44) é desprezível; comumente, para fases condensadas escreveremos simplesmente

$$G = G°(T) \tag{10.45}$$

e ignoremos a dependência de G com a pressão.

O volume dos gases é muito maior que o de líquidos e sólidos e depende acentuadamente da pressão; aplicando-se a Eq. (10.43) ao gás ideal ela torna-se

$$G = G°(T) + \int_{p°}^{p} \frac{nRT}{p} dp, \quad \frac{G}{n} = \frac{G°(T)}{n} + RT \ln\left(\frac{p(\text{atm})}{1\,\text{atm}}\right).$$

É costume se usar o símbolo especial μ para a energia de Gibbs por mol; então, definimos

$$\mu = \frac{G}{n}. \tag{10.46}$$

Portanto, para a energia de Gibbs molar do gás ideal, temos

$$\mu = \mu°(T) + RT \ln p. \tag{10.47}$$

Como na Seç. 9.11, o símbolo p na Eq. (10.47) representa um número puro que, quando multiplicado por 1 atm, fornece o valor da pressão em atmosferas.

O termo logarítmico na Eq. (10.47) é bastante grande e na maioria das circunstâncias não pode ser ignorado. Desta equação, é claro que, a uma temperatura especificada, a pressão determina a energia de Gibbs de um gás ideal; quanto maior a pressão, maior a energia de Gibbs (Fig. 10.1).

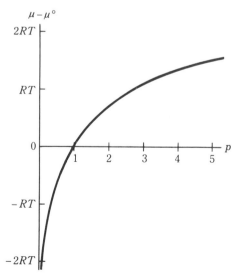

Fig. 10.1 Energia de Gibbs do gás ideal em função da pressão.

Convém lembrar que, se conhecermos a forma funcional da função $G(T, p)$, podemos obter todas as outras funções termodinâmicas por simples derivação, utilizando as Eqs. (10.41) e (10.42) e combinando com as definições. (Veja Probl. 10.29).

228 / FUNDAMENTOS DE FÍSICO-QUÍMICA

10.9 A ENERGIA DE GIBBS DE GASES REAIS

A forma funcional da Eq. (10.47) é particularmente simples e conveniente. Seria útil se a energia de Gibbs molar dos gases reais pudesse ser expressa na mesma forma matemática. Assim, "inventamos" uma função de estado que exprimirá a energia de Gibbs molar de um gás real pela equação

$$\mu = \mu^{\circ}(T) + RT \ln f. \tag{10.48}$$

A função f é chamada *fugacidade* do gás. É óbvio que a fugacidade mede a energia de Gibbs de um gás real do mesmo modo como a pressão mede a energia de Gibbs do gás ideal.

Uma função inventada, como a fugacidade, tem pouca ou nenhuma utilidade se não puder ser relacionada com propriedades mensuráveis do gás. Dividindo-se a equação fundamental (10.22) por n, número de moles do gás, e restringindo-se a temperatura constante, $dT = 0$, obtemos para o gás real $d\mu = \overline{V} dp$, enquanto que, para o gás ideal, $d\mu_{\text{id.}} = \overline{V}_{\text{id.}} dp$, onde $\overline{V}$ e $\overline{V}_{\text{id.}}$ são os volumes molares do gás real e ideal, respectivamente. Subtraindo-se essas duas equações, obtemos $d(\mu - \mu_{\text{id.}}) = (\overline{V} - \overline{V}_{\text{id.}}) dp$.

Integrando-se entre os limites p^* e p teremos

$$(\mu - \mu_{\text{id.}}) - (\mu^* - \mu_{\text{id.}}^*) = \int_{p^*}^{p} (\overline{V} - \overline{V}^{\text{id}}) dp.$$

Fazendo-se $p^* \to 0$, as propriedades de qualquer gás real aproximam-se dos valores ideais quando a pressão do gás se aproxima de zero. Portanto, à medida que $p^* \to 0$, $\mu^* \to \mu_{\text{id.}}^*$. A equação torna-se

$$\mu - \mu_{\text{id.}} = \int_{0}^{p} (\overline{V} - \overline{V}_{\text{id.}}) dp. \tag{10.49}$$

Mas, pela Eq. (10.47), $\mu_{\text{id.}} = \mu^0(T) + RT \ln p$ e, pela definição de f, Eq. (10.48), $\mu = \mu^0(T) + RT \ln f$. Usando esse valor de μ e de $\mu_{\text{id.}}$, a Eq. (10.49) torna-se

$$RT(\ln f - \ln p) = \int_{0}^{p} (\overline{V} - \overline{V}_{\text{id.}}) dp;$$

$$\ln f = \ln p + \frac{1}{RT} \int_{0}^{p} (\overline{V} - \overline{V}_{\text{id.}}) dp. \tag{10.50}$$

A integral na Eq. (10.50) pode ser avaliada graficamente; conhecendo-se $\overline{V}$ em função da pressão, podemos colocar num gráfico a quantidade $(\overline{V} - \overline{V}_{\text{id.}})/RT$ em função da pressão. A área sob a curva de $p = 0$ até p é o valor do segundo termo da Eq. (10.50). Ou, se $\overline{V}$ puder ser expresso como função da pressão por uma equação de estado, a integral poderá ser avaliada analiticamente, pois $\overline{V}_{\text{id.}} = RT/p$. A integral poderá ser expressa, em última análise, em termos do fator de compressibilidade Z; por definição, $\overline{V} = Z\overline{V}_{\text{id.}}$. Usando esse valor para $\overline{V}$ e $\overline{V}_{\text{id.}} = RT/p$ na integral da Eq. (10.50) reduzimo-la a

$$\ln f = \ln p + \int_{0}^{p} \frac{(Z - 1)}{p} dp. \tag{10.51}$$

A integral na Eq. (10.51) é avaliada graficamente fazendo-se o gráfico de $(Z - 1)/p$ em função de p e medindo-se a área sob a curva. Para gases abaixo da temperatura de Boyle, $Z - 1$ é negativo a pressões moderadas e, portanto, a fugacidade, pela Eq. (10.51), será menor que a pressão. Para gases acima da temperatura de Boyle, a fugacidade é maior que a pressão.

A energia de Gibbs de gases será usualmente discutida como se o gás fosse ideal e usaremos a Eq. (10.47). A Álgebra será exatamente a mesma para os gases reais; precisamos apenas substituir a pressão da equação final pela fugacidade, lembrando sempre que a fugacidade depende da temperatura bem como da pressão.

10.10 A DEPENDÊNCIA DA ENERGIA DE GIBBS COM A TEMPERATURA

A dependência da energia de Gibbs com a temperatura é expressa de vários modos diferentes, dependendo da conveniência em diferentes problemas. Reescrevendo a Eq. (10.41) temos

$$\left(\frac{\partial G}{\partial T}\right)_p = -S. \tag{10.52}$$

Da definição $G = H - TS$, obtemos $-S = (G - H)/T$ e a Eq. (10.52) torna-se

$$\left(\frac{\partial G}{\partial T}\right)_p = \frac{G - H}{T}, \tag{10.53}$$

uma forma que algumas vezes é útil.

É freqüentemente importante conhecer como a função G/T depende da temperatura. Pelas regras comuns de derivação, obtemos

$$\left(\frac{\partial (G/T)}{\partial T}\right)_p = \frac{1}{T}\left(\frac{\partial G}{\partial T}\right)_p - \frac{1}{T^2}G.$$

Usando a Eq. (10.52) esta torna-se

$$\left(\frac{\partial (G/T)}{\partial T}\right)_p = -\frac{TS + G}{T^2},$$

que se reduz à equação de Gibbs-Helmholtz,

$$\left(\frac{\partial (G/T)}{\partial T}\right)_p = -\frac{H}{T^2}, \tag{10.54}$$

que usaremos freqüentemente.

Como $d(1/T) = -(1/T^2)\,dT$, podemos substituir ∂T da derivada na Eq. (10.54) por $-T^2\partial(1/T)$. Assim sendo,

$$\left(\frac{\partial (G/T)}{\partial (1/T)}\right)_p = H, \tag{10.55}$$

que é outra forma freqüentemente usada para essa relação.

230 / FUNDAMENTOS DE FÍSICO-QUÍMICA

Quaisquer das Eqs. (10.52), (10.53), (10.54) e (10.55) são simplesmente versões diferentes da equação fundamental, Eq. (10.52). Referir-nos-emos a elas como primeira, segunda, terceira e quarta forma da equação de Gibbs-Helmholtz.

QUESTÕES

10.1 Para que tipo de condições experimentais é a) A ou b) G o indicador apropriado de espontaneidade?

10.2 O segundo princípio diz que a entropia do universo (sistema e vizinhanças) aumenta num processo espontâneo: $\Delta S_{sist.} + \Delta S_{viz.} \geqslant 0$. Prove que, a T e p constantes, $\Delta S_{viz.}$ está relacionado com a variação de entalpia do sistema por $\Delta S_{viz.} = -\Delta H_{sist.}/T$. Prove, também, que a Eq. (10.17) se verifica. (G é a energia de Gibbs do sistema.)

10.3 Discuta o significado do termo "espontâneo" em termodinâmica.

10.4 Construa uma tabela de ΔH e ΔS, incluindo as quatro possibilidades associadas com cada um dos dois possíveis sinais de ΔH e ΔS. Discuta o sinal resultante de ΔG e o processo de espontaneidade.

10.5 O processo endotérmico de formação de uma solução de sal (NaCl) e água é espontâneo à temperatura ambiente. Explique como isso é possível em termos da elevada entropia dos íons na solução comparada com a entropia dos íons no sólido.

10.6 O aumento de μ com o aumento de p, para um gás ideal, é um efeito da entalpia ou da entropia?

10.7 Explique por que as Eqs. (10.17) e (10.47) *não* implicam o fato de um gás ideal, a temperatura constante, reduzir espontaneamente sua pressão.

PROBLEMAS

10.1 Usando a equação de van der Waals juntamente com a equação de estado termodinâmica, avalie $(\partial U/\partial V)_T$ para um gás de van der Waals.

10.2 Integrando a diferencial total dU para o gás de van der Waals, mostre que se C_v é constante, $U = U' + C_v T - na/V$, onde U' é uma constante de integração. (A resposta ao Probl. 10.1 é necessária para esse problema.)

10.3 Calcule ΔU para a expansão isotérmica de um mol de um gás de van der Waals, de 20 dm³/mol a 80 dm³/mol, se $a = 0{,}141$ m⁶ Pa mol⁻² (nitrogênio) e se $a = 3{,}19$ m⁶ Pa mol⁻² (heptano).

10.4 a) Encontre o valor de $(\partial S/\partial V)_T$ para um gás de van der Waals.
 b) Deduza a expressão para a variação de entropia numa expansão isotérmica de um mol de um gás de van der Waals de V_1 a V_2.
 c) Compare o resultado em b) com a expressão para o gás ideal. Para o mesmo aumento de volume, o aumento de entropia será maior para o gás de van der Waals ou para o gás ideal?

10.5 Calcule a derivada $(\partial U/\partial V)_T$ para a equação de Berthelot e para a equação de Dieterici.

10.6 a) Escreva a equação de estado termodinâmico para uma substância que siga a Lei de Joule.
 b) Integrando a equação diferencial obtida em (a), mostre que, a volume constante, a pressão é proporcional à temperatura absoluta para tal substância.

10.7 Como primeira aproximação, o fator de compressibilidade de um gás de van der Waals é dado por

$$\frac{p\overline{V}}{RT} = 1 + \left(b - \frac{a}{RT}\right)\frac{p}{RT}.$$

ESPONTANEIDADE E EQUILÍBRIO / 231

A partir dessa expressão e da equação de estado termodinâmica mostre que $(\partial H/\partial p)_T = b - (2a/RT)$.

10.8 Usando a expressão do Probl. 10.7 para o fator de compressibilidade, mostre que para o gás de van der Waals

$$\left(\frac{\partial \overline{S}}{\partial p}\right)_T = -\left[\frac{R}{p} + \frac{Ra}{(RT)^2}\right].$$

10.9 Usando os resultados dos Probls. 10.7 e 10.8, calcule ΔH e ΔS para um aumento isotérmico na pressão do CO_2 de 0,100 MPa a 10,0 MPa, assumindo um comportamento de van der Waals. ($a = 0,366$ m^6 Pa mol^{-2} e $b = 42,9 \times 10^{-6}$ m^3/mol.)

a) A 300 K;
b) A 400 K;
c) Compare com os valores do gás ideal.

10.10 A 700 K, calcule ΔH e ΔS para a compressão do amoníaco de 0,1013 MPa para 50,0 MPa, usando a equação de Beattie-Bridgeman e as constantes da Tab. 3.5.

10.11 Mostre que para os gases reais $\overline{C}_p \mu_{JT} = (RT^2/p)\,(\partial Z/\partial T)_p$, onde μ_{JT} é o coeficiente de Joule-Thomson e $Z = p\overline{V}/RT$ é o fator de compressibilidade do gás. [Compare com a Eq. (7.50).]

10.12 Usando o valor de Z para o gás de van der Waals dado no Probl. 10.7, calcule o valor de μ_{JT}. Mostre que μ_{JT} muda de sinal na temperatura de inversão, $T_{inv.} = 2a/Rb$.

10.13 a) Mostre que a Eq. (10.31) pode ser escrita na forma

$$\left(\frac{\partial U}{\partial V}\right)_T = T^2\left[\frac{\partial (p/T)}{\partial T}\right]_V = -\left[\frac{\partial (p/T)}{\partial (1/T)}\right]_V$$

b) Mostre que a Eq. (10.30) pode ser escrita na forma

$$\left(\frac{\partial H}{\partial p}\right)_T = -T^2\left[\frac{\partial (V/T)}{\partial T}\right]_p = \left[\frac{\partial (V/T)}{\partial (1/T)}\right]_p$$

10.14 A 25°C, calcule o valor de ΔA para uma expansão isotérmica de um mol de um gás ideal que varia de 10 litros para 40 litros.

10.15 Integrando a Eq. (10.39), deduza uma expressão para a energia de Helmholtz de

a) um gás ideal;
b) um gás de van der Waals. (Não esqueça a "constante" de integração!)

10.16 Calcule ΔG para a expansão isotérmica (300 K) de um gás ideal de 5000 KPa para 200 KPa.

10.17 Usando a forma dada no Probl. 10.7 para a equação de van der Waals, derive uma expressão para ΔG para o caso de um mol de um gás ser comprimido isotermicamente de 1 atm para uma pressão p.

10.18 Calcule ΔG para a expansão isotérmica do gás de van der Waals, a 300 K, de 5000 kPa para 200 kPa. Use os valores de $a = 0,138$ m^6 Pa mol^{-2} e de $b = 31,8 \times 10^{-6}$ m^3/mol para o O_2 e compare o resultado encontrado com o já obtido no Probl. 10.16.

10.19 A 300 K, um mol de uma substância é submetido a um aumento isotérmico na pressão de 100 kPa para 1000 kPa. Calcule ΔG para cada uma das substâncias de (a) a (d) e compare os valores numéricos.

232 / FUNDAMENTOS DE FÍSICO-QUÍMICA

a) Gás ideal
b) Água líquida, sendo $\bar{V} = 18$ cm³/mol.
c) Cobre, sendo $\bar{V} = 7,1$ cm³/mol.
d) Cloreto de sódio, sendo $\bar{V} = 27$ cm³/mol.

10.20 Usando a equação de van der Waals na forma dada no Probl. 10.7, deduza a expressão para a fugacidade de um gás de van der Waals.

10.21 Da definição de fugacidade e da equação de Gibbs-Helmholtz, mostre que a entalpia molar, $\bar{H}$, de um gás real está relacionada com a entalpia molar de um gás ideal, $\bar{H}°$, através de

$$\bar{H} = \bar{H}° - RT^2 \left(\frac{\partial \ln f}{\partial T} \right)_p$$

e que a entropia molar, S, está relacionada com a entropia molar padrão do gás ideal $\bar{S}°$ por

$$\bar{S} = \bar{S}° - R \left[\ln f + T \left(\frac{\partial \ln f}{\partial T} \right)_p \right].$$

Mostre também que, a partir da equação diferencial para dG, $\bar{V} = RT (\partial \ln f/dp)_T$.

10.22 Combinando os resultados dos Probls. 10.20 e 10.21, mostre que a entalpia de um gás de van der Waals é

$$\bar{H} = \bar{H}° + \left(b - \frac{2a}{RT} \right) p.$$

10.23 De propriedades puramente matemáticas da diferencial exata

$$dU = C_v dT + \left(\frac{\partial U}{\partial V} \right)_T dV,$$

mostre que se $(\partial U/\partial V)_T$ é função apenas do volume, então C_v é função apenas da temperatura.

10.24 Tomando o recíproco de ambos os membros da Eq. (10.23), obtemos $(\partial S/\partial p)_V = - (\partial V/\partial T)_S$. Usando esta equação e a regra cíclica entre V, T e S, mostre que $(\partial S/\partial p)_V = \kappa C_v/\alpha T$.

10.25 Dado $dU = C_v dT + [(\alpha T - \kappa p)/\kappa]dV$, mostre que $dU = [C_v + (TV\alpha^2/\kappa) - pV\alpha]dT + V(p\kappa - T\alpha)dp$. [*Sugestão:* Expanda dV em função de dT e dp.]

10.26 Usando o resultado do Probl. 10.25 e os seguintes dados para o tetracloreto de carbono a 20°C: $\alpha = 12,4 \times 10^{-4}$ K⁻¹, $\kappa = 103 \times 10^{-6}$ atm⁻¹, densidade = 1,5942 g/cm³ e $M = 153,8$ g/mol, mostre que próximo a 1 atm de pressão, $(\partial U/\partial p)_T \approx - VT\alpha$. Calcule a variação de energia molar por atm a 20°C.

10.27 Usando o valor aproximado do fator de compressibilidade dado no Probl. 10.7, mostre que para um gás de van der Waals

a) $\bar{C}_p - \bar{C}_v = R + 2 ap/RT^2$.
b) $(\partial \bar{U}/\partial p)_T = - a/RT$. [*Sugestão:* Probl. 10.25]
c) $(\partial \bar{U}/\partial T)_p = \bar{C}_v + ap/RT^2$.

10.28 Sabendo que $dS = (C_p/T)dt - V\alpha dp$, mostre que

a) $(\partial S/\partial p)_V = \kappa C_v/T\alpha$.
b) $(\partial S/\partial V)_p = C_p/TV\alpha$.
c) $- (1/V) (\partial V/\partial p)_S = \kappa/\gamma$, onde $\gamma \equiv C_p/C_v$.

ESPONTANEIDADE E EQUILÍBRIO / 233

10.29 Usando as equações diferenciais fundamentais e as definições das funções, determine a forma funcional de $\bar{S}$, $\bar{V}$, $\bar{H}$ e $\bar{U}$ para

a) o gás ideal, sabendo que $\mu = \mu^\circ (T) + RT \ln p$.
b) o gás de van der Waals, sabendo que

$$\mu = \mu^\circ(T) + RT \ln p + (b - a/RT)p.$$

10.30 Mostre que, se $Z = 1 + B(T)_p$, então $f = pe^{Z-1}$ e isto implica que em pressões baixas a moderadas $f \approx pZ$ e que $p^2 = fp_{ideal}$. Esta última relação mostra que a pressão é a média geométrica entre a pressão ideal e a fugacidade.

11

Sistemas de Composição Variável; Equilíbrio Químico

11.1 A EQUAÇÃO FUNDAMENTAL

Em nosso estudo até aqui, admitimos implicitamente que o sistema é composto de uma substância pura ou, se fosse composto de uma mistura, que a sua composição permanecia inalterada na mudança de estado. À medida que uma reação química prossegue, a composição do sistema muda e, correspondentemente, as propriedades termodinâmicas também mudam. Conseqüentemente, precisamos introduzir a dependência com a composição nas equações termodinâmicas. Faremos isso primeiro apenas com a energia de Gibbs, G, pois é a de uso mais imediato.

Para uma substância pura ou para uma mistura de composição fixa a equação fundamental da energia de Gibbs é

$$dG = -S\,dT + V\,dp. \tag{11.1}$$

Se o número de moles $n_1, n_2, \ldots,$ das substâncias presentes variar, então $G = G\,(T, p, n_1, n_2, \ldots)$ e a diferencial total será

$$dG = \left(\frac{\partial G}{\partial T}\right)_{p, n_i} dT + \left(\frac{\partial G}{\partial p}\right)_{T, n_i} dp + \left(\frac{\partial G}{\partial n_1}\right)_{T, p, n_j} dn_1 + \left(\frac{\partial G}{\partial n_2}\right)_{T, p, n_j} dn_2 + \cdots, \tag{11.2}$$

onde o índice n_i nas derivadas parciais significa que *todos* os números de moles são constantes na derivação e o índice n_j nas derivadas parciais significa que todos os números de moles, exceto aquele em relação ao qual se faz a derivada, são constantes. Por exemplo, $(\partial G/\partial n_2)_{T, p, n_j}$ significa que T, p e todos os números de moles, exceto n_2, são constantes na derivação.

Se o sistema não sofre qualquer mudança de composição, então

$$dn_1 = 0, \qquad dn_2 = 0,$$

e assim por diante, e a Eq. (11.2) reduz-se a

$$dG = \left(\frac{\partial G}{\partial T}\right)_{p, n_i} dT + \left(\frac{\partial G}{\partial p}\right)_{T, n_i} dp. \tag{11.3}$$

Comparando a Eq. (11.3) com a Eq. (11.1), vemos que

$$\left(\frac{\partial G}{\partial T}\right)_{p, n_i} = -S \qquad e \qquad \left(\frac{\partial G}{\partial p}\right)_{T, n_i} = V. \tag{11.4a, b}$$

Para simplificar a escrita, definimos

$$\mu_i = \left(\frac{\partial G}{\partial n_i}\right)_{T, p, n_j} \tag{11.5}$$

Em vista das Eqs. (11.4) e (11.5), a diferencial total de G na Eq. (11.2) torna-se

$$dG = -S\,dT + V\,dp + \mu_1\,dn_1 + \mu_2\,dn_2 + \cdots. \tag{11.6}$$

A Eq. (11.6) relaciona a variação de energia de Gibbs com as variações de temperatura, pressão e número de moles e é usualmente escrita de forma mais compacta como

$$dG = -S\,dT + V\,dp + \sum_i \mu_i\,dn_i, \tag{11.7}$$

onde a soma inclui todos os constituintes da mistura.

11.2 AS PROPRIEDADES DE μ_i

Se uma pequena quantidade da substância i, dn_i moles, for adicionada a um sistema mantendo-se T, p e todos os outros números de moles constantes, então o aumento na energia de Gibbs é dado pela Eq. (11.7), que se reduz a $dG = \mu_i dn_i$. O aumento de energia de Gibbs *por mol* da substância adicionada é, portanto,

$$\left(\frac{\partial G}{\partial n_i}\right)_{T, p, n_j} = \mu_i.$$

Esta equação exprime o significado imediato de μ_i, que é simplesmente o conteúdo da definição de μ_i na Eq. (11.5). Para qualquer substância i numa mistura, o valor de μ_i é o aumento da energia de Gibbs que advém da adição de um número infinitesimal de moles dessa substância à mistura, *por mol* da substância adicionada. (A quantidade adicionada é restrita a uma quantidade infinitesimal de tal modo que a composição da mistura e, portanto, o valor de μ_i não variem.)

Num enfoque diferente, consideremos um sistema extremamente grande, como, por exemplo, uma solução de água com açúcar ocupando uma piscina. Se um mol de água for adicionado a um sistema tão grande, a composição do sistema permanecerá virtualmente a mesma para todos os propósitos práticos e, portanto, o μ_{H_2O} da água será constante. O aumento de energia de Gibbs que advém da adição de um mol de água à piscina será o valor de μ_{H_2O} na solução.

Como μ_i é a derivada de uma variável extensiva em relação a outra, ele é uma propriedade *intensiva* do sistema e tem o mesmo valor em todos os pontos de um sistema que esteja em equilíbrio.

Suponhamos que μ_i tivesse valores diferentes, μ_i^A e μ_i^B, em duas regiões A e B do sistema. Então, mantendo T, p e todos os outros números de moles constantes, suponha que transferimos dn_i moles de i da região A para a região B. O aumento da energia de Gibbs nas duas regiões

236 / FUNDAMENTOS DE FÍSICO-QUÍMICA

é, pela Eq. (11.7), $dG^A = \mu_i^A (-dn_i)$ e $dG^B = \mu_i^B dn_i$, pois $+ dn_i$ moles vão para B e $- dn_i$ moles vão para A. A variação total da energia de Gibbs do sistema é a soma $dG = dG^A + dG^B$, ou

$$dG = (\mu_i^B - \mu_i^A) \, dn_i.$$

Agora, se μ_i^B for menor que μ_i^A, então dG será negativo e essa transferência de matéria diminuirá a energia de Gibbs do sistema, a transferência ocorrerá, portanto, espontaneamente. Dessa forma, a substância i escoará espontaneamente da região de μ_i mais alto para a região de μ_i mais baixo; esse escoamento continuará até que o valor de μ_i seja uniforme através do sistema, isto é, até que o sistema esteja em equilíbrio. O fato de μ_i apresentar o mesmo valor em todos os pontos do sistema constitui uma importante condição de equilíbrio que usaremos várias vezes.

A propriedade μ_i é chamada *potencial químico* da substância i. A matéria escoa espontaneamente de uma região de potencial químico alto para uma região de potencial químico mais baixo assim como a corrente elétrica escoa espontaneamente de uma região de potencial elétrico alto para uma de potencial elétrico mais baixo, ou como uma massa desloca-se espontaneamente de uma posição de potencial gravitacional alto para uma de potencial gravitacional mais baixo. Outro nome freqüentemente dado para μ_i é *tendência de escape* da substância i. Se o potencial químico do componente de um sistema for alto, este componente terá maior tendência de escape, enquanto que, se o potencial químico for baixo, o componente terá uma pequena tendência de escape.

11.3 A ENERGIA DE GIBBS DE UMA MISTURA

O fato de μ_i ser uma propriedade intensiva implica que pode depender apenas de outras propriedades intensivas tais como temperatura, pressão e de variáveis de composição, como relações entre moles ou frações molares. Como μ_i depende dos números de moles apenas através de variáveis intensivas de composição, uma relação importante é facilmente deduzida.

Consideremos a seguinte transformação:

	Estado inicial T, p	Estado final T, p
Substância:	1 2 3 . . .	1 2 3
Número de moles	0 0 0 . . .	$n_1 \, n_2 \, n_3$
Energia de Gibbs	$G = 0$	G

Procedemos a esta transformação considerando uma grande quantidade de uma mistura de composição uniforme, em equilíbrio a temperatura e a pressão constantes. Imaginemos uma superfície de forma esférica, pequena, que se localize inteiramente no interior da mistura e que constitua a fronteira que envolve nosso sistema termodinâmico. Indicaremos a energia de Gibbs deste sistema por G^* e o número de moles da i-ésima espécie por n_i^*. Perguntamos, agora, de quanto aumentará a energia de Gibbs do sistema se aumentarmos a superfície esférica de modo a envolver uma quantidade maior da mistura. Podemos imaginar que a fronteira final torna-se maior e deforma-se de modo a envolver qualquer quantidade da mistura que desejarmos num recipiente de qualquer formato. Seja G a energia de Gibbs do sistema obtido depois do aumento e n_i o número de moles. Obtemos esta variação da energia de Gibbs integrando a Eq. (11.7) a T e p constante, isto é,

$$\int_{G^*}^{G} dG = \sum_i \mu_i \int_{n_i^*}^{n_i} dn_i;$$

$$G - G^* = \sum_i \mu_i(n_i - n_i^*). \tag{11.8}$$

Como se vê, μ_i saiu do sinal de integração, conforme mostrado acima, e cada μ_i deve ter o mesmo valor em qualquer ponto de um sistema em equilíbrio. Façamos agora a nossa fronteira inicial diminuir até que envolva, no limite, um volume nulo; então, $n_i^* = 0$ e $G^* = 0$. Isto reduz a Eq. (11.8) a

$$G = \sum_i n_i \mu_i. \tag{11.9}$$

A regra de adição expressa pela Eq. (11.9) é uma propriedade importante dos potenciais químicos. Com o conhecimento do potencial químico e do número de moles de cada constituinte de uma mistura, podemos calcular a energia de Gibbs total, G, da mistura, à temperatura e pressão especificadas, através do uso da Eq. (11.9). Se o sistema contém apenas uma substância, então a Eq. (11.9) reduz-se a $G = n\mu$, ou

$$\mu = \frac{G}{n}. \tag{11.10}$$

Pela Eq. (11.10), o potencial químico μ de uma substância pura é simplesmente a *energia de Gibbs molar*; por essa razão, o símbolo μ foi introduzido para a energia de Gibbs molar na Seç. 10.8. Em misturas, μ_i é a *energia de Gibbs parcial molar* da substância i.

11.4 O POTENCIAL QUÍMICO DE UM GÁS IDEAL PURO

O potencial químico de um gás ideal puro é dado explicitamente pela Eq. (10.47):

$$\mu = \mu^\circ(T) + RT \ln p. \tag{11.11}$$

Esta equação mostra que, a uma dada temperatura, a pressão é uma medida do potencial químico do gás. Se existirem desigualdades de pressões num recipiente com gás, então escoará matéria das regiões de pressões mais altas (potencial químico mais alto) para aquelas de pressões mais baixas (potencial químico menor) até que a pressão se iguale em todos os pontos do recipiente. A condição de equilíbrio, igualdade de potencial químico em todos os pontos do sistema, requer que a pressão seja uniforme através do recipiente. Para gases não-ideais é a fugacidade que deve ser uniforme através do recipiente; entretanto, como a fugacidade é uma função da temperatura e da pressão, numa dada temperatura, valores iguais de fugacidade implicarão valores iguais de pressão.

11.5 POTENCIAL QUÍMICO DE UM GÁS IDEAL EM UMA MISTURA DE GASES IDEAIS

Consideremos o sistema indicado na Fig. 11.1. O compartimento da direita contém uma mistura de hidrogênio, sob pressão parcial p_{H_2}, e nitrogênio, sob pressão parcial p_{N_2}, sendo a pressão total $p = p_{H_2} + p_{N_2}$. A mistura é separada do compartimento da esquerda por uma membrana de paládio. Como o hidrogênio pode passar livremente através da membrana, o lado esquerdo contém hidrogênio puro. Quando é atingido o equilíbrio, a pressão do hidrogênio

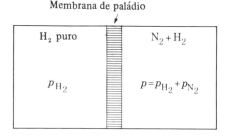

Fig. 11.1 Potencial químico de um gás numa mistura.

puro do lado esquerdo é igual, por definição, à pressão parcial de hidrogênio na mistura (veja Seç. 2.8). A condição de equilíbrio requer que o potencial químico do hidrogênio tenha o mesmo valor dos dois lados do recipiente:

$$\mu_{H_2(puro)} = \mu_{H_2(mist.)}$$

O potencial químico do hidrogênio puro sob pressão p_{H_2} é, pela Eq. (11.11),

$$\mu_{H_2(puro)} = \mu_{H_2}^{\circ}(T) + RT \ln p_{H_2}.$$

Portanto, na mistura é preciso que

$$\mu_{H_2(mist.)} = \mu_{H_2}^{\circ}(T) + RT \ln p_{H_2}.$$

Esta reação mostra que o potencial químico do hidrogênio na mistura é uma função logarítmica da *pressão parcial* do hidrogênio na mistura. Repetindo-se o argumento para uma mistura de qualquer número de gases ideais e uma membrana*permeável apenas à substância *i*, pode-se mostrar que o potencial químico da substância *i* numa mistura é dado por

$$\mu_i = \mu_i^{\circ}(T) + RT \ln p_i, \tag{11.12}$$

onde p_i é a pressão parcial da substância *i* na mistura. O potencial químico $\mu_i^{\circ}(T)$ tem o mesmo significado que para um gás puro: é o potencial químico do gás puro sob pressão de 1 atm na temperatura *T*.

---

*O fato de que tais membranas são conhecidas somente para alguns gases não anula o argumento.

Usando na Eq. (11.12) a relação $p_i = x_i p$, onde x_i é a fração molar da substância i na mistura e p é a pressão total e expandindo o logaritmo, temos

$$\mu_i = \mu_i^\circ(T) + RT \ln p + RT \ln x_i. \tag{11.13}$$

Pela Eq. (11.11), os primeiros dois termos na Eq. (11.13) nada mais são que μ para o componente i puro sob pressão p, de forma que a Eq. (11.13) reduz-se a

$$\mu_i = \mu_{i(\text{puro})}(T, p) + RT \ln x_i. \tag{11.14}$$

Como x_i é uma fração e seu logaritmo é negativo, a Eq. (11.14) mostra que o potencial químico de qualquer gás numa mistura é sempre menor que o potencial químico do gás puro sob a mesma pressão total. Se um gás puro sob pressão p for colocado em contato com uma mistura sob a mesma pressão total, o gás puro escoará espontaneamente para a mistura. Esta é a interpretação termodinâmica do fato de que os gases, bem como líquidos e sólidos, difundem-se uns nos outros.

A forma da Eq. (11.14) sugere uma generalização. Suponha que definíssemos uma *mistura ideal* ou uma *solução ideal* em qualquer estado de agregação, sólido, líquido ou gasoso, na qual o potencial químico de qualquer espécie fosse dado por

$$\mu_i = \mu_i^\circ(T, p) + RT \ln x_i \tag{11.14a}$$

Na Eq. (11.14a) interpretamos $\mu_i^\circ(T, p)$ como o potencial químico das espécies *puras i* no *mesmo estado de agregação da mistura,* isto é, numa mistura líquida, $\mu_i^\circ(T, p)$ é o potencial químico, ou energia de Gibbs molar do *líquido puro i,* à temperatura T e pressão p, e x_i é a fração molar da espécie i na mistura líquida. No Cap. 13 apresentaremos evidências empíricas que justificam esta generalização.

11.6 ENERGIA DE GIBBS E ENTROPIA DO PROCESSO DE MISTURA

Como a formação de uma mistura a partir dos constituintes puros sempre ocorre espontaneamente, esse processo é acompanhado de uma diminuição da energia de Gibbs. Nosso objetivo agora é calcular a energia de Gibbs do processo de mistura. O estado inicial está indicado na Fig. 11.2(a). Cada um dos compartimentos contém uma substância sob pressão p. As divisões que separam as substâncias são retiradas e o estado final, indicado na Fig. 11.2(b), é a mistura sob a mesma pressão p. A temperatura é a mesma no início e no fim. Para substâncias puras, as energias de Gibbs são

$$G_1 = n_1 \mu_1^\circ, \qquad G_2 = n_2 \mu_2^\circ, \qquad G_3 = n_3 \mu_3^\circ.$$

A energia de Gibbs do estado inicial é simplesmente a soma

$$G_{\text{inicial}} = G_1 + G_2 + G_3 = n_1 \mu_1^\circ + n_2 \mu_2^\circ + n_3 \mu_3^\circ = \sum_i n_i \mu_i^\circ.$$

A energia de Gibbs no estado final é dada pela regra de adição, Eq. (11.9):

$$G_{\text{final}} = n_1 \mu_1 + n_2 \mu_2 + n_3 \mu_3 = \sum_i n_i \mu_i.$$

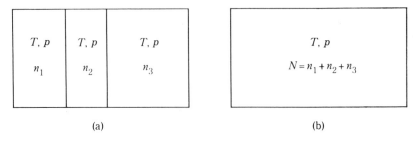

Fig. 11.2 Energia livre de um processo de mistura. (a) Estado inicial. (b) Estado final.

A energia de Gibbs do processo de mistura, $\Delta G_{\text{mist}} = G_{\text{final}} - G_{\text{inicial}}$, depois de substituirmos os valores de G_{final} e G_{inicial}, torna-se

$$\Delta G_{\text{mist}} = n_1(\mu_1 - \mu_1^\circ) + n_2(\mu_2 - \mu_2^\circ) + n_3(\mu_3 - \mu_3^\circ) = \sum_i n_i(\mu_i - \mu_i^\circ).$$

Usando-se o valor de $\mu_i - \mu_i^\circ$ da Eq. (11.14a), obtemos

$$\Delta G_{\text{mist}} = RT(n_1 \ln x_1 + n_2 \ln x_2 + n_3 \ln x_3) = RT \sum_i n_i \ln x_i,$$

que pode ser colocada numa forma mais conveniente pela substituição $n_i = x_i n$, onde n é o número total de moles na mistura e x_i é a fração molar de i. Então

$$\Delta G_{\text{mist}} = nRT(x_1 \ln x_1 + x_2 \ln x_2 + x_3 \ln x_3), \tag{11.15}$$

que é a expressão final para energia de Gibbs do processo de mistura em termos das frações molares dos constituintes da mistura. Cada termo do segundo membro é negativo, de tal forma que a soma é sempre negativa. Da dedução pode-se ver que, formando uma mistura com qualquer número de espécies, a energia de Gibbs do processo de mistura será

$$\Delta G_{\text{mist}} = nRT \sum_i x_i \ln x_i. \tag{11.16}$$

Se houver apenas duas substâncias na mistura e se $x_1 = x$ e $x_2 = 1 - x$, a Eq. (11.16) torna-se

$$\Delta G_{\text{mist}} = nRT[x \ln x + (1 - x) \ln (1 - x)]. \tag{11.17}$$

Um gráfico da função na Eq. (11.17) está indicado na Fig. 11.3. A curva é simétrica em torno de $x = 1/2$. A maior diminuição de energia de Gibbs do processo de mistura está associada com a formação de uma mistura tendo igual número de moles dos dois constituintes. Num sistema ternário, a maior diminuição de energia de Gibbs correspondente ao processo de mistura ocorre se a fração molar de cada substância for igual a 1/3 e assim por diante.

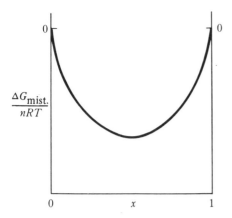

Fig. 11.3 $\Delta G_{\text{mist.}}/nRT$ para uma mistura binária ideal.

Derivando $\Delta G_{\text{mist.}} = G_{\text{final}} - G_{\text{inicial}}$ relativamente à temperatura teremos, através da Eq. (11.4a), diretamente $\Delta S_{\text{mist.}}$, ou seja,

$$\left(\frac{\partial \Delta G_{\text{mist.}}}{\partial T}\right)_{p, n_i} = \left(\frac{\partial G_{\text{final}}}{\partial T}\right)_{p, n_i} - \left(\frac{\partial G_{\text{inicial}}}{\partial T}\right)_{p, n_i} = -(S_{\text{final}} - S_{\text{inicial}});$$

$$\left(\frac{\partial \Delta G_{\text{mist.}}}{\partial T}\right)_{p, n_i} = -\Delta S_{\text{mist.}}. \tag{11.18}$$

Derivando ambos os membros da Eq. (11.16) relativamente à temperatura, temos

$$\left(\frac{\partial \Delta G_{\text{mist.}}}{\partial T}\right)_{p, n_i} = nR \sum_i x_i \ln x_i,$$

de tal forma que a Eq. (11.18) torna-se

$$\Delta S_{\text{mist.}} = -nR \sum_i x_i \ln x_i. \tag{11.19}$$

A forma funcional da entropia para o processo de mistura é a mesma que para a energia de Gibbs, exceto que T não aparece como um fator e aparece um sinal negativo na expressão. O sinal negativo significa que a entropia do processo de mistura é sempre positiva, enquanto que a energia de Gibbs do processo de mistura é sempre negativa. A entropia do processo de mistura, sendo positiva, corresponde a um aumento de desordem que ocorre quando se misturam moléculas de vários tipos. A expressão para entropia do processo de mistura na Eq. (11.19) deve ser comparada com a da Eq. (9.75) que foi obtida a partir de um argumento estatístico. Note-se que N na Eq. (9.75) é o número de moléculas, enquanto que na Eq. (11.19) n é o número de moles; portanto aparecem constantes diferentes, R e k, nas duas equações.

Um gráfico da entropia no processo de mistura para uma mistura binária de acordo com a equação

$$\Delta S_{\text{mist.}} = -nR[x \ln x + (1 - x) \ln (1 - x)] \tag{11.20}$$

está indicado na Fig. 11.4. A entropia no processo de mistura tem um máximo para $x = 1/2$. Usando $x = 1/2$ na Eq. (11.20) obtemos para a entropia do processo de mistura, por mol da mistura,

$$\Delta S_{\text{mist.}}/n = -R(\tfrac{1}{2}\ln\tfrac{1}{2} + \tfrac{1}{2}\ln\tfrac{1}{2}) = -R\ln\tfrac{1}{2} = +0{,}693R = 5{,}76 \text{ J/K mol}.$$

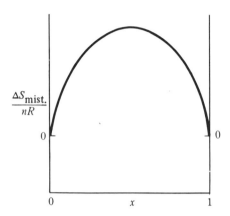

Fig. 11.4 $\Delta S_{\text{mist.}}/nR$ para uma mistura binária ideal.

Numa mistura contendo apenas duas substâncias, a entropia no processo de mistura por mol da mistura final varia entre 0 e 5,76 J/K, dependendo da composição.

O calor do processo de mistura pode ser calculado pela equação

$$\Delta G_{\text{mist.}} = \Delta H_{\text{mist.}} - T\Delta S_{\text{mist.}}, \qquad (11.21)$$

usando-se os valores da energia de Gibbs e da entropia do processo de mistura expressos pelas Eqs. (11.16) e (11.19). Isso reduz a Eq. (11.21) a

$$nRT\sum_i x_i \ln x_i = \Delta H_{\text{mist.}} + nRT\sum_i x_i \ln x_i,$$

que se torna

$$\Delta H_{\text{mist.}} = 0. \qquad (11.22)$$

Não há efeito de calor associado com o processo de mistura de gases ideais.

Usando o resultado anterior, $\Delta H_{\text{mist.}} = 0$, a Eq. (11.21) torna-se

$$-\Delta G_{\text{mist.}} = T\Delta S_{\text{mist.}}. \qquad (11.23)$$

A Eq. (11.23) mostra que a força responsável pela produção da mistura, $(-\Delta G_{\text{mist.}})$, é um efeito inteiramente da entropia. O estado misturado é um estado mais caótico e, portanto, mais provável. Se for usado o valor de 5,76 J/K para a entropia do processo de mistura, então, a $T =$ $= 300$ K, $\Delta G_{\text{mist.}} = -(300 \text{ K})(5{,}76 \text{ J/K mol}) = -1730$ J/mol. Assim, a energia de Gibbs, processo de misturas binárias ideais, vai de 0 a − 1730 J/mol. Como − 1730 J/mol não é um valor alto e como as substâncias em misturas não-ideais, que possuem um calor de mistura não nulo, misturam-se espontaneamente, o calor correspondente ao processo de mistura deve ser negativo ou *ligeiramente* positivo. Se o calor do processo de mistura for mais positivo que 1300 a 1600 J/mol de mistura, então $\Delta G_{\text{mist.}}$ é positivo e os líquidos não são miscíveis, permanecendo em duas camadas distintas.

O volume do processo de mistura é obtido derivando-se a energia de Gibbs do processo de mistura relativamente à pressão, mantendo-se a temperatura e composição constantes,

$$\Delta V_{\text{mist.}} = \left(\frac{\partial \Delta G_{\text{mist.}}}{\partial p} \right)_{T, n_i}.$$

Entretanto, a inspeção da Eq. (11.16) mostra que a energia de Gibbs do processo de mistura é independente da pressão de forma que a derivada é zero e, portanto,

$$\Delta V_{\text{mist.}} = 0. \tag{11.24}$$

Misturas ideais formam-se sem qualquer variação de volume.

11.7 EQUILÍBRIO QUÍMICO NUMA MISTURA

Consideremos um sistema fechado à temperatura e pressão total constantes. O sistema consiste de uma mistura de várias espécies químicas que podem reagir de acordo com a equação

$$0 = \sum_i v_i A_i \tag{11.25}$$

onde cada A_i representa a fórmula química de cada substância, enquanto que cada v_i representa o coeficiente estequiométrico. Esta foi a notação usada na Seç. 1.7.1 para as reações químicas, onde ficou compreendido que v_i era negativo para reagentes e positivo para produtos.

Questionaremos agora se a energia de Gibbs da mistura aumentará ou diminuirá se a reação prosseguir na direção indicada pela seta. Se a energia de Gibbs diminuir à medida que a reação avançar, então a reação se dará espontaneamente na direção da seta; o avanço da reação e o decréscimo na energia de Gibbs continuarão até que a energia de Gibbs do sistema atinja um valor mínimo. Quando a energia de Gibbs do sistema for mínima, a reação estará em equilíbrio. Se a energia de Gibbs do sistema aumentar à medida que a reação avançar na direção indicada pela seta, então a reação se dará espontaneamente, com a diminuição de energia de Gibbs, na direção oposta. Novamente a mistura atingirá um valor mínimo da energia de Gibbs na posição de equilíbrio.

Como p e T são constantes, à medida que a reação avançar a variação da energia de Gibbs do sistema será dada pela Eq. (11.7), que se tornará

$$dG = \sum_i \mu_i \, dn_i, \tag{11.26}$$

onde as variações dos números de moles, dn_i, são aquelas resultantes da reação química. Estas variações não são independentes porque as substâncias reagem segundo as relações estequiomé-

244 / FUNDAMENTOS DE FÍSICO-QUÍMICA

tricas. Considerando que a reação avança de ξ moles, onde ξ é o avanço da reação, então o número de moles de cada substância presente é dado por

$$n_i = n_i^0 + v_i \xi \qquad (11.27)$$

onde n_i^0 são os números de moles das substâncias presentes antes da reação avançar de ξ moles. Como n_i^0 é constante, diferenciando a Eq. (11.27) obtemos

$$dn_i = v_i \, d\xi \qquad (11.28)$$

Usando a Eq. (11.28) na Eq. (11.26) encontramos

$$dG = \left(\sum_i v_i \mu_i \right) d\xi$$

que se torna

$$\left(\frac{\partial G}{\partial \xi} \right)_{T,p} = \sum_i v_i \mu_i \qquad (11.29)$$

A derivada $(\partial G/\partial \xi)_{T,p}$ é a taxa de aumento da energia de Gibbs da mistura com o avanço ξ da reação. Se essa derivada for negativa, a energia de Gibbs da mistura diminuirá à medida que a reação prosseguir na direção indicada pela seta, o que implicará a reação ser espontânea. Se a derivada for positiva, o processo da reação direta levará a um aumento de energia de Gibbs do sistema; como isto não é possível, a reação reversa ocorrerá espontaneamente. Se $(\partial G/\partial \xi)_{T,p}$ for zero, a energia de Gibbs terá um valor mínimo e a reação estará em equilíbrio. A condição de equilíbrio para a reação química é, então,

$$\left(\frac{\partial G}{\partial \xi} \right)_{T,p,\,\text{eq}} = 0, \qquad (11.30)$$

e

$$\left(\sum_i v_i \mu_i \right)_{\text{eq}} = 0 \qquad (11.31)$$

A derivada na Eq. (11.29) tem a forma de uma variação da energia de Gibbs, ΔG, pois é a soma das energias de Gibbs dos produtos da reação menos a soma das energias de Gibbs dos reagentes. Conseqüentemente, substituiremos $(\partial G/\partial \xi)_{T,p}$ por ΔG e chamaremos ΔG de *energia de Gibbs da reação*. Da dedução acima ficou claro que para qualquer que seja a reação química

$$\Delta G = \sum_i v_i \mu_i \qquad (11.32)$$

A condição de equilíbrio para *qualquer que seja a reação química* é

$$\Delta G = (\sum_i v_i \mu_i)_{\text{eq}} = 0 \qquad (11.33)$$

O índice eq. é colocado nas Eqs. (11.31) e (11.33) para acentuar o fato de que no equilíbrio os valores de μ são relacionados de um modo especial por essas equações. Como cada μ_i é μ_i $(T, p,$

$n_1^0, n_2^0, \ldots, \xi$), a condição de equilíbrio determina ξ_e como função de T, p e dos valores especificados dos números de moles iniciais.

11.8 O COMPORTAMENTO GERAL DE G COMO UMA FUNÇÃO DE ξ

A Fig. 11.5a mostra o comportamento geral de G como uma função de ξ, em um sistema homogêneo. O avanço ξ tem uma faixa limitada de variação entre um valor baixo ξ_b e um valor alto ξ_a. Em ξ_b um ou mais dos produtos se esgotaram e em ξ_a esgotaram-se um ou mais reagentes. Em algum valor intermediário, ξ_e, G passa por um mínimo. O valor ξ_e é o valor de equilíbrio do avanço. À esquerda do mínimo $\partial G/\partial \xi$ é negativo, indicando espontaneidade na reação direta, e à direita do mínimo é positivo indicando espontaneidade da reação reversa. Note-se que mesmo neste caso em que os produtos têm uma energia de Gibbs intrínseca maior que os reagentes, a reação forma produtos. Isto é uma conseqüência da contribuição da energia de Gibbs da mistura.

Em qualquer composição a energia de Gibbs da mistura tem a forma

$$G = \sum_i n_i \mu_i.$$

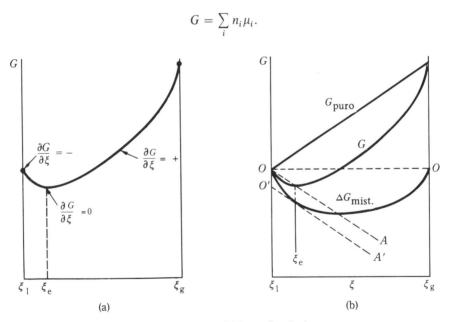

Fig. 11.5 Energia de Gibbs em função do avanço.

Se adicionarmos e subtrairmos $\mu_i^\circ (T, p)$, o potencial químico das espécies *puras i*, em cada termo da soma, obteremos

$$G = \sum_i n_i(\mu_i^\circ + \mu_i - \mu_i^\circ) = \sum_i n_i \mu_i^\circ(T, p) + \sum_i n_i(\mu_i - \mu_i^\circ).$$

A primeira soma é a energia de Gibbs total dos gases puros separadamente, (G_{puro}); a última soma é a energia de Gibbs de mistura, ΔG_{mist}. A energia de Gibbs do sistema é dada por

$$G = G_{\text{puro}} + \Delta G_{\text{mist}}. \tag{11.34}$$

246 / FUNDAMENTOS DE FÍSICO-QUÍMICA

O gráfico de G_{puro}, $\Delta G_{\text{mist.}}$ e G, como uma função do avanço, está indicado na Fig. 11.5b. Como G_{puro} depende. de ξ apenas através de n_i, sendo cada um deles uma função linear de ξ, vemos que G_{puro} é uma função linear de ξ. O mínimo em G ocorre no ponto onde $\Delta G_{\text{mist.}}$ diminui tão rapidamente quanto G_{puro} aumenta. Derivando, temos

$$\left(\frac{\partial G}{\partial \xi}\right)_{T,\,p} = \left(\frac{\partial G_{\text{puro}}}{\partial \xi}\right)_{T,\,p} + \left(\frac{\partial \Delta G_{\text{mist.}}}{\partial \xi}\right)_{T,\,p}.$$

No equilíbrio

$$\left(\frac{\partial G_{\text{puro}}}{\partial \xi}\right)_{\text{eq}} = -\left(\frac{\partial \Delta G_{\text{mist.}}}{\partial \xi}\right)_{\text{eq}}.$$

Esta condição pode ser estabelecida geometricamente refletindo-se a reta para G_{puro} relativamente à reta horizontal OO, para dar a reta OA; o ponto de tangência da reta $O'A'$, paralela a OA, com a curva $\Delta G_{\text{mist.}}$ fornece o valor do avanço no equilíbrio. A Eq. (11.34) é correta para qualquer equilíbrio num sistema homogêneo.

A Eq. (11.34) é, de fato, formalmente correta para qualquer equilíbrio, mas é necessário que pelo menos uma fase seja uma mistura, pois caso contrário o termo $\Delta G_{\text{mist.}}$ será zero e somente o termo G_{puro} irá aparecer.

A Eq. (11.34) mostra que um sistema aproxima-se do estado de equilíbrio, que corresponde à energia de Gibbs mínima, formando substâncias de energia de Gibbs intrínseca menor; isso torna G_{puro} pequeno e também abaixa a energia de Gibbs através do processo de mistura dos reagentes e produtos. Um compromisso é atingido entre um material puro tendo uma baixa energia de Gibbs intrínseca e um no estado misturado altamente misturado.

11.9 EQUILÍBRIO QUÍMICO NUMA MISTURA DE GASES IDEAIS

Foi mostrado [Eq. (11.12)] que o μ de um gás ideal numa mistura de gases ideais é dado por

$$\mu_i = \mu_i^\circ + RT \ln p_i, \tag{11.35}$$

onde p_i é a pressão parcial do gás na mistura. Usamos esses valores de μ_i na Eq. (11.29) para calcular o ΔG para a reação

$$\alpha A + \beta B \longrightarrow \gamma C + \delta D$$

onde **A**, **B**, **C** e **D** representam as fórmulas químicas das substâncias, enquanto que α, β, γ e δ representam os coeficientes estequiométricos. Assim,

$$\Delta G = \gamma \mu_C^\circ + \gamma RT \ln p_C + \delta \mu_D^\circ + \delta RT \ln p_D - \alpha \mu_A^\circ - \alpha RT \ln p_A - \beta \mu_B^\circ - \beta RT \ln p_B,$$
$$= \gamma \mu_C^\circ + \delta \mu_D^\circ - (\alpha \mu_A^\circ + \beta \mu_B^\circ) + RT[\gamma \ln p_C + \delta \ln p_D - (\alpha \ln p_A + \beta \ln p_B)].$$

Seja

$$\Delta G^\circ = \gamma \mu_C^\circ + \delta \mu_D^\circ - (\alpha \mu_A^\circ + \beta \mu_B^\circ); \tag{11.36}$$

ΔG° é a energia de Gibbs *padrão* da reação. Então, combinando os termos logarítmicos,

$$\Delta G = \Delta G^\circ + RT \ln \frac{p_C^\gamma p_D^\delta}{p_A^\alpha p_B^\beta}. \tag{11.37}$$

O argumento do logaritmo é chamado *quociente próprio das pressões,* o numerador é o produto das pressões parciais dos produtos, cada uma elevada a uma potência que é o seu coeficiente estequiométrico, enquanto que o denominador é o produto das pressões parciais dos reagentes, cada uma elevada a uma potência que é o seu coeficiente estequiométrico. Esse quociente é abreviado pelo símbolo Q_p;

$$Q_p = \frac{p_C^\gamma p_D^\delta}{p_A^\alpha p_B^\beta}. \tag{11.38}$$

Isso reduz a Eq. (11.37) a

$$\Delta G = \Delta G^\circ + RT \ln Q_p. \tag{11.39}$$

O sinal de ΔG é determinado pelo sinal e valor de $\ln Q_p$, pois a uma dada temperatura ΔG° é uma constante característica da reação. Se, por exemplo, compusermos a mistura de tal forma que as pressões parciais dos reagentes sejam muito grandes, enquanto que a dos produtos sejam pequenas, então Q_p terá um valor fracionário pequeno e $\ln Q_p$ será um número negativo e grande. Isto por sua vez tornará ΔG mais negativo e aumentará a tendência de formação de produtos.

No equilíbrio, $\Delta G = 0$ e a Eq. (11.37) torna-se

$$0 = \Delta G^\circ + RT \ln \frac{(p_C)_e^\gamma (p_D)_e^\delta}{(p_A)_e^\alpha (p_B)_e^\beta}, \tag{11.40}$$

onde o índice *e* indica que são pressões parciais de *equilíbrio.* O quociente das pressões parciais de *equilíbrio* é a constante de equilíbrio em função das pressões (K_p):

$$K_p = \frac{(p_C)_e^\gamma (p_D)_e^\delta}{(p_A)_e^\alpha (p_B)_e^\beta}. \tag{11.41}$$

Usando a notação mais geral, colocamos o valor de μ_i da Eq. (11.35) na Eq. (11.29) e obtemos

$$\Delta G = \left(\frac{\partial G}{\partial \xi}\right)_{T,p} = \sum_i v_i(\mu_i^\circ + RT \ln p_i),$$

que pode ser escrita na forma

$$\Delta G = \sum_i v_i \mu_i^\circ + RT \sum_i v_i \ln p_i.$$

Mas

$$\sum_i v_i \mu_i^\circ = \Delta G^\circ, \tag{11.36a}$$

248 / FUNDAMENTOS DE FÍSICO-QUÍMICA

a variação na energia de Gibbs padrão da reação e $v_i \ln p_i = \ln p_i^{v_i}$. Assim, a equação torna-se

$$\Delta G = \Delta G^\circ + RT \sum_i \ln p_i^{v_i}. \tag{11.37a}$$

Mas a soma dos logaritmos é igual ao logaritmo do produto:

$$\ln p_1^{v_1} + \ln p_2^{v_2} + \ln p_3^{v_3} + \cdots = \ln (p_1^{v_1} p_2^{v_2} p_3^{v_3} \cdots).$$

Esse produto continuado,

$$\prod_i p_i^{v_i} = p_1^{v_1} p_2^{v_2} p_3^{v_3} \cdots,$$

é o chamado quociente próprio das pressões, Q_p.

$$Q_p \equiv \prod_i p_i^{v_i} \tag{11.38a}$$

Note que, como os v_i para os reagentes são negativos, temos para a reação em questão

$$v_1 = -\alpha, \qquad v_2 = -\beta, \qquad v_3 = \gamma, \qquad v_4 = \delta$$

e, conseqüentemente,

$$Q_p = p_A^{-\alpha} p_B^{-\beta} p_C^{\gamma} p_D^{\delta} = \frac{p_B^{\gamma} p_D^{\delta}}{p_D^{\alpha} p_C^{\beta}} \tag{11.38b}$$

De forma correspondente K_p pode ser escrito como

$$K_p \equiv \prod_i (p_i)_e^{v_i} \tag{11.41a}$$

A Eq. (11.40) torna-se, então,

$$\Delta G^\circ = -RT \ln K_p. \tag{11.42}$$

A quantidade ΔG° é uma combinação dos μ°, cada um dos quais sendo uma função apenas da temperatura; portanto, ΔG° é uma função apenas da temperatura, de tal modo que K_p também o é. A partir de uma medida da constante de equilíbrio da reação, pode-se calcular ΔG° usando-se a Eq. (11.42). Esse é o modo pelo qual se obtém o valor de ΔG° para qualquer reação.

■ **EXEMPLO 11.1** Para a reação

$$\tfrac{1}{2}N_2(g) + \tfrac{3}{2}H_2(g) \rightleftharpoons NH_3(g),$$

a constante de equilíbrio é $6,59 \times 10^{-3}$, a $450^\circ C$. Calcule a energia de Gibbs padrão da reação.

Solução:

$$\Delta G^\circ = -(8{,}314 \text{ J/K mol})(723 \text{ K}) \ln (6{,}59 \times 10^{-3})$$
$$= -(6010 \text{ J/mol})(-5{,}02) = -30\ 200 \text{ J/mol}.$$

Como essa é a reação de formação do amoníaco, temos que 30.200 J/mol é a energia de Gibbs padrão de formação do amoníaco, a 450°C.

11.10 EQUILÍBRIO QUÍMICO NUMA MISTURA DE GASES REAIS

Se a álgebra correspondente fosse levada a efeito para os gases reais usando-se a Eq. (10.48), a equação equivalente à Eq. (10.41) seria

$$K_f = \frac{(f_C)_e^\gamma (f_D)_e^\delta}{(f_A)_e^\alpha (f_B)_e^\beta},$$ (11.43)

e a correspondente à Eq. (11.42) seria

$$\Delta G° = -RT \ln K_f.$$ (11.44)

Para os gases reais, é o K_f e não o K_p que é uma função apenas da temperatura.

11.11 AS CONSTANTES DE EQUILÍBRIO K_x E K_c

É algumas vezes vantajoso exprimir as constantes de equilíbrio para sistemas gasosos em termos das frações molares x_i ou das concentrações molares c_i, em vez das pressões parciais. A pressão parcial p_i, a fração molar e a pressão total p são relacionadas por $p_i = x_i p$. Usando esta relação para cada uma das pressões parciais na constante de equilíbrio, obtemos da Eq. (11.41)

$$K_p = \frac{(p_C)_e^\gamma (p_D)_e^\delta}{(p_A)_e^\alpha (p_B)_e^\beta} = \frac{(x_C p)_e^\gamma (x_D p)_e^\delta}{(x_A p)_e^\alpha (x_B p)_e^\beta} = \frac{(x_C)_e^\gamma (x_D)_e^\delta}{(x_A)_e^\alpha (x_B)_e^\beta} p^{\gamma + \delta - \alpha - \beta}.$$

A constante de equilíbrio em termos das frações molares é definida por

$$K_x = \frac{(x_C)_e^\gamma (x_D)_e^\delta}{(x_A)_e^\alpha (x_B)_e^\beta}.$$ (11.45)

Então

$$K_p = K_x p^{\Delta \nu},$$ (11.46)

onde $\Delta V = \Sigma \nu_i$ é a soma dos coeficientes estequiométricos do segundo membro da reação química menos a soma dos coeficientes estequiométricos do primeiro membro. Recompondo a Eq. (11.46), obtemos $K_x = K_p p^{-\Delta \nu}$. Como K_p é independente da pressão, K_x dependerá da pressão a menos que $\Delta \nu$ seja zero.

Tenhamos sempre em mente que, em K_p, os p_i são números puros, isto é, abreviações da razão $p_i/(1 \text{ atm})$, os quais escreveremos como $p_i/p°$. (Veja as discussões das Eqs. (9.52), (9.53) e (10.47).) Assim sendo, a pressão na Eq. (11.46) é também um número puro; ela é uma abreviação de $p/p° = p/(1 \text{ atm})$.

250 / FUNDAMENTOS DE FÍSICO-QUÍMICA

De um modo semelhante, como a pressão parcial de um gás é dada por $p_i = n_i (RT/V)$ e a concentração dada por $\tilde{c}_i = n_i/V$, obtemos $p_i = \tilde{c}_i RT$. Introduzindo explicitamente a pressão padrão temos

$$\frac{p_i}{p^\circ} = \frac{\tilde{c}_i RT}{p^\circ}.$$

Antes de usarmos a relação acima em K_p, faremos $\tilde{c}_i$ tomar parte numa razão adimensional multiplicando e dividindo pela concentração padrão, $\tilde{c}^\circ$. Dessa forma,

$$\frac{p_i}{p^\circ} = \left(\frac{\tilde{c}_i}{\tilde{c}^\circ}\right)\left(\frac{\tilde{c}^\circ RT}{p^\circ}\right) \tag{11.47}$$

Como temos uma razão de concentrações, podemos dizer que

$$\frac{\tilde{c}_i}{\tilde{c}^\circ} = \frac{c_i}{c^\circ}$$

onde c_i e c° são concentrações expressas em mol/l, enquanto que $\tilde{c}_i$ e $\tilde{c}^\circ$ são as concentrações correspondentes em mol/m^3, que é a unidade SI de concentração. Como antes, iremos abreviar p_i/p° por p_i e $c_i/c^\circ = c_i/(1 \text{ mol}/l)$ por c_i. Assim,

$$p_i = c_i\left(\frac{\tilde{c}^\circ RT}{p^\circ}\right) \tag{11.48}$$

em que p_i e c_i são entendidos como números puros iguais às razões $p_i/(1 \text{ atm})$ e $c_i/(1 \text{ mol}/l)$. Se inserirmos esses valores de p_i em K_p, pelo mesmo argumento que foi usado para se obter a Eq. (11.46), encontraremos

$$K_p = K_c\left(\frac{\tilde{c}^\circ RT}{p^\circ}\right)^{\Delta\nu}, \tag{11.49}$$

onde K_c é o coeficiente das concentrações de equilíbrio, sendo uma função apenas da temperatura.

Sendo a concentração padrão, c°, igual a 1 mol/l e o valor correspondente de $\tilde{c}^\circ$ igual a $10^3 \text{ mol}/m^3$, temos

$$\frac{\tilde{c}^\circ RT}{p^\circ} = \frac{(10^3 \text{ mol}/m^3)(8,31441 \text{ J/K mol})T}{101\ 325 \text{ Pa}} = 0,0820568\ T/\text{K},$$

e

$$K_p = K_c\left(\frac{RT}{101,325 \text{ J/mol}}\right)^{\Delta\nu} = K_c(0,0820568\ T/\text{K})^{\Delta\nu} \tag{11.50}$$

Note que a quantidade entre parênteses é adimensional, assim como K_p e K_c.

11.12 ENERGIA DE GIBBS PADRÃO DE FORMAÇÃO

Tendo obtido os valores de ΔG° de medidas das constantes de equilíbrio, é possível calcular os valores convencionais da energia de Gibbs padrão molar, μ°, dos compostos individuais. Como no caso das entalpias padrões das substâncias, temos liberdade de atribuir o valor zero à energia de Gibbs dos elementos em seu estado de agregação mais estável, a $25°C$ e 1 atm de pressão. Por exemplo, a $25°C$.

$$\mu°(H_2, g) = 0, \qquad \mu°(Br_2, l) = 0, \qquad \mu°(S, \text{rômbico}) = 0.$$

Para a reação de formação de um composto como o CO, temos

$$C(\text{grafita}) + \tfrac{1}{2}O_2(g) \longrightarrow CO(g),$$

$$\Delta G_f° = \mu°(CO, g) - [\mu° (C, \text{grafita}) + \tfrac{1}{2}\mu°(O_2, g)].$$

Como, por convenção, $\mu° (C, \text{grafita}) = 0$ e $\mu° (O_2, g) = 0$, obtemos

$$\Delta G_f° = \mu°(CO, g) \tag{11.51}$$

Conseqüentemente, a energia de Gibbs padrão de formação de qualquer composto é igual à energia de Gibbs padrão molar convencional deste composto. Alguns valores das energias de Gibbs padrão de formação, a $25°C$, são dados na Tab. A-V.

É sempre possível relacionar a composição de uma mistura em equilíbrio com o valor de equilíbrio do avanço, ξ_e, com o número de moles iniciais, $n_i°$ e com os coeficientes estequiométricos, ν_i. Dois exemplos serão discutidos a seguir.

■ **EXEMPLO 11.2** A dissociação de tetróxido de nitrogênio

$$N_2O_4(g) \rightleftharpoons 2NO_2(g)$$

Esse equilíbrio pode ser facilmente estudado em laboratório através de medidas da densidade do vapor da mistura em equilíbrio. Na formulação que se segue, as várias quantidades estão listadas em colunas de acordo com as fórmulas dos compostos na equação química balanceada. Seja $n°$ o número inicial de moles do N_2O_4, ξ_e o avanço no equilíbrio e α_e a fração dissociada no equilíbrio $\alpha_e = \xi_e/n°$.

	$N_2O_4(g) \rightleftharpoons 2NO_2(g)$	
Coeficiente estequiométrico	-1	$+2$
Número de moles iniciais, $n_i°$	$n°$	0
Número de moles no equilíbrio, n_i	$n° - \xi_e$	$0 + 2\xi_e$
Número total de moles, $n = n° + \xi_e$		
Fração molar, x_i	$\dfrac{n° - \xi_e}{n° + \xi_e}$	$\dfrac{2}{n° + \xi_e}$
ou, como $\alpha_e = \xi_e/n°$, x_i igual a	$\dfrac{1 - \alpha_e}{1 + \alpha_e}$	$\dfrac{2\alpha_e}{1 + \alpha_e}$
Pressão parcial, $p_i = x_i p$	$\left(\dfrac{1 - \alpha_e}{1 + \alpha_e}\right)p$	$\left(\dfrac{2}{1 + \alpha_e}\right)p$

252 / FUNDAMENTOS DE FÍSICO-QUÍMICA

Usando esses valores das pressões parciais, obtemos

$$K_p = \frac{p_{NO_2}^2}{p_{N_2O_4}} = \frac{\left[\left(\dfrac{2\alpha_e}{1+\alpha_e}\right)\right]^2}{\left(\dfrac{1-\alpha_e}{1+\alpha_e}\right)p} = \frac{4\alpha_e^2 p}{1-\alpha_e^2} \qquad (11.52)$$

Pela lei dos gases ideais, $pV = nRT$, onde $n = (1 + \alpha_e)n°$. Assim, $pV = n° (1 + \alpha_e)RT$. No entanto, $n° = w/M$, onde w é a massa do gás no volume V e M é a massa molar do N_2O_4. Dessa forma, se soubermos p, T, V e w, poderemos calcular α_e e, usando a Eq. (11.52), obter o valor de K_p.

Uma medida de α_e a qualquer pressão p é suficiente para determinar K_p. De K_p, $\Delta G°$ pode ser calculado. A dependência de α_e com a pressão pode ser obtida explicitamente resolvendo-se a Eq. (11.52) para α_e:

$$\alpha_e = \sqrt{\frac{K_p}{K_p + 4p}}.$$

É claro que, quando $p \to 0$, $\alpha_e \to 1$, ao passo que, quando $p \to \infty$, $\alpha_e \to 0$. Isto era de se esperar, pelo princípio de LeChatelier. A pressão moderadamente alta, $K_p \ll 4 p$ e $\alpha_e = \frac{1}{2} K_p^{1/2}/p^{1/2}$, aproximadamente.

■ **EXEMPLO 11.3** A síntese do amoníaco.

Suponha que misturemos um mol de N_2 com 3 moles de H_2 (na razão estequiométrica) e considere o seguinte equilíbrio:

	$N_2(g)$	$+ 3H_2(g)$	$\rightleftharpoons 2NH_3(g)$
Coeficiente estequiométrico	-1	-3	2
Número de moles iniciais, $n_i°$	1	3	0
Número de moles no equilíbrio, n_i	$1-\xi$	$3-3\xi$	2ξ
Número total de moles, $n = 4 - 2\xi$			
Fração molar, x_i	$\dfrac{1-\xi}{2(2-\xi)}$	$\dfrac{3(1-\xi)}{2(2-\xi)}$	$\dfrac{2\xi}{2(2-\xi)}$
Pressão parcial, $p_i = x_i p$	$\dfrac{1-\xi}{2(2-\xi)}p$	$\dfrac{3(1-\xi)}{2(2-\xi)}p$	$\dfrac{2\xi p}{2(2-\xi)}$

Notamos imediatamente que $p_{H_2} = 3p_{N_2}$ e que usando esses valores em K_p obtemos

$$K_p = \frac{p_{NH_3}^2}{p_{N_2}p_{H_2}^3} = \frac{p_{NH_3}^2}{p_{N_2}(3p_{N_2})^3} = \frac{p_{NH_3}^2}{3^3 p_{N_2}^4}.$$

Tirando a raiz quadrada temos

$$\frac{p_{NH_3}}{p_{N_2}^2} = 3^{3/2} K_p^{1/2}$$

ou, usando os dados correspondentes às pressões parciais da tabela,

$$3^{3/2} K_p^{1/2} = \frac{\dfrac{2\xi p}{2(2 - \xi)}}{\left[\dfrac{(1 - \xi)p}{2(2 - \xi)}\right]^2} = 2^2 \frac{\xi(2 - \xi)}{(1 - \xi)^2 p}.$$

A análise da mistura fornece o valor de x_{NH_3}, a partir do qual podemos obter o valor de ξ no equilíbrio. Do valor experimental de ξ nos é possível calcular K_p e, com esse resultado, calcular ΔG°. Podemos, também, formular a expressão em termos de p_{NH_3} e da pressão total. Uma vez que $p = p_{N_2} + p_{H_2} + p_{NH_3}$ e $p_{H_2} = 3p_{N_2}$, temos que $p = 4p_{N_2} + p_{NH_3}$ ou $p_{N_2} = 1/4\,(p - p_{NH_3})$. Então,

$$\frac{p_{NH_3}}{(p - p_{NH_3})^2} = \frac{3^{3/2} K_p^{1/2}}{16}.$$

Desta relação, a pressão parcial de NH_3 pode ser calculada a qualquer pressão total. Se a conversão em NH_3 for baixa, então $p - p_{NH_3} \approx p$ e $p_{NH_3} = 0{,}325 K_p^{1/2} p^2$, de tal forma que a pressão parcial do amoníaco será aproximadamente proporcional ao quadrado da pressão. Se os reagentes não forem misturados originalmente em proporções estequiométricas, a expressão será mais complexa.

Uma medida da pressão parcial de equilíbrio do NH_3, a uma dada temperatura e pressão, fornece o valor de ΔG° para esta reação, que é duas vezes a energia de Gibbs padrão molar convencional do NH_3 nessa temperatura.

Note que suprimimos o índice em ξ_e e em (p_{NH_3}) e para evitar um incômodo na notação. Normalmente iremos omitir os índices, exceto quando isso for necessário para evitar confusão. Entende-se que *todas* as quantidades na constante de equilíbrio são valores no equilíbrio.

11.13 A DEPENDÊNCIA DA CONSTANTE DE EQUILÍBRIO COM A TEMPERATURA

A constante de equilíbrio pode ser escrita como

$$\ln K_p = -\frac{\Delta G^\circ}{RT}. \tag{11.53}$$

Derivando, obtemos

$$\frac{d \ln K_p}{dT} = -\frac{1}{R} \frac{d(\Delta G^\circ / T)}{dT}. \tag{11.54}$$

254 / FUNDAMENTOS DE FÍSICO-QUÍMICA

Dividindo a Eq. (11.36a) por T, obtemos

$$\frac{\Delta G^\circ}{T} = \sum_i v_i \left(\frac{\mu_i^\circ}{T}\right).$$

Derivando obtemos

$$\frac{d(\Delta G^\circ/T)}{dT} = \sum_i v_i \frac{d(\mu_i^\circ/T)}{dT} \qquad (11.55)$$

onde os μ_i° são as energias de Gibbs padrões molares das substâncias puras. Usando os valores molares na equação de Gibbs-Helmholtz, Eq. (10.54), obtemos $d\,(\mu_i^\circ/T)/dT = -\bar{H}_i^\circ/T^2$. Esta relação reduz a Eq. (11.55) a

$$\frac{d(\Delta G^\circ/T)}{dT} = -\frac{1}{T^2} \sum_i v_i \bar{H}_i^\circ = -\frac{\Delta H^\circ}{T^2}, \qquad (11.56)$$

pois o somatório é o aumento de entalpia padrão para a reação (ΔH°). A Eq. (11.56) reduz a Eq. (11.54) a

$$\frac{d \ln K_p}{dT} = \frac{\Delta H^\circ}{RT^2}, \qquad \text{ou} \qquad \frac{d \log_{10} K_p}{dT} = \frac{\Delta H^\circ}{2{,}303\,RT^2}. \qquad (11.57)$$

A Eq. (11.57) também é chamada de equação de Gibbs-Helmholtz.

Se a reação for exotérmica, ΔH° será negativo e a constante de equilíbrio diminuirá com o aumento da temperatura. Se a reação for endotérmica, ΔH° será positivo e K_p aumentará com o aumento da temperatura. Como um aumento na constante de equilíbrio implica um aumento do rendimento dos produtos, a Eq. (11.57) é uma expressão matemática de um dos aspectos do princípio de LeChatelier.

A Eq. (11.57) pode ser facilmente expressa numa forma conveniente para se colocar num gráfico:

$$d \ln K_p = \frac{\Delta H^\circ}{R} \frac{dT}{T^2} = -\frac{\Delta H^\circ}{R} d\left(\frac{1}{T}\right),$$

$$\frac{d \ln K_p}{d(1/T)} = -\frac{\Delta H^\circ}{R}, \qquad \frac{d \log_{10} K_p}{d(1/T)} = -\frac{\Delta H^\circ}{2{,}303\,R}. \qquad (11.58)$$

A Eq. (11.58) mostra que um gráfico de $\ln K_p$ contra $1/T$ tem um coeficiente angular igual a $-\Delta H^\circ/R$. Como ΔH° é aproximadamente constante, pelo menos em intervalos de temperatura não muito grandes, o gráfico é linear.

Se K_p for medido em várias temperaturas e os dados colocados como $\ln K_p$ contra $1/T$, o coeficiente angular da reta fornecerá, através da Eq. (11.58), um valor de ΔH° para a reação. Conseqüentemente, será possível determinar os calores de reação por medidas de constantes de equilíbrio num determinado intervalo de temperatura. Os valores dos calores de reação obtidos por esse método não são usualmente tão precisos como aqueles obtidos por métodos calorimétricos. Entretanto, o método do equilíbrio pode ser usado para reações que não são adequadas para medidas calorimétricas diretas. Mais tarde veremos que certas constantes de equilíbrio podem ser calculadas a partir de quantidades medidas apenas calorimetricamente.

Tendo obtido os valores de $\Delta G°$ a várias temperaturas e um valor de $\Delta H°$ do gráfico baseado na Eq. (11.58), podemos calcular os valores de $\Delta S°$, a cada temperatura, a partir da equação

$$\Delta G° = \Delta H° - T\,\Delta S°. \tag{11.59}$$

A constante de equilíbrio pode ser escrita como uma função explícita da temperatura integrando-se a Eq. (11.57). Suponha que numa certa temperatura T_0 o valor da constante de equilíbrio seja $(K_p)_0$ e que em qualquer outra temperatura T o valor seja K_p

$$\int_{\ln(K_p)_0}^{\ln K_p} d(\ln K_p) = \int_{T_0}^{T} \frac{\Delta H°}{RT^2}\,dT, \qquad \ln K_p - \ln(K_p)_0 = \int_{T_0}^{T} \frac{\Delta H°}{RT^2}\,dT,$$

$$\ln K_p = \ln(K_p)_0 + \int_{T_0}^{T} \frac{\Delta H°}{RT^2}\,dT. \tag{11.60}$$

Se $\Delta H°$ é uma constante, então, integrando teremos

$$\ln K_p = \ln(K_p)_0 - \frac{\Delta H°}{R}\left(\frac{1}{T} - \frac{1}{T_0}\right). \tag{11.61}$$

Do conhecimento de $\Delta H°$ e de um valor $(K_p)_0$, a qualquer temperatura T_0, podemos calcular K_p para qualquer outra temperatura.

Se na Eq. (11.53) fizermos $\Delta G° = \Delta H° - T\Delta S°$, teremos

$$\ln K_p = -\frac{\Delta H°}{RT} + \frac{\Delta S°}{R} \tag{11.61a}$$

Essa relação também é verdadeira. Mas se $\Delta H°$ for constante, $\Delta S°$ também será constante e essa equação será equivalente à Eq. (11.61). (Note que a constância de $\Delta H°$ implica que $\Delta C_p° = 0$, mas, se $\Delta C_p° = 0$, $\Delta S°$ também será constante.)

Se $\Delta H°$ não for constante, poderá ser expresso (Seç. 7.24) como uma série de potências em T:

$$\Delta H° = \Delta H_0° + A'T + B'T^2 + C'T^3 + \cdots.$$

Usando esse valor de $\Delta H°$ na Eq. (11.60) e integrando, obteremos

$$\ln K_p = \ln(K_p)_0 - \frac{\Delta H_0°}{R}\left(\frac{1}{T} - \frac{1}{T_0}\right) + \frac{A'}{R}\ln\left(\frac{T}{T_0}\right) + \frac{B'}{R}(T - T_0)$$

$$+ \frac{C'}{2R}(T^2 - T_0^2) + \cdots, \tag{11.62}$$

que tem a seguinte forma funcional,

$$\ln K_p = \frac{A}{T} + B + C\ln T + DT + ET^2 + \cdots, \tag{11.63}$$

256 / *FUNDAMENTOS DE FÍSICO-QUÍMICA*

na qual A, B, C, D e E são constantes. As equações tendo a forma geral da Eq. (11.63) são comumente usadas para se calcular uma constante de equilíbrio a $25°C$ (de tal forma que possa ser tabelada), a partir de uma medida em alguma outra temperatura (usualmente maior). Para avaliar as constantes, os valores de $\Delta H°$ e das capacidades caloríficas de todos os reagentes e produtos precisam ser conhecidos.

11.14 EQUILÍBRIO ENTRE GASES IDEAIS E FASES CONDENSADAS PURAS

Se as substâncias participando do equilíbrio químico estiverem em mais de uma fase, o equilíbrio é *heterogêneo*. Se todas as substâncias presentes estiverem numa única fase, o equilíbrio é *homogêneo*. Até aqui tratamos apenas de equilíbrios homogêneos em gases. Se além de gases uma reação química envolver um ou mais líquidos ou sólidos *puros*, a expressão para a constante de equilíbrio é ligeiramente diferente.

11.14.1 A Decomposição da Pedra Calcária

Considerando a reação

$$CaCO_3(s) \rightleftharpoons CaO(s) + CO_2(g).$$

A condição de equilíbrio é

$$[\mu(CaO, s) + \mu(CO_2, g) - \mu(CaCO_3, s)]_{eq} = 0.$$

Para cada gás presente, por exemplo para o CO_2, $[\mu(CO_2, g)]_{eq} = \mu°(CO_2, g) + RT \ln (p_{CO_2})_e$. Enquanto que para os sólidos puros (e para os líquidos puros, se aparecerem) em virtude da energia de Gibbs das fases condensadas ser praticamente independente da pressão, temos

$$\mu(CaCO_3, s) = \mu°(CaCO_3, s), \qquad \mu(CaO, s) = \mu°(CaO, s).$$

A condição de equilíbrio torna-se

$$0 = \mu°(CaO, s) + \mu°(CO_2, g) - \mu°(CaCO_3, s) + RT \ln (p_{CO_2})_e,$$

$$0 = \Delta G° + RT \ln (p_{CO_2})_e. \tag{11.64}$$

Neste caso, a constante de equilíbrio é simplesmente

$$K_p = (p_{CO_2})_e.$$

A constante de equilíbrio contém apenas a pressão do gás; entretanto, $\Delta G°$ contém as energias de Gibbs padrões de *todos* os reagentes e produtos.

Dos dados da Tab. A-V, encontramos (a 25°C)

Substância	$CaCO_3(s)$	$CaO(s)$	$CO_2(g)$
$\mu°/(kJ/mol)$	$-1128,8$	$-604,0$	$-394,36$
$\Delta H_f°/(kJ/mol)$	$-1206,9$	$-635,09$	$-393,51$

Assim, para a reação,

$$\Delta G° = -604,0 - 394,4 - (-1128,8) = 130,4 \text{ kJ/mol,}$$

e

$$\Delta H° = -635,1 - 393,5 - (-1206,9) = 178,3 \text{ kJ/mol.}$$

A pressão de equilíbrio é calculada a partir da Eq. (11.64).

$$\ln (p_{CO_2})_e = -\frac{130\,400 \text{ J/mol}}{(8,314 \text{ J/K mol})(298,15 \text{ K})} = -52,60;$$

$$(p_{CO_2})_e = 1,43 \times 10^{-23} \text{ atm} \qquad \text{(a 298 K).}$$

Suponha que desejamos esse valor a uma outra temperatura, como por exemplo 1 100 K. Usando a Eq. (11.61):

$$\ln (p_{CO_2})_{1100} = \ln (p_{CO_2})_{298} - \frac{\Delta H°}{R} \left(\frac{1}{T} - \frac{1}{T_0}\right)$$

$$= -52,60 - \frac{178\,300 \text{ J/mol}}{8,314 \text{ J/K mol}} \left(\frac{1}{1100 \text{ K}} - \frac{1}{298,15 \text{ K}}\right) = 0,17;$$

$$(p_{CO_2})_{1100} = 0,84 \text{ atm.}$$

11.14.2 A Decomposição do Óxido Mercúrico

Consideremos a reação

$$HgO(s) \rightleftharpoons Hg(l) + \tfrac{1}{2}O_2(g).$$

A constante de equilíbrio é $K_p = (p_{O_2})^{1/2}$. Temos também que

$$\Delta G° = \mu°(Hg, l) + \tfrac{1}{2}\mu°(O_2, g) - \mu°(HgO, s) = -\mu°(HgO, s) = 58,56 \text{ kJ/mol.}$$

Assim,

$$\ln (p_{O_2})_e = -\frac{58\,560 \text{ J/mol}}{(8,314 \text{ J/K mol})(298,15 \text{ K})} = -23,62;$$

$$(p_{O_2})_e = 5,50 \times 10^{-11} \text{ atm.}$$

258 / FUNDAMENTOS DE FÍSICO-QUÍMICA

11.14.3 Equilíbrio Líquido-Vapor

Um exemplo importante de equilíbrio entre gases ideais e fases condensadas puras é o equilíbrio entre um líquido puro e seu vapor:

$$A(l) \rightleftharpoons A(g).$$

Seja p a pressão de vapor de equilíbrio. Então

$$K_p = p \qquad e \qquad \Delta G^\circ = \mu^\circ(g) - \mu^\circ(l).$$

Usando a equação de Gibbs-Helmholtz, Eq. (11.57), temos

$$\frac{d \ln p}{dT} = \frac{\Delta H^\circ_{vap}}{RT^2}, \tag{11.65}$$

que é a equação de Clausius-Clapeyron e relaciona a dependência da pressão de vapor de um líquido com o calor de vaporização. Uma expressão semelhante vale para a sublimação de um sólido. Consideremos a reação

$$A(s) \rightleftharpoons A(g); \qquad K_p = p, \qquad e \qquad \Delta G^\circ = \mu^\circ(g) - \mu^\circ(s),$$

onde p é a pressão de vapor no equilíbrio do sólido. Pelo mesmo argumento já empregado,

$$\frac{d \ln p}{dT} = \frac{\Delta H^\circ_{sub}}{RT^2}, \tag{11.66}$$

onde ΔH°_{sub} é o calor de sublimação do sólido. Em qualquer caso, um gráfico de $\ln p$ contra $1/T$ será praticamente linear, com coeficiente angular dado por $- \Delta H^\circ/R$.

★ 11.15 O PRINCÍPIO DE LECHATELIER

É bastante fácil mostrar como uma mudança de temperatura ou pressão afeta o valor de equilíbrio do avanço ξ_e de uma reação. Precisamos apenas determinar o sinal das derivadas $(\partial \xi_e/\partial T)_p$ e $(\partial \xi_e/\partial p)_T$. Começamos escrevendo a identidade

$$\left(\frac{\partial G}{\partial \xi}\right)_{T,p} = \Delta G. \tag{11.67}$$

Como $(\partial G/\partial \xi)_{T,p}$ é uma função de T, p e ξ, podemos escrever a sua diferencial total pela expressão

$$d\left(\frac{\partial G}{\partial \xi}\right) = \frac{\partial}{\partial T}\left(\frac{\partial G}{\partial \xi}\right) dT + \frac{\partial}{\partial p}\left(\frac{\partial G}{\partial \xi}\right) dp + \frac{\partial}{\partial \xi}\left(\frac{\partial G}{\partial \xi}\right) d\xi. \tag{11.68}$$

Usando a Eq. (11.67) e fazendo $(\partial^2 G/\partial \xi^2) = G''$, a Eq. (11.68) torna-se

$$d\left(\frac{\partial G}{\partial \xi}\right) = \frac{\partial \Delta G}{\partial T} dT + \frac{\partial \Delta G}{\partial p} dp + G'' \, d\xi.$$

Da equação fundamental, $(\partial \Delta G/\partial T) = - \Delta S$ e $(\partial \Delta G/\partial p) = \Delta V$, na qual ΔS é a variação de entropia da reação e ΔV é a sua variação de volume. Portanto,

$$d\left(\frac{\partial G}{\partial \xi}\right) = - \Delta S\, dT + \Delta V\, dp + G''\, d\xi.$$

Se insistirmos que essas variações em temperatura, pressão e avanço ocorram, mantendo-se o equilíbrio, $\partial G/\partial \xi = 0$ e, portanto, temos também que $d\,(\partial G/\partial \xi) = 0$. No equilíbrio, $\Delta S = \Delta H/T$ e, dessa forma, a equação torna-se

$$0 = - \left(\frac{\partial H}{T}\right)(\partial T)_{eq} + \Delta V(\partial p)_{eq} + G_e''(\partial \xi_e). \qquad (11.69)$$

No equilíbrio G é mínimo, logo, G_e'' é positivo.

A pressão constante, $dp = 0$ e a Eq. (11.69) torna-se

$$\left(\frac{\partial \xi_e}{\partial T}\right)_p = \frac{\Delta H}{T G_e''}. \qquad (11.70)$$

A temperatura constante, $dT = 0$ e a Eq. (11.69) torna-se

$$\left(\frac{\partial \xi_e}{\partial p}\right)_T = - \frac{\Delta V}{G_e''}. \qquad (11.71)$$

As Eqs. (11.70) e (11.71) são expressões quantitativas do princípio de LeChatelier; elas descrevem a dependência do avanço da reação no equilíbrio com a temperatura e com a pressão. Como G_e'' é positivo, o sinal de $(\partial \xi_e/\partial T)_p$ depende do sinal de ΔH. Se ΔH for $+$, isto é, se a reação for endotérmica, então $(\partial \xi_e/\partial T)_p$ será $+$ e um aumento na temperatura aumentará o avanço no equilíbrio. Para uma reação exotérmica, ΔH será $-$, de tal forma que $(\partial \xi_e/\partial T)_p$ será $-$ e um aumento na temperatura diminuirá o avanço no equilíbrio.

Semelhantemente, o sinal de $(\partial \xi_e/\partial p)_T$ depende de ΔV. Se ΔV for $-$, isto é, se o volume dos produtos for menor do que dos reagentes, $(\partial \xi_e/\partial p)_T$ será positivo e um aumento de pressão aumentará o avanço no equilíbrio. Correspondentemente, se ΔV for $+$, então $(\partial \xi_e/\partial p)_T$ será $-$ e um aumento de pressão diminuirá o avanço no equilíbrio.

O efeito global dessas relações é que um aumento na pressão desloca o equilíbrio para o lado de menor volume da reação, enquanto que uma diminuição na pressão o desloca para o lado de maior volume. Semelhantemente, um aumento na temperatura desloca o equilíbrio para o lado de maior entalpia, enquanto que uma diminuição o desloca para o lado de menor entalpia.

O princípio de LeChatelier pode ser enunciado do seguinte modo: Se as condições externas sob as quais se estabelece um equilíbrio químico forem alteradas, o equilíbrio se deslocará de tal modo a moderar o efeito desta mudança.

Por exemplo, se o volume de um sistema não-reativo for diminuído de uma quantidade especificada, a pressão subirá correspondentemente. Num sistema reativo, o equilíbrio se desloca para o lado de menor volume (se $\Delta V \neq 0$), de tal modo que o aumento de pressão é menor que no caso não-reativo. A resposta do sistema é moderada pelo deslocamento da posição de equilíbrio. Isto implica que a compressibilidade de um sistema reativo é muito maior que a de um não-reativo. (Veja Probl. 11.39).

260 / FUNDAMENTOS DE FÍSICO-QUÍMICA

Semelhantemente, se extrairmos uma quantidade fixa de calor de um sistema não-reativo, a temperatura diminuirá de uma quantidade definida. Num sistema reativo, a extração da mesma quantidade de calor não produzirá uma diminuição tão grande de temperatura, pois o equilíbrio irá se deslocar para o lado de menor entalpia (se $\Delta H \neq 0$). Isto significa que a capacidade calorífica de um sistema reativo é muito maior que de um sistema não-reativo. Isto é útil se o sistema puder ser usado como fonte térmica.

Precisa-se notar que há certos tipos de sistemas que não obedecem ao princípio de LeChatelier em todas as circunstâncias (por exemplo, os sistemas abertos). Uma aplicação muito geral tem sido reivindicada para o princípio de LeChatelier. Entretanto, para que o princípio tenha uma aplicação tão ampla, o seu enunciado precisa ser muito mais complexo do que foi dado aqui ou em outras discussões elementares.

★ 11.16 CONSTANTES DE EQUILÍBRIO A PARTIR DE MEDIDAS CALORIMÉTRICAS. O TERCEIRO PRINCÍPIO E O SEU CONTEXTO HISTÓRICO

Usando a equação de Gibbs-Helmholtz, podemos calcular a constante de equilíbrio de uma reação em qualquer temperatura T a partir do conhecimento da constante de equilíbrio numa temperatura T_0 e do calor ΔH° da reação. Por conveniência reescrevemos a Eq. (11.60) na forma

$$\ln K_p = \ln (K_p)_0 + \int_{T_0}^{T} \frac{\Delta H^\circ}{RT^2} \, dT.$$

O ΔH° de qualquer reação e sua dependência com a temperatura podem ser determinados por medidas puramente térmicas (isto é, calorimétricas). Portanto, de acordo com a Eq. (11.60), uma medida da constante de equilíbrio, em apenas *uma* temperatura, juntamente com medidas térmicas de ΔH° e ΔC_p são suficientes para determinar o valor de K_p em qualquer outra temperatura.

A questão que naturalmente surge é a de ser ou não possível calcular a constante de equilíbrio exclusivamente a partir de quantidades que tenham sido determinadas calorimetricamente. Em vista da relação $\Delta G^\circ = -RT \ln K_p$, a constante de equilíbrio poderá ser calculada se ΔG° for conhecido. Em qualquer temperatura T, por definição,

$$\Delta G^\circ = \Delta H^\circ - T \Delta S^\circ. \tag{11.72}$$

Como ΔH° pode ser obtido de medidas térmicas, o problema transforma-se em saber se ΔS° pode ou não ser obtido somente a partir de medidas térmicas.

Para qualquer substância pura

$$S_T^\circ = S_0^\circ + S_{0 \to T}^\circ, \tag{11.73}$$

onde S_T° é a entropia da substância à temperatura T, S_0° é a entropia a 0 K e $S_{0 \to T}^\circ$ é o aumento de entropia se a substância for levada de 0 K à temperatura T. $S_{0 \to T}^\circ$ pode ser medido calorimetricamente. Para uma reação química, usando-se a Eq. (11.73) para cada substância,

$$\Delta S^\circ = \Delta S_0^\circ + \Delta S_{0 \to T}^\circ.$$

Colocando-se este resultado na Eq. (11.72), obtemos

$$\Delta G^{\circ} = \Delta H^{\circ} - T\,\Delta S_0^{\circ} - T\,\Delta S_{0 \to T}^{\circ}.$$

Logo,

$$\ln K = \frac{\Delta S_0^{\circ}}{R} + \frac{\Delta S_{0 \to T}^{\circ}}{R} - \frac{\Delta H^{\circ}}{RT}. \tag{11.74}$$

Como os últimos dois termos na Eq. (11.74) podem ser calculados a partir das capacidades calóríficas e dos calores de reação, a única quantidade desconhecida é ΔS_0°, ou seja, a variação de entropia da reação a 0 K. Em 1906, Nernst sugeriu que, para todas as reações químicas envolvendo sólidos cristalinos puros, ΔS_0° fosse zero no zero absoluto, que é o *teorema do calor de Nernst.* Em 1913, Planck sugeriu que a razão para ΔS_0° ser zero é que a entropia de cada substância individual tomando parte em tal reação é nula. É óbvio que o enunciado de Planck inclui o Teorema de Nernst. Entretanto, qualquer dos dois é suficiente para a solução do problema de se determinar a constante de equilíbrio a partir de medidas calorimétricas. Então, fazendo-se na Eq. (11.74) $\Delta S_0^{\circ} = 0$, obtemos

$$\ln K = \frac{\Delta S^{\circ}}{R} - \frac{\Delta H^{\circ}}{RT}, \tag{11.75}$$

onde ΔS° é a diferença, à temperatura T, das entropias das substâncias envolvidas na reação, calculadas a partir do terceiro princípio. Portanto, é possível calcular as constantes de equilíbrio exclusivamente a partir de medidas calorimétricas, desde que cada substância na reação obedeça ao terceiro princípio.

Nernst baseou o teorema do calor na observação de várias reações químicas. Os dados mostraram que, pelo menos para essas reações, ΔG° aproxima-se de ΔH° à medida que a temperatura diminui; da Eq. (11.72)

$$\Delta G^{\circ} - \Delta H^{\circ} = - T\,\Delta S^{\circ}.$$

Se ΔG° e ΔH° aproximam-se um do outro, segue-se que o produto $T\Delta S^{\circ} \to 0$ à medida que a temperatura diminui. Isto poderia ser porque T torna-se cada vez menor; entretanto, o resultado foi observado quando o valor de T ainda era da ordem de 250 K. Isso sugere que $\Delta S^{\circ} \to 0$ à medida que $T \to 0$, que é o teorema do calor de Nernst.

A validade do terceiro princípio é testada comparando-se a variação da entropia de uma reação calculada a partir das entropias do terceiro princípio com a variação da entropia calculada a partir de medidas de equilíbrio. As discrepâncias aparecem sempre que uma das substâncias na reação não obedece ao terceiro princípio. Algumas dessas exceções ao terceiro princípio foram descritas na Seç. 9.17.

★ 11.17 REAÇÕES QUÍMICAS E A ENTROPIA DO UNIVERSO

Uma reação química prossegue desde um estado inicial arbitrário até o estado de equilíbrio. Se o estado inicial for caracterizado pelas propriedades T, p, G_1, H_1 e S_1 e o estado de equilíbrio pelas propriedades T, p, G_e, H_e e S_e, então a variação da energia de Gibbs na reação

262 / FUNDAMENTOS DE FÍSICO-QUÍMICA

é $\Delta G = G_e - G_1$, a variação da entalpia é $\Delta H = H_e - H_1$ e a variação da entropia do *sistema* é $\Delta S = S_e - S_1$. Como a temperatura é constante, temos:

$$\Delta G = \Delta H - T \Delta S,$$

e, como a pressão é constante, $Q_p = \Delta H$. O calor que escoa para as vizinhanças é $Q_s = - Q_p = - \Delta H$. Se admitirmos que Q_s seja transferido reversivelmente para as vizinhanças imediatas à temperatura T, então o aumento da entropia das vizinhanças será $\Delta S_s = Q_s/T = - \Delta H/T$ ou $\Delta H = - T \Delta S_s$. Em vista desta relação temos

$$\Delta G = - T(\Delta S_s + \Delta S).$$

A soma das variações da entropia no sistema e nas vizinhanças imediatas é a variação da entropia do universo; daí a relação

$$\Delta G = - T \Delta S_{universo}.$$

Nessa equação vemos a equivalência dos dois critérios de espontaneidade: a diminuição da entropia de Gibbs do sistema e o aumento da entropia do universo. Se $\Delta S_{universo}$ for positivo, então ΔG será negativo. Note-se que *não* é necessário para a espontaneidade que a entropia *do sistema* aumente, mesmo porque em muitas reações espontâneas a entropia do sistema diminui, como por exemplo na reação $Na + \frac{1}{2} Cl_2 \rightarrow NaCl$. A entropia *do universo* aumenta em qualquer transformação espontânea.

★ 11.18 REAÇÕES ACOPLADAS

Algumas vezes acontece que uma reação que seria útil para produzir um determinado produto tem um valor de ΔG positivo. Por exemplo, a reação

$$TiO_2(s) + 2Cl_2(g) \longrightarrow TiCl_4(l) + O_2(g), \qquad \Delta G_{298}^{\circ} = +152,3 \text{ kJ/mol},$$

seria altamente desejável para produzir tetracloreto de titânio a partir do óxido de titânio, TiO_2, comum. O valor altamente positivo de ΔG° indica que, no equilíbrio, apenas traços de $TiCl_4$ e O_2 estão presentes. Aumentando-se a temperatura aumentará o rendimento em $TiCl_4$, mas não o suficiente para tornar a reação útil. Entretanto, se essa reação for acoplada com outra reação envolvendo um ΔG mais negativo que $- 152,3$ kJ/mol, então a reação composta poderá prosseguir espontaneamente. Se desejarmos conduzir a primeira reação, a segunda reação precisará consumir um dos produtos. Como o $TiCl_4$ é o produto desejado, a segunda reação precisará consumir oxigênio. Uma possibilidade razoável para a segunda reação é

$$C(s) + O_2(g) \longrightarrow CO_2(g), \qquad \Delta G_{298}^{\circ} = - 394,36 \text{ kJ/mol}.$$

O esquema de reação é

reações $\quad \begin{cases} TiO_2(s) + 2Cl_2(g) \longrightarrow TiCl_4(l) + O_2(g), & \Delta G_{298}^{\circ} = +152,3 \text{ kJ/mol}, \\ \quad\quad C(s) + O_2(g) \longrightarrow CO_2(g), & \Delta G_{298}^{\circ} = -394,4 \text{ kJ/mol}, \end{cases}$

acopladas

reação global:

$$C(s) + TiO_2(s) + 2\,Cl_2(g) \longrightarrow TiCl_4(l) + CO_2(g), \quad \Delta G^\circ_{298} = -242,1 \text{ kJ/mol.}$$

Como a reação global tem um ΔG° altamente negativo, ela é espontânea. Como regra geral, os óxidos metálicos não podem ser convertidos em cloretos por simples substituição; na presença de carbono a cloração prossegue facilmente.

As reações acopladas têm grande importância nos sistemas biológicos. As funções vitais de um organismo quase sempre dependem de reações que sozinhas envolvem um ΔG positivo. Essas reações são acopladas com reações metabólicas que têm um valor altamente negativo de ΔG. Como exemplo trivial, a elevação de um peso pelo Mr. Universo é um evento não-espontâneo envolvendo um grande aumento da energia de Gibbs. O peso sobe apenas porque o evento está acoplado com o processo metabólico que envolve uma diminuição da energia de Gibbs mais do que suficiente para compensar o aumento associado com o erguimento do peso.

11.19 DEPENDÊNCIA DAS OUTRAS FUNÇÕES TERMODINÂMICAS COM A COMPOSIÇÃO

Estabelecida a relação entre a energia de Gibbs e a composição, podemos facilmente obter a relação das outras funções com a composição. Consideremos a equação fundamental, Eq. (11.7),

$$dG = -S\,dT + V\,dp + \sum_i \mu_i\,dn_i.$$

Escrevamos as definições das outras funções em termos de G:

$$U = G - pV + TS,$$

$$H = G + TS,$$

$$A = G - pV.$$

Diferenciando cada uma dessas definições, temos

$$dU = dG - p\,dV - V\,dp + T\,dS + S\,dT,$$

$$dH = dG + T\,dS + S\,dT,$$

$$dA = dG - p\,dV - V\,dp.$$

Substituindo-se o dG valor dado pela Eq. (11.7), obtemos

$$dU = T\,dS - p\,dV + \sum_i \mu_i\,dn_i, \tag{11.76}$$

$$dH = T\,dS + V\,dp + \sum_i \mu_i\,dn_i, \tag{11.77}$$

$$dA = -S\,dT - p\,dV + \sum_i \mu_i\,dn_i, \tag{11.78}$$

$$dG = -S\,dT + V\,dp + \sum_i \mu_i\,dn_i. \tag{11.79}$$

264 / FUNDAMENTOS DE FÍSICO-QUÍMICA

As Eqs. (11.76), (11.77), (11.78) e (11.79) são as equações fundamentais para sistemas de composição variável e implicam que μ_i pode ser interpretado de quatro modos diferentes:

$$\mu_i = \left(\frac{\partial U}{\partial n_i}\right)_{S,V,n_j} = \left(\frac{\partial H}{\partial n_i}\right)_{S,p,n_j} = \left(\frac{\partial A}{\partial n_i}\right)_{T,V,n_j} = \left(\frac{\partial G}{\partial n_i}\right)_{T,p,n_j} \tag{11.80}$$

A última igualdade na Eq. (11.80), ou seja,

$$\mu_i = \left(\frac{\partial G}{\partial n_i}\right)_{T,p,n_j}, \tag{11.81}$$

é uma que já usamos anteriormente.

11.20 AS QUANTIDADES PARCIAIS MOLARES E AS REGRAS DE ADIÇÃO

Qualquer propriedade extensiva de uma mistura pode ser considerada como função de $T, p, n_1, n_2, \ldots$ Portanto, correspondentemente a qualquer propriedade extensiva, U, V, S, H, A, G, existe uma propriedade parcial molar, $\overline{U}_i, \overline{V}_i, \overline{S}_i, \overline{H}_i, \overline{A}_i, \overline{G}_i$. As quantidades parciais molares são definidas por

$$\overline{U}_i = \left(\frac{\partial U}{\partial n_i}\right)_{T,p,n_j}, \qquad \overline{H}_i = \left(\frac{\partial H}{\partial n_i}\right)_{T,p,n_j}, \qquad \overline{S}_i = \left(\frac{\partial S}{\partial n_i}\right)_{T,p,n_j},$$

$$\overline{V}_i = \left(\frac{\partial V}{\partial n_i}\right)_{T,p,n_j}, \qquad \overline{A}_i = \left(\frac{\partial A}{\partial n_i}\right)_{T,p,n_j}, \qquad \overline{G}_i = \mu_i = \left(\frac{\partial G}{\partial n_i}\right)_{T,p,n_j}. \tag{11.82}$$

Se derivarmos as equações de definição de H, A e G relativamente a n_i, mantendo T, p e n_j constantes, e usarmos as definições contidas nas Eqs. (11.82), obteremos:

$$\overline{H}_i = \overline{U}_i + p\overline{V}_i, \qquad \overline{A}_i = \overline{U}_i - T\overline{S}_i, \qquad \mu_i = \overline{H}_i - T\overline{S}_i. \tag{11.83}$$

As Eqs. (11.83) mostram que as quantidades parciais molares são relacionadas umas com as outras do mesmo modo que as quantidades totais. (É comum o uso de μ_i em vez de G_i para a energia de Gibbs parcial molar.)

A diferencial total de qualquer propriedade extensiva assume então uma forma análoga à Eq. (11.7). Escolhendo S, V e H como exemplos,

$$dS = \left(\frac{\partial S}{\partial T}\right)_{p,n_i} dT + \left(\frac{\partial S}{\partial p}\right)_{T,n_i} dp + \sum_i \overline{S}_i \, dn_i; \tag{11.84}$$

$$dV = \left(\frac{\partial V}{\partial T}\right)_{p,n_i} dT + \left(\frac{\partial V}{\partial p}\right)_{T,n_i} dp + \sum_i \overline{V}_i \, dn_i; \tag{11.85}$$

$$dH = \left(\frac{\partial H}{\partial T}\right)_{p,n_i} dT + \left(\frac{\partial H}{\partial p}\right)_{T,n_i} dp + \sum_i \overline{H}_i \, dn_i. \tag{11.86}$$

Como $\bar{S}_i$, $\bar{V}_i$ e $\bar{H}_i$ são propriedades *intensivas*, elas devem ter o mesmo valor em qualquer ponto de um sistema em equilíbrio. Conseqüentemente, poderíamos usar exatamente o mesmo argumento que usamos para G na Seç. 11.3 para chegarmos às regras de adição, isto é,

$$S = \sum_i n_i \bar{S}_i, \qquad V = \sum_i n_i \bar{V}_i, \qquad H = \sum_i n_i \bar{H}_i. \tag{11.87}$$

Entretanto, procedendo de modo diferente, ganhamos uma maior compreensão.

A energia de Gibbs de uma mistura é dada pela Eq. (11.9), $G = \sum_i n_i \mu_i$. Se derivarmos a Eq. (11.9) relativamente à temperatura, mantendo p e n_i constantes, então

$$\left(\frac{\partial G}{\partial T}\right)_{p,\,n_i} = \sum_i n_i \left(\frac{\partial \mu_i}{\partial T}\right)_{p,\,n_i}. \tag{11.88}$$

Pela Eq. (11.79), a derivada no primeiro membro da Eq. (11.88) é igual a $-S$. A derivada no segundo membro é avaliada derivando-se a Eq. (11.81) relativamente a T (suprimindo os índices para simplificar a escrita):

$$\left(\frac{\partial \mu_i}{\partial T}\right)_{p,\,n_i} = \frac{\partial}{\partial T}\left(\frac{\partial G}{\partial n_i}\right) = \frac{\partial}{\partial n_i}\left(\frac{\partial G}{\partial T}\right) = -\left(\frac{\partial S}{\partial n_i}\right)_{T,\,p,\,n_j} = -\bar{S}_i.$$

A segunda igualdade é válida porque a ordem de derivação é indiferente (Seç. 9.6) e a terceira é válida porque $\partial G / \partial T = -S$. Isso reduz a Eq. (11.88) a

$$S = \sum_i n_i \bar{S}_i, \tag{11.89}$$

que é a regra da adição para a entropia.

Derivando-se a Eq. (11.9) relativamente a p, mantendo-se T e n_i constantes, obtemos

$$\left(\frac{\partial G}{\partial p}\right)_{T,\,n_i} = \sum_i n_i \left(\frac{\partial \mu_i}{\partial p}\right)_{T,\,n_i}. \tag{11.90}$$

Derivando a Eq. (11.81) relativamente a p, obtemos

$$\left(\frac{\partial \mu_i}{\partial p}\right)_{T,\,n_i} = \frac{\partial}{\partial p}\left(\frac{\partial G}{\partial n_i}\right) = \frac{\partial}{\partial n_i}\left(\frac{\partial G}{\partial p}\right) = \left(\frac{\partial V}{\partial n_i}\right)_{T,\,p,\,n_j} = \bar{V}_i,$$

pois $(\partial G / \partial p)_{T,\,n_i} = V$. A Eq. (11.90) reduz-se, então, a

$$V = \sum_i n_i \bar{V}_i, \tag{11.91}$$

que é a regra da adição para o volume. As outras regras de adição podem ser estabelecidas a partir dessas tomando-se a equação apropriada do grupo (11.83). Por exemplo, multiplicando-se a última equação do grupo por n_i e somando-se:

$$\sum_i n_i \mu_i = \sum_i n_i \bar{H}_i - T \sum_i n_i \bar{S}_i.$$

266 / FUNDAMENTOS DE FÍSICO-QUÍMICA

Em vista das Eqs. (11.9) e (11.89), esta se torna

$$G = \sum_i n_i \bar{H}_i - TS,$$

mas, por definição, $G = H - TS$ e, portanto,

$$H = \sum_i n_i \bar{H}_i. \tag{11.92}$$

Do mesmo modo podem ser deduzidas as regras de adição para U e A.

Qualquer propriedade extensiva (J) de um sistema segue a regra de adição

$$J = \sum_i n_i \bar{J}_i, \tag{11.93}$$

onde $\bar{J}_i$ é a quantidade parcial molar

$$\bar{J}_i = \left(\frac{\partial J}{\partial n_i}\right)_{T, p, n_j}. \tag{11.94}$$

Isso é verdadeiro também para o número total de moles, $N = \sum_i n_i$, ou para a massa total, $M = \sum_i n_i M_i$. Os números de moles parciais molares são todos iguais à unidade. A massa parcial molar de uma substância é a sua massa molar.

11.21 A EQUAÇÃO DE GIBBS-DUHEM

Uma relação adicional entre os μ_i pode ser obtida diferenciando-se a Eq. (11.9):

$$dG = \sum_i (n_i \, d\mu_i + \mu_i \, dn_i),$$

mas, pela equação fundamental,

$$dG = -S \, dT + V \, dp + \sum_i \mu_i \, dn_i.$$

Subtraindo-se, estas equações fornecem

$$\sum_i n_i \, d\mu_i = -S \, dT + V \, dp, \tag{11.95}$$

que é a equação de Gibbs-Duhem. Um caso especialmente importante ocorre quando se varia apenas a composição, sendo que a temperatura e a pressão permanecem constantes; neste caso a Eq. (11.95) torna-se

$$\sum_i n_i \, d\mu_i = 0 \qquad (T, p \text{ constantes}). \tag{11.96}$$

A Eq. (11.96) mostra que, se a composição variar, os potenciais químicos não variam de modo independente, mas sim de um modo inter-relacionado dado pela equação. Por exemplo, num sistema de dois componentes, a Eq. (11.96) torna-se

$$n_1 \, d\mu_1 + n_2 \, d\mu_2 = 0 \qquad (T, p \text{ constantes}).$$

Recompondo, temos

$$d\mu_2 = -\left(\frac{n_1}{n_2}\right) d\mu_1. \tag{11.97}$$

Se uma dada variação de composição produzir uma variação $d\mu_1$ no potencial químico do primeiro componente, $d\mu_2$ será dado pela Eq. (11.97).

Por uma argumentação semelhante, pode ser mostrado que as variações de qualquer quantidade parcial molar com a composição estão relacionadas pela equação

$$\sum_i n_i \, d\bar{J}_i = 0 \qquad (T, p \text{ constantes}), \tag{11.98}$$

onde $\bar{J}_i$ é qualquer quantidade parcial molar.

11.22 QUANTIDADES PARCIAIS MOLARES EM MISTURAS DE GASES IDEAIS

As várias quantidades parciais molares para o gás ideal são obtidas a partir de μ_i. Da Eq. (11.13),

$$\mu_i = \mu_i^{\circ}(T) + RT \ln p + RT \ln x_i = \mu_{i(\text{puro})} + RT \ln x_i.$$

Derivando, temos

$$\left(\frac{\partial \mu_i}{\partial T}\right)_{p, n_i} = \left(\frac{\partial \mu_i^{\circ}}{\partial T}\right)_{p, n_i} + R \ln p + R \ln x_i.$$

Mas, $(\partial \mu_i \, \partial T)_{p, n_i} = - \bar{S}_i$ e, portanto,

$$\bar{S}_i = \bar{S}_i^{\circ} - R \ln p - R \ln x_i = \bar{S}_{i(\text{puro})} - R \ln x_i. \tag{11.99}$$

Analogamente, derivando-se μ_i relativamente à pressão e mantendo-se T e todos os n_i constantes, teremos

$$\left(\frac{\partial \mu_i}{\partial p}\right)_{T, n_i} = \frac{RT}{p}.$$

Como $(\partial \mu_i / \partial p)_{T, n_i} = \bar{V}_i$, obteremos

$$\bar{V}_i = \frac{RT}{p}. \tag{11.100}$$

Para uma mistura de gases ideais, $V = nRT/p$, onde n é o número total de moles de todos os gases na mistura. Portanto,

$$\bar{V}_i = \frac{V}{n}, \tag{11.101}$$

o que mostra que numa mistura de gases ideais o volume parcial molar é simplesmente o volume molar médio e que o volume parcial molar de todos os gases da mistura tem o mesmo valor.

268 / FUNDAMENTOS DE FÍSICO-QUÍMICA

Das Eqs. (11.13), (11.83), (11.99) e (11.100) é fácil mostrar que $\bar{H}_i = \mu_i^\circ + T\bar{S}_i^\circ = H_i^\circ$ e que $\bar{U}_i = \bar{H}_i^\circ - RT = \bar{U}_i^\circ$.

★ 11.23 CALOR DIFERENCIAL DE SOLUÇÃO

Se dn moles de um sódio puro i, de entalpia molar $\bar{H}_i^\circ$, forem adicionados, a T e p constantes, a uma solução com entalpia parcial molar $\bar{H}_i$, então o calor absorvido será $dq = dH = (\bar{H}_i - \bar{H}_i^\circ)\, dn$. (O sistema contém sólido e solução.) O *calor diferencial de solução* é definido como dq/dn;

$$\frac{dq}{dn} = \bar{H}_i - \bar{H}_i^\circ. \tag{11.102}$$

O calor diferencial de solução é geralmente uma quantidade mais útil que o calor integral de solução definido na Seç. 7.22.

QUESTÕES

11.1 Qual a importância do potencial químico? Qual a sua interpretação?

11.2 De que forma a quantidade $-\partial G/\partial \xi$ pode ser vista como uma "força motriz" em direção ao equilíbrio químico. Discuta o fato.

11.3 Construa um gráfico de G contra ξ para uma reação em que $\Delta G^\circ < 0$. Qual a função de ΔG° e da energia de Gibbs da mistura na determinação da posição de equilíbrio?

11.4 Qual a distinção entre K_p e Q_p numa reação em fase gasosa?

11.5 Se inicialmente $Q_p < K_p$, para um sistema de reações, qual o sinal da inclinação $\Delta G = \partial G/\partial \xi$? Que acontece posteriormente com as pressões das espécies no sistema? Responda às mesmas equações para o caso de $Q_p > K_p$.

11.6 Construa um gráfico de G contra ξ para a "reação" $A(1) \rightleftharpoons A(g)$ para as três diferentes pressões externas: $P_{\text{ext.}}$ menor, igual e maior do que $\exp(-\Delta G^\circ/RT)$. ξ é igual à fração de A no estado gasoso. Que a condição de equilíbrio $\partial G/\partial \xi = 0$ sugere para a pressão de vapor de equilíbrio em termos da $P_{\text{ext.}}$?

11.7 Qual a ligação entre os efeitos de temperatura no equilíbrio descrito pelas Eqs. (11.58) e (11.70)?

11.8 Aplique o princípio de LeChatelier, Eq. (11.71), para prever o efeito da pressão no equilíbrio da fase gasosa (a) $N_2 + 3H_2 \rightleftharpoons 2NH_3$; (b) $N_2O_4 \rightleftharpoons 2NO_2$.

11.9 Qual o valor prático do teorema do calor de Nernst nos cálculos de constantes de equilíbrio?

11.10 Qual a origem do aumento de entropia do universo numa reação em que $\Delta H^\circ \ll 0$ e $\Delta S^\circ < 0$?

PROBLEMAS

Em todos os problemas que seguem, os gases são admitidos como ideais.

11.1 Faça um gráfico dos valores de $(\mu - \mu^\circ)/RT$ para um gás ideal em função da pressão.

11.2 A energia de Gibbs padrão convencional do amoníaco, a 25° C, é − 16,5 kJ/mol. Calcule o valor da energia de Gibbs molar a 1/2, 2, 10 e 100 atm.

11.3 Considere dois gases puros A e B cada um a 25° C e 1 atm de pressão. Calcule a energia de Gibbs relativa aos gases não-misturados de

a) uma mistura de 10 mol de A e 10 mol de B;
b) uma mistura de 10 mol de A e 20 mol de B.
c) Calcule a variação da energia de Gibbs no caso de 10 mol de B serem adicionados à mistura de 10 mol de A com 10 mol de B.

11.4 a) Calcule a entropia correspondente ao processo de mistura de 3 mol de hidrogênio com um mol de nitrogênio.
b) Calcule a energia de Gibbs do processo de mistura a 25°C.
c) A 25° C, calcule a energia de Gibbs da mistura de $1 - \xi$ mol de nitrogênio, $3(1 - \xi)$ mol de hidrogênio e 2ξ mol de amoníaco como uma função de ξ. Lance em gráfico os valores para $\xi = 0$ a $\xi = 1$, em intervalos de 0,2.
d) Se $\Delta G_f^\circ (NH_3) = - 16,5$ kJ/mol, a 25° C, calcule a energia de Gibbs da mistura para os valores de $\xi = 0$ a $\xi = 1$ em intervalos de 0,2. Construa o gráfico de G contra ξ para o caso do estado inicial ser uma mistura de 1 mol de N_2 e 3 mol de H_2. Compare o resultado encontrado com a Fig. 11.5.
e) Calcule G para ξ_e a $p = 1$ atm.

11.5 Quatro moles de nitrogênio, n mol de hidrogênio e $(8 - n)$ mol de oxigênio são misturados a $T = 300$ K e $p = 1$ atm.

a) Escreva a expressão para $\Delta G_{mist.}$/mol da mistura.
b) Calcule o valor de n para o qual $\Delta G_{mist.}$/mol possui um mínimo.
c) Calcule o valor mínimo de $\Delta G_{mist.}$/mol da mistura.

11.6 Mostre que numa mistura ternária ideal o mínimo de energia de Gibbs é obtido para $x_1 = x_2 = x_3 = \frac{1}{3}$.

11.7 Considere a reação

$$H_2(g) + I_2(g) \longrightarrow 2HI(g).$$

a) Admitindo que existam um mol de H_2, um mol de I_2 e zero mol de HI antes da reação avançar, exprima a energia de Gibbs da mistura reacional em termos do avanço ξ.
b) Qual seria a forma da expressão de G se o iodo estivesse presente na forma sólida?

11.8 A 500 K temos os seguintes dados:

Substância	ΔH_{500}°/(kJ/mol)	S_{500}°/(J/K mol)
HI(g)	32,41	221,63
H_2(g)	5,88	145,64
I_2(g)	69,75	279,94

Um mol de H_2 e um mol de I_2 são colocados em um recipiente a 500 K. A essa temperatura, apenas os gases estão presentes e o equilíbrio

$$H_2(g) + I_2(g) \rightleftharpoons 2HI(g)$$

é estabelecido. Calcule K_p, a 500 K, e a fração molar de HI presente a 500 K e 1 atm. Qual deverá ser a fração molar do HI a 500 K e 10 atm?

270 / *FUNDAMENTOS DE FÍSICO-QUÍMICA*

11.9 a) Foram misturadas quantidades equimolares de H_2 e CO. Usando dados da Tab. A-V calcule a fração molar de equilíbrio do formaldeído, HCHO(g), a $25°C$ como uma função da pressão total; avalie essa fração molar para uma pressão total de 1 atm e 10 atm.
   b) Se um mol de HCHO(g) for colocado em um recipiente, calcule o grau de dissociação em H_2 (g) e CO(g), a $25°C$, para uma pressão total de 1 atm e de 10 atm.
   c) Calcule K_x a 10 atm e K_c para a síntese do HCHO.

11.10 Para o ozônio a $25°C$, $\Delta G_f^\circ = 163,2$ kJ/mol.

   a) Calcule a constante de equilíbrio, K_p, para a reação a $25°C$.

$$3O_2(g) \;\rightleftharpoons\; 2O_3(g)$$

   b) Admitindo que o avanço no equilíbrio (ξ_e) seja muito menor que a unidade, mostre que $\xi_e = (3/2)\sqrt{pK_p}$. (Considere o número inicial de moles de O_2 como sendo três e de O_3 como sendo zero).
   c) Calcule K_x, a 5 atm, e K_c.

11.11 Considere o equilíbrio:

$$2NO(g) + Cl_2(g) \;\rightleftharpoons\; 2NOCl(g).$$

A $25°C$, ΔG_f° para o NOCl(g) é 66,07 kJ/mol e para o NO(g), $\Delta G_f^\circ = 86,57$ kJ/mol. Se o NO e o Cl_2 forem misturados na relação molar 2:1, mostre que, no equilíbrio, $x_{NO} = (2/pK_p)^{1/3}$ e $x_{NOCl} = 1 - (3/2)(2/pK_p)^{1/3}$. (Admita que $x_{NOCl} \approx 1$.) Note como cada uma dessas quantidades depende da pressão. Avalie x_{NO} a 1 atm e a 10 atm.

11.12 Considere a dissociação do tetróxido de nitrogênio: N_2O_4 (g) = $2NO_2$ (g) a $25°C$. Suponha que um mol de N_2O_4 está no interior de um recipiente sob 1 atm de pressão. Usando os dados da Tab. A-V,

   a) Calcule o grau de dissociação.
   b) Se forem introduzidos 5 mol de argônio e se a mistura estiver sob pressão total de 1 atm, qual será o grau de dissociação?
   c) Tendo o sistema entrado em equilíbrio como em (a), se o volume for mantido constante e se forem introduzidos 5 mol de argônio, qual será o grau de dissociação?

11.13 Dos dados da Tab. A-V, calcule K_p, a $25°C$, para a reação H_2 (g) + S(rômbico) $\rightleftharpoons H_2S$ (g). Qual é a fração molar de H_2 presente na fase gasosa no equilíbrio?

11.14 Considere o seguinte equilíbrio a $25°C$:

$$PCl_5(g) \;\rightleftharpoons\; PCl_3(g) + Cl_2(g).$$

   a) Dos dados da Tab. A-V, calcule ΔG° e ΔH° a $25°C$.
   b) Calcule o valor de K_p a 600 K.
   c) Calcule o grau de dissociação, α, a 1 atm e 5 atm de pressão total na temperatura de 600 K.

11.15 A $25°C$ temos os seguintes dados:

Composto	ΔG_f°/(kJ/mol)	ΔH_f°/(kJ/mol)
$C_2H_4(g)$	68,1	52,3
$C_2H_2(g)$	209,2	226,7

   a) Calcule K_p, a $25°C$, para a reação: C_2H_4 (g) $\rightleftharpoons C_2H_2$ (g) + H_2 (g).
   b) Qual deverá ser o valor de K_p, no caso de 25 porcento de C_2H_4 estarem dissociados em C_2H_2 e H_2, a uma pressão total de 1 atm?
   c) A que temperatura K_p terá o valor determinado em (b)?

SISTEMAS DE COMPOSIÇÃO VARIÁVEL / 271

11.16 A $25°C$, teremos $\Delta G° = 161,67$ kJ/mol e $\Delta H° = 192,81$ kJ/mol para a reação $Br_2(g) \rightleftharpoons 2Br(g)$.

a) Calcule a fração molar dos átomos de bromo presentes no equilíbrio a $25°C$ e pressão de 1 atm.
b) A que temperatura o sistema conterá 10 mol porcento de átomos de bromo em equilíbrio com o bromo vapor, à pressão de 1 atm?

11.17 Para a reação

$$H_2(g) + I_2(g) \rightleftharpoons 2HI(g),$$

$K_p = 50,0$, a $448°C$, e $K_p = 66,9$, a $350°C$. Calcule $\Delta H°$ para essa reação.

11.18 A 600 K o grau de dissociação do PCl_5 (g), de acordo com a reação

$$PCl_5(g) \rightleftharpoons PCl_3(g) + Cl_2(g)$$

é de 0,920 sob uma pressão de 5 atm.

a) Qual o grau de dissociação quando a pressão for de 1 atm?
b) Se o grau de dissociação, a 520 K e 1 atm for 0,80 qual será o valor de $\Delta H°$, $\Delta G°$ e $\Delta S°$ a 520 K?

11.19 A 800 K, 2 mol de NO são misturados a 1 mol de O_2. A reação

$$2NO(g) + O_2(g) \rightleftharpoons 2NO_2(g)$$

entra em equilíbrio a uma pressão total de 1 atm. A análise do sistema mostra que 0,71 mol de oxigênio estão presentes no equilíbrio.

a) Calcule a constante de equilíbrio para a reação.
b) Calcule $\Delta G°$ para a reação a 800 K.

11.20 Considere o equilíbrio

$$C_2H_6(g) \rightleftharpoons C_2H_4(g) + H_2(g).$$

A 1.000 K e a 1 atm de pressão o C_2H_6 é introduzido em um recipiente. No equilíbrio, a mistura consiste de 26 mol porcento de H_2, 26 mol porcento de C_2H_4 e 48 mol porcento de C_2H_6.

a) Calcule o valor de K_p a 1.000 K.
b) Se $\Delta H° = 137,0$ kJ/mol, qual o valor de K_p a 298,15 K?
c) Calcule $\Delta G°$, a 298,15 K, para essa reação.

11.21 Considere o equilíbrio

$$NO_2(g) \rightleftharpoons NO(g) + \tfrac{1}{2}O_2(g).$$

Um mol de NO_2 é colocado em um recipiente e deixado chegar ao equilíbrio a uma pressão de 1 atm. A análise mostra que

T	700 K	800 K
p_{NO}/p_{NO_2}	0,872	2,50

a) Calcule K_p a 700 K e a 800 K.
b) Calcule $\Delta G°$ e $\Delta H°$.

272 / FUNDAMENTOS DE FÍSICO-QUÍMICA

11.22 Considere o equilíbrio

$$CO(g) + H_2O(g) \rightleftharpoons CO_2(g) + H_2(g).$$

a) A 1.000 K, a composição de uma amostra da mistura em equilíbrio é

Substância	CO_2	H_2	CO	H_2O
mol %	27,1	27,1	22,9	22,9

Calcule K_p e $\Delta G°$ a 1.000 K.

b) A partir das respostas do item (a) e dos seguintes dados:

Substância	$CO_2(g)$	$H_2(g)$	$CO(g)$	$H_2O(g)$
$\Delta H_f°$/(kJ/mol)	$-393,51$	0	$-110,52$	$-241,81$

calcule $\Delta G°$ para essa reação a 298,15 K.

11.23 O trióxido de nitrogênio dissocia-se de acordo com a equação

$$N_2O_3(g) \rightleftharpoons NO_2(g) + NO(g).$$

A 25°C e a uma pressão total de 1 atm, o grau de dissociação é de 0,30. Calcule $\Delta G°$ para essa reação.

11.24 Considere a síntese do formaldeído:

$$CO(g) + H_2(g) \rightleftharpoons CH_2O(g).$$

A 25°C, $\Delta G° = 24$ kJ/mol e $\Delta H° = -7$ kJ/mol. Para o $CH_2O(g)$ temos:

$$\bar{C}_p/R = 2,263 + 7,021\ (10^{-3})T - 1,877\ (10^{-6})T^2.$$

As capacidades caloríficas do $H_2(g)$ e do $CO(g)$ são dadas na Tab. 7.1

a) Calcule o valor de K_p a 1.000 K admitindo que $\Delta H°$ seja independente da temperatura.
b) Calcule o valor de K_p a 1.000 K levando em consideração a variação de $\Delta H°$ com a temperatura e compare o resultado com o de (a).
c) Compare o valor de K_x a 1 atm com o valor a 5 atm de pressão, ambos a 1.000 K.

11.25 A 25°C, $\Delta H° = 44,016$ kJ/mol para a reação

$$H_2O(l) \longrightarrow H_2O(g),$$

Se $\bar{C}_p(l) = 75,29$ J/K mol e $\bar{C}_p(g) = 33,58$ J/K mol, calcule $\Delta H°$ para esta reação a 100°C.

11.26 O bromo líquido entra em ebulição a 58,2°C; a pressão de vapor, a 9,3°C, é 100 torr. Calcule a energia de Gibbs padrão do $Br_2(g)$ a 25°C.

11.27 Considere a reação

$$FeO(s) + CO(g) \rightleftharpoons Fe(s) + CO_2(g)$$

para a qual temos

$t/°C$	600	1000
K_p	0,900	0,396

a) Calcule $\Delta H°$, $\Delta G°$ e $\Delta S°$ para a reação a 600°C.
b) Calcule a fração molar do CO_2 na fase gasosa, a 600°C.

11.28 Se a reação

$$Fe_2N(s) + \tfrac{3}{2}H_2(g) \rightleftharpoons 2Fe(s) + NH_3(g)$$

entra em equilíbrio a uma pressão total de 1 atm e a análise do gás mostra que a 700 K e a 800 K $p_{NH_3}/p_{H_2} = 2,165$ e $1,083$, respectivamente e se apenas o H_2 esteja presente inicialmente juntamente com um excesso de Fe_2N, calcule

a) K_p a 700 K e a 800 K.
b) $\Delta H°$ e $\Delta S°$.
c) $\Delta G°$ a 298,15 K.

11.29 Dos dados na Tab. A-V encontre os valores de $\Delta G°$ e $\Delta H°$ para as seguintes reações

$$MCO_3(s) \rightleftharpoons MO(s) + CO_2(g); \qquad (M = Mg, Ca, Sr, Ba).$$

Sob a hipótese simplificadora de que para essas reações $\Delta H°$ não dependa da temperatura, calcule as temperaturas sob as quais as pressões de equilíbrio do CO_2 nesses sistemas (carbonato-óxido) atingem 1 atm. (Esta temperatura será a de decomposição do carbonato.)

11.30 O fósforo branco sólido tem, por convenção, energia de Gibbs padrão a 25°C igual a zero. O ponto da fusão é 44,2°C e $\Delta H°_{fus.} = 2510$ J/mol P_4. A pressão de vapor do fósforo branco tem os valores

$p/$Torr	1	10	100
$t/°C$	76,6	128,0	197,3

a) Calcule o $\Delta H°_{vap.}$ do fósforo líquido.
b) Calcule o ponto de ebulição do líquido.
c) Calcule a pressão de vapor no ponto de fusão.
d) Admitindo que os fósforos sólido, líquido e gasoso estejam em equilíbrio no ponto de fusão, calcule a pressão de vapor do fósforo branco *sólido* a 25°C.
e) Calcule a energia de Gibbs padrão do fósforo *gasoso* a 25°C.

11.31 Para a reação, a 25°C,

$$Zn(s) + Cl_2(g) \rightleftharpoons ZnCl_2(s),$$

$\Delta G° = -369,43$ kJ/mol e $\Delta H° = -415,05$ kJ/mol. Esboce para esta reação o gráfico de $\Delta G°$ como função da temperatura no intervalo entre 298 K e 1.500 K no caso em que, em cada temperatura, todas as substâncias estão em seus estados de agregação mais estáveis. Sendo T_f o ponto de fusão e T_{eb} o ponto de ebulição, os dados são

	$T_f/$K	$\Delta H_{fus}/$(kJ/mol)	$T_{eb}/$K	$\Delta H_{vap}/$(kJ/mol)
Zn	692,7	7,385	1180	114,77
$ZnCl_2$	548	23,0	1029	129,3

274 / FUNDAMENTOS DE FÍSICO-QUÍMICA

11.32 Para a reação

$$Hg(l) + \tfrac{1}{2}O_2(g) \rightleftharpoons HgO(s),$$

$$\Delta G°/(J/mol) = -91\,044 + 1{,}54T \ln T - 10{,}33(10^{-3})T^2 - \frac{0{,}42 \times 10^5}{T} + 103{,}81T$$

a) Qual a pressão de vapor do oxigênio sobre o mercúrio líquido e o HgO sólido, a 600 K?
b) Expresse $\ln K_p$, $\Delta H°$ e $\Delta S°$ como funções da temperatura.

11.33 Considere a reação

$$Ag_2O(s) \rightleftharpoons 2Ag(s) + \tfrac{1}{2}O_2(g),$$

para a qual $\Delta G°/(J/mol) = 32384 + 17{,}32\,T \log_{10} T - 116{,}48\,T$.

a) A que temperatura a pressão de equilíbrio do oxigênio será uma atmosfera?
b) Exprima $\log_{10} K_p$, $\Delta H°$ e $\Delta S°$ como funções da temperatura.

11.34 Os valores de $\Delta G°$ e $\Delta H°$ para as reações

$$C(grafita) + \tfrac{1}{2}O_2(g) \rightleftharpoons CO(g) \quad e \quad CO(g) + \tfrac{1}{2}O_2(g) \rightleftharpoons CO_2(g)$$

podem ser obtidos dos dados na Tab. A-V.

a) Admitindo que os valores de $\Delta H°$ não variem com a temperatura, calcule a composição (percentagem molar) do gás em equilíbrio com a grafita sólida a 600 K e 1.000 K se a pressão total for de 1 atm. Qualitativamente, como variaria a composição se a pressão fosse aumentada?
b) Usando os dados de capacidades caloríficas da Tab. 7.1, calcule a composição a 600 K e 1.000 K (1 atm) e compare os resultados com os de (a).
c) Usando as constantes de equilíbrio de (b) calcule a composição a 1.000 K e 10 atm de pressão.

11.35 A 25°C, são os seguintes os dados sobre os vários isômeros do C_5H_{10} na fase gasosa

Substância	$\Delta H_f°/(kJ/mol)$	$\Delta G_f°/(kJ/mol)$	$\log_{10} K_f$
A = 1-penteno	$-20{,}920$	$78{,}605$	$-13{,}7704$
B = cis-2-penteno	$-28{,}075$	$71{,}852$	$-12{,}5874$
C = trans-2-penteno	$-31{,}757$	$69{,}350$	$-12{,}1495$
D = 2-metil-1-buteno	$-36{,}317$	$64{,}890$	$-11{,}3680$
E = 3-metil-1-buteno	$-28{,}953$	$74{,}785$	$-13{,}1017$
F = 2-metil-2-buteno	$-42{,}551$	$59{,}693$	$-10{,}4572$
G = ciclopentano	$-77{,}24$	$38{,}62$	$-6{,}7643$

Considere o equilíbrio

$$A \rightleftharpoons B \rightleftharpoons C \rightleftharpoons D \rightleftharpoons E \rightleftharpoons F \rightleftharpoons G,$$

que pode ser estabelecido usando-se um catalisador adequado.

a) Calcule as razões molares: (A/G); (B/G); . . . ; (F/G) presentes no equilíbrio a 25°C.
b) Estas razões dependem da pressão total?
c) Calcule a percentagem molar das várias espécies em equilíbrio na mistura.
d) Calcule a composição da mistura em equilíbrio a 500 K.

SISTEMAS DE COMPOSIÇÃO VARIÁVEL / 275

11.36 São fornecidos os seguintes dados a $25°C$.

Composto	CuO(s)	Cu$_2$O(s)	Cu(s)	O$_2$(g)
$\Delta H_f^°/(kJ/mol)$	-157	-169	$-$	$-$
$\Delta G_f^°/(kJ/mol)$	-130	-146	$-$	$-$
$C_p^°/(J/K\ mol)$	42,3	63,6	24,4	29,4

a) Calcule a pressão no equilíbrio do oxigênio na presença do cobre e do óxido cúprico a 900 K e a 1.200 K; isto é, a constante de equilíbrio para a reação: $2CuO(s) \rightleftharpoons 2Cu(s) + O_2(g)$.
b) Calcule a pressão no equilíbrio do oxigênio na presença do Cu_2O e Cu a 900 K e a 1.200 K.
c) A que temperatura e pressão o Cu, CuO, Cu_2O e O_2 coexistem em equilíbrio?

11.37 O estado padrão no qual a energia de Gibbs é nula para o fósforo é o fósforo branco sólido (P_4 (s)). A $25°C$,

$$P_4(s) \rightleftharpoons P_4(g), \quad \Delta H° = 58,9\ kJ/mol, \quad \Delta G° = 24,5\ kJ/mol;$$
$$\tfrac{1}{4}P_4(s) \rightleftharpoons P(g), \quad \Delta H° = 316,5\ kJ/mol, \quad \Delta G° = 280,1\ kJ/mol;$$
$$\tfrac{1}{2}P_4(s) \rightleftharpoons P_2(g), \quad \Delta H° = 144,0\ kJ/mol, \quad \Delta G° = 103,5\ kJ/mol.$$

a) A molécula P_4 consiste de quatro átomos de fósforo nos vértices de um tetraedro. Calcule a energia da ligação P–P na molécula tetraédrica. Calcule a energia da mesma ligação na molécula P_2.
b) Calcule as frações molares de P, P_2 e P_4 na fase vapor a 900 K e a 1.200 K, numa pressão total de 1 atm.

11.38 Num campo gravitacional o potencial químico de uma espécie é aumentado pela energia potencial necessária para elevar um mol do material do solo até a altura z. Então $\mu_i(T, p, z) = \mu_i(T, p) + M_i gz$, na qual $\mu_i(T, p)$ é o valor de μ_i no nível zero, M_i é a massa molar e g é a aceleração da gravidade.

a) Mostre que, se impusermos a igualdade dos potenciais químicos numa coluna isotérmica de um gás ideal, esta forma de potencial químico fornecerá a lei de distribuição barométrica: $p_i = p_{io}$ exp $(-M_i gz/RT)$.
b) Mostre que a condição de equilíbrio químico é independente da presença ou ausência de um campo gravitacional.
c) Deduza expressões para a entropia e entalpia como funções de z. (*Sugestão:* Escreva a derivada de μ_i em função de dT, dp e dz.)

11.39 O grau de dissociação, α, do N_2O_4 é uma função da pressão. Mostre que se a mistura permanecer em equilíbrio, à medida que a pressão for variada, a compressibilidade aparente $(-1/V)(\partial V/\partial p)_T = (1/p)[1 + \tfrac{1}{2}\alpha_e(1 - \alpha_e)]$. Mostre que esta quantidade entre colchetes tem um valor máximo a $p = 3/4\ K_p$.

11.40 Um mol de N_2O_4 é colocado em um recipiente. Quando o equilíbrio

$$N_2O_4(g) \rightleftharpoons 2\ NO_2(g)$$

for estabelecido, a entalpia da mistura em equilíbrio será

$$H = (1 - \xi_e)\bar{H}(N_2O_4) + 2\xi_e\bar{H}(NO_2)$$

Se a mistura permanecer em equilíbrio quando a temperatura for elevada,

a) mostre que a capacidade calorífica será dada por

$$C_p/R = \bar{C}_p(N_2O_4)/R + \xi_e\Delta C_p/R + \tfrac{1}{2}\xi_e(1 - \xi_e^2)(\Delta H°/RT)^2;$$

276 / FUNDAMENTOS DE FÍSICO-QUÍMICA

b) mostre que o último termo possui um valor máximo quando $\xi_e = 1/3 \sqrt{3}$.

c) construa um gráfico de C_p/R contra T de 200 K a 500 K, a $p = 1$ atm, usando $\bar{C}_p(N_2O_4)/R = 9,29$, $C_p(NO_2)/R = 4,47$, $\Delta H^{o}_{298} = 57,20$ kJ/mol e $\Delta G^{\circ}_{298} = 4,77$ kJ/mol.

11.41 Considere o equilíbrio

$$TiO_2(s) + 2Cl_2(g) \rightleftharpoons TiCl_4(l) + O_2(g).$$

ΔH_{vap} (TiCl$_4$) = 35,1 kJ/mol a 409 K, que é o ponto de ebulição normal do TiCl$_4$. A 298,15 K,

Substância	TiO$_2$(s)	TiCl$_4$(l)
ΔH°_f/(kJ/mol)	−945	−804
ΔG°_f/(kJ/mol)	−890	−737

a) Calcule K_p para a reação a 500 K e a 1.000 K, sob uma pressão de 1 atm.

b) Usando os dados da Tab. A-V para a reação

$$C(grafita) + O_2(g) \rightleftharpoons CO_2(g),$$

calcule o valor de K_p para a reação

$$C(grafita) + TiO_2(s) + 2Cl_2(g) \rightleftharpoons TiCl_4(g) + CO_2(g)$$

a 500 K e a 1.000 K.

c) Se um mol de TiO$_2$ e 2 mol de Cl$_2$ (e 1 mol de C quando necessário) forem colocados em um recipiente, calcule a fração de TiO$_2$ convertida em TiCl$_4$ a 500 K e 1.000 K se a pressão total for de 1 atm. Faça os cálculos para as reações em (a) e (b). Compare o rendimento obtido em (a) com o obtido em (b).

11.42 Considere os dois equilíbrios,

$$A_2 \rightleftharpoons 2A \tag{1}$$

$$AB \rightleftharpoons A + B, \tag{2}$$

e assuma que o ΔG° e, portanto, K_p são os mesmos para ambos os casos. Mostre que o valor de ξ_2 no equilíbrio é maior do que o valor de ξ_1 no equilíbrio. Qual o significado físico deste resultado?

11.43 Um alterofilista levanta uma massa de 50 kg a uma altura de 2,0 m; $g = 9,8$ m/s^2. Após acoplar a massa a um gerador de eletricidade, deixa-se a mesma cair da altura de 2,0 m. O gerador produz a mesma quantidade de trabalho elétrico o qual é usado para produzir alumínio pelo processo eletrolítico devido a Hall.

$$Al_2O_3 \text{ (dissolv.)} + 3 C(grafita) \longrightarrow 2Al(l) + 3CO(g).$$

$\Delta G^\circ = 593$ kJ/mol. Quantas vezes o alterofilista deverá levantar a massa de 50 kg para fornecer energia de Gibbs suficiente para produzir uma lata de refrigerante (≈ 27 g). *Nota:* Esta é a energia para a eletrólise. Estima-se que a energia total necessária para a produção de alumínio a partir do minério é cerca de três vezes esta quantidade.

12

**Equilíbrio de Fases em Sistemas
Simples — A Regra das Fases**

12.1 A CONDIÇÃO DE EQUILÍBRIO

Para que um sistema se encontre em equilíbrio, o potencial químico de cada constituinte deve possuir o mesmo valor em todos os pontos do sistema. Estando presentes várias fases, o potencial químico de cada substância deve ter o mesmo valor em todas as fases das quais a substância em questão participa.

Quando o sistema é constituído por um só componente, $\mu = G/n$; dividindo a equação fundamental por n, obtemos

$$d\mu = -\bar{S}\, dT + \bar{V}\, dp, \tag{12.1}$$

onde $\bar{S}$ e $\bar{V}$ são a entropia e o volume molares. Então,

$$\left(\frac{\partial \mu}{\partial T}\right)_p = -\bar{S} \qquad \text{e} \qquad \left(\frac{\partial \mu}{\partial p}\right)_T = \bar{V}. \tag{12.2a, b}$$

As derivadas que aparecem nas Eqs. (12.2a, b) dão os coeficientes angulares das curvas de μ em função de T e μ em função de p, respectivamente.

12.2 ESTABILIDADE DAS FASES FORMADAS POR UMA SUBSTÂNCIA PURA

Pelo terceiro princípio da Termodinâmica, a entropia de uma substância é sempre positiva. Este fato combinado com a Eq. (12.2a) mostra que $(\partial\mu/\partial T)_p$ é sempre negativa. Conseqüentemente, o gráfico de μ em função de T, a pressão constante, é uma curva de coeficiente angular negativo.

Para as três fases de uma única substância temos

$$\left(\frac{\partial \mu_{\text{sólido}}}{\partial T}\right)_p = -\bar{S}_{\text{sólido}} \quad \left(\frac{\partial \mu_{\text{líq}}}{\partial T}\right)_p = -\bar{S}_{\text{líq.}} \quad \left(\frac{\partial \mu_{\text{gás}}}{\partial T}\right)_p = -\bar{S}_{\text{gás.}} \tag{12.3}$$

Em qualquer temperatura, $\bar{S}_{\text{gás}} \gg \bar{S}_{\text{líq.}} > \bar{S}_{\text{sólido}}$. A entropia do sólido é pequena de modo que, na Fig. 12.1, a curva representativa de μ em função de T para o sólido, ou seja, a reta S, possui uma inclinação ligeiramente negativa. A curva L, que representa μ em função de T para o líquido, possui um coeficiente angular ligeiramente mais negativo. A entropia do gás é muito maior do que a do líquido, de modo que o coeficiente angular de G tem um grande valor negativo. As curvas aparecem como retas; elas deveriam ser ligeiramente côncavas para baixo. Este detalhe não afeta, entretanto, o argumento desenvolvido.

A condição termodinâmica para que haja equilíbrio entre as fases, a pressão constante, torna-se evidente a partir da Fig. 12.1. O sólido e o líquido coexistem em equilíbrio quando $\mu_{sólido} = \mu_{líquido}$; isto é, na interseção das curvas S e L. A temperatura correspondente, T_f, é o ponto de fusão. Analogamente, o líquido e o gás coexistem em equilíbrio à temperatura T_{eb}, dada pela interseção das curvas L e G, onde $\mu_{líq.} = \mu_{gás}$.

O eixo das temperaturas encontra-se dividido em três intervalos. Abaixo de T_f a fase de potencial químico mais baixo é a fase sólida. Entre T_f e T_{eb} o líquido possui o potencial químico mais baixo. Acima de T_{eb} o potencial químico mais baixo é o do gás. *A fase que apresenta o potencial químico mais baixo é a fase mais estável.* Se o líquido estivesse presente em um sistema numa temperatura inferior a T_f, o potencial químico do líquido teria o valor μ_a, enquanto

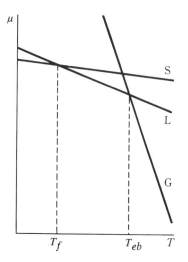

Fig. 12.1 μ contra T, a pressão constante.

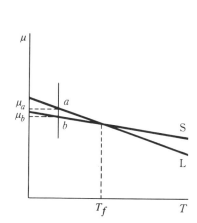

Fig. 12.2 μ contra T, a pressão constante.

que o do sólido seria μ_b, Fig. 12.2. Portanto, o líquido se congelaria espontaneamente a esta temperatura, pois isto acarretaria a diminuição da energia de Gibbs. A uma temperatura superior a T_f a situação se inverte; o μ do sólido é maior do que o do líquido e o sólido funde-se espontaneamente para diminuir a energia de Gibbs do sistema. Em T_f os potenciais químicos do sólido e do líquido são iguais, não há preferência por nenhuma das fases e ambas coexistem em equilíbrio. Nas proximidades de T_{eb} a situação é semelhante. Abaixo de T_{eb} a fase estável é a líquida e, imediatamente acima, a fase gasosa se torna estável.

O diagrama ilustra as mudanças de fases que habitualmente observamos ao se aquecer um sólido sob pressão constante. A temperaturas baixas o sistema todo forma uma só fase, a sólida; em uma temperatura definida T_f forma-se a fase líquida, que permanece estável até a vaporização à temperatura T_{eb}. Essa seqüência de fases é uma conseqüência da seqüência dos valores de entropia e, portanto, uma conseqüência imediata do fato de haver absorção de calor nas transformações de sólido para líquido e de líquido para gás.

12.3 VARIAÇÃO DAS CURVAS $\mu = f(T)$ COM A PRESSÃO

Neste ponto convém perguntar o que acontece às curvas estudadas quando se varia a pressão. A resposta provém da Eq. (12.2b) escrita na forma $d\mu = \overline{V} dp$. Quando a pressão diminui, dp é negativo, $\overline{V}$ é positivo; assim, $d\mu$ é negativo e o potencial químico decresce proporcionalmente ao volume da fase. Como os volumes molares do líquido e do sólido são muito pequenos, o valor de μ diminui muito pouco; no caso do sólido diminui de a a a' e no caso do líquido de b a b', Fig. 12.3(a). Como o volume do gás é, grosseiramente, 1.000 vezes o volume do sólido ou do líquido, o μ do gás decresce muito, de c a c'. As curvas a uma pressão mais baixa aparecem na Fig. 12.3(b) como linhas interrompidas, paralelas às originais. (A figura foi desenhada para o caso em que $\overline{V}_{líq.} > \overline{V}_{sólido}$.) A Fig. 12.3(b) mostra que ambas as temperaturas de equilíbrio (ambos os pontos de interseção) se deslocaram; a variação do ponto de fusão é pequena, enquanto que a do ponto de ebulição é grande. O deslocamento do ponto de fusão foi exagerado no desenho; na realidade ele é bem pequeno. A diminuição do ponto de ebulição do líquido com a diminuição da pressão aparece corretamente ilustrada. A pressões mais baixas o intervalo em que o líquido constitui a fase mais estável diminui notavelmente. Reduzindo a pressão a um valor suficientemente baixo, o ponto de ebulição do líquido pode ficar abaixo do ponto de fusão do sólido; Fig. 12.4. Neste caso, o líquido não possui estabilidade em temperatura alguma; verifica-se, então, a sublimação do sólido. À temperatura $T_{sub.}$, o sólido e o vapor coexistem em equilíbrio. $T_{sub.}$ é a temperatura de sublimação do sólido e varia muito com a pressão.

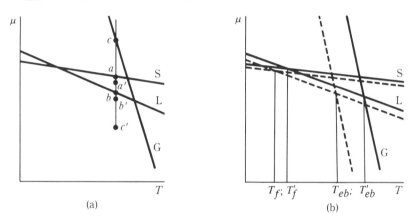

Fig. 12.3 Efeito da pressão nos pontos de fusão e ebulição. As linhas contínuas correspondem a uma pressão alta e as tracejadas a uma pressão baixa.

Evidentemente existe uma pressão na qual as três curvas se interceptam a uma mesma temperatura. Esta pressão e temperatura definem o *ponto triplo*; todas as três fases coexistem em equilíbrio no ponto triplo.

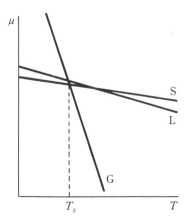

Fig. 12.4 μ contra T para uma substância que sublima.

280 / FUNDAMENTOS DE FÍSICO-QUÍMICA

O fato de uma certa substância sublimar ou não a uma pressão reduzida, em lugar de se fundir, depende das propriedades particulares dessa substância. A água, por exemplo, sublima a pressões inferiores a 611 Pa. Quanto mais alto for o ponto de fusão, e quanto menor a diferença entre os pontos de fusão e ebulição a 1 atm, tanto maior será a pressão, abaixo da qual se observa a sublimação. A pressão (em atm) abaixo da qual se observa a sublimação pode ser avaliada para substâncias que obedecem à regra de Trouton mediante a fórmula

$$\ln p = -10,8\left(\frac{T_b - T_m}{T_m}\right). \tag{12.4}$$

12.4 A EQUAÇÃO DE CLAPEYRON

A condição de equilíbrio entre duas fases, α e β, formadas por uma substância pura é

$$\mu_\alpha(T, p) = \mu_\beta(T, p). \tag{12.5}$$

O conhecimento das formas analíticas das funções μ_α e μ_β permitiria, pelo menos em princípio, a resolução da Eq. (12.5) para

$$T = f(p) \quad \text{ou} \quad p = g(T). \tag{12.6a, b}$$

A Eq. (12.6a) exprime o fato, já ilustrado na Fig. 12.3(b), de que a temperatura de equilíbrio depende da pressão.

Na ausência deste conhecimento detalhado das funções μ_α e μ_β, é possível obter um valor para a derivada da temperatura relativamente à pressão. Consideremos o equilíbrio entre duas fases α e β sob a pressão p; a temperatura de equilíbrio é T. Então, a T e p, temos

$$\mu_\alpha(T, p) = \mu_\beta(T, p). \tag{12.7}$$

Se a pressão variar para $p + dp$, a temperatura de equilíbrio passa a ser $T + dT$ e o valor de cada μ muda para $\mu + d\mu$. Por conseguinte, a $T + dT$ e $p + dp$, a condição de equilíbrio é

$$\mu_\alpha(T, p) + d\mu_\alpha = \mu_\beta(T, p) + d\mu_\beta. \tag{12.8}$$

Subtraindo a Eq. (12.7) da Eq. (12.8), obtemos

$$d\mu_\alpha = d\mu_\beta. \tag{12.9}$$

Explicitando cada $d\mu$ em termos de dp e dT mediante a equação fundamental, Eq. (12.1):

$$d\mu_\alpha = -\bar{S}_\alpha\, dT + \bar{V}_\alpha\, dp \qquad d\mu_\beta = -\bar{S}_\beta\, dT + \bar{V}_\beta\, dp. \tag{12.10}$$

Introduzindo a Eq. (12.10) na Eq. (12.9), obtemos

$$-\bar{S}_\alpha\, dT + \bar{V}_\alpha\, dp = -\bar{S}_\beta\, dT + \bar{V}_\beta\, dp.$$

Recompondo,

$$(\bar{S}_\beta - \bar{S}_\alpha)\, dT = (\bar{V}_\beta - \bar{V}_\alpha)\, dp. \tag{12.11}$$

Se a transformação for $\alpha \to \beta$, então $\Delta S = \bar{S}_\beta - \bar{S}_\alpha$ e $\Delta V = \bar{V}_\beta - \bar{V}_\alpha$, ficando a Eq. (12.11) na forma

$$\frac{dT}{dp} = \frac{\Delta V}{\Delta S} \qquad \text{ou} \qquad \frac{dp}{dT} = \frac{\Delta S}{\Delta V}. \tag{12.12a, b}$$

Qualquer das Eqs. (12.12) é chamada de equação de Clapeyron.

A equação de Clapeyron apresenta interesse fundamental ao se discutir o equilíbrio entre duas fases de uma substância pura. Notemos que o primeiro membro da equação é uma derivada ordinária e não parcial. A razão disto é esclarecida pelas Eqs. (12.6).

A Fig. 12.3(b) mostra que as temperaturas de equilíbrio dependem da pressão, pois a posição do ponto de interseção depende da pressão. A equação de Clapeyron mostra a dependência quantitativa da temperatura de equilíbrio com a pressão, Eq. (12.12a), ou a variação na pressão de equilíbrio com a temperatura, Eq. (12.12b). Essa equação permite esquematizar o diagrama da pressão de equilíbrio em função da temperatura para qualquer transformação de fase.

12.4.1 O Equilíbrio Sólido-Líquido

Aplicando a equação de Clapeyron à transformação sólido $\to$ líquido, temos

$$\Delta S = \bar{S}_{\text{líq.}} - \bar{S}_{\text{sólido}} = \Delta S_{\text{fus}} \qquad \Delta V = \bar{V}_{\text{líq.}} - \bar{V}_{\text{sólido}} = \Delta V_{\text{fus}}.$$

Na temperatura de equilíbrio, a transformação é reversível e, portanto, $\Delta S_{\text{fus.}} = \Delta H_{\text{fus.}}/T$. A transformação de sólido a líquido sempre envolve absorção de calor, ($\Delta H_{\text{fus.}}$ é $+$); então

$$\Delta S_{\text{fus}} \quad \text{é} \; + \qquad \text{(todas as substâncias)}.$$

A quantidade $\Delta V_{\text{fus.}}$ pode ser tanto positiva como negativa, conforme a densidade do sólido seja maior ou menor que a do líquido; conseqüentemente,

$$\Delta V_{\text{fus}} \quad \text{é} \; + \qquad \text{(a maioria das substâncias)};$$

$$\Delta V_{\text{fus}} \quad \text{é} \; - \qquad \text{(algumas substâncias, p. ex., água)}.$$

Estas grandezas ordinariamente apresentam os seguintes valores

$$\Delta S_{\text{fus}} = 8 \text{ a } 25 \text{ J/(K mol)} \qquad \Delta V_{\text{fus}} = \pm(1 \text{ a } 10) \text{ cm}^3/\text{mol}.$$

Exemplificando, admitamos que $\Delta S_{\text{fus.}} = 16$ J/(K mol) e $\Delta V_{\text{fus.}} = \pm 4$ cm^3/mol; a linha de equilíbrio sólido-líquido terá, dessa forma,

$$\frac{dp}{dT} = \frac{16 \text{ J/(K mol)}}{\pm 4(10^{-6}) \text{ m}^3/\text{mol}} = \pm 4(10^6) \text{ Pa/K} = \pm 40 \text{ atm/K}.$$

Inversamente, $dT/dp = \pm 0,02$ K/atm. Este valor mostra que uma variação de 1 atm na pressão causa uma alteração de alguns centésimos de kelvin no ponto de fusão. O coeficiente angular da curva no diagrama pressão-temperatura é dado pela Eq. (12.12b); (40 atm/K, no exemplo em questão); este coeficiente é alto e a curva é quase vertical. O caso em que dp/dT é $+$ está ilustrado na Fig. 12.5 (a); em um intervalo moderado de pressões a curva é linear.

A linha na Fig. 12.5(a) é o lugar geométrico de todos os pontos (T, p), nos quais o sólido e o líquido podem coexistir em equilíbrio. Os pontos situados à esquerda desta linha correspondem a temperaturas inferiores ao ponto de fusão; estes pontos representam as condições (T, p) nas quais apenas o sólido é estável. Os pontos imediatamente à direita da linha correspondem a temperaturas superiores ao ponto de fusão; estes representam as condições (T, p) em que o líquido é a fase mais estável.

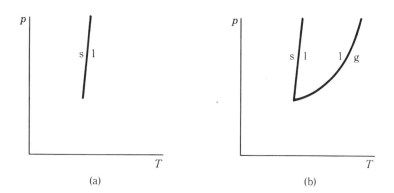

Fig. 12.5 Linhas de equilíbrio. (a) Sólido-líquido. (b) Líquido-vapor.

12.4.2 Equilíbrio Líquido-Gás

A aplicação da equação de Clapeyron à transformação líquido → gás nos fornece

$$\Delta S = \bar{S}_{gás} - \bar{S}_{líq.} = \frac{\Delta H_{vap}}{T} \quad \text{é} + \quad \text{(todas as substâncias)},$$

$$\Delta V = \bar{V}_{gás} - \bar{V}_{líq.} \quad \text{é} + \quad \text{(todas as substâncias)},$$

e, conseqüentemente,

$$\frac{dp}{dT} = \frac{\Delta S}{\Delta V} \quad \text{é} + \quad \text{(todas as substâncias)}.$$

A linha representativa do equilíbrio líquido-gás possui, sempre, um coeficiente angular positivo. A T e p ordinárias

$$\Delta S \approx +90 \text{ J/K mol} \quad \Delta V \approx +20,000 \text{ cm}^3 = 0,02 \text{ m}^3.$$

Entretanto, ΔV depende fortemente de T e p, visto que $V_{gás}$ depende fortemente de T e p. A inclinação da curva líquido-gás é pequena comparada à inclinação da curva sólido-líquido:

$$\left(\frac{dp}{dT}\right)_{líq., gás} \approx \frac{90 \text{ J/K mol}}{0,02 \text{ m}^3/\text{mol}} = 4000 \text{ Pa/K} = 0,04 \text{ atm/K}.$$

A Fig. 12.5(b) mostra ambas as curvas 1–g e s–l. Na Fig. 12.5(b), a curva 1–g é o lugar geométrico dos pontos (T, p) em que o líquido e o gás coexistem em equilíbrio. Os pontos imediatamente à esquerda de 1–g estão abaixo do ponto de ebulição e representam, assim, as condições em que o líquido é estável. Os pontos à direita de 1-g representam as condições nas quais o gás é estável.

A interseção das curvas s-l e l-g corresponde à temperatura e pressão em que o sólido, líquido e gás coexistem, todos, em equilíbrio. Os valores de T e p neste ponto são determinados pelas condições

$$\mu_{\text{sólido}}(T, p) = \mu_{\text{líq.}}(T, p) \quad \text{e} \quad \mu_{\text{líq.}}(T, p) = \mu_{\text{gás}}(T, p). \tag{12.13}$$

As Eqs. (12.13) são satisfeitas, pelo menos em princípio, por um número definido de pares T e p. Isto é, por

$$T = T_t \quad p = p_t, \tag{12.14}$$

onde T_i e p_i são a temperatura e pressão do ponto triplo, respectivamente. Existe apenas um destes pontos triplos em que as três fases (isto é, sólido-líquido-gás) podem coexistir em equilíbrio.

12.4.3 Equilíbrio Sólido-Gás

Para a transformação sólido → gás, temos

$$\Delta S = \bar{S}_{\text{gás}} - \bar{S}_{\text{sólido}} = \frac{\Delta H_{\text{sub}}}{T} \quad \text{é} \; + \quad \text{(todas as substâncias),}$$

$$\Delta V = \bar{V}_{\text{gás}} - \bar{V}_{\text{sólido}} \quad \text{é} \; + \quad \text{(todas as substâncias),}$$

e a equação de Clapeyron fica

$$\left(\frac{dp}{dT}\right)_{\text{s-g}} = \frac{\Delta S}{\Delta V} \quad \text{é} \; + \quad \text{(todas as substâncias).}$$

A inclinação da curva s-g é mais pronunciada no ponto triplo do que a da curva l-g. No ponto triplo, $\Delta H_{\text{sub.}} = \Delta H_{\text{fus.}} + \Delta H_{\text{vap.}}$. Então,

$$\left(\frac{dp}{dT}\right)_{\text{l-g}} = \frac{\Delta H_{\text{vap}}}{T \Delta V} \quad \text{e} \quad \left(\frac{dp}{dT}\right)_{\text{s-g}} = \frac{\Delta H_{\text{sub}}}{T \Delta V}.$$

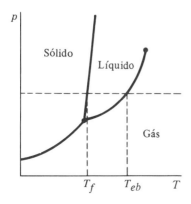

Fig. 12.6 Diagrama de fase para uma substância simples.

284 / FUNDAMENTOS DE FÍSICO-QUÍMICA

Os valores de ΔV de cada uma destas equações são muito próximos. Sendo $\Delta H_{sub.}$ maior do que $\Delta H_{vap.}$, a inclinação da curva s–g da Fig. 12.6 é maior do que a da curva 1–g.

Os pontos da curva s–g representam aquelas condições de temperatura e pressão nas quais o sólido coexiste em equilíbrio com o vapor. Os pontos à esquerda desta linha correspondem a temperaturas inferiores à de sublimação, representando condições em que o sólido é estável. Os pontos à direita da curva s–g encontram-se na região de temperaturas superiores à temperatura de sublimação e representam estados em que a fase gasosa é a estável. A curva s–g deve interceptar as duas outras no ponto triplo, conforme as condições estabelecidas pelas Eqs. (12.13).

12.5 O DIAGRAMA DE FASE

Na Fig. 12.6 a linha interrompida horizontal corresponde à condição de pressão constante e suas interseções com as curvas s–1 e 1–g fornecem os pontos de fusão e ebulição, respectivamente. Esses pontos de interseção correspondem às interseções das curvas μ–T da Fig. 12.1. Em temperaturas inferiores a T_f o sólido é estável, entre T_f e T_{eb} o líquido é estável e acima de T_{eb} a fase estável é o gás. As ilustrações semelhantes à Fig. 12.6 oferecem mais informações do que as das Figs. 12.1 e 12.3(b). A Fig. 12.6 é chamada de *diagrama de fase* ou *diagrama de equilíbrio*.

O diagrama de fase mostra de um relance as propriedades da substância: ponto de fusão, ponto de ebulição, pontos de transição e pontos triplos. Cada ponto do diagrama representa um estado do sistema, pois encontra-se caracterizado por valores de T e p.

As linhas que aparecem no diagrama de fase dividem-no em três regiões denominadas *sólido, líquido* e *gás*. Se o ponto representativo do sistema cai dentro da região sólida, a substância se encontra na fase sólida. Se cai na região líquido, a substância é líquida. Caindo na linha 1–g, a substância existe como líquido e vapor em equilíbrio.

A curva 1–g possui um limite superior na pressão e temperatura críticas, pois acima dessas é impossível distinguir o líquido do vapor.

12.5.1 O Diagrama de Fase do CO_2

O diagrama para o dióxido de carbono aparece esquematizado na Fig. 12.7. A linha sólido-líquido inclina-se ligeiramente para a direita, pois $\overline{V}_{líq.} > \overline{V}_{sól.}$. Notemos que o CO_2 líquido não é estável a pressões inferiores a 5 atm. Por esta razão, o "gelo seco" permanece seco sob as pressões atmosféricas ordinárias. Quando se confina o dióxido de carbono sob pressão em um cilindro a 25°C, o diagrama mostra que, a 67 atm, forma-se CO_2 líquido. Os cilindros comerciais de CO_2 contêm comumente líquido e gás em equilíbrio; a pressão no cilindro está em torno de 67 atm a 25°C.

12.5.2 O Diagrama de Fases da Água

A Fig. 12.8 é o diagrama de fase da água sob pressões moderadas. A linha sólido-líquido inclina-se, ligeiramente, à esquerda, visto que $\overline{V}_{líq.} < \overline{V}_{sól.}$. O ponto triplo encontra-se a 0,01°C e 611 Pa. O ponto de congelação normal da água é 0,0002°C. Um aumento na pressão abaixa o ponto de fusão da água. A patinação no gelo é possível, em parte, porque diminui o ponto de fusão em virtude da pressão exercida pelo peso do patinador através da lâmina do patim. Este efeito ao lado do aparecimento de calor desenvolvido através da fricção leva à produção de uma camada lubrificante de água líquida entre o gelo e a lâmina. É interessante notar que a temperaturas muito baixas a patinação não é boa.

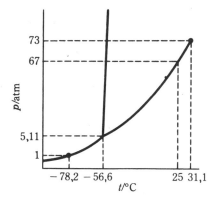

Fig. 12.7 Diagrama de fase para o CO_2.

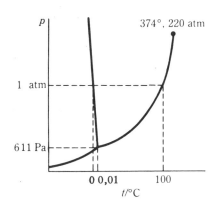

Fig. 12.8 Diagrama de fase para a água.

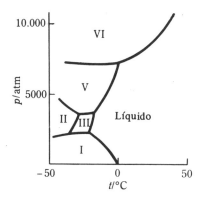

Fig. 12.9 Diagrama de fase para a água a pressões altas. (Baseado na *International Critical Tables of Numerical Data*, com permissão da National Academy of Sciences.)

Estudando a água a pressões muito altas, observamos várias modificações na estrutura cristalina do gelo. O diagrama de equilíbrio encontra-se na Fig. 12.9. O gelo I é o gelo ordinário; os gelos II, III, V, VI, VII são modificações que são estáveis a altas pressões. A escala de pressões é tão extensa na Fig. 12.9 que as curvas s–g e l–g localizam-se ligeiramente acima do eixo horizontal; elas não são mostradas na figura. Notemos que, a pressões muito grandes, o gelo se funde a temperaturas relativamente elevadas. O gelo VII funde-se em torno de 100°C sob a pressão de 25.000 atm.

12.5.3 O Diagrama de Fase do Enxofre

A Fig. 12.10 mostra dois diagramas de fase para o enxofre. A forma estável do enxofre em temperaturas ordinárias e sob 1 atm de pressão é o enxofre rômbico que, quando aquecido lentamente, se transforma em enxofre monoclínico sólido a 95,4°C; veja a Fig. 12.10(a). Acima de 95,4°C o enxofre monoclínico torna-se estável, até 119°C, temperatura em que ele se funde. O enxofre líquido permanece estável até o seu ponto de ebulição, 444,6°C. Como a transformação de uma forma cristalina em outra é freqüentemente muito lenta, se aquecermos o enxofre rômbico a 114°C com rapidez, ele se funde. Este ponto de fusão do enxofre rômbico é mostrado como uma função da pressão na Fig. 12.10(b). O equilíbrio S(rômbico) ⇌ S(l) é um exemplo de equilíbrio *metaestável*, pois a linha representativa desse equilíbrio localiza-se na região de estabilidade do enxofre monoclínico, delimitada pelas linhas interrompidas na Fig. 12.10(b). Nesta região podem ocorrer as seguintes reações com diminuição de energia de Gibbs:

$$S(ro) \longrightarrow S(mono) \quad e \quad S(líq) \longrightarrow S(mono)$$

Na Fig. 12.10(a) existem três pontos triplos. As condições de equilíbrio são

a 95,4 °C; $\mu_{ro} = \mu_{mono} = \mu_{gás}$,

a 119 °C: $\mu_{mono} = \mu_{líq.} = \mu_{gás}$,

a 151 °C: $\mu_{ro} = \mu_{mono} = \mu_{líq.}$

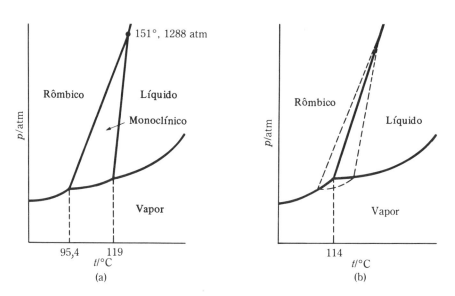

Fig. 12.10 Diagrama de fase para o enxofre.

12.6 A INTEGRAÇÃO DA EQUAÇÃO DE CLAPEYRON

12.6.1 Equilíbrio Sólido-Líquido

Neste caso a equação de Clapeyron fica

$$\frac{dp}{dT} = \frac{\Delta S_{fus}}{\Delta V_{fus}}.$$

Então

$$\int_{p_1}^{p_2} dp = \int_{T_f}^{T_f'} \frac{\Delta H_{\text{fus}}}{\Delta V_{\text{fus}}} \frac{dT}{T}.$$

Se $\Delta H_{\text{fus.}}$ e $\Delta V_{\text{fus.}}$ forem aproximadamente independentes de T e p, a integração levará a

$$p_2 - p_1 = \frac{\Delta H_{\text{fus}}}{\Delta V_{\text{fus}}} \ln \frac{T_f'}{T_f}, \qquad (12.15)$$

onde T_f' é o ponto de fusão sob a pressão p_2 e T_f é o ponto de fusão sob a pressão p_1. Como $T_f' - T_f$ é geralmente muito pequeno, o logaritmo pode ser desenvolvido da seguinte forma:

$$\ln \left(\frac{T_f'}{T_f} \right) = \ln \left(\frac{T_f + T_f' - T_f}{T_f} \right) = \ln \left(1 + \frac{T_f' - T_f}{T_f} \right) \approx \frac{T_f' - T_f}{T_f};$$

assim, a Eq. (12.15) torna-se

$$\Delta p = \frac{\Delta H_{\text{fus}}}{\Delta V_{\text{fus}}} \frac{\Delta T}{T_m}, \qquad (12.16)$$

onde ΔT é o aumento do ponto de fusão correspondente ao aumento de pressão Δp.

12.6.2 Equilíbrio entre a Fase Condensada e o Gás

Para o equilíbrio entre uma fase condensada, sólida ou líquida, com o vapor, temos

$$\frac{dp}{dT} = \frac{\Delta S}{\Delta V} = \frac{\Delta H}{T(\overline{V}_g - \overline{V}_c)},$$

onde ΔH é o calor de vaporização molar do líquido ou o calor de sublimação do sólido e V_c é o volume molar do sólido ou do líquido. Na maioria dos casos, $\overline{V}_g - \overline{V}_c \approx \overline{V}_g$ e isto, admitindo-se que o gás seja ideal, equivale a RT/p. Dessa forma, a equação fica

$$\frac{d \ln p}{dT} = \frac{\Delta H}{RT^2}, \qquad (12.17)$$

que é conhecida por equação de Clausius-Clapeyron. Esta relaciona a pressão de vapor do líquido (ou sólido) com o calor de vaporização (ou sublimação) e a temperatura. Integrando entre dois limites, admitindo que ΔH seja independente da temperatura, obtém-se que

$$\int_{p_0}^{p} d \ln p = \int_{T_0}^{T} \frac{\Delta H}{RT^2} dT,$$

$$\ln \frac{p}{p_0} = -\frac{\Delta H}{R} \left(\frac{1}{T} - \frac{1}{T_0} \right) = -\frac{\Delta H}{RT} + \frac{\Delta H}{RT_0}, \qquad (12.18)$$

onde p_0 é a pressão de vapor a T_0 e p é a pressão de vapor a T. (Na Seç. 5.4, esta equação foi deduzida de uma maneira diferente.) Quando $p_0 = 1$ atm, T_0 é o ponto de ebulição normal do líquido (ou ponto de sublimação normal do sólido). Então,

$$\ln p = \frac{\Delta H}{RT_0} - \frac{\Delta H}{RT}, \qquad \log_{10} p = \frac{\Delta H}{2{,}303RT_0} - \frac{\Delta H}{2{,}303RT}. \qquad (12.19)$$

De acordo com a Eq. (12.19), se $\ln p$ ou $\log_{10} p$ for colocado em função de $1/T$, obteremos uma reta de coeficiente angular igual a $-\Delta H/R$ ou $-\Delta H/2{,}303R$. A interseção em $1/T = 0$ fornece um valor de $\Delta H/RT_0$. Assim, do coeficiente angular e da interseção com o eixo das ordenadas podemos calcular ΔH e T_0. Muitas vezes, os calores de vaporização e sublimação são determinados mediante medidas da pressão de vapor da substância em função da temperatura. A Fig. 12.11 mostra o gráfico de $\log_{10} p$ em função de $1/T$ para a água e a Fig. 12.12 para o CO_2 sólido (gelo seco).

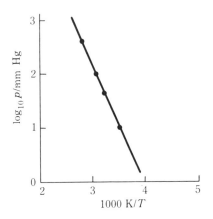

Fig. 12.11 $\log_{10} p/$(mmHg) contra $1/T$ para a água.

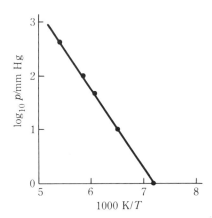

Fig. 12.12 $\log_{10} p/$(mmHg) contra $1/T$ para o CO_2 sólido.

As compilações de dados de pressões de vapor freqüentemente podem ser sintetizadas numa equação da forma $\log_{10} p = A + B/T$, sendo os valores de A e B tabelados para várias substâncias. Esta equação apresenta forma idêntica à da Eq. (12.19).

Para substâncias que obedecem à regra de Trouton, a Eq. (12.19) toma uma forma particularmente simples, útil nas estimativas da pressão de vapor da substância em qualquer temperatura T, bastando conhecer o ponto de ebulição (Probl. 12.11).

12.7 EFEITO DA PRESSÃO SOBRE A PRESSÃO DE VAPOR

Na discussão precedente do equilíbrio líquido-vapor admitimos, implicitamente, que as duas fases estavam sob a mesma pressão p. Se, de alguma maneira, for possível manter o líquido sob a pressão P e o vapor sob a pressão p, a pressão do vapor dependerá de P. Suponhamos que o líquido esteja no recipiente da Fig. 12.13. No espaço acima do líquido, o vapor está confinado juntamente com um outro gás insolúvel no líquido. A pressão de vapor p mais a pressão do outro gás somam P, que é a pressão total exercida sobre o líquido. A condição de equilíbrio usual é

$$\mu_{vap}(T, p) = \mu_{líq.}(T, P). \tag{12.20}$$

A temperatura constante essa equação implica que $p = f(P)$. Para descobrir a funcionalidade, derivamos a Eq. (12.20) respectivamente a P, tendo T constante

$$\left(\frac{\partial \mu_{vap}}{\partial p}\right)_T \left(\frac{\partial p}{\partial P}\right)_T = \left(\frac{\partial \mu_{líq}}{\partial P}\right)_T.$$

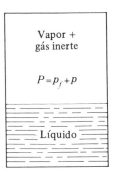

Fig. 12.13

Usando a equação fundamental, Eq. (12.2b), vem que

$$\overline{V}_{vap}\left(\frac{\partial p}{\partial P}\right)_T = \overline{V}_{líq} \quad \text{ou} \quad \left(\frac{\partial p}{\partial P}\right)_T = \frac{\overline{V}_{líq}}{\overline{V}_{vap}}. \tag{12.21}$$

A equação de Gibbs, Eq. (12.21), mostra que a pressão de vapor aumenta com a pressão total sobre o líquido; a taxa de aumento é muito pequena, pois $\overline{V}_{líq}$ é bem menor do que $\overline{V}_{vap}$. Se o vapor se comporta idealmente, a Eq. (12.21) pode ser escrita

$$\frac{RT}{p} dp = \overline{V}_{líq} dP, \qquad RT \int_{p_0}^{p} \frac{dp}{p} = \overline{V}_{líq} \int_{p_0}^{P} dP,$$

onde p é a pressão de vapor sob a pressão P e p_0 é a pressão de vapor quando o líquido e o vapor estão sob a mesma pressão p_0, a pressão ortobárica. Assim,

$$RT \ln\left(\frac{p}{p_0}\right) = \overline{V}_{líq}(P - p_0). \tag{12.22}$$

Usaremos as Eqs. (12.21) e (12.22) ao discutirmos a pressão osmótica de uma solução.

12.8 A REGRA DAS FASES

A coexistência de duas fases em equilíbrio implica que

$$\mu_\alpha(T, p) = \mu_\beta(T, p), \tag{12.23}$$

290 / FUNDAMENTOS DE FÍSICO-QUÍMICA

isto mostra que as duas variáveis intensivas ordinariamente necessárias para a descrição do estado de um sistema não são mais independentes, mas existe uma relação entre elas. Devido a esta relação, necessitamos de apenas uma das variáveis intensivas, a temperatura ou a pressão, para a descrição do estado do sistema. O sistema possui um *grau de liberdade* ou é *univariante,* enquanto que na presença de uma só fase são necessárias duas variáveis para a descrição do estado e o sistema possui dois graus de liberdade, ou seja, é *bivariante.* Na presença de três fases, há duas relações entre T e p:

$$\mu_\alpha(T, p) = \mu_\beta(T, p) \qquad \mu_\alpha(T, p) = \mu_\gamma(T, p). \qquad (12.24)$$

Estas duas relações determinam T e p completamente. Não necessitamos de nenhuma outra informação para a descrição do estado do sistema. Tal sistema é chamado *invariante*; não possui nenhum grau de liberdade. A Tab. 12.1 mostra a relação entre o número de graus de liberdade e o número de fases presentes para um sistema de um componente. A tabela sugere o estabelecimento de uma regra relacionando o número de graus de liberdade, F, com o número de fases, P, presentes:

$$F = 3 - P, \qquad (12.25)$$

Tab. 12.1

Número de fases presentes	Graus de liberdade
1	2
2	1
3	0

que é a *regra das fases* para um sistema de um componente.[*]

Seria útil termos uma regra simples pela qual pudéssemos decidir quantas variáveis independentes são necessárias para a descrição do sistema. Particularmente, no estudo de sistemas nos quais muitos componentes e muitas fases encontram-se presentes, qualquer simplificação do problema é bem-vinda.

Comecemos achando o número total concebível de variáveis intensivas necessárias para a descrição do estado de um sistema contendo C componentes e P fases. Estas estão listadas na Tab. 12.2. Cada equação que relacione estas variáveis estabelece uma dependência entre elas, isto é, uma das variáveis passa a ser dependente. Portanto, devemos achar o número total de relações entre as variáveis. Estas se encontram na Tab. 12.3.

O número total de variáveis independentes, F, é obtido subtraindo-se o número total de equações do número total de variáveis:

$$F = PC + 2 - P - C(P - 1),$$
$$F = C - P + 2. \qquad (12.26)$$

---

[*]O termo "componente" será definido na Seç. 12.9.

Tab. 12.2

Tipo de variável	Número total de variáveis
Temperatura e pressão:	2
Variáveis de composição:	
(em cada fase a fração molar de cada componente deve ser especificada; assim, C frações molares são necessárias para descrever uma fase; PC são necessárias para descrever P fases):	PC
Número total de variáveis:	$PC + 2$

A Eq. (12.26) é a regra das fases de J. Willard Gibbs. A melhor maneira de nos lembrarmos da regra das fases consiste em levarmos em conta que o aumento do número de componentes aumenta o número de variáveis e, portanto, C entra com sinal positivo. O aumento do número de fases aumenta o número de condições de equilíbrio e o número de equações, eliminando, assim, algumas variáveis; portanto P entra com o sinal negativo.

Num sistema de um só componente, $C = 1$ e, conseqüentemente, $F = 3 - P$. Este resultado é o mesmo da Eq. (12.25) que se obteve pela inspeção da Tab. 12.1. A Eq. (12.25) mostra que o maior número de fases que poderá coexistir em equilíbrio em um sistema de um só componente é três. No sistema do enxofre, por exemplo, não é possível que coexistam em equilíbrio o enxofre rômbico, monoclínico, líquido e gasoso juntos. Um equilíbrio quádruplo desses implicaria a existência de três condições independentes entre duas variáveis, o que é impossível.

Tab. 12.3

Tipo de equação	Número total de equações
Para cada fase existe uma relação entre as frações molares: $$x_1 + x_2 + \cdots + x_C = 1.$$	
Para P fases, existem P equações:	P
As condições de equilíbrio: Para cada componente existe um conjunto de equações: $$\mu_i^\alpha = \mu_i^\beta = \mu_i^\gamma = \cdots = \mu_i^P.$$	
Existem $P - 1$ equações nesse conjunto. O número de componentes é C, o das equações, portanto, é $C(P - 1)$.	$C(P - 1)$
Número total de equações.	$P + C(P - 1)$

Para um sistema de um só componente é possível deduzir facilmente, conforme foi feito na Tab. 12.1, as conseqüências da regra das fases. Os equilíbrios podem ser representados mediante linhas e as interseções dessas no diagrama bidimensional do tipo já apresentado nesse capítulo. A regra das fases neste caso não é de grande necessidade. Entretanto, se o sistema possuir dois componentes, serão necessárias três variáveis e o diagrama de fases consistirá de superfícies e de suas interseções em três dimensões. Quando estiverem presentes três compo-

292 / FUNDAMENTOS DE FÍSICO-QUÍMICA

nentes, as superfícies irão requerer um espaço tetradimensional. Como a visualização do diagrama já é difícil em três dimensões, em quatro ou mais torna-se impossível. A regra das fases exprime ainda com simplicidade as limitações sobre as interseções de superfícies nestes espaços multidimensionais. Por esta razão, a regra das fases de Gibbs é considerada como sendo, realmente, uma das grandes generalizações da Física.

12.9 O PROBLEMA DOS COMPONENTES

O número de componentes em um sistema é definido como sendo o menor número de espécies *quimicamente independentes* necessárias para a descrição da composição de cada fase existente no sistema. Esta definição parece suficientemente simples e, na prática, geralmente não implica dificuldades maiores. Daremos alguns exemplos para ilustrar o significado da expressão "quimicamente independente."

■ **EXEMPLO 12.1** O sistema contém as *espécies* PCl_5, PCl_3 e Cl_2. Existem *três espécies* presentes, mas somente *dois componentes,* devido ao equilíbrio

$$PCl_5 \rightleftharpoons PCl_3 + Cl_2$$

que se estabelece no sistema. Pode-se alterar arbitrariamente o número de moles de dois quaisquer destes constituintes; a alteração no número de moles da terceira espécie é fixada pela condição de equilíbrio, $K_x = x_{PCl_3} x_{Cl_2}/x_{PCl_5}$. Conseqüentemente, apenas duas dessas espécies são quimicamente independentes. O número de componentes, portanto, é dois.

■ **EXEMPLO 12.2** A água no estado líquido contém, sem dúvida, um número enorme de espécies químicas: H_2O, $(H_2O)_2$, $(H_2O)_3$, . . . , $(H_2O)_n$. Apesar disto, consideramos que o número de componentes é um, devido aos equilíbrios

$$H_2O + H_2O \rightleftharpoons (H_2O)_2,$$
$$H_2O + (H_2O)_2 \rightleftharpoons (H_2O)_3,$$
$$\vdots$$
$$H_2O + (H_2O)_{n-1} \rightleftharpoons (H_2O)_n$$

que se estabelecem no sistema; assim, se presentes n espécies, existem $n - 1$ equilíbrios ligando-as e apenas uma espécie química permanece independente. Existe apenas um componente no sistema, o qual pode ser considerado como sendo a forma mais simples, H_2O.

■ **EXEMPLO 12.3** No sistema água-álcool etílico estão presentes duas espécies. Não se conhece nenhum equilíbrio entre elas a temperaturas ordinárias; o número de componentes que participam do sistema é, então, dois.

■ **EXEMPLO 12.4.** No sistema $CaCO_3-CaO-CO_2$ estão presentes três espécies; observaram-se, também, três fases distintas: $CaCO_3$ sólido, CaO sólido e CO_2 gasoso. Como entre elas se verifi-

EQUILÍBRIO DE FASES EM SISTEMAS SIMPLES / 293

ca o equilíbrio $CaCO_3 \rightleftharpoons CaO + CO_2$, o número de componentes é dois. A escolha mais simples é a dos componentes CaO e CO_2; a composição da fase $CaCO_3$ é descrita como sendo a soma de um mol do componente CO_2 e um mol do componente CaO. Escolhendo o $CaCO_3$ e o CO_2, a composição do CaO será descrita pela diferença entre um mol de $CaCO_3$ e um mol de CO_2.

Existe ainda uma outra observação concernente ao número de componentes. O nosso critério baseia-se na ocorrência de um equilíbrio químico no sistema; a existência de tal equilíbrio reduz o número de componentes. Em certas circunstâncias esse critério não é suficientemente claro. Consideremos o exemplo da água, etileno e álcool etílico; a temperaturas altas estabelecem-se vários equilíbrios no sistema; consideremos apenas um: $C_2H_5OH \rightleftharpoons C_2H_4 + H_2O$. Perguntamos qual é a temperatura em que o sistema de três componentes (temperatura ambiente) passa a ser um sistema de dois componentes (temperatura alta). A resposta depende do tempo necessário para fazermos medidas sucessivas sobre o sistema! Se medirmos uma certa propriedade do sistema sob uma série de pressões e se o tempo necessário para executar as medidas for muito curto em relação ao tempo exigido para que se verifique o novo equilíbrio, após a variação da pressão, o sistema, para todos os efeitos, é de três componentes; a existência da reação de equilíbrio não influi. Por outro lado, se o equilíbrio for alcançado muito rapidamente, após a mudança de pressão, e as observações sobre o sistema necessitarem de um tempo maior, então o equilíbrio importa e o sistema é de dois componentes.

A água líquida é um bom exemplo de ambos os tipos de comportamento. O equilíbrio entre os seus vários polímeros estabelece-se dentro de 10^{-11} segundos, no máximo. Como as medidas ordinárias requerem tempos bem maiores, o sistema, efetivamente, é de um só componente. Em contraste com esse comportamento, o sistema H_2, O_2 e H_2O é um sistema de três componentes. O equilíbrio, através do qual o número de componentes se reduziria, é $H_2 + \frac{1}{2}O_2 \rightleftharpoons H_2O$. Na ausência de um catalisador, o estabelecimento desse equilíbrio requer um tempo extremamente longo. Do ponto de vista prático, o equilíbrio não pode ser levado em conta.

É claro que a determinação precisa do número de componentes de um sistema pressupõe algum conhecimento experimental do sistema. Isto é uma exigência inevitável para o uso da regra das fases. O fracasso em perceber que um equilíbrio insuspeito se estabeleceu num sistema leva, às vezes, um pesquisador ao redescobrimento doloroso do segundo princípio da termodinâmica.

QUESTÕES

12.1   Utilizando um gráfico de μ contra T, mostre como o fato de $\Delta S_{fus.}$ e $\Delta S_{sub.}$ serem sempre positivos garante que a fase sólida seja a mais estável a temperatura baixa.

12.2   Explique como as retas das fases líquida e gasosa a $T = T_{eb.}$ na Fig. 12.3(b) ilustram o princípio de LeChatelier, Eq. (11.71).

12.3   No inverno, os lagos que têm as suas superfícies congeladas permanecem líquidos no fundo (isto permite à sobrevivência de muitas espécies!). Como você explica isto em termos da Fig. 12.8?

12.4   A remoção da água de uma mistura por "secagem a vácuo" envolve o resfriamento abaixo de $0°C$, redução da pressão abaixo do ponto triplo e posterior aquecimento. Como você explica este procedimento em termos da Fig. 12.8?

12.5   Como os dois diagramas de fase do enxofre ilustram o "problema dos componentes" para a regra das fases?

294 / FUNDAMENTOS DE FÍSICO-QUÍMICA

PROBLEMAS

12.1 O gelo seco tem uma pressão de vapor de 1 atm a $-72,2°C$ e 2 atm a $-69,1°C$. Calcule o ΔH de sublimação para o gelo seco.

12.2 A pressão de vapor do bromo líquido, a $9,3°C$, é 100 torr. Se o calor de vaporização é 30.910 J/mol, calcule o ponto de ebulição do bromo.

12.3 A pressão de vapor do éter dietílico é 100 torr a $-11,5°C$ e 400 torr a $17,9°C$. Calcule

    a) o calor de vaporização;
    b) o ponto de ebulição normal e o ponto de ebulição numa cidade onde a pressão barométrica seja de 620 torr;
    c) a entropia de vaporização no ponto de ebulição;
    d) o $\Delta G°$ de vaporização a $25°C$.

12.4 O calor de vaporização da água é 40.670 J/mol no seu ponto de ebulição normal, $100°C$. Numa cidade onde a pressão barométrica é de 620 torr,

    a) qual o ponto de ebulição da água?
    b) Qual é o ponto de ebulição sob uma pressão de 3 atm?

12.5 A $25°C$, $\Delta G°_f (H_2O, g) = -228,589$ kJ/mol e $\Delta G°_f (H_2O, l) = -237,178$ kJ/mol. Qual a pressão de vapor da água a 298,15 K?

12.6 As pressões de vapor do sódio líquido são

$p/$Torr	1	10	100
$t/°C$	439	549	701

A partir destes dados determine, graficamente, o ponto de ebulição, o calor de vaporização e a entropia de vaporização no ponto de ebulição para o sódio líquido.

12.7 O naftaleno, $C_{10}H_8$, funde a $80,0°C$. Se a pressão de vapor do líquido é 10 torr a $85,8°C$ e 40 torr a $119,3°C$ e a do sólido é 1 torr a $52,6°C$, calcule

    a) $\Delta H_{vap.}$ do líquido, o ponto de ebulição e $\Delta S_{vap.}$ em T_{eb},
    b) a pressão de vapor no ponto de fusão.
    c) Admitindo que as temperaturas do ponto de fusão e do ponto triplo sejam as mesmas, calcule $\Delta H_{sub.}$ do sólido e $\Delta H_{fus.}$;
    d) Qual deve ser a temperatura para que a pressão de vapor do sólido seja inferior a 10^{-5} torr?

12.8 O iodo ferve a $183,0°C$ e a sua pressão de vapor, a $116,5°C$, é de 100 torr. Se $\Delta H°_{fus.} = 15,65$ kJ/mol e a pressão de vapor do sólido é 1 torr a $38,7°C$, calcule

    a) a temperatura e a pressão no ponto triplo;
    b) $\Delta H°_{vap}$ e $\Delta S°_{vap}$;
    c) $\Delta G°_f (I_2, g)$ a 298,15 K.

12.9 Para o amoníaco nós temos

$t/°C$	4,7	25,7	50,1	78,9
$p/$atm	5	10	20	40

Faça um gráfico ou um ajuste por mínimos quadrados dos dados de $\ln p$ contra $1/T$ a fim de obter $\Delta H_{vap.}$ e o ponto de ebulição normal.

EQUILÍBRIO DE FASES EM SISTEMAS SIMPLES / 295

12.10 a) Pela combinação da distribuição barométrica com a equação de Clausius-Clapeyron, deduza uma equação relacionando o ponto de ebulição de um líquido com a temperatura da atmosfera, T_a, e a altitude, h. Em (b) e (c) assuma $t_a = 20°$C.

b) Para a água, $t_{eb.} = 100°$C a 1 atm e $\Delta H_{vap.} = 40,670$ kJ/mol. Qual é o ponto de ebulição no topo do Monte Evans, onde $h = 4.346$ m?

c) Para o éter dietílico, $t_{eb.} = 34,6°$C a 1 atm e $\Delta H_{vap.} = 29,86$ kJ/mol. Qual o seu ponto de ebulição no topo do Monte Evans?

12.11 a) A partir do ponto de ebulição T_{eb} de um líquido, admitindo que o líquido obedeça à regra de Trouton, calcule a pressão de vapor em qualquer temperatura T.

b) O ponto de ebulição do éter dietílico é $34,6°$C. Calcule a pressão de vapor a $25°$C.

12.12 Para o enxofre, $\Delta S°_{vap.} = 14,6$ J/K por mol de S e, para o fósforo, $\Delta S°_{vap.} = 22,5$ J/K por mol de P. As fórmulas moleculares destas substâncias são S_8 e P_4. Mostre que com o uso das fórmulas moleculares corretas, as entropias de vaporização teriam valores mais normais.

12.13 Deduza a Eq. (12.4).

12.14 Se o vapor for considerado um gás ideal, existirá uma relação simples entre a pressão de vapor p e a concentração $\bar{c}$ (moles/m³) no vapor. Considere um líquido em equilíbrio com o seu vapor. Deduza uma expressão que relacione $\bar{c}$ com a temperatura neste sistema.

12.15 Admitindo que o vapor é ideal e que $\Delta H_{vap.}$ é independente da temperatura, calcule

a) a concentração molar do vapor no ponto de ebulição T_{eb} do líquido.

b) Recorrendo aos resultados do Probl. 12.14, ache a expressão de T_H em termos de $\Delta H_{vap.}$ e $T_{eb.}$. A temperatura de Hildebrand, T_H, é a temperatura em que a concentração do vapor é 1/22,414 mol/l.

c) A entropia de Hildebrand, $\Delta S_H = \Delta H_{vap.}/T_H$, é razoavelmente constante para muitos líquidos normais. Se $\Delta S_H = 92,5$ J/K mol mediante o resultado do item (b), calcule os valores de T_{eb} para vários valores de T_H. Construa o gráfico de T_H em função de T_{eb}. (Escolha os valores $T_H = 50, 100, 200, 300, 400$ K para o cálculo de T_{eb}.)

d) Para os líquidos abaixo calcule ΔS_H e a entropia de Trouton, $\Delta S_T = \Delta H_{vap.}/T_{eb}$. Note que ΔS_H é mais constante do que ΔS_T (Regra de Hildebrand).

Líquido	$\Delta H_{vap.}$/(kJ/mol)	$T_{eb.}$/K
Argônio	6,519	87,29
Criptônio	9,029	119,93
Xenônio	12,640	165,1
Oxigênio	6,820	90,19
Metano	8,180	111,67
Dissulfeto de carbono	26,78	319,41

12.16 A densidade do diamante é 3,52 g/cm³ e a da grafita é 2,25 g/cm³. A 25°C a energia de Gibbs de formação do diamante, a partir da grafita, é 2,900 kJ/mol. A 25°C, qual a pressão que deve ser aplicada para estabelecer o equilíbrio entre o diamante e a grafita?

12.17 A 1 atm de pressão o gelo funde a 273,15 K. $\Delta H_{fus.} = 6,009$ kJ/mol, densidade do gelo = 0,92 g/cm³, densidade do líquido = 1,00 g/cm³.

a) Qual é o ponto de fusão do gelo a 50 atm de pressão?

b) A lâmina de um patim (de gelo) termina em forma de faca em cada lado do patim. Se a largura da borda das facas é 0,025 mm e o comprimento do patim em contato com o gelo é de 75 mm, calcule a pressão exercida sobre o gelo por um homem que pese 65 kg.

c) Qual é o ponto de fusão do gelo sob esta pressão?

296 / FUNDAMENTOS DE FÍSICO-QUÍMICA

12.18 A $25°C$, temos para o enxofre rômbico: $\Delta G_f^° = 0; S^° = 31,88 \pm 0,17$ J/K mol e para o enxofre monoclínico: $\Delta G_f^° = 63$ J/mol; $S^° = 32,55 \pm 0,25$ J/K mol. Admitindo que as entropias não variam com a temperatura, esboce o gráfico de μ em função de T para as duas formas de enxofre. A partir destes dados, determine a temperatura de equilíbrio da transformação de enxofre rômbico para enxofre monoclínico. Compare essa temperatura com o valor experimental, $95,4°C$, notando as incertezas nos valores de $S^°$.

12.19 A transição

$$Sn(s, cinza) \rightleftharpoons Sn(s, branco)$$

está em equilíbrio a $18°C$ e 1 atm de pressão. Se, para a transição a $18°C$, $\Delta S = 8,8$ J/K mol e se as densidades são iguais a $5,75$ g/cm^3 para o estanho cinza e $7,28$ g/cm^3 para o estanho branco, calcule a temperatura de transição a 100 atm de pressão.

12.20 Para a transição enxofre rômbico → enxofre monoclínico, o valor de ΔS é positivo. A temperatura de transição aumenta com o aumento da pressão. Qual a forma mais densa, a rômbica ou a monoclínica? Prove sua resposta matematicamente.

12.21 A água líquida sob uma pressão de ar de 1 atm e $25°C$ possui uma pressão de vapor maior do que aquela que teria na ausência do ar. Calcule o aumento da pressão de vapor produzida pela pressão do ar sobre a água. A densidade da água = 1 g/cm^3; pressão de vapor (na ausência da pressão atmosférica) = $3167,2$ Pa.

13

Soluções
I. A Solução Ideal e as
Propriedades Coligativas

13.1 TIPOS DE SOLUÇÕES

Uma solução é uma mistura homogênea de espécies químicas dispersas numa escala molecular. De acordo com esta definição, uma solução é constituída por uma única fase. As soluções podem ser gasosas, líquidas ou sólidas. As soluções de dois componentes são denominadas *binárias*, as de três, *ternárias* e as de quatro, *quaternárias*. O constituinte presente em maior quantidade é chamado, em geral, de *solvente*, enquanto que os constituintes presentes (um ou mais) em quantidades pequenas são denominados de *solutos*. A distinção entre solvente e soluto é completamente arbitrária. Quando conveniente, pode-se considerar um constituinte presente em quantidades pequenas como sendo o solvente. Empregaremos as palavras *solvente* ou *soluto* da maneira usual, mantendo-se em mente que não existe distinção fundamental entre elas. Na Tab. 13.1 encontram-se listados exemplos dos tipos de soluções.

As misturas gasosas já foram discutidas com certa profundidade no Cap. 11. A discussão neste capítulo e no Cap. 14 é dedicada às soluções líquidas. As soluções sólidas serão discutidas, na medida que surgirem, em conexão com outros tópicos.

Tab. 13.1

Soluções gasosas	Misturas de gases ou vapores
Soluções líquidas	Sólidos, líquidos ou gases dissolvidos em líquidos
Soluções sólidas	
Gases dissolvidos em sólidos	H_2 em paládio, N_2 em titânio
Líquidos dissolvidos em sólidos	Mercúrio em ouro
Sólidos dissolvidos em sólidos	Cobre em ouro, zinco ou cobre (latão) ligas de diversos tipos

13.2 DEFINIÇÃO DE SOLUÇÃO IDEAL

A lei dos gases ideais é um exemplo importante das chamadas leis *limite*. Quando a pressão tende para zero, o comportamento de qualquer gás real aproxima-se cada vez mais do gás ideal. Assim, todos os gases reais comportam-se idealmente à pressão zero e, para finalidades práticas, eles podem ser considerados ideais a pressões baixas finitas. Essa generalização do comportamento experimental leva a definir o gás ideal como sendo aquele que se comporta idealmente a qualquer pressão.

A observação do comportamento de soluções leva-nos a uma lei limite semelhante. Por simplicidade, consideraremos uma solução composta de um solvente volátil e de um ou mais solutos não-voláteis, e examinaremos o equilíbrio entre a solução e o vapor. Se introduzirmos um líquido puro em um recipiente previamente evacuado, uma parte deste líquido irá vaporizar-se, preenchendo o espaço existente acima da superfície do líquido com o vapor. A temperatura do sistema é mantida constante. Estabelecido o equilíbrio, a pressão apresentada pelo vapor é $p°$, a pressão de vapor do líquido puro; Fig. 13.1(a). Se dissolvermos uma substância não-volátil no líquido, observaremos que a pressão de vapor p acima da solução, no equilíbrio, será menor do que aquela do líquido puro; Fig. 13.1(b).

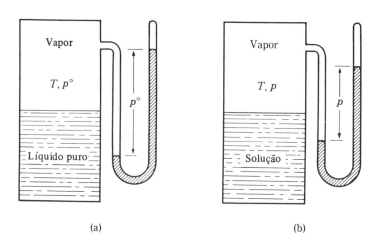

Fig. 13.1 Diminuição da pressão de vapor por um soluto não-volátil.

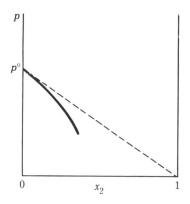

Fig. 13.2 Pressão de vapor como uma função de x_2.

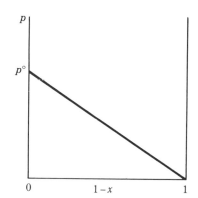

Fig. 13.3 Lei de Raoult para o solvente.

Sendo o soluto não-volátil, o vapor consiste de solvente puro. Ao adicionarmos mais material não-volátil, a pressão na fase vapor decresce. Um gráfico esquemático da pressão de vapor do solvente contra a fração molar de soluto não-volátil, x_2, é representado pela linha cheia da Fig. 13.2. Em $x_2 = 0, p = p°$; quando x_2 cresce, p decresce. O aspecto importante da Fig. 13.2 é que a pressão de vapor da solução diluída (x_2 perto de zero) aproxima-se da linha interrompida que une p° e zero. Dependendo da combinação particular solvente-soluto, a curva experimental das pressões de vapor a concentrações mais altas de soluto pode situar-se abaixo da linha interrompida, como na Fig. 13.2, pode estar acima dela ou pode coincidir com ela. Entretanto, qualquer que seja a solução, a curva experimental tangencia a linha interrompida em $x_2 = 0$ e tanto mais se aproxima dela quanto mais diluída for a solução. A equação do comportamento ideal (linha interrompida) é

$$p = p^\circ - p^\circ x_2 = p^\circ(1 - x_2).$$

Se x é a fração molar do solvente na solução, então $x + x_2 = 1$ e a equação torna-se

$$p = xp^\circ, \tag{13.1}$$

que é a *lei de Raoult*. A lei de Raoult estabelece que a pressão de vapor do solvente sobre uma solução é igual à pressão de vapor do solvente puro multiplicada pela fração molar do solvente na solução.

A lei de Raoult é outro exemplo de lei limite. As soluções reais seguem mais de perto a lei de Raoult, à medida que estão mais diluídas. A *solução ideal* é definida como sendo aquela que obedece à lei de Raoult em todo o intervalo de concentrações. A pressão de vapor do solvente sobre uma solução ideal de um soluto não-volátil é mostrada na Fig. 13.3. Todas as soluções reais comportam-se idealmente quando a concentração do soluto se aproxima de zero.

Da Eq. (13.1) podemos calcular o *abaixamento da pressão de vapor*, $p^\circ - p$:

$$p^\circ - p = p^\circ - xp^\circ = (1 - x)p^\circ,$$
$$p^\circ - p = x_2 p^\circ. \tag{13.2}$$

O abaixamento da pressão de vapor é proporcional à fração molar do *soluto*. Se estiverem presentes vários solutos, 2, 3, . . . , ainda continuará válida a igualdade $p = xp^\circ$, mas, nesse caso, $1 - x = x_2 + x_3 + \ldots$ e

$$p^\circ - p = (x_2 + x_3 + \cdots)p^\circ. \tag{13.3}$$

Numa solução que contém vários solutos não-voláteis, o abaixamento da pressão de vapor depende da soma das frações molares dos vários solutos. Devemos notar que este abaixamento não depende dos tipos de solutos presentes, importando apenas o fato de serem não-voláteis. A pressão de vapor depende somente do número relativo de moléculas do soluto.

Numa mistura gasosa, a razão entre a pressão parcial do vapor de água na mistura e a pressão de vapor da água pura na mesma temperatura é chamada de *umidade relativa*. Multiplicando-se por 100 teremos a *umidade relativa percentual*. Assim,

$$\text{U.R.} = \frac{p}{p^\circ} \qquad \text{e} \qquad \text{U.R.}\% = \frac{p}{p^\circ}(100).$$

Sobre uma solução aquosa que obedeça à lei de Raoult, a umidade relativa é igual à fração molar da água na solução.

300 / FUNDAMENTOS DE FÍSICO-QUÍMICA

13.3 A FORMA ANALÍTICA DO POTENCIAL QUÍMICO NA SOLUÇÃO LÍQUIDA IDEAL

Como uma generalização do comportamento das soluções reais, a solução ideal segue a lei de Raoult em todo o intervalo de concentrações. Essa definição de uma solução líquida ideal combinada com a condição geral de equilíbrio conduz a uma expressão analítica do potencial químico do solvente em uma solução ideal. Se a solução estiver em equilíbrio com o seu vapor, a exigência do segundo princípio é que os potenciais químicos do solvente na solução e no vapor sejam iguais;

$$\mu_{\text{líq.}} = \mu_{\text{vap}}, \tag{13.4}$$

onde $\mu_{\text{líq.}}$ é o potencial químico do solvente na fase líquida e $\mu_{\text{vap.}}$ é o potencial químico do solvente no vapor. Como o vapor é solvente puro sob uma pressão p, a expressão de $\mu_{\text{vap.}}$ é dada pela Eq. (10.47); admitindo que o vapor se comporte como gás ideal, $\mu_{\text{vap.}} = \mu^{\circ}_{\text{vap.}} + RT \ln p$. Então, a Eq. (13.4) fica

$$\mu_{\text{líq.}} = \mu^{\circ}_{\text{vap}} + RT \ln p.$$

Introduzindo nessa equação a lei de Raoult, $p = xp^{\circ}$, e desenvolvendo o logaritmo, obtemos

$$\mu_{\text{líq.}} = \mu^{\circ}_{\text{vap}} + RT \ln p^{\circ} + RT \ln x.$$

Se o solvente puro estivesse em equilíbrio com o vapor, a pressão seria p°; a condição de equilíbrio seria

$$\mu^{\circ}_{\text{líq.}} = \mu^{\circ}_{\text{vap}} + RT \ln p^{\circ},$$

onde $\mu^{\circ}_{\text{líq.}}$ é o potencial químico do solvente líquido puro. Subtraindo essa equação da precedente, obtemos

$$\mu_{\text{líq.}} - \mu^{\circ}_{\text{líq.}} = RT \ln x.$$

Nessa equação nada aparece relativo à fase vapor, então, omitindo o índice líq., a equação fica

$$\mu = \mu^{\circ} + RT \ln x. \tag{13.5}$$

O significado dos símbolos da Eq. (13.5) devem ser entendidos claramente; μ é o potencial químico do solvente na solução, μ° é o potencial químico do solvente líquido puro, uma função de T e p, e x é a fração molar do solvente na solução. Esta equação é o resultado que sugerimos na Seç. 11.5 como uma generalização da forma obtida para μ de um gás ideal numa mistura.

13.4 POTENCIAL QUÍMICO DE UM SOLUTO EM UMA SOLUÇÃO BINÁRIA IDEAL – APLICAÇÃO DA EQUAÇÃO DE GIBBS-DUHEM

A equação de Gibbs-Duhem pode ser usada para calcular o potencial químico do soluto a partir do potencial químico do solvente num sistema binário ideal. A equação de Gibbs-Duhem,

Eq. (11.96), para um sistema binário (T, p constantes), fica

$$n \, d\mu + n_2 \, d\mu_2 = 0. \tag{13.6}$$

Os símbolos sem índices da Eq. (13.6) se referem ao solvente, aqueles de índice 2 se referem ao soluto. Da Eq. (13.6), $d\mu_2 = -(n/n_2) \, d\mu$; ou, sendo $n/n_2 = x/x_2$, temos

$$d\mu_2 = -\frac{x}{x_2} \, d\mu.$$

Diferenciando a Eq. (13.5), mantendo T e p constantes, obtemos para o solvente $d\mu = (RT/x) \, dx$, de modo que $d\mu_2$ se torna

$$d\mu_2 = -RT \frac{dx}{x_2}.$$

Entretanto, $x + x_2 = 1$, de modo que $dx + dx_2 = 0$, ou $dx = -dx_2$. Então, $d\mu_2$ fica

$$d\mu_2 = RT \frac{dx_2}{x_2}.$$

Integrando, chegamos a

$$\mu_2 = RT \ln x_2 + C, \tag{13.7}$$

onde C é uma constante de integração; como T e p são mantidas constantes durante estas transformações, C pode ser uma função de T e p e ainda permanecer constante para esta integração. Se o valor de x_2 no líquido for aumentado até a unidade, o líquido torna-se soluto *líquido* puro e μ_2 deve ser igual a μ_2°. Assim, se $x_2 = 1$, $\mu_2 = \mu_2^\circ$. Substituindo esses valores na Eq. (13.7), encontramos que $\mu_2^\circ = C$ e a Eq. (13.7) fica

$$\mu_2 = \mu_2^\circ + RT \ln x_2. \tag{13.8}$$

A Eq. (13.8) relaciona o potencial químico do soluto com a fração molar do soluto na solução. Esta expressão é análoga à Eq. (13.5) e os símbolos possuem significados correspondentes. Como o μ do soluto e do solvente possuem a mesma forma analítica, o soluto comporta-se idealmente. Isto implica que, no vapor acima da solução, a pressão parcial do soluto é dada pela lei de Raoult:

$$p_2 = x_2 p_2^\circ. \tag{13.9}$$

Se o soluto for não-volátil, p_2° é incomensuravelmente pequena, de modo que a Eq. (13.9) não é passível de comprovação experimental e, neste caso, o interesse que apresenta é puramente acadêmico.

13.5 PROPRIEDADES COLIGATIVAS

O segundo termo da Eq. (13.5) é negativo; portanto, o potencial químico do solvente na solução é menor do que o potencial químico do solvente puro e essa diferença é dada por $-RT \ln x$. Várias propriedades afins apresentadas pelas soluções têm sua origem neste valor baixo do potencial químico. Essas propriedades são: (1) o abaixamento da pressão de vapor, discutido na Seç. 13.2; (2) o abaixamento crioscópico ou abaixamento do ponto de solidificação; (3) a elevação ebulioscópica ou elevação do ponto de ebulição; (4) a pressão osmótica. Como todas essas propriedades provêm da mesma causa, elas são chamadas de *propriedades coligativas* (do latim: *co-*, junto, *ligare,* ligar). Elas possuem a característica comum de não depender da natureza do soluto presente, mas apenas da relação numérica entre o número de moléculas do soluto e o número total de moléculas presentes.

O diagrama de μ em função de T ilustra claramente o abaixamento crioscópico e a elevação ebulioscópica. Na Fig. 13.4(*a*) as linhas cheias referem-se ao solvente puro. Sendo o soluto não-volátil, ele não participa da fase gasosa, de modo que a curva para o vapor em equilíbrio com a solução coincide com a do vapor puro. Se admitirmos que o sólido contém apenas o solvente, a sua curva mantém-se a mesma. Entretanto, como o líquido contém um soluto, o μ do solvente sofre um abaixamento de $- RT \ln x$ em cada temperatura. A curva interrompida na Fig. 13.4(*a*) é a curva do solvente em uma solução ideal. O diagrama mostra diretamente que os pontos de interseção da curva do líquido com as curvas do sólido e do vapor mudaram. Os novos pontos de interseção são o ponto de solidificação, T'_s, e o ponto de ebulição, T'_{eb}, da solução. É claro que o ponto de ebulição da solução é maior do que o do solvente puro (elevação do ponto de ebulição), enquanto que o ponto de solidificação da solução é mais baixo (abaixamento crioscópico). Da figura, vê-se também que a variação apresentada pelo ponto de solidificação é maior do que a variação sofrida pelo ponto de ebulição, para uma solução de mesma concentração.

O abaixamento crioscópico e a elevação ebulioscópica podem ser ilustrados no diagrama de fases ordinário do solvente, pelas curvas contínuas na Fig. 13.4(*b*), que mostram o exemplo da água. Quando se adiciona uma substância não-volátil ao solvente líquido, a pressão de vapor é abaixada em todas as temperaturas, como, por exemplo, do ponto *a* para o ponto *b*. A variação de pressão de vapor na solução é dada pela curva interrompida, a partir da qual localizamos também os novos pontos de solidificação como uma função da pressão. A 1 atm de pressão, o ponto de solidificação e o ponto de ebulição são dados pelas interseções das curvas contínua e interrompida com a reta horizontal que passa por 1 atm. Esse diagrama mostra também que, para uma dada concentração de soluto, o efeito sobre o ponto de solidificação é maior do que sobre o ponto de ebulição.

Os pontos de solidificação e de ebulição dependem do equilíbrio que se estabelece entre o solvente na solução e o solvente puro, sólido ou na fase vapor. Outro equilíbrio possível veri-

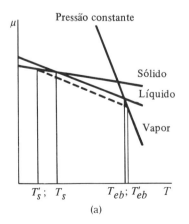
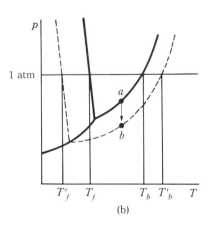

Fig. 13.4 Propriedades coligativas.

A SOLUÇÃO IDEAL E AS PROPRIEDADES COLIGATIVAS / 303

ficar-se-ia entre o solvente na solução e o solvente líquido puro. Este equilíbrio pode ser estabelecido mediante um aumento da pressão sobre a solução que seja suficiente para que o μ do solvente na solução atinja o valor de μ do solvente puro. A pressão adicional sobre a solução que é requerida para igualar o μ do solvente na solução e no solvente puro é chamada de *pressão osmótica* da solução.

13.6 O ABAIXAMENTO CRIOSCÓPICO

Consideremos uma solução que está em equilíbrio com o solvente sólido puro. A condição de equilíbrio requer que

$$\mu(T, p, x) = \mu_{\text{sólido}}(T, p),\tag{13.10}$$

onde $\mu(T, p, x)$ é o potencial químico do solvente na solução, $\mu_{\text{sólido}}(T, p)$ é o potencial químico do sólido puro. Como o sólido é *puro*, $\mu_{\text{sólido}}$ não depende de nenhuma variável de composição. Na Eq. (13.10), T é a temperatura de equilíbrio, isto é, o ponto de solidificação da solução; como depreendemos da forma da Eq. (13.10), T é alguma função da pressão e de x, a fração molar do solvente na solução. Se a pressão é constante, então T é uma função somente de x.

Tratando-se de uma solução ideal, $\mu(T, p, x)$ na solução é dado pela Eq. (13.5), de modo que a Eq. (13.10) fica

$$\mu^{\circ}(T, p) + RT \ln x = \mu_{\text{sólido}}(T, p).$$

Recompondo:

$$\ln x = - \frac{\mu^{\circ}(T, p) - \mu_{\text{sólido}}(T, p)}{RT}.\tag{13.11}$$

Como μ° é o potencial químico do líquido puro, $\mu^{\circ}(T, p) - \mu_{\text{sólido}}(T, p) = \Delta G_{\text{fus.}}$, onde $\Delta G_{\text{fus.}}$ é a energia de Gibbs de fusão molar do solvente puro na temperatura T. A Eq. (13.11) torna-se, assim,

$$\ln x = - \frac{\Delta G_{\text{fus}}}{RT}.\tag{13.12}$$

Para descobrir como T depende de x, devemos achar $(\partial T/\partial x)_p$. Derivando a Eq. (13.12) relativamente a x, mantendo-se p constante, obtemos

$$\frac{1}{x} = - \frac{1}{R} \left[\frac{\partial(\Delta G_{\text{fus}}/T)}{\partial T} \right]_p \left(\frac{\partial T}{\partial x} \right)_p.$$

Mediante a Equação de Gibbs-Helmholtz, Eq. (10.54), $[\partial(\Delta G/T)/\partial T]_p = -\Delta H/T^2$, chegamos a

$$\frac{1}{x} = \frac{\Delta H_{\text{fus}}}{RT^2} \left(\frac{\partial T}{\partial x} \right)_p.\tag{13.13}$$

304 / FUNDAMENTOS DE FÍSICO-QUÍMICA

Na Eq. (13.13), ΔH_{fus} é o calor de fusão do solvente *puro* à temperatura T. O procedimento agora é invertido e escrevemos a Eq. (13.13) na forma diferencial e integramos:

$$\int_1^x \frac{dx}{x} = \int_{T_0}^T \frac{\Delta H_{\text{fus}}}{RT^2} \, dT. \tag{13.14}$$

O limite inferior $x = 1$ corresponde ao solvente puro, cujo ponto de solidificação é T_0. O limite superior x corresponde a uma solução que tem ponto de solidificação T. A primeira integral pode ser calculada imediatamente; a segunda integração torna-se possível quando conhecemos ΔH_{fus} em função da temperatura. Por uma questão de simplicidade, admitiremos que ΔH_{fus} é constante no intervalo de temperaturas de T_0 a T; então, a Eq. (13.14) fica da forma

$$\ln x = - \frac{\Delta H_{\text{fus}}}{R} \left(\frac{1}{T} - \frac{1}{T_0} \right). \tag{13.15}$$

Essa equação pode ser resolvida para o ponto de solidificação T ou, o que é mais conveniente, para $1/T$,

$$\frac{1}{T} = \frac{1}{T_0} - \frac{R \ln x}{\Delta H_{\text{fus}}}, \tag{13.16}$$

expressão que relaciona o ponto de solidificação de uma solução ideal com o ponto de solidificação do solvente puro, T_0, o calor de fusão do solvente e a fração molar do solvente na solução, x.

A relação entre o ponto de solidificação e a composição de uma solução pode ser simplificada consideravelmente se a solução for diluída. Para começar, é conveniente expressar o abaixamento crioscópico $- dT$, em termos da molalidade total dos solutos presentes, m, onde $m = m_2 + m_3 + \dots$. Sejam n e M o número de moles e a massa molar do solvente, respectivamente; então a massa do solvente é nM. Assim, $m_2 = n_2/nM$; $m_3 = n_3/nM; \dots$; ou $n_2 = nMm_2$; $n_3 = nMm_3; \dots$ A fração molar do solvente é dada por

$$x = \frac{n}{n + n_2 + n_3 + \cdots} = \frac{n}{n + nM(m_2 + m_3 + \cdots)}$$

$$x = \frac{1}{1 + Mm} \tag{13.17}$$

Tomando os logaritmos e diferenciando, obtemos $\ln x = - \ln (1 + Mm)$ e

$$d \ln x = - \frac{M \, dm}{1 + Mm}. \tag{13.18}$$

A Eq. (13.13) pode ser escrita como

$$dT = \frac{RT^2}{\Delta H_{\text{fus}}} d \ln x.$$

A SOLUÇÃO IDEAL E AS PROPRIEDADES COLIGATIVAS / 305

Substituindo $d \ln x$ pelo valor dado na Eq. (13.18), obtemos

$$dT = -\frac{MRT^2}{\Delta H_{\text{fus}}} \frac{dm}{(1 + Mm)}.$$ (13.19)

Se a solução é muito diluída em todos os solutos, m se aproxima de zero e T tende a T_0, e a Eq. (13.19) fica

$$-\left(\frac{\partial T}{\partial m}\right)_{p,\, m=0} = \frac{MRT_0^2}{\Delta H_{\text{fus}}} = K_f.$$ (13.20)

O índice $m = 0$ designa o valor limite da derivada e K_f é a constante crioscópica. O abaixamento crioscópico é $\theta_f = T_0 - T$, então, $d\theta_f = -dT$, de modo que para soluções diluídas temos

$$\left(\frac{\partial \theta_f}{\partial m}\right)_{p,\, m=0} = K_f,$$ (13.21)

que integrada para m pequeno fornece

$$\theta_f = K_f m.$$ (13.22)

A constante K_f depende somente das propriedades do solvente puro. Para a água $M = 0,0180152$ kg/mol, $T_0 = 273,15$ K e $\Delta H_{\text{fus}} = 6009,5$ J/mol. Assim,

$$K_f = \frac{(0,0180152 \text{ kg/mol})(8,31441 \text{ J/K mol})(273,15 \text{ K})^2}{6009,5 \text{ J/mol}} = 1,8597 \text{ K kg/mol}.$$

A Eq. (13.22) fornece uma relação simples entre o abaixamento crioscópico e a concentração molal de um soluto em uma solução diluída ideal; esta relação é usada muitas vezes para a determinação da massa molar do soluto dissolvido. Se w_2 kg de um soluto de peso massa molar desconhecida, M_2, forem dissolvidos em w kg de solvente, então a molalidade do soluto é $m = w_2/wM_2$. Levando esse valor de m à Eq. (13.22) e resolvendo para M_2, chegamos a

$$M_2 = \frac{K_f w_2}{\theta_f w}.$$

Os valores medidos de θ_f, w_2 e w e o conhecimento de K_f do solvente bastam para determinar M_2. É claro que, para um dado valor de m, quanto maior for o valor de K_f, maior será θ_f. Isto aumenta a facilidade e a precisão de medida de θ_f; conseqüentemente, deve-se escolher um solvente cujo K_f tenha um valor relativamente grande. Examinando a Eq. (13.20) podemos concluir quais os tipos de compostos que satisfazem esta condição. Antes de tudo, substituímos ΔH_{fus} por $T_0 \Delta S_{\text{fus}}$ e a Eq. (13.20) fica

$$K_f = \frac{RMT_0}{\Delta S_{\text{fus}}},$$ (13.23)

306 / FUNDAMENTOS DE FÍSICO-QUÍMICA

mostrando que K_f aumenta com o aumento do produto MT_0. Como T_0 aumenta com M, K_f cresce rapidamente com a massa molar da substância. Esse crescimento não é muito uniforme, visto que ΔS_{fus} pode variar bastante, particularmente quando M é grande. A Tab. 13.2 ilustra o comportamento de K_f com o aumento de M. Devido às variações do valor de ΔS_{fus}, ocorrem exceções marcantes; a tendência geral, porém, é evidente.

Tab. 13.2 Constantes Crioscópicas

Compostos	$M/(kg/mol)$	$t_m/°C$	$K_f/(K\ kg/mol)$
Água	0,0180	0	1,86
Ácido acético	0,0600	16,6	3,57
Benzeno	0,0781	5,45	5,07
Dioxano	0,0881	11,7	4,71
Naftaleno	0,1283	80,1	6,98
p-diclorobenzeno	0,1470	52,7	7,11
Cânfora	0,1522	178,4	37,7
p-dibromobenzeno	0,2359	86	12,5

★ 13.7 SOLUBILIDADE

O equilíbrio entre o solvente sólido e a solução foi estudado na Seç. 13.6. O mesmo equilíbrio pode ser considerado de um ponto de vista diferente. O termo "solvente", como já dissemos, é ambíguo. Vejamos o equilíbrio entre o soluto na solução e o soluto sólido puro. Nesta condição, a solução encontra-se *saturada* com respeito ao soluto. A condição de equilíbrio é que o μ do soluto seja o mesmo em ambas as fases, isto é,

$$\mu_2(T, p, x_2) = \mu_{2(sólido)}(T, p), \tag{13.24}$$

onde x_2 é a fração molar do soluto na solução saturada e é, portanto, a *solubilidade* do soluto expressa em termos de fração molar. Se a solução for ideal, então

$$\mu_2^{\circ}(T, p) + RT \ln x_2 = \mu_{2(sólido)}(T, p),$$

onde $\mu_2^{\circ}(T, p)$ é o potencial químico do soluto *líquido* puro. A argumentação é semelhante à já desenvolvida para o abaixamento crioscópico, sendo que, agora, os índices são referentes ao soluto. A equação correspondente à Eq. (13.15) é

$$\ln x_2 = -\frac{\Delta H_{fus}}{R}\left(\frac{1}{T} - \frac{1}{T_0}\right); \tag{13.25}$$

ΔH_{fus} é o calor de fusão do soluto puro e T_0 é o ponto de solidificação do soluto puro. Sendo $\Delta H_{fus} = T_0\ \Delta S_{fus}$, da Eq. (13.25) obtemos

$$\ln x_2 = \frac{\Delta S_{fus}}{R}\left(1 - \frac{T_0}{T}\right). \tag{13.26}$$

Tanto a Eq. (13.25) como a Eq. (13.26) exprimem a *lei da solubilidade ideal*. De acordo com essa lei, a solubilidade de uma substância é a mesma em todos os solventes com os quais forma uma solução ideal. A solubilidade de uma substância em uma solução ideal depende somente das propriedades dessa substância. O ponto de fusão T_0 e o calor latente de fusão baixos favorecem um aumento da solubilidade. A Fig. 13.5 mostra a variação da solubilidade, x, em função da temperatura para duas substâncias que têm a mesma entropia de fusão, mas pontos de fusão diferentes.

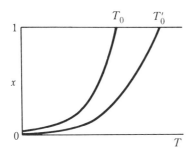

Fig. 13.5 Solubilidade ideal contra T.

O uso da Eq. (13.25) pode ser ilustrado pela solubilidade do naftaleno. O ponto de fusão é 80,0°C, o calor de fusão é 19.080 J/mol. Mediante estes dados e a Eq. (13.25) encontramos que a solubilidade ideal é $x = 0,264$ a 20°C. As solubilidades medidas em vários solventes são mostradas na Tab. 13.3.

Tab. 13.3

Solvente	Solubilidade x_2	Solvente	Solubilidade x_2
Clorobenzeno	0,256	Anilina	0,130
Benzeno	0,241	Nitrobenzeno	0,243
Tolueno	0,224	Acetona	0,183
CCl$_4$	0,205	Álcool metílico	0,0180
Hexano	0,090	Ácido acético	0,0456

Mediante permissão de J. H. Hildebrand e R. L. Scott, *The Solubility of Nonelectrolytes*. 3.ª ed. Nova Iorque: Reinhold Publishing Corp. 1950, pág. 283.

A lei da solubilidade ideal torna-se, freqüentemente, inválida a temperaturas afastadas do ponto de fusão do sólido, pois, nestas circunstâncias, admitir $\Delta H_{fus.}$ independente da temperatura é incorreto. Esta lei nunca é precisa para soluções de substâncias iônicas em água, visto que as soluções saturadas dessas substâncias iônicas afastam-se muito do comportamento ideal e estão muito baixo de seus pontos de fusão. Como vemos na tabela de solubilidade do naftaleno, os solventes nos quais existem pontes de hidrogênio são solventes ruins para substâncias com as quais não formam pontes de hidrogênio.

308 / FUNDAMENTOS DE FÍSICO-QUÍMICA

13.8 ELEVAÇÃO EBULIOSCÓPICA

Consideremos uma solução em equilíbrio com o vapor do solvente puro. A condição de equilíbrio é que

$$\mu(T, p, x) = \mu_{vap}(T, p). \tag{13.27}$$

Se a solução é ideal,

$$\mu°(T, p) + RT \ln x = \mu_{vap}(T, p),$$

e

$$\ln x = \frac{\mu_{vap} - \mu°(T, p)}{RT}.$$

A energia de Gibbs de vaporização molar é

$$\Delta G_{vap} = \mu_{vap}(T, p) - \mu°(T, p),$$

de modo que

$$\ln x = \frac{\Delta G_{vap}}{RT}. \tag{13.28}$$

Note que a Eq. (13.28) tem a mesma forma funcional que a Eq. (13.12), com exceção do sinal do segundo membro. A álgebra que segue é idêntica à usada na dedução das fórmulas do abaixamento crioscópico, exceto pelo fato de que o sinal é trocado em cada termo que contém ΔG ou ΔH. Essa diferença de sinal significa simplesmente que, enquanto o ponto de solidificação diminui, o ponto de ebulição aumenta.

Podemos escrever as equações finais imediatamente. As equações análogas às Eqs. (13.15) e (13.16) são

$$\ln x = \frac{\Delta H_{vap}}{R} \left(\frac{1}{T} - \frac{1}{T_0} \right), \quad \text{ou} \quad \frac{1}{T} = \frac{1}{T_0} + \frac{R \ln x}{\Delta H_{vap}}. \tag{13.29}$$

O ponto de ebulição T da solução é expresso em função do calor de vaporização e do ponto de ebulição do solvente puro, ΔH_{vap} e T_0, e a fração molar x do solvente na solução. Se a solução for diluída relativamente a todos os solutos, então m tende para zero e T aproxima-se de T_0. A constante ebulioscópica é definida por

$$K_{eb} = \left(\frac{\partial T}{\partial m} \right)_{p, m = 0} = \frac{MRT_0^2}{\Delta H_{vap}}. \tag{13.30}$$

A SOLUÇÃO IDEAL E AS PROPRIEDADES COLIGATIVAS / 309

Tab. 13.4 Constantes Ebulioscópicas

Compostos	$M/(kg/mol)$	$t_{eb.}/°C$	$K_{eb.}/(K\ kg/mol)$
Água	0,0180	100	0,51
Álcool metílico	0,0320	64,7	0,86
Álcool etílico	0,0461	78,5	1,23
Acetona	0,0581	56,1	1,71
Ácido acético	0,0600	118,3	3,07
Benzeno	0,0781	80,2	2,53
Ciclohexano	0,0842	81,4	2,79
Brometo de etila	0,1090	38,3	2,93

Para a água, $M = 0,0180152$ kg/mol, $T_0 = 373,15$ K e $\Delta H_{vap.} = 40.656$ J/mol e assim $K_{eb.} = 0,51299$ K kg/mol. A elevação ebulioscópica é $\theta_{eb.} = T - T_0$, de modo que $d\theta_{eb.} = dT$. Para m pequeno, a integral da Eq. (13.30) fica

$$\theta_{eb} = K_{eb}m. \tag{13.31}$$

A relação entre a elevação ebulioscópica e a molalidade de uma solução diluída ideal, dada pela Eq. (13.31), corresponde à relação entre o abaixamento crioscópico e a molalidade; para qualquer líquido a constante $K_{eb.}$ é menor do que K_f.

A elevação ebulioscópica é usada para determinar o peso molecular de um soluto da mesma maneira como se faz com o abaixamento crioscópico. É aconselhável usar um solvente com $K_{eb.}$ de valor elevado. Se, na Eq. (13.30), $\Delta H_{vap.}$ for substituído por $T_0 \Delta S_{vap.}$, virá que

$$K_{eb} = \frac{RMT_0}{\Delta S_{vap}}.$$

Porém muitos líquidos seguem a regra de Trouton: $\Delta S_{vap.} \approx 90$ J/K mol. Sendo $R = 8,3$ J/K mol, temos que, aproximadamente, $K_{eb.} \approx 10^{-1} MT_0$. Quanto mais elevada for a massa molar do solvente, mais elevado será o valor de $K_{eb.}$. Os dados da Tab. 13.4 ilustram essa relação.

Como o ponto de ebulição T_0 é uma função da pressão, $K_{eb.}$ também será função da pressão. O efeito é bastante pequeno, mas deve ser levado em conta em medidas precisas. A equação de Clausius-Clapeyron fornece a relação entre T_0 e p, necessária para calcular a grandeza da influência da pressão.

13.9 PRESSÃO OSMÓTICA

O fenômeno da pressão osmótica é ilustrado pela aparelhagem mostrada na Fig. 13.6. Uma bolsa de colódio encontra-se ligada a uma rolha de borracha pela qual se inseriu um tubo capilar. A bolsa é enchida com uma solução diluída de açúcar em água, e é imersa em um bécher contendo água pura. Observamos que o nível da solução de açúcar no tubo sobe até uma altura definida, que depende da concentração da solução. A pressão hidrostática resultante da diferença de níveis da solução de açúcar no tubo e o nível da água pura é a *pressão osmótica* da solução.

A análise mostra que o açúcar não atravessou a membrana, pois não se encontra presente na água contida no bécher. O aumento do volume da solução do qual resultou a ascensão do seu nível foi causado pela penetração de água na solução através da membrana. O colódio funciona como uma membrana *semipermeável* que permite a passagem de água através dela livremente, mas não permite a passagem do açúcar. Quando o sistema alcança o equilíbrio, a solução de açúcar a qualquer profundidade abaixo do nível da água pura está submetida a um excesso de pressão hidrostática devido à maior altura do nível da solução no tubo. O nosso problema consiste em encontrar a relação entre essa diferença de pressão e a concentração da solução.

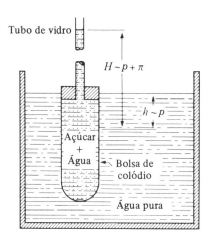

Fig. 13.6 Experiência simples sobre pressão osmótica.

13.9.1 A Equação de van't Hoff

O estabelecimento do equilíbrio requer a igualdade dos potenciais químicos da água em ambos os lados da membrana e em qualquer profundidade no bécher. Esta igualdade dos potenciais químicos é alcançada mediante uma diferença de pressão existente entre os dois lados da membrana. Consideremos a situação à profundidade h na Fig. 13.6. Nesta profundidade o solvente está sob a pressão p, enquanto a solução está sob a pressão $p + \pi$. Se $\mu(T, p + \pi, x)$ é o potencial químico do solvente na solução, sob a pressão $p + \pi$, e $\mu°(T, p)$ é o do solvente puro sob a pressão p, então, pela condição de equilíbrio, temos que

$$\mu(T, p + \pi, x) = \mu°(T, p), \qquad (13.32)$$

e

$$\mu°(T, p + \pi) + RT \ln x = \mu°(T, p). \qquad (13.33)$$

O problema reside em expressar o μ do solvente sob pressão $p + \pi$ em termos do μ do solvente sob pressão p. A partir da equação fundamental, sob T constante, chegamos a $d\mu° = \overline{V}°dp$. Integrando obtemos

$$\mu°(T, p + \pi) - \mu°(T, p) = \int_p^{p+\pi} \overline{V}° \, dp. \qquad (13.34)$$

A SOLUÇÃO IDEAL E AS PROPRIEDADES COLIGATIVAS / 311

Então a Eq. (13.33) fica

$$\int_p^{p+\pi} \overline{V}{}^\circ dp + RT \ln x = 0. \tag{13.35}$$

Na Eq. (13.35), $\overline{V}{}^\circ$ é o volume molar do solvente puro. Se o solvente for incompressível, então $\overline{V}{}^\circ$ não dependerá da pressão e poderá sair da integral. Assim,

$$\overline{V}{}^\circ \pi + RT \ln x = 0, \tag{13.36}$$

que é a relação entre a pressão osmótica π e a fração molar do solvente na solução. Na Eq. (13.36), admite-se que a solução é ideal e que o solvente é incompressível.

Em termos da concentração do soluto, $\ln x = \ln (1 - x_2)$. Quando a solução é diluída, $x_2 \ll 1$ e o logaritmo pode ser desenvolvido em série. Mantendo apenas o primeiro termo da série, obtemos

$$\ln (1 - x_2) = -x_2 = - \frac{n_2}{n + n_2} \approx - \frac{n_2}{n},$$

visto que $n_2 \ll n$ na solução diluída. Portanto, a Eq. (13.36) fica

$$\pi = \frac{n_2 RT}{n \overline{V}{}^\circ}. \tag{13.37}$$

Pela regra de adição, o volume da solução ideal é $\overline{V} = n \overline{V}{}^\circ + n_2 \overline{V}_2^\circ$. Para uma solução diluída n_2 é muito pequeno, de modo que $V \approx n \overline{V}{}^\circ$. Assim, a Eq. (13.37) é reduzida a

$$\pi = \frac{n_2 RT}{V} \quad \text{ou} \quad \pi = \tilde{c} RT. \tag{13.38}$$

Na Eq. (13.38), $\tilde{c} = n_2/V$, a concentração do soluto (mol/m^3) na solução. A Eq. (13.38) é conhecida como a equação de van't Hoff para a pressão osmótica.

Devemos notar a analogia entre a equação de van't Hoff e a lei dos gases ideais. Na equação de van't Hoff, n_2 é o número de moles do *soluto*. As moléculas do soluto dispersas no solvente encontram-se numa situação análoga às moléculas de gás dispersas num espaço vazio. O solvente é análogo ao espaço vazio existente entre as moléculas de um gás. Na experiência da Fig. 13.7, a membrana encontra-se presa a um pistom móvel. O solvente difunde-se através da membrana e o pistom é empurrado para a direita; isto prossegue até que o pistom fique encostado contra a parede do lado direito. O efeito observado é o mesmo que seria obtido *se* a solução exercesse uma pressão contra a membrana, empurrando-a para a direita. A situação é comparável à expansão livre de um gás no vácuo. Se o volume da solução é dobrado nessa experiência, a diluição reduz a pressão osmótica final à metade de seu valor original, exatamente como a pressão de um gás seria reduzida à metade se dobrássemos o volume ocupado.

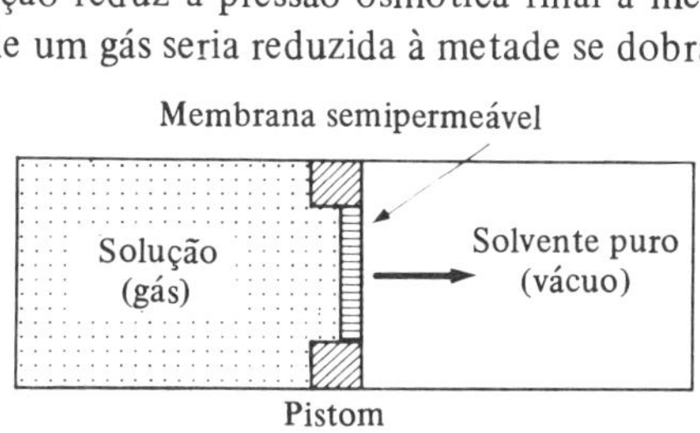

Fig. 13.7 Análogo osmótico da experiência de Joule.

312 / FUNDAMENTOS DE FÍSICO-QUÍMICA

Apesar da analogia, é enganoso considerar a pressão osmótica como sendo uma espécie de pressão exercida pelo soluto. A osmose, a passagem do solvente através da membrana, é devida à diferença dos potenciais químicos dos dois lados da membrana. O tipo de membrana não importa; requer-se apenas que seja permeável somente ao solvente. Também não apresenta importância a natureza do soluto; basta que o solvente contenha uma substância que não atravesse a membrana.

O mecanismo pelo qual o solvente permeia pela membrana pode variar conforme o tipo da membrana. Pode-se imaginar que a membrana seja como uma peneira que permite a passagem de moléculas pequenas como as da água, enquanto retém as moléculas maiores. Outra membrana pode dissolver o solvente, tornando-se-lhe permeável dessa maneira, enquanto o soluto é insolúvel na membrana. A elucidação do mecanismo da travessia do solvente pela membrana é uma questão que deve ser examinada para cada par membrana-solvente, mediante os métodos da cinética química. A Termodinâmica não pode responder, pois o equilíbrio resultante é sempre o mesmo para todas as membranas.

13.9.2 Medida da Pressão Osmótica

A medida da pressão osmótica é útil para a determinação das massas molares de substâncias pouco solúveis no solvente ou que possuam massas molares elevadas, como, por exemplo, proteínas, polímeros de vários tipos e colóides. Estes casos permitem medidas convenientes devido à grande pressão osmótica obtida.

A 25°C, o produto $RT \approx 2480$ J/mol. Assim, para 1 mol/l de solução ($\bar{c} = 1000$ mol/m^3) temos

$$\pi = \bar{c}RT = 2,48 \times 10^6 \text{ Pa} = 24,5 \text{ atm}.$$

Esta pressão corresponde a uma coluna hidrostática da ordem de 240 m. A experiência é facilmente realizável no laboratório e as soluções devem ter concentrações menores que 0,01 molar, preferivelmente da ordem de 0,001 molar. Isto é válido quando usamos um aparelho do tipo mostrado na Fig. 13.6. Medidas muito precisas da pressão osmótica, até algumas centenas de atmosferas, foram realizadas por H. N. Morse e J. C. Frazer e por Lorde Berkeley e E. G. J. Hartley usando aparelhos especiais e diferentes.

Numa determinação de massa molar, se w_2 é a massa de soluto dissolvida no volume, V, então $\pi = w_2 RT/M_2 V$ ou

$$M_2 = \frac{w_2 RT}{\pi V}.$$

Mesmo quando w_2 é pequeno e M_2 grande, o valor de π é mensurável e permite calcular M_2.

A osmose desempenha um papel significativo para o funcionamento dos organismos. Uma célula imersa em água pura sofre uma plasmólise. As paredes da célula permitem a entrada de água; em conseqüência disso, a célula incha e suas paredes se rompem ou ficam suficientemente delgadas, para deixar que os solutos existentes no interior celular escapem. Por outro lado, se a célula for imersa numa solução concentrada de sal, a água da célula flui para a solução salina mais concentrada e a célula contrai-se. Uma solução salina de concentração tal que a célula nela imersa não se rompa nem encolha é denominada de solução *isotônica*.

A osmose pode ser identificada como o "princípio da ameixa seca". A casca da ameixa atua como uma membrana permeável à água. Os açúcares na ameixa são os solutos. A água difunde-se através da casca e a fruta se incha até o rompimento. Muitas membranas vegetais e animais funcionam dessa maneira, embora poucas vezes sejam estritamente semipermeáveis. Freqüentemente, suas funções no organismo requerem que elas deixem passar outras substâncias, além da água. Medicinalmente, o efeito osmótico é utilizado, por exemplo, na prescrição da dieta sem sal em alguns casos de retenção anormal de fluidos do corpo.

QUESTÕES

13.1 O abaixamento do potencial químico de um solvente numa solução ideal, Eq. (13.5), é um efeito de entalpia ou de entropia? Explique.

13.2 Interprete (a) a diminuição crioscópica e (b) a elevação ebulioscópica, em termos de μ, como uma medida da "tendência de escape".

13.3 Como a dependência da solubilidade de um sólido num líquido, em função da temperatura, ilustra o princípio de LeChatelier?

13.4 A osmose *reversa* tem sido sugerida como um meio de purificar a água do mar (grosseiramente, uma solução de NaCl em H_2O). Com isto pode ser feito, com relação à pressão necessária *sobre a solução*, usando-se uma membrana apropriada?

PROBLEMAS

13.1 Vinte gramas de um soluto são adicionados a 100 g de água a 25°C. A pressão do vapor da água pura é 23,76 mmHg; a pressão do vapor da solução é 22,41 mmHg.

    a) Calcule a massa molar do soluto.
    b) Qual é a massa desse soluto que se deve juntar a 100 g de água para reduzir sua pressão de vapor à metade da pressão de vapor da água pura?

13.2 Quantos gramas de sacarose, $C_{12}H_{22}O_{11}$, devem ser dissolvidos em 90 g de água para produzir uma solução, sobre a qual a umidade relativa seja de 80%? Assuma que a solução é ideal.

13.3 Suponha que uma série de soluções seja preparada usando-se 180 g de H_2O como solvente e 10 g de um soluto não-volátil. Qual será o abaixamento relativo de pressão de vapor se a massa molar do soluto for: 100 g/mol, 200 g/mol, 10.000 g/mol?

13.4 a) Construa o gráfico do valor $p/p°$ em função da fração molar do soluto, x_2, para uma solução ideal.
    b) Esboce o diagrama de $p/p°$ em função da molalidade do soluto, quando o solvente é a água.
    c) Suponha que o solvente, por exemplo, o tolueno, possui uma massa molar elevada. Como isto afeta o diagrama de $p/p°$ em função de m? Como afeta o diagrama de $p/p°$ em função de x_2?
    d) Avalie a derivada de $(p° - p)/p°$ em relação a m, para $m \to 0$.

13.5 Faz-se passar uma corrente de ar, borbulhando-se suavemente, através de benzeno líquido, num frasco a 20,0°C, contra uma pressão ambiente de 100,56 kPa. Após a passagem de 4,80 l de ar, medidos a 20,0°C e 100,56 kPa antes que este contivesse vapor de benzeno, verificou-se que evaporaram 1,705 g de benzeno. Assumindo que o ar está saturado de vapor de benzeno ao deixar o frasco, calcule a pressão de vapor de equilíbrio do benzeno a 20,0°C.

13.6 Dois gramas de ácido benzóico dissolvidos em 25 g de benzeno, $K_f = 4,90$ K kg/mol, produzem um abaixamento crioscópico igual a 1,62 K. Calcule a massa molar. Compare o resultado com a massa molar obtida da fórmula do ácido benzóico, C_6H_5COOH.

314 / FUNDAMENTOS DE FÍSICO-QUÍMICA

13.7 O calor de fusão do ácido acético é 11,72 kJ/mol no seu ponto de fusão de 16,61°C. Calcule K_f para o ácido acético.

13.8 O calor de fusão da água no seu ponto de solidificação é 6009,5 J/mol. Calcule o ponto de solidificação de soluções aquosas com fração molar de água iguais a 1,0, 0,8, 0,6, 0,4 e 0,2. Construa o diagrama de T em função de x.

13.9 O etilenoglicol, $C_2H_4(OH)_2$, é usado comumente como um anticongelante permanente; assuma que a sua mistura com água seja ideal. Faça um gráfico do ponto de solidificação da mistura em função do volume percentual do glicol na mistura para 0%, 20%, 40%, 60% e 80%. As densidades são: H_2O, 1,00 g/cm³; glicol, 1,11 g/cm³. $\Delta H_{fus.}$ $(H_2O) = 6009,5$ J/mol.

13.10 Assuma que o $\Delta H_{fus.}$ é independente da temperatura e que o termômetro disponível possa medir um abaixamento crioscópico com uma precisão de ± 0,01 K. A lei simples para o abaixamento crioscópico, $\theta_f = K_f m$, baseia-se na condição limite $m = 0$. A partir de qual molalidade esta aproximação não mais prediz o resultado dentro do erro experimental, em água?

13.11 Se a variação do calor de fusão em função da temperatura é dada pela expressão

$$\Delta H_{fus} = \Delta H_0 + \Delta C_p(T - T_0),$$

onde ΔC_p é constante, então o valor de θ_f pode ser expresso por $\theta_f = am + bm^2 + \ldots$, onde a e b são constantes. Calcule os valores de a e b. [*Sugestão:* Trata-se de uma série de Taylor, portanto, determine $(\partial^2 \theta / \partial m^2)$ para $m = 0$.]

13.12 Para o CCl_4, $K_{eb.} = 5,03$ k kg/mol e $K_f = 31,8$ K kg/mol. Ao se colocar 3,00 g de uma substância em 100 g de CCl_4, o ponto de ebulição eleva-se de 0,60 K. Calcule o abaixamento crioscópico, o abaixamento relativo da pressão de vapor, a pressão osmótica da solução a 25°C e a massa molar da substância. A densidade do CCl_4 é 1,59 g/cm³ e a sua massa molar é 153,823 g/mol.

13.13 Calcule a constante ebulioscópica das seguintes substâncias.

Substância	$t_{eb.}/°C$	$\Delta H_{vap.}/(J/g)$
Acetona, $(CH_3)_2CO$	56,1	520,9
Benzeno, C_6H_6	80,2	394,6
Clorofórmio, $CHCl_3$	61,5	247
Metano, CH_4	− 159	577
Acetato de etila, $CH_3CO_2C_2H_5$	77,2	426,8

Construa o diagrama de $K_{eb.}$ em função do produto $MT_{eb.}$.

13.14 Uma vez que o ponto de ebulição de um líquido depende da pressão, $K_{eb.}$ é uma função da pressão. Calcule o valor de $K_{eb.}$ para a água a 750 mmHg e a 740 mmHg de pressão. Use os dados do texto e assuma $\Delta H_{vap.}$ constante.

13.15 a) O calor de fusão do p-dibromobenzeno, $C_6H_4Br_2$, é 85,8 J/g, o ponto de fusão é 86°C. Calcule a solubilidade ideal a 25°C.

b) O calor de fusão do p-diclorobenzeno, $C_6H_4Cl_2$, é 124,3 J/g e seu ponto de fusão é 52,7°C. Calcule a solubilidade ideal a 25°C.

13.16 O ponto de fusão do iodo é 113,6°C e o seu calor de fusão é 15,64 kJ/mol.

a) Qual é a solubilidade ideal do iodo a 25°C?

b) Quantos gramas de iodo são dissolvidos em 100 g de hexano a 25°C?

A SOLUÇÃO IDEAL E AS PROPRIEDADES COLIGATIVAS / **315**

13.17 Sabendo-se que, em 100,0 g de benzeno, dissolvem-se 70,85 g de naftaleno a 25°C e 103,66 g a 35°C, assuma que a solução é ideal e calcule $\Delta H_{fus.}$ e $T_{fus.}$ para o naftaleno.

13.18 Se 6,00 g de uréia, $(NH_2)_2CO$, forem dissolvidos em 1,00 l de solução, calcule a pressão osmótica da solução a 27°C.

13.19 Consideremos um tubo vertical com uma seção de área igual a 1,00 cm². A extremidade inferior do tubo encontra-se fechada mediante uma membrana semipermeável e 1,00 g de glicose, $C_6H_{12}O_6$, é colocado no tubo. A extremidade fechada do tubo é mergulhada em água pura. Qual será a altura do nível do líquido no tubo quando for atingido o equilíbrio? A densidade da solução pode ser tomada como sendo 1,00 g/cm³; a concentração de açúcar é admitida constante na solução. Qual é a pressão osmótica no equilíbrio? ($t = 25$°C; admita desprezível a profundidade de imersão.)

13.20 A 25°C, uma solução que contém 2,50 g de uma substância em 250,0 cm³ de solução exerce uma pressão osmótica de 400 Pa. Qual a massa molar da substância?

13.21 a) A expressão completa da pressão osmótica é dada pela Eq. (13.36). Sendo $\bar{c} = n_2/V$ e $V = nV^{\circ} + n_2 V_2^{\circ}$, onde V° e V_2° são constantes, os números de moles n e n_2 podem ser expressos em termos de V, V°, V_2° e $\bar{c}$. Calcule o valor de $x = n/(n + n_2)$ nestes termos. Em seguida mostre que $(\partial \pi/\partial \bar{c})_T$ a $\bar{c} = 0$ é igual a RT.

b) Mediante a determinação de $(\partial^2 \pi/\partial \bar{c}^2)_T$ em $c = 0$, mostre que $\pi = \bar{c}RT(1 + V'\bar{c})$, onde $V' = V_2^{\circ} - \frac{1}{2}V^{\circ}$. Observe que isto é equivalente a escrever uma equação modificada de van der Waals, $\pi = n_2 RT/(V - n_2 V')$, e a desenvolvê-la em série de potências.

14

Soluções
II. Mais de um Componente Volátil;
A Solução Diluída Ideal

14.1 CARACTERÍSTICAS GERAIS DA SOLUÇÃO IDEAL

A discussão no Cap. 13 restringiu-se às soluções ideais nas quais o solvente era o único constituinte volátil presente. Entretanto, o conceito de uma solução ideal estende-se a soluções que contenham vários constituintes voláteis. Como antes, o conceito é baseado em uma generalização do comportamento experimental das soluções reais e representa o comportamento limite ao qual tendem essas soluções reais.

Consideremos uma solução composta de várias substâncias voláteis em um recipiente previamente evacuado. Sendo os componentes todos voláteis, uma parte da solução evapora preenchendo o espaço acima do líquido com o seu vapor. Quando a solução e o vapor entram em equilíbrio à temperatura T, a pressão total no recipiente é dada pela soma das pressões parciais dos diversos componentes presentes na solução:

$$p = p_1 + p_2 + \cdots + p_i + \cdots. \tag{14.1}$$

Estas pressões parciais são mensuráveis, como o são as frações molares no equilíbrio, $x_1, \ldots x_i, \ldots$, na fase líquida. Seja i um dos componentes presentes em quantidade relativamente grande comparativamente aos outros. Então, achamos experimentalmente que

$$p_i = x_i p_i^\circ, \tag{14.2}$$

onde p_i° é a pressão de vapor do componente líquido puro i. A Eq. (14.2) é a lei de Raoult, experimentalmente obedecida por qualquer solução em que x_i tende à unidade, independentemente da natureza do componente em excesso. Quando uma solução é diluída relativamente a todos os componentes, exceto ao solvente, esse solvente sempre obedece à lei de Raoult. Como todos os componentes são voláteis, qualquer um pode ser designado de solvente. Conseqüentemente, a solução ideal é definida pela condição de que a lei de Raoult, Eq. (14.2), valha para todos os componentes, em todo o intervalo de composições. O significado dos símbolos é evidente: p_i é a pressão *parcial* de i na fase vapor, p_i° é a pressão de vapor do líquido i puro e x_i é a fração molar de i na mistura *líquida*.

A solução ideal possui duas outras propriedades importantes: o calor do processo de mistura (ou simplesmente o calor de mistura) dos componentes puros para formar a solução é zero e a variação de volume no processo de mistura (ou simplesmente a variação de volume na mistura) também é zero. Estas propriedades podem ser observadas como sendo o comportamento limite de todas as soluções reais. Quando se adicionam porções sucessivas de um solvente a uma solução diluída em todos os solutos, o calor de mistura se aproxima cada vez mais de zero à medida que a solução torna-se mais diluída. Nas mesmas circunstâncias, a variação de volume na mistura de todas as soluções reais tende para zero.

14.2 O POTENCIAL QUÍMICO EM SOLUÇÕES IDEAIS

Consideremos uma solução ideal em equilíbrio com o seu vapor, à temperatura fixa T. Para cada componente, a condição de equilíbrio é $\mu_i = \mu_{i(\text{vap.})}$, onde μ_i é o potencial químico de i na solução e $\mu_{i(\text{vap.})}$ o potencial químico de i na fase vapor. Se o vapor for ideal pela mesma argumentação da Seç. 13.3, o valor de μ_i será

$$\mu_i = \mu_i^\circ(T, p) + RT \ln x_i, \tag{14.3}$$

onde $\mu_i^\circ(T, p)$ é o potencial químico do líquido puro i na temperatura T e sob a pressão p. O potencial químico de cada um dos componentes da solução é dado pela Eq. (14.3). A Fig. 14.1 mostra a variação de $\mu_i - \mu_i^\circ$ como uma função de x_i. À medida que x_i torna-se muito pequeno, o valor de μ_i decresce muito rapidamente. Para todo e qualquer valor de x_i o valor de μ_i é inferior a μ_i°.

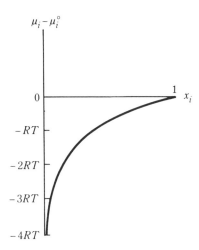

Fig. 14.1 $(\mu_i - \mu_i^\circ)$ contra x_i.

A Eq. (14.3) é formalmente idêntica à Eq. (11.14), a qual dá o μ de um gás ideal numa mistura de gases; então, pelo mesmo raciocínio desenvolvido na Seç. 11.6 podemos escrever

$$\Delta G_{\text{mist.}} = nRT \sum_i x_i \ln x_i, \tag{14.4}$$

$$\Delta S_{\text{mist.}} = -nR \sum_i x_i \ln x_i, \tag{14.5}$$

$$\Delta H_{\text{mist.}} = 0, \quad \Delta V_{\text{mist.}} = 0, \tag{14.6}$$

onde n é o número total de moles na mistura. As três propriedades da solução ideal (lei de Raoult, o calor de mistura igual a zero e a variação de volume na mistura igual a zero) estão intimamente relacionadas. Se a lei de Raoult vale para todos os componentes, então, o calor de mistura e a variação de volume na mistura serão nulos. (Não vale o inverso dessa afirmação; se a variação de volume e o calor de mistura forem nulos, a lei de Raoult não será necessariamente obedecida.)

14.3 SOLUÇÕES BINÁRIAS

Examinaremos agora as conseqüências da lei de Raoult para as soluções binárias em que ambos os componentes são voláteis. Em uma solução binária $x_1 + x_2 = 1$,

$$p_1 = x_1 p_1^\circ, \tag{14.7}$$

e

$$p_2 = x_2 p_2^\circ = (1 - x_1)p_2^\circ. \tag{14.8}$$

Se a pressão total sobre a solução for p, teremos que

$$p = p_1 + p_2 = x_1 p_1^\circ + (1 - x_1)p_2^\circ$$
$$p = p_2^\circ + (p_1^\circ - p_2^\circ)x_1, \tag{14.9}$$

expressão essa que relaciona a pressão total sobre a mistura com a fração molar do componente 1 no líquido e que mostra p como uma função linear de x_1 (Fig. 14.2(a)). A Fig. 14.2(a) mostra claramente que a adição de um soluto pode elevar ou abaixar a pressão de vapor do solvente, dependendo de qual seja o mais volátil.

A pressão total pode também ser expressa em função de y_1, a fração molar do componente 1 na fase vapor. Da definição de pressão parcial,

$$y_1 = \frac{p_1}{p}. \tag{14.10}$$

Introduzindo nessa igualdade os valores de p_1 e p dados pelas Eqs. (14.7) e (14.9), obtemos

$$y_1 = \frac{x_1 p_1^\circ}{p_2^\circ + (p_1^\circ - p_2^\circ)x_1}.$$

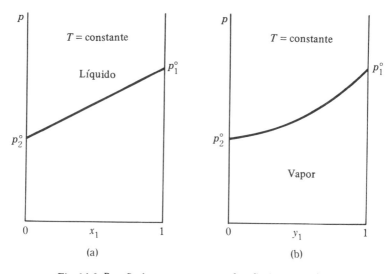

Fig. 14.2 Pressão de vapor como uma função da composição.

Resolvendo-a para x_1, temos

$$x_1 = \frac{y_1 p_2^\circ}{p_1^\circ + (p_2^\circ - p_1^\circ)y_1}. \tag{14.11}$$

Levando o valor de x_1 dado pela Eq. (14.11) à Eq. (14.9), obtemos, após recompormos os termos,

$$p = \frac{p_1^\circ p_2^\circ}{p_1^\circ + (p_2^\circ - p_1^\circ)y_1}. \tag{14.12}$$

A Eq. (14.12) exprime p em função de y_1, a fração molar do componente 1 no vapor. Esta função está representada na Fig. 14.2(b). A relação na Eq. (14.12) pode ser escrita numa forma mais conveniente

$$\frac{1}{p} = \frac{y_1}{p_1^\circ} + \frac{y_2}{p_2^\circ}. \tag{14.12a}$$

No caso de um sistema de dois componentes, de acordo com a regra das fases, como $C = 2$; $F = 4 - P$. Sendo P igual a 1 ou maior, necessitamos no máximo de 3 variáveis para descrevermos o sistema. A Fig. 14-2(a) e 14.2(b) correspondem a uma determinada temperatura, portanto faltam apenas duas variáveis para a descrição completa do estado do sistema. Estas duas variáveis podem ser (p, x_1) ou (p, y_1). Em conseqüência, os pontos da Fig. 14.2(a) ou (b) representam estados do sistema.

Surge aqui uma dificuldade. A variável x_1, uma fração molar relativa ao líquido, não é suficiente para descrever aqueles estados do sistema que são completamente gasosos. Analogamente, com y_1 não podemos descrever os estados do sistema completamente líquidos. Então, os estados descritos pela Fig. 14.2(a) são aqueles em que o sistema permanece no estado líquido, ou coexistem a fase líquida e a fase vapor. Do mesmo modo, somente os estados gasosos e os estados, sobre a curva, nos quais coexistem o líquido e o vapor encontram-se representados na Fig. 14.2(b). Os estados completamente líquidos são observados a pressões suficientemente altas, acima da linha da Fig. 14.2(a). Os estados completamente gasosos são estáveis a baixas pressões, abaixo da curva da Fig. 14.2(b). Estas regiões de estabilidade estão indicadas nos diagramas.

A vida seria bem mais simples se pudéssemos representar todos os estados em um diagrama. Quando temos somente líquido presente, x_1 descreve a composição do líquido e, evidentemente, a do sistema todo. Quando temos apenas vapor, y_1 descreve a composição do vapor e ao mesmo tempo a do sistema todo. Em vista disso, parece razoável que façamos um diagrama da pressão em função de X_1, a fração molar do componente 1 no sistema. Na Fig. 14.3(a), vemos p em função de X_1; as duas curvas da Fig. 14.2(a) e (b) estão juntas. A curva superior é chamada curva de líquido e a inferior é a curva de vapor. O sistema pode ser claramente representado em um único diagrama: o líquido sendo estável acima da curva de líquido e o vapor sendo estável abaixo da curva de vapor. Qual o significado dos pontos entre as duas curvas? Os pontos situados imediatamente acima da curva de líquido correspondem às pressões mais baixas nas quais o líquido pode existir sozinho, pois o vapor só começa a aparecer quando o ponto fica sobre a curva. O líquido não pode existir sozinho abaixo da curva de líquido. Pelo mesmo argumento o vapor não pode estar presente sozinho acima da curva de vapor. O único significado possível dos pontos entre as duas curvas é que representem aqueles estados do sistema nos quais coexistem líquido e vapor em equilíbrio. A região entre as duas curvas é a região *líquido-vapor*.

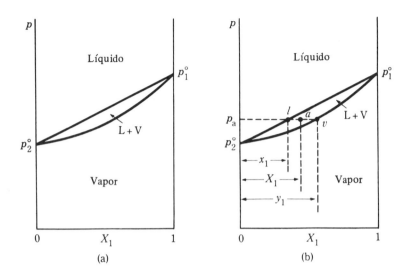

Fig. 14.3 Interpretação do diagrama p-X.

Consideremos um ponto a na região líquido-vapor (Fig. 14.3(b)). O valor X_1 correspondente a a é a fração molar do componente 1 no sistema todo, líquido + vapor. Qual é a composição do vapor capaz de coexistir com o líquido à pressão p? Traçando-se uma linha horizontal, a pressão constante, obtemos, na interseção com as curvas do líquido e do vapor, os pontos l e v. O ponto l fornece o valor de x_1, que é a composição do líquido; o ponto v nos dá y_1, a composição do vapor.

Quando duas fases, líquido e vapor, encontram-se em equilíbrio, a variança do sistema é $F = 4 - 2 = 2$. Como a temperatura mantém-se fixa, basta apenas mais uma variável, p, x_1 ou y_1, para descrevermos o sistema. Até agora usamos x_1 ou y_1 para descrevermos o sistema; sendo $x_1 + x_2 = 1$ e $y_1 + y_2 = 1$, poderíamos ter escolhido também x_2 ou y_2. Se recorrermos à pressão para caracterizarmos um sistema de duas fases, obteremos diretamente os valores de x_1 e de y_1 pela interseção da linha horizontal à pressão dada com as curvas de líquido e de vapor. Se x_1 for a variável dada, a interseção da linha vertical, correspondente a x_1, e a curva de líquido permitirão determinar p; sabendo-se p, o valor de y_1 será obtido imediatamente.

14.4 A REGRA DA ALAVANCA

Numa região de duas fases, como a designada por $L + V$ na Fig. 14.3(b), a composição do sistema todo pode variar entre os limites x_1 e y_1, dependendo da quantidade relativa de líquido e vapor presentes. Se o ponto de estado a estiver muito próximo da linha de líquido, o sistema será constituído por uma grande quantidade de líquido e relativamente pouco vapor. Se a se encontrar próximo da linha de vapor, a quantidade de líquido presente será relativamente pequena em comparação com a de vapor presente.

As quantidades relativas de líquido e vapor podem ser calculadas pela regra da alavanca. Seja $(\overline{al})$ o comprimento do segmento entre a e l e $(\overline{al})$ o comprimento do segmento limitado por a e v (Fig. 14-3(b)); sejam $n_{1\,(\text{líq.})}$ e $n_{1\,(\text{vap.})}$ os números de moles do componente 1 no líquido e no vapor, respectivamente; seja ainda $n_1 = n_{1\,(\text{líq.})} + n_{1\,(\text{vap.})}$. Se $n_{\text{líq.}}$ e $n_{\text{vap.}}$ forem os números totais de moles de líquido e vapor presentes, respectivamente, e se $n = n_{\text{líq.}} + n_{\text{vap.}}$, então, da Fig. 14.3($b$) obteremos

$$(\overline{al}) = X_1 - x_1 = \frac{n_1}{n} - \frac{n_{1\,(\text{líq.})}}{n_{\text{líq.}}}, \qquad (\overline{av}) = y_1 - X_1 = \frac{n_{1(\text{vap})}}{n_{\text{vap}}} - \frac{n_1}{n}.$$

Multiplicando-se $(\overline{al})$ por $n_{\text{líq.}}$ e $(\overline{av})$ por $n_{\text{vap.}}$ e subtraindo-se:

$$n_{\text{líq.}}(\overline{al}) - n_{\text{vap}}(\overline{av}) = \frac{n_1}{n}(n_{\text{líq.}} + n_{\text{vap}}) - (n_{1\,(\text{líq.})} + n_{1(\text{vap})}) = n_1 - n_1 = 0.$$

Portanto,

$$n_{\text{líq.}}(\overline{al}) = n_{\text{vap}}(\overline{av}) \qquad \text{ou} \qquad \frac{n_{\text{líq.}}}{n_{\text{vap}}} = \frac{(\overline{av})}{(\overline{al})}. \tag{14.13}$$

Esta é a chamada regra da alavanca, sendo a o "ponto de apoio" da alavanca; o número de moles do líquido multiplicado pelo comprimento $(\overline{al})$, a partir de a até a linha de líquido, é igual ao número de moles de vapor que se encontra presente vezes o comprimento $(\overline{av})$, a partir de a até a linha de vapor. A razão entre o número de moles do líquido e o número de moles do vapor é dada pela razão dos comprimentos dos segmentos da linha conectando a com v e com l. Assim, a muito próximo de v leva a $(\overline{av})$ muito pequeno e $n_{\text{líq.}} \ll n_{\text{vap.}}$; o sistema consiste principalmente em vapor. Semelhantemente, quando a se situa muito perto de l, $n_{\text{vap.}} \ll n_{\text{líq.}}$; o sistema consiste, sobretudo, de líquido.

Como a dedução da regra da alavanca depende apenas de um balanço de massa, ela é válida para o cálculo das quantidades relativas das duas fases presentes em qualquer região de duas fases de um sistema de dois componentes. Se o diagrama for constituído em termos de frações ponderais em lugar de frações molares, a regra da alavanca será válida e fornecerá as massas relativas das duas fases, em vez dos números de moles relativos.

14.5 MUDANÇAS DE ESTADO QUANDO SE REDUZ A PRESSÃO ISOTERMICAMENTE

O comportamento do sistema será examinado agora durante a redução da pressão de um valor alto para um valor baixo, mantendo-se a composição total constante, com a fração molar do componente 1 igual a X. Analisando-se a Fig. 14.4, vemos que no ponto a o sistema é inteiramente líquido, e assim permanece durante a redução da pressão até que o ponto l seja atingido; no ponto l aparece no primeiro traço de vapor de composição y. Observemos que o primeiro vapor que aparece é consideravelmente mais rico em l do que o líquido, uma vez que o componente l é o mais volátil. Continuando na redução da pressão atingimos o ponto a', o que nos leva a uma variação na composição do líquido ao longo de ll' e a uma variação na composição do vapor ao longo de vv'. Em a', o líquido possui uma composição x', enquanto o vapor possui uma composição y'; a razão entre o número de moles do líquido e do vapor nesse ponto é, segundo a regra da alavanca, $(\overline{a'v'}/\overline{a'l'})$. O prosseguimento da redução da pressão leva ao ponto de estado a $\overset{\bullet}{v}''$; nesse ponto restam apenas traços do líquido de composição x''; o vapor possui, então, a composição X. Notemos que o líquido remanescente é mais rico no componente menos volátil 2. Com a redução posterior da pressão, o ponto de estado desloca-se para dentro da região de vapor, e a redução da pressão de v'' para a'' corresponde a uma simples expansão do vapor. No estado final, a'', o vapor possui, evidentemente, a mesma composição que o líquido original.

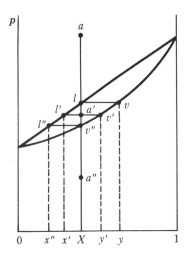

Fig. 14.4 Variação isotérmica na pressão.

O vapor que se forma sobre o líquido durante a redução da pressão contém um dos componentes numa proporção maior do que no líquido. Este fato é a base de um método de separação, a destilação isotérmica. O método é útil para as misturas que se decomporiam quando destiladas pelo método ordinário; é um processo inconveniente, usado apenas quando os outros métodos não são aplicáveis.

O sistema descrito acima é uma solução ideal. Se os desvios da idealidade não forem muito pronunciados, o aspecto do diagrama será o mesmo, exceto que a curva de composição do líquido não será uma reta, mas a interpretação será idêntica à do caso das soluções ideais.

14.6 DIAGRAMAS TEMPERATURA-COMPOSIÇÃO

Nos diagramas estudados na Seç. 14.5 a temperatura era constante. A pressão de equilíbrio era, então, função de x_1 ou de y_1, de acordo com as Eqs. (14.9) ou (14.12). Nestas equações, os valores de p_1° e p_2° são funções da temperatura. Se nas Eqs. (14.9) e (14.12) considerarmos a pressão total p constante, estas equações irão relacionar entre si a temperatura de equilíbrio, o ponto de ebulição e x_1 ou y_1. As relações $T = f(x_1)$ e $T = g(y_1)$ não são tão simples como aquelas entre a pressão e a composição, entretanto podem ser determinadas teoricamente mediante a equação de Clapeyron ou, como acontece em geral, experimentalmente através da determinação dos pontos de ebulição e das composições dos vapores correspondentes a misturas líquidas de várias composições.

O diagrama dos pontos de ebulição em função da composição, a pressão constante, no caso de soluções ideais, encontra-se esquematizado na Fig. 14.5. As linhas de líquido e de vapor não são retas; sob outros aspectos o diagrama se assemelha com o da Fig. 14.3. Entretanto, a região lenticular líquido-vapor inclina-se da esquerda para a direita, isto porque o componente 1 possui pressão de vapor maior e, portanto, menor ponto de ebulição. A região do líquido na Fig. 14.5 está na parte inferior do diagrama, pois a uma pressão constante o líquido é estável a temperaturas mais baixas. A curva inferior descreve a composição da fase líquida; a superior, a da fase vapor. As regiões dos dois diagramas $p - X$ e $T - X$, inadvertidamente, são freqüentemente confundidas entre si. Um pouco de bom senso faz com que percebamos que o líquido é mais estável a temperaturas baixas, a parte inferior do diagrama $T - X$, e em pressões altas, a parte superior do diagrama $p - X$. Tentar memorizar a localização das regiões do líquido e do vapor seria insensato, quando é tão fácil deduzi-la.

Os princípios aplicados à discussão do diagrama $p - X$ podem ser aplicados semelhantemente ao diagrama $T - X$. A pressão neste sistema é constante; da regra das fases concluímos que mais duas variáveis bastam para descrevermos o sistema. Cada ponto do diagrama $T - X$ descreve um estado do sistema. Os pontos da parte superior representam os estados gasosos e os da parte inferior representam os estados líquidos. Os pontos na região mediana representam estados nos quais o vapor e o líquido coexistem em equilíbrio. A linha de amarração na região líquido-vapor determina a composição do vapor e a composição do líquido que coexistem naquela temperatura. A regra da alavanca, evidentemente, aplica-se também aos diagramas $T - X$.

14.7 MUDANÇAS DE ESTADO COM O AUMENTO DA TEMPERATURA

Examinaremos agora a seqüência de eventos que se observa no aquecimento da mistura líquida, à pressão constante, a partir de uma temperatura baixa, correspondente ao ponto a, Fig. 14.5, até uma temperatura alta, ponto a''. Em a, o sistema consiste inteiramente de líquido; com o aumento da temperatura, o sistema permanece no estado líquido até o ponto l, onde, na temperatura T_1, aparecem os primeiros traços do vapor de composição y. O vapor é muito mais

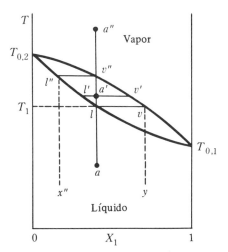

Fig. 14.5 Variação isobárica na temperatura.

rico do que o líquido no componente 1, que é o mais volátil. Esse fato é a base da separação de misturas voláteis por destilação. Continuando-se com o aumento da temperatura, o ponto de estado se desloca para a' e a composição do líquido varia continuamente ao longo de ll', enquanto que a composição do vapor varia continuamente ao longo de vv'. Em a' a razão entre o número de moles do líquido e do vapor é dada por $(\overline{a'v'})/(\overline{a'l'})$. Se a temperatura continuar a ser aumentada em v'' desaparecerá o último traço de líquido de composição x'' e em a'' todo o sistema se encontrará na fase vapor.

14.8 DESTILAÇÃO FRACIONADA

A seqüência de eventos descritas na Seç. 14.7 é observada quando não se remove nenhuma parte do material, ao se aumentar a temperatura. Quando removemos uma parte do vapor nos primeiros estágios do processo e o condensamos, o condensado, ou destilado, é mais rico no componente mais volátil, enquanto que o líquido se empobrece quanto a este componente. Suponhamos que a temperatura de uma mistura M é aumentada até que metade do material esteja presente como vapor e a outra metade permaneça líquida (Fig. 14.6(a)). A composição do vapor é v e a do resíduo R é l. O vapor é removido e condensado, formando um destilado D de composição v; o destilado é, então, aquecido até que metade evapore (Fig. 14.6(b)). O vapor é

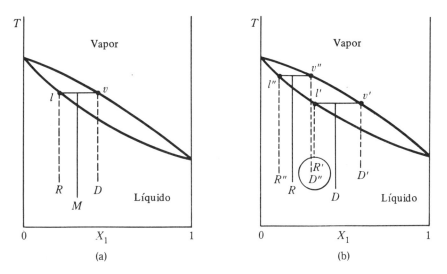

Fig. 14.6 Destilação.

removido e condensado; obtemos um destilado D' com composição v' e um resíduo R' com composição l'. O resíduo original R é tratado do mesmo modo: o destilado é D'' e o resíduo R''. Como D'' e R' possuem aproximadamente a mesma composição, podemos juntá-los; o processo, em seguida, é repetido com as três frações, R'', $(D'' + R')$ e D', e a continuação deste processo leva finalmente a um destilado quase puro do líquido mais volátil e a um resíduo constituído pelo líquido menos volátil quase puro, ao lado de uma série de frações de composições intermediárias.

O tempo e o trabalho requeridos para esse fracionamento por bateladas torna-o contraproducente. O método é substituído por outro, o contínuo, no qual se usa uma *coluna de fracionamento* (Fig. 14.7). O tipo de coluna que se encontra esquematizada é um tipo de coluna de fracionamento contínuo. A coluna é aquecida em sua parte inferior; existe um gradiente de temperatura ao longo de toda a coluna sendo o topo mais frio do que a extremidade inferior. Suponhamos que a temperatura no topo da coluna seja T_1 e o vapor recolhido neste esteja em equilíbrio com o líquido que existe no prato superior, o prato número 1; as composições do líquido e do vapor são dadas na Fig. 14.8 por l_1 e v_1. No prato seguinte, o número 2, a temperatura é T_2, ligeiramente superior; o vapor que abandona esse prato tem a composição v_2. Quando este vapor sobe ao prato 1, ele é resfriado até a temperatura T_1, ponto *a*. Isto quer dizer que uma parte do vapor v_2 se condensa para formar l_1; sendo l_1 mais rico no constituinte menos volátil, o vapor que abandona o prato é mais rico no componente mais volátil e no equilíbrio sua composição é dada por v_1. Isto se repete em todos os pratos da coluna. O vapor sobe pela coluna e vai-se resfriando; devido a esse resfriamento o componente menos volátil condensa preferencialmente e, portanto, o vapor se torna cada vez mais rico no componente mais volátil, em sua ascensão. Se em cada posição da coluna o líquido estiver em equilíbrio com o vapor, então, a composição do vapor será dada pela respectiva curva de composição da Fig. 14.8. Entende-se que a temperatura é uma função da altura na coluna.

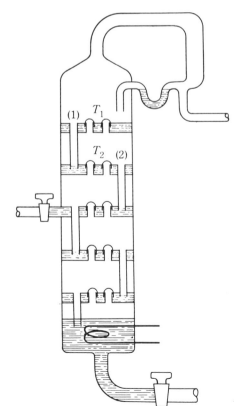

Fig. 14.7 Coluna de fracionamento com borbulhador. (Reproduzido com permissão de Findlay, Campbell, Smith, *The Phase Rule and Its Applications*, 9ª ed., New York: Dover, 1951.)

A temperatura do líquido l_1 em sua queda para o prato inferior sobe a T_2, e o ponto de estado ascende a b (Fig. 14.8). A vaporização de uma parte do componente mais volátil dá origem a um vapor de composição v_2; o líquido passa à composição l_2. Em seu fluxo para baixo pela coluna, o líquido vai-se tornando cada vez mais rico no componente menos volátil.

A ascensão do vapor e a queda do líquido pela coluna leva a uma redistribuição contínua dos dois componentes entre as duas fases, líquido e vapor, para estabelecer o equilíbrio em cada posição (isto é, em cada temperatura) da coluna. Essa redistribuição deve ser rápida para que exista, de fato, o equilíbrio em qualquer posição. Deve haver um contato eficiente entre o líquido e o vapor. Nas colunas com borbulhador, o contato eficiente é obtido fazendo-se com que o vapor ascendente borbulhe através do líquido contido nos pratos. Na coluna Hempel, usada em laboratório, o líquido encontra-se espalhado sobre bolinhas de vidro e o vapor é forçado a subir pelos espaços entre as bolinhas; desta maneira se consegue um contato íntimo. Na indústria se recorre a uma variedade de materiais de enchimento, sendo usadas freqüentemente pequenas peças de cerâmica de diversos formatos. Devem-se evitar enchimentos que permitam a canalização do líquido que escorre para baixo. O objetivo é espalhar o líquido em camadas relativamente finas de modo que a redistribuição dos componentes possa ocorrer com rapidez.

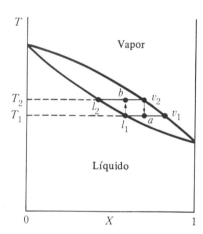

Fig. 14.8 Redistribuição de componentes entre o líquido e o vapor numa coluna de fracionamento.

Devemos notar que se uma certa parte da coluna é mantida a uma temperatura particular, então, no equilíbrio, a composição do líquido e do vapor possui os valores correspondentes àquela temperatura. Sob pressão constante, a variança do sistema é $F = 3 - P$; como estão presentes duas fases, $F = 1$. Conseqüentemente, fixando-se a temperatura em cada posição da coluna, fixa-se também a composição do vapor e do líquido no equilíbrio em cada ponto da coluna. Portanto, pela imposição de uma distribuição arbitrária de temperaturas através da coluna, impõe-se a correspondente distribuição das composições do vapor e do líquido "no equilíbrio", através desta coluna.

As expressões "no equilíbrio" ou "em equilíbrio" são comumente usadas para descrever uma coluna de destilação que não se encontra num equilíbrio real, mas sim em um *estado estacionário*. Como existem diferenças de temperatura ao longo da coluna, o sistema não pode estar em equilíbrio no sentido termodinâmico. Por esta razão a regra das fases não se aplica com rigor à situação, podendo-se, contudo, recorrer a ela como guia. Ocorrem também outras dificuldades: a pressão é mais alta na base da coluna do que no topo e o fluxo em contracorrente de líquido e vapor é um fenômeno dinâmico adicional.

Na prática, o equilíbrio não se estabelece em cada posição da coluna; ocorre que em qualquer posição o vapor tem a composição em equilíbrio com o líquido de posição ligeiramente inferior. Se a distância entre estas duas posições é h, dizemos que a altura h da coluna corresponde a *um prato teórico*. O número de pratos teóricos da coluna depende da sua geometria, do tipo e do arranjo do material de enchimento e da maneira pela qual é operada a coluna. Este número deve ser determinado experimentalmente para as condições em que a coluna é operada.

Quando os componentes individuais têm pontos de ebulição muito afastados, basta uma coluna com poucos pratos teóricos para separar os componentes da mistura. Por outro lado, se os pontos de ebulição são muito próximos a coluna precisa ter um grande número de pratos teóricos.

14.9 AZEÓTROPOS

As misturas ideais ou ligeiramente afastadas da idealidade podem ser fracionadas em seus constituintes mediante uma destilação. Por outro lado, se os desvios da lei de Raoult são suficientemente grandes para produzir um máximo ou um mínimo na curva da pressão de vapor, um mínimo ou máximo correspondente aparecerá na curva dos pontos de ebulição. Estas misturas não podem ser completamente separadas em seus constituintes por destilação fracionada. Podemos mostrar que se a curva da pressão de vapor possuir um máximo ou um mínimo, então, neste ponto, as curvas de líquido e de vapor serão tangentes, e, portanto, o líquido e o vapor deverão ter a mesma posição (Teorema de Gibbs-Konovalov). A mistura correspondente à pressão de vapor máxima ou mínima é denominada de *azeótropo* (do grego, ferver sem variação).

Consideremos o sistema mostrado na Fig. 14.9, o qual exibe um ponto de ebulição máximo. Se um sistema descrito pelo ponto a, tendo a composição azeotrópica, é aquecido, o vapor começa a se formar na temperatura t; esse vapor possui a mesma composição que o líquido e, conseqüentemente, o destilado obtido possui a mesma composição do líquido original, não se verificando, assim, separação alguma. Quando a mistura representada por b, Fig. 14.9, é aquecida, o vapor se forma em t' e sua composição é v'. Este vapor é mais rico no *componente de ponto de ebulição mais alto*. O fracionamento separa da mistura o componente 1 puro no destilado e deixa a mistura azeotrópica no recipiente. Uma mistura representada pelo ponto c co-

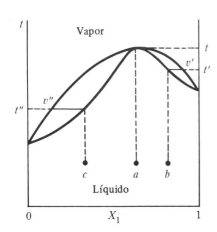

Fig. 14.9 Diagrama t-X com ponto de ebulição máximo.

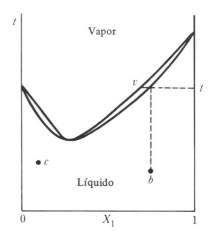

Fig. 14.10 Diagrama t-X com ponto de ebulição mínimo.

328 / FUNDAMENTOS DE FÍSICO-QUÍMICA

meça a ferver à temperatura t'' e o vapor tem a composição v''. O fracionamento dessa mistura produz o componente 2 puro no destilado e o azeótropo como resíduo no recipiente.

O comportamento dos azeótropos de ponto de ebulição mínimo, ilustrado pela Fig. 14.10, é análogo. O azeótropo destila sem alterar sua composição. Uma mistura representada pelo ponto b começa a ferver na temperatura t, tendo o vapor a composição v. O fracionamento desta mistura produz azeótropo no destilado e um resíduo do componente 1 puro. Semelhantemente, o fracionamento da mistura descrita por c produz azeótropo no destilado deixando como resíduo o componente 2 puro.

Na Tab. 14.1, vemos as propriedades de algumas misturas azeotrópicas. O azeótropo comporta-se como um composto puro pois ferve a uma temperatura constante, enquanto as misturas ordinárias fervem em um certo intervalo de temperaturas. Contudo, a variação da pressão altera a *composição* do azeótropo e a sua temperatura de ebulição. Portanto, o azeótropo não é

Tab. 14.1(a) Azeótropos de Ponto de Ebulição Mínimo (1 atm)

Componente A	$t_{eb}/°C$	Componente B	$t_{eb}/°C$	Azeótropo	
				% Massa de A	$t_{eb}/°C$
H_2O	100	C_2H_5OH	78,3	4,0	78,174
H_2O	100	$CH_3COC_2H_5$	79,6	11,3	73,41
CCl_4	76,75	CH_3OH	64,7	79,44	55,7
CS_2	46,25	CH_3COCH_3	56,15	67	39,25
$CHCl_3$	61,2	CH_3OH	64,7	87,4	53,43

Tab. 14.1(b) Azeótropos de Ponto de Ebulição Máximo (1 atm)

Componente A	$t_{eb}/°C$	Componente B	$t_{eb}/°C$	Azeótropo	
				% Massa de A	$t_{eb}/°C$
H_2O	100	HCl	-80	79,778	108,584
H_2O	100	HNO_3	86	32	120,5
$CHCl_3$	61,2	CH_3COCH_3	56,10	78,5	64,43
C_6H_5OH	182,2	$C_6H_5NH_2$	184,35	42	186,2

Com permissão de *Azeotropic Data*; Advances in Chemistry Series n.º 6, American Chemical Society; Washington, D.C., 1952.

Tab. 14.2 Variação da Temperatura e da Composição Azeotrópica com a Pressão

Pressão/mmHg	% Massa de HCl	$t_{eb}/°C$
500	20,916	97,578
700	20,360	106,424
760	20,222	108,584
800	20,155	110,007

W. D. Bonner, R. E. Wallace, *J. Amer. Chem. Soc.*, **52**, 1747 (1930).

um composto puro. Vejamos, por exemplo, o caso do ácido clorídrico. A variação da composição com a pressão está ilustrada pelos dados da Tab. 14.2. Essas composições foram determinadas com precisão suficiente para que se possa preparar uma solução-padrão de HCl mediante diluição da mistura que ferver a uma temperatura constante.

14.10 A SOLUÇÃO DILUÍDA IDEAL

A exigência rígida de que todo componente de uma solução ideal deva obedecer à lei de Raoult, dentro de todo intervalo de concentrações, é atenuada na definição da *solução diluída ideal*. Para chegarmos às leis que regem as soluções diluídas, devemos examinar o comportamento experimental dessas soluções. As curvas das pressões de vapor de três sistemas são descritas a seguir.

14.10.1 Benzeno-Tolueno

A Fig. 14.11 mostra a variação da pressão de vapor em função da fração molar do benzeno para o sistema benzeno-tolueno, que se comporta praticamente como uma solução ideal, dentro de todo o intervalo de composições. As pressões parciais do benzeno e do tolueno, as quais também aparecem no diagrama, são funções lineares da fração molar do benzeno, visto que é obedecida a lei de Raoult.

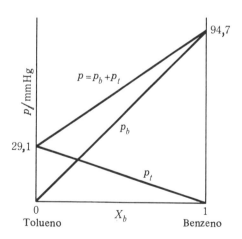

Fig. 14.11 Pressões de vapor no sistema benzeno-tolueno.

14.10.2 Acetona-Dissulfeto de Carbono

A Fig. 14.12(a) mostra as curvas da pressão parcial de vapor e da pressão de vapor total das misturas de acetona e dissulfeto de carbono. Nesse sistema as curvas das pressões parciais individuais ficam bem acima das previsões da lei de Raoult, indicadas pelas linhas interrompidas. O sistema exibe um desvio positivo da lei de Raoult. A pressão de vapor total exibe um máximo que se encontra acima da pressão de vapor de cada componente.

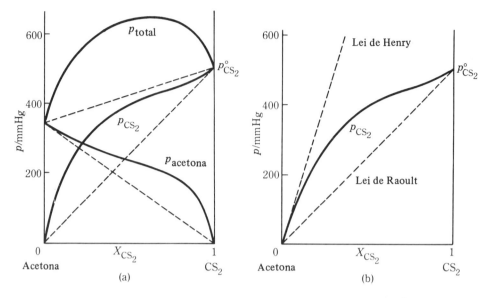

Fig. 14.12 Pressão de vapor no sistema acetona-dissulfeto de carbono (35,17°C). [J. v. Zawidski, Z. physik Chem., 35:129 (1900).]

A Fig. 14.12(b) ilustra outro aspecto interessante do sistema. Nesta figura mostramos apenas as pressões parciais do dissulfeto de carbono; na região de $X_{CS_2} = 1$, onde CS_2 é o solvente, a pressão parcial da curva é tangente à linha da lei de Raoult. Entretanto, na região próxima de $X_{CS_2} = 0$, onde CS_2 é o soluto presente na baixa concentração, a curva da pressão parcial é linear:

$$p_{CS_2} = K_{CS_2} X_{CS_2}, \qquad (14.14)$$

sendo K_{CS_2} uma constante. O coeficiente angular da reta nessa região difere do coeficiente da lei de Raoult. O soluto obedece à lei *de Henry*, Eq. (14.14), onde K_{CS_2} é a constante da lei de Henry. O exame da curva das pressões parciais da acetona mostra o mesmo tipo de comportamento:

$p_{acetona} = X_{acetona} p°_{acetona}$ nas proximidades de $X_{acetona} = 1$
$p_{acetona} = K_{acetona} X_{acetona}$ nas proximidades de $X_{acetona} = 0$.

Notemos que se a solução fosse ideal K seria igual a $p°$ e ambas as leis dariam a mesma informação.

14.10.3 Acetona-Clorofórmio

No sistema acetona-clorofórmio, mostrado na Fig. 14.13, as curvas das pressões de vapor ficam abaixo das previstas pela lei de Raoult. Esse sistema exibe um desvio *negativo* da lei de Raoult. A pressão de vapor total apresenta um valor mínimo, que é inferior às pressões dos componentes puros. As linhas finas e interrompidas que representam a lei de Henry também estão abaixo das linhas da lei de Raoult, no caso deste sistema.

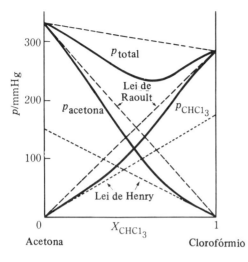

Fig. 14.13 Pressão de vapor no sistema acetona-clorofórmio (35,17°C). [J. v. Zawidski, *Z. physik Chem.*, 35:129 (1900).]

Algebricamente, podemos expressar as propriedades da solução diluída ideal através das seguintes equações:

Solvente (Lei de Raoult): $p_1 = x_1 p_1^\circ$, (14.15)

Solutos (Lei de Henry): $p_j = K_j x_j$, (14.16)

onde o índice j se refere a qualquer um dos solutos e o índice 1 denota o solvente. O comportamento de todas as soluções reais aproxima-se do comportamento expresso pelas Eqs. (14.15) e (14.16), desde que a solução seja suficientemente diluída. O mesmo é verdadeiro no caso da presença de vários solutos, devendo a solução ser diluída em relação a todos esses solutos; cada soluto possui um K_j diferente.

14.11 OS POTENCIAIS QUÍMICOS NA SOLUÇÃO DILUÍDA IDEAL

Como os solventes obedecem à lei de Raoult, o potencial químico do solvente é dado pela Eq. (14.3), que agora repetimos para que fique fácil a comparação.

$$\mu_1 = \mu_1^\circ(T, p) + RT \ln x_1.$$

Para os solutos é requerida, como sempre, a igualdade dos potenciais químicos no líquido, μ_j (l), e na fase gasosa, μ_j (g):

$$\mu_j(l) = \mu_j(g) = \mu_j^\circ(g) + RT \ln p_j.$$

332 / FUNDAMENTOS DE FÍSICO-QUÍMICA

Substituindo p_j pelo seu valor obtido a partir da lei de Henry, Eq. (14.16), obtemos

$$\mu_j(l) = \mu_j^\circ(g) + RT \ln K_j + RT \ln x_j$$

Definimos uma energia livre padrão, $\mu_j^*(l)$, por

$$\mu_j^*(l) = \mu_j^\circ(g) + RT \ln K_j \tag{14.17}$$

onde μ_j^* é uma função da temperatura e da pressão, mas não da composição. A expressão final de μ_j no líquido fica na forma

$$\mu_j = \mu_j^* + RT \ln x_j \tag{14.18}$$

De acordo com a Eq. (14.18), μ_j^* é o potencial químico do soluto j em um estado hipotético no qual $x_j = 1$, se obedecida a lei de Henry em todo o intervalo de composições, $0 \leqslant x_j \leqslant 1$.

O conceito de solução diluída ideal é estendido para solutos não-voláteis, pela exigência de que os potenciais químicos destes solutos obedeçam a uma equação do tipo da Eq. (14.18).

As frações molares, x_j, não são, na maioria das vezes, medidas convenientes para a concentração de solutos em soluções diluídas. A molalidade, m_j, e a molaridade, c_j, são as medidas mais comumente usadas. Para obtermos expressões do potencial químico em termos de m_j ou c_j podemos usar a Eq. (14.18); para fazermos isto precisaremos escrever x_j em termos de m_j ou c_j.

Por definição, $x_j = n_j/(n + \Sigma_j n_j)$, onde n é o número de moles do solvente, e a molalidade de j é o número de moles de j por unidade de massa (1 kg) de solvente. Assim, se M for a massa molar do solvente (em kg/mol), teremos

$$m_j = \frac{n_j}{nM} \qquad \text{ou} \qquad n_j = nMm_j. \tag{14.19}$$

Usando esse resultado de n_j na expressão para x_j, obtemos

$$x_j = \frac{Mm_j}{1 + Mm}, \tag{14.20}$$

onde $m = \Sigma_j m_j$ é a molalidade total de todos os solutos. Como nas soluções diluídas m aproxima-se de zero, temos que

$$\lim_{m=0} \left(\frac{x_j}{m_j}\right) = \lim_{m=0} \frac{M}{1 + mM} = M,$$

de forma que próximo de $m = 0$

$$x_j = Mm_j. \tag{14.21}$$

Essa relação pode ser escrita na forma

$$x_j = Mm^\circ \left(\frac{m_j}{m^\circ}\right) \tag{14.22}$$

onde $m°$ é a concentração molal padrão, $m° = 1$ mol/kg. Esse valor de x_j pode ser usado na Eq. (14.18), que se torna

$$\mu_j = \mu_j^* + RT \ln Mm° + RT \ln \left(\frac{m_j}{m°} \right)$$

Definindo $\mu_j^{**} = \mu_j^* + RT \ln Mm°$, a equação torna-se

$$\mu_j = \mu_j^{**} + RT \ln m_j, \tag{14.23}$$

na qual m_j aparece como uma abreviação do número puro, $m_j/(1 \text{ mol/kg})$. A Eq. (14.23) expressa μ_j numa solução diluída como uma função conveniente de m_j. O valor padrão, μ_j^{**}, corresponde ao valor que μ_j teria em um estado hipotético de molalidade unitária, no qual a solução apresentaria propriedades de uma solução diluída ideal no intervalo todo, $0 \leqslant m_j \leqslant 1$.

Para expressarmos μ_j em termos de c_j, primeiro teremos que estabelecer uma relação entre m_j e $\tilde{c}_j$, que é a concentração dada nas unidades SI, mol/m^3. Por definição,

$$\tilde{c}_j = \frac{n_j}{V} = \frac{nMm_j}{V}$$

Sendo ρ_s a densidade da solução, teremos $V = w/\rho_s$, onde a massa da solução é dada por $w = nM + \Sigma_j n_j M_j = nM + \Sigma_j nMm_j M_j$. Assim,

$$V = \frac{nM}{\rho_s} \left(1 + \sum_j m_j M_j \right)$$

e

$$\tilde{c}_j = \frac{\rho_s m_j}{1 + \sum_j m_j M_j}. \tag{14.24}$$

À medida que todos os m_j aproximarem-se de zero, teremos

$$\lim_{m_j = 0} \left(\frac{\tilde{c}_j}{m_j} \right) = \lim_{m_j = 0} \frac{\rho_s}{1 + \sum_j m_j M_j} = \rho,$$

onde ρ é a densidade do solvente puro. Dessa forma, na solução diluída,

$$\tilde{c}_j = \rho m_j \qquad \text{ou} \qquad m_j = \frac{\tilde{c}_j}{\rho} \tag{14.25}$$

Reescrevendo a Eq. (14.25) para introduzirmos razões adimensionais, obtemos

$$\frac{m_j}{m°} = \frac{\tilde{c}°}{\rho m°} \left(\frac{\tilde{c}_j}{\tilde{c}°} \right) \qquad \text{ou} \qquad \frac{m_j}{m°} = \frac{\tilde{c}°}{\rho m°} \left(\frac{c_j}{c°} \right),$$

334 / FUNDAMENTOS DE FÍSICO-QUÍMICA

sendo $\tilde{c}_j/\tilde{c}^\circ = c_j/c^\circ$. Colocando esse valor de m_j/m° na Eq. (14.23) chegamos à relação

$$\mu_j = \mu_j^{**} + RT \ln \left(\frac{\tilde{c}^\circ}{\rho m^\circ} \right) + RT \ln \frac{c_j}{c^\circ}.$$

Essa relação pode ser escrita na forma

$$\mu_j = \mu_j^{\square} + RT \ln c_j, \tag{14.26}$$

em que entendemos c_j como uma abreviação do número puro, $c_j/(1 \text{ mol/l})$. Na Eq. (14.26) fizemos

$$\mu_j^{\square} = \mu_j^{**} + RT \ln \left(\frac{\tilde{c}^\circ}{\rho m^\circ} \right). \tag{14.27}$$

A Eq. (14.26) relaciona μ_j numa solução diluída com c_j, que é a concentração em mol/l. Essa equação não é tão usada quanto a Eq. (14.23); $\mu_j^{\square}$ é o potencial químico que o soluto teria numa concentração de 1 mol/l, no caso da solução comportar-se idealmente até esta concentração.

A diferença entre $\mu_j^{\square}$ e μ_j^{**} não é muito grande. Como $c^\circ = 1$ mol/l, o valor correspondente de $\tilde{c}^\circ$ é $\tilde{c}^\circ = 10^3$ mol/m^3. Uma vez que $m^\circ = 1$ mol/kg e, para a água a 25°C, $\rho = 997{,}044$ kg/m^3, temos

$$\frac{\tilde{c}^\circ}{\rho m^\circ} = \frac{10^3 \text{ mol/m}^3}{(997{,}044 \text{ kg/m}^3)(1 \text{ mol/kg})} = 1{,}002965.$$

O segundo termo na Eq. (14.27) torna-se (8,314 J/K mol) (298,15 K) ln (1,002965) = = 7,339 J/mol. Na maioria dos casos esse valor é menor do que as incertezas nos valores experimentais, de forma que a diferença entre os estados padrões m_j e c_j pode ser ignorada.

14.12 A LEI DE HENRY E A SOLUBILIDADE DOS GASES

A lei de Henry, Eq. (14.16), relaciona a pressão parcial do soluto na fase vapor com a fração molar do soluto na solução. Olhando-se a relação sob outro ponto de vista, a lei de Henry relaciona a fração molar no equilíbrio, a solubilidade de j na solução e a pressão parcial de j na fase vapor:

$$x_j = \frac{1}{K_j} p_j. \tag{14.28}$$

A Eq. (14.28) mostra que a solubilidade x_j de um constituinte volátil é proporcional à pressão parcial deste constituinte na fase gasosa, que está em equilíbrio com o líquido. A Eq. (14.28) é usada para relacionar os dados de solubilidade dos gases nos líquidos. Se o solvente e os gases não reagem quimicamente, a solubilidade dos gases nos líquidos é usualmente tão pequena que as condições de soluções diluídas encontram-se satisfeitas. Aqui temos um outro exemplo do significado físico da pressão parcial.

A solubilidade dos gases é muitas vezes dada em termos do coeficiente de absorção de Bunsen, α, que é o volume de gás, medido a $0°C$ e 1 atm, dissolvido pela unidade de volume do solvente, quando a pressão parcial do gás é 1 atm.

$$\alpha_j = \frac{V_j°(g)}{V(l)}, \tag{14.29}$$

mas $V_j°(g) = n_j°RT_0/p_0$ e $V(l) = nM/\rho$, onde n é o número de moles do solvente, M é a massa molar e ρ é a densidade. Assim,

$$\alpha_j = \frac{n_j°RT_0/p_0}{nM/\rho}. \tag{14.30}$$

Quando a pressão parcial do gás é $p_j = p° = 1$ atm, a solubilidade pela lei de Henry, $x_j°$, é dada por

$$x_j° = \frac{n_j°}{n + n_j°} = \frac{1}{K_j}$$

Sendo a solução diluída, $n_j° \ll n$ e, por isso, temos

$$\frac{n_j°}{n} = \frac{1}{K_j}. \tag{14.31}$$

Usando esse valor de $n_j°/n$ na Eq. (14.30), encontramos

$$\alpha_j K_j = \left(\frac{RT_0}{p_0}\right)\left(\frac{\rho}{M}\right) = (0,022414 \text{ m}^3/\text{mol}) \frac{\rho}{M}, \tag{14.32}$$

que é a relação entre a constante da lei de Henry, K_j, e o coeficiente de absorção de Bunsen, α_j; conhecido um, podemos calcular o outro. A solubilidade do gás em moles por unidade de volume do solvente, $n_j°/(nM/\rho)$, é diretamente proporcional a α_j, pela Eq. (14.30); isto faz com que α_j seja mais conveniente do que K_j para a discussão da solubilidade.

Alguns valores de α para vários gases dissolvidos em água encontram-se na Tab. 14.3. Notemos que α cresce com o aumento do ponto de ebulição da substância.

Tab. 14.3 Coeficientes de Absorção de
Bunsen em Água a $25°C$

Gás	$t_{eb}/°C$	α
Hélio	$-268,9$	0,0087
Hidrogênio	$-252,8$	0,0175
Nitrogênio	$-195,8$	0,0143
Oxigênio	$-182,96$	0,0283
Metano	$-161,5$	0,0300
Etano	$-88,3$	0,0410

336 / FUNDAMENTOS DE FÍSICO-QUÍMICA

14.13 DISTRIBUIÇÃO DE UM SOLUTO ENTRE DOIS SOLVENTES

Se uma solução diluída de iodo em água for agitada com tetracloreto de carbono, o iodo se distribuirá entre os dois solventes imiscíveis. Se μ e μ' forem os potenciais químicos do iodo na água e no tetracloreto de carbono, respectivamente, então no equilíbrio $\mu = \mu'$. Se ambas as soluções forem diluídas e ideais, então, de acordo com a Eq. (14.18), teremos $\mu^* + RT \ln x = \mu'^* + RT \ln x'$, que pode ser escrita como

$$RT \ln \frac{x'}{x} = -(\mu'^* - \mu^*). \qquad (14.33)$$

Como μ'^* e μ^* são independentes da composição, segue que

$$\frac{x'}{x} = K, \qquad (14.34)$$

onde K, o coeficiente de distribuição ou de repartição, é independente das concentrações de iodo nas duas camadas. A quantidade $\mu'^* - \mu^*$ é a variação da energia de Gibbs padrão, ΔG^*, para a transformação

$$I_2 \text{ (em } H_2O) \longrightarrow I_2 \text{ (em } CCl_4).$$

A Eq. (14.33) torna-se

$$RT \ln K = -\Delta G^*, \qquad (14.35)$$

que é a relação usual entre a variação da energia de Gibbs padrão e a constante de equilíbrio de uma reação química.

Em soluções suficientemente diluídas, as frações molares são proporcionais às molalidades ou molaridades; então, temos:

$$K' = \frac{m'}{m} \qquad e \qquad K'' = \frac{c'}{c}, \qquad (14.36)$$

onde K' e K'' são independentes das concentrações nas duas camadas. A Eq. (14.36) foi originalmente proposta por W. Nernst e é conhecida por lei da repartição de Nernst.

14.14 EQUILÍBRIO QUÍMICO NA SOLUÇÃO IDEAL

Na Seç. 11.7 foi mostrado que a condição de equilíbrio químico é

$$\left(\sum_i \nu_i \mu_i \right)_{eq} = 0, \qquad (14.37)$$

onde os v_i são os coeficientes estequiométricos. Para aplicarmos esta condição ao equilíbrio químico numa solução ideal, simplesmente inserimos a forma apropriada dos μ_i dados pela Eq. (14.3). Isto nos dá, imediatamente,

$$\sum_i v_i \mu_i^\circ + RT \sum_i \ln (x_i)_e^{v_i} = 0,$$

o que pode ser escrito da forma usual

$$\Delta G^\circ = -RT \ln K, \tag{14.38}$$

onde ΔG° é a variação da energia de Gibbs padrão da reação e K é o quociente das frações molares no equilíbrio. Assim, em uma solução ideal, a forma apropriada da constante de equilíbrio é um quociente de frações molares.

Se a solução é uma solução diluída ideal, então para uma reação entre apenas os solutos a Eq. (14.18) dá, para cada um dos μ_j,

$$\mu_j = \mu_j^* + RT \ln x_j,$$

de modo que a condição de equilíbrio é

$$\Delta G^* = -RT \ln K, \tag{14.39}$$

sendo K, novamente, um quociente das frações molares no equilíbrio. Obviamente, podemos ter escolhido também a Eq. (14.23) ou (14.26) para expressarmos μ_j. Obteríamos, neste caso,

$$\Delta G^{**} = -RT \ln K' \qquad \text{ou} \qquad \Delta G^\square = -RT \ln K''; \tag{14.40}$$

K' é um quociente das molalidades no equilíbrio; K'' é um quociente das molaridades no equilíbrio; ΔG^{**} e $\Delta G^\square$ são as variações da energia de Gibbs padrão apropriadas.

As variações da energia de Gibbs padrão são determinadas mediante medidas das constantes de equilíbrio, da mesma maneira como é feito para as reações em fase gasosa. A energia de Gibbs padrão de cada soluto na solução é obtida do mesmo modo como é feito no caso das reações gasosas, isto é, pela combinação das variações das energias de Gibbs para as diversas reações.

A dependência da temperatura é a mesma para essas constantes de equilíbrio e para qualquer outra; por exemplo, para K' e K'',

$$\left(\frac{\partial \ln K'}{\partial T}\right)_p = \frac{\Delta H^{**}}{RT^2} \qquad \text{e} \qquad \left(\frac{\partial \ln K''}{\partial T}\right)_p = \frac{\Delta H^\square}{RT^2} \tag{14.41}$$

onde ΔH^{**} e $\Delta H^\square$ são as variações de entalpia padrão apropriadas.

Se a reação química envolver o solvente, a constante de equilíbrio terá uma forma ligeiramente diferente. Por exemplo, no caso do equilíbrio

$$CH_3COOH + C_2H_5OH \rightleftharpoons CH_3COOC_2H_5 + H_2O$$

338 / FUNDAMENTOS DE FÍSICO-QUÍMICA

estudado em solução aquosa, se a solução for suficientemente diluída para que possamos usar as molaridades para descrever as energias de Gibbs dos solutos, a constante de equilíbrio terá a forma

$$K'' = \frac{c_{EtAc} x_{H_2O}}{c_{HAc} c_{EtOH}}, \tag{14.42}$$

pois em solução diluída o solvente obedece à lei de Raoult. Em solução diluída $x_{H_2O} \approx 1$, de modo que K'' será dado por

$$K'' = \frac{c_{EtAc}}{c_{HAc} c_{EtOH}}. \tag{14.43}$$

A variação da energia de Gibbs padrão para K'' é $\Delta G^\square$, segundo a Eq. (14.40), e deve incluir $\mu_{H_2O}^\circ$; portanto,

$$\Delta G^\square = \mu_{EtAc}^\square + \mu_{H_2O}^\circ - \mu_{HAc}^\square - \mu_{EtOH}^\square. \tag{14.44}$$

O $\mu_{H_2O}^\circ$ é a energia de Gibbs molar da água pura; $\mu_j^\square$ são os potenciais químicos dos solutos na solução ideal hipotética, de molaridade unitária.

QUESTÕES

14.1 O calor de vaporização aumenta na série de alcanos normais C_6H_{14}, C_8H_{18} e $C_{10}H_{22}$. Se o octano for o solvente, poderíamos adicionar hexano ou decano para diminuir a pressão de vapor?

14.2 Se você deseja obter um destilado de metanol puro por uma destilação fracionada da solução CCl_4–CH_3OH, a solução inicial deverá ser constituída de uma quantidade maior, menor ou igual a 79,44% em massa de CCl_4?

14.3 Considere uma solução dos líquidos moleculares A e B. Se as interações intermoleculares entre as moléculas A, entre as moléculas B e entre as moléculas A e B forem todas aproximadamente iguais, observaremos que as condições de idealidade, Eqs. (14.4)–(14.6), serão satisfeitas. Explique essa ocorrência. Com base nesse fato, explique por que a solução benzeno-tolueno apresenta um comportamento próximo da idealidade (Fig. 14.11).

14.4 Interações relativamente fortes por ponte de hidrogênio existem entre as moléculas de acetona e clorofórmio, não sendo verificadas, no entanto, nos líquidos puros. Dê uma explicação a nível molecular para os desvios negativos mostrados na Fig. 14.13.

14.5 A dissolução de um gás em um líquido é um processo exotérmico. Assumindo ser um gás ideal, faça considerações sobre esse fato, em termos das forças moleculares. Sugira uma explicação a nível molecular para o coeficiente de Bunsen, α, aumentar com o aumento do ponto de ebulição do gás.

14.6 Muitas reações orgânicas são efetuadas em soluções diluídas dos reagentes em solventes orgânicos inertes. Qual das relações é a mais apropriada para descrever o equilíbrio em tais reações, a relação (14.38) ou a (14.39)?

PROBLEMAS

14.1 O benzeno e o tolueno formam soluções bem próximas da idealidade. A 300 K, $p^\circ_{tolueno} = 32,06$ mmHg e $p^\circ_{benzeno} = 103,01$ mmHg.

 a) Uma mistura líquida é composta de 3 mol de tolueno e 2 mol de benzeno. Se a pressão sobre a mistura a 300 K for reduzida, a que pressão se formará o primeiro vapor?
 b) Qual a composição dos primeiros traços do vapor formado?
 c) Se a pressão for reduzida ainda mais, a que pressão desaparecerá o último traço de líquido?
 d) Qual a composição do último traço de líquido?
 e) Qual será a pressão, a composição do líquido e a composição do vapor quando 1 mol da mistura for vaporizado? (*Sugestão:* Regra da alavanca.)

14.2 Dois líquidos A e B formam uma solução ideal. A uma determinada temperatura, a pressão de vapor de A puro é 200 mmHg, enquanto que a de B puro é de 75 mmHg. Se o vapor sobre a mistura consistir de 50 mol porcento de A, qual a porcentagem molar de A no líquido?

14.3 A $-31,2°$ C, temos os seguintes dados:

Composto	Propano	n-butano
Pressão de vapor, p°/mmHg	1200	200

 a) Calcule a fração molar de propano na mistura líquida que entra em ebulição a $-31,2°$ C, sob uma pressão de 760 mmHg.
 b) Calcule a fração molar de propano no vapor em equilíbrio com o líquido em (a).

14.4 A $-47°$ C a pressão de vapor do brometo de etila é 10 mmHg, enquanto que a do cloreto de etila é 40 mmHg. Assuma que a mistura é ideal. Se existir apenas um traço de líquido e se a fração molar do cloreto de etila no vapor for de 0,80,

 a) qual será a pressão total e a fração molar do cloreto de etila no líquido?
 b) Se existirem 5 mol de líquido e 3 mol de vapor, presentes na mesma pressão em que (a), qual a composição global do sistema?

14.5 Uma mistura gasosa de duas substâncias, sob uma pressão total de 0,8 atm, está em equilíbrio com uma solução ideal líquida. A fração molar da substância A é 0,5 na fase vapor e 0,2 na fase líquida. Quais são as pressões de vapor dos dois líquidos puros?

14.6 A composição do vapor em equilíbrio com uma solução binária ideal é determinada pela composição do líquido. Se x_1 e y_1 são as frações molares de 1 no líquido e no vapor, respectivamente, ache o valor de x_1 para o qual $y_1 - x_1$ apresenta um máximo. Qual é a pressão nesta composição?

14.7 Suponha que o vapor acima de uma solução ideal contenha n_1 mol de 1 e n_2 mol de 2 e ocupe o volume V sob a pressão $p = p_1 + p_2$. Se definirmos $\overline{V}^\circ_2 = RT/p^\circ_2$ e $\overline{V}^\circ_1 = RT/p^\circ_1$, mostre que a lei de Raoult implica que $V = n_1 \overline{V}^\circ_1 + n_2 \overline{V}^\circ_2$.

14.8 Mostre que, enquanto a pressão de vapor numa solução binária ideal é uma função linear da fração molar de cada componente no líquido, a recíproca da pressão é uma função linear da fração molar de qualquer um dos componentes no vapor.

14.9 Dadas as pressões de vapor dos líquidos puros e a composição global do sistema, quais os limites inferior e superior da pressão na qual o líquido e o vapor coexistem em equilíbrio?

14.10 a) Os pontos de ebulição do benzeno puro e do tolueno puro são 80,1° C e 110,6° C, sob 1 atm. Admitindo que as entropias de vaporização nos pontos de ebulição são iguais a 90 J/K mol, e aplican-

340 / FUNDAMENTOS DE FÍSICO-QUÍMICA

do a equação de Clausius-Clapeyron a cada substância, deduza uma expressão implícita para o ponto de ebulição na mistura dos dois líquidos em função da fração molar, x_b, de benzeno.

b) Qual é a composição do líquido que ferve a $95°C$?

14.11 Alguns sistemas não-ideais podem ser representados pelas equações $p_1 = x_1^a p_1^o$ e $p_2 = x_2^a p_2^o$. Mostre que se a constante a for maior do que 1, a pressão total apresentará um mínimo, enquanto que se a for menor do que 1, a pressão total exibirá um máximo.

14.12 a) Em uma solução diluída ideal, se p_1^o é a pressão de vapor do solvente e K_h é a constante da lei de Henry para o soluto, escreva uma expressão para a pressão total existente sobre a solução em função de x, a fração molar do soluto.

b) Ache a relação entre y_1 e a pressão total de vapor.

14.13 Os coeficientes de absorção de Bunsen para o oxigênio e o nitrogênio em água são 0,0283 e 0,0143, a $25°C$. Supondo que o ar tenha 20% de oxigênio e 80% de nitrogênio, quantos cm^3 de gás, medidos nas C.N.T.P., serão dissolvidos por $100 \ cm^3$ de água em equilíbrio com o ar a 1 atm de pressão? Quantos serão dissolvidos se a pressão for 10 atm? Qual é a razão molar, N_2/O_2, do gás dissolvido?

14.14 A constante da lei de Henry para o argônio em água é $2,17 \times 10^4$ a $0°C$ e $3,97 \times 10^4$ a $30°C$. Calcule o calor padrão de solução do argônio em água.

14.15 Suponha que em um recipiente fechado, $250 \ cm^3$ de água carbonatada contenham CO_2 sob pressão de 2 atm, a $25°C$. Se o coeficiente de absorção de Bunsen para o CO_2 é 0,76, qual é o volume total de CO_2, medido nas C.N.T.P., que se encontra dissolvido na água?

14.16 A $25°C$, para o CO_2 (g), μ^o (g) $= -394,36 \ kJ/mol$ e μ^{**}(aq) $= -386,02 \ kJ/mol$, enquanto que $\bar{H}^o$(g) $= -393,51 \ kJ/mol$ e H^{**}(aq) $= -413,80 \ kJ/mol$. Para o equilíbrio CO_2 (g) $\rightleftharpoons CO_2$ (aq), calcule

a) a molalidade do CO_2 em água, sob uma pressão de 1 atm, a $25°C$ e a $35°C$;

b) o coeficiente de absorção de Bunsen para o CO_2 em água, a $25°C$ e a $35°C$. ($\rho_{H_2O} = 1,00 \ g/cm^3$.)

14.17 A $25°C$, as energias de Gibbs padrão de formação dos gases inertes em solução aquosa, com molalidade unitária, são

Gás	He	Ne	Ar	Kr	Xe
$\mu_j^{**}/(kJ/mol)$	19,2	19,2	16,3	15,1	13,4

Calcule o coeficiente de absorção de Bunsen para cada um desses gases. ($\rho_{H_2O} = 1,00 \ g/cm^3$.)

14.18 O coeficiente de absorção de Bunsen para o hidrogênio em níquel é 62, a $725°C$. O equilíbrio é dado por

$$H_2(g) \rightleftharpoons 2H(Ni)$$

a) Mostre que a solubilidade do hidrogênio no níquel segue a lei de Sieverts, $x_H = K_s p_{H_2}^{1/2}$; calcule a constante da lei de Sieverts, K_s.

b) Calcule a solubilidade do hidrogênio no níquel (em átomos de H por átomo de Ni) a $p_{H_2} = 1$ atm e a 4 atm. ($\rho_{Ni} = 8,7 \ g/cm^3$.)

14.19 A $800°C$, $1,6 \times 10^{-4}$ mol e O_2 estão dissolvidos em 1 mol de prata. Calcule o coeficiente de absorção de Bunsen para o oxigênio na prata; ρ (Ag) $= 10,0 \ g/cm^3$.

14.20 O coeficiente de distribuição do iodo entre CCl_4 e H_2O é dado por $c_{CCl_4}/c_{H_2O} = K = 85$, onde c_s é a concentração de iodo (em mol/l) no solvente S.

MAIS DE UM COMPONENTE VOLÁTIL / 341

a) Se 90% do iodo presente em 100 cm^3 de solução aquosa for extraído em uma só etapa, qual o volume de CCl_4 necessário para essa extração?

b) Qual o volume de CCl_4 que será necessário no caso de serem permitidas duas extrações usando-se volumes iguais?

c) Sendo β a fração da quantidade original de I_2 que permanece na camada aquosa após n extrações usando-se volumes iguais de CCl_4, mostre que o volume total limite de CCl_4 necessária quando $n \rightarrow \infty$ é $K^{-1} \ln (1/\beta)$, por unidade de volume da camada aquosa.

14.21 A 25°C, a constante de equilíbrio para a reação

$$CO_2(aq) + H_2O(l) \;\rightleftharpoons\; H_2CO_3(aq)$$

é $K = 2{,}58 \times 10^{-3}$. Sendo $\Delta G_f^\circ (CO_2, aq) = -386{,}0$ kJ/mol e $\Delta G_f^\circ (H_2O, l) = -237{,}18$ kJ/mol, calcule $\Delta G_f^\circ (H_2CO_3, aq)$.

14.22 Avalie a diferença $\mu_j^{**} - \mu_j^{*}$, numa solução aquosa a 25°C.

14.23 Suponha que usamos para um soluto, numa solução diluída ideal, $\mu_j^{\square} = \mu_j^{\circ\circ} + RT \ln \bar{c}_j$, onde $\bar{c}_j$ é a abreviação de $\bar{c}_j/(1 \text{ mol/m}^3)$. Ache a diferença entre $\mu_j^{\circ\circ}$ e $\mu_j^{\square}$ e avalie essa diferença para soluções aquosas, a 25°C.

15

Equilíbrio Entre Fases Condensadas

15.1 EQUILÍBRIO ENTRE FASES LÍQUIDAS

Ao se adicionar pequenas quantidades de tolueno ao benzeno puro contido num bécher, observa-se que, independentemente da quantidade de tolueno adicionada, a mistura permanece como uma única fase líquida. Os dois líquidos são *completamente miscíveis*. Contrastando com esse comportamento, a mistura da água com nitrobenzeno resulta na formação de duas camadas líquidas separadas; uma das camadas, a da água, contém apenas traços de nitrobenzeno, enquanto que a outra, do nitrobenzeno, contém apenas traços de água dissolvida. Esses líquidos são *imiscíveis*. Quando se adicionam pequenas quantidades de fenol à água, inicialmente o fenol se dissolve e se obtém uma mistura monofásica; entretanto, num determinado instante da adição a água torna-se saturada e com a posterior adição de fenol obtêm-se duas camadas líquidas distintas, uma rica em água, a outra rica em fenol. Estes são líquidos *parcialmente miscíveis*. Sobre esses sistemas focalizaremos aqui nossa atenção.

Consideremos um sistema no equilíbrio consistindo em duas camadas líquidas distintas; duas fases líquidas. Admitamos que uma das fases é o líquido A, puro, e a outra fase é uma solução saturada de A no líquido B. O equilíbrio termodinâmico requer que o potencial químico de A na solução, μ_A, seja igual ao potencial químico do líquido puro, μ_A°. Assim, $\mu_A = \mu_A^\circ$ ou

$$\mu_A - \mu_A^\circ = 0. \tag{15.1}$$

Perguntamos, inicialmente, se a Eq. (15.1) poderá ser satisfeita por uma solução ideal. Numa solução ideal, conforme a Eq. (14.3),

$$\mu_A - \mu_A^\circ = RT \ln x_A. \tag{15.2}$$

Da Eq. (15.2) concluímos que $RT \ln x_A$ nunca é igual a zero, a não ser que na mistura de A e B se tenha $x_A = 1$, isto é, a não ser que a mistura não contenha B. Na Fig. 15.1 representamos $\mu_A - \mu_A^\circ$ em função de x_A para a solução ideal (linha contínua). O valor $\mu_A - \mu_A^\circ$ é negativo para qualquer que seja a composição da solução ideal. Isto implica que sempre podemos introduzir A na solução ideal com decréscimo da energia de Gibbs. Conseqüentemente, substâncias que formam soluções ideais são completamente miscíveis entre si.

No caso de miscibilidade parcial, o valor de $\mu_A - \mu_A^\circ$ deve ser igual a zero para alguma composição intermediária da solução; isto é, $\mu_A - \mu_A^\circ$ deve seguir alguma curva do tipo representado pela linha interrompida da Fig. 15.1. No ponto x_A', $\mu_A - \mu_A^\circ$ é igual a zero e o sistema pode existir como uma solução de A, de fração molar x_A', e uma camada do líquido A puro. O valor de x_A' exprime a solubilidade de A em B em termos de fração molar. Para o caso desse valor ser superado pela fração molar de A em B, a Fig. 15.1 mostra que $\mu_A - \mu_A^\circ$ seria positiva, isto é, que $\mu_A > \mu_A^o$. Nessas circunstâncias, A escoaria espontaneamente da solução para o líquido puro A, reduzindo x_A até o seu valor de equilíbrio (x_A').

Os líquidos parcialmente miscíveis formam soluções cujo comportamento se afasta bastante do ideal, como ilustra a Fig. 15.1. Deixando de lado as considerações matemáticas detalhadas, restringir-nos-emos à descrição de resultados experimentais interpretando-os à luz da regra das fases.

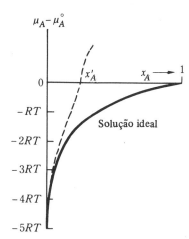

Fig. 15.1 Potencial químico numa solução não-ideal.

Suponhamos que numa dada temperatura T_1 sejam adicionadas pequenas quantidades sucessivas do líquido A ao líquido B. A primeira porção de A dissolve-se completamente, acontecendo o mesmo com a segunda porção e a terceira; cada solução poderá ser representada por um ponto no diagrama $T - X$ da Fig. 15.2(a), que foi levantado a pressão constante. Os pontos a, b, c representam a composição após a adição de três porções de A ao B puro. Como todo o A se dissolve, esses pontos situam-se na região de uma fase. Após a adição de uma quantidade determinada de A, atinge-se a solubilidade limite no ponto l_1. Se adicionarmos mais A, formar-se-á uma segunda camada, visto que o A não se dissolve mais. A região à direita do ponto l_1 é, portanto, uma região de duas fases.

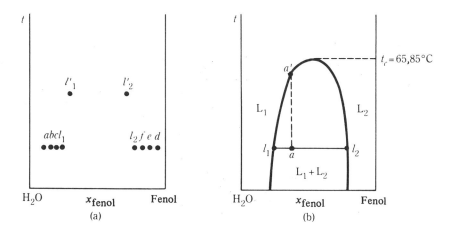

Fig. 15.2 Sistema água-fenol.

344 / FUNDAMENTOS DE FÍSICO-QUÍMICA

O mesmo poderia ser feito do lado direito adicionando B a A. Inicialmente, B é dissolvido fornecendo um sistema homogêneo (monofásico), que na figura está representado pelos pontos d, e e f. A solubilidade limite de B em A é atingida em l_2. Os pontos à esquerda de l_2 representam sistemas bifásicos. Na região entre l_1 e l_2 coexistem duas camadas líquidas, chamadas de *soluções conjugadas*. A camada l_1, solução saturada de A em B, encontra-se em equilíbrio com a camada l_2, a solução saturada de B em A. Se a experiência fosse realizada numa temperatura superior, obteríamos valores diferentes, l_1' e l_2', para as solubilidades limites.

O diagrama de T em função de X para o sistema fenol e água acha-se representado na Fig. 15.2(b). Com o aumento da temperatura, a solubilidade mútua cresce. As curvas de solubilidade juntam-se suavemente na *temperatura consoluta superior*, t_c, também chamada de *temperatura crítica de solução*. Acima de t_c, a água e o fenol são completamente miscíveis. A qualquer ponto a, abaixo da concavidade, corresponde um sistema de duas camadas líquidas: L_1 de composição l_1 e L_2 de composição l_2. A massa relativa das duas camadas é dada pela regra da alavanca, isto é, pela razão inversa dos dois segmentos da linha de correlação ($l_1 l_2$).

$$\frac{\text{moles de } l_1}{\text{moles de } l_2} = \frac{(\overline{a l_2})}{(\overline{a l_1})} \cdot$$

Ao se aumentar a temperatura, o ponto que descreve o estado do sistema se desloca sobre a linha pontilhada aa'; L_1 se torna mais rica em fenol, enquanto que L_2 se enriquece em água. Com o aumento da temperatura, a razão $(\overline{a l_2})/(\overline{a l_1})$ aumenta; a quantidade de L_2 descresce. No ponto a' o último traço de L_2 desaparece e o sistema torna-se homogêneo.

São conhecidos também sistemas nos quais a solubilidade *decresce* com o aumento da temperatura. Em alguns desses sistemas observa-se uma *temperatura consoluta inferior*; a Fig. 15.3(a) mostra, esquematicamente, o sistema trietilamina-água. A temperatura consoluta inferior é 18,5°C. A curva se apresenta tão achatada que há certa dificuldade em determinar a composição da solução correspondente à temperatura consoluta; parece localizar-se em torno de 30% em peso de trietilamina. Se uma solução representada pelo ponto a for aquecida, ela permanecerá homogênea até uma temperatura ligeiramente superior a 18,5°C; neste ponto, a', ocorrerá sua separação em duas camadas. A uma temperatura mais alta a'', as composições das soluções são dadas por l_1 e l_2. Em vista da regra da alavanca, l_1 estará presente em uma quantidade superior a l_2. Em regra, os pares líquidos cujos diagramas de solubilidade possuem este aspecto tendem a formar entre si compostos de ligações fracas; isto aumenta a solubilidade a temperaturas mais baixas. Com o aumento da temperatura o composto é dissociado e a sua solubilidade mútua diminui.

Algumas substâncias exibem ambas as temperaturas consolutas, a superior e a inferior. A Fig. 15.3(b) mostra o esquema do diagrama do sistema nicotina-água. A temperatura consoluta inferior está em torno de 61°C e a superior em torno de 210°C. Em qualquer ponto interno à curva encontram-se presentes duas fases, enquanto os pontos exteriores representam estados homogêneos do sistema.

A regra das fases para um sistema a pressão constante fica $F' = C - P + 1$, onde F' é o número de variáveis, além da pressão, necessárias para descrever o sistema. Para sistemas de dois componentes, $F' = 3 - P$. Se estão presentes duas fases, requer-se uma variável apenas para descrever o sistema. Na região de duas fases, uma vez dada a temperatura, as interseções da linha de correlação com a curva fornecem as composições de *ambas* as soluções conjugadas. Semelhantemente, a composição de uma das soluções conjugadas basta para determinar a temperatura e a composição da outra solução conjugada. Estando presente apenas uma fase, $F' = 2$ e devemos especificar tanto a temperatura como a composição da solução.

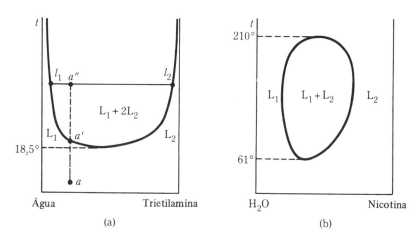

Fig. 15.3 (a) Temperatura consoluta inferior. (b) Temperaturas consolutas inferior e superior.

15.2 DESTILAÇÃO DE LÍQUIDOS PARCIALMENTE MISCÍVEIS E IMISCÍVEIS

Na discussão feita na Seç. 15.1 admitimos que a pressão era suficientemente alta para que não se formasse vapor no intervalo de temperaturas estudadas. Por esta razão omitiram-se as curvas de equilíbrio líquido-vapor naqueles diagramas. Uma situação típica, a pressões mais baixas, é mostrada na Fig. 15.4(a) em que aparecem também as curvas líquido-vapor, ainda com a suposição de que a pressão seja suficientemente alta. A interpretação da Fig. 15.4(a) não apresenta nenhum problema novo. As partes superior e inferior do diagrama podem ser discutidas independentemente através dos princípios descritos anteriormente. Miscibilidade parcial a temperaturas baixas implica, geralmente, embora nem sempre, a existência de um azeótropo de ponto de ebulição mínimo, como vemos na Fig. 15.4(a). Os líquidos parcialmente miscíveis apresentam tendência maior a escapar quando misturados do que quando numa solução ideal. Essa maior tendência de escape pode conduzir a um máximo na curva da pressão de vapor em função da composição e, conseqüentemente, a um mínimo na curva ponto de ebulição-composição.

Se a pressão sobre o sistema mostrado na Fig. 15.4(a) é reduzida, todos os pontos de ebulição se deslocarão para baixo. A pressões suficientemente baixas, as curvas dos pontos de ebulição interceptarão as curvas de solubilidade líquido-líquido. O resultado é mostrado na Fig. 15.4(b), que representa, esquematicamente, o sistema água-n-butanol sob 1 atm de pressão.

A Fig. 15.4(b) apresenta vários aspectos novos. Se a temperatura de um líquido homogêneo, ponto a, é aumentada, forma-se vapor de composição b, a t_A. Este comportamento é bastante comum; entretanto, se o vapor é resfriado e levado ao ponto c, o condensado se distribuirá em duas camadas líquidas, pois c está na região de dois líquidos. Assim, o primeiro destilado produzido pela destilação do líquido homogêneo a separa-se em duas camadas líquidas de composições *d* e *e*. Semelhante comportamento é exibido pelas misturas cujas composições situam-se na região L_1.

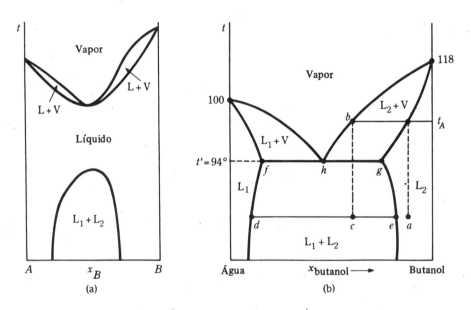

Fig. 15.4 Destilação de líquidos parcialmente miscíveis.

Quando se aumenta a temperatura do sistema formado pelos dois líquidos de composição total *c*, as composições das soluções conjugadas variam ligeiramente. O sistema é univariante, $F' = 3 - P = 1$ nessa região. À temperatura t', as soluções conjugadas têm as composições *f* e *g* e aparece vapor de composição *h*. Três fases estão presentes: os líquidos *f* e *g* e o vapor *h*. Então $F' = 0$; o sistema é invariante. Enquanto permanecem presentes as três fases, suas composições e a temperatura mantêm-se fixas. Por exemplo, o fluxo de calor para o sistema não faz variar a temperatura, mas produz mais vapor em detrimento das duas camadas líquidas. O vapor, *h*, que se forma é mais rico em água do que a composição original *c*; portanto, a camada mais rica em água vaporiza-se preferencialmente. Após o desaparecimento desta camada, a temperatura aumenta e a composição do vapor varia ao longo da curva *hb*. A última porção de líquido, cuja composição é *a*, desaparece em t_A.

Se um sistema de duas fases no intervalo de composições limitado por *f* e *h* é aquecido, então a *t'* estão presentes os líquidos *f* e *g* e aparece o vapor *h*. O sistema a *t'* é invariante. Como o vapor é mais rico em butanol do que a composição global original, a camada rica em butanol evapora-se primeiro, restando o líquido *f* e o vapor *h*. À medida que a temperatura sobe, a fase líquida vai perdendo butanol, o que faz com que no final exista apenas vapor.

O ponto *h* possui propriedades azeotrópicas; um sistema com essa composição destila sem variação de composição, não podendo ser separado em seus componentes puros mediante destilação.

A destilação de substâncias *imiscíveis* é mais facilmente discutida a partir de um ponto de vista diferente. Consideremos dois líquidos imiscíveis em equilíbrio com o vapor numa temperatura qualquer; Fig. 15.5. A barreira apenas separa os dois líquidos; sendo esses imiscíveis, se re-

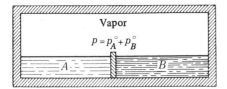

Fig. 15.5 Líquidos imiscíveis em equilíbrio com vapor.

movermos a barreira, a situação permanecerá inalterada. A pressão de vapor total é a soma das pressões de vapor dos líquidos puros: $p = p_A^\circ + p_B^\circ$. As frações molares y_A e y_B no vapor são

$$y_A = \frac{p_A^\circ}{p} \qquad y_B = \frac{p_B^\circ}{p}.$$

Se n_A e n_B são os números de moles de A e B no vapor, então,

$$\frac{n_A}{n_B} = \frac{y_A}{y_B} = \frac{p_A^\circ/p}{p_B^\circ/p} = \frac{p_A^\circ}{p_B^\circ}.$$

As massas de A e B são $w_A = n_A M_A$ e $w_B = n_B M_B$, de modo que

$$\frac{w_A}{w_B} = \frac{M_A p_A^\circ}{M_B p_B^\circ}, \tag{15.3}$$

que relaciona as massas relativas das duas substâncias presentes no vapor com as suas massas molares e suas pressões de vapor. Se este vapor fosse condensado, a Eq. (15.3) expressaria as massas relativas de A e B no condensado. Suponhamos que nosso sistema seja anilina (A)-água (B) a 98,4°C. A pressão de vapor da anilina nesta temperatura é da ordem de 42 mmHg, enquanto que da água é, aproximadamente, 718 mmHg. A pressão de vapor total é 718 + 42 = 760 mmHg, de modo que essa mistura ferve a 98,4°C sob 1 atm de pressão. A massa de anilina que destila para cada 100 g de água evaporada é

$$w_A = 100 \text{ g} \frac{(94 \text{ g/mol})(42 \text{ mmHg})}{(18 \text{ g/mol})(718 \text{ mmHg})} \approx 31 \text{ g}.$$

A Eq. (15.3) pode ser aplicada à destilação de líquidos por arraste a vapor. Alguns líquidos que se decompõem na destilação comum podem ser destilados por arraste de vapor, desde que sejam razoavelmente voláteis na proximidade do ponto de ebulição da água. No laboratório, borbulha-se vapor através do líquido a ser destilado por arraste a vapor. Como a pressão de vapor é maior do que a de cada componente puro, o ponto de ebulição da mistura encontra-se abaixo dos pontos de ebulição dos componentes puros. Ainda mais, o ponto de ebulição é invariante enquanto estão presentes ambas as fases líquidas e a fase vapor.

Se a pressão de vapor da substância for conhecida num intervalo de temperaturas próximo de 100°C, medidas da temperatura em que ocorre a destilação por arraste a vapor e a razão entre as massas dos componentes no destilado permitem, através da Eq. (15.3), calcular a massa molar da substância.

15.3 EQUILÍBRIO SÓLIDO-LÍQUIDO – O DIAGRAMA EUTÉTICO SIMPLES

Quando se resfria uma solução líquida de duas substâncias A e B, a uma temperatura suficientemente baixa aparece um sólido. Esta é a temperatura de solidificação da solução, a qual depende da composição. Na discussão do abaixamento do ponto de solidificação, na Seç. 13.6, obtivemos a equação

$$\ln x_A = -\frac{\Delta H_{fus,A}}{R}\left(\frac{1}{T} - \frac{1}{T_{0A}}\right), \tag{15.4}$$

admitindo que o sólido puro A esteja em equilíbrio com uma solução líquida ideal. A Eq. (15.4) relaciona o ponto de solidificação da solução com x_A, a fração molar de A na solução. Essa função encontra-se representada na Fig. 15.6(a). Os pontos acima da curva representam os estados líquidos do sistema; aqueles abaixo da curva representam os estados nos quais o sólido puro A coexiste em equilíbrio com a solução. Esta curva é chamada de *liquidus*.

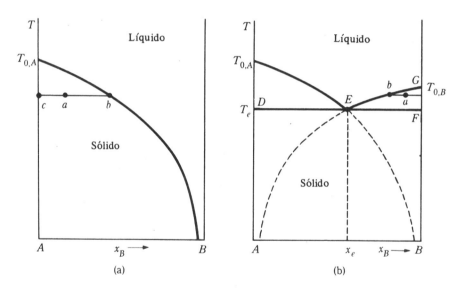

Fig. 15.6 Equilíbrio sólido-líquido em um sistema de dois componentes.

Um ponto como a representa uma solução de composição b em equilíbrio com um sólido de composição c, isto é, A puro. Pela regra da alavanca, a razão entre o número de moles da solução e o número de moles do sólido A é igual à razão dos segmentos da linha de correlação $\overline{ac}/\overline{ab}$. Quanto mais baixa for a temperatura, maior será a quantidade relativa de sólido correspondente a uma determinada composição total.

Essa curva não pode representar a situação no intervalo completo de composições. Para $x_B \to 1$, esperaríamos a solidificação de B bem acima das temperaturas indicadas pela curva nesta região próxima de $x_B = 1$. Se a solução é ideal, a mesma lei vale para a substância B:

$$\ln x_B = -\frac{\Delta H_{fus,B}}{R}\left(\frac{1}{T} - \frac{1}{T_{0B}}\right), \tag{15.5}$$

onde T é o ponto de solidificação de B na solução. Esta curva é mostrada na Fig. 15.6(b) junto com a curva correspondente de A da Fig. 15.6(a). As duas curvas se interceptam na temperatura T_e, denominada de temperatura *eutética*. A composição x_e é a composição eutética. A linha GE representa os pontos de solidificação em função da composição para B. Pontos tais como a, abaixo desta curva, representam estados em que o sólido puro B está em equilíbrio com uma solução de composição b. Um ponto sobre EF representa o sólido puro B em equilíbrio com a solução de composição x_e. Entretanto, um ponto sobre DE representa o sólido puro A em equilíbrio com a solução de composição x_e. *Portanto, a solução de composição eutética x_e encontra-se em equilíbrio com ambos os sólidos puros A e B.* Quando presentes as três fases, $F' = 3 - P = 3 - 3 = 0$; o sistema é invariante nesta temperatura. Se for retirado calor deste sistema, a temperatura permanecerá constante até que desapareça uma das fases; assim, durante o resfriamento, as quantidades relativas das três fases variam. A quantidade de líquido diminui, enquanto a quantidade dos dois sólidos presentes aumenta. Abaixo da linha DEF encontram-se os pontos representativos dos estados em que existem apenas duas fases sólidas, A puro e B puro.

15.3.1 O Sistema Chumbo-Antimônio

O sistema chumbo-antimônio tem um diagrama de fases do tipo eutético simples (Fig. 15.7). As regiões são rotuladas: L significa líquido, Sb ou Pb significam antimônio sólido puro ou chumbo sólido puro, respectivamente. A temperatura eutética é 246°C e a composição eutética tem 87% em massa de chumbo. Para o sistema chumbo-antimônio, os valores de t_e e x_e calculados a partir das Eqs. (15.4) e (15.5) concordam satisfatoriamente com os valores experimentais. Concluímos, portanto, que o líquido é uma solução praticamente ideal.

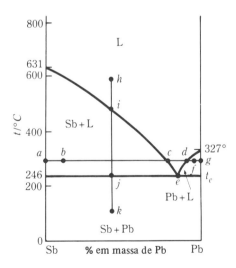

Fig. 15.7 O sistema antimônio-chumbo.

Consideremos o comportamento isotérmico do sistema a 300°C, ao longo da linha horizontal *abcdfg*. O ponto *a* representa o antimônio sólido puro a 300°C. Suponhamos que se adicione uma quantidade suficiente de chumbo sólido de modo que a composição passe a *b*. Esse ponto *b* localiza-se na região Sb + L e, dessa forma, o antimônio sólido coexiste com o líquido de composição *c*. Todo o chumbo adicionado funde-se e dissolve uma quantidade sufi-

350 / *FUNDAMENTOS DE FÍSICO-QUÍMICA*

ciente do antimônio sólido para formar um líquido de composição *c*. A regra da alavanca mostra que a quantidade relativa de líquido presente no ponto *b* é bastante pequena, e talvez o líquido nem seja visível, embora esteja presente no equilíbrio. Adicionando mais chumbo, esse continua a se fundir e a dissolver mais antimônio sólido para formar a solução *c*; enquanto isso, o ponto que representa o estado do sistema desloca-se de *b* para *c*. O ponto *c* é alcançado quando já adicionamos chumbo o suficiente para dissolver todo o antimônio presente originalmente, obtendo-se, assim, uma solução saturada de antimônio em chumbo. A adição posterior de chumbo simplesmente dilui essa solução e desloca o sistema na região do líquido de *c* para *d*. Em *d* a solução encontra-se saturada com chumbo; a adição de mais chumbo não causa variação alguma, levando, apenas, a uma movimentação da composição do sistema para o ponto *f*. Se tivéssemos chegado a *f* a partir de chumbo puro representado por *g*, mediante adições de antimônio, todo o antimônio ter-se-ia fundido $330°C$ abaixo de seu ponto de fusão e dissolveria chumbo suficiente para formar a solução *d*.

Uma *isopleta* é uma linha de composição constante tal como *hijk* na Fig. 15.7. Em *h*, o sistema é completamente líquido. Resfriando o sistema, aparece antimônio sólido em *i*; com a separação do antimônio sólido o líquido saturado torna-se cada vez mais rico em chumbo e o ponto que indica a sua composição desloca-se ao longo de *ice*. Em *j* a composição da solução é a composição eutética *e*, também saturada em relação ao chumbo; neste ponto, portanto, inicia-se a precipitação do chumbo. A temperatura permanece constante, apesar da retirada de calor, pois nestas condições o sistema é invariante. A quantidade de líquido diminui e as quantidades dos dois sólidos aumentam. Finalmente o líquido se solidifica completamente e a temperatura dos dois sólidos misturados decresce ao longo de *jk*. Repetindo o processo em sentido inverso, ao se aquecer uma mistura de antimônio e chumbo sólidos, o ponto que representa o estado se desloca de *k* para *j*. Em *j* forma-se um líquido de composição *e*. Notemos que o líquido formado possui composição diferente da mistura sólida. O sistema é invariante, de modo que a temperatura permanece a $246°C$ até que todo o chumbo funda; como o líquido era mais rico em chumbo do que a mistura original, o chumbo se derrete completamente deixando um resíduo de antimônio sólido. Após a fusão do chumbo a temperatura sobe e o antimônio que funde faz variar a composição do líquido de *e* para *i*. Em *i* a última porção de antimônio se derrete e acima deste ponto o sistema é homogêneo.

O ponto eutético (do grego: facilmente fundível) tem este nome pelo fato de a composição eutética ter um ponto de fusão mais baixo. A mistura eutética funde-se à temperatura t_e bem determinada, formando um líquido da mesma composição, enquanto que as outras misturas fundem-se num intervalo de temperatura. Devido ao seu ponto de fusão nítido, por muito tempo a mistura eutética foi considerada como sendo um composto. Em sistemas aquosos, esse "composto" era chamado de crioidrato; ao ponto eutético chamavam de ponto crioídrico. O exame microscópico do eutético com aumentos suficientemente grandes revela seu caráter heterogêneo; ele é uma mistura, e não um composto. Nas ligas, como por exemplo o sistema chumbo-antimônio, o eutético é muitas vezes finamente dividido; contudo, o uso de um microscópico permite discernir entre os cristais de chumbo e de antimônio.

15.3.2 Análise Térmica

A forma das curvas de resfriamento pode ser determinada experimentalmente através da *análise térmica*. Nesse método, uma mistura de composição conhecida é aquecida até uma temperatura suficientemente alta para que se torne homogênea. Então é resfriada a uma velocidade controlada. Constrói-se a curva da temperatura em função do tempo. As curvas obtidas para várias composições encontram-se esquematizadas para um sistema $A - B$ na Fig. 15.8. Na primeira curva, o líquido homogêneo sofre resfriamento ao longo de ab; em b formam-se os primeiros cristais de A. Este libera o seu calor latente de fusão; a velocidade de resfriamento diminui e a inclinação da curva muda a partir de b. A temperatura t_1 é um ponto da curva liquidus para esta

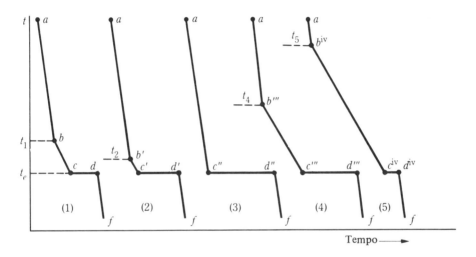

Fig. 15.8 Curvas de resfriamento.

composição. O resfriamento prossegue ao longo de bc; em c o líquido tem a composição eutética e começa a aparecer o sólido B. Sendo o sistema invariante neste ponto, a temperatura permanece constante até todo o líquido se solidificar em d. O patamar cd é chamado de *pausa eutética*. Após a solidificação do líquido, os dois sólidos são resfriados rapidamente ao longo da curva df. A segunda curva é a obtida para um líquido mais rico em B; a interpretação é a mesma, entretanto a pausa eutética é mais longa; t_2 é um ponto da curva liquidus. A terceira curva ilustra o resfriamento da mistura eutética; a pausa eutética é a mais extensa. A quarta curva e a quinta são misturas mais ricas em B do que a mistura eutética; t_4 e t_5 são os pontos correspondentes da curva liquidus. A extensão da pausa eutética diminui com o afastamento da composição da mistura eutética. As temperaturas t_1, t_2, t_4, t_5 e t_e, colocadas em função da composição, aparecem no diagrama da Fig. 15.9(a). A composição eutética pode ser determinada pela interseção das duas curvas de solubilidade, desde que tenhamos pontos em número suficiente, ou, então, constrói-se o gráfico do comprimento da pausa eutética (em tempo) em função da composição, Fig. 15.9(b). A interseção das duas curvas fornece o valor máximo da pausa eutética e, portanto, a composição eutética.

★ 15.3.3 Outros Sistemas Eutéticos Simples

Muitos sistemas binários, ideais e não-ideais, possuem diagramas de fases do tipo apresentado pelos sistemas eutéticos simples. O diagrama de fases da água e sal é um diagrama eutético simples, quando o sal não forma hidratos estáveis. O diagrama para $H_2O-NaCl$ é mostrado na

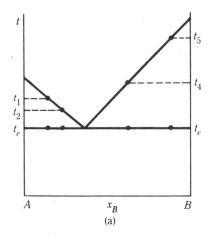
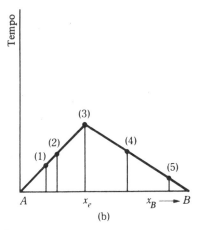

Fig. 15.9

Fig. 15.10. A curva *ae* é a curva do ponto de congelação da água, enquanto que *ef* é a curva de solubilidade, ou curva do ponto de solidificação do cloreto de sódio.

A invariança do sistema no ponto eutético permite o uso das misturas eutéticas para banhos de temperatura constante. Suponhamos que o cloreto de sódio sólido seja misturado com gelo a 0°C num recipiente isolado. O ponto representativo da composição se move de 0% de NaCl para um certo valor positivo. Entretanto, nessa composição o ponto de solidificação está abaixo de 0°C e, dessa maneira, uma parte do gelo se derrete. Como o sistema está situado dentro de um frasco isolado, a fusão do gelo causa abaixamento da temperatura da mistura. Se

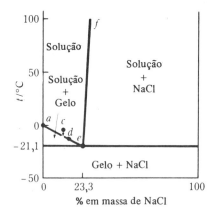

Fig. 15.10 Pontos de solidificação no sistema H_2O-NaCl.

adicionarmos NaCl suficiente, a temperatura cairá até a temperatura eutética, $-21,1°C$. Na temperatura eutética coexistem em equilíbrio gelo, sal sólido e solução saturada. A temperatura permanece na temperatura eutética até que se funda o resto do gelo pelo calor que lentamente penetra no recipiente.

A ação do sal grosso ou cloreto de cálcio usados em países frios para fundir o gelo das calçadas e das ruas pode ser interpretada mediante o diagrama de fases. Suponhamos que se adicione uma quantidade suficiente de sal ao gelo a $-5°C$ para deslocar o ponto representativo

Tab. 15.1

Sal	Temperatura eutética, °C	Percentagem em massa de sal anidro no eutético
Cloreto de sódio	– 21,1	23,3
Brometo de sódio	– 28,0	40,3
Sulfato de sódio	– 1,1	3,84
Cloreto de potássio	– 10,7	19,7
Cloreto de amônio	– 15,4	19,7

Por permissão de A. Findlay, A. N. Campbell, N. O. Smith, *The Phase Rule and Its Applications*, 9ª ed., Nova York: Dover Publications, Inc., 1951, pág. 141.

do estado do sistema até c (Fig. 15.10). Em c a solução é estável; o gelo se derreterá completamente se o sistema for isotérmico. Se o sistema fosse adiabático, a temperatura cairia até o ponto d. As temperaturas eutéticas de alguns sistemas compostos de um sal e água encontram-se na Tab. 15.1.

15.4 DIAGRAMAS DOS PONTOS DE SOLIDIFICAÇÃO COM FORMAÇÃO DE COMPOSTOS

Se duas substâncias formam um ou mais compostos, o diagrama dos pontos de solidificação possui, muitas vezes, a aparência de dois ou mais diagramas eutéticos simples justapostos. A Fig. 15.11 é o diagrama ponto de solidificação – composição para o sistema em que um composto AB_2 é formado. Podemos considerar esse diagrama como a junção de dois diagramas eutéticos simples no ponto indicado pelas setas na Fig. 15.11. Se o ponto representativo do estado estiver à direita das setas, a interpretação é baseada no diagrama de eutético simples para o sistema $AB_2 - B$. Se estiver localizado à esquerda das setas, nós baseamos a interpretação na discussão do sistema $A - AB_2$. No diagrama composto existem dois eutéticos: um formado por $A - AB_2$ – líquido e o outro por $AB_2 - B$ – líquido. O ponto de fusão do composto é um máximo na curva; um máximo na curva ponto de fusão-composição é quase sempre indicativo da formação de um composto. Conhecem-se poucos sistemas nos quais o máximo ocorre por outras razões. O primeiro sólido que se deposita ao se resfriar um líquido de qualquer composição entre os dois eutéticos é o composto sólido.

É compreensível que se forme mais do que um composto entre as duas substâncias; é o caso muitas vezes verificado com a água e sais. O sal forma vários hidratos. Um exemplo extremo deste comportamento é exibido pelo sistema cloreto férrico-água, Fig. 15.12. Este diagrama pode ser decomposto em cinco diagramas eutéticos simples.

15.5 COMPOSTOS QUE POSSUEM PONTOS DE FUSÃO INCONGRUENTES

No sistema da Fig. 15.11, o composto possui uma temperatura de fusão mais alta do que qualquer um dos componentes. Nessa situação o diagrama sempre apresenta o aspecto mostrado na Fig. 15.11; aparecem dois eutéticos no diagrama. Entretanto, se o ponto de fusão do composto está abaixo do ponto de fusão de um dos constituintes, podem ocorrer dois casos. O primeiro destes encontra-se ilustrado na Fig. 15.12; cada parte do diagrama é de um eutético simples, idêntico ao caso mais simples da Fig. 15.11. A segunda possibilidade é ilustrada pelo sistema da liga potássio-sódio, esquematizado na Fig. 15.13. Nesse sistema, a curva de solubilidade do sódio não cai com suficiente rapidez para interceptar a outra curva entre a composição de Na_2K e Na puro. Em lugar disso, ela avança para a esquerda da composição correspondente a Na_2K e intercepta a outra curva de solubilidade no ponto c, denominado ponto *peritético*. Para o sistema Na-K isto ocorre a $7°C$.

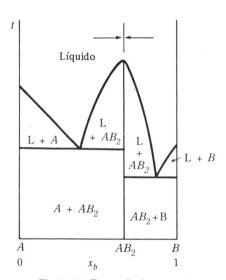

Fig. 15.11 Formação de composto.

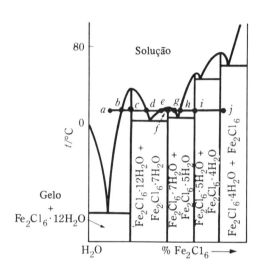

Fig. 15.12 Pontos de solidificação no sistema H_2O-Fe_2Cl_6 (esquemático).

Primeiro examinaremos o comportamento do composto sólido puro. Se a temperatura for aumentada, o estado do sistema se deslocará ao longo de ab. Em b será formado o líquido de composição c. Como esse líquido é mais rico em potássio do que o composto original, uma parte do sódio sólido d permanece sem se fundir. Assim, durante a fusão, o composto sofre a reação

$$Na_2K(s) \longrightarrow Na(s) + c(l).$$

Esta reação é chamada de *reação peritética* ou *reação de fase*. O composto funde *incongruentemente*, pois o líquido possui composição diferente do composto. (Os compostos ilustrados nas Figs. 15.11 e 15.12 fundem *congruentemente*, isto é, sem alteração da composição.) Estando presentes três fases, Na_2K sólido, sódio sólido e líquido, o sistema é invariante; ao se fornecer calor ao sistema, a temperatura permanece constante até a fusão de todo o composto sólido. Em seguida começa a ascensão da temperatura; o estado do sistema desloca-se ao longo da linha bef e o sistema é constituído de sódio sólido e líquido. Em f fundem-se os últimos traços de sódio e acima deste ponto o sistema é formado por uma fase líquida. Resfriando o líquido de composição g, as mudanças repetem-se em ordem inversa. Em f aparece o sódio sólido; a composição do líquido varia ao longo de fc. Em b o líquido de composição c coexiste com sódio sólido e Na_2K sólido. A reação de fase ocorre em sentido inverso até que o sódio sólido e o líquido sejam, ambos, consumidos simultaneamente, restando, no fim, apenas Na_2K; o estado do sistema desloca-se ao longo de ba.

EQUILÍBRIO ENTRE FASES CONDENSADAS / 355

Quando resfriamos um sistema de composição *i*, os primeiros cristais de sódio formam-se em *j*; a composição do líquido varia ao longo de *jc* com a formação de mais e mais cristais de sódio. Em *k* forma-se o sólido Na₂K devido à reação peritética

$$c(l) + Na(s) \longrightarrow Na_2K(s).$$

A quantidade de sódio quando a composição é *i* é insuficiente para converter completamente o líquido *c* em composto. Isto resulta no consumo completo dos cristais primários de sódio. Em seguida a temperatura cai, cristalizando-se Na₂K, e a composição do líquido varia ao longo de *cm*; em *l*, como mostra a linha de correlação, coexistem Na₂K, *n*, e o líquido *m*. Quando a temperatura chega a *o*, inicia-se a cristalização do potássio puro; o líquido possui a composição eutética *p*; o sistema é invariante até o desaparecimento completo do líquido, restando, finalmente, uma mistura de potássio e Na₂K sólidos.

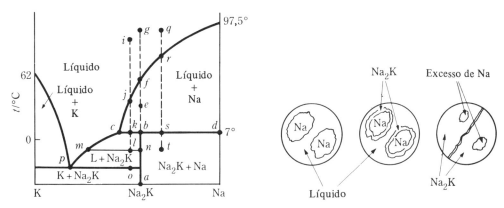

Fig. 15.13 Composto com ponto de fusão incongruente.

Fig. 15.14 Cristalização peritética com excesso de Na.

Quando se resfria um líquido de composição *q*, os primeiros cristais de sódio são formados em *r*. Continuando o resfriamento, mais sódio é formado e a composição do líquido varia ao longo de *rc*. Em *s*, forma-se Na₂K sólido mediante a reação peritética. O líquido é consumido inteiramente e o ponto representativo desce até *t*, consistindo o sistema em uma mistura de sólidos, Na₂K e sódio. Devido à formação do composto pela reação entre o líquido com os cristais primários de sódio, a estrutura da mistura sólida é pouco comum. Os estágios da reação encontram-se ilustrados na Fig. 15.14. A mistura final possui núcleos de cristais primários de sódio envolvidos pelo composto. Como a reação de fase ocorre entre os cristais primários, isolados do líquido por uma camada de composto, o estabelecimento do equilíbrio num sistema desses é bastante difícil, a não ser que as experiências sejam prolongadas de modo a que os reagentes possam difundir através da camada de composto. Um aspecto particularmente interessante desse sistema é o intervalo amplo de composições em que as ligas de sódio e potássio mantêm-se líquidas à temperatura ambiente.

★ **15.5.1 O Sistema Sulfato de Sódio-Água**

O sistema sulfato de sódio-água forma um composto de fusão incongruente Na₂SO₄ · 10H₂O, Fig. 15.15(*a*). A linha *eb* é a curva de solubilidade do decaidrato, enquanto que a linha *ba* é a curva de solubilidade do sal anidro. A figura mostra que a solubilidade do decaidrato aumenta e a do sal anidro diminui com a temperatura. O ponto peritético é b. Sobre a linha bc coexistem três fases: Na$_2$SO$_4$, Na$_2$SO$_4$ · 10H$_2$O e solução saturada; o sistema é invariante e a temperatura peritética, 32,383°C, é constante. Essa temperatura é usada freqüentemente para a calibração de termômetros. Se juntarmos uma pequena quantidade de água ao sal anidro Na$_2$SO$_4$ num recipiente isolado e à temperatura ambiente, o sal e a água reagem para formar o decaidrato; essa reação é exotérmica de modo que a temperatura do sistema sobe a 32,383°C e permanece constante enquanto estiverem presentes as três fases.

Ao se aquecer uma solução não-saturada de composição g, o sal anidro cristalizará em f; se a solução for resfriada, cristalizar-se-á o decaidrato em h. É possível super-resfriar a solução até uma temperatura abaixo de h; então em i vai-se cristalizar o heptaidrato, Fig. 15.15(b). A curva e'b' é a curva de solubilidade do heptaidrato, Na$_2$SO$_4$ · 7H$_2$O. A temperatura peritética para o sal anidro em presença da solução saturada de heptaidrato é 24,2°C. Na Fig. 15.15(b), as linhas interrompidas são as curvas do decaidrato. A curva de solubilidade para o heptaidrato localiza-se principalmente na região em que o decaidrato sólido e a sua solução saturada permanecem em equilíbrio estável. Portanto, o equilíbrio entre o heptaidrato sólido e a sua solução saturada é um equilíbrio metaestável; no sistema, nesse estado, pode ocorrer a precipitação do decaidrato menos solúvel, espontaneamente.

★ 15.6 MISCIBILIDADE NO ESTADO SÓLIDO

Nos sistemas até agora descritos envolviam-se apenas sólidos puros. Muitos sólidos são capazes de dissolver outros materiais, formando *soluções sólidas*. Cobre e níquel, por exemplo, são mutuamente solúveis em todas as proporções no estado sólido. O diagrama de fases para o sistema cobre-níquel está na Fig. 15.16.

A curva superior da Fig. 15.16 é a curva *liquidus*: a curva inferior é a *solidus*. Se um sistema representado pelo ponto a é resfriado até b, aparece uma solução sólida de composição c. No ponto d o sistema consiste de líquido de composição b' em equilíbrio com a solução sólida de composição c'. A interpretação do diagrama é semelhante à interpretação dos diagramas lí-

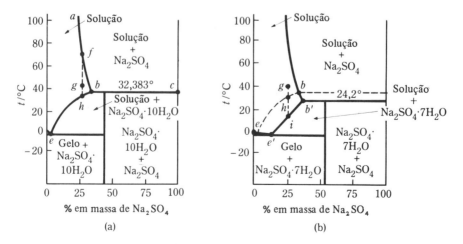

Fig. 15.15 O sistema sulfato de sódio-água.

quido-vapor da Seç. 14.6. Surge uma dificuldade experimental quando trabalhamos com esses tipos de sistemas. Suponhamos que o sistema tenha resfriado rapidamente de *a* para *e*. Se o sistema fosse mantido em equilíbrio, o último vestígio do líquido *b"* estaria em contato com um sólido de composição uniforme *e*. Entretanto, no resfriamento súbito não há tempo suficiente para que a composição do sólido se torne completamente uniforme. O primeiro cristal tem a composição *c* e sobre ele depositam-se camadas cuja composição varia de *c* até *e*. A composição média do sólido cristalizado está, talvez, no ponto *f*; o sólido é mais rico em níquel do que deveria ser e localiza-se à direita de *e*. Portanto, o líquido é mais rico em cobre do que deveria ser; a sua composição é dada, talvez, por *g*. Assim, a esta temperatura permanece uma parte do líquido e há necessidade de um resfriamento adicional para que o sistema se solidifique completamente. Essa dificuldade representa um problema experimental grave. O sistema deve ser resfriado com extrema lentidão, para que haja tempo de o sólido ajustar sua composição em cada temperatura a um valor uniforme. Na discussão desses diagramas nós admitimos que se estabeleceu o equilíbrio, malgrado as dificuldades experimentais.

Conhecem-se sistemas binários que formam soluções sólidas dentro de todo o intervalo de composições, os quais exibem ou um máximo ou um mínimo na curva dos pontos de fusão. As curvas liquidus-solidus possuem uma aparência semelhante às curvas líquido-vapor de sistemas que formam azeótropos. A mistura de composição correspondente ao máximo ou mínimo da curva funde-se nitidamente à temperatura constante e se comporta como uma substância pura sob esse aspecto, exatamente como um azeótropo ferve a uma temperatura bem definida formando um destilado da mesma composição. As misturas que possuem um máximo na curva dos pontos de fusão são, comparativamente, raras.

★ 15.7 ELEVAÇÃO DO PONTO DE SOLIDIFICAÇÃO

Na Seç. 13.6 mostramos que a adição de uma substância estranha sempre abaixa o ponto de fusão de um sólido puro. A Fig. 15.16 ilustra um sistema em que o ponto de fusão de um componente, o cobre, é *elevado* pela adição de uma substância estranha. Este aumento no pon-

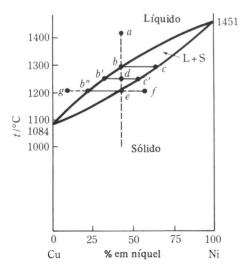

Fig. 15.16 O sistema cobre-níquel.

358 / FUNDAMENTOS DE FÍSICO-QUÍMICA

to de fusão somente ocorre quando o sólido que está em equilíbrio com o líquido não é puro, mas é uma solução sólida.

Suponhamos que a solução seja uma *solução sólida ideal*, definida, por analogia com as soluções gasosas ideais e soluções líquidas ideais, pela imposição da condição de $\mu_i = \mu_i^{\circ} + RT \ln x_i$, onde μ_i° é o potencial químico do sólido puro e x_i é a fração molar do sólido existente na solução. A condição de equilíbrio entre a solução sólida e a solução líquida requer a igualdade $\mu_1 (s) = \mu_1 (l)$ para um dos componentes. Admitindo que ambas as soluções sejam ideais, obtemos

$$\mu_1^{\circ}(s) + RT \ln x_1(s) = \mu_1^{\circ}(l) + RT \ln x_1(l). \tag{15.6}$$

Seja $\Delta G_1^{\circ} = \mu_1^{\circ}(l) - \mu_1^{\circ}(s)$ a energia de Gibbs da fusão do componente puro à temperatura T. Então, a Eq. (15.6) torna-se

$$\ln \left(\frac{x_1(l)}{x_1(s)} \right) = - \frac{\Delta G_1^{\circ}}{RT}. \tag{15.7}$$

Como $\Delta G_1^{\circ} = \Delta H_1^{\circ} - T \Delta S_1^{\circ}$ e no ponto de fusão, T_{01}, da substância pura, $\Delta S_1^{\circ} = \Delta H_1^{\circ}/T_{01}$, esta equação torna-se

$$\ln \left(\frac{x_1(l)}{x_1(s)} \right) = - \frac{\Delta H^0}{R} \left(\frac{1}{T} - \frac{1}{T_{01}} \right).$$

Resolvendo esta equação para T, obtemos

$$T = T_{01} \left\{ \frac{\Delta H^{\circ}}{\Delta H^{\circ} + RT_{01} \ln [x_1(s)/x_1(l)]} \right\}. \tag{15.8}$$

Se estivesse presente o sólido *puro*, então $x_1(s) = 1$; nesse caso o segundo termo do denominador da Eq. (15.8) seria positivo, de modo que a fração entre colchetes seria menor do que a unidade. O ponto de solidificação T seria, portanto, menor do que T_{01}. Se uma solução sólida participa do equilíbrio, então para $x_1(s) < x_1(l)$ o segundo termo no denominador é negativo, a fração entre colchetes será maior do que a unidade e o ponto de fusão será maior do que T_{01}.

A Fig. 15.16 mostra que a fração molar de cobre na solução sólida, $x_{Cu}(s)$, é sempre menor do que a fração molar de cobre na solução líquida, $x_{Cu}(l)$. Conseqüentemente, o ponto de fusão do cobre é elevado. Um conjunto análogo de equações pode ser escrito para o segundo componente, a partir do qual concluímos que o ponto de fusão do níquel abaixa. Na dedução admitimos que ΔH° e ΔS° não variam com a temperatura; embora isto não seja correto, não afeta a conclusão geral.

★ 15.8 MISCIBILIDADE PARCIAL NO ESTADO SÓLIDO

Encontramos comumente que duas substâncias não são nem completamente miscíveis nem completamente imiscíveis no estado sólido, mas que as substâncias apresentam uma solubilidade mútua limitada. Para este caso, o tipo diagrama de fases mais comum é mostrado na

Fig. 15.17. Os pontos na região α representam soluções sólidas de B em A, enquanto que os da região β representam soluções sólidas de A em B. Os pontos da região α + β representam estados em que as duas soluções sólidas saturadas, isto é, as *duas fases* α e β, coexistem em equilíbrio. Resfriando um sistema descrito por a, ao atingirmos b aparecem cristais da solução sólida α de composição c. Com o abaixamento da temperatura, a composição do sólido e do líquido varia; em d estão em equilíbrio as fases de composição f e g. Em h o líquido apresenta a composição eutética e; o sólido β aparece; α, β e o líquido coexistem e o sistema é invariante. Resfriando até i coexistem duas soluções sólidas: α de composição j e β de composição k.

Um sistema de tipo diferente, em que aparecem soluções sólidas, é mostrado na Fig. 15.18. Esse sistema possui um ponto de transição em lugar do ponto eutético. Qualquer ponto na linha abc descreve um sistema invariante, no qual α, β e solução de composição c coexistem. A temperatura de abc é a temperatura de transição. Se o ponto representativo situa-se entre a e b, o resfriamento causará o desaparecimento da solução, restando α + β. Se o ponto representativo está entre b e c, o resfriamento fará desaparecer inicialmente α, restando β + L; com resfriamento posterior desaparecerá o líquido, restando somente β. Com aumento de temperatura, qualquer ponto sobre abc resultará em α + L, desaparecendo β.

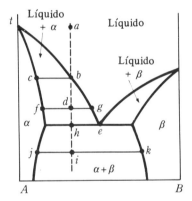

Fig. 15.17 Miscibilidade parcial no estado sólido.

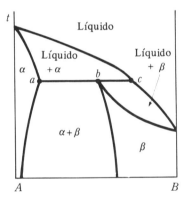

Fig. 15.18 Sistema com ponto de transição.

Um exemplo interessante de sistema em que ocorrem muitas soluções sólidas é o sistema Cu–Zn, cujo diagrama (diagrama do latão) está apresentado na Fig. 15.19. Os símbolos α, β, γ, δ, ε, η referem-se a soluções sólidas homogêneas, enquanto as regiões denominadas por α + β e β + γ indicam regiões nas quais coexistem duas soluções sólidas. Notemos que existe uma série inteira de temperaturas de transição, mas, por outro lado, não existe temperatura eutética alguma nesse diagrama.

Os diagramas de fase, em geral, evidenciam vários aspectos: soluções sólidas, formação de compostos, pontos eutéticos, pontos de transição etc. Uma vez compreendida a interpretação destes aspectos individuais, a interpretação de diagramas complexos não apresenta nenhuma dificuldade.

360 / FUNDAMENTOS DE FÍSICO-QUÍMICA

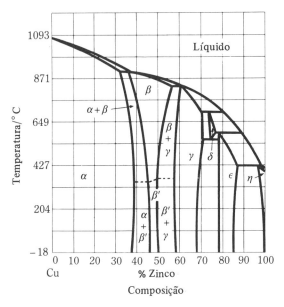

Fig. 15.19 O diagrama do latão. (A. G. Guy, *Physical Metallurgy for Engineers*, Addison-Wesley Publishing Co., Inc., Reading, Mass., 1962.)

★ 15.9 EQUILÍBRIO GÁS-SÓLIDO. PRESSÃO DE VAPOR DE SAIS HIDRATADOS

Na descrição dos equilíbrios entre sólidos e líquidos, admitimos implicitamente que a pressão sobre o sistema era suficientemente alta para evitar o aparecimento de vapor. A pressões mais baixas, se um ou mais componentes do sistema for volátil, o vapor poderá participar do equilíbrio. Um exemplo comum e importante de equilíbrio entre sólido e vapor é o equilíbrio entre sais hidratados e vapor de água.

Examinemos a pressão de vapor do sistema água-$CuSO_4$, a uma temperatura fixa. A Fig. 15.20 mostra, esquematicamente, a pressão de vapor em função da concentração de sulfato de cobre. Adicionando sulfato de cobre anidro à água líquida, a pressão de vapor do sistema cai (lei de Raoult) ao longo da curva *ab*. Em *b* a solução encontra-se saturada com respeito ao pentaidrato, $CuSO_4 \cdot 5H_2O$. O sistema é invariante ao longo de *bc*, pois estão presentes, a temperatura constante, três fases: solução saturada, $CuSO_4 \cdot 5H_2O$ sólido e vapor. A adição de $CuSO_4$ anidro não causa variação da pressão, mas converte uma parte da solução em pentaidrato. Em *c* toda a água já se combinou com o $CuSO_4$ para formar pentaidrato. Com a adição posterior de $CuSO_4$, a pressão cai para o valor em *de*, formando-se triidrato:

$$2CuSO_4 + 3CuSO_4 \cdot 5H_2O \longrightarrow 5CuSO_4 \cdot 3H_2O.$$

O sistema é invariante ao longo de *de*; as três fases presentes são: vapor, $CuSO_4 \cdot 5H_2O$ e $CuSO_4 \cdot 3H_2O$. Em *e* o sistema consiste inteiramente em $CuSO_4 \cdot 3H_2O$; pela adição de $CuSO_4$ uma parte do triidrato é convertida em monoidrato e a pressão cai para o valor em *fg*. Finalmente, ao longo de *hi*, o sistema invariante é: vapor, $CuSO_4 \cdot H_2O$ e $CuSO_4$.

O estabelecimento de uma pressão constante num sistema de sal hidratado requer a presença de três fases; um único hidrato não possui pressão de vapor definida. Por exemplo, o triidrato pode coexistir em equilíbrio com o vapor em qualquer pressão no intervalo de *e* a *f*. Se o pentaidrato e *também* o triidrato estiverem presentes, a pressão se torna fixa no valor *de*.

Como vimos no Cap. 11, a constante de equilíbrio para a reação

$$CuSO_4 \cdot 5H_2O(s) \longrightarrow CuSO_4 \cdot 3H_2O(s) + 2H_2O(g)$$

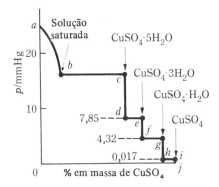

Fig. 15.20 Pressão de vapor do sistema $CuSO_4-H_2O$ (25°C).

pode ser escrita como $K = p_e^2$, onde p_e é a pressão de vapor da água sobre a mistura de tri e pentaidratos no equilíbrio. A dependência da pressão de vapor com a temperatura é facilmente obtida pela combinação dessa equação com a de Gibbs-Helmholtz.

★ 15.10 SISTEMAS DE TRÊS COMPONENTES

Num sistema de três componentes a variança é $F = 3 - P + 2 = 5 - P$. Se o sistema consistir em apenas uma fase, requerer-se-ão quatro variáveis para descrevê-la; estas poderão ser convenientemente escolhidas como T, p, x_1, x_2. Não é possível dar uma representação gráfica completa desse sistema em três dimensões, e muito menos em duas dimensões. Conseqüentemente, é costume representar o sistema a pressão e temperatura constantes. A variança se torna $F' = 3 - P$, de modo que o sistema possui, no máximo, variança igual a dois, podendo ser representado no plano. Após fixarmos a temperatura e a pressão, as variáveis que sobram são variáveis de composição x_1, x_2 e x_3, relacionadas entre si por $x_1 + x_2 + x_3 = 1$. Especificando duas quaisquer dessas, o valor da terceira também fica determinado. O método gráfico mais comum, o de Gibbs e Roozeboom, recorre a um triângulo equilátero. A Fig. 15.21 ilustra o princípio do método. Os pontos *A, B, C*, nos vértices do triângulo, representam 100% de *A*, 100% de *B* e 100% de *C*. As linhas paralelas a *AB* representam as várias percentagens de *C*. Qualquer ponto no segmento *AB* representa um sistema contendo 0% de *C*; qualquer ponto em *xy* representa um sistema com 10% de *C*, etc. O ponto *P* representa um sistema contendo 30% de *C*. A distância do ponto a um dos lados representa a percentagem do componente indicado no vértice oposto a este lado. Assim, *PM* representa a percentagem de *C, PN* a de *A* e *PL* a de *B*. (As linhas paralelas a *AC* e a *CB* foram omitidas por uma questão de clareza.) A soma dos comprimentos das três perpendiculares é sempre igual à altura do triângulo, que é tomado como 100%. Por es-

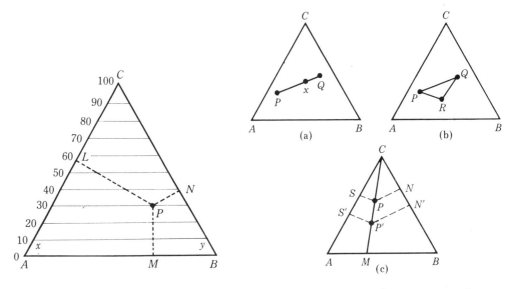

Fig. 15.21 O diagrama triangular.   Fig. 15.22 Propriedades do diagrama triangular.

te método, qualquer composição do sistema ternário poderá ser representada por um ponto interno ao triângulo.

Duas outras propriedades deste diagrama também são importantes. A primeira é ilustrada na Fig. 15.22(a). Quando misturamos dois sistemas cujas composições são representadas por P e Q, a composição da mistura resultante será representada por um ponto x sobre o segmento PQ. Segue-se imediatamente que, ao se misturar três sistemas representados pelos pontos P, Q, R, a composição da mistura resultante será representada por um ponto interno ao triângulo PQR. A segunda propriedade importante é que todos os sistemas representados pelos pontos sobre uma linha que passa por um dos vértices do triângulo possuem os outros dois componentes na mesma razão. Por exemplo, todos os sistemas representados pelos pontos de CM contêm A e B na mesma razão. Na Fig. 15.22(c), traçando as perpendiculares por P e P' aos dois lados adjacentes, obtém-se, a partir da semelhança de triângulos:

$$\frac{PS}{P'S'} = \frac{CP}{CP'} \quad \text{e} \quad \frac{PN}{P'N'} = \frac{CP}{CP'}.$$

Portanto,

$$\frac{PS}{P'S'} = \frac{PN}{P'N'} \quad \text{ou} \quad \frac{PS}{PN} = \frac{P'S'}{P'N'},$$

como queríamos demonstrar. Essa propriedade é importante na discussão da adição ou remoção de um componente ao sistema sem afetar as quantidades dos outros dois componentes que participam da mistura.

★ 15.11 EQUILÍBRIO LÍQUIDO-LÍQUIDO

Um dos exemplos mais simples do comportamento de sistemas ternários é oferecido pelo sistema clorofórmio-água-ácido acético. Os pares clorofórmio-ácido acético e água-ácido acético são completamente miscíveis; o clorofórmio e a água não o são. Na Fig. 15.23 vemos o esquema do equilíbrio líquido-líquido para este sistema. Os pontos *a* e *b* representam as camadas líquidas conjugadas na ausência do ácido acético. Suponhamos que a composição total do sistema é *c*, de forma que, pela regra da alavanca, existe maior quantidade da camada *b* do que da camada *a*. Adicionando uma pequena quantidade de ácido acético ao sistema, a composição varia ao longo da linha que une *c* com o vértice correspondente ao ácido acético; a nova composição será representada por *c'*. A adição do ácido acético altera a composição das duas camadas para os valores dados por *a'* e *b'*. Notemos que o ácido acético vai, preferencialmente, para a camada *b'* rica em água, de modo que a linha de correlação entre as duas soluções conjugadas *a'* e *b'* não permanece paralela a *ab*. As quantidades relativas de *a'* e *b'* são dadas pela regra da alavanca, isto é, pela razão dos segmentos da linha de correlação *a'b'*. Com a adição de mais ácido acético, a

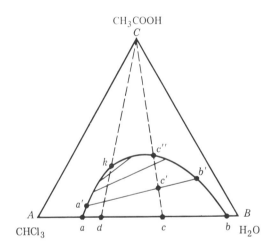

Fig. 15.23 Dois líquidos parcialmente miscíveis.

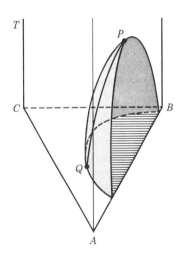

Fig. 15.24 Efeito da temperatura sobre um par parcialmente miscível.

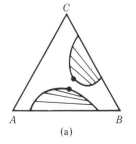 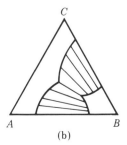 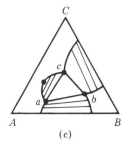

(a)   (b)   (c)

Fig. 15.25 Dois pares parcialmente miscíveis.

composição varia ao longo da linha interrompida cC; a camada mais rica em água aumenta em quantidade, enquanto que a outra, rica em clorofórmio, diminui. Em c'' existem somente traços da camada rica em clorofórmio e acima de c'' o sistema é homogêneo.

Como as linhas de correlação não são paralelas, o ponto em que as duas soluções conjugadas possuem a mesma composição não se localiza no topo da curva binodal, mas fica de um dos lados, no ponto k, denominado de *ponto de entrelaçamento*. Se o sistema tiver a composição inicial d e lhe adicionarmos ácido acético, a composição variará ao longo de dk, imediatamente abaixo de k as *duas* camadas estarão presentes em quantidades *comparáveis*; em k a superfície de separação entre as duas camadas desaparecerá à medida que a solução se tornar homogênea. Compare esse comportamento com aquele observado em c'', onde uma das camadas conjugadas permanecia presente apenas em traços.

Se aumentarmos a temperatura, a forma e o tamanho da região de duas fases mudarão. Um exemplo típico para uma mistura em que o aumento de temperatura aumenta a solubilidade mútua é mostrado na Fig. 15.24. Se a temperatura fosse colocada como uma terceira coordenada, a região de duas fases teria o aspecto de um pão de açúcar. Na figura, P é a temperatura consoluta para o sistema binário A-B. A linha PQ une os pontos de entrelaçamento a várias temperaturas.

Quando dois pares A-B e B-C são parcialmente miscíveis, a situação torna-se mais complexa. As duas curvas binodais podem apresentar o aspecto da Fig. 15.25(a). A temperaturas mais baixas, as duas curvas binodais podem-se sobrepor como na Fig. 15.25(a). Se isto acontece de modo que os pontos de entrelaçamento se unam, a região de duas fases torna-se uma banda, como na Fig. 15.25(b). Quando as duas curvas binodais se sobrepõem fora dos pontos de entrelaçamento, o diagrama resultante tem a forma esquematizada na Fig. 15.25(c). Os pontos interiores ao triângulo abc representam estados do sistema em que coexistem *três* camadas líquidas de composição a, b e c. Tal sistema é isotermicamente invariante.

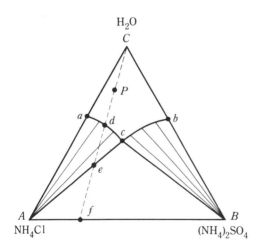

Fig. 15.26 Efeito do íon comum.

★ 15.12 SOLUBILIDADE DE SAIS — EFEITO DO ÍON COMUM

Os sistemas que contêm dois sais com um íon comum e água possuem grande importância prática. Cada sal influencia a solubilidade do outro. O diagrama esquemático para o NH_4Cl, $(NH_4)_2SO_4$, H_2O a 30°C é mostrado na Fig. 15.26. O ponto a representa a solução saturada de

EQUILÍBRIO ENTRE FASES CONDENSADAS / 365

NH_4Cl em água na ausência de $(NH_4)_2SO_4$. Os pontos entre A e a representam várias quantidades de NH_4Cl sólido em equilíbrio com a solução saturada a. Os pontos entre a e C representam as soluções não-saturadas de NH_4Cl. Analogamente, b representa a solubilidade de $(NH_4)_2SO_4$ na ausência de NH_4Cl. Os pontos sobre Cb representam a solução não-saturada, enquanto aqueles sobre bB representam situações em que o $(NH_4)_2SO_4$ sólido está em equilíbrio com a sua solução saturada. A presença de $(NH_4)_2SO_4$ muda a solubilidade do NH_4Cl ao longo de ac, enquanto que a presença de NH_4Cl faz variar a solubilidade de $(NH_4)_2SO_4$ ao longo da linha bc. O ponto c representa uma solução saturada respectivamente a ambos os sais $(NH_4)_2SO_4$ e NH_4Cl. As linhas de armação unem os pontos representativos das composições da solução saturada e da fase sólida participante do equilíbrio. As regiões de estabilidade estão na Tab. 15.2.

Tab. 15.2

Região	Sistema	Variança
$Cacb$	Solução não-saturada	2
Aac	NH_4Cl + solução saturada	1
Bbc	$(NH_4)_2SO_4$ + solução saturada	1
AcB	$NH_4Cl + (NH_4)_2SO_4$ + solução saturada c	0

Suponhamos que uma solução não-saturada representada por P seja evaporada isotermicamente; o ponto representativo do estado da solução deve deslocar-se ao longo da linha $Pdef$, traçada pelo vértice C e o ponto P. Em d, o NH_4Cl cristaliza e a composição da solução move-se ao longo da linha dc. No ponto e, a composição da solução é c e o $(NH_4)_2SO_4$ começa a cristalizar. Continuando a evaporação, depositam-se NH_4Cl e $(NH_4)_2SO_4$ até que se atinja o ponto f, onde a solução desaparece completamente.

★ 15.13 FORMAÇÃO DE SAL DUPLO

Se dois sais puderem formar um composto, um sal duplo, então a solubilidade deste composto também poderá aparecer como uma linha de equilíbrio no diagrama.

A Fig. 15.27 mostra dois casos típicos em que se formam compostos. Em ambas as figuras, ab é a solubilidade de A, bc é a do composto AB e cd é a de B. As regiões e o que elas apresentam encontram-se na Tab. 15.3.

Tab. 15.3

Região	Sistema	Variança
$Cabcd$	Solução não-saturada	2
abA	A + solução saturada	1
AbD	$A + AB$ + solução saturada b	0
Dbc	AB + solução saturada	1
DcB	$AB + B$ + solução saturada c	0
cdB	B + solução saturada	1

A diferença entre o comportamento dos dois sistemas pode ser mostrada de dois modos. Primeiro, começando com o composto sólido e seco e adicionando água; o ponto de estado desloca-se ao longo da linha *DC*. Na Fig. 15.27(*a*), o ponto move-se para a região em que coexistem o composto e a solução saturada do composto. Devido a este fato, o composto é chamado de *congruentemente saturante*. A adição de água ao composto *AB*, na Fig. 15.27(*b*) desloca o ponto de estado ao longo de *DC* para a região na qual estão em equilíbrio $A + AB +$ solução saturada *b*. A adição de água leva, portanto, à decomposição do composto em *A* sólido e solução. Este composto é dito ser *incongruentemente saturante*. Analogamente, o composto da Fig. 15.27(*b*) não pode ser preparado mediante a evaporação de uma solução que contenha quantidades equimolares de *A* e *B*. A evaporação leva à cristalização de *A* no ponto *e*; no ponto *f* o sólido *A* reage com a solução *b*, precipitando *AB*. Quando atingimos *D*, todo o *A* desaparece restando apenas o composto. Separando os sólidos por filtração quando o ponto representativo de estado está entre *f* e *D*, obtemos uma mistura de cristais de *A* e do composto. É compreensível que no laboratório isto leve a aborrecimentos. O conhecimento do diagrama de fases nos sistemas dos quais participam sais duplos é muito útil em problemas de preparação.

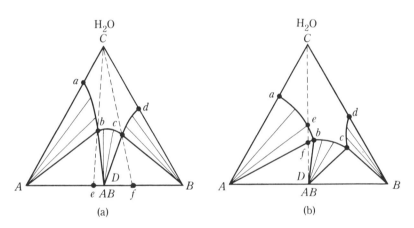

Fig. 15.27 (*a*) Composto congruentemente saturante.
(*b*) Composto incongruentemente saturante.

Se um dos sais forma um hidrato de composição *D*, o diagrama terá a aparência da Fig. 15.28(*a*). O aspecto interessante deste diagrama é dado pelos pontos interiores ao triângulo *ADB*, nos quais o sistema é formado exclusivamente pelos três sólidos *D*, *B*, *A*. Sob condições apropriadas, geralmente a temperatura mais alta, pode aparecer o sal anidro como vemos na Fig. 15.28(*b*).

★ 15.14 O MÉTODO DOS "RESÍDUOS ÚMIDOS"

A determinação das curvas de equilíbrio em sistemas de três componentes é, sob alguns aspectos, mais fácil do que em sistemas binários. Consideremos o diagrama da Fig. 15.29. Suponhamos que o sistema consiste em uma solução em equilíbrio com sólido e que o ponto de estado está em *a*. Nós não conhecemos a posição de *a*, mas sabemos que ele se localiza na linha de amarração que une a composição do sólido e a composição do líquido. Procedemos como

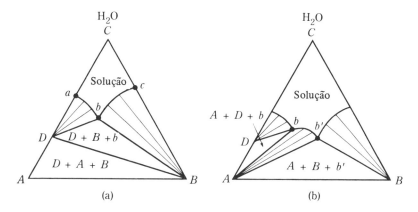

Fig. 15.28 Formação de hidrato.

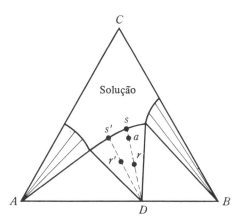

Fig. 15.29 O método dos resíduos úmidos.

se segue: retiramos uma parte do líquido saturado e determinamos seu conteúdo em A e B. Obtemos, assim, o ponto s na linha de equilíbrio. Após a remoção de uma parte da solução saturada, o ponto de estado do sistema deve localizar-se no ponto r. Então, o resto, isto é, os sólidos e o líquido sobrenadante, chamado de "resíduo úmido", é analisado respectivamente aos dois componentes. Esta análise fornece o ponto r. Traçamos uma linha de amarração entre s e r. Repetimos o procedimento para um sistema que contenha uma razão ligeiramente diferente dos dois componentes. A análise da solução fornece o ponto s', enquanto que a do resíduo úmido fornece o ponto r'. Traçamos a linha de amarração por s' e r'. Estas duas linhas devem-se interceptar no ponto que dá a composição do composto sólido presente. No sistema da figura, elas se interceptam no ponto D. O ponto de interseção fornece a composição da fase sólida D, que se encontra em equilíbrio com o líquido.

O método dos resíduos úmidos é superior ao método necessário nos sistemas binários, onde as fases sólida e líquida devem ser separadas e analisadas individualmente. É praticamente impossível separar a fase sólida da fase líquida sem que uma parte do líquido adira ao sólido e o contamine. Por esta razão, é, freqüentemente, mais fácil adicionar uma terceira substância ao sistema binário, determinar as linhas de equilíbrio e as composições das fases sólidas pelo método dos resíduos úmidos e calcular a composição do sólido no sistema binário a partir do diagrama triangular obtido.

★ 15.15 SEPARAÇÃO PELA ADIÇÃO DE SAL

Na Química Orgânica prática, é comum separar um líquido orgânico dissolvido em água mediante a adição de um sal. Por exemplo, se o líquido orgânico e a água são completamente miscíveis, a adição de um sal pode produzir uma separação do sistema em duas camadas líquidas — uma rica no composto orgânico e a outra rica em água. As relações entre as fases estão ilustradas pela Tab. 15.4 e pelo diagrama do sistema K_2CO_3-H_2O-CH_3OH, na Fig. 15.30, que é um diagrama típico de sistema sal-água-álcool.

O sistema se distingue pela presença da região de duas camadas líquidas *bcd*. Suponhamos que o sólido K_2CO_3 seja adicionado à mistura de água e álcool de composição *x*. O ponto de estado deslocar-se-á ao longo da linha *xyzA*. Em *y* formam-se duas camadas; em *z* o K_2CO_3 cessa de se dissolver e coexistirão K_2CO_3 sólido e os líquidos *b* e *d*. O líquido *d* é a camada rica em álcool e pode ser separada de *b*, a camada rica em água. Notemos que a adição de sal às soluções saturadas não faz variar a composição das camadas *b* e *d*. Isto era esperado, pois o sistema é isotermicamente invariante no triângulo *Abd*.

Tab. 15.4

Região	Sistema
Aab	K_2CO_3 em equilíbrio com solução saturada rica em água
Aed	K_2CO_3 em equilíbrio com solução saturada rica em álcool
bcd	dois líquidos conjugados ligados por linhas de amarração
Abd	K_2CO_3 em equilíbrio com os líquidos conjugados *b* e *d*

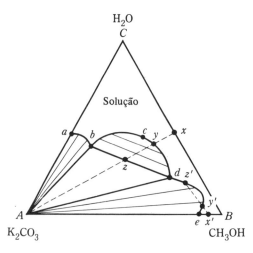

Fig. 15.30 Diagrama do sistema sal-álcool-água.

EQUILÍBRIO ENTRE FASES CONDENSADAS / 369

Este diagrama também pode ser usado para mostrar como é possível precipitar o sal pela adição de álcool à solução saturada; o ponto representativo do estado move-se a partir de a, digamos, ao longo da linha que liga a a B. Como, nesse caso particular, somente uma pequena quantidade de sal se precipita antes da formação das duas camadas líquidas o processo não é muito útil. Este sistema mostra-se curioso com relação ao efeito da adição de água a uma solução não-saturada de K_2CO_3 em álcool, de composição x'. A linha $x'y'z'$ que une x' a C mostra que, pela adição de água à solução alcoólica de K_2CO_3, conseguimos a precipitação desse no ponto y'. A adição posterior de água leva à dissolução do K_2CO_3 em z'.

QUESTÕES

15.1 Descreva as similaridades da solução de ponto consoluto superior e do ponto crítico líquido-gás.

15.2 Haverá um ponto consoluto inferior ou superior se o processo de solução para dois líquidos for exotérmico? E se o processo for endotérmico?

15.3 Quanto mais fina a granulação de uma liga maior a sua dureza. Por que as ligas eutéticas devem ser especialmente duras?

15.4 Cu e Ni têm, aproximadamente, o mesmo raio atômico e cristalizam com redes cristalinas iguais. Com esta informação e a solução sólida análoga da Eq. (14.6), sugira uma razão para o Cu e o Ni formarem uma solução sólida praticamente ideal.

15.5 Interprete a elevação do ponto de solidificação em soluções sólidas em termos da "tendência de escape" do sólido na solução sólida.

PROBLEMAS

15.1 As pressões de vapor do clorobenzeno e da água em diferentes temperaturas são

$t/°C$	90	100	110
$p°(\phi Cl)/mmHg$	204	289	402
$p°(H_2O)/mmHg$	526	760	1075

a) Qual a pressão necessária para destilar o ϕCl por arraste a vapor, a 90°C?

b) Qual a temperatura necessária para destilar o ϕCl por arraste a vapor a uma pressão total de 800 mmHg?

c) Quantos gramas de vapor são necessários para destilar 10,0 g de ϕCl (a) a 90°C e (b) sob uma pressão total de 800 torr?

15.2 Uma mistura de 100 g de água e 80 g de fenol separa em duas camadas a 60°C. Uma das camadas, L_1, consiste de 44,9% em massa de água e a outra, L_2, consiste de 83,2% em massa de água.

a) Quais são as massas de L_1 e L_2?

b) Qual o número total de moles em L_1 e L_2?

370 / FUNDAMENTOS DE FÍSICO-QUÍMICA

15.3 Os pontos de fusão e os calores de fusão do chumbo e do antimônio são

	Pb	Sb
$t_f/°C$	327,4	630,5
$\Delta H_{fus}/(kJ/mol)$	5,10	20,1

Determine as linhas de equilíbrio sólido-líquido; faça uma estimativa gráfica da composição eutética e calcule a temperatura eutética. Compare os resultados com os valores dados na Fig. 15.7.

15.4 A partir dos pontos de fusão das misturas de Al e Cu, esboce a curva dos pontos de fusão:

a)

% em massa de Cu	0	20	40	60	80	100
$t/°C$	660	600	540	610	930	1083

b) Para o cobre, $T_f/K = 1356$ e $\Delta H°_{fus.}$ (Cu) = 13,05 kJ/mol; para o alumínio, $T_f/K = 933$ e $\Delta H°_{fus.}$ (Al) = = 10,75 kJ/mol. Esboce as curvas de solubilidade ideal e compare com a curva experimental em (a).

15.5 A solubilidade do KBr em água é:

$t/°C$	0	20	40	60	80	100
g KBr/g H_2O	0,54	0,64	0,76	0,86	0,95	1,04

Em uma solução molal, o KBr abaixa o ponto de congelação da água de 3,29°C. Avalie graficamente a temperatura eutética do sistema KBr-H_2O.

15.6 KBr é recristalizado da água pela saturação da solução a 100°C e posterior resfriamento a 20°C; os cristais obtidos são dissolvidos em água e a solução é evaporada até se tornar saturada a 100°C. Resfriando a solução a 20°C, obtemos uma segunda porção de cristais. Qual é o rendimento percentual de KBr puro obtido após a segunda recristalização? Use os dados do Probl. 15.5.

15.7 Obtêm-se duas porções de KBr como se segue. Uma solução saturada a 100°C é resfriada a 20°C, após a separação dos cristais mediante filtração, a água-mãe é evaporada até a solução se tornar novamente saturada a 100°C; um resfriamento a 20°C produz uma segunda porção de cristais. Qual é a fração de KBr recuperada nas duas etapas por este método? (Dados do Probl. 15.5.)

15.8 A Fig. 15.16 ilustra o equilíbrio entre soluções sólidas e líquidas no sistema cobre-níquel. Suponha que ambas as soluções, a líquida e a sólida, são ideais, então as condições de equilíbrio conduzem a duas equações da forma da Eq. (15.8); uma destas se aplica ao cobre e a outra ao níquel. Se invertermos as equações, elas se tornam

$$\frac{1}{T} = \left(\frac{1}{T_{Cu}}\right)\left[1 + \left(\frac{R}{\Delta S_{Cu}}\right)\ln\left(\frac{x'_{Cu}}{x_{Cu}}\right)\right]$$

EQUILÍBRIO ENTRE FASES CONDENSADAS / 371

e

$$\frac{1}{T} = \left(\frac{1}{T_{Ni}}\right)\left[1 + \left(\frac{R}{\Delta S_{Ni}}\right)\ln\left(\frac{x'_{Ni}}{x_{Ni}}\right)\right],$$

onde x' é a fração molar na solução sólida e x na líquida. Temos ainda as relações, $x'_{Cu} + x'_{Ni} = 1$ e $x_{Cu} + x_{Ni} = 1$. Existem quatro equações com cinco variáveis, T, x'_{Cu}, x'_{Ni}, x_{Cu}, x_{Ni}. Suponha que $x_{Cu} = 0,1$; calcule valores para as outras variáveis. $T_{Cu} = 1.356,2\,^{\circ}K$, $T_{Ni} = 1.728\,^{\circ}K$; admita que $\Delta S_{Cu} = \Delta S_{Ni} = 9,83$ J/K mol. (*Sugestão:* Use o valor de x_{Cu} nas duas primeiras equações e elimine T entre elas. Por tentativas, resolva as equações resultantes para x'_{Cu} e x'_{Ni}. Assim, T torna-se facilmente calculável. Repetindo esse procedimento para outros valores de x_{Cu} obtemos dados para a construção completa do diagrama).

15.9 Na Fig. 15.18, qual é a variança em cada região do diagrama? Não esqueça que a pressão é constante. Qual é a variância sobre a linha *abc*?

15.10 Qual é a variança em cada região da Fig. 15.30?

15.11 a) Recorrendo à Fig. 15.30, diga quais as mudanças observadas ao se adicionar água a um sistema contendo 50% de K_2CO_3 e 50% de CH_3OH.
b) Que se observa ao se adicionar metanol a um sistema contendo 90% de água e 10% de K_2CO_3? (ou 30% de água e 70% de K_2CO_3?)

15.12 a) Qual é a variança em cada uma das regiões da Fig. 15.15(*a*)?
b) Descreva as mudanças que ocorrem quando se evapora uma solução de Na_2SO_4 não-saturada a 25°C e a 35°C.

15.13 Descreva as mudanças que ocorrem quando se evapora água isotermicamente ao longo da linha *aj* no sistema da Fig. 15.12.

16

Equilíbrio em Sistemas Não-Ideais

16.1 O CONCEITO DE ATIVIDADE

A discussão matemática dos capítulos precedentes ficou restrita aos sistemas que se comportavam idealmente; os sistemas eram constituídos por gases ideais, ou misturas ideais gasosas, líquidas, sólidas. Muitos desses sistemas descritos no Cap. 15 não são ideais; a questão que se levanta, então, é como trataremos matematicamente os sistemas não-ideais. Estes sistemas podem ser estudados convenientemente mediante os conceitos de fugacidade e atividade, introduzidos por G. N. Lewis.

O potencial químico de um componente numa mistura ideal é em geral uma função da temperatura, da pressão e da composição da mistura. Em misturas gasosas escrevemos o potencial químico de cada componente como a soma de duas parcelas:

$$\mu_i = \mu_i^{\circ}(T) + RT \ln f_i. \qquad (16.1)$$

O primeiro termo, μ_i°, é função somente da temperatura, enquanto que a fugacidade, f_i, do segundo termo pode depender da temperatura, da pressão e da composição da mistura. A fugacidade é uma medida do potencial químico do gás i na mistura. Na Seç. 10.9 descrevemos um método para avaliar a fugacidade de um gás puro.

Agora restringiremos a nossa atenção às soluções líquidas, embora a maior parte do que será dito também possa ser aplicado às soluções sólidas. Para qualquer componente i de qualquer mistura líquida, podemos escrever

$$\mu_i = g_i(T, p) + RT \ln a_i, \qquad (16.2)$$

onde $g_i(T, p)$ é função somente da temperatura e da pressão, enquanto a_i, a *atividade de i*, pode ser função da temperatura, da pressão e da composição. Como foi escrita, a Eq. (16.2) não é particularmente informativa, entretanto, indica que, a uma certa temperatura e pressão, um aumento da atividade de uma substância implica aumento do potencial químico da substância. *Esta equivalência entre a atividade e o potencial químico*, através de uma equação da forma da Eq. (16.2), é a propriedade fundamental da atividade. A teoria do equilíbrio poderia ser desenvolvida completamente em termos das atividades das diversas substâncias, em lugar dos potenciais químicos.

Para usarmos a Eq. (16.2) devemos conhecer com precisão a função $g_i(T, p)$, de modo que a_i tenha um significado bem definido. São usadas, comumente, duas maneiras para descrever $g_i(T, p)$, cada uma levando a sistemas diferentes de atividades. Em cada um dos sistemas, ainda permanece válida a afirmação de que a atividade de um componente é uma medida do seu potencial químico.

16.2 O SISTEMA DE ATIVIDADES RACIONAIS

No sistema de atividades racionais, $g_i(T, p)$ é identificado com o potencial químico do líquido puro, $\mu_i^\circ(T, p)$:

$$g_i(T, p) = \mu_i^\circ(T, p). \tag{16.3}$$

Então, a Eq. (16.2) torna-se

$$\mu_i = \mu_i^\circ + RT \ln a_i. \tag{16.4}$$

Quando $x_i \to 1$, o sistema tende a ser constituído por i puro e μ_i tende para μ_i°, de modo que

$$\mu_i - \mu_i^\circ = 0 \quad \text{para} \quad x_i \to 1.$$

Portanto, na Eq. (16.4) temos $\ln a_i = 0$, para $x_i \to 1$, ou

$$a_i = 1 \quad \text{para} \quad x_i \to 1. \tag{16.5}$$

Ou seja, a atividade de um líquido puro é igual à unidade.

Se compararmos a Eq. (16.4) com μ_i de uma solução líquida ideal,

$$\mu_i^{\text{id}} = \mu_i^\circ + RT \ln x_i; \tag{16.6}$$

subtraindo a Eq. (16.6) da Eq. (16.4), obtemos

$$\mu_i - \mu_i^{\text{id}} = RT \ln \frac{a_i}{x_i}. \tag{16.7}$$

O *coeficiente de atividade racional* de i, γ_i, é definido por

$$\gamma_i = \frac{a_i}{x_i}. \tag{16.8}$$

Com esta definição, a Eq. (16.7), torna-se

$$\mu_i = \mu_i^{\text{id}} + RT \ln \gamma_i, \tag{16.9}$$

mostrando que $\ln \gamma_i$ mede a extensão do afastamento da idealidade. Da relação dada pela Eq. (16.5) e da definição de γ_i, obtemos

$$\gamma_i = 1 \quad \text{para} \quad x_i \to 1. \tag{16.10}$$

Os coeficientes de atividades racionais são convenientes para os sistemas nos quais a fração molar de um dos componentes pode variar de zero a um como nas misturas de líquido, como, por exemplo, de acetona e clorofórmio.

16.2.1 Atividades Racionais; Substâncias Voláteis

A atividade racional dos constituintes voláteis nas misturas líquidas pode ser determinada com facilidade mediante a medida da pressão parcial deste componente na fase vapor que está em equilíbrio com a fase líquida. Como, no equilíbrio, os potenciais químicos de cada constituinte devem ser iguais nas duas fases, líquida e vapor, temos $\mu_i(l) = \mu_i(g)$. Usando a Eq. (16.4) para $\mu_i(l)$ e admitindo que o gás seja ideal, sendo p_i a pressão parcial do componente i, podemos escrever

$$\mu_i^\circ(l) + RT \ln a_i = \mu_i^\circ(g) + RT \ln p_i.$$

Para o líquido puro,

$$\mu_i^\circ(l) = \mu_i^\circ(g) + RT \ln p_i^\circ,$$

onde p_i° é a pressão de vapor do líquido puro. Subtraindo as duas últimas equações, membro a membro, e dividindo por RT, obtemos $\ln a_i = \ln (p_i/p_i^\circ)$, ou

$$a_i = \frac{p_i}{p_i^\circ}, \qquad (16.11)$$

que é análoga à lei de Raoult e vale para soluções não-ideais. Assim, a medida de p_i sobre a solução e o conhecimento de p_i° permite-nos calcular a_i. A partir de medidas em várias concentrações, x_i, podemos construir o gráfico da variação de a_i em função de x_i. Semelhantemente, os coeficientes de atividade podem ser calculados usando-se a Eq. (16.8) e colocados em função de x_i. As Figs. 16.1 e 16.2 mostram a_i e γ_i contra x_i no caso de sistemas binários que apresentam desvios positivos e negativos da lei de Raoult. Se as soluções fossem ideais, então $a_i = x_i$ e $\gamma_i = 1$, para todos os valores de x_i.

Dependendo do sistema, o coeficiente de atividade de um componente pode ser maior ou menor do que a unidade. Em um sistema que apresenta desvios positivos de idealidade, o coeficiente de atividade, e portanto a tendência de escape, é maior do que em uma solução ideal de

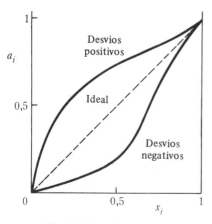

Fig. 16.1 Atividade contra fração molar.

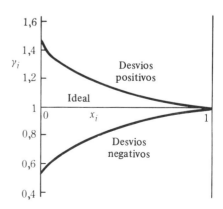

Fig. 16.2 Coeficiente de atividade contra fração molar.

mesma concentração. Em uma solução com desvio negativo da lei de Raoult, a substância possui uma tendência de escape inferior à que observaríamos numa solução ideal de mesma concentração; γ é menor do que a unidade.

16.3 PROPRIEDADES COLIGATIVAS

As propriedades coligativas de uma solução de solutos não-voláteis exprimem-se simplesmente em termos da atividade racional do solvente.

16.3.1 Pressão de Vapor

Se a pressão de vapor do solvente sobre a solução for p e a atividade do solvente for a, teremos, a partir da Eq. (16.11),

$$a = \frac{p}{p^{\circ}} \tag{16.11a}$$

Se a for avaliado a partir de medidas de pressão de vapor a várias concentrações, estes valores poderão ser usados para o cálculo do abaixamento crioscópico, da elevação ebulioscópica e da pressão osmótica para qualquer concentração.

16.3.2 Abaixamento Crioscópico

Se o solvente puro estiver em equilíbrio com a solução, a condição de equilíbrio $\mu(l) = \mu^{\circ}(s)$ passará a ser, pela Eq. (16.4), $\mu^{\circ}(l) + RT \ln a = \mu^{\circ}(s)$ ou

$$\ln a = -\frac{\Delta G_{fus}^{\circ}}{RT}.$$

Repetindo a argumentação feita na Seç. 13.6, obteremos, finalmente,

$$\ln a = -\frac{\Delta H_{fus}^{\circ}}{R}\left(\frac{1}{T} - \frac{1}{T_0}\right), \tag{16.12}$$

que é o análogo da Eq. (13.15), válida para soluções ideais. Determinando a a partir de medidas de pressões de vapor, poderemos calcular o ponto de solidificação mediante a Eq. (16.12); inversamente, medindo o ponto de solidificação T, poderemos calcular a através da Eq. (16.12).

16.3.3 Elevação Ebulioscópica

Um raciocínio análogo mostra que o ponto de ebulição está relacionado a ΔH_{vap}° e T_0, o calor de vaporização e o ponto de ebulição do solvente puro, mediante

$$\ln a = \frac{\Delta H_{vap}^{\circ}}{R}\left(\frac{1}{T} - \frac{1}{T_0}\right), \tag{16.13}$$

que é análoga à Eq. (13.29) para uma solução ideal.

376 / FUNDAMENTOS DE FÍSICO-QUÍMICA

16.3.4 Pressão Osmótica

A pressão osmótica é dada por

$$\overline{V}°\pi = -RT \ln a,$$ (16.14)

que é análoga à Eq. (13.36).

Nas Eqs. (16.11a), (16.12), (16.13) e (16.14), a é a atividade racional do solvente. Medidas de qualquer propriedade coligativa fornecem os valores de a, através destas equações.

16.4 O SISTEMA PRÁTICO

O sistema prático de atividades e coeficientes de atividade é útil para soluções em que apenas o solvente possui fração molar próxima da unidade; todos os solutos estão presentes em quantidades relativamente pequenas. Nestes casos usamos o sistema racional para o *solvente* e o sistema prático para os *solutos*. Quando as concentrações dos solutos tornam-se muito pequenas, o comportamento de qualquer solução real aproxima-se daquele da solução *diluída ideal*. Usando-se o índice j para identificar os solutos da solução diluída ideal (Seç. 14.11):

$$\mu_j^{id} = \mu_j^{**} + RT \ln m_j.$$ (16.15)

Para um soluto, a Eq. (16.2) torna-se

$$\mu_j = g_j(T, p) + RT \ln a_j.$$ (16.16)

Se subtrairmos a Eq. (16.15) da Eq. (16.16) e fizermos $g_j(T, p) = \mu_j^{**}$, então

$$\mu_j - \mu_j^{id} = RT \ln \frac{a_j}{m_j}.$$ (16.17)

A identificação de $g_j(T, p)$ com μ_j^{**} define o sistema prático de atividades; o coeficiente de atividade prático é definido por

$$\gamma_j = \frac{a_j}{m_j}.$$ (16.18)

As Eqs. (16.17) e (16.18) mostram que $\ln \gamma_j$ é uma medida do afastamento de um soluto do seu comportamento numa solução diluída ideal. Finalmente, para $m_j \to 0$, o soluto deve-se comportar numa solução diluída ideal, de modo que

$$\gamma_j = 1 \quad \text{para} \quad m_j \to 0.$$ (16.19)

Segue-se que $a_j = m_j$ quando $m_j = 0$. Assim, para o potencial químico de um soluto no sistema prático, temos

$$\mu_j = \mu_j^{**} + RT \ln a_j.$$ (16.20)

O termo μ_j^{**} é o potencial químico que o soluto teria em uma solução 1 molal, se essa solução se comportasse idealmente. Este estado padrão é chamado de solução ideal de molalidade unitária. É um estado hipotético de um sistema. De acordo com a Eq. (16-20) a atividade prática mede o potencial químico da substância relativamente ao potencial químico nessa solução ideal hipotética de molalidade unitária. A Eq. (16-20) é aplicável tanto para solutos voláteis como para solutos não-voláteis.

16.4.1 Soluto Volátil

A condição de equilíbrio para a distribuição de um soluto j volátil entre a solução e o vapor é $\mu_j(g) = \mu_j(l)$. Mediante a Eq. (16.20) e admitindo que o vapor seja ideal, obteremos

$$\mu_j^\circ + RT \ln p_j = \mu_j^{**} + RT \ln a_j.$$

Como μ_j° e μ_j^{**} dependem somente de T e p e não da composição, podemos definir uma constante, K_j', que seja independente da composição, por

$$RT \ln K_j' = -(\mu_j^\circ - \mu_j^{**}).$$

A relação entre p_j e a_j torna-se

$$p_j = K_j' a_j. \tag{16.21}$$

A constante K_j' é uma constante modificada da lei de Henry. Se K_j' for conhecida, os valores de a_j poderão ser calculados imediatamente a partir dos p_j medidos. Dividindo a Eq. (16.21) por m_j obtemos

$$\frac{p_j}{m_j} = K_j'\left(\frac{a_j}{m_j}\right). \tag{16.22}$$

Os valores medidos da razão p_j/m_j permitem a construção de um gráfico representando estes em função de m_j. A curva é extrapolada para $m_j = 0$. O valor extrapolado de p_j/m_j é igual a K_j', pois $(a_j/m_j) = 1$ para $m_j \to 0$. Assim,

$$\left(\frac{p_j}{m_j}\right)_{m_j = 0} = K_j'.$$

Tendo-se obtido o valor de K_j', os valores de a_j são calculados a partir dos p_j medidos, pela Eq. (16.21).

16.4.2 Soluto Não-Volátil; Propriedades Coligativas e a Atividade do Soluto

Na Seç. 16.3 relacionamos as propriedades coligativas com a atividade racional do *solvente*. Estas propriedades podem ser relacionadas também com a atividade do soluto. Os símbolos sem índices referem-se aos solventes; os símbolos com o índice 2 referem-se aos solutos, exceto a molalidade m do *soluto*, que não trará índice nenhum. Por uma questão de simplicidade admitimos que esteja presente somente um soluto. Os potenciais químicos são

Solvente: $\quad \mu = \mu^\circ + RT \ln a,$

Soluto: $\quad \mu_2 = \mu_2^{**} + RT \ln a_2.$

378 / FUNDAMENTOS DE FÍSICO-QUÍMICA

Estes se relacionam através da Eq. (11.97), a equação de Gibbs-Duhem,

$$d\mu = -\frac{n_2}{n} d\mu_2 \qquad (T, p \text{ constantes}).$$

Diferenciando μ e μ_2, mantendo T e p constantes, obtemos

$$d\mu = RT \, d \ln a \qquad \text{e} \qquad d\mu_2 = RT \, d \ln a_2.$$

Levando esses valores à equação de Gibbs-Duhem, temos

$$d \ln a = -\frac{n_2}{n} d \ln a_2.$$

Mas $n_2/n = Mm$, onde M é a massa molar do solvente e m é a molalidade do soluto. Portanto,

$$d \ln a = -Mm \, d \ln a_2, \tag{16.23}$$

que é a relação procurada, entre as atividades do solvente e do soluto.

16.4.3 Abaixamento Crioscópico

Diferenciando a Eq. (16.12) e aproveitando o valor de $d \ln a$ dado pela Eq. (16.23), obtemos

$$d \ln a_2 = -\frac{\Delta H^{\circ}_{\text{fus}}}{MRT^2 m} dT = \frac{d\theta}{K_f m(1 - \theta/T_0)^2},$$

onde $K_j = MRT_0^2/\Delta H^{\circ}_{\text{fus}}$ e onde introduzimos o abaixamento crioscópico, $\theta = T_0 - T$, $d\theta = -dT$. Se $\theta/T_0 \ll 1$, então

$$d \ln a_2 = \frac{d\theta}{K_f m}. \tag{16.24}$$

Uma equação similar poderia ser deduzida para a elevação ebulioscópica.

Na sua forma anterior, a Eq. (16.24) não é muito sensível aos desvios da idealidade. Para arranjá-la em termos de funções mais sensíveis, nós introduzimos o *coeficiente osmótico*, $1 - j$, definido por

$$\theta = K_f m(1 - j). \tag{16.25}$$

Numa solução diluída ideal, $\theta = K_f m$, de modo que $j = 0$. Em uma solução não-ideal, j difere de zero. Diferenciando a Eq. (16.25), temos

$$d\theta = K_f[(1 - j) \, dm - m \, dj].$$

Mediante a Eq. (16.18), escrevemos $a_2 = \gamma_2 m$; e diferenciamos $\ln a_2$:

$$d \ln a_2 = d \ln \gamma_2 + d \ln m = d \ln \gamma_2 + \frac{dm}{m}.$$

Levando estas duas relações à Eq. (16.24), essa fica

$$d \ln \gamma_2 = -dj - \left(\frac{j}{m}\right) dm.$$

Integramos esta equação de $m = 0$ a m; em $m = 0$, $\gamma_2 = 1$ e $j = 0$; obtemos

$$\int_0^{\ln \gamma_2} d \ln \gamma_2 = -\int_0^j dj - \int_0^m \left(\frac{j}{m}\right) dm,$$

$$\ln \gamma_2 = -j - \int_0^m \left(\frac{j}{m}\right) dm. \tag{16.26}$$

A integral da Eq. (16.26) é avaliada graficamente. A partir dos valores experimentais de θ e m, calculamos j mediante a Eq. (16.25); j/m é colocada num gráfico em função de m; a área abaixo da curva é o valor da integral. Após a obtenção do valor de γ_2, calculamos a atividade a_2 pela relação $a_2 = \gamma_2 m$.

Admitimos que $\Delta H^\circ_{\text{fus.}}$ é independente da temperatura e que θ é muito menor do que T_0. Em trabalhos de muita precisão são usadas equações mais elaboradas, que não são restringidas por estas hipóteses. Qualquer propriedade coligativa pode ser interpretada em termos da atividade do soluto.

16.5 ATIVIDADES E EQUILÍBRIO

Se uma reação química toma lugar em uma solução não-ideal, os potenciais químicos, na forma dada pela Eq. (16.4) ou (16.20), devem ser usados na equação de equilíbrio da reação. O sistema prático, Eq. (16.20), é o mais comumente usado. A condição de equilíbrio torna-se

$$\Delta G^{**} = -RT \ln K_a, \tag{16.27}$$

onde ΔG^{**} é a variação da energia de Gibbs padrão e K_a é o quociente apropriado das atividades no equilíbrio. Como ΔG^{**} é uma função apenas de T e p, K_a é uma função somente de T e p e é independente da composição. As atividades têm a forma $a_i = \gamma_i m_i$ e, conseqüentemente, podemos escrever

$$K_a = K_\gamma K_m, \tag{16.28}$$

onde K_γ e K_m são os quocientes apropriados das atividades e das molalidades, respectivamente. Como os γ dependem da composição, a Eq. (16.28) mostra que K_m também depende da composição. Numa solução diluída real todos os γ se aproximam da unidade, K_γ tende para um e K_m para K_a. Exceto quando estivermos particularmente interessados na avaliação dos coeficientes de atividades, trataremos K_m como independente da composição, pois esse procedimento simplifica enormemente a discussão do equilíbrio.

380 / FUNDAMENTOS DE FÍSICO-QUÍMICA

Em muitos tratados elementares de equilíbrio em solução, a constante de equilíbrio é geralmente escrita como sendo o quociente das concentrações no equilíbrio, expressas em termos das molaridades, K_c. É possível desenvolver um sistema inteiro de atividades e coeficientes de atividade usando concentrações molares em lugar de concentrações molais. Poderíamos escrever $a = \gamma_c c$, onde c é a concentração molar e γ_c é o correspondente coeficiente de atividade; quando c se aproximar de zero, γ_c deverá tender à unidade. Não discutiremos os detalhes deste sistema; observemos, apenas, que os sistemas baseados em molaridades e molalidades tornam-se praticamente os mesmos quando se trata de soluções aquosas diluídas. Mostramos na Eq. (14.25) que, em solução diluída, $\bar{c}_j = \rho m_j$ ou $c_j = \rho m_j/(1000 \ \text{l/m}^3)$, onde ρ é a densidade do solvente puro. A 25°C a densidade da água é 997,044 kg/m^3. O erro cometido pela substituição das molalidades pelas molaridades torna-se insignificante em circunstâncias ordinárias. O erro concomitante na energia de Gibbs padrão é menor do que o erro experimental. Em soluções mais concentradas a relação entre c_j e m_j não é tão simples, Eq. (14.24), e os dois sistemas de atividades são diferentes.

Ordinariamente, com o propósito de ilustração, usaremos concentrações molares na fórmula da constante de equilíbrio, tendo em mente que para sermos precisos deveríamos usar as atividades. Devemos evitar um mal-entendido que provém dessa substituição. A atividade é considerada, às vezes, como sendo uma "concentração efetiva". Isto representa um ponto de vista formal legítimo; entretanto, facilita o engano que resulta em se confundir a atividade da substância com a sua concentração numa mistura. A atividade tem a função de *medir o potencial químico* de uma substância numa mistura, convenientemente. A conexão entre a atividade e a concentração em soluções diluídas não é que uma seja uma medida da outra, mas que *ambas* são medidas do potencial químico da substância. Seria melhor pensarmos nas concentrações em soluções ideais como sendo as atividades efetivas.

16.6 ATIVIDADES EM SOLUÇÕES ELETROLÍTICAS

O problema da definição das atividades torna-se mais complicado no caso das soluções eletrolíticas do que no das não-eletrolíticas. As soluções de eletrólitos fortes apresentam desvios pronunciados do comportamento ideal, mesmo em concentrações bem abaixo daquelas nas quais uma solução não-eletrolítica já se comportaria como solução diluída ideal. A determinação das atividades e dos coeficientes de atividade possui uma importância correspondentemente maior para soluções de eletrólitos fortes. Para simplificar a notação tanto quanto possível, usaremos o índice s para as propriedades do solvente; os símbolos sem índice referem-se ao soluto; os índices $+$ e $-$ referem-se às propriedades dos íons positivos e negativos.

Consideremos uma solução eletrolítica completamente dissociada em íons. Pela regra de adição, a energia de Gibbs da solução deve ser a soma das energias de Gibbs do solvente, dos íons positivos e negativos:

$$G = n_s \mu_s + n_+ \mu_+ + n_- \mu_-. \qquad (16.29)$$

Se cada mol do eletrólito se dissocia em ν_+ íons positivos e ν_- negativos, então $n_+ = \nu_+ n$ e $n_- = \nu_- n$, onde n é o número de moles do eletrólito na solução. A Eq. (16.29) torna-se

$$G = n_s \mu_s + n(\nu_+ \mu_+ + \nu_- \mu_-). \qquad (16.30)$$

Se μ for o potencial químico do eletrólito na solução, então,

$$G = n_s \mu_s + n\mu. \tag{16.31}$$

Comparando as Eqs. (16.30) e (16.31), vemos que

$$\mu = \nu_+ \mu_+ + \nu_- \mu_-. \tag{16.32}$$

Seja o número total de íons produzidos por um mol de eletrólito $\nu = \nu_+ + \nu_-$. Assim, o potencial químico iônico médio $\mu_\pm$ é definido por

$$\nu\mu_\pm = \nu_+ \mu_+ + \nu_- \mu_-. \tag{16.33}$$

Agora podemos proceder de um modo puramente formal para definirmos as várias atividades. Escrevemos[*]

$$\mu = \mu^\circ + RT \ln a; \tag{16.34}$$
$$\mu_\pm = \mu_\pm^\circ + RT \ln a_\pm; \tag{16.35}$$
$$\mu_+ = \mu_+^\circ + RT \ln a_+; \tag{16.36}$$
$$\mu_- = \mu_-^\circ + RT \ln a_-. \tag{16.37}$$

Nestas relações, a é a atividade do eletrólito, $a_\pm$ é a atividade iônica média e a_+ e a_- são as atividades iônicas individuais. Para definir completamente as várias atividades, necessitamos das relações adicionais.

$$\mu^\circ = \nu_+ \mu_+^\circ + \nu_- \mu_-^\circ; \tag{16.38}$$
$$\nu\mu_\pm^\circ = \nu_+ \mu_+^\circ + \nu_- \mu_-^\circ. \tag{16.39}$$

Primeiro procuramos a relação entre a e $a_\pm$. Das Eqs. (16.32) e (16.33) obtemos $\mu = \nu\mu_\pm$. Recorrendo aos valores de μ e $\mu_\pm$ dados pelas Eqs. (16.34) e (16.35), obtemos

$$\mu^\circ + RT \ln a = \nu\mu_\pm^\circ + \nu RT \ln a_\pm.$$

Usando as Eqs. (16.38) e (16.39), esta fica reduzida a

$$a = a_\pm^\nu. \tag{16.40}$$

Em seguida, nós queremos a relação entre $a_\pm$, a_+ e a_-. Introduzindo na Eq. (16.33) os valores de $\mu_\pm$, μ_+ e μ_- dados pelas Eqs. (16.35), (16.36) e (16.37), obtemos

$$\nu\mu_\pm^\circ + \nu RT \ln a_\pm = \nu_+ \mu_+^\circ + \nu_- \mu_-^\circ + RT(\nu_+ \ln a_+ + \nu_- \ln a_-).$$

---

[*]Como estamos usando molalidades, deveríamos escrever μ^{**} para o valor padrão de μ. Isto tornaria, porém, o simbolismo inconveniente.

382 / FUNDAMENTOS DE FÍSICO-QUÍMICA

Desta equação subtraímos a Eq. (16.39), e então

$$a_{\pm}^{v} = a_{+}^{v_{+}} a_{-}^{v_{-}}.$$ (16.41)

A atividade iônica média é a média geométrica das atividades iônicas individuais.

Os vários coeficientes de atividade são definidos pelas relações

$$a_{\pm} = \gamma_{\pm} m_{\pm};$$ (16.42)

$$a_{+} = \gamma_{+} m_{+};$$ (16.43)

$$a_{-} = \gamma_{-} m_{-};$$ (16.44)

onde $\gamma_{\pm}$ é o coeficiente de atividade iônica médio, $m_{\pm}$ é a molalidade iônica média, etc. Levando os valores de $a_{\pm}$, a_{+} e a_{-} dados pelas Eqs. (16.42), (16.43) e (16.44) à Eq. (16.41), obtemos

$$\gamma_{\pm}^{v} m_{\pm}^{v} = \gamma_{+}^{v_{+}} \gamma_{-}^{v_{-}} m_{+}^{v_{+}} m_{-}^{v_{-}}.$$

Também devem ser observadas as relações

$$\gamma_{\pm}^{v} = \gamma_{+}^{v_{+}} \gamma_{-}^{v_{-}};$$ (16.45)

$$m_{\pm}^{v} = m_{+}^{v_{+}} m_{-}^{v_{-}}.$$ (16.46)

Estas equações mostram que $\gamma_{\pm}$ e $m_{\pm}$ são também médias geométricas das quantidades iônicas individuais. Em termos da molalidade do eletrólito temos

$$m_{+} = v_{+} m \qquad e \qquad m_{-} = v_{-} m,$$

de modo que a molalidade iônica média é

$$m_{\pm} = (v_{+}^{v_{+}} v_{-}^{v_{-}})^{1/v} m.$$ (16.47)

Conhecendo a fórmula do eletrólito, obtemos $m_{\pm}$ imediatamente em termos de m.

■ **EXEMPLO 16.1** Em um eletrólito do tipo 1:1, como o NaCl, ou num do tipo 2:2, como o $MgSO_4$

$$v_{+} = v_{-} = 1, \qquad v = 2, \qquad m_{\pm} = m.$$

Em um eletrólito do tipo 1:2, como o Na_2SO_4,

$$v_{+} = 2, \qquad v_{-} = 1, \qquad v = 3, \qquad m_{\pm} = (2^2 \cdot 1^1)^{1/3} m = \sqrt[3]{4} m = 1{,}587 m.$$

A expressão para o potencial químico em termos da atividade iônica média, a partir das Eqs. (16.34) e (16.40), é

$$\mu = \mu^{\circ} + RT \ln a_{\pm}^{v}.$$ (16.48)

Combinando esta com as Eqs. (16.42) e (16.47):

$$\mu = \mu^\circ + RT \ln \left[\gamma_\pm^\nu (\nu_+^{\nu_+} \nu_-^{\nu_-}) m^\nu \right],$$

o que pode ser escrito na forma

$$\mu = \mu^\circ + RT \ln (\nu_+^{\nu_+} \nu_-^{\nu_-}) + \nu RT \ln m + \nu RT \ln \gamma_\pm . \tag{16.49}$$

Na Eq. (16.49), o segundo termo da direita é uma constante, avaliada a partir da fórmula do eletrólito; o terceiro termo depende da molalidade; o quarto pode ser determinado a partir de medidas do ponto de congelação, ou qualquer outra propriedade coligativa da solução.

★ 16.6.1 O Abaixamento Crioscópico e o Coeficiente Médio de Atividade Iônica

A relação entre o abaixamento crioscópico θ e o coeficiente de atividade iônica médio é obtida facilmente. Escrevendo-se a Eq. (16.24), usando-se a como a atividade do *soluto*, obtemos

$$d \ln a = \frac{d\theta}{K_f m} . \tag{16.50}$$

Mas, da Seç. 16.6, temos

$$a = a_\pm^\nu = \gamma_\pm^\nu m_\pm^\nu = \gamma_\pm^\nu (\nu_+^{\nu_+} \nu_-^{\nu_-}) m^\nu .$$

Então,

$$d \ln a = \nu \, d \ln m + \nu \, d \ln \gamma_\pm . \tag{16.51}$$

De modo que a Eq. (16.50) torna-se

$$\frac{\nu \, dm}{m} + \nu \, d \ln \gamma_\pm = \frac{d\theta}{K_f m} . \tag{16.52}$$

Se a solução fosse ideal, $\gamma_\pm = 1$ e a Eq. (16.52) ficaria

$$d\theta = \nu K_f \, dm,$$
$$\theta = \nu K_f m, \tag{16.53}$$

que mostra que o abaixamento crioscópico em uma solução muito diluída de um eletrólito é igual ao valor correspondente para um não-eletrólito multiplicado por ν, o número de íons produzidos pela dissociação de um mol do eletrólito.

O coeficiente osmótico para uma solução eletrolítica é definido por

$$\theta = \nu K_j m (1 - j). \tag{16.54}$$

384 / FUNDAMENTOS DE FÍSICO-QUÍMICA

Com esta definição de j, a Eq. (16.52) torna-se, após a repetição da dedução algébrica feita na Seç. 16.4.3,

$$\ln \gamma_\pm = -j - \int_0^m \left(\frac{j}{m}\right) dm, \qquad (16.55)$$

que possui a mesma forma da Eq. (16.26).

Os valores dos coeficientes de atividade iônica médios de vários eletrólitos em água a $25°C$ estão dados na Tab. 16.1. A Fig. 16.3 mostra o gráfico de $\gamma_\pm$ contra $m^{1/2}$ para diferentes eletrólitos em água a $25°C$.

Os valores de $\gamma_\pm$ são aproximadamente independentes da natureza dos íons do composto, desde que os compostos apresentem os mesmos tipos de valência. Por exemplo, o KCl e o NaBr possuem coeficientes de atividade próximos, à mesma concentração; o mesmo acontece com K_2SO_4 e $Ca(NO_3)_2$. Na Seç. 16.7 veremos que a teoria de Debye e Hückel prevê que em soluções suficientemente diluídas o coeficiente de atividade iônica médio deve depender somente das cargas dos íons e de suas concentrações, e não de qualquer outra característica individual dos íons.

Tab. 16.1 Coeficientes de Atividade Iônica Médios de Eletrólitos Fortes

m	0,001	0,005	0,01	0,05	0,1	0,5	1,0
HCl	0,966	0,928	0,904	0,830	0,796	0,758	0,809
NaOH	—	—	—	0,82	—	0,69	0,68
KOH	—	0,92	0,90	0,82	0,80	0,73	0,76
KCl	0,965	0,927	0,901	0,815	0,769	0,651	0,606
NaBr	0,966	0,934	0,914	0,844	0,800	0,695	0,686
H_2SO_4	0,830	0,639	0,544	0,340	0,265	0,154	0,130
K_2SO_4	0,89	0,78	0,71	0,52	0,43	—	—
$Ca(NO_3)_2$	0,88	0,77	0,71	0,54	0,48	0,38	0,35
$CuSO_4$	0,74	0,53	0,41	0,21	0,16	0,068	0,047
$MgSO_4$	—	—	0,40	0,22	0,18	0,088	0,064
$La(NO_3)_3$	—	—	0,57	0,39	0,33	—	—
$In_2(SO_4)_3$	—	—	0,142	0,054	0,035	—	—

Por permissão de Latimer, Wendell M., *The Oxidation States of the Elements and Their Potentials in Aqueous Solutions*, 2ª ed., Englewood Cliffs, N. J.: Prentice-Hall, Inc., 1952, págs. 354-356.

Qualquer uma das propriedades coligativas poderia ser usada para a determinação dos coeficientes de atividade das substâncias dissolvidas, eletrolíticas ou não. O abaixamento do ponto de solidificação é muito usado, em virtude de exigir equipamento menos elaborado do que as outras propriedades, no entanto apresenta a desvantagem no fato de que os valores de γ só podem ser obtidos nas proximidades do ponto de solidificação do solvente. A medida da pressão de vapor não tem essa desvantagem, mas é de execução mais difícil. No Cap. 17, será visto o método de obtenção dos coeficientes de atividade iônica médios a partir de medidas dos potenciais de pilhas. O método eletroquímico é de realização experimental fácil e pode ser usado a qualquer temperatura conveniente.

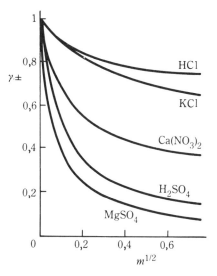

Fig. 16.3 Coeficientes de atividade iônica médios em função de $m^{1/2}$.

16.7 A TEORIA DE DEBYE-HÜCKEL SOBRE A ESTRUTURA DAS SOLUÇÕES IÔNICAS DILUÍDAS

A essa altura torna-se conveniente descrever a constituição das soluções iônicas com alguns detalhes. O soluto na solução diluída de não-eletrólitos é adequadamente descrito, do ponto de vista termodinâmico, pela equação

$$\mu = \mu^\circ + RT \ln m. \qquad (16.56)$$

O potencial químico é uma soma de dois termos; o primeiro, μ°, é independente da composição e o segundo depende da composição. A Eq. (16.56) é verificada para a maioria dos não-eletrólitos até concentrações de 0,1 m e para muitos outros, mesmo a concentrações mais elevadas. Ela, porém, não é adequada para soluções eletrolíticas; observamos desvios mesmo a concentrações de 0,001 m. Isto acontece mesmo quando a Eq. (16.56) é modificada para levar em conta os íons produzidos.

Para descrever o comportamento de um eletrólito em uma solução diluída, o potencial químico deve ser escrito na forma, conforme a Eq. (16.49),

$$\mu = \mu^\circ + \nu RT \ln m + \nu RT \ln \gamma_\pm. \qquad (16.57)$$

Na Eq. (16.57), o segundo termo da direita da Eq. (16.49) foi absorvido dentro de μ°. μ° é independente da composição; o segundo e terceiro termos dependem da composição.

A energia de Gibbs extra representada pelo termo $\nu RT \ln \gamma_\pm$ na Eq. (16.57) é resultado, principalmente, das energias de interação das cargas elétricas dos íons; como em um mol do eletrólito existem νN_A íons, esta energia de interação é, em média, $kT \ln \gamma_\pm$ por íon, onde

386 / FUNDAMENTOS DE FÍSICO-QUÍMICA

$k = R/N_A$ é a constante de Boltzmann. As forças de van der Waals que atuam entre as partículas neutras do solvente e de um não-eletrólito são fracas e efetivas apenas em distâncias muito pequenas, enquanto que as forças coulombianas, que atuam entre os íons e entre os íons e moléculas neutras do solvente, são muito mais fortes e atuam a distâncias maiores. A diferença no intervalo de ação explica os pronunciados afastamentos da idealidade em soluções iônicas, mesmo a diluições extremas nas quais os íons se encontram afastados. Nosso objetivo é calcular essa contribuição elétrica à energia de Gibbs.

Como um modelo da solução eletrolítica imaginamos que os íons são esferas condutoras, eletricamente carregadas, de raio a, imersas em um solvente de permissividade ϵ. Seja q a carga do íon. Se o íon não fosse carregado, $q = 0$, o μ correspondente poderia ser representado pela Eq. (16.56); como ele é carregado, deverá ser incorporado ao μ o termo extra $kT \ln \gamma_\pm$. O termo extra, que queremos calcular, deve ser o trabalho gasto na carga do íon, ao elevar-se de zero a q. Seja o potencial elétrico na superfície da esfera ϕ_a uma função de q. Por definição, o potencial da esfera é o trabalho gasto para levar uma carga unitária positiva do infinito à superfície da esfera; se levarmos uma carga dq do infinito até a superfície da esfera, o trabalho será $dW = \phi_a dq$. Integrando de zero a q, obtemos o trabalho necessário para carregar o íon:

$$W = \int_0^q \phi_a \, dq, \tag{16.58}$$

onde W é a energia extra possuída pelo íon em virtude de estar com carga; a diferença entre a energia de Gibbs de um íon e a possuída por uma partícula neutra é W. Esta energia adicional é constituída por duas frações:

$$W = W_s + W_i. \tag{16.59}$$

A energia requerida para carregar uma esfera *isolada* imersa em um meio dielétrico é denominada de *energia própria* da esfera carregada, W_s. Como W_s não depende da concentração de íons, ela será absorvida no valor de μ°. A energia adicional necessária, além de W_s, para carregar o íon na presença de outros íons é a energia de interação W_i, cujo valor depende muito da concentração de íons. É W_i que se identifica com o termo, $kT \ln \gamma_\pm$:

$$kT \ln \gamma_\pm = W_i = W - W_s. \tag{16.60}$$

O potencial de uma esfera condutora isolada, imersa num meio de permissividade ϵ, é dado pela fórmula da eletrostática clássica: $\phi_a = q/4\pi\epsilon a$. Levando este valor à integral da Eq. (16.58), obtemos para W_s:

$$W_s = \int_0^q \frac{q}{4\pi\epsilon a} \, dq = \frac{q^2}{8\pi\epsilon a}. \tag{16.61}$$

Tendo o valor de W_s, podemos calcular W_i desde que possamos calcular W. Para calcular W devemos antes determinar ϕ_a; ver Eq. (16.58). Antes de efetuar este cálculo podemos supor, com razão, que W_i será negativo. Consideremos um íon positivo; ele atrai os íons negativos e repele os positivos. Como resultado disto, os íons negativos, em média, localizar-se-ão ligeiramente mais perto do íon positivo do que os outros íons positivos. Isto, por sua vez, faz com que a energia de Gibbs do íon seja menor do que no caso de estar sem carga; como estamos interessados na energia relativa àquela da espécie não-carregada W_i é negativo. Em 1923 P. Debye e E. Hückel conseguiram calcular o valor de ϕ_a. Segue uma versão abreviada do método que eles usaram.

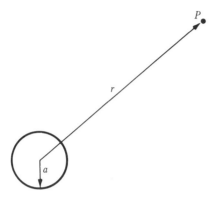

Fig. 16.4

Escolhamos para origem de um sistema de coordenadas esféricas o centro do íon positivo (Fig. 16.4). Consideremos um ponto P à distância r do centro do íon. O potencial ϕ no ponto P relaciona-se à densidade de carga ρ, carga por unidade de volume, mediante a equação de Poisson (para a derivação veja Apêndice II),

$$\frac{1}{r^2}\frac{d}{dr}\left(r^2\frac{d\phi}{dr}\right) = -\frac{\rho}{\epsilon}. \tag{16.62}$$

Se ρ for expressa como função de ϕ ou de r, então a Eq. (16.62) poderá ser integrada, fornecendo ϕ em função de r e, então, a obtenção de ϕ_a torna-se imediata.

Para calcularmos ρ procedemos da seguinte maneira. Sejam $\tilde{c}_+$ e $\tilde{c}_-$ as concentrações molares de íons positivos e negativos, respectivamente. Se z_+ e z_- são as valências (completas com o sinal) dos íons e e é a carga do elétron, então, a carga de um mol de íons positivos é $z_+ F$ e a carga positiva numa unidade de volume é $\tilde{c}_+ z_+ F$, em que F é a constante de Faraday; $F = 96.484,56$ C/mol. A densidade de carga ρ é a carga total, positiva mais a negativa, na unidade de volume; assim,

$$\rho = \tilde{c}_+ z_+ F + \tilde{c}_- z_- F = F(\tilde{c}_+ z_+ + \tilde{c}_- z_-) \tag{16.63}$$

Se o potencial elétrico em P é ϕ, então as energias potenciais dos íons positivos e negativos em P são $ez_+ \phi$ e $ez_- \phi$, respectivamente. Debye e Hückel admitiram que a distribuição dos íons é uma distribuição de Boltzmann (Seç. 4.13). Então,

$$\tilde{c}_+ = \tilde{c}_+^{\circ} e^{-z_+ e\phi/kT} \qquad \text{e} \qquad \tilde{c}_- = \tilde{c}_-^{\circ} e^{-z_- e\phi/kT},$$

sendo $\tilde{c}_+^{\circ}$ e $\tilde{c}_-^{\circ}$ as concentrações na região onde $\phi = 0$; mas onde $\phi = 0$, a distribuição é uniforme e a solução deve ser eletricamente neutra; ρ deve ser igual a zero. Isto exige que

$$\tilde{c}_+^{\circ} z_+ + \tilde{c}_-^{\circ} z_- = 0.$$

388 / FUNDAMENTOS DE FÍSICO-QUÍMICA

Substituindo os valores de $\bar{c}_+$ e $\bar{c}_-$ na equação para ρ, obtemos

$$\rho = F(z_+ \tilde{c}_+^\circ\, e^{-z_+ e\phi/kT} + z_- \tilde{c}_-^\circ\, e^{-z_- e\phi/kT}).$$

Admitindo que $ez\phi/kT \ll 1$, as exponenciais são desenvolvidas em séries: $e^{-x} \approx 1 - x + \dots$. Assim, ρ se reduz a

$$\rho = F\left[\tilde{c}_+^\circ z_+ + \tilde{c}_-^\circ z_- - \frac{e\phi}{kT}(\tilde{c}_+^\circ z_+^2 + \tilde{c}_-^\circ z_-^2)\right].$$

A condição de neutralidade elétrica elimina os dois primeiros termos; dessa forma, como $e/k = F/R$, temos

$$\rho = -\left(\frac{F^2\phi}{RT}\right)\sum_i \tilde{c}_i^\circ z_i^2, \tag{16.64}$$

onde a soma é relativa a todos os tipos de íons existentes na solução; nesse caso, são dois os tipos de íons. Usando, então, essa relação, encontramos a relação

$$-\frac{\rho}{\epsilon} = \left(\frac{F^2}{\epsilon RT}\sum_i \tilde{c}_i^\circ z_i^2\right)\phi = \varkappa^2\phi, \tag{16.65}$$

em que definimos x^2 como

$$\varkappa^2 \equiv \left(\frac{F^2}{\epsilon RT}\right)\sum_i \tilde{c}_i^\circ z_i^2. \tag{16.66}$$

Substituindo esse valor de $-\rho/\epsilon$ na equação de Poisson, Eq. (16.62), obtemos

$$\frac{1}{r^2}\frac{d}{dr}\left(r^2\frac{d\phi}{dr}\right) - \varkappa^2\phi = 0. \tag{16.67}$$

Introduzindo na Eq. (16.67) $\phi = v/r$, obtemos

$$\frac{d^2v}{dr^2} - \varkappa^2 v = 0, \tag{16.68}$$

cuja solução* é

$$v = Ae^{-\varkappa r} + Be^{\varkappa r},$$

onde A e B são constantes arbitrárias. A expressão de ϕ é

$$\phi = A\frac{e^{-\varkappa r}}{r} + B\frac{e^{\varkappa r}}{r}. \tag{16.69}$$

---

*O leitor deve verificar isto pela substituição e execução da transformação da Eq. (16.67) na (16.68) com detalhes.

EQUILÍBRIO EM SISTEMAS NÃO-IDEAIS / 389

Para $r \to \infty$, o segundo termo à direita tende para infinito.* O potencial deve permanecer finito para $r \to \infty$; conseqüentemente, este segundo termo não pode fazer parte de uma solução fisicamente aceitável e, por isso, fazemos $B \doteq 0$ e obtemos

$$\phi = A \frac{e^{-\varkappa r}}{r}. \tag{16.70}$$

Desenvolvendo a exponencial em série e mantendo apenas os dois primeiros termos, chegamos a

$$\phi = A \left(\frac{1 - \varkappa r}{r} \right) = \frac{A}{r} - A\varkappa. \tag{16.71}$$

Se a concentração for nula, então, $x = 0$ e o potencial no ponto P deverá ser devido apenas à carga do íon positivo; $\phi = z_+ e/4\pi\epsilon r$. Mas quando $x = 0$, a Eq. (16.71) reduz-se a $\phi = A/r$; daí $A = z_+ e/4\pi\epsilon$ e a Eq. (16.71) torna-se:

$$\phi = \frac{z_+ e}{4\pi\epsilon r} - \frac{z_+ e\varkappa}{4\pi\epsilon}. \tag{16.72}$$

Em $r = a$, temos

$$\phi_a = \frac{z_+ e}{4\pi\epsilon a} - \frac{z_+ e\varkappa}{4\pi\epsilon}. \tag{16.73}$$

Se, com a exceção do íon central positivo, todos os outros íons em solução encontram-se completamente carregados, o trabalho para carregar este íon positivo na presença de todos os outros é, segundo a Eq. (16.58),

$$W_+ = \int_0^q \phi_a \, dq;$$

mas $q = z_+ e$, de modo que $dq = e \, dz_+$. Levando em conta a Eq. (16.73) para ϕ_a, obtemos

$$W_+ = \int_0^{z_+} \left(\frac{z_+ e^2}{4\pi\epsilon a} - \frac{z_+ e^2 \varkappa}{4\pi\epsilon} \right) dz_+ = \left(\frac{e^2}{4\pi\epsilon a} - \frac{e^2 \varkappa}{4\pi\epsilon} \right) \int_0^{z_+} z_+ \, dz_+,$$

$$W_+ = \frac{(ez_+)^2}{8\pi\epsilon a} - \frac{(ez_+)^2 x}{8\pi\epsilon}, \tag{16.74}$$

onde o primeiro termo é a energia própria $W_{s\,+}$ e o segundo é a energia de interação $W_{i\,+}$; a energia de Gibbs extra de um íon positivo único é devida à presença dos outros. Mediante a Eq. (16.60), chegamos a

$$kT \ln \gamma_+ = -\frac{(z_+ e)^2 \varkappa}{8\pi\epsilon}. \tag{16.75}$$

---

*Verifique usando a regra de L'Hôpital.

390 / FUNDAMENTOS DE FÍSICO-QUÍMICA

Para um íon negativo obteríamos

$$kT \ln \gamma_- = -\frac{(z_- e)^2 \varkappa}{8\pi\epsilon}. \tag{16.76}$$

O coeficiente de atividade iônica médio pode ser calculado através da Eq. (16.45):

$$\gamma_\pm^v = \gamma_+^{v_+} \gamma_-^{v_-}.$$

Tomando os logaritmos, obtemos

$$v \ln \gamma_\pm = v_+ \ln \gamma_+ + v_- \ln \gamma_-.$$

Com as Eqs. (16.75) e (16.76) este fica

$$v \ln \gamma_\pm = -\frac{e^2 \varkappa}{8\pi\epsilon kT} (v_+ z_+^2 + v_- z_-^2).$$

Como o eletrólito no seu todo é eletricamente neutro, devemos ter

$$v_+ z_+ + v_- z_- = 0:$$

Multiplicando por z_+: $\qquad v_+ z_+^2 = -v_- z_+ z_-$

Multiplicando por z_-: $\qquad v_- z_-^2 = -v_+ z_+ z_-$

Somando: $\qquad \overline{v_+ z_+^2 + v_- z_-^2 = -(v_+ + v_-)z_+ z_- = -v z_+ z_-.}$

Com esse resultado, finalmente obtemos:

$$\ln \gamma_\pm = \frac{e^2 \varkappa}{8\pi\epsilon kT} z_+ z_- = \frac{F^2 \varkappa}{8\pi\epsilon N_A RT} z_+ z_-. \tag{16.77}$$

Fazendo a conversão para logaritmos comuns e introduzindo o valor de x, dado pela Eq. (16.66), obtemos

$$\log_{10} \gamma_\pm = \frac{1}{(2,303)8\pi N_A} \left(\frac{F^2}{\epsilon RT}\right)^{3/2} \left(\sum_i \tilde{c}_i^{\circ} z_i^2\right)^{1/2} z_+ z_-. \tag{16.78}$$

A força iônica, I_c, é definida por

$$I_c = \frac{1}{2} \sum_i c_i z_i^2 \tag{16.79}$$

onde c_i é a concentração do igésimo íon, em mol/l. Como $c_i^{\circ} = (1000 \text{ l/m}^3)c_i$, temos que

$$\sum_i \tilde{c}_i^{\circ} z_i^2 = (1000 \text{ L/m}^3) \sum_i c_i z_i^2 = 2(1000 \text{ L/m}^3)I_c.$$

Finalmente, chegamos à relação

$$\log_{10} \gamma_\pm = \left[\frac{(2000\ \text{L/m}^3)^{1/2}}{(2{,}303)8\pi N_A} \left(\frac{F^2}{\epsilon RT}\right)^{3/2}\right] z_+ z_- I_c^{1/2} \qquad (16.80)$$

O fator entre colchetes é constituído de constantes universais e dos valores de ϵ e T. Para um meio contínuo, $\epsilon = \epsilon_r \epsilon_0$, onde ϵ_r é a constante dielétrica do meio. Introduzindo os valores das constantes, obtemos

$$\log_{10} \gamma_\pm = \frac{(1{,}8248 \times 10^6\ \text{K}^{3/2}\ \text{L}^{1/2}/\text{mol}^{1/2})}{(\epsilon_r T)^{3/2}} z_+ z_- I_c^{1/2}. \qquad (16.81)$$

Em água, a 25°C, $\epsilon_r = 78{,}54$; dessa forma, temos que

$$\log_{10} \gamma_\pm = (0{,}5092\ \text{L}^{1/2}/\text{mol}^{1/2}) z_+ z_- I_c^{1/2} \qquad (16.82)$$

Qualquer uma das duas Eqs. (16.81) ou (16.82) é a *lei limite de Debye-Hückel*. A lei limite prevê que o logaritmo do coeficiente de atividade iônica médio deve ser uma função linear da raiz quadrada da força iônica e o coeficiente angular da reta deve ser proporcional ao produto das valências dos íons positivos e negativos. (O coeficiente é negativo, pois z_- é negativo.) Essas previsões são confirmadas pela experiência em soluções diluídas de eletrólitos fortes. A Fig. 16.5 mostra a variação do $\log_{10} \gamma_\pm$ com I_c; as curvas contínuas são obtidas experimentalmente; as interrompidas são previstas pela lei limite, Eq. (16.82).

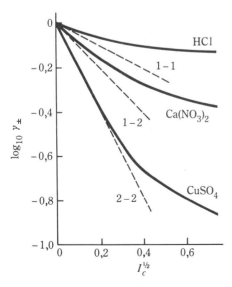

Fig. 16.5 $\log_{10} \gamma_\pm$ contra $I_c^{1/2}$.

As aproximações exigidas pela teoria restringem sua validade às soluções mais diluídas. Na prática, os desvios da lei limite tornam-se apreciáveis no intervalo de concentrações de 0,005 a 0,01 mol/l. Foram deduzidas equações mais precisas que estendem a teoria para concentrações ligeiramente maiores. Entretanto, não se conhece até agora uma equação teórica satisfatória que seja capaz de prever o comportamento de soluções e concentrações maiores que 0,01 mol/l.

A teoria de Debye-Hückel fornece uma representação precisa do comportamento limite dos coeficientes de atividade em soluções iônicas diluídas. Além disso, fornece uma imagem da estrutura das soluções iônicas. Aludimos ao fato de que os íons negativos agrupam-se numa posição ligeiramente mais próxima a um íon positivo do que os outros íons positivos, que sofrem repulsão. Neste sentido podemos dizer que cada íon é rodeado por uma atmosfera iônica de carga oposta; a carga total dessa atmosfera é igual à carga do íon, mas de sinal oposto. O raio médio da atmosfera iônica é $1/\varkappa$, conhecido por *comprimento de Debye*. Como $\varkappa$ é proporcional à raiz quadrada da força iônica, quando as forças iônicas são elevadas, a atmosfera se encontra mais próxima ao íon do que quando a força iônica é pequena. Este conceito de atmosfera iônica e o tratamento matemático associado a ela foram extraordinariamente frutíferos no esclarecimento de muitos aspectos do comportamento das soluções eletrolíticas.

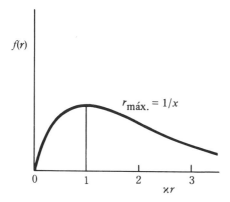

Fig. 16.6 Distribuição de carga na atmosfera iônica.

O conceito de atmosfera iônica pode ser tornado mais claro pelo cálculo da densidade de carga em função da distância do íon. Combinando-se a expressão final para a densidade de carga em termos de ϕ com a Eq. (16.70) e o valor de A, obtemos

$$\rho = -\frac{z_+ e \varkappa^2}{4\pi} \frac{e^{-\varkappa r}}{r}. \tag{16.83}$$

A carga total contida na camada esférica limitada por esferas de raios r e $r + dr$ é obtida pelo produto da densidade de carga e o volume da camada, $4\pi r^2 dr$:

$$-z_+ e \varkappa^2 r e^{-\varkappa r}\, dr.$$

Integrando-se esta quantidade de zero ao infinito, obtemos a carga total da atmosfera iônica, isto é, $-z_+ e$. A fração desta carga total localizada na camada, por unidade de espessura dr, chamaremos de $f(r)$. Então

$$f(r) = \varkappa^2 r e^{-\varkappa r}. \tag{16.84}$$

A função $f(r)$ é uma função distribuição para a carga na atmosfera. A Fig. 16.6 mostra $f(r)$ contra r. O máximo da curva aparece em $r_{máx.} = 1/\varkappa$, denominado de comprimento de Debye. Em um eletrólito de valências simétricas, isto é, do tipo 1:1, 2:2 etc., podemos dizer que $f(r)$

EQUILÍBRIO EM SISTEMAS NÃO-IDEAIS / 393

representa a probabilidade, por unidade de espessura dr, de encontrarmos o outro íon na camada esférica cuja distância ao íon central é r. Em soluções de elevada força iônica o par do íon central situa-se muito próximo e $1/x$ é pequeno; quando as forças iônicas são menores $1/x$ é grande e o par do íon encontra-se afastado.

16.8 EQUILÍBRIO EM SOLUÇÕES IÔNICAS

A partir da lei limite de Debye-Hückel, a Eq. (16.78), encontramos um valor negativo para $\ln \gamma_\pm$, o que confirma o argumento físico de que a interação com outros íons reduz a energia de Gibbs de um íon numa solução eletrolítica. Esta energia de Gibbs menor significa que o íon é mais estável em solução do que se não estivesse carregado. A estabilidade extra é medida pelo termo $kT \ln \gamma_\pm$ na expressão do potencial químico. Agora examinemos as conseqüências desta estabilidade extra em dois casos simples: a ionização de um ácido fraco e a solubilidade de sais pouco solúveis.

Consideremos o equilíbrio de dissociação de um ácido fraco HA:

$$HA \; \rightleftharpoons \; H^+ + A^-.$$

A constante de equilíbrio é o quociente das atividades,

$$K = \frac{a_{H^+} a_{A^-}}{a_{HA}}. \tag{16.85}$$

Por definição,

$$a_{H^+} = \gamma_+ n_{H^+}, \qquad a_{A^-} = \gamma_- m_{A^-}, \qquad a_{HA} = \gamma_{HA} m_{HA},$$

de modo que

$$K = \left(\frac{\gamma_+ \gamma_-}{\gamma_{HA}} \right) \frac{m_{H^+} m_{A^-}}{m_{HA}} = \frac{\gamma_\pm^2}{\gamma_{HA}} \frac{m_{H^+} m_{A^-}}{m_{HA}},$$

onde recorremos à relação $\gamma_+ \gamma_- = \gamma_\pm^2$. Se a molalidade total do ácido for m e o grau de dissociação for α, então

$$m_{H^+} = \alpha m, \qquad m_{A^-} = \alpha m, \qquad m_{HA} = (1 - \alpha)m.$$

Portanto,

$$K = \frac{\gamma_\pm^2 \alpha^2 m}{\gamma_{HA}(1 - \alpha)}. \tag{16.86}$$

Se a solução for diluída, poderemos fazer $\gamma_{HA} = 1$, pois HA é uma espécie sem carga. Também, se K for pequeno, $1 - \alpha \approx 1$. Assim, a Eq. (16.86) fornecerá

$$\alpha = \left(\frac{K}{m} \right)^{1/2} \frac{1}{\gamma_\pm}. \tag{16.87}$$

394 / FUNDAMENTOS DE FÍSICO-QUÍMICA

Se ignorarmos as interações iônicas, poderemos escrever $\gamma_\pm = 1$ e calcularemos $\alpha_0 = (K/m)^{1/2}$. Nesse caso a Eq. (16.87) se transformaria em

$$\alpha = \frac{\alpha_0}{\gamma_\pm}. \tag{16.88}$$

Pela lei limite, $\gamma_\pm < 1$; portanto, o valor correto de α, dado pela Eq. (16.88), é maior do que o valor aproximado α_0, obtido desprezando-se as interações iônicas. A estabilização dos íons pela presença de outros íons desloca o equilíbrio no sentido de formar mais íons; portanto, o grau de dissociação aumenta.

Se a solução for suficientemente diluída, $\gamma_\pm$ poderá ser calculado a partir da lei limite, Eq. (16.82), que para um eletrólito 1:1 pode ser escrita como

$$\gamma_\pm = 10^{-0,51(\alpha_0 m)^{1/2}} = e^{-1,17(\alpha_0 m)^{1/2}},$$

onde a força iônica é $I_c = \alpha_0 m$. (Ignoramos a diferença entre c e m.) O valor de α_0 pode ser usado para calcular I_c, visto que α e α_0 não são muito diferentes. Combinando esta expressão com a Eq. (16.88), obtemos

$$\alpha = \alpha_0 e^{1,17(\alpha_0 m)^{1/2}} = \alpha_0[1 + 1,17(\alpha_0 m)^{1/2}].$$

Na segunda igualdade, a exponencial foi dissolvida em séries. O cálculo para o ácido acético 0,1 molal, $K = 1,75 \times 10^{-5}$, mostra que o grau de dissociação aumenta de 4%. O efeito é pequeno porque a dissociação não produz muitos íons.

Se uma grande quantidade de eletrólito inerte, que não contém o íon H^+ nem o A^-, for adicionada à solução de ácido fraco, será produzido um efeito comparativamente grande sobre a dissociação. Consideremos, por exemplo, uma solução de um ácido fraco em KCl 0,1 m. A força iônica dessa solução é muito grande para que se possa usar a lei limite, mas o valor de $\gamma_\pm$ poderá ser avaliado da Tab. 16.1. A tabela mostra que para eletrólitos do tipo 1:1 o valor de $\gamma_\pm$ em soluções 0,1 m é aproximadamente 0,8. Poderemos admitir que este seja um valor razoável para os íons H^+ e A^- na solução 0,1 molal de KCl. Então, pela Eq. (16.88),

$$\alpha = \frac{\alpha_0}{0,8} = 1,25\alpha_0.$$

Assim, a presença de uma grande quantidade de eletrólito inerte exerce uma influência apreciável sobre o grau de dissociação. Este fenômeno é conhecido por *efeito salino*. O efeito salino aumenta com a concentração do eletrólito.

Consideremos o equilíbrio de sais pouco solúveis, como o cloreto de prata, com os seus íons:

$$AgCl(s) \rightleftharpoons Ag^+ + Cl^-.$$

O produto de solubilidade é

$$K_{ps.} = a_{Ag^+} a_{Cl^-} = (\gamma_+ m_+)(\gamma_- m_-).$$

Se s for a solubilidade do sal em moles por quilograma de água, então, $m_+ = m_- = s$, e

$$K_{ps.} = \gamma_\pm^2 s^2.$$

EQUILÍBRIO EM SISTEMAS NÃO-IDEAIS / 395

Se s_0 for a solubilidade calculada quando se despreza a interação iônica, então $s_0^2 = K_{ps}$ e teremos

$$s = \frac{s_0}{\gamma_\pm}, \qquad (16.89)$$

o que mostra que a solubilidade aumenta com a interação iônica. Pelo mesmo raciocínio feito na discussão da dissociação de ácidos fracos, poderemos mostrar que em uma solução 0,1 molal de um eletrólito inerte como o KNO_3 a solubilidade aumenta de 25%. Este aumento da solubilidade produzido por um eletrólito inerte é conhecido pelo nome de "efeito salino de solubilização". O efeito de um eletrólito inerte sobre a solubilidade de um sal como o $BaSO_4$ será muito maior devido às cargas maiores dos íons Ba^{2+} e SO_4^{2-}. O efeito salino na solubilidade produzido por um eletrólito inerte não deve ser confundido com a *diminuição* da solubilidade devido a um eletrólito que possua um íon comum com o sal pouco solúvel. Além do mais, o efeito de "íon comum" é enorme em comparação com o efeito causado pelo eletrólito inerte.

QUESTÕES

16.1 Que é atividade? De que forma ela está relacionada com a concentração, sendo, porém, diferente desta?

16.2 Qual a direção da influência da não-idealidade quando comparada com o caso de solução ideal (por exemplo, os desvios positivos da lei de Raoult) (a) no abaixamento crioscópico, (b) na elevação ebulioscópica e (c) na pressão osmótica?

16.3 Por que os desvios da idealidade começam a ocorrer em concentrações muito mais baixas nas soluções eletrolíticas do que nas soluções não-eletrolíticas?

16.4 Discuta e interprete as tendências do comprimento de Debye com o aumento da (a) temperatura, (b) constante dielétrica e (c) força iônica.

16.5 Qual a ordem correta dos seguintes eletrólitos inertes, em termos do aumento da dissociação do ácido acético: NaCl 0,01 molal, KBr 0,01 molal e $CuCl_2$ 0,01 molal?

PROBLEMAS

16.1 O valor *aparente* do K_f em soluções de sacarose ($C_{12}H_{22}O_{11}$) em várias concentrações é

$m/$(mol/kg)	0,10	0,20	0,50	1,00	1,50	2,00
$K_f/$(K kg/mol)	1,88	1,90	1,96	2,06	2,17	2,30

a) Calcule a atividade da água em cada uma das soluções.
b) Calcule o coeficiente de atividade da água em cada uma das soluções.
c) Construa um gráfico de a e de γ em função da fração molar da água na solução.
d) Calcule a atividade e o coeficiente de atividade da sacarose em uma solução 1 molal.

396 / FUNDAMENTOS DE FÍSICO-QUÍMICA

16.2 A constante da lei de Henry para o clorofórmio em acetona a 35,17°C é 0,199, quando a pressão de vapor é medida em atm e a concentração do clorofórmio em fração molar. A pressão parcial do clorofórmio em várias concentrações é

x_{CHCl_3}	0,059	0,123	0,185
$p_{CHCl_3}/mmHg$	9,2	20,4	31,9

Se $a = \gamma x$, e $\gamma \to 1$, quando $x \to 0$, calcule os valores de a e γ para o clorofórmio nas três soluções.

16.3 Nas mesmas concentrações do Probl. 16.2, as pressões parciais da acetona são 323,2; 299,3 e 275,4 mmHg, respectivamente. A pressão de vapor da acetona pura é 344,5 mmHg. Calcule as atividades da acetona e os coeficientes de atividade nestas três soluções; $a = \gamma x$; $\gamma \to 1$ quando $x \to 1$.

16.4 O equilíbrio líquido-vapor no sistema álcool isopropílico-benzeno foi estudado numa faixa de composições, a 25°C. O vapor pode ser considerado como sendo um gás ideal. Sendo x_1 a fração molar do álcool isopropílico no líquido e p_1 a pressão parcial do álcool no vapor, temos os seguintes dados:

x_1	1,000	0,924	0,836
$p_1/mmHg$	44,0	42,2	39,5

a) Calcule a atividade racional do álcool isopropílico quando $x_1 = 1,000, x_1 = 0,924$ e $x_1 = 0,836$.
b) Calcule o coeficiente de atividade racional do álcool isopropílico nas três composições do item (a).
c) Para $x_1 = 0,836$, calcule de quanto o potencial químico do álcool difere daquele que teria numa solução ideal.

16.5 Uma solução líquida binária regular é definida pela equação

$$\mu_i = \mu_i^\circ + RT \ln x_i + w(1 - x_i)^2,$$

onde w é uma constante.

a) Qual é o significado da função μ_i°?
b) Expresse $\ln \gamma_i$ em termos de w; γ_i é o coeficiente de atividade *racional*.
c) A 25°C, $w = 324$ J/mol para misturas de benzeno e tetracloreto de carbono. Calcule γ para o CCl_4 em soluções onde $x_{CCl_4} = 0; 0,25; 0,50; 0,75$ e $1,0$.

16.6 O abaixamento crioscópico de soluções de etanol em água é dado na seguinte tabela.

$m/(mol/kg\ H_2O)$	θ/K	$m/(mol/kg\ H_2O)$	θ/K
0,074 23	0,137 08	0,134 77	0,248 21
0,095 17	0,175 52	0,166 68	0,306 54
0,109 44	0,201 72	0,230 7	0,423 53

Calcule a atividade e o coeficiente de atividade do etanol em solução 0,10 molal e 0,20 molal.

EQUILÍBRIO EM SISTEMAS NÃO-IDEAIS / 397

16.7 O abaixamento crioscópico de soluções aquosas de NaCl é:

$m/(mol/kg)$	0,001	0,002	0,005	0,01	0,02	0,05	0,1
θ/K	0,003676	0,007322	0,01817	0,03606	0,07144	0,1758	0,3470

a) Calcule o valor de j para cada uma das soluções.
b) Construa um diagrama de j/m contra m e faça uma estimativa de $-\log_{10}\gamma_{\pm}$ para cada uma das soluções. $K_f = 1,8597$ K kg/mol. A partir da lei limite de Debye-Hückel pode-se mostrar que

$$\int_0^{0,001} (j/m)dm = 0,0226.$$

[G. Scatchard e S. S. Prentice, *J.A.C.S.*, **55**, 4355 (1933).]

16.8 A partir dos dados da Tab. 16.1, calcule a atividade do eletrólito e a atividade média dos íons em soluções 0,1 molal de

a) KCl,   b) H_2SO_4,   c) $CuSO_4$,   d) $La(NO_3)_3$,   e) $In_2(SO_4)_3$.

16.9 a) Calcule a molalidade iônica média, $m_{\pm}$, em soluções 0,05 molal de $Ca(NO_3)_2$, NaOH, $MgSO_4$ e $AlCl_3$.
b) Qual é a força iônica em cada uma das soluções do item (a)?

16.10 Mediante a lei limite, calcular o valor de $\gamma_{\pm}$ em soluções 10^{-4} e 10^{-3} molal de HCl, $CaCl_2$ e $ZnSO_4$, a 25°C.

16.11 Calcule os valores de $1/x$, a 25°C, em soluções 0,01 e 1 molal de KBr. Para a água, $\epsilon_r = 78,54$.

16.12 a) Qual é a probabilidade total de encontrar o íon acompanhante de um íon central a uma distância maior do que $1/x$ a partir desse?
b) Qual é o raio da esfera ao redor do íon central, para o qual a probabilidade de conter o íon acompanhante é 0,5?

16.13 A 25°C a constante de dissociação do ácido acético é $1,75 \times 10^{-5}$. Através da lei limite, calcule o grau de dissociação em soluções 0,010, 0,10 e 1,0 molal. Compare esses valores com o valor aproximado obtido quando se despreza a interação iônica.

16.14 Estime o grau de dissociação do ácido acético 0,10 molal, $K = 1,75 \times 10^{-5}$, em KCl 0,5 molal, em $Ca(NO_3)_2$ 0,5 molal e em solução de $MgSO_4$ 0,5 molal.

16.15 Para o cloreto de prata a 25°C, $K_{ps} = 1,56 \times 10^{-10}$. Com os dados da Tab. 16.1, faça uma estimativa da solubilidade do AgCl em soluções 0,001 m, 0,01 m, 0,1 m e 1,0 m de KNO_3. Construa um gráfico de $\log_{10} s$ contra $m^{1/2}$.

16.16 Estime a solubilidade do $BaSO_4$, $K_{ps} = 1,08 \times 10^{-10}$, em (a) solução de NaBr 0,1 molal e em (b) solução de $Ca(NO_3)_2$ 0,1 molal.

17

Equilíbrio em Pilhas Eletroquímicas

17.1 INTRODUÇÃO

Uma pilha eletroquímica é um dispositivo capaz de produzir trabalho elétrico nas vizinhanças. Por exemplo, a pilha seca comercial é um cilindro selado tendo dois terminais salientes de latão. Um dos terminais é marcado com sinal positivo e o outro com sinal negativo. Se os dois terminais forem ligados a um pequeno motor, os elétrons atravessarão o motor no sentido do terminal negativo para o terminal positivo da pilha. É produzido trabalho sobre o meio, e dentro da pilha ocorre uma reação química, chamada de *reação da pilha*. Pela Eq. (10.14), o trabalho elétrico produzido, W_{el}, é igual ou menor do que a diminuição da energia de Gibbs da reação da pilha, $-\Delta G$.

$$W_{el} \leq -\Delta G \tag{17.1}$$

Antes de continuarmos o desenvolvimento termodinâmico, daremos uma pausa para examinar alguns fundamentos da eletrostática.

17.2 DEFINIÇÕES

O potencial elétrico de um ponto no espaço é definido como sendo o trabalho gasto para se levar uma carga unitária positiva do infinito, onde o potencial elétrico é nulo, até o ponto em questão. Assim, se ϕ é potencial elétrico no ponto e W é o trabalho necessário para se levar a carga Q do infinito até o ponto, então,

$$\phi = \frac{W}{Q}. \tag{17.2}$$

Analogamente, se ϕ_1 e ϕ_2 forem os potenciais elétricos de dois pontos no espaço, e W_1 e W_2 as correspondentes quantidades de trabalho necessárias para levar a carga Q a estes pontos, então

$$W_1 + W_{12} = W_2, \tag{17.3}$$

onde W_{12} é o trabalho gasto ao se levar Q do ponto 1 até o ponto 2. Essa relação existe uma vez que o campo elétrico é conservativo. A quantidade de trabalho que precisa ser gasta para se levar Q diretamente ao ponto 2, W_2, deve ser a mesma a ser gasta para se levar Q inicialmente ao ponto 1 e em seguida ao ponto 2, $W_1 + W_{12}$. Dessa forma, $W_{12} = W_2 - W_1$ e, a partir da Eq. (17.2),

$$\phi_2 - \phi_1 = \frac{W_{12}}{Q}. \tag{17.4}$$

A diferença entre os potenciais elétricos de dois pontos é o trabalho gasto para conduzir uma carga unitária positiva do ponto 1 até o ponto 2.

Aplicando a Eq. (.17.4) à transferência de uma quantidade de carga infinitesimal, obtemos o elemento de trabalho gasto no sistema

$$W_{12} = -dW_{el} = \mathscr{E} \, dQ, \tag{17.5}$$

onde $\mathscr{E}$ é igual à diferença de potencial $\phi_2 - \phi_1$ e dW_{el} é o trabalho *produzido*.

17.3 O POTENCIAL QUÍMICO DAS ESPÉCIES CARREGADAS

A tendência de escape das partículas carregadas, como um íon ou um elétron, em uma certa fase, depende do potencial elétrico dessa fase. É claro que, se nós submetermos uma peça de metal a um potencial elétrico negativo grande, a tendência de escape das partículas negativas será aumentada. Para acharmos a relação entre o potencial elétrico e a tendência de escape (o potencial químico) consideraremos um sistema de duas bolas M e M' do mesmo metal. Sejam os seus potenciais elétricos ϕ e ϕ'. Se nós transferirmos um certo número de elétrons, correspondentes à carga dQ, de M a M', o trabalho gasto pelo sistema será dado pela Eq. (17.4): $-dW_{el} = (\phi' - \phi)dQ$. O trabalho *produzido* será, dessa forma, dW_{el}. Se a transferência for executada reversivelmente, então, conforme a Eq. (10.13), o trabalho produzido será igual ao decréscimo da energia de Gibbs do sistema: $dW_{el} = -dG$, de modo que

$$dG = (\phi' - \phi) \, dQ.$$

Mas, em termos do potencial químico dos elétrons, $\tilde{\mu}_{e^-}$, quando transferirmos dn moles de elétrons, teremos

$$dG = \tilde{\mu}'_{e^-} \, dn - \tilde{\mu}_{e^-} \, dn.$$

Os dn moles de elétrons transportam uma carga negativa $dQ = -F \, dn$, onde F é a carga por mol de elétrons, $F = 96.484,56$ C/mol. Combinando essas duas equações e depois fazendo uma divisão por dn, obtemos

$$\tilde{\mu}'_{e^-} - \tilde{\mu}_{e^-} = -F(\phi' - \phi),$$

que numa recomposição fica

$$\tilde{\mu}_{e^-} = \tilde{\mu}'_{e^-} + F\phi' - F\phi.$$

Sendo μ_{e^-} o potencial químico dos elétrons em M quando ϕ é zero, então $\mu_{e^-} = \tilde{\mu}'_{e^-} + F\phi'$. Subtraindo essa equação da precedente, chegamos a

$$\tilde{\mu}_{e^-} = \mu_{e^-} - F\phi. \tag{17.6}$$

A Eq. (17.6) é a relação entre a tendência de escape que os elétrons apresentam em uma fase, $\tilde{\mu}_{e^-}$, e o potencial elétrico da fase, ϕ. A tendência de escape varia linearmente com ϕ. Notemos que a Eq. (17.6) mostra, que se ϕ for negativo, $\tilde{\mu}_{e^-}$ será maior do que quando ϕ for positivo.

400 / FUNDAMENTOS DE FÍSICO-QUÍMICA

Mediante uma argumentação similar, pode-se mostrar que para qualquer espécie carregada situada em uma fase

$$\tilde{\mu}_i = \mu_i + z_i F\phi, \tag{17.7}$$

onde z_i é a carga das espécies. Para os elétrons, $z_{e^-} = -1$, de modo que a Eq. (17.7) se reduz à Eq. (17.6). A Eq. (17.7) divide o potencial químico $\tilde{\mu}_i$ de uma espécie carregada em dois termos; o primeiro termo, μ_i, é a contribuição "química" à tendência de escape. A contribuição química é produzida pelo meio químico no qual se situa a espécie carregada, e é a mesma em ambas as fases que possuem composição química idêntica, pois é função apenas de T, p e da composição. O segundo termo, $z_i F\phi$, é a contribuição "elétrica" à tendência de escape; depende da condição elétrica da fase, a qual se resume no valor de ϕ. Uma vez que essa divisão do potencial químico em duas contribuições é conveniente, introduziu-se $\tilde{\mu}_i$, que é chamado de *potencial eletroquímico,* preservando-se o símbolo μ_i para o potencial químico comum.

17.3.1 Convenções para o Potencial Químico das Espécies Carregadas

ÍONS EM SOLUÇÃO AQUOSA

Para íons em solução aquosa nós atribuímos $\phi = 0$ na solução; assim, $\tilde{\mu}_i = \mu_i$ e usamos apenas o μ_i para estes íons. Isto é justificado pelo fato de que o valor de ϕ na solução não participa dos cálculos; não há modo de determinarmos seu valor, portanto podemos considerá-lo igual a zero, e assim pouparmo-nos de trabalho algébrico.

ELÉTRONS EM METAIS

Relativamente às partes metálicas do nosso sistema não podemos excluir o potencial elétrico, pois desejamos comparar os potenciais elétricos de dois fios diferentes de mesma composição, os dois terminais da pilha. Entretanto, num mesmo pedaço do metal é evidente que a divisão do potencial químico em um componente "químico" e outro "elétrico" é puramente arbitrária, justificada apenas pela conveniência. Como a contribuição "química" à tendência de escape provém das interações entre as partículas carregadas eletricamente, as quais compõem qualquer porção de matéria, não existe maneira de se determinar, numa determinada peça, em que ponto a contribuição "química" termina e a "elétrica" começa.

Para tornar esta divisão arbitrária de $\tilde{\mu}_i$ o mais conveniente possível, atribuímos à contribuição "química" de $\tilde{\mu}_{e^-}$ o valor mais conveniente, zero, em todos os metais. Assim, em cada metal, por convenção,

$$\mu_{e^-} = 0. \tag{17.8}$$

Deste modo, para os elétrons em qualquer metal, a Eq. (17.6) torna-se

$$\tilde{\mu}_{e^-} = -F\phi. \tag{17.9}$$

ÍONS EM METAIS PUROS

A definição arbitrária da Eq. (17.9) simplifica a expressão do potencial químico do íon metálico no metal. Dentro de todo metal existe um equilíbrio entre os átomos metálicos M, os íons metálicos M^{+z}, e os elétrons:

$$M \rightleftharpoons M^{+z} + ze^-.$$

A condição de equilíbrio é que

$$\mu_M = \tilde{\mu}_{M^{+z}} + z\tilde{\mu}_{e^-}.$$

Usando a Eq. (17.7) para $\tilde{\mu}_{M^{+z}}$ e a Eq. (17.9) para $\tilde{\mu}_{e^-}$, obtemos $\mu_M = \mu_{M^{+z}} + zF\phi - zF\phi$ ou $\mu_M = \mu_{M^{+z}}$. Para um metal *puro* a 1 atm e 25°C, temos $\mu_M^\circ = \mu_{M^{+z}}^\circ$; conforme a convenção prévia de que $\mu^\circ = 0$ para os elementos nestas condições, obtemos

$$\mu_{M^{+z}}^\circ = 0. \tag{17.10}$$

A contribuição "química" para a tendência de escape do íon metálico é zero em um metal puro nas condições padrões; então, pela Eq. (17.7),

$$\tilde{\mu}_{M^{+z}} = zF\phi. \tag{17.11}$$

As Eqs. (17.9) e (17.11) dão valores convencionais do potencial químico dos elétrons e dos íons metálicos situados *dentro de qualquer metal puro.*

O ELETRODO PADRÃO DE HIDROGÊNIO

Um pedaço de platina em contato com o gás hidrogênio a uma fugacidade unitária e numa solução ácida, na qual o íon hidrogênio possui atividade unitária, é chamado um eletrodo padrão de hidrogênio (EPH). Ao potencial elétrico do EPH é atribuído o valor convencional de zero.

$$\phi_{H^+, H_2}^\circ = \phi_{EPH} = 0. \tag{17.12}$$

Como mostraremos mais tarde, essa escolha implica o fato de que a energia de Gibbs padrão do íon hidrogênio em solução aquosa seja zero.

$$\mu_{H^+}^\circ = 0. \tag{17.13}$$

A Eq. (17.13) nos fornece um valor de referência, contra o qual poderemos medir a energia de Gibbs de outros íons em solução aquosa.

402 / FUNDAMENTOS DE FÍSICO-QUÍMICA

RESUMO DE CONVENÇÕES E ESTADOS PADRÕES ($T = 298,15$ K e $p = 1$ atm.)

Elementos em seus estados estáveis de agregação:

Estado padrão $\qquad\qquad\qquad \mu^{\circ}_{\text{elementos}} = 0$

Partículas carregadas:

Forma geral $\qquad\qquad\qquad \tilde{\mu}_i = \mu_i - z_i F\phi \qquad\qquad (17.7)$

a) Íons em solução aquosa $\qquad\qquad \phi_{\text{aq}} = 0$

Estado padrão $\qquad\qquad\qquad \mu^{\circ}_{\text{H}^+} = 0 \qquad\qquad (17.13)$

Forma geral $\qquad\qquad\qquad \tilde{\mu}_i = \mu_i = \mu^{\circ}_i - RT \ln a_i$

b) Elétrons em qualquer metal

Estado padrão $\qquad\qquad\qquad \tilde{\mu}_{\text{e}^-\text{(EPH)}} = 0 \text{ ou } \phi_{\text{EPH}} = 0 \qquad (17.12)$

Forma geral $\qquad\qquad\qquad \tilde{\mu}_{\text{e}^-} = - F\phi \qquad\qquad (17.9)$

c) Íons em um metal puro

Estado padrão $\qquad\qquad\qquad \mu^{\circ}_{\text{M}^{+z}} = 0 \qquad\qquad (17.10)$

Forma geral $\qquad\qquad\qquad \tilde{\mu}_{\text{M}^{+z}} = zF\phi \qquad\qquad (17.11)$

17.4 DIAGRAMAS DE PILHA

A pilha eletroquímica é representada por um diagrama que mostra a forma oxidada e a forma reduzida da substância ativa, assim como a de qualquer outra espécie que possa estar envolvida na reação do eletrodo. Os eletrodos metálicos (ou coletores metálicos inertes) são colocados nas extremidades do diagrama; as substâncias insolúveis e/ou gases são colocadas em posições interiores, próximas aos metais; as espécies solúveis são colocadas no meio do diagrama. Em um diagrama completo, os estados de agregação de todas as substâncias são descritos e as concentrações ou atividades dos materiais solúveis são dadas. Em um diagrama resumido, algumas ou todas essas informações podem ser omitidas, se não houver necessidade e se não houver possibilidade de enganos. O limite de uma fase é indicado por uma barra vertical sólida; uma barra vertical interrompida indica uma junção entre duas fases líquidas miscíveis; uma barra vertical dupla interrompida indica uma junção entre duas fases líquidas miscíveis em que o potencial de junção foi eliminado. (Uma ponte salina, como um gel de ágar-ágar saturado com KCl, é geralmente usada entre as duas soluções para eliminar o potencial de junção.) As diferentes espécies solúveis numa mesma fase são separadas por vírgulas. Os exemplos a seguir ilustram estas convenções

Completa $\qquad$ $\text{Pt}_{\text{I}}(\text{s})|\text{Zn}(\text{s})|\text{Zn}^{2+}(a_{\text{Zn}^{2+}} = 0.35)\vdots\text{Cu}^{2+}(a_{\text{Cu}^{2+}} = 0,49)|\text{Cu}(\text{s})|\text{Pt}_{\text{II}}(\text{s})$

Abreviada $\qquad$ $\text{Zn}|\text{Zn}^{2+}\vdots\text{Cu}^{2+}|\text{Cu}$

Completa $Pt|H_2(g, p = 0{,}80)|H_2SO_4(aq, a = 0{,}42)|Hg_2SO_4(s)|Hg(l)$
Abreviada $Pt|H_2|H_2SO_4(aq)|Hg_2SO_4(s)|Hg$

Completa $Ag(s)|AgCl(s)|FeCl_2(m = 0{,}540), FeCl_3(m = 0{,}221)|Pt$
Abreviada $Ag|AgCl(s)|FeCl_2(aq), FeCl_3(aq)|Pt$

17.5 A PILHA DE DANIELL

Consideremos a pilha eletroquímica, a pilha de Daniell, mostrada na Fig. 17.1. Ela consiste de dois sistemas de eletrodos (duas *meias-pilhas*) separados por uma ponte salina, a qual evita a mistura das duas soluções, mas permite que a corrente flua entre os dois compartimentos. Cada meia-pilha consiste de um metal, zinco ou cobre, imerso em uma solução de um sal altamente solúvel, como o $ZnSO_4$ ou o $CuSO_4$. Os eletrodos são conectados com o exterior por dois fios

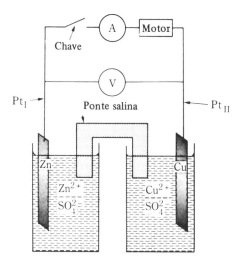

Fig. 17.1 A pilha de Daniell.

de platina. O diagrama da pilha é

$$Pt_I(s)|Zn(s)|Zn^{2+}(aq) \vdots\vdots Cu^{2+}(aq)|Cu(s)|Pt_{II}(s).$$

Iremos, agora, assumir que a chave no circuito externo está aberta e que o equilíbrio eletroquímico local está estabelecido nas fronteiras e dentro das fases. Nas interfaces $Pt_I|Zn$ e $Cu|Pt_{II}$ o equilíbrio é estabelecido pela passagem livre de elétrons através da interface. As condições de equilíbrio nessas interfaces são

$$\tilde{\mu}_{e^-}(Pt_I) = \tilde{\mu}_{e^-}(Zn) \quad \text{e} \quad \tilde{\mu}_{e^-}(Cu) = \tilde{\mu}_{e^-}(Pt_{II}). \qquad (17.14)$$

Usando a Eq. (17.9), obtemos

$$\phi_I = \phi_{Zn} \quad \text{e} \quad \phi_{Cu} = \phi_{II}, \qquad (17.15)$$

404 / FUNDAMENTOS DE FÍSICO-QUÍMICA

onde ϕ_I e ϕ_{II} são os potenciais dos dois pedaços de platina e ϕ_{Zn} é o potencial do eletrodo de zinco em contato com uma solução contendo o íon zinco. A diferença de potencial elétrico de qualquer pilha (o potencial da pilha) é definida por

$$\mathscr{E} = \phi_{\text{direita}} - \phi_{\text{esquerda}}. \tag{17.16}$$

Para esse caso, o potencial da pilha é

$$\mathscr{E} = \phi_{II} - \phi_{I} = \phi_{Cu} - \phi_{Zn}. \tag{17.17}$$

A diferença $\phi_{II} - \phi_{I}$ é mensurável, uma vez que é a diferença de potencial entre duas fases de mesma composição química (ambas são platina).

Suponhamos, nesse instante, uma conecção dos dois fios de platina através de um amperímetro e um pequeno motor. Com essa conecção observaremos que: (1) algum zinco se dissolverá, (2) algum cobre será depositado no eletrodo de cobre, (3) os elétrons fluirão no circuito externo do eletrodo de zinco para o de cobre e (4) o motor funcionará. As variações na pilha podem ser resumidas como:

No eletrodo esquerdo $\qquad\qquad\qquad$ $Zn(s) \longrightarrow Zn^{2+}(aq) + 2e^-(Zn)$;

No circuito externo $\qquad\qquad$ $2e^-(Zn) \longrightarrow 2e^-(Cu)$;

No eletrodo direito $\qquad$ $Cu^{2+}(aq) + 2e^-(Cu) \longrightarrow Cu(s)$.

A transformação global é a soma dessas variações, ou seja:

$$Zn(s) + Cu^{2+}(aq) \longrightarrow Zn^{2+}(aq) + Cu(s).$$

Esta reação química é a *reação da pilha*; o ΔG para esta reação é dado por

$$\Delta G = \Delta G^\circ + RT \ln \frac{a_{Zn^{2+}}}{a_{Cu^{2+}}}. \tag{17.18}$$

O trabalho realizado pelo sistema para mover os elétrons do eletrodo de zinco para o eletrodo de cobre é $- W_{el}$, onde

$$- W_{el} = Q(\phi_{II} - \phi_{I}) = -2F\mathscr{E},$$

onde a Eq. (17.17) foi usada para $\phi_{II} - \phi_{I}$. O trabalho *produzido* será, então,

$$W_{el} = 2F\mathscr{E}. \tag{17.19}$$

Usando esse valor dado para W_{el} na Eq. (17.1), obteremos

$$2F\mathscr{E} \leq - \Delta G, \tag{17.20}$$

onde ΔG corresponde à variação na energia de Gibbs para a reação da pilha.

EQUILÍBRIO EM PILHAS ELETROQUÍMICAS / 405

Se a transformação for feita de forma reversível, o trabalho produzido será igual à diminuição da energia de Gibbs: $W_{el} = - \Delta G$. Teremos, assim,

$$2F\mathscr{E} = -\Delta G, \tag{17.21}$$

que associada à Eq. (17.18) fica da forma

$$2F\mathscr{E} = -\Delta G° - RT \ln \frac{a_{Zn^{2+}}}{a_{Cu^{2+}}}.$$

Se ambos os eletrodos estiverem em seus estados padrões, $a_{Zn^{2+}} = 1$ e $a_{Cu^{2+}} = 1$, o potencial da pilha será o potencial padrão da pilha, $\mathscr{E}°$. Assim, após dividirmos por $2F$, a equação torna-se

$$\mathscr{E} = \mathscr{E}° - \frac{RT}{2F} \ln \frac{a_{Zn^{2+}}}{a_{Cu^{2+}}}, \tag{17.22}$$

que é a equação de Nernst para a pilha. Essa equação relaciona o potencial da pilha com um valor padrão e o próprio quociente das atividades das substâncias na reação da pilha.

17.6 A ENERGIA DE GIBBS E O POTENCIAL DA PILHA

O resultado obtido para a pilha de Daniell na Eq. (17.20) é bastante geral. Se a reação da pilha envolver n elétrons em vez de 2, a relação escrita anteriormente ficará na forma

$$nF\mathscr{E} \leq -\Delta G. \tag{17.23}$$

A Eq. (17.23) é a relação fundamental entre o potencial da pilha e a variação da energia de Gibbs que acompanha a reação da pilha.

Observações feitas mostram que o valor de $\mathscr{E}$ depende da corrente extraída pelo circuito externo. O valor limite de $\mathscr{E}$, medido quando a corrente vai a zero, é chamado de *força eletromotriz* da pilha (a fem da pilha) ou de potencial reversível da pilha, $\mathscr{E}_{rev}$:

$$\lim_{I \to 0} \mathscr{E} = \mathscr{E}_{rev}.$$

Dessa maneira, a Eq. (17.23) torna-se

$$nF\mathscr{E}_{rev} = -\Delta G. \tag{17.24}$$

Vemos que a fem da pilha é proporcional a $(- \Delta G/n)$, que representa o decréscimo na energia de Gibbs da reação da pilha *por elétron transferido*. A fem da pilha é, portanto, uma propriedade *intensiva* do sistema; ela não depende do tamanho da pilha ou dos coeficientes escolhidos para balancear a equação química da reação da pilha.

Para evitar uma notação incômoda, iremos suprimir o índice rev no potencial da pilha; faremos isso com o entendimento de que a igualdade termodinâmica (diferentemente da desigualdade) é mantida somente para os potenciais reversíveis das pilhas (fems das pilhas).

406 / FUNDAMENTOS DE FÍSICO-QUÍMICA

A espontaneidade de uma reação pode ser julgada pelo correspondente potencial da pilha. Mediante a Eq. (17.24), concluímos que, se ΔG for negativo, $\mathscr{E}$ será positivo. Portanto, temos o seguinte critério:

ΔG	$\mathscr{E}$	Reação da pilha
$-$	$+$	Espontânea
$+$	$-$	Não-espontânea
0	0	Em equilíbrio

17.7 A EQUAÇÃO DE NERNST

Para qualquer reação química a energia de Gibbs correspondente é dada por

$$\Delta G = \Delta G^\circ + RT \ln Q, \tag{17.25}$$

onde Q é um quociente apropriado das atividades. Combinando esta com a Eq. (17.24), obtemos

$$-nF\mathscr{E} = \Delta G^\circ + RT \ln Q.$$

O potencial padrão da pilha é definido por

$$-nF\mathscr{E}^\circ = \Delta G^\circ. \tag{17.26}$$

Introduzindo este valor de ΔG° e dividindo por $-nF$, obtemos

$$\mathscr{E} = \mathscr{E}^\circ - \frac{RT}{nF} \ln Q; \tag{17.27a}$$

$$\mathscr{E} = \mathscr{E}^\circ - \frac{2,303\,RT}{nF} \log_{10} Q; \tag{17.27b}$$

$$\mathscr{E} = \mathscr{E}^\circ - \frac{0,05916}{n} \log_{10} Q \quad \text{(a 25°C)}. \tag{17.27c}$$

As Eqs. (17.27) constituem várias maneiras de escrever a equação de Nernst para uma pilha. A equação de Nernst relaciona o potencial da pilha com um valor padrão, $\mathscr{E}^\circ$, e as atividades das espécies que tomam parte na reação da pilha. Conhecendo os valores de $\mathscr{E}^\circ$ e as atividades, podemos calcular o potencial da pilha.

17.8 O ELETRODO DE HIDROGÊNIO

A definição do potencial da pilha requer que rotulemos um eletrodo como o eletrodo da direita e o outro como o eletrodo da esquerda. O potencial da pilha é definido, como já foi visto na Eq. (17.16), por

$$\mathscr{E} = \phi_{\text{direita}} - \phi_{\text{esquerda}}.$$

É comum, mas não necessário, colocar o eletrodo mais positivo do lado direito. Como mencionamos antes, esse potencial da pilha é sempre medido como uma diferença de potencial entre dois fios (Pt, por exemplo) de mesma composição. A medida também estabelece qual eletrodo é positivo em relação ao outro; em nosso exemplo, o cobre é positivo em relação ao zinco. Entretanto, isto não dá qualquer idéia sobre o valor absoluto do potencial de qualquer dos eletrodos. É também comum se estabelecer um zero arbitrário na escala de potenciais; fizemos isso ao assumir o valor zero para o potencial do eletrodo de hidrogênio no estado padrão.

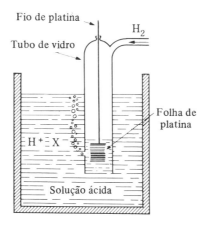

Fig. 17.2 O eletrodo de hidrogênio.

O eletrodo de hidrogênio está ilustrado na Fig. 17.2. O gás hidrogênio purificado é borbulhado sobre um eletrodo de platina que está em contato com uma solução ácida. Na superfície do eletrodo estabelece-se o equilíbrio

$$H^+(aq) + e^-(Pt) \rightleftharpoons \tfrac{1}{2}H_2(g)$$

As condições de equilíbrio são as usuais;

$$\mu_{H^+(aq)} + \tilde{\mu}_{e^-(Pt)} = \tfrac{1}{2}\mu_{H_2(g)}.$$

Usando a Eq. (17.9) para $\mu_{e^-(Pt)}$ e as formas usuais de $\mu_{H^+(aq)}$ e $\mu_{H_2(g)}$, obtemos

$$\mu_{H^+}^\circ + RT \ln a_{H^+} - F\phi_{H^+/H_2} = \tfrac{1}{2}\mu_{H_2}^\circ + \tfrac{1}{2}RT \ln f,$$

onde f é a fugacidade do H_2 e a_{H^+} é a atividade do íon hidrogênio na solução aquosa. Então,

$$\phi_{H^+/H_2} = \frac{\mu_{H^+}^\circ - \tfrac{1}{2}\mu_{H_2}^\circ}{F} - \frac{RT}{F}\ln\frac{f^{1/2}}{a_{H^+}}. \qquad (17.28)$$

408 / FUNDAMENTOS DE FÍSICO-QUÍMICA

Se a fugacidade do gás e a atividade dos íons H^+ na solução forem unitárias, o eletrodo se encontra em seu estado padrão e seu potencial será o potencial padrão $\phi^\circ_{H^+,H_2}$. Fazendo $f = 1$ e $a_{H^+} = 1$ na Eq. (17.28), obteremos

$$\phi^\circ_{H^+/H_2} = \frac{\mu^\circ_{H^+} - \frac{1}{2}\mu^\circ_{H_2}}{F} = \frac{\mu^\circ_{H^+}}{F}, \tag{17.29}$$

visto que $\mu^\circ_{H_2} = 0$. Subtraindo a Eq. (17.29) da Eq. (17.28), obtemos

$$\phi_{H^+/H_2} = \phi^\circ_{H^+/H_2} - \frac{RT}{F} \ln \frac{f^{1/2}}{a_{H^+}}, \tag{17.30}$$

que é a equação de Nernst para o eletrodo de hidrogênio; ela relaciona o potencial do eletrodo com a_{H^+} e f. Os elétrons existentes na platina, que participa do eletrodo padrão de hidrogênio, encontram-se num estado padrão definido. Escolhemos o estado padrão de energia de Gibbs nula para os elétrons assim como este estado do eletrodo padrão de hidrogênio. Como, pela Eq. (17.9), $\bar{\mu}_{e^-} = -F\phi$, temos

$$\bar{\mu}_{e^-\,(EPH)} = 0 \qquad e \qquad \phi^\circ_{H^+/H_2} = 0. \tag{17.31}$$

A energia de Gibbs dos elétrons em qualquer metal é medida relativamente ao valor do eletrodo padrão de hidrogênio. As Eqs. (17.31) imediatamente nos conduzem ao zero convencional da energia de Gibbs para os íons em soluções aquosas. Usando a Eq. (17.31) na Eq. (17.29), chegamos a

$$\mu^\circ_{H^+} = 0. \tag{17.32}$$

As energias de Gibbs padrões de outros íons em solução aquosa são medidas relativamente às dos íons H^+, cuja energia de Gibbs padrão é igual a zero.

A equação de Nernst, Eq. (17.30), para o eletrodo de hidrogênio torna-se

$$\phi_{H^+/H_2} = -\frac{RT}{F} \ln \frac{f^{1/2}}{a_{H^+}}. \tag{17.33}$$

Notemos que o argumento do logaritmo é um quociente apropriado da fugacidade e da atividade relativas à reação do eletrodo, ignorando os elétrons no estabelecimento deste quociente. Da Eq. (17.33) podemos calcular o potencial, em relação ao EPH, de um eletrodo de hidrogênio em que f_{H_2} e a_{H^+} possuem valores quaisquer.

17.9 POTENCIAIS DE ELETRODOS

Tendo dado ao eletrodo de hidrogênio um potencial zero, iremos agora comparar os potenciais de todos os outros sistemas de eletrodos com o potencial do eletrodo padrão de hidrogênio. Por exemplo, o potencial da pilha

$$Pt_I | H_2(g, f = 1) | H^+(a_{H^+} = 1) \,\vdots\vdots\, Cu^{2+}(a_{Cu^{2+}}) | Cu | Pt_{II}$$

é designado por $\mathcal{E}_{Cu^{2+}/Cu}$:

$$\mathcal{E}_{Cu^{2+}/Cu} = \phi_{II} - \phi_I = \phi_{Cu} - \phi_{EPH} = \phi_{Cu}. \tag{17.34}$$

Note que $\mathcal{E}_{Cu^{2+}/Cu}$ é igual ao potencial convencional do eletrodo de cobre, ϕ_{Cu}. A reação da pilha é

$$H_2(f = 1) + Cu^{2+}(a_{Cu^{2+}}) \;\rightleftharpoons\; 2H^+(a_{H^+} = 1) + Cu. \tag{17.35}$$

O equilíbrio no EPH é:

$$H_2(f = 1) \;\rightleftharpoons\; 2H^+(a_{H^+} = 1) + 2e^-_{EPH} \tag{17.36}$$

Todas as espécies nessa reação têm energia de Gibbs zero, por nossa atribuição convencional. Se subtrairmos na Eq. (17.35) o equilíbrio dado pela Eq. (17.36), obteremos

$$Cu^{2+}(a_{Cu^{2+}}) + 2e^-_{EPH} \;\rightleftharpoons\; Cu, \tag{17.37}$$

que é simplesmente uma forma abreviada de se escrever a Eq. (17.35). A Eq. (17.37) é chamada de uma relação de meia-pilha. Como o potencial desta pilha depende apenas das energias de Gibbs convencionais do cobre e do íon cobre, ele é chamado de *potencial de meia-pilha* ou de *potencial de eletrodo* do eletrodo $Cu^{2+}|Cu$.

Esse potencial de meia-pilha está relacionado com a variação da energia de Gibbs na reação (17.37) por

$$2F\mathcal{E} = -\Delta G;$$

tenha sempre em mente que para os elétrons do EPH a energia de Gibbs é nula. Usando a Eq. (17.37), a equação de Nernst para o eletrodo torna-se

$$\mathcal{E}_{Cu^{2+}/Cu} = \mathcal{E}^{\circ}_{Cu^{2+}/Cu} - \frac{RT}{2F} \ln \frac{1}{a_{Cu^{2+}}}. \tag{17.38}$$

Fazendo-se medidas do potencial da pilha a várias concentrações de Cu^{2+}, podemos determinar que $\mathcal{E}^{\circ}_{Cu^{2+}/Cu} = \phi^{\circ}_{Cu^{2+}/Cu}$. Esse potencial padrão encontra-se tabelado junto com os potenciais padrões de outras meias-pilhas na Tab. 17.1. Dessa forma, uma tabela de potenciais de meias-pilhas, ou potenciais de eletrodos, é equivalente a uma tabela de energias de Gibbs padrões, a partir da qual podemos calcular os valores das constantes de equilíbrio das reações químicas em solução. Note que o potencial padrão é o potencial do eletrodo quando todas as espécies reativas estão presentes com atividade unitária ($a = 1$).

A situação pode ser resumida da seguinte maneira: se a reação da meia-pilha for escrita com os elétrons do EPH *do lado dos reagentes,* qualquer sistema de eletrodo poderá ser representado por

$$\text{espécies oxidadas} + ne^-_{EPH} \;\rightleftharpoons\; \text{espécies reduzidas.}$$

Tab. 17.1 Potenciais de Eletrodos Padrões a 25°C

Reação do eletrodo	$\phi°/V$
$K^+ + e^- = K$	$-2,925$
$Na^+ + e^- = Na$	$-2,714$
$H_2 + 2e^- = 2H^-$	$-2,25$
$Al^{3+} + 3e^- = Al$	$-1,66$
$Zn(CN)_4^{2-} + 2e^- = Zn + 4CN^-$	$-1,26$
$ZnO_2^{2-} + 2H_2O + 2e^- = Zn + 4OH^-$	$-1,216$
$Zn(NH_3)_4^{2+} + 2e^- = Zn + 4NH_3$	$-1,03$
$Sn(OH)_6^{2-} + 2e^- = HSnO_2^- + H_2O + 3OH^-$	$-0,90$
$Fe(OH)_2 + 2e^- = Fe + 2OH^-$	$-0,877$
$2H_2O + 2e^- = H_2 + 2OH^-$	$-0,828$
$Fe(OH)_3 + 3e^- = Fe + 3OH^-$	$-0,77$
$Zn^{2+} + 2e^- = Zn$	$-0,763$
$Ag_2S + 2e^- = 2Ag + S^{2-}$	$-0,69$
$Fe^{2+} + 2e^- = Fe$	$-0,440$
$Bi_2O_3 + 3H_2O + 6e^- = 2Bi + 6OH^-$	$-0,44$
$PbSO_4 + 2e^- = Pb + SO_4^{2-}$	$-0,356$
$Ag(CN)_2^- + e^- = Ag + 2CN^-$	$-0,31$
$Ni^{2+} + 2e^- = Ni$	$-0,250$
$AgI + e^- = Ag + I^-$	$-0,151$
$Sn^{2+} + 2e^- = Sn$	$-0,136$
$Pb^{2+} + 2e^- = Pb$	$-0,126$
$Cu(NH_3)_4^{2+} + 2e^- = Cu + 4NH_3$	$-0,12$
$Fe^{3+} + 3e^- = Fe$	$-0,036$
$2H^+ + 2e^- = H_2$	$0,000$
$AgBr + e^- = Ag + Br^-$	$+0,095$
$HgO(r) + H_2O + 2e^- = Hg + 2OH^-$	$+0,098$
$Sn^{4+} + 2e^- = Sn^{2+}$	$+0,15$
$AgCl + e^- = Ag + Cl^-$	$+0,222$
$Hg_2Cl_2 + 2e^- = 2Hg + 2Cl^-$	$+0,2676$
$Cu^{2+} + 2e^- = Cu$	$+0,337$
$Ag(NH_3)_2^+ + e^- = Ag + 2NH_3$	$+0,373$
$Hg_2SO_4 + 2e^- = 2Hg + SO_4^{2-}$	$+0,6151$
$Fe^{3+} + e^- = Fe^{2+}$	$+0,771$
$Ag^+ + e^- = Ag$	$+0,7991$
$O_2 + 4H^+ + 4e^- = 2H_2O$	$+1,229$
$PbO_2 + SO_4^{2-} + 4H^+ + 2e^- = PbSO_4 + 2H_2O$	$+1,685$
$O_3 + 2H^+ + 2e^- = O_2 + H_2O$	$+2,07$

Os valores desta tabela foram utilizados por permissão de Latimer, W. M., *The Oxidation States of the Elements and Their Potentials in Aqueous Solutions.* 2ª ed., Englewood Cliffs, N. J.: Prentice-Hall Inc., 1952.

EQUILÍBRIO EM PILHAS ELETROQUÍMICAS / 411

Temos, portanto, as seguintes relações:

$$\mathscr{E} = \phi; \tag{17.39}$$

$$\Delta G = -nF\mathscr{E}; \tag{17.40}$$

$$\phi = \phi^\circ - \frac{RT}{nF} \ln Q. \tag{17.41}$$

■ **EXEMPLO 17.1**   Para o eletrodo íon cobre/cobre, temos, explicitamente,

$$2F\phi^\circ_{Cu^{2+}/Cu} = -\Delta G^\circ = -(\mu^\circ_{Cu} - \mu^\circ_{Cu^{2+}})$$

Como $\mu^\circ_{Cu} = 0$, essa igualdade torna-se

$$\mu^\circ_{Cu^{2+}} = 2F\phi^\circ_{Cu^{2+}/Cu}.$$

Uma vez que, pela Tab. 17.1, $\phi^\circ_{Cu^{2+}/Cu} = +\,0{,}337$ V, encontramos

$$\mu^\circ_{Cu^{2+}} = 2(96\,484 \text{ C/mol})(+0{,}337 \text{ V}) = 65{,}0 \times 10^3 \text{ J/mol} = 65{,}0 \text{ kJ/mol}.$$

■ **EXEMPLO 17.2**   Para o eletrodo Sn^{4+}/Sn^{2+}, $\phi^\circ_{Sn^{4+}/Sn^{2+}} = 0{,}15$ V; para o eletrodo Sn^{2+}/Sn, $\phi^\circ_{Sn^{2+}/Sn} = -\,0{,}136$ V. Calcule $\mu^\circ_{SN^{4+}}$, $\mu^\circ_{Sn^{2+}}$ e $\phi^\circ_{Sn^{4+}/Sn}$.

As reações são:

$$Sn^{4+} + 2e^- \; \rightleftharpoons \; Sn^{2+} \qquad 2F(0{,}15 \text{ V}) = -(\mu_{Sn^{2+}} - \mu_{Sn^{4+}})$$

$$Sn^{2+} + 2e^- \; \rightleftharpoons \; Sn \qquad 2F(-0{,}136 \text{ V}) = -(\mu_{Sn} - \mu_{Sn^{2+}})$$

A segunda equação fornece:

$$\mu_{Sn^{2+}} = 2(96\,484 \text{ J/mol})(-0{,}136 \text{ V})(10^{-3} \text{ kJ/J}) = -26{,}2 \text{ kJ/mol}.$$

A primeira equação fornece:

$$\mu_{Sn^{4+}} - \mu_{Sn^{2+}} = 2(96\,484 \text{ C/mol})(0{,}15 \text{ V})(10^{-3} \text{ kJ/J}) = 29 \text{ kJ/mol}.$$

Assim,

$$\mu_{Sn^{4+}} = 29 \text{ kJ/mol} + \mu_{Sn^{2+}} = 29 - 26{,}2 = 3 \text{ kJ/mol}.$$

Para encontrarmos $\phi^\circ_{Sn^{4+}/Sn}$, escreveremos a reação da meia-pilha:

$$Sn^{4+} + 4e^- \; \rightleftharpoons \; Sn.$$

Dessa forma,

$$4F\phi^\circ_{Sn^{4+}/Sn} = -(\mu_{Sn} - \mu_{Sn^{4+}}) = \mu_{Sn^{4+}},$$

412 / FUNDAMENTOS DE FÍSICO-QUÍMICA

e

$$\phi^\circ_{Sn^{4+}/Sn} = \frac{3000 \text{ J/mol}}{4(96\,484 \text{ C/mol})} = 0,008 \text{ V}.$$

17.10 DEPENDÊNCIA DO POTENCIAL DA PILHA EM RELAÇÃO À TEMPERATURA

Derivando a equação $nF\mathscr{E} = -\Delta G$ em relação à temperatura, obtemos

$$nF\left(\frac{\partial \mathscr{E}}{\partial T}\right)_p = -\left(\frac{\partial \Delta G}{\partial T}\right)_p = \Delta S,$$

$$\left(\frac{\partial \mathscr{E}}{\partial T}\right)_p = \frac{\Delta S}{nF} \qquad (17.42)$$

Se a pilha não possuir um eletrodo gasoso, como as variações de entropia nas reações em soluções são freqüentemente pequenas, menores que 50 J/K, o coeficiente de temperatura do potencial da pilha será da ordem de 10^{-4} ou 10^{-5} V/K. Conseqüentemente, quando se tem por objetivo a determinação do coeficiente de temperatura mediante um equipamento comum, as medidas devem cobrir o maior intervalo de temperatura possível.

O valor de ΔS é independente da temperatura em boa aproximação; integrando a Eq. (17.42) entre a temperatura de referência, T_0, e uma temperatura T qualquer, obtemos

$$\mathscr{E} = \mathscr{E}_{T_0} + \frac{\Delta S}{nF}(T - T_0) \qquad \text{ou} \qquad \mathscr{E} = \mathscr{E}_{25\,°C} + \frac{\Delta S}{nF}(t - 25) \qquad (17.43)$$

sendo t em °C. O potencial da pilha é uma função linear da temperatura.

O coeficiente de temperatura do potencial da pilha permite obter, através da Eq. (17.42), o valor de ΔS. A partir deste e do valor de $\mathscr{E}$, em qualquer temperatura, podemos calcular ΔH para a reação da pilha. Como $\Delta H = \Delta G + T\,\Delta S$, vem que

$$\Delta H = -nF\left[\mathscr{E} - T\left(\frac{\partial \mathscr{E}}{\partial T}\right)_p\right]. \qquad (17.44)$$

Assim, medindo $\mathscr{E}$ e $(\partial \mathscr{E}/\partial T)_p$ podemos obter as propriedades termodinâmicas da reação da pilha, isto é, ΔG, ΔH, ΔS.

■ **EXEMPLO 17.3** Para a reação da pilha

$$Hg_2Cl_2(s) + H_2(1 \text{ atm}) \longrightarrow 2\,Hg(l) + 2\,H^+(a = 1) + 2\,Cl^-(a = 1),$$
$$\mathscr{E}_{298} = +0,2676 \text{ V} \qquad e \qquad (\partial \mathscr{E}^\circ/\partial T)_p = -3,19 \times 10^{-4} \text{ V/K}.$$

Como $n = 2$,

$$\Delta G^\circ = -2(96\,484 \text{ C/mol})(0{,}2676 \text{ V})(10^{-3} \text{ kJ/J}) = -51{,}64 \text{ kJ/mol};$$

$$\Delta H^\circ = -2(96\,484 \text{ C/mol})[0{,}2676 \text{ V} - 298{,}15 \text{ K}(-3{,}19 \times 10^{-4} \text{ V/K})](10^{-3} \text{ kJ/J})$$
$$= -69{,}99 \text{ kJ/mol};$$

$$\Delta S^\circ = 2(96\,484 \text{ C/mol})(-3{,}19 \times 10^{-4} \text{ V/K}) = -61{,}6 \text{ J/K mol}.$$

★ 17.10.1 Efeitos Térmicos na Operação de uma Pilha Reversível

No Ex. 17.3, calculamos ΔH° para a reação da pilha a partir do potencial da pilha e de seu coeficiente de temperatura. Se a reação fosse realizada irreversivelmente, pela simples mistura dos dois reagentes, ΔH^σ seria o calor que fluiria para dentro do sistema durante a transformação, dado pela relação usual $\Delta H = Q_p$. No entanto, se a reação for realizada reversivelmente na pilha, será produzido um trabalho elétrico de valor $W_{el, \text{rev}}$. Assim, pela Eq. (9.4), que é a definição de ΔS,

$$Q_{p(\text{rev})} = T \, \Delta S. \tag{17.45}$$

Usando o Ex. 17.3, temos $Q_{p \,(\text{rev})} = 298{,}15 \text{ K}(-61{,}6 \text{ J/K mol}) = -18.350 \text{ J/mol}$. Conseqüentemente, na operação da pilha apenas 18,35 kJ/mol de calor fluem para as vizinhanças, enquanto que no caso em que os reagentes são misturados diretamente 69,99 kJ/mol de calor passam para as vizinhanças. O ΔH° para a transformação é $-69{,}99$ kJ/mol e é independente da forma com que a reação é realizada.

17.11 TIPOS DE ELETRODOS

Nesse ponto descreveremos brevemente alguns tipos importantes de eletrodos e apresentaremos as reações de meia-pilha e a equação de Nernst de cada um deles.

17.11.1 Eletrodos Gás-Íon

O eletrodo gás-íon consiste de um coletor de elétrons inerte, de platina ou grafita, em contato com um gás e um íon solúvel. O eletrodo $H_2 | H^+$, discutido em detalhe na Seç. 17.8, é um exemplo. Um outro exemplo é o eletrodo de cloro, $Cl_2 | Cl^- | \text{grafita}$:

$$Cl_2(g) + 2e^- \rightleftharpoons 2Cl^-(aq) \qquad \phi = \phi^\circ - \frac{RT}{2F} \ln \frac{a_{Cl^-}^2}{p_{Cl_2}} \tag{17.46}$$

17.11.2 Eletrodos Metal-Íon Metálico

O eletrodo consiste de um pedaço do metal imerso numa solução contendo o íon metálico. Os eletrodos $Zn^{2+} | Zn$ e $Cu^{2+} | Cu$, descritos anteriormente, são exemplos desse tipo de eletrodo.

$$M^{n+} + ne^- \rightleftharpoons M \qquad \phi = \phi^\circ - \frac{RT}{nF} \ln \frac{1}{a_{M^{n+}}} \tag{17.47}$$

17.11.3 Eletrodos Metal-Sal Insolúvel-Ânion

Este eletrodo é chamado, às vezes, de "eletrodo de segunda espécie". Ele consiste de uma barra de metal imersa numa solução que contém um sal sólido insolúvel do metal e ânions do sal. Existem dúzias destes eletrodos, bastante comuns; citaremos apenas uns poucos exemplos.

Eletrodo de prata-cloreto de prata (Fig. 17.3): $Cl^-|AgCl(s)|Ag(s)$

$$AgCl(s) + e^- \rightleftharpoons Ag(s) + Cl^-(aq) \qquad \phi = \phi^\circ - \frac{RT}{F} \ln a_{Cl^-} \qquad (17.48)$$

A atividade do AgCl não aparece no quociente, pois o AgCl é um sólido puro. Como o potencial é sensível à concentração do íon cloreto, ele pode ser usado para medir a concentração desse íon. O eletrodo prata-cloreto de prata é um eletrodo de referência muito usado.

Um número de eletrodos de referência baseados no mercúrio são comumente usados e pertencem a essa classe de eletrodos.

Eletrodo de calomelano. Consiste de um aglomerado de mercúrio envolto por uma pasta de calomelano (cloreto mercuroso) e imerso numa solução de KCl.

$$Hg_2Cl_2(s) + 2e^- \rightleftharpoons 2Hg(l) + 2Cl^-(aq) \qquad \phi = \phi^\circ - \frac{RT}{2F} \ln a_{Cl^-}^2$$

Eletrodo de mercúrio-óxido mercúrico. Consiste de uma porção de mercúrio coberto com uma pasta de óxido mercúrico e uma solução de uma base.

$$HgO(s) + H_2O(l) + 2e^- \rightleftharpoons Hg(l) + 2OH^-(aq) \qquad \phi = \phi^\circ - \frac{RT}{2F} \ln a_{OH^-}^2$$

Eletrodo de mercúrio-sulfato mercuroso. Consiste de uma porção de mercúrio em contato com uma pasta de sulfato mercuroso e uma solução contendo sulfato.

$$Hg_2SO_4(s) + 2e^- \rightleftharpoons 2Hg(l) + SO_4^{2-}(aq) \qquad \phi = \phi^\circ - \frac{RT}{2F} \ln a_{SO_4^{2-}}$$

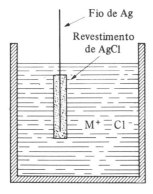

Fig. 17.3 O eletrodo de prata-cloreto de prata.

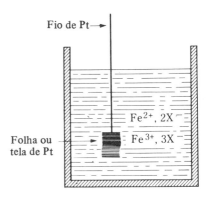

Fig. 17.4 O eletrodo férrico-ferroso.

17.11.4 Eletrodos de "Oxirredução"

Qualquer eletrodo envolve em sua operação oxidação e redução, mas somente esses foram assim denominados. Um eletrodo de oxirredução possui um coletor de metal inerte, usualmente platina, imerso em uma solução que contenha duas espécies solúveis em diferentes estados de oxidação. Um exemplo é o eletrodo contendo os íons férrico e ferroso (ver Fig. 17.4):

$$Fe^{3+} + 3e^- \rightleftharpoons Fe^{2+} \qquad \phi = \phi^\circ - \frac{RT}{F} \ln \frac{a_{Fe^{2+}}}{a_{Fe^{3+}}} \qquad (17.49)$$

17.12 CONSTANTES DE EQUILÍBRIO A PARTIR DOS POTENCIAIS PADRÕES DAS MEIAS-PILHAS

Qualquer reação química pode ser escrita como uma combinação de duas reações de meias-pilhas, podendo o potencial da pilha também ser associado a estas. O valor de $\mathcal{E}$ é determinado pela relação $nF\mathcal{E} = -\Delta G$ e a condição de equilíbrio para qualquer reação química é $\Delta G^\circ = -RT \ln K$. Como $\Delta G^\circ = -nF\mathcal{E}^\circ$, podemos escrever

$$RT \ln K = nF\mathcal{E}^\circ, \qquad \text{ou, a } 25°C, \qquad \log_{10} K = \frac{n\mathcal{E}^\circ}{0,05916 \text{ V}} \qquad (17.50)$$

Usando a Eq. (17.50), podemos calcular a constante de equilíbrio de qualquer reação a partir do potencial padrão da pilha, o qual pode ser obtido através dos valores tabelados dos potenciais padrões das meias-pilhas. O método e os exemplos mostrados a seguir ilustram um procedimento que irá garantir um resultado correto quanto ao valor e ao sinal de $\mathcal{E}^\circ$.

1ª **etapa**: Divida a reação da pilha em duas reações de meias-pilhas.

a. Para a primeira reação de meia-pilha (o eletrodo da direita), escolha as espécies oxidadas que aparecem na reação da pilha no lado dos reagentes e escreva o equilíbrio com as espécies reduzidas apropriadas.

b. Para a segunda reação de meia-pilha (o eletrodo da esquerda), escolha as espécies oxidadas que aparecem na reação da pilha no lado dos produtos e escreva o equilíbrio com as espécies reduzidas apropriadas. Escreva *as duas* reações das meias-pilhas *com os elétrons no lado dos reagentes.*

2ª **etapa**: Faça o balanceamento das reações das meias-pilhas, com o mesmo número de elétrons (n) em cada uma delas.

3ª **etapa**: Se a segunda reação da meia-pilha for subtraída da primeira, a reação global da pilha será restabelecida; verifique se isto realmente ocorre. Assim sendo, subtraia os potenciais dos eletrodos da mesma maneira (o primeiro menos o segundo) para obter o potencial padrão da pilha, $\mathcal{E}^\circ$.

4ª **etapa**: Use a Eq. (17.50) para calcular K.

416 / *FUNDAMENTOS DE FÍSICO-QUÍMICA*

■ **EXEMPLO 17.4**
$$2Fe^{3+} + Sn^{2+} \rightleftharpoons 2Fe^{2+} + Sn^{4+}$$

1ª etapa: Escolha o Fe^{3+} como a espécie oxidada no lado dos reagentes para a primeira reação de meia-pilha e o Sn^{4+} como a espécie oxidada no lado dos produtos para a segunda reação de meia-pilha. As reações das meias-pilhas são, dessa maneira, escritas na forma

$$Fe^{3+} + e^- \rightleftharpoons Fe^{2+} \qquad \phi° = 0,771 \text{ V}$$
$$Sn^{4+} + 2e^- \rightleftharpoons Sn^{2+} \qquad \phi° = 0,15 \text{ V}$$

2ª etapa: Multiplique, agora, a primeira reação de meia-pilha por 2 para que cada uma das reações envolva o mesmo número de elétrons.

3ª etapa: Subtraia, então, a segunda reação da primeira e veja que a reação original é regenerada. Subtraindo o segundo potencial do primeiro obtém-se $\mathscr{E}°$. Dessa forma, $\mathscr{E}° = 0,771 - 0,15 = 0,62 \text{ V}$.

4ª etapa: Como $n = 2$, encontramos

$$\log_{10} K = \frac{n\mathscr{E}°}{0,05916 \text{ V}} = \frac{2(0,62 \text{ V})}{0,05916 \text{ V}} = 21 \qquad \text{ou seja} \qquad K = 10^{21}.$$

■ **EXEMPLO 17.5** $\quad 2MnO_4^- + 6H^+ + 5H_2C_2O_4 \rightleftharpoons 2Mn^{2+} + 8H_2O + 10CO_2.$

As semi-reações são (escolha o MnO_4^- como a espécie oxidada no lado dos reagentes para a primeira semi-reação):

$$MnO_4^- + 8H^+ + 5e^- \rightleftharpoons Mn^{2+} + 4H_2O, \qquad \mathscr{E}° = \quad 1,51 \text{ V};$$
$$2CO_2 + 2H^+ + 2e^- \rightleftharpoons H_2C_2O_4, \qquad \mathscr{E}° = -0,49 \text{ V}.$$

Multiplicando os coeficientes da primeira reação por 2 e os da segunda reação por 5, obtemos

$$2MnO_4^- + 16H^+ + 10e^- \rightleftharpoons 2Mn^{2+} + 8H_2O, \qquad \mathscr{E}° = \quad 1,51 \text{ V};$$
$$10CO_2 + 10H^+ + 10e^- \rightleftharpoons 5H_2C_2O_4, \qquad \mathscr{E}° = -0,49 \text{ V}.$$

Subtraindo, temos que

$$2MnO_4^- + 6H^+ + 5H_2C_2O_4 \rightleftharpoons 2Mn^{2+} + 8H_2O + 10 CO_2,$$
$$\mathscr{E}° = 1,51 \text{ V} - (-0,49 \text{ V}) = 1,51 \text{ V} + 0,49 \text{ V} = 2,00 \text{ V}.$$

Como $n = 10$,

$$\log_{10} K = \frac{10(2,00 \text{ V})}{0,05916 \text{ V}} = 338 \qquad \text{ou} \qquad K = 10^{338}.$$

EQUILÍBRIO EM PILHAS ELETROQUÍMICAS / 417

■ EXEMPLO 17.6 $\qquad Cd^{2+} + 4NH_3 \rightleftharpoons Cd(NH_3)_4^{2+}.$

Esta reação não é uma reação de oxirredução, embora possa ser decomposta em duas reações de meia-pilha. Escolhendo o Cd^{2+} como a espécie oxidada para a reação da primeira meia-pilha, perceberemos rapidamente que não existirá espécie reduzida correspondente. A mesma situação prevalecerá quando selecionarmos o $Cd(NH_3)_4^{2+}$ como a espécie oxidada para a reação da segunda meia-pilha. Arbitrariamente, introduziremos a mesma espécie reduzida para ambas as reações; o metal cádmio parece ser uma escolha coerente. Assim, as reações das meias-pilhas são:

$$Cd^{2+} + 2e^- \rightleftharpoons Cd, \qquad \mathscr{E}° = -0,40 \text{ V};$$
$$Cd(NH_3)_4^{2+} + 2e^- \rightleftharpoons Cd + 4NH_3, \qquad \mathscr{E}° = -0,61 \text{ V}.$$

Subtraindo, obtemos

$$Cd^{2+} + 4NH_3 \rightleftharpoons Cd(NH_3)_4^{2+}, \qquad \mathscr{E}° = -0,40 \text{ V} - (-0,61 \text{ V}) = +0,21 \text{ V},$$

$$\log_{10} K = \frac{2(0,21 \text{ V})}{0,05916 \text{ V}} = 7,1, \qquad \text{ou} \qquad K = 1,3 \times 10^7.$$

Esta é a constante de *estabilidade* do íon complexo.

■ EXEMPLO 17.7

$$Cu(OH)_2 \rightleftharpoons Cu^{2+} + 2OH^-,$$
$$Cu(OH)_2 + 2e^- \rightleftharpoons Cu + 2OH^-, \qquad \mathscr{E}° = -0,224 \text{ V};$$
$$Cu^{2+} + 2e^- \rightleftharpoons Cu, \qquad \mathscr{E}° = +0,337 \text{ V}.$$

Subtraindo, temos

$$Cu(OH)_2 \rightleftharpoons Cu^{2+} + 2OH^-, \qquad \mathscr{E}° = -0,224 \text{ V} - (+0,337 \text{ V}) = -0,561 \text{ V},$$

$$\log_{10} K = \frac{2(-0,561 \text{ V})}{0,05916 \text{ V}} = -18,97, \qquad \text{ou} \qquad K = 1,1 \times 10^{-19}.$$

Este é o produto de solubilidade do hidróxido de cobre.

17.13 O SIGNIFICADO DO POTENCIAL DE MEIA-PILHA

No caso do eletrodo metal-íon metálico, o potencial de meia-pilha é uma medida da tendência da reação $M^{n+} + ne^- \rightleftharpoons M$ ocorrer. Ele é, dessa forma, uma medida da tendência do M^{n+} ser reduzido pelo H_2, a uma fugacidade unitária, para formar o metal e o íon H^+, a uma atividade unitária. No Ex. 17.1 mostramos que para o eletrodo $M^{n+}|M$

$$\mu°_{M^{n+}} = nF\phi°_{M^{n+}/M}. \tag{17.51}$$

418 / FUNDAMENTOS DE FÍSICO-QUÍMICA

Assim, o potencial padrão do eletrodo é uma medida da energia de Gibbs padrão molar do íon metálico em relação ao íon hidrogênio.

Metais ativos como o Zn, Na ou Mg possuem potenciais padrões altamente negativos. Seus compostos não são reduzidos pelo hidrogênio, mas o metal pode ser oxidado pelo H^+, o qual é levado a H_2. Metais nobres, como Cu e Ag, têm ϕ° positivos. Os compostos desses metais são facilmente reduzidos pelo H_2; os metais, no entanto, não são oxidados pelo íon hidrogênio.

Como o potencial de um metal depende da atividade do íon metálico em solução, os fatores que influenciam a atividade do íon irão, *ipso facto*, influenciar o potencial do eletrodo. No caso da prata, a equação de Nernst é

$$\phi_{Ag^+/Ag} = 0,7991 \text{ V} - (0,05916 \text{ V})\log_{10} \frac{1}{a_{Ag^+}}. \tag{17.52}$$

À medida que o valor de a_{Ag^+} diminui, o valor de $\phi_{Ag^+/Ag}$ também diminui. Usando valores diferentes de a_{Ag^+} na Eq. (17.52) obtemos:

a_{Ag^+}	1,0	10^{-2}	10^{-4}	10^{-6}	10^{-8}	10^{-10}
$\phi^\circ_{Ag^+/Ag}/V$	0,7991	0,6808	0,5625	0,4441	0,3258	0,2075

Para cada potência de dez que a atividade do íon prata for diminuída, o potencial cairá de 59,16 mV.

Se, em vez de diluirmos simplesmente a solução para que a atividade do íon prata seja diminuída, adicionarmos um agente precipitante ou um agente complexante que se combine fortemente com o íon prata, a atividade do íon prata e o potencial do eletrodo serão drasticamente reduzidos.

Se adicionarmos, por exemplo, uma certa quantidade de HCl a uma solução de $AgNO_3$ no eletrodo $Ag^+|Ag$, não só o íon prata será completamente precipitado sob a forma de AgCl como também, ao levar a atividade do íon cloreto à unidade, o eletrodo será convertido no eletrodo padrão $Ag|AgCl|Cl^-$. Para este eletrodo o equilíbrio é dado por

$$AgCl(s) + e^- \rightleftharpoons Ag(s) + Cl^-; \qquad \phi^\circ = 0,222 \text{ V}.$$

Esse potencial, se usarmos a equação de Nernst para o eletrodo $Ag^+|Ag$, corresponderá a uma atividade do íon prata dada pela fórmula:

$$0,222 \text{ V} = 0,799 \text{ V} - (0,05916 \text{ V})\log_{10} \frac{1}{a_{Ag^+}} \qquad \text{ou} \qquad a_{Ag^+} = 1,8 \times 10^{-10}.$$

Ao mesmo tempo, o equilíbrio de solubilidade precisa ser satisfeito. Assim,

$$AgCl(s) \rightleftharpoons Ag^+ + Cl^-; \qquad K_{PS} = a_{Ag^+} a_{Cl^-}.$$

Como $a_{Ag^+} = 1,8 \times 10^{-10}$ e $a_{Cl^-} = 1$, concluímos que

$$K_{PS} = a_{Ag^+} a_{Cl^-} = 1,8(10^{-10})(1) = 1,8 \times 10^{-10}.$$

EQUILÍBRIO EM PILHAS ELETROQUÍMICAS / 419

Isso mostra que podemos determinar o produto de solubilidade (K_{PS}) para as substâncias pouco solúveis através da medida do potencial padrão da pilha eletroquímica apropriada. (Compare com os Exs. 17.6 e 17.7, da Seç. 17.12).

Pela argumentação acima podemos ver que, quanto mais estável for a espécie na qual o íon prata estiver incorporado, tanto menor será o potencial do eletrodo de prata. Uma série de ϕ°, no caso da prata, encontra-se na Tab. 17.2. A partir dos valores desta tabela torna-se claro que o íon iodeto prende o Ag^+ mais efetivamente do que os íons brometo ou cloreto; o AgI é menos solúvel do que o AgCl ou AgBr. O fato de o par iodeto de prata-prata possuir um potencial negativo significa que a prata deve dissolver-se em HI liberando hidrogênio. Isto ocorre com efeito, mas a reação cessa logo em seguida devido à camada de AgI insolúvel que se forma e protege a superfície da prata de ataque posterior.

Tab. 17.2

Pares	ϕ°/V
$Ag^+ + e^- \rightleftharpoons Ag$	0,7991
$AgCl(s) + e^- \rightleftharpoons Ag + Cl^-$	0,2222
$AgBr(s) + e^- \rightleftharpoons Ag + Br^-$	0,03
$AgI(s) + e^- \rightleftharpoons Ag + I^-$	$-0,151$
$Ag_2S(s) + 2e^- \rightleftharpoons 2Ag + S^=$	$-0,69$

As substâncias que formam complexos solúveis com o íon metálico também reduzem o potencial do eletrodo. Dois exemplos são:

$$Ag(NH_3)_2^+ + e^- \rightleftharpoons Ag + 2NH_3, \quad \phi^\circ = +0,373 \text{ V};$$

$$Ag(CN)_2^- + e^- \rightleftharpoons Ag + 2CN^-, \quad \phi^\circ = -0,31 \text{ V}.$$

Dependendo do meio em que estiver, um metal será um metal nobre ou um metal ativo. Comumente, a prata é um metal nobre, mas na presença do íon iodeto, sulfeto ou cianeto ela é um metal ativo (se considerarmos o potencial zero como a linha divisória entre os metais ativos e nobres).

17.14 A MEDIDA DO POTENCIAL DAS PILHAS

O método mais simples de se medir o potencial de uma pilha eletroquímica é feito através do ajuste de uma diferença de potencial, igual e oposta, aplicada por um potenciômetro. A Fig. 17.5 mostra o circuito potenciométrico com a pilha conectada. A bateria B faz passar a corrente i através da resistência R. O contato S é ajustado de maneira que não se observe deflexão no galvanômetro G. No ponto nulo, o potencial da pilha encontra-se balanceado pela diferença de potencial entre os pontos S e P da resistência. Essa resistência é calibrada de tal maneira que a queda de potencial, ir, entre os pontos S e P pode ser lida diretamente. Quando a resistência da pilha é muito grande, a escala do potenciômetro pode ser deslocada em um grande intervalo sem produzir deflexão visível no galvanômetro. Neste caso necessitamos de um voltímetro eletrônico de alta impedância.

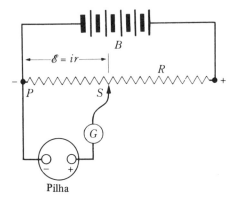

Fig. 17.5 Circuito potenciométrico.

17.15 REVERSIBILIDADE

No tratamento precedente dos eletrodos e das pilhas admitimos implicitamente que os eletrodos ou as pilhas se encontravam em equilíbrio em relação a determinadas transformações químicas e eletroquímicas. Por definição, um eletrodo ou uma pilha são *reversíveis*. Para estabelecer uma relação entre os valores medidos dos potenciais das pilhas com os calculados pela equação de Nernst, os valores medidos devem corresponder aos de equilíbrio ou valores reversíveis; as medidas potenciométricas nas quais não passa corrente pela pilha são ideais para as medidas de potenciais reversíveis.

Considere a pilha $Pt|H_2|H^+\|Cu^{2+}|Cu$, que foi discutida na Seç. 17.9. A reação da pilha é

$$Cu^{2+} + H_2 \rightleftharpoons 2H^+ + Cu.$$

O cobre é o eletrodo positivo e a platina o eletrodo negativo. Suponha que a pilha esteja em equilíbrio com o potenciômetro, como foi mostrado na Fig. 17.5. Se, agora, movermos o contato S para a direita do ponto de equilíbrio, tornaremos o cobre mais positivo; o eletrodo de Cu ficará como Cu^{2+} e os elétrons se moverão da direita para a esquerda no circuito externo. Sobre o eletrodo de platina, os elétrons irão se combinar com o H^+ para formar H_2. A reação total caminhará na direção oposta. Reciprocamente, se o contato for movido para a esquerda, os elétrons se moverão da esquerda para a direita no circuito externo; o H_2 se ionizará a H^+ e o Cu^{2+} será reduzido a cobre. Nesta situação a pilha produzirá trabalho, enquanto que na primeira circunstância o trabalho será destruído.

A pilha se comporta reversivelmente quando, movendo-se o contato do potenciômetro ligeiramente de um lado a outro do ponto de equilíbrio, a corrente e a reação química mudam de sentido. Na prática não é necessário analisar as quantidades de reagentes e produtos após cada ajuste para descobrir como se está comportando a reação. Se a pilha for irreversível, um pequeno deslocamento do contato potenciométrico resultará em uma corrente comparativamente grande; a reversibilidade exige que a corrente seja pequena quando o desequilíbrio entre os potenciais for pequeno. Ainda na pilha irreversível, após uma pequena perturbação do equilíbrio, o novo ponto de equilíbrio é bastante diferente do original. Por estas razões, a pilha irreversível apresenta um comportamento errático e muitas vezes não se consegue balancear o circuito com uma pilha destas.

17.16 A DETERMINAÇÃO DO $\mathscr{E}°$ PARA UMA MEIA-PILHA

Como os valores das constantes de equilíbrio são obtidos a partir dos potenciais padrões das meias-pilhas, o método de obtenção do $\mathscr{E}°$ de uma meia-pilha é de grande importância. Suponha que desejamos determinar o $\mathscr{E}°$ do eletrodo prata-íon prata. Então, montamos uma pilha que inclua este eletrodo e um outro eletrodo cujo potencial seja conhecido; por uma questão de simplicidade escolhemos o EPH como sendo esse outro eletrodo. Assim, a pilha é

$$EPH \,\|\, Ag^+ \,|\, Ag.$$

A reação da pilha é $Ag^+ + e^-_{EPH} \rightleftharpoons Ag$ e o potencial da pilha é dado por

$$\mathscr{E} = \mathscr{E}_{Ag^+/Ag} = \mathscr{E}°_{Ag^+/Ag} - \frac{RT}{F} \ln \frac{1}{a_{Ag^+}}.$$

A 25°C,

$$\mathscr{E} = \mathscr{E}°_{Ag^+/Ag} + (0{,}05916 \text{ V})\log_{10} a_{Ag^+}. \tag{17.53}$$

Se a solução fosse uma solução diluída ideal, poderíamos substituir a_{Ag^+} por $m_+ = m$, a molalidade do sal de prata. A Eq. (17.53) ficaria

$$\mathscr{E} = \mathscr{E}°_{Ag^+/Ag} + (0{,}05916 \text{ V})\log_{10} m.$$

Medindo $\mathscr{E}$ para vários valores de m e construindo a curva $\mathscr{E}$ contra o $\log_{10} m$, obtemos uma linha reta de coeficiente angular 0,05916 V, como vemos na Fig. 17.6(a). A interseção com o eixo vertical, para $m = 1$, daria o valor de $\mathscr{E}°$. Entretanto, as coisas não são tão simples assim. Não podemos substituir a_{Ag^+} por m e conservar a esperança de obtermos resultados precisos mediante nossa equação. Numa solução iônica, a atividade de um íon pode ser representada pela atividade iônica média $a_\pm = \gamma_\pm m_\pm$. Se a solução contém apenas nitrato de prata, então, $m_\pm = m$ e a Eq. (17.53) fica na forma

$$\mathscr{E} = \mathscr{E}°_{Ag^+/Ag} + (0{,}05916 \text{ V})\log_{10} m + (0{,}05916 \text{ V})\log_{10} \gamma_\pm.$$

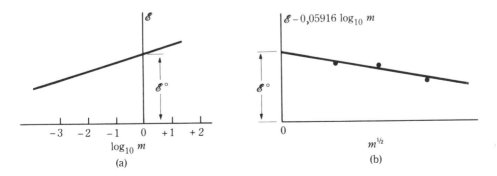

Fig. 17.6 (a) Dependência "ideal" de $\mathscr{E}$ com m. (b) Gráfico para a obtenção de $\mathscr{E}°$ por extrapolação.

422 / FUNDAMENTOS DE FÍSICO-QUÍMICA

Se as medidas forem realizadas em soluções suficientemente diluídas para que a lei limite de Debye-Hückel, Eq. (16.82), seja válida, então, $\log_{10} \gamma_\pm = - (0,5092 \text{ V kg}^{1/2}/\text{mol}^{1/2})m^{1/2}$ e podemos reduzir a equação para

$$\mathscr{E} - (0,05916 \text{ V})\log_{10} m = \mathscr{E}^{\circ}_{Ag^+/Ag} - (0,03012 \text{ V kg}^{1/2}/\text{mol}^{1/2})m^{1/2}. \quad (17.54)$$

A partir das medidas de $\mathscr{E}$ e m, o primeiro membro dessa equação pode ser calculado. Colocando-se o primeiro membro da equação em função de $m^{1/2}$, a extrapolação da curva para $m^{1/2} = 0$ fornece o valor de $\mathscr{E}^{\circ}_{Ag^+/Ag}$ na interseção com o eixo das ordenadas. Este gráfico encontra-se esboçado na Fig. 17.6(b). É por este método que se obtêm valores precisos de $\mathscr{E}^{\circ}$ a partir das medidas de $\mathscr{E}$ de qualquer meia-pilha.

17.17 DETERMINAÇÃO DAS ATIVIDADES E DOS COEFICIENTES DE ATIVIDADES A PARTIR DOS POTENCIAIS DAS PILHAS

Uma vez obtido um valor preciso de $\mathscr{E}^{\circ}$ para uma pilha, as medidas dos potenciais fornecerão, diretamente, os valores dos coeficientes de atividades. Consideremos a pilha

$$Pt\,|\,H_2(f = 1)\,|\,H^+,\,Cl^-\,|\,AgCl\,|\,Ag.$$

A reação da pilha é

$$AgCl(s) + \tfrac{1}{2}H_2(f = 1) \rightleftharpoons Ag + H^+ + Cl^-.$$

O potencial da pilha é dado por

$$\mathscr{E} = \mathscr{E}^{\circ} - \frac{RT}{F} \ln (a_{H^+}a_{Cl^-}). \quad (17.55)$$

De acordo com a Eq. (17.55), o potencial da pilha não depende das atividades iônicas individuais, mas sim do produto $a_{H^+} \cdot a_{Cl^-}$. Como vemos, não há nenhuma quantidade mensurável que depende da atividade de um íon individualmente. Conseqüentemente, substituímos o produto $a_{H^+} + a_{Cl^-}$ por $a_\pm^2$. Como no caso do HCl $m_\pm = m$, temos que $a_\pm^2 = (\gamma_\pm m)^2$, o que reduz a Eq. (17.55) para

$$\mathscr{E} = \mathscr{E}^{\circ} - \frac{2RT}{F} \ln m - \frac{2RT}{F} \ln \gamma_\pm. \quad (17.56)$$

A 25°C

$$\mathscr{E} = \mathscr{E}^{\circ} - (0,1183 \text{ V})\log_{10} m - (0,1183 \text{ V})\log_{10} \gamma_\pm. \quad (17.57)$$

Tendo-se determinado $\mathscr{E}^{\circ}$ mediante a extrapolação descrita na Seç. 17.16, vemos que os valores de $\mathscr{E}$ determinam os valores de $\gamma_\pm$ para qualquer valor de m. Semelhantemente, se o valor de $\gamma_\pm$ for conhecido para qualquer valor de m, o potencial $\mathscr{E}$ da pilha poderá ser calculado pela Eq. (17.56) ou (17.57) como uma função de m.

A medida dos potenciais das pilhas constitui o método mais poderoso de se obter os valores das atividades dos eletrólitos. Experimentalmente é, na maioria dos casos, de execução muito mais fácil do que uma medida de propriedades coligativas. Possui a vantagem adicional de poder ser usado em um intervalo amplo de temperaturas. Embora os potenciais das pilhas possam ser medidos em solventes não-aquosos, muitas vezes o equilíbrio no eletrodo não se estabelece facilmente e as dificuldades experimentais tornam-se bem maiores.

★ 17.18 PILHAS DE CONCENTRAÇÃO

Quando dois sistemas de eletrodos que participam de uma pilha envolvem soluções eletrolíticas de composição diferente, estabelece-se uma diferença de potencial através da fronteira das duas soluções. Esta diferença de potencial é chamada de potencial de junção líquida ou potencial de difusão. Para ilustrar como aparece essa diferença de potencial consideremos dois

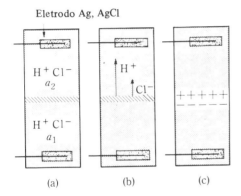

Fig. 17.7 Estabelecimento do potencial de junção líquida.

eletrodos prata-cloreto de prata, um em contato com uma solução concentrada de HCl, de atividade $= a_1$, e o outro em contato com uma solução diluída de HCl, com atividade $= a_2$ (Fig. 17.7(a).) Removendo-se a separação entre as duas soluções, os íons H^+ e Cl^- da solução mais concentrada difundem-se para a menos concentrada. O íon H^+ difunde-se muito mais rapidamente do que o íon Cl^- (Fig. 17.7(b)). Com o afastamento progressivo entre os íons H^+ e Cl^-, desenvolve-se uma dupla camada elétrica na interface das duas soluções (Fig. 17.7(c)). A diferença de potencial através da dupla camada produz um campo elétrico que refreia o movimento de íon mais rápido e acelera o do íon mais lento. Estabelece-se um estado estacionário em que dois íons migram com a mesma velocidade; o íon que iniciou a migração com velocidade maior continua na frente.

A difusão da solução concentrada para a diluída constitui uma mudança irreversível; entretanto, se for suficientemente lenta para que a interface não se desloque apreciavelmente durante o tempo necessário às medidas, podemos admitir que o sistema se encontra em "equilíbrio" e, assim, ignorar o movimento da fronteira. Entretanto, a diferença de potencial adicional na junção líquida aparecerá nas medidas do potencial da pilha.

Escolhendo o eletrodo inferior como o eletrodo do lado esquerdo, o símbolo para essa pilha é

$$Ag|AgCl|Cl^-(a_1)\vdots Cl^-(a_2)|AgCl|Ag,$$

onde a barra vertical pontilhada representa a junção entre as duas fases aquosas.

424 / FUNDAMENTOS DE FÍSICO-QUÍMICA

Podemos calcular o potencial da pilha se admitirmos que, na passagem de um mol de carga elétrica através da pilha, todas as variações acontecem reversivelmente. Então, o potencial da pilha é dado por

$$-F\mathscr{E} = \sum_i \Delta G_i, \tag{17.58}$$

onde $\sum \Delta G_i$ é a soma de todas as variações da energia de Gibbs na pilha que acompanham a passagem de um mol de carga positiva através da pilha no sentido ascendente. Estas variações da energia de Gibbs são:

Eletrodo inferior: $\qquad\qquad$ $Ag(s) + Cl^-(a_1) \longrightarrow AgCl(s) + e^-$

Eletrodo superior: $\qquad\qquad$ $AgCl(s) + e^- \longrightarrow Cl^-(a_2) + Ag(s)$

Variação total nos dois eletrodos: $\qquad$ $Cl^-(a_1) \longrightarrow Cl^-(a_2)$

Em adição, na fronteira das duas soluções, uma fração t_+ da carga é transportada pelo H^+ e uma fração t_- pelo Cl^-. As frações t_+ e t_- são os números de transferência ou números de transporte, dos íons. Um mol de carga positiva que passa através da fronteira requer que t_+ moles de íons H^+ movam-se para cima, da solução a_1 à solução a_2, e t_- moles de Cl^- passem para baixo, de a_2 a a_1. Assim, na fronteira:

$$t_+ H^+(a_1) \longrightarrow t_+ H^+(a_2), \qquad e \qquad t_- Cl^-(a_2) \longrightarrow t_- Cl^-(a_1).$$

A variação total na pilha é a soma das variações nos eletrodos e na fronteira:

$$t_+ H^+(a_1) + Cl^-(a_1) + t_- Cl^-(a_2) \longrightarrow t_+ H^+(a_2) + Cl^-(a_2) + t_- Cl^-(a_1).$$

A soma das frações deve ser igual a um, portanto, $t_- = 1 - t_+$. Levando este valor de t_- à equação e recompondo, obtemos

$$t_+ H^+(a_1) + t_+ Cl^-(a_1) \longrightarrow t_+ H^+(a_2) + t_+ Cl^-(a_2). \tag{17.59}$$

A reação da pilha (17.59) corresponde à transferência de t_+ moles de HCl da solução a_1 à solução a_2. A variação total da energia de Gibbs é

$$\Delta G = t_+ [\mu^\circ_{H^+} + RT \ln (a_{H^+})_2 + \mu^\circ_{Cl^-} + RT \ln (a_{Cl^-})_2$$
$$- \mu^\circ_{H^+} - RT \ln (a_{H^+})_1 - \mu^\circ_{Cl^-} - RT \ln (a_{Cl^-})_1],$$

$$\Delta G = t_+ RT \ln \frac{(a_{H^+} a_{Cl^-})_2}{(a_{H^+} a_{Cl^-})_1} = 2t_+ RT \ln \frac{(a_\pm)_2}{(a_\pm)_1},$$

pois $a_{H^+} a_{Cl^-} = a_\pm^2$. Mediante a Eq. (17.58), obtemos para o potencial da pilha *com transferência*,

$$\mathscr{E}_{ct} = -\frac{2t_+ RT}{F} \ln \frac{(a_\pm)_2}{(a_\pm)_1}. \tag{17.60}$$

Se o limite entre as duas soluções não contribuísse ao potencial da pilha, então a única variação seria devida à contribuição dos eletrodos, isto é,

$$Cl^-(a_1) \longrightarrow Cl^-(a_2).$$

O valor correspondente de ΔG é

$$\Delta G = \mu_{Cl^-}^\circ + RT \ln (a_{Cl^-})_2 - \mu_{Cl^-} - RT \ln (a_{Cl^-})_1 = RT \ln \frac{(a_\pm)_2}{(a_\pm)_1},$$

onde a_{Cl^-} foi substituído pela atividade iônica média $a_\pm$. Esta pilha sem transferência possui o potencial

$$\mathscr{E}_{st} = -\frac{\Delta G}{F} = -\frac{RT}{F} \ln \frac{(a_\pm)_2}{(a_\pm)_1}. \tag{17.61}$$

O potencial total da pilha com transferência é igual ao da pilha sem transferência mais o potencial de junção, $\mathscr{E}_j$. Assim, $\mathscr{E}_{ct} = \mathscr{E}_{st} + \mathscr{E}_j$, de modo que

$$\mathscr{E}_j = \mathscr{E}_{ct} - \mathscr{E}_{st}, \tag{17.62}$$

Pelas Eqs. (17.60) e (17.61), obtemos

$$\mathscr{E}_j = (1 - 2t_+) \frac{RT}{F} \ln \frac{(a_\pm)_2}{(a_\pm)_1}. \tag{17.63}$$

A Eq. (17.63) mostra que se t_+ for próximo de 0,5 o potencial de junção líquida será pequeno; esta relação é correta somente quando os dois eletrólitos da pilha produzem dois íons para a solução. Medindo o potencial das pilhas com transferência e sem transferência podemos avaliar $\mathscr{E}_j$ e t_+. Notemos, comparando as Eqs. (17.60) e (17.61), que

$$\mathscr{E}_{ct} = 2t_+ \mathscr{E}_{st}. \tag{17.64}$$

O problema em tudo isto se resume em como construir uma separação nítida, que permita medidas reprodutíveis de $\mathscr{E}_{ct}$, e como construir uma pilha que elimine $\mathscr{E}_j$, de modo que possamos medir $\mathscr{E}_{st}$. Existem vários artifícios para a solução do primeiro problema, porém não os examinaremos aqui. O segundo problema, a construção de uma pilha sem junção líquida, é mais pertinente à nossa discussão.

Uma pilha de concentração sem transferência, isto é, sem junção líquida, encontra-se esquematizada na Fig. 17.8. A pilha consiste de duas pilhas ligadas em série e pode ser simbolizada por

$$Pt \,|\, H_2(p) \,|\, H^+, Cl^-(a_\pm)_1 \,|\, AgCl \,|\, \overline{Ag \qquad Ag} \,|\, AgCl \,|\, Cl^-, H^+(a_\pm)_2 \,|\, H_2(p) \,|\, Pt.$$

O potencial é a soma dos potenciais das duas pilhas separadas;

$$\mathscr{E} = [\phi(AgCl/Ag) - \phi(H^+/H_2)]_1 + [\phi(H^+/H_2) - \phi(AgCl/Ag)]_2.$$

426 / FUNDAMENTOS DE FÍSICO-QUÍMICA

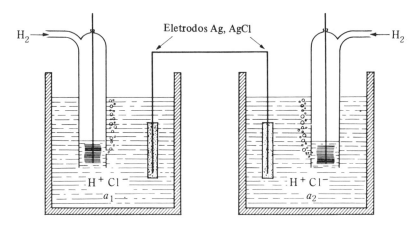

Fig. 17.8 Pilha de concentração sem transferência.

Escrevendo a equação de Nernst para cada potencial, obtemos

$$\mathscr{E} = \left[\phi°_{AgCl/Ag/Cl^-} - \frac{RT}{F} \ln (a_{Cl^-})_1 + \frac{RT}{F} \ln \frac{p^{1/2}}{(a_{H^+})_1} \right]$$
$$+ \left[-\frac{RT}{F} \ln \frac{p^{1/2}}{(a_{H^+})_2} - \phi°_{AgCl/Ag/Cl^-} + \frac{RT}{F} \ln (a_{Cl^-})_2 \right],$$
$$\mathscr{E} = \frac{RT}{F} \ln \frac{(a_{H^+} a_{Cl^-})_2}{(a_{H^+} a_{Cl^-})_1} = \frac{2RT}{F} \ln \frac{(a_\pm)_2}{(a_\pm)_1}.$$

Comparando com a Eq. (17.61), observamos que

$$\mathscr{E} = -2\mathscr{E}_{st}. \tag{17.65}$$

A medida do potencial desta pilha dupla e a Eq. (17.65) permitem a determinação do $\mathscr{E}_{st}$.

Toda medida do potencial de uma pilha em que os eletrodos requerem eletrólitos diferentes é dificultada pelo problema do potencial de junção. Este problema pode ser resolvido de duas maneiras: medindo-se o potencial de junção ou eliminando-o. O potencial de junção pode ser eliminado realizando-se a experiência como descrita acima, onde não aparece a junção líquida. Uma outra forma de ser eliminado é, em vez de se usar uma pilha dupla, escolher um eletrodo de referência que contenha o mesmo eletrólito do eletrodo investigado. Essa é a melhor maneira de eliminar o potencial de junção, não sendo, porém, sempre exeqüível.

A ponte salina, ágar-ágar saturado de KCl ou NH_4NO_3, é usada muitas vezes para ligar os dois compartimentos dos eletrodos. Esse dispositivo introduz duas junções líquidas, cujos potenciais são geralmente opostos, e o potencial de junção total é muito pequeno. A razão física do cancelamento dos dois potenciais é complexa. O uso do ágar-ágar por si já apresenta algumas vantagens: evita sifonamento quando os níveis dos eletrólitos forem diferentes nos dois compartimentos e também refreia muito a difusão iônica, de modo que os potenciais de junção, quaisquer que possam ser, ficam rapidamente reduzidos para valores reprodutíveis.

17.19 PROCESSOS ELETROQUÍMICOS INDUSTRIAIS

Os processos eletroquímicos industriais são divididos, naturalmente, em processos que consomem energia e processos que produzem energia. Os processos eletroquímicos industriais preparativos consomem energia elétrica e produzem substâncias de alto valor energético. As substâncias que são tipicamente produzidas no catodo são: hidrogênio e hidróxido de sódio na eletrólise da salmoura; alumínio, magnésio e metais alcalinos e alcalino-terrosos na eletrólise de sais fundidos. A galvanoplastia e o refino eletrolítico de metais são processos industriais catódicos importantes. As substâncias produzidas no anodo são: oxigênio na eletrólise da água e cloro na eletrólise da salmoura e cloretos fundidos; peróxido de hidrogênio; perclorato de potássio; camadas de óxido para fins decorativos no alumínio anodizado. A dissolução de um metal no anodo é importante para o refino eletrolítico e a produção eletrolítica dos metais.

Os processos que produzem energia ocorrem nas pilhas eletroquímicas; esses processos consomem substâncias de elevado valor energético e produzem energia elétrica. Duas importantes invenções serão descritas na Seç. 17.21.

É interessante notar que a invenção da pilha eletroquímica por Alessandro Volta, em 1800, foi, na realidade, uma reinvenção. Recentemente, escavações arqueológicas no Nordeste dos EUA descobriram uma pilha eletroquímica feita com eletrodos de cobre e ferro; a invenção foi datada entre os anos 300 á.C. e 300 d.C. Existe alguma evidência de que já no ano 2500 a.C. os egípcios sabiam como galvanizar os objetos.

17.20 AS PILHAS ELETROQUÍMICAS COMO FONTES DE ENERGIA

É notável que, em princípio, qualquer reação química possa ser utilizada para produzir trabalho em uma pilha eletroquímica. Se a pilha operar reversivelmente, o trabalho elétrico obtido será $W_{el} = -\Delta G$ ou

$$W_{el} = -\Delta H + T\Delta S = -\Delta H + Q_{rev}$$
$$= -\Delta H\left(1 - \frac{Q_{rev}}{\Delta H}\right).$$

Em muitos casos práticos, o aumento na entropia não é tão grande e, dessa forma, o valor de $T\,\Delta S/\Delta H$ é relativamente pequeno, o que nos leva a

$$W_{el} \approx -\Delta H.$$

Isto significa que o trabalho elétrico produzido é apenas ligeiramente menor do que a diminuição de entalpia na reação. Note que, se impedirmos a reação de ocorrer sem a produção de trabalho, a quantidade de calor, $-\Delta H$, será liberada. Isso pode ser usado para aquecer uma caldeira, a qual poderá colocar uma turbina em funcionamento. No entanto, essa máquina térmica está sujeita à restrição de Carnot; o trabalho elétrico que pode ser produzido por um gerador operado por uma turbina deve ser

$$W_{el} = -\Delta H\left(\frac{T_1 - T_2}{T_1}\right).$$

428 / *FUNDAMENTOS DE FÍSICO-QUÍMICA*

Esta quantidade de trabalho é substancialmente menor (cerca de três a cinco vezes menor) do que a que poderia ser obtida eletroquimicamente a partir da mesma reação. Assim, a pilha eletroquímica oferece possibilidades para uma produção eficiente de energia elétrica a partir de fontes químicas, produção essa que é inigualável a qualquer outra.

17.20.1 Classificação das Pilhas Eletroquímicas

Podemos classificar as pilhas eletroquímicas que produzem energia elétrica em três tipos gerais:

1. Pilhas primárias. Estas são construídas de materiais de alto valor energético, os quais reagem quimicamente e produzem energia elétrica. A reação da pilha não é reversível e, quando os materiais forem consumidos, as pilhas devem ser descartadas. Exemplos típicos de pilha primária são a pilha comum (a pilha de LeClanché) e as pilhas de zinco-mercúrio usadas em máquinas fotográficas, relógios, aparelhos de audição e outros artigos familiares.

2. Pilhas secundárias. Estas pilhas são reversíveis. Após a produção de energia, os materiais de alto valor energético poderão ser reconstituídos pela passagem de uma corrente, vinda de uma fonte externa, no sentido inverso. A reação da pilha é, então, invertida e o dispositivo é "recarregado".

O exemplo mais importante de uma pilha secundária é o acumulador de chumbo usado em automóveis. Outros exemplos de pilhas secundárias são a pilha de Edison e as pilhas recarregáveis de níquel-cádmio, usadas em calculadoras e lâmpadas de "flash".

3. Pilhas de combustível. A pilha de combustível, como a pilha primária, é destinada a usar materiais de alto valor energético para produzir energia. Ela difere da pilha primária por ter sido feita para aceitar um fornecimento contínuo de "combustível" e os "combustíveis" são materiais normalmente reconhecidos como tal, por exemplo o hidrogênio, o carbono e os hidrocarbonetos. Nos últimos anos, temos tido esperança em poder usar carvão e petróleo.

17.20.2 Condições para uma Fonte de Energia

Se formos retirar energia de uma pilha eletroquímica, como

$$P = \mathscr{E}I, \tag{17.66}$$

o produto do potencial da pilha com a corrente deve permanecer num valor razoável durante a vida útil da pilha. A corrente I será distribuída sobre a área total A do eletrodo. A corrente dentro ou fora de uma unidade de área da superfície do eletrodo será a densidade de corrente i. Assim,

$$i = \frac{I}{A}. \tag{17.67}$$

Essa densidade de corrente envolve uma velocidade de reação definida em cada unidade de área do eletrodo. Suponha que retiremos uma corrente I da pilha. Para efeito de argumentação, suponha que o eletrodo negativo é o eletrodo de hidrogênio. A carga é retirada de cada unidade de área do eletrodo a uma velocidade $i = (1/A) \, dQ/dt = I/A$. À medida que os elétrons deixam a platina do eletrodo H^+/H_2, mais H_2 deverá ser ionizado, $H_2 \rightarrow 2H^+ + 2e^-$, ou o potencial do eletrodo irá se mover para um valor menos negativo. Se a velocidade com que os elétrons forem produzidos pela ionização do hidrogênio for comparável à velocidade com que os elétrons deixarem a platina para penetrar no circuito externo, então o potencial do eletrodo será próximo ao potencial no circuito aberto. Por outro lado, se a reação no eletrodo for tão lenta de forma que não haja uma reposição rápida dos elétrons quando estes estiverem sendo drenados para o circuito externo, então o potencial do eletrodo irá afastar-se substancialmente do potencial no circuito aberto. Similarmente, se a reação no eletrodo positivo for lenta, os elétrons que vierem do circuito externo não serão rapidamente consumidos pela reação do eletrodo e o seu potencial positivo ficará bem menos positivo. Assim, concluímos que, quando uma pilha produz energia, o potencial da pilha diminui, uma vez que o eletrodo positivo torna-se menos positivo e o eletrodo negativo menos negativo.

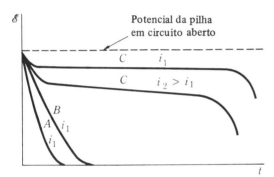

Fig. 17.9 Potencial de uma pilha em carga como uma função do tempo.

As curvas na Fig. 17.9 mostram o potencial da pilha contra o tempo para várias pilhas após a conecção com uma resistência que retira uma densidade de corrente i_1. As reações dos eletrodos nas pilhas A e B são muito lentas e não se podem manter com a drenagem da corrente. O potencial da pilha cai rapidamente para zero e a energia, $\mathcal{E}I$, também vai a zero. Ambas as pilhas fornecem, inicialmente, uma pequena quantidade de energia, mas nenhuma pilha é capaz de ser uma fonte útil de energia. Por outro lado, as reações dos eletrodos na pilha C são rápidas o suficiente para repor a carga nos eletrodos. O potencial da pilha cai ligeiramente, mas em seguida permanece constante em um valor relativamente alto, durante um período de tempo longo, de forma que a energia produzida $\mathcal{E}I$ é significativa. Se uma corrente mais alta for retirada da pilha C ($i_2 > i_1$), o potencial cairá um pouco mais, mas ainda será relativamente elevado. Certamente, nessa circunstância a pilha C é uma fonte de energia útil. A queda rápida do potencial da pilha, mostrada no final das curvas C, assinala o esgotamento dos materiais ativos, o "combustível". Se mais "combustível" for fornecido, a curva continuará normalmente e a pilha seguirá sua produção de energia.

Concluímos, dessa forma, que para uma pilha ser útil como fonte de energia as reações dos eletrodos deverão ser rápidas. As reações precisam ocorrer numa rapidez suficiente para que o potencial da pilha caia somente um pouco abaixo do valor do potencial no circuito aberto. O problema na elaboração de uma pilha de combustível para queimar carvão está em se encontrar superfícies de eletrodos apropriadas para que as reações desejadas ocorram rapidamente, a temperaturas razoáveis. Poderemos inventar o catalisador apropriado? Só o tempo dirá.

430 / FUNDAMENTOS DE FÍSICO-QUÍMICA

17.21 DUAS FONTES DE ENERGIA ÚTEIS

17.21.1 O Acumulador de Chumbo

Consideremos primeiro o acumulador ácido de chumbo. À medida que retiramos corrente da pilha, no eletrodo positivo, o catodo, o PbO_2 é reduzido a $PbSO_4$,

$$PbO_2(s) + 4H^+ + SO_4^{2-} + 2e^- \longrightarrow PbSO_4(s) + 2H_2O,$$

enquanto que no eletrodo negativo, o anodo, o chumbo é oxidado a $PbSO_4$,

$$Pb(s) + SO_4^{2-} \longrightarrow PbSO_4(s) + 2e^-.$$

O potencial da pilha é 2,0 volts. À medida que se extrai corrente da pilha, o potencial da pilha não cai muito e a energia, $\mathcal{E}I$, fica próxima do valor reversível, $\mathcal{E}_{rev}I$. Correntes um pouco maiores (centenas de ampères) podem ser retiradas da pilha completamente carregadas sem que o potencial diminua excessivamente.

Quando a pilha necessita ser recarregada, usamos uma fonte de energia externa para forçar uma corrente através da pilha, no sentido inverso; o eletrodo positivo será, agora, o anodo, onde o $PbSO_4$ será oxidado a PbO_2; o eletrodo negativo será o catodo, onde o $PbSO_4$ será reduzido a Pb. A diferença de potencial que precisa ser utilizada para recarregar a pilha tem que ser maior do que a diferença de potencial durante a descarga, mas não excessivamente maior. O rendimento de voltagem da pilha é definido por:

$$\text{Rendimento de voltagem} = \frac{\text{voltagem média durante a descarga}}{\text{voltagem média durante a carga}}$$

O rendimento de voltagem da pilha ácida de chumbo é em torno de 80%. Essa aproximação da reversibilidade é uma conseqüência da rapidez das reações químicas na pilha. Como vimos, a capacidade de fornecer altas correntes a potenciais próximos ao potencial do circuito aberto significa que as reações químicas nos eletrodos são rápidas; à medida que a carga é retirada pela corrente, o potencial deve cair, mas a reação química ocorre suficientemente rápida para restabelecer o potencial.

Se compararmos a quantidade de carga obtida pela pilha ácida de chumbo com a quantidade que precisa ser passada pela pilha para carregá-la, obteremos valores de 90 a 95% ou ainda maiores em circunstâncias especiais. Isso significa que muito pouco da corrente de abastecimento é dissipada em reações secundárias (tal como na eletrólise da água). Acima de tudo, o acumulador de chumbo é uma extraordinária invenção: ele é altamente eficiente, suas versões maiores podem durar de 20 a 30 anos (se corretamente utilizado) e pode ser reciclado milhares de vezes. Suas principais desvantagens são seu elevado peso (baixa concentração de energia por unidade de peso) e o fato de que, se não for usado quando estiver parcialmente carregado, poderá destruir-se em pouco tempo pelo crescimento de cristais relativamente grandes de $PbSO_4$, os quais não são facilmente reduzidos ou oxidados pela corrente de recarga; esse fato desagradável é conhecido como "sulfatização".

Para a variação da energia de Gibbs padrão na pilha ácida de chumbo (para uma variação de dois elétrons) temos:

$$\Delta G° = -376,97 \text{ kJ/mol};$$

$$\Delta H° = -227,58 \text{ kJ/mol};$$

$$Q_{\text{rev}} = T \, \Delta S° = +149,39 \text{ kJ/mol}.$$

Notemos que a reação é endotérmica no caso da pilha trabalhar reversivelmente. Isto significa que não é apenas a variação de energia, o ΔH, a responsável pela produção de energia elétrica. Também a quantidade de calor, $Q_{\text{rev}} = T \, \Delta S$, que flui das vizinhanças para conservar a pilha isotérmica, pode ser convertida em energia elétrica. A razão

$$\frac{-\Delta G°}{-\Delta H°} = \frac{376,97}{277,58} = 1,36$$

compara a energia elétrica que pode ser produzida para diminuir a entalpia dos materiais. Os 36% extras representam a energia que flui das vizinhanças.

TERMINOLOGIA ELETROQUÍMICA

Uma vez que uma pilha estiver descrita, poderemos medir seu potencial e decidir definitivamente qual eletrodo é o positivo (pólo positivo) e qual é o negativo (pólo negativo). Nada que acontecer depois irá modificar isso.

Além disso, a oxidação *sempre* ocorre no anodo e a redução *sempre* ocorre no catodo. Um eletrodo será o catodo ou o anodo dependendo da direção em que a corrente fluir. Em qualquer pilha secundária as relações são:

Pólo	Descarga	Carga
Positivo	Catodo	Anodo
Negativo	Anodo	Catodo

Em uma pilha primária, ocorre somente descarga; assim sendo, apenas as entradas sob "Descarga" são pertinentes.

17.21.2 A Pilha de Combustível

A questão está em se saber se os tipos de reações e os tipos de substâncias que comumente consideramos como "combustíveis" (petróleo, carvão e gás natural) podem ser combinados em reações usuais de queima de combustível através de um caminho eletroquímico.

Provavelmente, a pilha de combustível mais bem sucedida é a pilha de hidrogênio-oxigênio, a qual vem sendo usada em naves espaciais. Os eletrodos consistem de telas porosas de titânio revestidas com uma camada de um catalisador de platina. O eletrólito é uma resina trocadora de cátions que é misturada com um material plástico e feita na forma de uma lâmina fina. A combinação total dos dois eletrodos com a membrana plástica entre eles possui apenas cerca de 0,5 mm de espessura. Essa pilha encontra-se esquematizada na Fig. 17.10. A resina é mantida

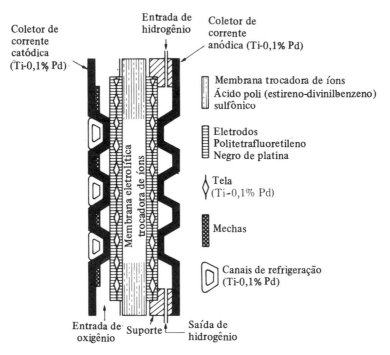

Fig. 17.10 Representação esquemática de uma pilha de combustível hidrogênio-oxigênio da Gemini. (H. A. Leibhafsky e E. J. Cairns, *Fuel Cells and Fuel Batteries*. New York, Wiley, 1968.)

saturada com água por meio de um pavio; a água formada pela operação da pilha é drenada através do pavio e é coletada para ser bebida. Conectando-se várias pilhas dessas, a voltagem é elevada para um valor de utilidade prática; o aumento da água ativa leva a um aumento da corrente que pode ser retirada da pilha. Essa pilha vem sendo desenvolvida para fornecer uma potência de cerca de 1 quilowatt.

A potência disponível é limitada pela redução relativamente lenta do oxigênio na superfície do catodo, $O_2 + 4H^+ + 4e^- \rightarrow 2H_2O$; este problema existe em qualquer pilha de combustível que use um eletrodo de oxigênio. No momento, a platina parece ser o melhor catalisador, mas não é nem de longe tão bom quanto gostaríamos. A velocidade de reação no anodo, $H_2 \rightarrow 2H^+ + 2e^-$, a oxidação do hidrogênio na superfície de platina, é relativamente rápida. Entretanto, seria mais agradável se pudéssemos usar como catalisador algo menos dispendioso do que a platina. A temperaturas elevadas, as velocidades de reação são rápidas e a eficiência da pilha é maior.

Na Tab. 17.3 listamos as propriedades termodinâmicas (a 25°C) de várias reações que poderiam ser desejáveis como reações de pilhas de combustível. Cada uma das substâncias oxidáveis pode ser, a princípio, levada ao equilíbrio em um eletrodo. Por exemplo, a oxidação do metanol pode ser escrita como

$$CH_3OH + H_2O \longrightarrow CO_2 + 6H^+ + 6e^-$$

Esse eletrodo, quando combinado com um eletrodo de oxigênio, produzirá uma pilha com um potencial em circuito aberto de 1,21 V. Uma pilha de combustível baseada em metanol e ar

EQUILÍBRIO EM PILHAS ELETROQUÍMICAS / 433

Tab. 17.3 Propriedades Termodinâmicas das Reações de Possíveis
Pilhas de Combustível, a 25°C

Reação	$-\Delta G$ kJ/mol	$-\Delta H$ kJ/mol	$\dfrac{-\Delta G°}{-\Delta H°}$	$T\Delta S°$ kJ/mol	$\mathscr{E}°$ V
$H_2 + \frac{1}{2}O_2 \to H_2O$	237,178	285,830	0,83	$-48,651$	1,23
$C + O_2 \to CO_2$	394,359	393,509	1,002	$+0,857$	1,02
$C + \frac{1}{2}O_2 \to CO$	137,152	110,524	1,24	$+26,628$	1,42
$CO + \frac{1}{2}O_2 \to CO_2$	257,207	282,985	0,91	$-25,77$	1,33
$CH_4 + 2O_2 \to CO_2 + 2H_2O$	817,96	890,36	0,92	$-72,38$	1,06
$CH_3OH + \frac{3}{2}O_2 \to CO_2 + 2H_2O$	702,36	726,51	0,97	$-24,11$	1,21
$C_8H_{18} + \frac{25}{2}O_2 \to 8CO_2 + 9H_2O$	5306,80	5512,10	0,96	$-205,19$	1,10
$C_2H_5OH + 3O_2 \to 2CO_2 + 3H_2O$	1325,36	1366,82	0,97	$-41,36$	1,15

em solução de KOH vem sendo usada para alimentar estações retransmissoras de televisão. Todas as reações na Tab. 17.3 irão produzir pilhas com potenciais próximos a um volt.

Pilhas baseadas na oxidação do carbono a dióxido de carbono têm sido desenvolvidas, havendo necessidade de temperaturas relativamente elevadas (500 a 700°C). Uma versão usa um eletrólito de carbonato de sódio fundido. As reações são:

Anodo: $\qquad C + 2CO_3^{2-} \longrightarrow 3CO_2 + 4e^-$

Catodo: $\qquad O_2 + 2CO_2 + 4e^- \longrightarrow 2CO_3^{2-}$

A reação global é simplesmente

$$C + O_2 \longrightarrow CO_2.$$

Uma das dificuldades com as pilhas de alta temperatura é a de que os materiais empregados na sua construção podem ser corroídos rapidamente. Essa desvantagem tem que ser comparada com o aumento de potência disponível a temperatura maior.

Hidrocarbonetos tais como metano, propano e decano vêm sendo sucessivamente oxidados em pilhas de combustíveis, a temperaturas inferiores a 100°C. Podemos esperar que essas pilhas venham melhorar muito no futuro.

Como uma alternativa à oxidação direta do hidrocarboneto no eletrodo, esta substância pode ser modificada, a altas temperaturas, pela reação

$$CH_4 + 2H_2O \longrightarrow CO_2 + 4H_2.$$

O hidrogênio seria então oxidado no anodo. Esse método pode ser, finalmente, o de maior êxito, por usar hidrocarbonetos e o próprio carbono como combustíveis eletroquímicos.

QUESTÕES

17.1 Explique o significado da Eq. (17.11), em termos do trabalho reversível necessário para levar um íon metálico M^{z+} do infinito até o metal M, que é mantido a um potencial ϕ.

434 / FUNDAMENTOS DE FÍSICO-QUÍMICA

17.2 Faça um gráfico do potencial ϕ_{H^+/H_2} contra a_{H^+} para o eletrodo de hidrogênio; assuma que $f = p = 1$ para o H_2. Explique por que o potencial aumenta com o aumento do a_{H^+}, em termos da "tendência de escape" dos elétrons da Pt e dos íons aquosos H^+.

17.3 Esboce o raciocínio que suporta a conclusão de que o K é o metal alcalino mais "ativo" na Tab. 17.1.

17.4 Considere uma pilha composta das duas meias-pilhas do Ex. 17.4. A que atividades iônicas a medida do potencial da pilha será dada por $\mathcal{E}^\circ = \mathcal{E}^\circ_{Fe^{3+}/Fe^{2+}} + \mathcal{E}^\circ_{Sn^{4+}/Sn^{2+}}$? Como poderá ser calculada a constante de equilíbrio da reação global? Compare esse procedimento com a dificuldade da medida direta de K.

17.5 Use a Tab. 17.1 para decidir se é provável que o zinco metálico venha reduzir o íon cobre, $Zn(s) + Cu^{2+}(aq) \rightarrow Zn^{2+}(aq) + Cu(s)$.

17.6 As pilhas eletroquímicas podem realizar trabalho. Imagine dois eletrodos de hidrogênio A e B, conectados por um fio externo, com um contato elétrico apropriado entre as duas soluções ácidas. Assuma que $a_{H^+}(A) = a_{H^+}(B)$ e que $f = p$ para os dois eletrodos A e B. Se $p_{H_2}(B) = 2p_{H_2}(A)$, mostre que a reação da pilha corresponderá a uma expansão gasosa, a qual *fora* da pilha produziria trabalho. Discuta o trabalho realizado *pela* pilha em termos da corrente produzida no fio externo (como isso ocorre?).

17.7 Qual a razão da energia *não* fluir para as vizinhanças no exemplo da reação da pilha da Seç. 17.10.1?

PROBLEMAS

A temperatura deverá ser tomada como sendo a de 25°C. nos problemas a seguir que não possuírem outra indicação.

17.1 Calcule o potencial da pilha e dê a reação da pilha para cada um dos casos seguintes (use os dados da Tab. 17.1):

a) $Ag(s)|Ag^+(aq, a_\pm = 0{,}01)\!\stackrel{\shortmid}{\shortmid}\!Zn^{2+}(a_\pm = 0{,}1)|Zn(s)$;
b) $Pt(s)|Fe^{2+}(aq, a_\pm = 1{,}0), Fe^{3+}(aq, a_\pm = 0{,}1)\!\stackrel{\shortmid}{\shortmid}\!Cl^-(aq, a_\pm = 0{,}001)|AgCl(s)|Ag(s)$;
c) $Zn(s)|ZnO_2^{2-}(aq, a_\pm = 0{,}1), OH^-(aq, a_\pm = 1)|HgO(s)|Hg(1)$.

A reação da pilha, como foi escrita para cada caso, é espontânea ou não?

17.2 Calcule a constante de equilíbrio para cada uma das reações das pilhas do Probl. 17.1

17.3 A partir dos dados da Tab. 17.1, calcule a constante de equilíbrio de cada uma das reações

a) $Cu^{2+} + Zn \rightleftharpoons Cu + Zn^{2+}$;
b) $Zn^{2+} + 4CN^- \rightleftharpoons Zn(CN)_4^{2-}$;
c) $3H_2O + Fe = Fe(OH)_3(s) + \frac{3}{2}H_2$;
d) $Fe + 2Fe^{3+} \rightleftharpoons 3Fe^{2+}$;
e) $3HSnO_2^- + Bi_2O_3 + 6H_2O + 3OH^- \rightleftharpoons 2Bi + 3Sn(OH)_6^{2-}$;
f) $PbSO_4(s) \rightleftharpoons Pb^{2+} + SO_4^{2-}$.

17.4 O acumulador de Edison é simbolizado por

$$Fe(s)|FeO(s)|KOH(aq, a)|Ni_2O_3(s)|NiO(s)|Ni(s)$$

As reações de meia-pilha são

$$Ni_2O_3(s) + H_2O(l) + 2e^- \rightleftharpoons 2NiO(s) + 2OH^-, \qquad \phi^\circ = 0{,}4 \text{ V};$$

$$FeO(s) + H_2O(l) + 2e^- \rightleftharpoons Fe(s) + 2OH^-, \qquad \phi^\circ = -0{,}87 \text{ V}.$$

a) Qual é a reação da pilha?
b) Como varia o potencial da pilha com a atividade do KOH?
c) Quanto de energia elétrica pode ser obtida por quilograma dos materiais ativos na pilha?

17.5 Considere o acumulador de chumbo

$$Pb(s)\,|\,PbSO_4(s)\,|\,H_2SO_4(aq,\,a)\,|\,PbSO_4(s)\,|\,PbO_2(s)\,|\,Pb(s),$$

no qual $\phi^0_{SO_4^{2-}/PbSO_4/Ph} = -0,356$ V e $\phi^0_{SO_4^{2-}/PbO_2/PbSO_4/Pb} = +1,685$ V.

a) Se o potencial da pilha for de 2,016 volts, calcule a atividade do ácido sulfúrico.
b) Escreva a reação da pilha. Essa reação é espontênea?
c) Se a pilha produzir trabalho (descarga), a reação caminhará em uma direção; se o trabalho for destruído (carga), a reação seguirá uma direção oposta. Que quantidade de trabalho precisará ser consumida por mol de PbO_2 produzido, se o potencial médio durante a carga for 2,15 volts?
d) Esboce a dependência do potencial da pilha com a atividade do ácido sulfúrico.
e) Qual a quantidade de energia elétrica que poderá ser obtida por quilograma dos materiais ativos na pilha?

17.6 Considere a pilha

$$Hg(l)\,|\,Hg_2SO_4(s)\,|\,FeSO_4(aq,\,a = 0,01)\,|\,Fe(s)$$

a) Escreva a reação da pilha.
b) Calcule o potencial da pilha, a constante de equilíbrio para a reação da pilha e a variação da energia de Gibbs padrão, ΔG°, a 25°C. (Use os dados da Tab. 17.1.)

17.7 Seja o eletrodo

$$SO_4^{2-}(aq,\,a_{SO_4^{2-}})\,|\,PbSO_4(s)\,|\,Pb(s),\quad \phi^\circ = {}^{\scriptscriptstyle c}-0,356 \text{ V}.$$

a) Se esse for o eletrodo da direita e o EPH for o eletrodo da esquerda, o potencial da pilha será $-0,245$ V. Qual a atividade do íon sulfato nessa pilha?
b) Calcule a atividade iônica média do ácido sulfúrico na pilha

$$Pt(s)\,|\,H_2(g,\,1\text{ atm})\,|\,H_2SO_4(aq,\,a)\,|\,PbSO_4(s)\,|\,Pb(s)$$

se o potencial da pilha for $-0,220$ V. (*Nota:* o eletrodo esquerdo não é o EPH.)

17.8 Considere a pilha

$$Pt(s)\,|\,H_2(g,\,1\text{ atm})\,|\,H^+(aq,\,a = 1),\,Fe^{3+}(aq),\,Fe^{2+}(aq)\,|\,Pt(s),$$

onde $\quad Fe^{3+} + e^- \rightleftharpoons Fe^{2+},\qquad \phi^\circ = 0,771$ V.

a) Se o potencial da pilha for 0,712 V, qual será a razão das concentrações de Fe^{2+} e Fe^{3+}?
b) Qual a razão dessas concentrações, se o potencial da pilha for de 0,830 V?
c) Calcule a fração do ferro total presente como Fe^{3+} a $\phi = 0,650$ V, 0,700 V, 0,750 V, 0,771 V, 0,800 V, 0,850 V e 0,900 V. Faça um gráfico dessa fração como uma função de ϕ.

17.9 Os potenciais padrões, a 25°C, são:

$$Pd^{2+}(aq) + 2e^- \xrightarrow{\hspace{2cm}} Pd(s),\qquad\qquad \phi^\circ = 0,83 \text{ V};$$
$$PdCl_4^{2-}(aq) + 2e^- \xrightarrow{\hspace{2cm}} Pd(s) + 4Cl^-(aq),\qquad \phi^\circ = 0,64 \text{ V}.$$

a) calcule a constante de equilíbrio para a reação $Pd^{2+} + 4Cl^- \rightleftharpoons PdCl_4^{2-}$.
b) Calcule o ΔG° para essa reação.

436 / FUNDAMENTOS DE FÍSICO-QUÍMICA

17.10 a) Calcule o potencial do eletrodo $Ag^+ |Ag; \phi° = 0,7991$ V, quando as atividades do Ag^+ forem $1, 0,1$, $0,01$ e $0,001$.
   b) Para o AgI, $K_{ps} = 8,7 \times 10^{-17}$, qual será o potencial do eletrodo $Ag^+ |Ag$ em solução saturada de AgI?
   c) Calcule o potencial padrão do eletrodo $I^- |AgI |Ag$.

17.11 Uma solução $0,1$ mol/l de NaCl é titulada com $AgNO_3$. A titulação é acompanhada potenciometricamente, mediante um eletrodo indicador de fio de prata e um eletrodo de referência adequado. Calcule o potencial do fio de prata quando a quantidade de $AgNO_3$ adicionada for 50%, 90%, 99%, $99,9\%$, 100%, $100,1\%$, 101%, 110% e 150% da quantidade estequiometricamente necessária; despreze a variação de volume da solução.

$$\phi°_{Cl^-/AgCl/Ag} = 0,222 \text{ V}, \qquad \phi°_{Ag^+/Ag} = 0,799 \text{ V}.$$

$K_{ps} = 1,7 \times 10^{-10}$ para o cloreto de prata.

17.12 Considere o par $O + e^- \rightleftharpoons R$, supondo que as atividades das espécies oxidadas e reduzidas sejam, ambas, unitárias. Qual deve ser o valor de $\phi°$ para o par, se o redutor R libera hidrogênio, a 1 atm, de

   a) uma solução ácida de $a_{H^+} = 1$,
   b) água com pH = 7?
   c) O hidrogênio é um agente redutor melhor em solução ácida ou básica?

17.13 Considere o mesmo par e as mesmas condições do Probl. 17.12. Qual deve ser o valor de $\phi°$ do par se o ·oxidante libera oxigênio, a 1 atm, pela reação da meia-pilha

$$O_2(g) + 2H_2O(l) + 4e^- \quad\Longrightarrow\quad 4OH^-, \qquad \phi° = 0,401 \text{ V},$$

   a) de uma solução básica, $a_{OH^-} = 1$;
   b) de uma solução ácida, $a_{H^+} = 1$;
   c) de água com pH = 7?
   d) O oxigênio é um agente oxidante melhor em solução ácida ou básica?

17.14 A partir dos valores dos potenciais padrões da Tab. 17.1, calcule a energia de Gibbs molar, $\mu°$, dos íons Na^+, Pb^{2+} e Ag^+.

17.15 Calcule $\mu°_{Fe^{3+}}$ a partir dos seguintes dados: $\phi°_{Fe^{3+}/Fe^{2+}} = + 0,771$ V e $\phi°_{Fe^{2+}/Fe} = - 0,440$ V.

17.16 Considere a reação de meia-pilha

$$AgCl(s) + e^- \quad\Longrightarrow\quad Ag(s) + Cl^-(aq).$$

Se para essa meia-pilha $\mu°(AgCl) = - 109,721$ kJ/mol e $\phi° = + 0,222$ V, calcule a energia de Gibbs padrão do $Cl^-(aq)$.

17.17 A 25°C, para o potencial da pilha

$$Pt|H_2(g, f = 1)|HCl(aq, m)|AgCl(s)|Ag(s),$$

como uma função de m, que é a molalidade do HCl, temos:

$m/(\text{mol/kg})$	$\mathscr{E}/V$	$m/(\text{mol/kg})$	$\mathscr{E}/V$	$m/(\text{mol/kg})$	$\mathscr{E}/V$
0,001	0,579 15	0,02	0,430 24	0,5	0,272 31
0,002	0,544 25	0,05	0,385 88	1	0,233 28
0,005	0,498 46	0,1	0,352 41	1,5	0,207 19
0,01	0,464 17	0,2	0,318 74	2	0,186 31
				3	0,151 83

Calcule $\mathscr{E}°$ e $\gamma_\pm$ para o HCl a $m = 0,001, 0,01, 0,1, 1$ e 3.

17.18 O potencial padrão do eletrodo de quinidrona é $\phi° = 0,6994$ V. A reação da meia-pilha é

$$Q(s) + 2H^+ + 2e^- \;\rightleftharpoons\; QH_2(s).$$

Usando um eletrodo de calomelano como eletrodo de referência, com $\phi°_{Cl^-/Hg_2Cl_2/Hg} = 0,2676$ V, temos a pilha

$$Hg(l)\,|\,Hg_2Cl_2(s)\,|\,HCl(aq, a)\,|\,Q \cdot QH_2(s)\,|\,Au(s).$$

O composto $Q \cdot QH_2$, quinidrona, é pouco solúvel em água produzindo concentrações iguais de Q, quinona, e QH_2, hidroquinona. Usando os valores dos coeficientes de atividade iônica médios do HCl dados na Tab. 16.1, calcule o potencial dessa pilha a $m_{HCl} = 0,001, 0,005$ e $0,01$.

17.19 H. S. Harned e W. J. Hamer [*J. Amer. Chem. Soc.*, 57, 33 (1935)] apresentam os valores para o potencial da pilha

$$Pb(s)\,|\,PbSO_4(s)\,|\,H_2SO_4(aq, a)\,|\,PbSO_4(s)\,|\,PbO_2(s)\,|\,Pt(s),$$

em um intervalo extenso de temperaturas e de concentrações de H_2SO_4. Para uma solução $1\ m$ de H_2SO_4 encontraram que, entre 0 e 60°C,

$$\mathscr{E}/V = 1,91737 + 56,1(10^{-6})t + 108(10^{-8})t^2,$$

onde t é a temperatura em graus Celsius.

a) Calcule ΔG, ΔH e ΔS para a reação da pilha, a 0°C e 25°C.
b) Para as reações de meia-pilha a 25°C:

$$PbO_2(s) + SO_4^{2-} + 4H^+ + 2e^- \;\rightleftharpoons\; PbSO_4(s) + 2H_2O, \qquad \phi° = 1,6849\ V;$$
$$PbSO_4(s) + 2e^- \;\rightleftharpoons\; Pb(s) + SO_4^{2-}, \qquad \phi° = -0,3553\ V.$$

Calcule o coeficiente de atividade iônica médio na solução $1\ m$ de H_2SO_4 a 25°C. Admita que a atividade da água é unitária.

17.20 A 25°C, o potencial da pilha

$$Pt(s)\,|\,H_2(g, f = 1)\,|\,H_2SO_4(aq, a)\,|\,Hg_2SO_4(s)\,|\,Hg(l),$$

é 0,61201 V, numa solução $4\ m$ de H_2SO_4; $\mathscr{E}° = 0,61515$ V. Calcule o coeficiente de atividade iônica médio na solução $4\ m$ de H_2SO_4. [H. S. Harned e W. J. Hamer, *J. Amer. Chem. Soc.*, 57; 27 (1933)].

438 / FUNDAMENTOS DE FÍSICO-QUÍMICA

17.21 Em H_2SO_4 4 m, o potencial da pilha do Probl. 17.19 é 2,0529 V, a 25°C. Calcule a atividade da água no H_2SO_4 4 m mediante os resultados do Probl. 17.20.

17.22 Entre 0°C e 90°C, o potencial da pilha

$$Pt(s)|H_2(g, f = 1)|HCl(aq, m = 0,1)|AgCl(s)|Ag(s),$$

é dado por

$$\mathscr{E}/V = 0,35510 - 0,3422(10^{-4})t - 3,2347(10^{-6})t^2 + 6,314(10^{-9})t^3,$$

onde t é a temperatura em graus Celsius. Escreva a reação da pilha e calcule ΔG, ΔH e ΔS para a pilha a 50°C.

17.23 Escreva a reação da pilha e calcule o potencial das seguintes pilhas sem transferência.

    a) $Pt(s)|H_2(g, p = 1$ atm$)|HCl(aq, a)|H_2(g, p = 0,5$ atm$)|Pt(s)$
    b) $Zn(s)|Zn^{2+}(aq, a = 0,01)\,\vdots\,Zn^{2+}(aq, a = 0,1)|Zn(s)$.

17.24 A 25°C, o potencial da pilha com transferência

$$Pt(s)|H_2(g, f = 1)|HCl(aq, a_{\pm} = 0,009048)\,\vdots\,HCl(aq, a_{\pm} = 0,01751)|H_2(g, f = 1)|Pt(s),$$

é 0,02802 V. A pilha sem transferência correspondente possui um potencial de 0,01696 V. Calcule o número de transporte do íon H^+ e o valor do potencial de junção.

17.25 Considere a reação

$$Sn + Sn^{4+} \xrightleftharpoons{\quad\quad} 2Sn^{2+}.$$

Se o estanho metálico está em equilíbrio com uma solução de Sn^{2+}, na qual $a_{Sn^{2+}} = 0,100$, qual a atividade no equilíbrio do íon Sn^{4+}? Use os dados da Tab. 17.1.

17.26 Considere uma pilha de Daniell que possui 100 cm^3 de uma solução de $CuSO_4$ 1,00 mol/l no compartimento do eletrodo positivo e 100 cm^3 de uma solução de $ZnSO_4$ 1,00 mol/l no compartimento do eletrodo negativo. O eletrodo de zinco é suficientemente grande para que não limite a reação.

    a) Calcule o potencial da pilha após 0%, 50%, 90%, 99,9% e 99,99% do sulfato de cobre disponível ser consumido.
    b) Qual a energia elétrica total que poderá ser retirada da pilha? *Nota:* $\Delta G_{total} = \int_0^{\mathscr{E}e} (\partial G/\partial\mathscr{E})_{T,p} d\mathscr{E}$.
    c) Faça um gráfico do potencial da pilha em função da fração da energia total liberada.

17.27 Um eletrodo de platina encontra-se imerso em 100 ml de uma solução em que a soma das concentrações dos íons Fe^{2+} e Fe^{3+} é igual a 0,100 mol/l.

    a) Construa um gráfico da fração dos íons que estão presentes como Fe^{3+} em função do potencial do eletrodo.
    b) Se adicionarmos Sn^{2+} à solução, ocorrerá a reação $2Fe^{3+} + Sn^{2+} \rightleftharpoons 2Fe^{2+} + Sn^{4+}$. Assuma que no início todo o ferro encontra-se presente sob a forma Fe^{3+}. Represente graficamente o potencial da platina após a adição de 40 ml, 49,0 ml, 49,99 ml, 50,0 ml, 50,01 ml, 50,10 ml, 51,0 ml e 60 ml de uma solução de Sn^{2+} 0,100 mol/l.

18

Fenômenos de Superfície

18.1 ENERGIA E TENSÃO SUPERFICIAIS

Consideremos um sólido composto de moléculas esféricas densamente empacotadas. As moléculas estão ligadas entre si por uma energia de coesão E por mol e $\epsilon = E/N$ por molécula. Cada molécula encontra-se ligada a doze outras; a energia de ligação é $\epsilon/12$. Se a camada superficial também formar um empacotamento denso, uma molécula da superfície estará ligada apenas a nove moléculas vizinhas. Então, a energia de ligação total da molécula na superfície é $9\epsilon/12 = \frac{3}{4}\epsilon$. Dessa ilustração grosseira podemos concluir que a molécula na superfície possui uma energia de ligação igual a 75% da energia de ligação de uma molécula no interior. Portanto, a energia de uma molécula na superfície é maior do que aquela de uma molécula que se localiza no interior do sólido e devemos fornecer energia a uma molécula interior quando a levamos até a superfície do sólido; isto é válido também para os líquidos.

Suponhamos que um filme líquido seja estendido numa armação de arame que possui um lado móvel, conforme mostra o dispositivo da Fig. 18.1. Para se aumentar a área do filme de uma quantidade dA, deve-se realizar uma quantidade proporcional de trabalho. A energia de Gibbs do filme aumenta de γdA, onde γ é a energia de Gibbs superficial por unidade de área. O aumento da energia de Gibbs indica que o movimento do arame sofre a oposição de uma força f; se o arame se move de uma distância dx, o trabalho realizado é $f\,dx$. Os dois aumentos em energia são iguais, de forma que

$$f\,dx = \gamma\,dA$$

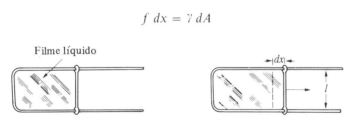

Fig. 18.1 Filme esticado.

Se l é o comprimento do lado móvel, o aumento de área é $2(l\,dx)$; o fator dois aparece porque o filme tem dois lados. Assim,

$$f\,dx = \gamma(2l)\,dx \quad \text{ou} \quad f = 2l\gamma.$$

O comprimento do filme em contato com o arame é l de cada lado e, portanto, o comprimento total é $2l$; a força que atua por unidade de comprimento do arame em contato com o filme é a *tensão superficial* do líquido, $f/2l = \gamma$. A tensão superficial atua como uma força que se opõe ao

440 / FUNDAMENTOS DE FÍSICO-QUÍMICA

aumento da área do líquido. A unidade SI para a tensão superficial é o newton por metro, que é numericamente igual à razão do aumento da energia de Gibbs superficial com a área, em joules por metro quadrado. A grandeza da tensão superficial dos líquidos comuns é da ordem da dezena de milinewtons por metro. Na Tab. 18.1 são dados alguns valores.

Tab. 18.1 Tensão Superficial de Líquidos a 20°C

Líquido	$\gamma/(10^{-3} \text{ N/m})$	Líquido	$\gamma/(10^{-3} \text{ N/m})$
Acetato de etila	23,9	Benzeno	28,85
Acetona	23,70	Éter etílico	17,01
Água	72,75	n-Hexano	18,43
Álcool etílico	22,75	Tetracloreto de carbono	26,95
Álcool metílico	22,61	Tolueno	28,5

18.2 GRANDEZA DA TENSÃO SUPERFICIAL

Pela estimativa grosseira da Seç. 18.1 vimos que os átomos superficiais possuem uma energia aproximadamente 25% mais alta do que as moléculas interiores. Esse excesso de energia não se manifesta visivelmente em sistemas de tamanho ordinário, pois o número de moléculas que se situam na superfície é uma fração insignificante em comparação com o número total de moléculas presentes. Consideremos um cubo com aresta de comprimento a. Se as moléculas têm 10^{-10} m de diâmetro, então 10^{10} a moléculas podem ser colocadas sobre uma aresta e, portanto, o número de moléculas dentro do cubo é $(10^{10} \ a)^3 = 10^{30} \ a^3$. Em cada face teremos $(10^{10} \ a)^2 = 10^{20} \ a^2$ moléculas; como existem seis faces, isto perfaz um total de $6(10^{20} \ a^2)$ moléculas na superfície do cubo. A fração de moléculas na superfície é de $6(10^{20} \ a^2)/10^{30} \ a^3 = 6 \times 10^{-10}/a$. Se $a = 1$ metro, somente seis moléculas, em cada dez bilhões, estão na superfície; se $a = 1$ centímetro, há somente seis moléculas, em cada 100 milhões, na superfície. Conseqüentemente, a menos que façamos um esforço especial para observar a energia superficial, podemos ignorar a presença dessa energia assim como temos feito em todas as discussões termodinâmicas anteriores.

Se a razão entre a superfície e o volume do sistema for muito grande, a energia superficial será perceptível. Podemos calcular o tamanho da partícula cuja energia superficial passe a ter uma contribuição razoável, digamos 1% da energia total. Escrevemos a energia na forma

$$E = E_v \ V + E_a A,$$

onde V e A são o volume e a área e E_v e E_a são a energia por unidade de volume e a energia por unidade de área. Mas $E_v = \epsilon_v N_v$ e $E_a = \epsilon_a N_a$, onde ϵ_v e ϵ_a são as energias por molécula no interior do líquido e a energia por molécula na superfície, respectivamente; N_a e N_v são os números de moléculas por unidade de área e por unidade de volume, respectivamente. Então,

$$E = E_v V \left(1 + \frac{E_a A}{E_v V} \right) = E_v V \left(1 + \frac{N_a \epsilon_a A}{N_v \epsilon_v V} \right).$$

Mas $N_a = 10^{20}$ m^{-2} e $N_v = 10^{30}$ m^{-3}, de maneira que $N_a/N_v = 10^{-10}$ m; também a razão $(\epsilon_a/\epsilon_v) = 1,25 \approx 1$. Dessa forma temos que

$$E = E_v V \left(1 + 10^{-10} \frac{A}{V}\right).$$

Se o segundo termo tem 1% do valor do primeiro, então $0,01 = 10^{-10} A/V$. Isto exige que $A/V = 10^8$. Se um cubo tem um lado a, a área é $6a^2$ e o volume é a^3, de forma que $A/V = 6/a$. Portanto, $6/a = 10^8$ e $a = 6 \times 10^{-8}$ m $= 0,06$ μm. Isto nos dá uma estimativa grosseira, embora razoável, do tamanho máximo de uma partícula para a qual o efeito da energia superficial torna-se perceptível. Na prática, os efeitos superficiais são significativos para partículas que tenham diâmetros menores do que 0,5 μm.

18.3 MEDIDA DA TENSÃO SUPERFICIAL

Em princípio, a medida da força necessária para estender o filme mostrado na Fig. 18.1 pode ser usada para se medir a tensão superficial. Na prática, outros instrumentos são mais convenientes. O aparelho que puxa o anel, mostrado na Fig. 18.2, chamado de tensiômetro de

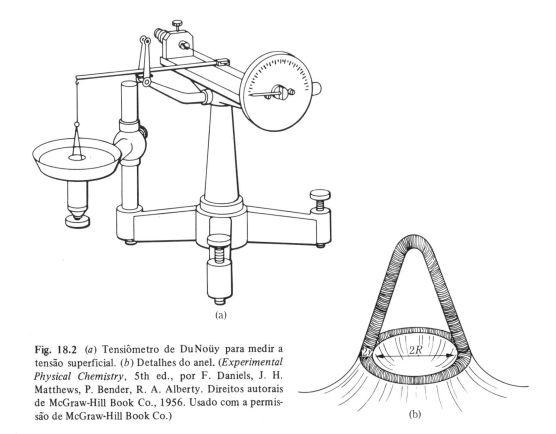

Fig. 18.2 (*a*) Tensiômetro de DuNoüy para medir a tensão superficial. (*b*) Detalhes do anel. (*Experimental Physical Chemistry*, 5th ed., por F. Daniels, J. H. Matthews, P. Bender, R. A. Alberty. Direitos autorais de McGraw-Hill Book Co., 1956. Usado com a permissão de McGraw-Hill Book Co.)

442 / FUNDAMENTOS DE FÍSICO-QUÍMICA

duNoüy, é um dos mais simples. Podemos calibrar a balança de torção adicionando pequenas massas à extremidade do braço e determinando os valores na escala da balança de torção que mantêm o braço no nível horizontal. Para fazermos a medida colocamos o anel dependurado no braço e suspendemos o líquido a ser estudado, usando a plataforma, até que o anel fique submerso e o braço nivelado na horizontal (a fim de fazermos um ajuste do ponto zero da balança de torção). Então puxamos o anel lentamente pela balança de torção e, ao mesmo tempo, abaixamos a plataforma de forma que o braço permaneça em nível. Quando o anel se desprende do líquido, fazemos a leitura na escala da balança de torção; usando a calibração convertemos a leitura na força equivalente, F. Esta força é igual ao comprimento do fio em contato com o anel $2(2\pi R)$ vezes γ, a força por unidade de comprimento. Assim,

$$F = 2(2\pi R)\gamma. \tag{18.1}$$

O comprimento é duas vezes a circunferência, pois o líquido está em contato com o lado de dentro e o lado de fora do anel (Fig. 18.2b). Este método necessita de um fator de correção empírico, f, que se refere à forma do líquido que é puxado e ao fato de que o diâmetro do fio, $2r$, não é zero. Dessa forma, a Eq. (18.1) pode ser escrita como

$$F = 4\pi R\gamma f. \tag{18.1a}$$

Tabelas extensas de f em função de R e r encontram-se disponíveis na literatura. O método é bastante preciso se usarmos a Eq. (18.1a); a Eq. (18.1) é muito grosseira para um trabalho de precisão.

O método da placa de vidro de Wilhelmy é, de certa forma, similar ao método do anel. Pendura-se uma placa fina tal como uma lamínula de microscópio ou uma folha de mica a partir do braço de uma balança e mergulha-se na solução (Fig. 18.3). Se o perímetro da placa é p, a força que puxa a placa para baixo devido à tensão superficial é γp. Se F e F_a são as forças que atuam para baixo quando a placa está tocando a superfície e quando ela está suspensa livremente no ar, respectivamente, então

$$F = F_a + \gamma p \tag{18.2}$$

assumindo-se que a profundidade de imersão é desprezível. Se a profundidade de imersão não é desprezível, deve-se subtrair o empuxo do lado direito da Eq. (18.2). Este método é particularmente conveniente para se medir diferenças em γ (por exemplo, nas medidas na bandeja de Langmuir, uma vez que a profundidade de imersão é constante).

O método da gota, assim como todos os métodos que envolvem separação, depende da suposição de que a circunferência vezes a tensão superficial é a força que mantém juntas as duas partes de uma coluna líquida. Quando esta força está equilibrada pela massa da porção inferior, a gota se desprende (Fig. 18.4a) e

$$2\pi R\gamma = mg, \tag{18.3}$$

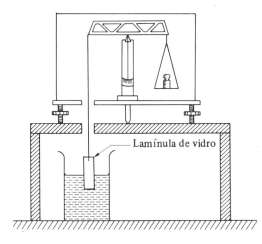

Fig. 18.3 Método de Wilhelmy para medida da tensão superficial.

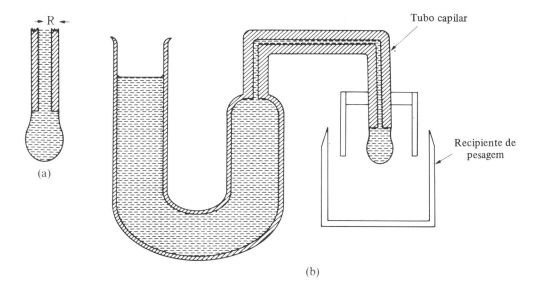

Fig. 18.4 O método da gota para medida da tensão superficial. (Adaptação de *Experimental Physical Chemistry*, 5th ed., por Daniels, J. H. Matthews, P. Bender, R. A. Alberty. Direitos autorais de McGraw-Hill Book Co., 1956. Usado com a permissão de McGraw-Hill Book Co.)

onde m é a massa da gota. Ajustando-se a quantidade de líquido no instrumento (Fig. 18.4b), o tempo de formação da gota pode ser controlado. Para que o método forneça resultados precisos, a gota deve-se formar lentamente, devendo, mesmo assim, ser usado um fator de correção empírico. Encontram-se na literatura tabelas destes fatores de correção.

Antes de considerarmos outros métodos de medida, necessitamos compreender as relações termodinâmicas para o sistema.

18.4 FORMULAÇÃO TERMODINÂMICA

Consideremos duas fases e a interface entre elas. Escolhemos como sendo o sistema as porções das duas fases M_1 e M_2 e a porção da interface I envolta pela superfície limite cilíndrica B (Fig. 18.5a). Suponha que a interface seja ligeiramente deslocada para uma nova posição I'. As variações na energia são:

$$\text{Para } M_1 \qquad dU_1 = TdS_1 - p_1 dV_1; \qquad (18.4)$$

$$\text{Para } M_2 \qquad dU_2 = TdS_2 - p_2 dV_2; \qquad (18.5)$$

$$\text{Para a superfície} \qquad dU^\sigma = TdS^\sigma + \gamma dA. \qquad (18.6)$$

A última equação foi escrita por analogia às outras, pois $dW = -\gamma dA$. Não há termo pdV para a superfície, uma vez que a superfície, obviamente, não possui volume. A variação total de energia é

$$dU = dU_1 + dU_2 + dU^\sigma = Td(S_1 + S_2 + S^\sigma) - p_1 dV_1 - p_2 dV_2 + \gamma dA$$
$$= TdS - p_1 dV_1 - p_2 dV_2 + \gamma dA.$$

Como o volume total $V = V_1 + V_2$, então $dV_1 = dV - dV_2$ e

$$dU = TdS - p_1 dV + (p_1 - p_2)dV_2 + \gamma dA. \qquad (18.7)$$

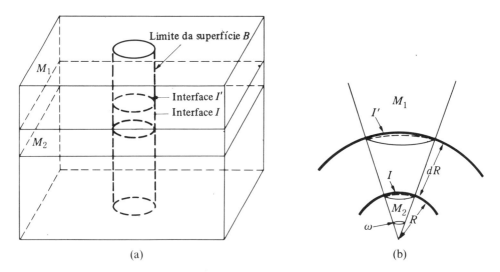

Fig. 18.5 Deslocamento da interface. (a) Interface plana. (b) Interface esférica.

Se a entropia e o volume são constantes, $dS = 0$ e $dV = 0$, então, no equilíbrio, a energia está num mínimo, $dU = 0$. Isto reduz a equação para

$$(p_1 - p_2)dV_2 + \gamma dA = 0. \qquad (18.8)$$

Se a interface é plana e a superfície B é cilíndrica e perpendicular à interface, como ilustra a Fig. 18.5(a), a área da interface não varia, $dA = 0$. Sendo $dV_2 \neq 0$, a Eq. (18.8) requer $p_1 = p_2$. Conseqüentemente, a pressão tem o mesmo valor nas duas fases que estão separadas por um *plano*.

Se a interface não for plana, o deslocamento da interface envolverá uma variação em área. Isto conduzirá, por sua vez, a uma diferença de pressões entre as duas fases. Suponhamos que a superfície delimitante seja cônica e que a interface seja uma calota esférica cujo raio de curvatura é R; Fig. 18.5(b). Assim sendo, a área da calota é $A = \omega R^2$ e o volume de M_2 contido pelo cone até a calota é $V_2 = \omega R^3/3$, onde ω é o ângulo sólido subentendido pela calota. Mas $dV_2 = \omega R^2 dR$ e $dA = 2\omega R \, dR$ e, portanto, a Eq. (18.8) torna-se

$$(p_2 - p_1)\omega R^2 \, dR = \gamma 2\omega R \, dR,$$

que se reduz imediatamente a

$$p_2 = p_1 + \frac{2\gamma}{R}. \tag{18.9}$$

A Eq. (18.9) exprime o fato fundamental de que a pressão dentro de uma fase cuja superfície é convexa é maior do que a pressão exterior. A diferença de pressão através da superfície curva é a causa física da ascensão e da depressão capilar, que consideraremos na seção seguinte. Note que, no caso de uma bolha, o aumento de pressão, indo de fora para dentro, é $4\gamma/R$ ou o dobro do valor dado pela Eq. (18.9), uma vez que atravessa duas interfaces convexas.

Se a interface não é esférica mas possui como raios principais de curvatura R e R', então a Eq. (18.9) terá a forma

$$p_2 = p_1 + \gamma\left(\frac{1}{R} + \frac{1}{R'}\right). \tag{18.10}$$

18.5 ASCENSÃO CAPILAR E DEPRESSÃO CAPILAR

Se um tubo capilar for mergulhado parcialmente em um líquido, haverá uma diferença entre o nível interior e o nível exterior do líquido; este comportamento é uma conseqüência do fato de a interface líquido-vapor ser curva no interior do tubo e plana fora desse. Levando em consideração a Eq. (18.9) e o efeito da gravidade sobre o sistema, podemos determinar a relação entre a diferença de níveis do líquido, a tensão superficial, e as densidades relativas das duas fases.

A Fig. 18.6 mostra duas fases, 1 e 2, separadas por uma interface plana na sua maior parte, tendo, porém, uma região na qual a fase 2 é convexa; os níveis da interface são diferentes na região plana e na região curva. As densidades das duas fases são ρ_1 e ρ_2. Seja p_1 a pressão na fase 1 sobre o plano que separa as duas fases; esta posição é tomada como sendo a origem ($z = 0$) do eixo z, orientado para baixo. As pressões nas outras posições são as indicadas na figura; p'_1 e p'_2 são as pressões interiores nas fases 1 e 2, respectivamente, junto da interface curva; p'_1 e p'_2 relacionam-se pela Eq. (18.9). A condição de equilíbrio é que a pressão na profundidade z, abaixo de ambas as superfícies, deve ser a mesma em todos os pontos. De outra maneira haveria um escoamento do líquido de uma região para outra na profundidade z. A igualdade das pressões na profundidade z exige que

$$p_1 + \rho_2 gz = p'_2 + \rho_2 g(z - h). \tag{18.11}$$

Sendo $p'_2 = p'_1 + 2\gamma/R$ e $p'_1 = p_1 + \rho_1 gh$, a Eq. (18.11) se reduz a

$$(\rho_2 - \rho_1)gh = \frac{2\gamma}{R}, \tag{18.12}$$

relacionando a depressão capilar h com a tensão superficial, as densidades das duas fases e o raio de curvatura da superfície. Admitimos que a superfície da fase 2, a fase líquida, seja convexa. Neste caso observamos uma depressão capilar. Se a superfície do líquido for côncava, o que equivale a termos um R negativo, a depressão capilar h será negativa. Ou seja, um líquido que possui uma superfície côncava exibirá uma elevação capilar. A água sobe em um tubo capilar de vidro; o mercúrio desce.

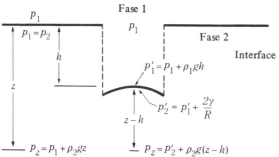

Fig. 18.6 Pressões sob as regiões plana e curva de uma superfície.

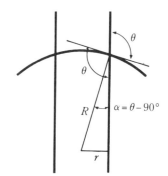

Fig. 18.7 Ângulo de contato.

O uso da Eq. (18.2) para o cálculo da tensão superficial a partir da depressão capilar, exige o conhecimento de como o raio de curvatura está relacionado com o raio do tubo. A Fig. 18.7 mostra a relação entre o raio de curvatura R, o raio do tubo r e o ângulo de contato θ, que é o ângulo dentro do líquido entre a parede do tubo e a tangente à superfície do líquido na parede do tubo. Da Fig. 18.7, tiramos $r/R = \text{sen } \phi = \text{sen } (\theta - 90°) = - \cos \theta$ ou $R = - r/\cos \theta$. Em função do raio do tubo, a Eq. (18.12) fica

$$-\gamma \cos \theta = \tfrac{1}{2}(\rho_2 - \rho_1)grh.$$

Agora, sendo h a depressão capilar, é conveniente substituí-lo pela ascensão capilar $- h$. Assim removemos o sinal negativo e obtemos

$$\gamma \cos \theta = \tfrac{1}{2}(\rho_2 - \rho_1)grH. \tag{18.13}$$

Na Eq. (18.13), H é a ascensão capilar. Se $\theta < 90°$, o menisco do líquido é côncavo e H é positivo. Quando $\theta > 90°$, temos um menisco convexo com $\cos \theta$ e H negativos.

Os líquidos que molham a superfície do tubo possuem θ menor que $90°$, enquanto os que não molham têm valores maiores que $90°$. Para fazer medidas escolhemos tubos suficientemente estreitos para que $\theta = 0°$ (ou $180°$). Isto torna-se necessário em virtude de ser difícil estabelecer outros valores de θ reprodutíveis.

18.6 PROPRIEDADES DE PEQUENAS PARTÍCULAS

Se uma partícula é muito pequena, a energia superficial produz efeitos mensuráveis sobre as propriedades observáveis de uma substância. São exemplos o aumento da pressão de vapor das gotículas e o aumento da solubilidade das partículas finas.

18.6.1 Aumento da Pressão de Vapor

Seja um líquido em equilíbrio com seu vapor, separado deste por uma interface plana. Seja a pressão de vapor nesta circunstância p_o. Uma vez que a interface é plana, pela Eq. (18.9), a pressão imediatamente dentro da fase líquida também é p_o. Por outro lado, se suspendermos uma pequena gota de raio r, devido à curvatura da superfície e também pela Eq. (18.9), a pressão dentro da gota será mais alta do que na fase gasosa. Este aumento de pressão aumenta o potencial químico de $d\mu^1 = \overline{V}^1 \, dp^1$, onde $\overline{V}^1$ é o volume molar do líquido. Para que o vapor permaneça em equilíbrio, o potencial químico do vapor deve aumentar de uma quantidade igual, ou

$$d\mu^g = d\mu^1.$$

Usando a equação fundamental, Eq. (10.22), a T constante,

$$\overline{V}^g \, dp = \overline{V}^1 \, dp^1,$$

onde p é a pressão de vapor. Assumindo que o vapor é ideal e integrando:

$$\int_{p_1}^{p} \frac{RT}{p} \, dp = \int_{p_1}^{p_2} \overline{V}^1 \, dp^1.$$

Se V^1 é constante, temos

$$RT \ln \frac{p}{p_1} = \overline{V}^1 (p_2 - p_1).$$

Usando a Eq. (18.9) para a mudança de pressão através da interface, temos

$$RT \ln \frac{p}{p_1} = \overline{V}^1 \left(\frac{2\gamma}{r} \right).$$

Quando $r \to \infty$, a interface é planar e $p = p_1 = p_o$. Assim podemos escrever

$$\ln \frac{p}{p_o} = \frac{\overline{V}^1}{RT} \frac{2\gamma}{r}. \tag{18.14}$$

Se M é a massa molar e ρ é a densidade, então $V^1 = M/\rho$. Para a água a $25°C$ temos $M = 0,018$ kg/mol, $\rho = 1,0 \times 10^3$ kg/m^3 e $\gamma = 72 \times 10^{-3}$ N/m. Então

$$\ln \frac{p}{p_o} = \left(\frac{0,018 \text{ kg/mol}}{1,0 \times 10^3 \text{ kg/m}^3} \right) \left(\frac{2(72 \times 10^{-3} \text{ N/m})}{8,314 \text{ J K}^{-1} \text{ mol}^{-1}(298 \text{ K})r} \right) = \frac{1,0 \times 10^{-9} \text{ m}}{r}.$$

448 / *FUNDAMENTOS DE FÍSICO-QUÍMICA*

Os valores de p/p_o em função de r são:

r/m	10^{-6}	10^{-7}	10^{-8}	10^{-9}
p/p_o	1,0010	1,010	1,11	2,7

Uma gota com 10^{-9} m de raio tem cerca de dez moléculas de diâmetro e talvez cerca de 100 moléculas dentro dela. Este cálculo indica que, se comprimirmos vapor de água na ausência de uma fase líquida, poderemos levá-lo a uma pressão 2,7 vezes a sua pressão de saturação antes que ele entre em equilíbrio com uma gota contendo 100 moléculas. Assim, na ausência de um núcleo estranho sobre o qual o vapor possa condensar, pode ocorrer considerável supersaturação antes que se formem algumas gotas. Este efeito é usado na câmara de Wilson na qual se induz a super-saturação resfriando-se, por uma expansão adiabática, o vapor saturado. Enquanto não houver a passagem de uma partícula carregada (um raio X ou raio β) não ocorre condensação. A passagem da partícula carregada produz íons gasosos que fornecem os núcleos sobre os quais as gotas de água condensam, deixando uma trilha visível que marca o caminho da partícula. Da mesma forma, as minúsculas partículas de AgI, que são usadas na semeadura de nuvens, fornecem os núcleos sobre os quais a água na atmosfera supersaturada pode condensar e assim produzir chuva ou neve.

Uma outra conseqüência da Eq. (18.14) é que um vapor condensa dentro de um capilar fino a pressões menores que a pressão de saturação, se o líquido molha o capilar. Nesta situação r é negativo; a superfície do líquido é côncava. Da mesma maneira, caso se queira que o líquido evapore do capilar, a pressão deve ser menor que a pressão de saturação.

18.6.2 Aumento de Solubilidade

De forma semelhante, a solubilidade dos sólidos depende do tamanho de partícula. A condição de equilíbrio de solubilidade é

$$\mu^{sol} = \mu^{s},$$

onde sol = solução. Se a solução é ideal, então

$$\mu^{sol} = \mu^{ol} + RT \ln x.$$

onde x é a fração molar de solubilidade. Para o sólido,

$$\mu^{s} = \mu^{os} + \gamma \overline{A},$$

onde A é a área por mol do sólido. Se um mol do sólido consiste em n pequenos cubos de aresta a, então o volume molar do sólido, $\overline{V}^{s}$, é

$$\overline{V}^{s} = na^3 \qquad \text{ou} \qquad n = \frac{\overline{V}^{s}}{a^3},$$

mas a área molar, $\bar{A}$, é

$$\bar{A} = n(6a^2) = \frac{\bar{V}^s}{a^3} 6a^2 = \frac{6\bar{V}^s}{a}.$$

Usando este valor para $\bar{A}$, a condição de equilíbrio torna-se

$$\mu^{\circ l} + RT \ln x = \mu^{\circ s} + \bar{V}^s\left(\frac{6\gamma}{a}\right).$$

À medida que $a \to \infty$, $x \to x_o$, a solubilidade dos cristais grandes. Assim,

$$\mu^{\circ l} + RT \ln x_o = \mu^{\circ s}.$$

Subtraindo esta equação da anterior e dividindo por RT temos

$$\ln \frac{x}{x_o} = \frac{\bar{V}^s}{RT}\left(\frac{6\gamma}{a}\right). \tag{18.15}$$

Esta equação difere da Eq. (18.14) somente pelo fator $(6/a)$, que substitui $(2/r)$. Uma vez que o cristal pode não ser cúbico, em geral, o fator $(6/a)$ pode ser substituído por um fator (α/a), onde α é um fator numérico da ordem de grandeza da unidade e que depende da forma do cristal e a é o diâmetro médio dos cristais. Assim como a Eq. (18.14) prevê um aumento da pressão de vapor para as gotas pequenas de um líquido, a Eq. (18.15) prevê um aumento da solubilidade para os sólidos finamente divididos. Como a tensão superficial de alguns sólidos pode ser de cinco a vinte vezes maior do que a dos líquidos comuns, o aumento de solubilidade para partículas relativamente grandes é notável, quando comparado com o aumento de pressão de vapor que se observa.

Deixando-se repousar uma amostra de AgCl ou $BaSO_4$ recém-precipitado ou, melhor ainda, mantendo-se algumas horas a alta temperatura em contato com a solução saturada, observamos que o tamanho médio das partículas aumenta. As partículas finas mais solúveis produzem uma solução que é supersaturada com relação à solubilidade das partículas maiores. Assim, as partículas grandes ficam maiores e as partículas finas desaparecem.

LEI DE VON WEIMARN

Um efeito que se relaciona com o que acabamos de ver é o efeito de von Weimarn, que é importante no crescimento de cristais. Se ocorrer um alto grau de supersaturação antes do aparecimento de núcleos na solução, um grande número de núcleos aparecerá simultaneamente. Isto produzirá uma quantidade muito grande de cristais bem pequenos. Entretanto, se ocorrer pouca supersaturação antes da nucleação, formar-se-ão uns poucos cristais grandes. No caso limite, podemos introduzir uma única semente (um cristal) na solução saturada; então, sob resfriamento extremamente lento, não haverá formação de supersaturação e somente um cristal crescerá.

A lei de von Weimarn estabelece que o tamanho médio dos cristais é inversamente proporcional à razão de supersaturação, isto é, a razão entre a concentração na qual a cristalização começa e a concentração de saturação na mesma temperatura. Por exemplo, misturando-se as soluções diluídas e quentes de $CaCl_2$ e Na_2CO_3 haverá, relativamente, pouca supersaturação antes que o precipitado de $CaCO_3$ se forme e o precipitado consistirá de relativamente poucos cristais grandes. Por outro lado, misturando-se os mesmos reagentes em soluções concentradas e frias haverá um alto grau de supersaturação e um número muito grande de núcleos será formado. O sistema torna-se um gel e as partículas de $CaCO_3$ têm tamanho coloidal. Após repouso por um certo tempo estes cristais crescerão, o gel será destruído e as partículas cairão no fundo do recipiente. Este comportamento é um exemplo clássico da lei de von Weimarn.

18.7 BOLHAS – GOTAS SÉSSEIS

É possível determinar a tensão superficial a partir da pressão máxima necessária para soprar uma bolha na extremidade de um tubo capilar imerso num líquido. Na Fig. 18.8 vemos os três estágios de uma bolha. No primeiro estágio o raio de curvatura é muito grande, de forma que a diferença de pressão através da interface é pequena. À medida que a bolha cresce, R diminui e a pressão dentro da bolha aumenta até que a bolha seja hemisférica com $R = r$, o raio do capilar. Além deste ponto a bolha aumenta, com R tornando-se maior do que o raio do capilar, r; a pressão cai e o ar flui para dentro da bolha. A bolha é instável. Assim, a Fig. 18.8(b) representa a situação de raio mínimo e, portanto, de pressão máxima da bolha, segundo a Eq. (18.9). A partir da medida da pressão máxima de bolha pode-se obter o valor de γ. Se $p_{máx}$ é a pressão máxima necessária para soprar a bolha e p_h é a pressão na profundidade da ponta, h, então

$$p_{máx} = p_h + \frac{2\gamma}{r}.$$

Novamente, devem-se fazer correções para valores grandes de r.

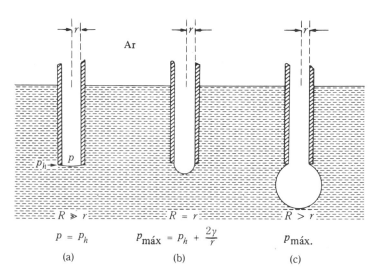

Fig. 18.8 Método da pressão máxima de bolha para a medida da tensão superficial.

Uma vez que a forma de uma gota sentada (séssil) numa superfície que ela não molha depende da tensão superficial, podemos medir a tensão superficial medindo com precisão os parâmetros que caracterizam a forma da gota. A Fig. 18.9 mostra o perfil de uma gota. Para gotas grandes pode-se mostrar que

$$\gamma = \tfrac{1}{2}(\rho_2 - \rho_1)gh^2, \tag{18.16}$$

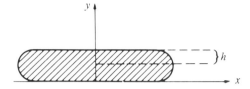

Fig. 18.9 Perfil de uma gota séssil.

onde h é a distância entre o topo e o "equador", o ponto onde $dy/dx \to \infty$. A função $y = y(x)$ é a equação do perfil ou contorno da gota. Obtendo-se as medidas a partir de uma fotografia da gota tem-se a tensão superficial. A equação diferencial que descreve $y(x)$ aparentemente não tem uma solução na forma fechada. A literatura está repleta de integrações numéricas e aproximações de vários tipos.

★ 18.8 INTERFACES LÍQUIDO-LÍQUIDO E SÓLIDO-LÍQUIDO

A tensão interfacial entre duas fases líquidas, α e β, é designada por $\gamma^{\alpha\beta}$. Suponha que a interface tenha área unitária; se puxarmos as duas fases de forma a separá-las, formaremos 1 m² de uma superfície da fase α pura com energia de Gibbs superficial $\gamma^{\alpha V}$ e 1 m² de uma superfície da fase β pura com energia de Gibbs superficial $\gamma^{\beta V}$ (Fig. 18.10). O aumento da energia de Gibbs nesta transformação é

$$\Delta G = w_A^{\alpha\beta} = \gamma^{\alpha V} + \gamma^{\beta V} - \gamma^{\alpha\beta}. \tag{18.17}$$

Este aumento na energia de Gibbs é chamado de trabalho de adesão, $w_A^{\alpha\beta}$, entre as fases α e β. Note que como as fases puras α e β estão em contato com a fase vapor, escrevemos $\gamma^{\alpha V}$ para a tensão interfacial entre α e a fase vapor. Da mesma forma, $\gamma^{\beta V}$ é a tensão interfacial entre a fase β e a fase vapor em equilíbrio.

Se seccionarmos uma coluna da fase pura α, formaremos 2 m² de superfície e

$$\Delta G = w_C^{\alpha} = 2\gamma^{\alpha V}.$$

Este aumento na energia de Gibbs, w_C^{α}, é chamado de trabalho de coesão de α. Da mesma forma, $w_C^{\beta} = 2\gamma^{\beta V}$. Então

$$w_A^{\alpha\beta} = \tfrac{1}{2}w_C^{\alpha} + \tfrac{1}{2}w_C^{\beta} - \gamma^{\alpha\beta}$$

ou

$$\gamma^{\alpha\beta} = \tfrac{1}{2}(w_C^{\alpha} + w_C^{\beta}) - w_C^{\alpha\beta}. \tag{18.18}$$

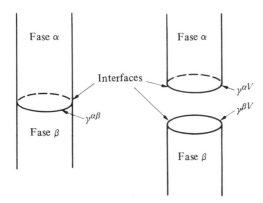

Fig. 18.10 Tensão interfacial.

À medida que a energia de Gibbs de adesão entre as fases α e β aumenta, $\gamma^{\alpha\beta}$ diminui. Quando $\gamma^{\alpha\beta} = 0$, não há resistência ao aumento da interface entre as fases α e β; os dois líquidos misturam-se espontaneamente. Neste caso, o trabalho de adesão é a média do trabalho de coesão dos dois líquidos.

$$w_A^{\alpha\beta} = \tfrac{1}{2}(w_C^\alpha + w_C^\beta) \qquad (18.19)$$

Tab. 18.2 Tensão Interfacial entre a Água (α) e Vários Líquidos (β), a 20°C

Líquido	$\gamma^{\alpha\beta}/(10^{-3}\ \text{N/m})$	Líquido	$\gamma^{\alpha\beta}/(10^{-3}\ \text{N/m})$
Hg	375		
$n\text{-}C_6H_{14}$	51,1	$C_2H_5OC_2H_5$	10,7
$n\text{-}C_7H_{16}$	50,2	$n\text{-}C_8H_{17}OH$	8,5
$n\text{-}C_8H_{18}$	50,8	$C_6H_{13}COOH$	7,0
C_6H_6	35,0	$CH_3COOC_2H_5$	6,8
C_6H_5CHO	15,5	$n\text{-}C_4H_9OH$	1,8

A Tab. 18.2 mostra os valores das tensões interfaciais entre a água e vários líquidos. Note que as tensões interfaciais entre a água e os líquidos quase completamente miscíveis com a água (por exemplo, álcool *n*-butílico) têm valores muito baixos.

O mesmo argumento é válido para a tensão interfacial entre um sólido e um líquido. Assim, por analogia à Eq. (18.17), temos

$$w_A^{sl} = \gamma^{sv} + \gamma^{lv} - \gamma^{sl}. \qquad (18.20)$$

Embora γ^{sv} e γ^{sl} não sejam mensuráveis, é possível obtermos uma relação entre $\gamma^{sv} - \gamma^{sl}$, o ângulo de contato θ e γ^{lv}. Para isto, consideremos a gota de líquido em repouso sobre uma superfície sólida como na Fig. 18.11.

Se deformarmos ligeiramente a superfície líquida, de forma que a área da interface sólido-líquido aumente de dA_{sl}, a variação da energia de Gibbs será

$$dG = \gamma^{sl}\, dA_{sl} + \gamma^{sv}\, dA_{sv} + \gamma^{lv}\, dA_{lv}.$$

A partir da Fig. 18.11 temos

$$dA_{sv} = -dA_{sl} \quad \text{e} \quad dA_{lv} = dA_{sl}\cos\theta;$$

então

$$dG = (\gamma^{sl} - \gamma^{sv} + \gamma^{lv}\cos\theta)\,dA_{sl}. \tag{18.21}$$

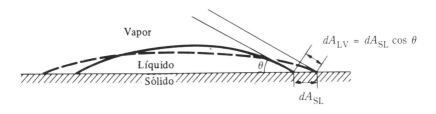

Fig. 18.11 Espalhamento de um líquido sobre um sólido.

Pode-se mostrar que não é necessário considerar a variação em θ, pois este contribui somente para um termo de segunda ordem. Dessa forma, podemos definir σ^{ls}, o coeficiente de espalhamento para o líquido sobre o sólido, como

$$\sigma^{ls} = -\frac{\partial G}{\partial A_{sl}}. \tag{18.22}$$

Assim, se σ^{ls} for positivo, $(\partial G/\partial A_{sl})$ será negativo e a energia de Gibbs diminuirá à medida que a interface sólido-líquido aumentar; o líquido se espalhará espontaneamente. Se $\sigma^{ls} = 0$, a configuração será estável (em equilíbrio) com relação à variação da área da interface sólido-líquido. Se σ^{ls} for negativo, o líquido irá se contrair e diminuir A_{sl} espontaneamente. Combinando as Eqs. (18.21) e (18.22) obteremos

$$\sigma^{ls} = \gamma^{sv} - \gamma^{sl} - \gamma^{lv}\cos\theta. \tag{18.23}$$

Se o líquido for estável quanto às variações em sua área, $\sigma^{ls} = 0$ e teremos

$$\gamma^{sv} - \gamma^{sl} = \gamma^{lv}\cos\theta \tag{18.24}$$

Combinando-se esta com a Eq. (18.20) para eliminarmos $\gamma^{sv} - \gamma^{sl}$, obtemos

$$w_A^{sl} = \gamma^{lv}(1 + \cos\theta) \tag{18.25}$$

Se $\theta = 0$, então $w_A^{sl} = 2\gamma^{lv}$; isto é, o trabalho de adesão entre o sólido e o líquido é igual ao trabalho de coesão do líquido. Assim, o líquido pode-se espalhar indefinidamente sobre a superfície, uma vez que energeticamente o sistema é indiferente ao fato do líquido estar em contato com si mesmo ou com o sólido. Por outro lado, se $\theta = 180°$, $\cos\theta = -1$ e $w_A^{sl} = 0$. Não há dispêndio de energia de Gibbs para separar o sólido e o líquido. O líquido não molha o sólido e não se espalha sobre ele. O coeficiente de espalhamento para um líquido sobre outro é definido

454 / FUNDAMENTOS DE FÍSICO-QUÍMICA

da mesma forma que para um líquido sobre um sólido, Eq. (18.23), exceto que o $\cos \theta = 1$. Assim,

$$\sigma^{\alpha\beta} = \gamma'^{\beta v} - \gamma'^{\alpha\beta} - \gamma'^{\alpha v}.$$

Note que, à medida que um líquido se espalha sobre uma superfície, as tensões interfaciais variam, tendo como conseqüência a variação do coeficiente de espalhamento. Por exemplo, benzeno espalha-se sobre uma superfície de água pura, $\sigma^{BA} \approx 9 \times 10^{-3}$ N/m, inicialmente. Quando a água está saturada com benzeno e o benzeno saturado com água $(\sigma^{BA})_{sat} \approx -2 \times 10^{-3}$ N/m e qualquer benzeno adicional aglomera-se como uma lente na superfície.

18.9 TENSÃO SUPERFICIAL E ADSORÇÃO

Consideremos o sistema do tipo indicado na Fig. 18.5(a): duas fases com uma interface plana entre elas. Como a interface é plana, temos que $p_1 = p_2 = p$ e a energia de Gibbs torna-se uma função conveniente. Se tivermos um sistema de muitos componentes, o potencial químico de cada componente deverá ter o mesmo valor em cada fase e na interface. A variação na energia de Gibbs total do sistema é dada por

$$dG = -SdT + Vdp + \gamma dA + \sum_i \mu_i dn_i, \tag{18.26}$$

na qual $\gamma\, dA$ é o aumento da energia de Gibbs do sistema associado com uma variação da área. Os incrementos de energia de Gibbs para as duas fases são dados por

$$dG_1 = -S_1 dT + V_1 dp + \sum_i \mu_i dn_i^{(1)}$$

e

$$dG_2 = -S_2 dT + V_2 dp + \sum_i \mu_i dn_i^{(2)},$$

onde $n_i^{(1)}$ e $n_i^{(2)}$ são os números de moles de i nas fases 1 e 2, respectivamente. Subtraindo estas duas equações da equação da variação da energia de Gibbs total, temos:

$$d(G - G_1 - G_2) = -(S - S_1 - S_2)dT + (V - V_1 - V_2)dp + \gamma dA$$
$$+ \sum_i \mu_i d(n_i - n_i^{(1)} - n_i^{(2)}).$$

Se a presença da interface não produzir efeito físico algum, então, a diferença entre a energia de Gibbs total (G) e a soma das energias de Gibbs no interior das fases $(G_1 + G_2)$ será zero. Como, na verdade, a presença da interface produz efeitos físicos, atribuímos a diferença $G - (G_1 + G_2)$ à presença da superfície e a definimos como energia de Gibbs da superfície, (G^σ). Então,

$$G^\sigma = G - G_1 - G_2, \qquad S^\sigma = S - S_1 - S_2, \qquad n_i^\sigma = n_i - n_i^{(1)} - n_i^{(2)}.$$

FENÔMENOS DE SUPERFÍCIE / 455

Note-se que a presença da interface não pode interferir na exigência geométrica de que $V = V_1 + V_2$. A equação diferencial fica

$$dG^\sigma = -S^\sigma\,dT + \gamma dA + \sum_i \mu_i dn_i^\sigma. \tag{18.27}$$

A temperatura, pressão e composição constantes, façamos a superfície que define a fronteira, isto é, o cilindro B na Fig. 18.5(a), aumentar seu raio de zero para algum valor finito. Com esse procedimento, a área interfacial aumenta de zero a A e n_i^σ aumenta de zero a n_i^σ, enquanto γ e todos os μ_i permanecem constantes. Assim, a Eq. (18.27) é integrada dando,

$$\int_0^{G^\sigma} dG^\sigma = \gamma \int_0^A dA + \sum_i \mu_i \int_0^{n_i^\sigma} dn_i^\sigma$$

$$G^\sigma = \gamma A + \sum_i \mu_i n_i^\sigma. \tag{18.28}$$

Esta equação é semelhante à regra usual da adição da energia de Gibbs, contendo, porém, o termo adicional γA. Dividindo por A e introduzindo a energia de Gibbs por unidade de área, $g^\sigma = G^\sigma/A$, e o excesso superficial, Γ_i, definido por

$$\Gamma_i = \frac{n_i^\sigma}{A}, \tag{18.29}$$

teremos

$$g^\sigma = \gamma + \sum_i \mu_i \Gamma_i, \tag{18.30}$$

que é semelhante à regra da adição para o interior das fases, mas contém o termo adicional γ.
Diferenciando a Eq. (18.28) temos

$$dG^\sigma = \gamma dA + A d\gamma + \sum_i \mu_i dn_i^\sigma + \sum_i n_i^\sigma d\mu_i. \tag{18.31}$$

Subtraindo a Eq. (18.27) da Eq. (18.31) obtemos uma equação análoga à de Gibbs-Duhem,

$$0 = S^\sigma dT + A d\gamma + \sum_i n_i^\sigma d\mu_i.$$

Dividindo por A e introduzindo a entropia por unidade de área $\sigma = S^\sigma/A$ e o excesso superficial, Γ_i, reduzimos esta equação a

$$d\gamma = -s^\sigma dT - \sum_i \Gamma_i d\mu_i. \tag{18.32}$$

que, a temperatura constante, se torna

$$d\gamma = -(\Gamma_1 d\mu_1 + \Gamma_2 d\mu_2 + \cdots). \tag{18.33}$$

Esta equação relaciona a variação na tensão superficial (γ) com as variações de μ_i que, a T e p constantes, são determinadas pela variação na composição.

Conforme mostraremos abaixo, é sempre possível escolher a posição da superfície interfacial num sistema de um único componente, de forma que o excesso superficial $\Gamma_1 = 0$. Então, as Eqs. (18.30) e (18.32) tornam-se

$$g^\sigma = \gamma \quad \text{e} \quad s^\sigma = -\left(\frac{\partial \gamma}{\partial T}\right)_A. \quad (18.34a, b)$$

Uma vez que $g^\sigma = u^\sigma - T s^\sigma$, podemos obter para a energia superficial por unidade de área, u^σ,

$$u^\sigma = \gamma - T\left(\frac{\partial \gamma}{\partial T}\right)_A. \quad (18.35)$$

Para obter uma compreensão mais clara do significado do excesso superficial, consideremos uma coluna tendo uma seção transversal de área constante (A). A fase 1 ocupa o espaço entre as alturas $z = 0$ e z_0 e tem um volume $V_1 = Az_0$. A fase 2 ocupa o espaço entre z_0 e Z e tem um volume $V_2 = A(Z - z_0)$. A concentração molar c_i das espécies i está indicada pela curva na Fig. 18.12 como uma função da altura z. A interface entre as duas fases está localizada aproximadamente em z_0. Na região próxima a z_0, a concentração varia suavemente desde a concentração no interior da fase 1 ($c_i^{(1)}$) até a concentração no interior da fase 2 ($c_i^{(2)}$), tendo o intervalo na Fig. 18.12, sido extremamente exagerado. Para calcular o número real de moles das espécies i no sistema, multiplicamos c_i pelo elemento de volume, $dV = Adz$, e integramos sobre todo o comprimento do sistema, isto é, de zero a Z:

$$n_i = \int_0^Z c_i A\, dz = A \int_0^Z c_i\, dz. \quad (18.36)$$

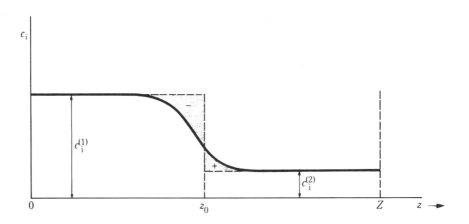

Fig. 18.12 Concentração como uma função da posição.

A concentração c_i em função de z está indicada na Fig. 18.12. É óbvio que o valor de n_i calculado deste modo é o valor correto e que não depende da posição escolhida (z_0) para a superfície de referência.

Se definirmos agora o número total de moles de i na fase 1, $n_i^{(1)}$, e o número total de moles na fase 2, $n_i^{(2)}$, em termos das concentrações *no interior* das fases, $c_i^{(1)}$ e $c_i^{(2)}$, obteremos

$$n_i^{(1)} = c_i^{(1)} V_1 = c_i^{(1)} A z_0 = A \int_0^{z_0} c_i^{(1)} dz \, ;$$

$$n_i^{(2)} = c_i^{(2)} V_2 = c_i^{(2)} A(Z - z_0) = A \int_{z_0}^{Z} c_i^{(2)} dz.$$

Usando estas equações, a Eq. (18.36) e a definição de n_i^{σ}, encontramos que

$$n_i^{\sigma} = n_i - n_i^{(1)} - n_i^{(2)} = A \left[\int_0^Z c_i dz - \int_0^{z_0} c_i^{(1)} dz - \int_{z_0}^Z c_i^{(2)} dz \right].$$

Como $\Gamma_i = n_i^{\sigma}/A$ e como

$$\int_0^Z c_i dz = \int_0^{z_0} c_i dz + \int_{z_0}^Z c_i dz,$$

temos

$$\Gamma_i = \int_0^{z_0} (c_i - c_i^{(1)}) dz + \int_{z_0}^Z (c_i - c_i^{(2)}) dz. \tag{18.37}$$

A primeira destas integrais é a área hachurada (com sinal negativo) à esquerda de z_0, enquanto que a segunda integral é a área hachurada à direita de z_0 (Fig. 18.12). É evidente, observando-se o modo como a figura foi feita, que Γ_i, a soma das duas integrais, é negativo. Entretanto, é também claro que este valor depende criticamente da posição escolhida para o plano de referência (z_0). Se movêssemos z_0 ligeiramente para a esquerda, Γ_i teria um valor positivo, se movêssemos à direita diminuiríamos o valor até zero e se movêssemos ainda mais para a direita tornaríamos Γ_i negativo. Podemos variar arbitrariamente o valor numérico do excesso superficial, ajustando a posição do plano de referência z_0. Suponhamos que ajustemos a posição da superfície de referência de tal modo que o excesso superficial de um dos componentes torne-se zero. Este componente é usualmente escolhido como sendo o solvente e indicado como componente 1. Então, por esse ajuste,

$$\Gamma_1 = 0.$$

Em geral, entretanto, esta localização da superfície de referência não fornecerá valores nulos para os excessos superficiais dos outros componentes. Então, a Eq. (18.33) para um sistema de dois componentes toma a forma

$$-d\gamma = \Gamma_2 d\mu_2. \tag{18.38}$$

Numa solução ideal diluída, $\mu_2 = \mu_2^{\circ} + RT \ln c_2$ e $d\mu_2 = RT (dc_2/c_2)$, de forma que

$$- \left(\frac{\partial \gamma}{\partial c_2} \right)_{T,p} = \Gamma_2 \frac{RT}{c_2}$$

ou

$$\Gamma_2 = - \frac{1}{RT} \left(\frac{\partial \gamma}{\partial \ln c_2} \right)_{T,p}. \tag{18.39}$$

Esta é a isoterma de adsorção de Gibbs. Se a tensão superficial da solução diminuir com o aumento da concentração do soluto, então $(\partial\gamma/\partial c_2)$ será negativo, Γ_2 positivo e existirá um excesso de soluto na interface. Esta situação é usual com materiais superficialmente ativos, que, ao se acumularem na interface, diminuem a tensão superficial. Os filmes superficiais de Langmuir descritos na seção seguinte constituem um exemplo clássico disto.

18.10 FILMES SUPERFICIAIS

Certas substâncias insolúveis espalham-se sobre a superfície de um líquido, como por exemplo a água, até formarem uma só camada molecular. Ácidos graxos de cadeia longa, ácido esteárico e oleico, constituem exemplos clássicos. O grupo —COOH situado numa das extremidades da molécula é fortemente atraído pela água, enquanto que a longa cadeia de hidrocarboneto é hidrofóbica.

Uma bandeja rasa, a bandeja de Langmuir, é enchida até as bordas com água (Fig. 18.13). Espalha-se, pingando uma gota de solução diluída de ácido esteárico em benzeno, um filme entre a barreira e o flutuador. O benzeno evapora, deixando o ácido esteárico na superfície. O flutuador é preso rigidamente a um dispositivo sensível às forças laterais simbolizadas pela flecha F, permitindo a medida dessas através de um fio de torção.

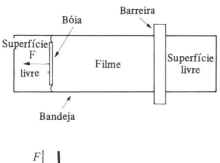

Fig. 18.13 Experiência do filme de Langmuir.

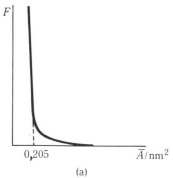
(a)

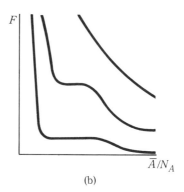
(b)

Fig. 18.14 Curvas força-área. (*a*) Pressão superficial alta.
(*b*) Pressão superficial baixa.

Movimentando a barreira, podemos variar a área em que se encontra confinado o filme. Quando reduzimos a área, a força sobre a barreira é praticamente zero, até que alcancemos uma área crítica, a partir da qual as forças aumentam rapidamente; Fig. 18.14(*a*). O valor extrapolado da área crítica é 0,205 nm^2 por molécula. Esta é a área na qual o filme passa a ser formado por empacotamento denso. Neste estado as moléculas do filme possuem as extremidades polares ligadas à superfície líquida e a cadeia parafínica estende-se para cima. A área da seção reta da molécula é, então, 0,205 nm^2.

A força F é uma conseqüência da menor tensão superficial da superfície coberta pelo filme, em comparação com a tensão superficial da superfície limpa. Se o comprimento da barreira for l e ela se mover de uma distância dx, então a área do filme decrescerá de $l\,dx$ e a superfície limpa além da barreira aumentará de $l\,dx$. A energia aumentará de $\gamma_0\,l\,dx - \gamma l\,dx$, onde γ_0 e γ são as tensões superficiais da água e da superfície coberta pelo filme. Esta energia é fornecida pela barreira que se deslocou de uma distância dx contra a força Fl, de modo que $Fl\,dx = (\gamma_0 - \gamma)\,l\,dx$, ou

$$F = \gamma_0 - \gamma. \tag{18.40}$$

Notemos que F é uma força por unidade de comprimento da barreira e se iguala com a força que age sobre o flutuador. Observando a curva 1 da Fig. 18.14(a) e a Eq. (18.40), concluímos que a tensão superficial da superfície coberta pelo filme não é muito diferente daquela da superfície limpa, enquanto o filme não se torne densamente empacotado.

A Fig. 18.14(b) mostra o comportamento da pressão superficial em situações envolvendo áreas muito grandes e pressões superficiais, F, muito pequenas. Estas curvas se parecem muito com as isotermas de um gás real. Na verdade, a curva superior obedece a uma lei muito parecida com a lei dos gases ideais,

$$FA = n_2^\sigma RT, \tag{18.41}$$

onde A é a área e n_2^σ é o número de moles da substância no filme superficial. A Eq. (18.41) é facilmente deduzida a partir da teoria cinética, imaginando-se um "gás" bidimensional. Os patamares da Fig. 18.14(b) representam um fenômeno análogo à liquefação.

Podemos obter a Eq. (18.41) escrevendo a isoterma de adsorção de Gibbs na forma

$$d\gamma = -RT\Gamma_2 \frac{dc_2}{c_2}$$

e considerando a diferença na tensão superficial quando comparamos a superfície coberta com filme, γ, com a superfície limpa, γ_0. A baixas concentrações, o excesso superficial é proporcional à concentração no interior da fase, de forma que $\Gamma_2 = Kc_2$. Usando-se esta informação na isoterma de adsorção de Gibbs obtemos $d\gamma = -RTKdc_2$, que integrada obtemos $\gamma - \gamma_0 = -RTKc_2$ ou

$$\gamma - \gamma_0 = -RT\Gamma_2.$$

Uma vez que $F = \gamma_0 - \gamma$, teremos

$$F = RT\Gamma_2.$$

Mas $\Gamma_2 = n_2^\sigma/A$; inserindo este valor chegaremos a

$$FA = n_2^\sigma RT,$$

que é o resultado da Eq. (18.41). Se a área por mol é $\bar{A}$, então

$$F\bar{A} = RT \tag{18.42}$$

Quando se mergulha uma placa de vidro através do filme de empacotamento denso, as extremidades polares das moléculas de ácido esteárico ficam atraídas pelo vidro. Ao se tirar a placa, as extremidades apolares das cadeias parafínicas na superfície da água orientam-se no sentido das extremidades apolares das moléculas presas ao vidro. A Fig. 18.15 mostra o arranjo das moléculas na superfície e junto do vidro. Por mergulhos sucessivos pode-se cobrir a superfície do vidro com um número conhecido de camadas moleculares. Após uns vinte mergulhos esta camada é suficientemente espessa para apresentar cores de interferência a partir das quais se pode calcular a sua espessura. Conhecendo-se o número de camadas moleculares sobre a placa a partir do número de imersões, podemos calcular o comprimento da molécula. Este método atribuído a Langmuir e Blodgett é de uma simplicidade inacreditável para a medida direta do tamanho de moléculas, tendo sido o primeiro a ser usado. Os resultados estão em boa concordância com os obtidos por difração de raios X.

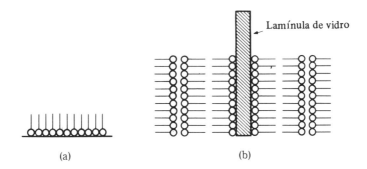

Fig. 18.15 Filmes superficiais. (*a*) Camada de ácido esteárico sobre uma superfície. (*b*) Camada múltipla obtida mergulhando-se uma lamínula de vidro através de uma monocamada.

O estudo dos filmes superficiais do tipo Langmuir cobre um grupo extremamente diverso de fenômenos. Medidas da viscosidade do filme, difusão na superfície, difusão através do filme superficial, potenciais de superfície, espalhamento de camadas moleculares e reações químicas nas camadas moleculares são apenas uns poucos dos tópicos que têm sido estudados. Uma aplicação interessante é o uso de álcoois de cadeia longa para retardar a evaporação dos reservatórios e, assim, conservar a água. O ditado "por óleo sobre as águas bravas" reflete a capacidade de um filme molecular reduzir as ondulações, aparentemente pela distribuição da força do vento mais uniformemente. Existem também vários diferentes tipos de filmes superficiais; nesta seção discutimos somente o mais simples deles.

18.11 ADSORÇÃO EM SÓLIDOS

Quando se mistura um sólido finamente dividido a uma solução diluída de um corante, observamos que a intensidade da coloração decresce pronunciadamente. Expondo um sólido finamente dividido a um gás a baixa pressão, esta pressão decresce. Nestas situações o corante ou o gás são *adsorvidos* sobre a superfície do sólido. A intensidade do efeito depende da temperatura, da natureza da substância adsorvida (o adsorvato), da natureza e estado de agregação do adsorvente (o sólido finamente dividido) e da concentração do corante ou da pressão do gás.

A isoterma de Freundlich é uma das primeiras equações propostas para estabelecer uma relação entre a quantidade de material adsorvido e a concentração do material na solução:

$$m = kc^{1/n}, \qquad (18.43)$$

onde m é a massa adsorvida por unidade de massa do adsorvente, c é a concentração e k e n são constantes. Medindo m em função de c e construindo o diagrama $\log_{10} m$ em função de $\log_{10} c$, podemos determinar os valores de n e k a partir do coeficiente angular e da interseção da reta com o eixo das ordenadas. A isoterma de Freundlich falha quando a concentração (ou pressão) do adsorvato é muito alta.

É possível representar o processo de adsorção mediante uma equação química. Quando o adsorvato é um gás, podemos representar o equilíbrio por

$$A(g) + S \rightleftharpoons AS,$$

onde A é o adsorvato gasoso, S é uma posição vazia da superfície do sólido e AS representa a molécula de A adsorvida ou uma posição ocupada da superfície. A constante de equilíbrio pode ser escrita na forma

$$K = \frac{x_{AS}}{x_S p}, \qquad (18.44)$$

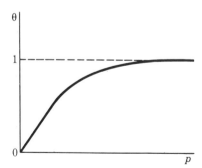

Fig. 18.16 Isoterma de Langmuir.

onde x_{AS} é a fração molar de posições ocupadas na superfície, x_S é a fração molar das posições livres e p é a pressão do gás. É mais comum usar θ em lugar de x_{AS}. Então $x_S = (1 - \theta)$ e a equação pode ser escrita como

$$\frac{\theta}{1-\theta} = Kp, \qquad (18.45)$$

462 / FUNDAMENTOS DE FÍSICO-QUÍMICA

que é a expressão da isoterma de Langmuir; K é a constante de equilíbrio para a adsorção. Resolvendo a equação para θ, obtemos

$$\theta = \frac{Kp}{1 + Kp}. \tag{18.46}$$

Quando se trata de adsorção de uma substância em solução, a Eq. (18.46) continua correta desde que substituamos p pela concentração molar c.

A quantidade de substância adsorvida, m, será proporcional a θ para um determinado adsorvente, portanto, $m = b\theta$, sendo b uma constante. Assim,

$$m = \frac{bKp}{1 + Kp}, \tag{18.47}$$

ou rearranjando

$$\frac{1}{m} = \frac{1}{b} + \frac{1}{bKp}. \tag{18.48}$$

Construindo o gráfico de $1/m$ em função de $1/p$, podemos determinar as constantes K e b a partir do coeficiente angular da reta e na interseção desta com o eixo das ordenadas. Conhecido K, podemos calcular a fração de área coberta mediante a Eq. (18.46).

A isoterma de Langmuir, conforme aparece na Eq. (18.46), em geral, interpreta melhor as observações do que a isoterma de Freundlich quando se forma uma única camada molecular. O gráfico de θ em função de p encontra-se ilustrado na Fig. 18.16. A pressões baixas, $Kp \ll 1$ e $\theta = Kp$ de modo que θ cresce linearmente com a pressão. A pressões altas, $Kp \gg 1$, de modo que $\theta \approx 1$. A superfície encontra-se praticamente toda coberta por uma única camada molecular a pressões altas; conseqüentemente, variações de pressão produzem pequena variação na quantidade adsorvida.

18.12 ADSORÇÃO FÍSICA E QUÍMICA

Se entre o adsorvato e a superfície do adsorvente agirem apenas forças de van der Waals, a adsorção é denominada física ou de van der Waals. As moléculas encontram-se fracamente ligadas à superfície e os calores de adsorção são baixos, de uns poucos quilojoules no máximo, e comparam-se, assim, ao calor de vaporização do adsorvato. O aumento da temperatura produz uma diminuição notável na quantidade adsorvida.

Como as forças de van der Waals são iguais às que produzem liquefação, a adsorção não pode ocorrer a temperaturas muito acima da temperatura crítica do adsorvato gasoso. Ainda, se a pressão do gás possuir valores próximos à pressão de vapor de equilíbrio apresentado pelo adsorvato líquido, então ocorrerá uma adsorção mais intensa, em camadas múltiplas. A Fig. 18.17 mostra o gráfico da quantidade de material adsorvido em função de $p/p°$, onde $p°$ é a pressão de vapor do líquido. Nas proximidades de $p/p° = 1$ cada vez mais gás é adsorvido; este grande aumento na adsorção antecipa a completa liquefação do gás, que seria verificada à pressão $p°$ se o sólido não estivesse presente.

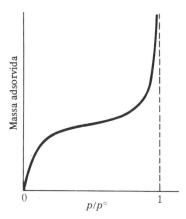

Fig. 18.17 Adsorção em camada múltipla.

Quando as moléculas adsorvidas reagem quimicamente com a superfície, o fenômeno é denominado de *adsorção química*. Como na adsorção química ligações são rompidas e formadas, o calor de adsorção é da mesma ordem dos calores de reação química, variando de alguns quilojoules até, aproximadamente, 400 kJ. A adsorção química não prossegue além da formação de uma única camada sobre a superfície do adsorvente. Por esta razão, uma isoterma de adsorção do tipo de Langmuir, que prevê uma única camada e nada mais, é mais adequada para a interpretação dos dados. A isoterma de adsorção de Langmuir prevê a independência do calor de adsorção em relação a θ, a fração da superfície coberta no equilíbrio. Observa-se que em muitos sistemas o calor de adsorção decresce com o aumento da superfície coberta. Se o calor de adsorção depender desta área, deveremos usar uma isoterma mais elaborada do que a de Langmuir.

A diferença entre as adsorções física e química é exemplificada pelo comportamento do nitrogênio sobre o ferro. Na temperatura do nitrogênio líquido, $-190°C$, o nitrogênio é adsorvido fisicamente sobre o ferro na forma de moléculas de nitrogênio, N_2. A quantidade de N_2 adsorvida decresce rapidamente com o aumento da temperatura. Em temperatura ambiente, o ferro não adsorve o nitrogênio. A temperaturas altas, $\sim 500°C$, o nitrogênio atômico é adsorvido quimicamente na superfície do ferro.

18.13 A ISOTERMA DE BRUNAUER, EMMET E TELLER (BET)

Brunauer, Emmet e Teller trabalharam um modelo para adsorção em camadas múltiplas. Eles assumiram que o primeiro passo na adsorção é

$$A(g) + S \;\rightleftharpoons\; AS \qquad K_1 = \frac{\theta_1}{\theta_v p} \tag{18.49}$$

onde K_1 é a constante de equilíbrio, θ_1 é a fração das posições na superfície cobertas por uma única molécula e θ_v é a fração das posições vagas. Não ocorrendo mais nada, esta seria simplesmente a isoterma de Langmuir (Seç. 18.11).

464 / FUNDAMENTOS DE FÍSICO-QUÍMICA

A seguir eles assumiram que moléculas adicionais posicionavam-se umas sobre as outras para formar uma variedade de camadas múltiplas. Eles interpretaram o processo como uma seqüência de reações químicas, cada uma com uma constante de equilíbrio apropriada:

$$A(g) + AS \rightleftharpoons A_2S, \qquad K_2 = \frac{\theta_2}{\theta_1 p};$$

$$A(g) + A_2S \rightleftharpoons A_3S, \qquad K_3 = \frac{\theta_3}{\theta_2 p};$$

$$A(g) + A_{n-1}S \rightleftharpoons A_nS, \qquad K_n = \frac{\theta_n}{\theta_{n-1} p};$$

onde o símbolo A_3S indica uma posição na superfície que contém três moléculas A empilhadas. O símbolo θ_i é a fração de posições nas quais a pilha de moléculas A tem a profundidade de i camadas. A interação entre a primeira molécula A e a superfície é única, dependendo da natureza particular da molécula A e da superfície A. Entretanto, quando a segunda molécula A posiciona-se sobre a primeira molécula A a interação não pode ser muito diferente da interação de duas moléculas A numa fase líquida; o mesmo é verdade quando a terceira posiciona-se sobre a segunda. Todos esses processos, exceto o primeiro, podem ser considerados como sendo essencialmente equivalentes à liquefação e, portanto, devem ter a mesma constante de equilíbrio, K. Assim, o tratamento de BET assume que

$$K_2 = K_3 = K_4 = \cdots = K_n = K \tag{18.50}$$

onde K é a constante de equilíbrio para a reação $A(g) \rightleftharpoons A$ (líquido). Então

$$K = \frac{1}{p^\circ}, \tag{18.51}$$

onde p° é a pressão de vapor do líquido no equilíbrio.

Podemos usar as condições de equilíbrio para calcularmos os valores dos vários θ_i. Teremos

$$\theta_2 = \theta_1 Kp, \qquad \theta_3 = \theta_2 Kp, \qquad \theta_4 = \theta_3 Kp \cdots. \tag{18.52}$$

Combinando as duas primeiras teremos, $\theta_3 = \theta_1 (Kp)^2$. Repetindo a operação encontraremos

$$\theta_i = \theta_1 (Kp)^{i-1}. \tag{18.53}$$

A soma de todas essas frações deve ser igual à unidade:

$$1 = \theta_v + \sum_{i=1} \theta_i = \theta_v + \sum_i \theta_1 (Kp)^{i-1}.$$

No último membro substituímos θ_i pelo seu valor obtido da Eq. (18.53). Se fizermos, temporariamente, $Kp = x$, teremos

$$1 = \theta_v + \theta_1 (1 + x + x^2 + x^3 + \cdots).$$

Se assumirmos agora que o processo prossegue indefinidamente, então $n \to \infty$ e a série é simplesmente a expansão de $1/(1-x) = 1 + x + x^2 + \dots$ Assim,

$$1 = \theta_v + \frac{\theta_1}{1-x}. \tag{18.54}$$

Usando a condição de equilíbrio para a primeira adsorção, encontramos $\theta_v = \theta_1/K_1 p$. Definindo uma nova constante $c = K_1/K$, teremos

$$\theta_v = \frac{\theta_1}{cx}$$

e a Eq. (18.54) torna-se

$$1 = \theta_1\left(\frac{1}{cx} + \frac{1}{1-x}\right),$$

$$\theta_1 = \frac{cx(1-x)}{1 + (c-1)x}. \tag{18.55}$$

Seja N o número total de moléculas adsorvidas por unidade de massa do adsorvente e c_s o número total de posições na superfície por unidade de massa. Então, $c_s\,\theta_1$ é o número de posições que contêm uma molécula, $c_s\,\theta_2$ é o número que contém duas moléculas e assim por diante. Dessa maneira,

$$N = c_s(1\theta_1 + 2\theta_2 + 3\theta_3 + \cdots) = c_s \sum_i i\theta_i.$$

Da Eq. (18.53) temos $\theta_i = \theta_1 x^{i-1}$; isto leva N para a forma

$$N = c_s \theta_1 \sum_{i=1} i x^{i-1} = c_s \theta_1(1 + 2x + 3x^2 + \cdots).$$

Reconhecendo esta série como derivada da anterior:

$$1 + 2x + 3x^2 + \cdots = \frac{d}{dx}(1 + x + x^2 + x^3 + \cdots)$$

$$= \frac{d}{dx}\left(\frac{1}{1-x}\right) = \frac{1}{(1-x)^2}.$$

Usando este resultado na expressão para N obtemos

$$N = \frac{c_s \theta_1}{(1-x)^2}.$$

Se toda a superfície estivesse coberta por uma única camada, então estariam adsorvidas N_m moléculas; $N_m = c_s$ e

$$N = \frac{N_m \theta_1}{(1-x)^2}.$$

466 / FUNDAMENTOS DE FÍSICO-QUÍMICA

Usando o valor para θ_1 da Eq. (18.55), teremos

$$N = \frac{N_m cx}{(1 - x)[1 + (c - 1)x]}. \tag{18.56}$$

A quantidade adsorvida é geralmente descrita como o volume do gás adsorvido, medido nas CNTP. Obviamente, o volume é proporcional a N, de forma que temos $N/N_m = v/v_m$ ou

$$v = \frac{v_m cx}{(1 - x)[1 + (c - 1)x]}. \tag{18.57}$$

Lembrando que $x = Kp$ e que $K = 1/p^\circ$, temos finalmente a isoterma de BET:

$$v = \frac{v_m cp}{(p^\circ - p)[1 + (c - 1)(p/p^\circ)]}. \tag{18.58}$$

O volume, v, é medido como uma função de p. A partir dos dados podemos obter o valor de v_m e c. Note que, quando $p = p^\circ$, a equação possui uma singularidade e $v \to \infty$. Isto explica a subida em degrau da isoterma (Fig. 18.17) à medida que a pressão se aproxima de p°.

Para obtermos as constantes c e v_m, multiplicamos ambos os lados da Eq. (18.58) por $(p^\circ - p)/p$:

$$\frac{v(p^\circ - p)}{p} = \frac{v_m c}{1 + (c - 1)(p/p^\circ)}.$$

A seguir tomemos o recíproco de ambos os lados da equação:

$$\frac{p}{v(p^\circ - p)} = \frac{1}{v_m c} + \left(\frac{c - 1}{v_m c}\right)\left(\frac{p}{p^\circ}\right). \tag{18.59}$$

Faz-se um gráfico das quantidades medidas do lado esquerdo contra p. O resultado, na maioria das vezes, é uma linha reta. A partir do coeficiente linear, $(1/v_m c)$, e do coeficiente angular, $(c - 1)/v_m cp^\circ$, podemos calcular os valores de v_m e de c. Os valores razoáveis obtidos confirmam a validade desta abordagem.

A partir do valor de v_m nas CNTP podemos calcular N_m.

$$N_m = N_A \frac{v_m}{0,022414 \text{ m}^3/\text{mol}}. \tag{18.60}$$

Uma vez que N_m é o número de moléculas necessárias para cobrir uma unidade de massa com uma única camada, se conhecermos a área coberta por uma molécula, a, poderemos calcular a área da unidade de massa do material:

$$\text{Área/unidade de massa} = N_m a. \tag{18.61}$$

Este método é uma maneira de se determinar a área superficial de um sólido finamente dividido.

Se escrevermos as constantes de equilíbrio, K_1 e K, em termos das diferenças padrões na energia de Gibbs para as transformações, então

$$K_1 = e^{-\Delta G_1^\circ / RT} \qquad \text{e} \qquad K = e^{-\Delta G_{\text{liq}}^\circ / RT}, \qquad (18.62)$$

onde ΔG_1° é a energia de Gibbs padrão de adsorção da primeira camada e $\Delta G_{\text{liq}}^\circ$ é a energia de Gibbs padrão de liquefação. Dividindo a primeira das Eqs. (18.62) pela segunda obtemos c.

$$c = \frac{K_1}{K} = e^{-(\Delta G_1^\circ - \Delta G_{\text{liq}}^\circ)/RT}. \qquad (18.63)$$

Usando as relações,

$$\Delta G_1^\circ = \Delta H_1^\circ - T\,\Delta S_1^\circ \qquad \text{e} \qquad \Delta G_{\text{liq}}^\circ = \Delta H_{\text{liq}}^\circ - T\,\Delta S_{\text{liq}}^\circ,$$

e assumindo que $\Delta S_1^\circ \approx \Delta S_{\text{liq}}^\circ$ (ou seja, que a perda de entropia é a mesma independente de qual camada se posiciona), a Eq. (18.63) torna-se

$$c = e^{-(\Delta H_1^\circ - \Delta H_{\text{liq}}^\circ)/RT}. \qquad (18.64)$$

Note que o calor de liquefação, $\Delta H_{\text{liq}}^\circ$, é o valor negativo do calor de vaporização, $\Delta H_{\text{vap}}^\circ$, de forma que temos $\Delta H_{\text{liq}}^\circ = -\Delta H_{\text{vap}}^\circ$ e

$$c = e^{-(\Delta H_1^\circ + \Delta H_{\text{vap}}^\circ)RT}.$$

Tomando-se o logaritmo e rearranjando,

$$\Delta H_1^\circ = -\Delta H_{\text{vap}}^\circ - RT \ln c.$$

Uma vez que conhecemos o valor do $\Delta H_{\text{vap}}^\circ$ do adsorvato, o valor do ΔH_1° pode ser calculado a partir do valor medido de c. Em todos os casos, encontra-se que $c > 1$, o que implica que $\Delta H_1^\circ < \Delta H_{\text{liq}}^\circ$. A adsorção na primeira camada é mais exotérmica do que a liquefação.

As medidas das áreas superficiais e ΔH_1° têm aumentado em muito o nosso conhecimento da estrutura das superfícies e é particularmente importante no estudo de catálise. Um ponto importante a ressaltar é que a área real de qualquer superfície sólida é substancialmente maior do que sua área geométrica aparente. Mesmo uma superfície lisa, espelhada, possui montanhas e vales na escala atômica; a área real é, talvez, 2 a 3 vezes a área aparente. Para os sólidos finamente divididos ou para os materiais esponjosos, porosos, a razão é, freqüentemente, muito maior: 10 a 1000 vezes em alguns casos.

468 / FUNDAMENTOS DE FÍSICO-QUÍMICA

18.14 FENÔMENOS ELÉTRICOS NAS INTERFACES – A DUPLA CAMADA

Quando duas fases de constituições químicas diferentes estão em contato, estabelece-se uma diferença de potencial elétrico entre as duas fases. Esta diferença de potencial é acompanhada por uma separação de cargas, sendo um dos lados da interface carregado positivamente e o outro negativamente.

Por simplicidade assumiremos que uma fase é um metal e a outra é uma solução eletrolítica (Fig. 18.18a). Suponha que o metal está carregado positivamente e a solução eletrolítica possui uma carga negativa de mesmo valor absoluto. Assim, são possíveis várias distribuições de carga correspondentes a diferentes campos de potencial, conforme mostrado na Fig. 18.18. O metal está na região $x \leqslant 0$ e a solução eletrolítica está na região $x \geqslant 0$. O potencial elétrico no eixo vertical é o valor relativo ao da solução. A primeira possibilidade foi proposta por Helmholtz: a carga negativa que se iguala à carga positiva no metal está localizada em um plano a uma pequena distância, δ, da superfície do metal. A Fig. 18.18(b) mostra a variação do potencial na solução como uma função de x. Esta dupla camada, composta de cargas a uma distância fixa, é chamada de dupla camada de Helmholtz. A segunda possibilidade, proposta por Gouy e Chapman, coloca a carga negativa distribuída de uma maneira difusa dentro da solução (de maneira semelhante à atmosfera difusa em torno de um íon em solução). A variação de potencial para esta situação é mostrada na Fig. 18.18(c). Esta camada difusa é chamada de camada de Gouy ou camada de Gouy-Chapman.

Nas soluções concentradas, $c \geqslant 1$ mol/dm^3, o modelo de Helmholtz tem tido sucesso satisfatório; nas soluções mais diluídas nenhum dos modelos é adequado. Stern propôs uma combinação das camadas fixa e difusa. À distância δ há uma camada fixa de carga negativa insuficiente para balancear a carga positiva no metal. Além da distância δ, uma camada difusa contém o restante da carga negativa (Fig. 18.18d). A camada fixa também poderá conter mais carga negativa do que o necessário para balancear a carga positiva no metal. Quando isto ocorrer, a camada difusa será carregada positivamente; a variação de potencial é mostrada na Fig. 18.18(e). Qualquer dessas camadas compostas é chamada de dupla camada de Stern. A teoria de Stern também inclui a possibilidade de adsorção específica de ânions ou cátions na superfície. Se o metal estiver carregado negativamente, podem-se conceber quatro possibilidades análogas adicionais (Fig. 18.18f, g, h e i).

Em um modelo elegante e bem-sucedido, Grahame reconheceu dois planos de íons. O mais próximo da superfície é o plano na distância de maior proximidade dos centros dos ânions adsorvidos quimicamente à superfície do metal; este é chamado de plano interno de Helmholtz. Qualquer coisa além deste plano é o plano externo de Helmholtz, que está à distância de maior proximidade dos centros dos cátions hidratados. A camada difusa começa no plano externo de Helmholtz. Este modelo, mostrado na Fig. 18.19, tem sido usado com bastante sucesso na interpretação dos fenômenos associados com a dupla camada.

FENÔMENOS DE SUPERFÍCIE / 469

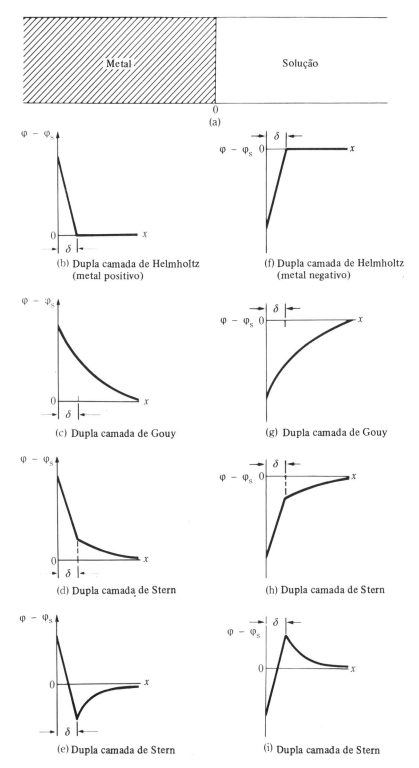

Fig. 18.18 Vários tipos de dupla camada.

470 / FUNDAMENTOS DE FÍSICO-QUÍMICA

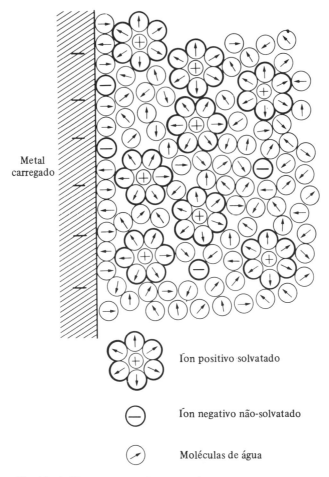

Fig. 18.19 Uma representação esquemática da estrutura de uma interface eletrificada. Os íons positivos pequenos tendem a ser solvatados enquanto que os íons negativos grandes são geralmente não-solvatados. (J. O'M, Bockris e A. K. V. Reddy, *Modern Electrochemistry*, vol. 1. New York: Plenum, 1970.)

18.15 EFEITOS ELETROCINÉTICOS

A existência da dupla camada tem como conseqüência quatro efeitos eletrocinéticos: a eletrosmose, o potencial de escoamento, a contrapressão eletrosmótica e a corrente de escoamento. Dois outros efeitos, a eletroforese e o potencial de sedimentação (efeito Dorn), são também conseqüências da existência da dupla camada. Todos esses efeitos são causados pelo fato de que parte da dupla camada está apenas ligeiramente ligada à superfície sólida, sendo, portanto, móvel. Consideremos o aparelho da Fig. 18.20, contendo um disco fixo de quartzo poroso e cheio de água. Aplicando uma diferença de potencial entre os eletrodos, ocorrerá um fluxo de água em direção ao compartimento catódico. No caso de quartzo e água, a parte difusa (móvel) da dupla camada no líquido está carregada positivamente. Esta carga positiva se move em direção ao eletrodo negativo e a água se move conjuntamente (*eletrosmose*). Inversamente, forçando a água através dos poros finos do disco, ela leva consigo cargas elétricas de um lado do disco para o outro e se estabelece uma diferença de potencial, o *potencial de escoamento*, entre os eletrodos.

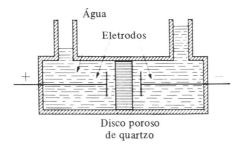

Fig. 18.20 Eletrosmose.

Partículas finamente divididas suspensas em um líquido carregam consigo cargas equivalentes à própria carga mais a carga da porção fixa da dupla camada. Ao se aplicar um campo elétrico a estas suspensões, as partículas se movem no campo numa direção determinada pelas suas cargas (*eletroforese*). A parte difusa da dupla camada, que é móvel, possui sinal oposto e é atraída em direção ao outro eletrodo. Inversamente, permitindo uma suspensão que sedimente, as partículas levam suas cargas para o fundo do recipiente e a carga da camada difusa permanece na parte superior do recipiente. Estabelece-se uma diferença de potencial entre o topo e o fundo do recipiente, *o potencial de sedimentação*.

A intensidade de todos os efeitos eletrocinéticos depende da quantidade de carga na parte móvel da dupla camada. O potencial através da linha divisionária entre as partes fixa e móvel da dupla camada é o *potencial zeta* (potencial ζ). A carga da parte móvel da dupla camada depende do potencial ζ e, portanto, deste potencial dependem as intensidades de todos os efeitos eletrocinéticos. Admite-se comumente que a porção difusa inteira da dupla camada seja móvel; se assim for, o potencial ζ terá o valor de ϕ na posição $x = \delta$ na Fig. 18.19. É, entretanto, mais provável que uma parte da camada difusa permaneça fixa, de modo que o valor de ζ corresponda ao valor de ϕ a uma distância talvez duas ou três vezes δ. Em qualquer caso, ζ possui o mesmo sinal e mesma grandeza de ϕ para $x = \delta$.

18.16 COLÓIDES

Uma dispersão coloidal é tradicionalmente definida como uma suspensão de partículas finamente divididas em um meio contínuo. Devido à capacidade de espalhar luz e a aparente falta de pressão osmótica, estas partículas foram reconhecidas como sendo muito maiores do que simples moléculas pequenas, tais como a água, álcool ou benzeno, e sais simples, como NaCl. Assumiu-se que elas eram agregados de muitas moléculas pequenas, mantidas juntas em um tipo de estado amorfo bastante diferente do estado cristalino usual destas substâncias. Hoje sabe-se que muitos destes "agregados" são, na verdade, moléculas únicas que têm uma massa molar muito alta. Os tamanhos limite são difíceis de especificar, mas se as partículas dispersas estiverem entre 1 μm e 1 nm poderemos dizer que o sistema é uma dispersão coloidal. A molécula de antraceno, que possui 1,091 nm na sua maior dimensão, é um exemplo dos problemas de especificação. Não é certo que possamos descrever todas as soluções de antraceno como colóides.

472 / FUNDAMENTOS DE FÍSICO-QUÍMICA

Entretanto, uma esfera com este mesmo diâmetro pode conter um agregado de cerca de 27 moléculas de água. Pode-se chamar este agregado de uma partícula coloidal.

Há duas subdivisões clássicas dos sistemas coloidas: (1) colóides *liófilos* (também chamado *gel*) e (2) colóides *liófobos* (também chamado *sol*).

18.16.1 Colóides Liófilos

Os colóides liófilos são invariavelmente moléculas poliméricas de um tipo ou de outro, de forma que a solução consiste de uma dispersão de moléculas simples. A estabilidade do colóide liófilo é uma conseqüência das fortes interações favoráveis solvente-soluto. Os sistemas liófilos típicos podem ser proteínas (especialmente gelatina) ou amido em água, borracha em benzeno e nitrato de celulose ou acetato de celulose em acetona. O processo de dissolução pode ser um pouco lento. As primeiras adições do solvente são lentamente absorvidas pelo sólido, que conseqüentemente incha (esta etapa é chamada *embebição*). Posterior adição de solvente juntamente com amassamento mecânico (como no caso da borracha) distribui de forma lenta e uniforme o solvente e o soluto. No caso da gelatina comum, o processo de dissolução é auxiliado consideravelmente pelo aumento da temperatura. À medida que a solução esfria, as longas e torcidas moléculas de proteína ficam embaraçadas numa rede com muito espaço entre as moléculas. A presença da proteína induz alguma estrutura na água, que está fisicamente aprisionada nos interstícios da rede. O resultado é um gel. A adição de grandes quantidades de sal a um gel hidrófilo terminará finalmente por precipitar a proteína. Entretanto, isto é uma conseqüência da competição entre a proteína e o sal pelo solvente, a água. Os sais de lítio são particularmente eficientes neste aspecto, devido à grande quantidade de água que se pode ligar ao íon lítio. A carga do íon não é uma determinante primária da sua eficiência como precipitante. Trataremos em detalhes no Cap. 35 propriedades tais como espalhamento de luz, sedimentação, precipitação e propriedades osmóticas dos colóides liófilos, onde discutiremos as moléculas poliméricas.

18.16.2 Colóides Liófobos

Os colóides liófobos são, invariavelmente, substâncias altamente insolúveis no meio de dispersão. Os colóides liófobos são, geralmente, agregados de moléculas pequenas (ou, nos casos em que não se define uma molécula, como por exemplo no caso do AgI, eles consistem de um número relativamente grande de fórmulas mínimas). As dispersões liófobas podem ser preparadas moendo-se o sólido com o meio de dispersão em um "moinho coloidal", um moinho de bolas, no qual após um período de tempo prolongado a substância tem suas partículas reduzidas a um tamanho na faixa das partículas coloidais, $< 1 \ \mu m$. Mais freqüentemente, produz-se a dispersão liófoba, o sol, por precipitação sob condições especiais, através das quais se produz um grande número de núcleos ao mesmo tempo que se limita o seu crescimento. São reações químicas típicas para a produção de sóis:

Hidrólise $\qquad FeCl_3 + 3H_2O \longrightarrow Fe(OH)_3 (coloidal) + 3H^+ + 3Cl^-.$

Vertendo-se uma solução de $FeCl_3$ em um bécher de água à fervura, produz-se um sol de $Fe(OH)_3$ de cor vermelha intensa.

Metátese $AgNO_3 + KI \longrightarrow AgI(coloidal) + K^+ + NO_3^-$

Redução $SO_2 + 2H_2S \longrightarrow 2S(coloidal) + 2H_2O$

$2AuCl_3 + 3H_2O + 3CH_2O \longrightarrow 2Au(coloidal) + 3HCOOH + 6H^+ + 6Cl^-$

Um método clássico para a produção de sóis metálicos consiste em estabelecer um arco entre os eletrodos do metal desejado imerso em água (arco de Bredig). O metal vaporizado forma agregados de tamanho coloidal.

Uma vez que os sóis são extremamente sensíveis à presença de eletrólitos, as reações preparativas que não produzem eletrólitos são melhores do que as que os produzem. Para se evitar a precipitação do sol pelo eletrólito, o sol pode ser purificado por diálise. Coloca-se o sol num saco de colódio e submerge-se o saco em água corrente. Os íons pequenos podem difundir-se através do colódio e são arrastados pela água enquanto que as partículas coloidais, maiores, ficam retidas no saco. A porosidade do saco de colódio pode ser ajustada sobre uma faixa relativamente grande, variando-se o método de preparação. Uma quantidade mínima de eletrólito (traços) é, porém, necessária para estabilizar o colóide, uma vez que os sóis derivam suas estabilidades da presença da dupla camada elétrica nas partículas. Se o AgI for lavado demais o sol precipitará. A adição de traços de $AgNO_3$ para prover uma camada de íons Ag^+ adsorvidos ou de KI para prover uma camada de íons I^- adsorvidos freqüentemente fará o colóide voltar à suspensão; este processo é chamado de *peptização*.

18.16.3 A Dupla Camada Elétrica e a Estabilidade dos Colóides Liófobos

A estabilidade de um colóide liófobo é uma conseqüência da dupla camada elétrica na superfície das partículas coloidais. Por exemplo, se duas partículas de um material insolúvel não possuem uma dupla camada, elas podem-se aproximar o suficiente para que a força atrativa de van der Waals possa fazê-las ficar juntas. Em contraste a este comportamento suponha que as partículas tenham uma dupla camada, conforme mostrado na Fig. 18.21. O efeito global é que as partículas se repelem a grandes distâncias de separação, uma vez que, à medida que elas se aproximam, a distância entre as cargas iguais (na média) é menor do que a distância entre as cargas diferentes. Esta repulsão impede uma proximidade maior das partículas e estabiliza o colóide. A Curva (a) na Fig. 18.22 mostra a energia potencial, devida à força de atração de van der Waals, como uma função da distância de separação entre as duas partículas; a curva (b) mostra a energia de repulsão. A curva combinada para a repulsão da dupla camada e a atração de van der Waals é mostrada pela curva (c). Toda vez que a curva (c) tiver um máximo, o colóide terá alguma estabilidade.

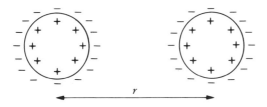

Fig. 18.21 Dupla camada em duas partículas.

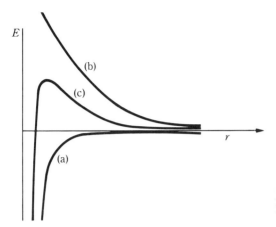

Fig. 18.22 Energia de interação de partículas coloidais em função da distância de separação.

A adição de eletrólitos ao sol suprime a dupla camada difusa e reduz o potencial zeta. Isto diminui drasticamente a repulsão eletrostática entre as partículas e precipita o colóide. O colóide é particularmente sensível aos íons de sinal oposto. Um sol carregado positivamente, tal como um óxido férrico, é precipitado por íons negativos, como Cl^- e SO_4^{2-}. Estes íons são incorporados na porção fixa da dupla camada, reduzindo a carga total da partícula. Isto reduz o potencial ζ, o que reduz a repulsão entre as partículas. Da mesma forma, um sol negativo será desestabilizado por íons positivos. Quanto maior a carga do íon, maior a sua eficiência na coagulação do colóide (regra de Schuz-Hardy). Grosseiramente, a concentração mínima de um eletrólito necessária para produzir uma rápida coagulação está na razão de 1:10:500 para os íons triplamente, duplamente e unicamente carregados. O íon que tem a mesma carga da partícula coloidal não tem muito efeito sobre a coagulação, exceto pela sua assistência na supressão da parte difusa da dupla camada. Uma vez que a dupla camada contém poucos íons, somente uma pequena concentração do eletrólito é necessária para suprimir a dupla camada e precipitar o colóide.

18.17 ELETRÓLITOS COLOIDAIS – SABÕES E DETERGENTES

O sal metálico de um ácido graxo de cadeia longa é um sabão, sendo o exemplo mais comum o estearato de sódio, $C_{17}H_{35}COO^-Na^+$. A baixas concentrações a solução de estearato de sódio consiste em íons sódio e íons estearato, dispersos através da solução da mesma maneira que numa solução salina ordinária. Em determinadas concentrações, a concentração crítica de micela, os íons estearatos se aglomeram, formando as chamadas *micelas* (Fig. 18.23). Cada micela contém de 50 a 100 íons estearato. A micela é aproximadamente esférica e as cadeias parafínicas ficam no interior, deixando os grupos polares – COO^- na superfície externa. Esses grupos polares que permanecem em contato com a água é que estabilizam as micelas dentro da solução aquosa. A micela possui o tamanho de uma partícula coloidal; como ela apresenta carga, constitui um íon coloidal. A micela prende em sua superfície um grande número de íons positivos, os chamados contra-íons, o que reduz a sua carga consideravelmente.

A formação de micelas resulta numa queda brusca da condutividade elétrica por mol do eletrólito. Suponhamos que estejam presentes 100 íons sódio e 100 íons estearato individuais. Se os íons estearato se aglomerarem em uma micela e a micela prender 70 Na^+ como contra-

FENÔMENOS DE SUPERFÍCIE / 475

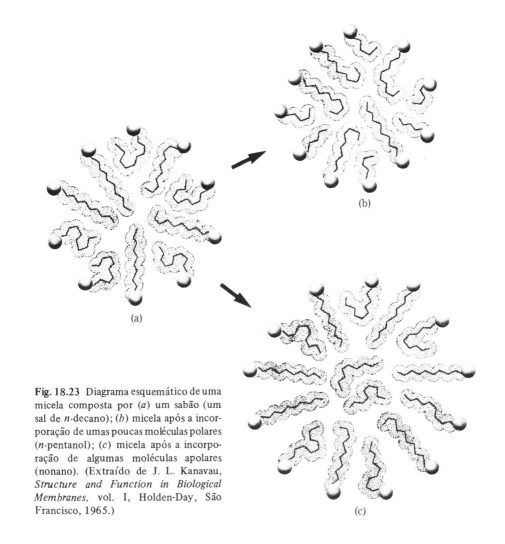

Fig. 18.23 Diagrama esquemático de uma micela composta por (a) um sabão (um sal de n-decano); (b) micela após a incorporação de umas poucas moléculas polares (n-pentanol); (c) micela após a incorporação de algumas moléculas apolares (nonano). (Extraído de J. L. Kanavau, *Structure and Function in Biological Membranes*, vol. I, Holden-Day, São Francisco, 1965.)

íons, haverá 30 Na^+ e 1 íon micelar de carga − 30 unidades; um total de 31 íons. A mesma quantidade de estearato de sódio produz 200 íons individuais, mas somente 31 íons no caso da micela se formar. Esta redução do número de íons acarreta uma redução brusca da condutividade. A formação de micelas também leva a uma redução da pressão osmótica da solução. A massa molecular média e, portanto, uma estimativa do número médio de íons estearato na micela podem ser obtidas a partir da pressão osmótica.

Pela incorporação de moléculas de hidrocarboneto no interior parafínico da micela, uma solução de sabão pode funcionar como solvente de hidrocarbonetos. A ação dos sabões depende em parte desta sua capacidade de manter a gordura em suspensão.

Os detergentes são, estruturalmente, semelhantes aos sabões. O detergente aniônico típico é um sulfonato de alquila, $ROSO_3^- Na^+$. Para uma ação detergente satisfatória, R deve ter no mínimo 16 átomos de carbono. Os detergentes catiônicos são muitas vezes sais de amônio quaternário, nos quais um grupo alquila é de cadeia longa; $(CH_3)_3 RN^+ Cl^-$ constitui um exemplo típico, tendo R de 12 a 18 átomos de carbono.

476 / FUNDAMENTOS DE FÍSICO-QUÍMICA

18.18 EMULSÕES E ESPUMAS

A água e o óleo podem ser misturados mecanicamente produzindo uma suspensão de gotículas de óleo em água, uma *emulsão*. A maionese é o exemplo mais caseiro. É também possível produzir emulsões formadas por gotículas de água em uma fase contínua de óleo, como, por exemplo, manteiga. Em ambos os tipos de emulsão, a grande tensão interfacial entre a água e o óleo, acompanhada pela existência de grandes áreas interfaciais, implica a emulsão ter uma energia de Gibbs grande em comparação com as das fases separadas. Para suprir esta energia de Gibbs é consumido um trabalho mecânico igual quando se "bate" a mistura.

A adição de um agente ativo superficialmente, como um sabão ou um detergente, ou qualquer molécula com uma extremidade polar e a outra formada por uma cadeia parafínica longa, aos sistemas separados de óleo e água, abaixa pronunciadamente a tensão superficial. Dessa maneira a energia de Gibbs necessária para a formação da emulsão torna-se menor. Estes aditivos são chamados de agentes emulsificadores. A tensão interfacial é abaixada devido à adsorção dos agentes ativos na interface, com a extremidade polar na água e a cadeia parafínica no óleo. A tensão interfacial decresce da mesma maneira como no caso da experiência de Langmuir, na qual se espalha um filme de uma só camada molecular na superfície da água.

As espumas consistem em um grande número de pequenas bolhas de gás espalhadas em uma fase líquida contínua. Um filme fino de líquido separa as bolhas entre si. Como no caso das emulsões, a energia superficial é alta e se adicionam agentes espumantes para diminuir a tensão interfacial entre o líquido e o gás. Os agentes espumantes são do mesmo tipo que os agentes emulsificadores. Como as bolhas nas espumas são frágeis, são necessários outros aditivos para conferir à espuma elasticidade e estabilizá-la, assim, contra os choques mecânicos. Álcoois de cadeia longa (ou se o agente espumante for um sabão, o ácido não-dissociado) podem servir de estabilizadores de espumas.

QUESTÕES

18.1 Sugira um argumento baseado na energia de Gibbs que explique por que uma gota de um líquido é esférica.

18.2 Que acontece à tensão superficial no ponto crítico gás-líquido?

18.3 Por que a isoterma de adsorção de Langmuir é mais confiável, a pressões gasosas altas, para a adsorção química do que para a adsorção física?

18.4 As partículas coloidais de mesma carga, imersas na solução de um eletrólito, atraem-se pelas forças de van der Waals e repelem-se pelas interações blindadas de Debye (ver Eq. 16.70). Por que a facilidade de coagulação aumenta rapidamente com o aumento da força iônica da solução?

18.5 Descreva o papel de ambas as porções interna e externa da micela na ação do sabão.

PROBLEMAS

18.1 Transformou-se um cm^3 de água em pequenas gotas de raio igual a 10^{-5} cm. Se a tensão superficial da água é $72,75(10^{-3})$ N/m a 20°C, calcule a energia de Gibbs das gotas relativa à energia da água.

18.2 Uma emulsão de tolueno em água pode ser preparada despejando-se uma solução alcoólica de tolueno em água. O álcool se difunde e deixa o tolueno disperso em pequenas gotículas. Se 10 g de uma solu-

FENÔMENOS DE SUPERFÍCIE / 477

ção a 15% em massa de etanol e 85% de tolueno for despejada em 10 g de água, forma-se uma emulsão espontaneamente. A tensão interfacial entre as gotículas de tolueno em suspensão e a mistura de água e álcool é 0,036 N/m, o diâmetro médio das gotículas é 10^{-4} cm e a densidade do tolueno é 0,87 g/cm³. Calcule o aumento da energia de Gibbs que acompanha a formação das gotículas. Compare este aumento com a energia de Gibbs de mistura do álcool e da água a 25°C.

18.3 Quando o vapor se condensa em líquido e uma gota cresce em tamanho, a energia de Gibbs da gota varia com o seu tamanho. Para uma quantidade maior de líquido, $G_{vap} - G_{líq} = \Delta H_{vap} - T \Delta S_{vap}$; se ΔH_{vap} e ΔS_{vap} forem independentes da temperatura, então, $\Delta S_{vap} = \Delta H_{vap}/T_{eb}$, onde T_{eb} é o ponto de ebulição. Se considerarmos $G_{vap} = 0$, então, $G_{líq} = - \Delta H_{vap} (1 - T/T_{eb})$. Se $G_{líq}$ e ΔH_{vap} se referem a valores por unidade de volume do líquido, então a energia de Gibbs total do volume V de líquido será $G' = VG_{líq} = - V \Delta H_{vap} (1 - T/T_{eb})$. Quando falamos de gotas finas em lugar de uma quantidade grande de líquido, devemos adicionar a esta expressão o termo γA, onde A é a área da gota: $G' = - V \Delta H_{vap} (1 - T/T_{eb}) + \gamma A$.

a) Mostre que para uma gota esférica a energia de Gibbs da gota é positiva quando a gota é pequena, passa em seguida por um máximo e diminui rapidamente com o aumento do raio. Se $T < T_{eb}$, para que valor do raio r ter-se-á $G' = 0$? Mostre que, para valores maiores de r, G' é negativo. Lembrando que escolhemos $G_{vap} = 0$, qual deve ser o raio da gotícula para que esta comece a crescer espontaneamente por condensação do vapor?

b) A 25°C, para a água, $\gamma = 71,97 \times 10^{-3}$ J/m², $\Delta H_{vap} = 2443,3$ J/g e a densidade é 0,9970 g/cm³. Qual deve ser o raio de uma gota de água antes que esta comece a crescer espontaneamente?

18.4 No tensiômetro de duNouy, mede-se a força necessária para arrancar um anel de fio fino da superfície líquida. Se o diâmetro do anel for 1,0 cm e a força para arrancar o anel, com o líquido aderindo em sua periferia interna e externa, for de 6,77 mN, qual é a tensão superficial do líquido?

18.5 A densidade do mercúrio a 25°C é 13,53 g/cm³ e $\gamma = 0,484$ N/m. Qual seria a depressão capilar do mercúrio em um tubo de vidro de diâmetro interno igual a 1 mm, se admitirmos $\theta = 180°$? Despreze a densidade do ar.

18.6 Em um tubo de vidro, a água exibe uma ascensão capilar de 2,0 cm a 20°C. Se $\rho = 0,9982$ g/cm³ e $\gamma = 72,75 \times 10^{-3}$ N/m, calcule o diâmetro do tubo ($\theta = 0°$).

18.7 Se uma árvore de 30 m de altura fosse suprida pela seiva levada apenas pela elevação capilar, qual seria o raio dos canais encarregados desta tarefa? Assuma que a densidade da seiva é 1,0 g/cm³, $\theta = 0°$ e $\gamma = 73 \times 10^{-3}$ N/m. Despreze a densidade do ar. (Nota: A seiva sobe principalmente por pressão osmótica.)

18.8 Uma lamínula de microscópio com um perímetro de 2,100 cm é usada na experiência de Wilhelmy. Coloca-se uma amostra de 10,00 ml de água no recipiente e equilibra-se a balança. Remove-se a água e colocam-se amostras de 10,00 ml de acetona 5,00%, 10,00% e 20,00% (em massa) no mesmo recipiente. Para restabelecer o equilíbrio da balança em cada caso, tiveram que ser retiradas as seguintes massas: 35,27 mg, 49,40 mg e 66,11 mg. Sabendo que a tensão superficial da água é 71,97 $\times 10^{-3}$ N/m, calcule a tensão superficial de cada solução. Despreze o efeito das diferentes densidades.

18.9 Considere um fino tubo capilar de raio igual a 0,0500 cm e que está com a sua ponta mergulhada num líquido de tensão superficial igual a 0,0720 N/m. Qual o excesso de pressão necessária para soprar uma bolha com raio igual ao do capilar? Assuma que a profundidade de imersão é desprezível.

18.10 Necessita-se de um excesso de pressão de 364 Pa para se produzir uma bolha hemisférica na extremidade de um tubo capilar com 0,300 mm de diâmetro, imerso em acetona. Calcule γ.

18.11 Considere duas bolhas de sabão, uma com raio $r_1 = 1,00$ cm e outra com raio $r_2 = 2,00$ cm. Qual o excesso de pressão dentro de cada bolha, se $\gamma = 0,030$ N/m para a solução de sabão? Se as bolhas colidirem e ficarem grudadas com um filme entre elas, qual será o raio de curvatura deste filme? Em qual

478 / FUNDAMENTOS DE FÍSICO-QUÍMICA

dos lados estará o centro de curvatura? Tenha em mente que indo do exterior para o interior de uma bolha de sabão atravessamos *duas* interfaces.

18.12 Que acontece se conectarmos duas bolhas de raios diferentes por um tubo oco?

18.13 A $20°C$ a tensão interfacial entre água e benzeno é 35 mN/m. Se $\gamma = 28,85$ mN/m para o benzeno e 72,75 mN/m para a água (assumindo que $\theta = 0$), calcule

a) o trabalho de adesão entre a água e o benzeno;
b) o trabalho de coesão para o benzeno e para a água;
c) o coeficiente de espalhamento para o benzeno sobre a água.

18.14 Se, a $20°C$, $\gamma = 50,76$ mJ/m² para o CH_2I_2 puro e $\gamma = 72,75$ mJ/m² para a água pura e se a tensão interfacial é 45,9 mJ/m², calcule

a) o coeficiente de espalhamento para o CH_2I_2 sobre a água;
b) o trabalho de adesão entre CH_2I_2 e H_2O.

18.15 Assumindo que os cristais se formam como pequenos cubos de aresta de comprimento δ, calcule o ponto de congelação do gelo consistindo de pequenos cristais em relação ao ponto de congelação de cristais infinitamente grandes; $T_0 = 273,15$ K. Assuma que a tensão interfacial é 25 mN/m; $\Delta H°_{fus} = 6,0$ kJ/mol; $\overline{V}^S = 20$ cm³/mol. Calcule para $\delta = 10$ μm, 1 μm, 0,1 μm, 0,01 μm e 0,001 μm.

18.16 Calcule a solubilidade dos cristais de $BaSO_4$ de arestas com comprimento de 1 μm, 0,1 μm e 0,01 μm, relativamente à solubilidade de cristais comuns a $20°C$. Assuma $\gamma = 500$ mJ/m²; $\rho = 4,50$ g/cm³.

18.17 A $20°C$ a densidade do CCl_4 é 1,59 g/cm³ e $\gamma = 26,95$ mN/m. A pressão de vapor é 11,50 kPa. Calcule a pressão de vapor das gotas com raio de 0,1 μm, 0,01 μm e 0,001 μm.

18.18 Para a água a tensão superficial depende da temperatura segundo a fórmula

$$\gamma = \gamma_o \left(1 - \frac{t}{368}\right)^{1,2}$$

onde t é a temperatura na escala Celsius e $\gamma_0 = 75,5 \times 10^{-3}$ J/m². Calcule o valor de g^σ, s^σ e u^σ, a intervalos de 30 graus, de $0°C$ a $368°C$. Faça um gráfico destes valores em função de t. (*Nota:* A temperatura crítica da água é $374°C$.)

18.19 O ácido esteárico, $C_{17}H_{35}COOH$, tem uma densidade de 0,85 g/cm³. A molécula ocupa uma área de 0,205 nm² em uma película superficial de empacotamento denso. Calcule o comprimento da molécula.

18.20 O hexadecanol, $C_{16}H_{33}OH$, tem sido usado para produzir filmes moleculares nos reservatórios para retardar a evaporação da água. Se a área da seção reta do álcool na camada sob empacotamento dendo é de 0,20 nm², quantos gramas do álcool serão necessários para cobrir um lago de 10 acres (≈ 40.000 m²)?

18.21 O número de cm³ de metano, medidos nas CNTP, adsorvidos em 1 g de carvão a $0°C$ e a várias pressões é

p/mmHg	100	200	300	400
cm³ adsorvidos	9,75	14,5	18,2	21,4

Construa a isoterma de Feundlich e determine as constantes k e $1/n$.

FENÔMENOS DE SUPERFÍCIE / 479

18.22 a) A adsorção de cloreto de etila em uma amostra de carvão a $0°$ C e a várias pressões é

p/mmHg	20	50	100	200	300
gramas adsorvidos	3,0	3,8	4,3	4,7	4,8

Determine, mediante a isoterma de Langmuir, a fração de superfície coberta em cada pressão.
b) Se a área da molécula de cloreto de etila é $0,260$ nm^2, qual é a área do carvão?

18.23 A adsorção de butano sobre NiO em pó foi medida a $0°$C; os volumes do butano nas CNTP adsorvidos por grama de NiO são:

p/kPa	7,543	11,852	16,448	20,260	22,959
$v/(\text{cm}^3/\text{g})$	16,46	20,72	24,38	27,13	29,08

a) Usando a isoterma de BET, calcule o volume nas CNTP adsorvido por grama quando o pó é coberto por uma única camada; $p° = 103,24$ kPa.
b) Se a área da seção reta de uma única molécula de butano é $44,6 \times 10^{-22}$ m^2, qual é a área por grama do pó?
c) Calcule $\theta_1, \theta_2, \theta_3$ e θ_V a 10 kPa e 20 kPa.
d) Usando a isoterma de Langmuir, calcule θ a 10 kPa e 20 kPa e estime a área superficial. Compare com a área em (b).

18.24 Considerando a dedução da isoterma de Langmuir com base na reação química entre o gás e a superfície, mostrar que, se um gás diatômico for adsorvido na forma de átomos sobre a superfície, então $\theta = K^{1/2}p^{1/2}/(1 + K^{1/2}p^{1/2})$.

18.25 a) A $30°$C as tensões superficiais das soluções de ácido acético em água são

ácido % (em massa)	2,475	5,001	10,01	30,09	49,96	69,91
$\gamma/(10^{-3} \text{ N/m})$	64,40	60,10	54,60	43,60	38,40	34,30

Faça um gráfico de γ contra ln m e determine o excesso superficial do ácido acético usando a isoterma de adsorção de Gibbs. (*Nota:* Podemos usar a molalidade, m, em vez de c_2, a molaridade, na isoterma.)
b) A $25°$C, as tensões superficiais das soluções de ácido propiônico em água são

ácido % (em massa)	1,91	5,84	9,80	21,70
$\gamma/(10^{-3} \text{ N/m})$	60,00	49,00	44,00	36,00

Calcule o excesso superficial do ácido propiônico.

18.26 Considere os dois sistemas, 10 cm^3 de água líquida e 10 cm^3 de mercúrio líquido, cada um num bécher de 200 ml. Para a água no vidro, $\theta = 0°$; para o mercúrio no vidro, $\theta = 180°$. Como se comportaria cada sistema se desligássemos o campo gravitacional?

APÊNDICE I

Alguns Conceitos Matemáticos

AI.1 FUNÇÃO E DERIVADA

O símbolo $f(x)$ significa que f é uma função de x, isto é, ao escolhermos um valor para x, esse valor determinará um valor correspondente da função. O x é chamado de *variável independente* e o f de *variável dependente*.

O volume de uma certa massa de líquido depende da temperatura. Traduzindo-se matematicamente esta afirmação, dizemos que o volume é uma função da temperatura ou escrevemos simplesmente $V(t)$.

Sabendo-se que f depende do valor de x, se o valor de x variar, o valor de f também variará. É de interesse saber como e quanto f varia em função de x. Esta informação sobre a função nos é dada pela derivada da função com relação a x.

A derivada é a taxa de variação do valor da função com a variação do valor de x. Devemos assinalar que a derivada de uma função, em geral, também é uma função de x. Para ressaltar este fato, usamos geralmente o símbolo $f'(x)$ para a derivada e escrevemos

$$\frac{df}{dx} = f'(x).$$

Se a derivada for positiva, o valor da função aumentará com o valor de x; se a derivada for negativa, o valor da função decrescerá à medida que x aumentar. Se a derivada for nula, a curva da função apresentará uma tangente horizontal; a função possuirá um valor máximo ou mínimo. A definição fundamental de derivada

$$\frac{df}{dx} = \lim_{\Delta x \to 0} \frac{\Delta f}{\Delta x}$$

leva à interpretação geométrica da derivada como coeficiente angular da tangente à curva, em qualquer ponto.

Se perguntarmos que variação de f acompanha uma certa variação em x, de x_1 a x_2, obteremos a resposta a partir do valor da derivada. Pela identidade,

$$\frac{df}{dx} = \frac{df}{dx},$$

podemos escrever

$$df = \frac{df}{dx} dx.$$

ALGUNS CONCEITOS MATEMÁTICOS / 481

Por esta equação, a variação no valor de f, df, é igual à taxa de variação com relação a x, df/dx, multiplicada por dx, que é a variação de x. Sendo a variação de x finita, de x_1 a x_2, então a variação de f é obtida pela integração:

$$\int_{f_1}^{f_2} df = \int_{x_1}^{x_2} \frac{df}{dx} dx, \qquad f_2 - f_1 = \int_{x_1}^{x_2} f'(x) \, dx,$$

onde f_1 e f_2 são os valores de f correspondentes a x_1 e x_2.

AI.2 A INTEGRAL

a. A integral é o limite de uma soma. No parágrafo anterior, obtivemos a variação total de f somando (i. e., integrando-se) todas as pequenas variações no intervalo entre x_1 e x_2.

b. A integral indefinida $\int g(x) \, dx$ estará sempre associada a uma constante de integração. Por exemplo, calculemos a integral $\int (1/x) \, dx$. Uma tabela de integrais dará o valor $\ln x$ para a integral; devemos adicionar a este valor a constante de integração C e obteremos

$$\int \frac{1}{x} dx = \ln x + C.$$

c. A integral definida $\int_a^b g(x) \, dx$ não está associada a uma constante de integração. Obtemos a partir de uma tabela de integrais que

$$\int g(x) \, dx = G(x) + C, \qquad \text{e, então,} \qquad \int_a^b g(x) \, dx = G(b) - G(a).$$

A integral definida é função somente dos limites de integração a e b e de quaisquer parâmetros diferentes das variáveis de integração contidos no integrando. Por exemplo, a integral $\int_a^b g(x, \alpha) \, dx$ é uma função de a, b e α, e *não é função de x*.

d. A integral de uma função pode ser representada graficamente por uma área. A integral $\int_a^b g(x) \, dx$ é a área incluída entre a curva da função $g(x)$ e o eixo x, entre as retas $x = a$ e $x = b$.

AI.3 O TEOREMA DO VALOR MÉDIO

O valor médio de qualquer função de x no intervalo (a, b) é dado por

$$\langle f \rangle = \frac{1}{b - a} \int_a^b f(x) \, dx.$$

AI.4 TEOREMA DE TAYLOR

Quando não conhecemos a forma analítica de uma função mas conhecemos os valores de suas derivadas em algum ponto, digamos em $x = 0$, nos é dada a possibilidade de expressar a função por uma série infinita. Admitamos que a função $f(x)$ possa ser expressa por uma série:

$$f(x) = a_0 + a_1 x + \frac{a_2}{2!} x^2 + \frac{a_3}{3!} x^3 + \cdots.$$

482 / FUNDAMENTOS DE FÍSICO-QUÍMICA

Derivando, obtemos

$$f'(x) = a_1 + a_2 x + \frac{a_3}{2!} x^2 + \cdots,$$

$$f''(x) = a_2 + a_3 x + \cdots,$$

$$f'''(x) = a_3 + \cdots.$$

Para $x = 0$ estas expressões reduzem-se a

$$f(0) = a_0, \quad f'(0) = a_1, \quad f''(0) = a_2, \quad f'''(0) = a_3, \quad \cdots.$$

Portanto, os valores dos coeficientes desconhecidos na série são expressos em termos dos valores das derivadas da função em $x = 0$ e podemos escrever a série como

$$f(x) = f(0) + f'(0) x + \frac{f''(0)}{2!} x^2 + \frac{f'''(0)}{3!} x^3 + \cdots, \tag{AI.1}$$

que é o Teorema de Taylor. Nem todas as funções podem ser expressas por séries desta maneira, mas esta expansão é muitas vezes utilizada para funções bem comportadas. Usualmente, apenas os dois primeiros termos da série infinita são realmente necessários; os demais termos são desprezados. Algumas séries úteis e comuns são dadas no Apêndice IV.

AI.5 FUNÇÕES DE MAIS DE UMA VARIÁVEL

Freqüentemente usamos funções de duas variáveis; o volume molar de um gás, por exemplo, depende da temperatura e da pressão, $\overline{V} = \overline{V}(T, p)$. Quando escrevemos dessa maneira, T e p são as variáveis *independentes* e $\overline{V}$ é a variável *dependente*. Se mentalmente dermos um valor constante para a pressão, o volume passará a ser uma função somente da temperatura. Calculamos a derivada dessa função da mesma forma que calculamos a derivada de qualquer função de uma variável, embora a escrevamos na forma curva ∂. Similarmente, se imaginarmos que a temperatura é constante, o volume passará a ser uma função apenas da pressão e, de novo, poderemos calcular a derivada usando as regras comuns das funções de uma variável. Assim, a função $\overline{V}(T, p)$ possui duas derivadas primeiras, as quais são chamadas de derivadas parciais e são escritas na forma

$$\left(\frac{\partial \overline{V}}{\partial T}\right)_p \quad e \quad \left(\frac{\partial \overline{V}}{\partial p}\right)_T.$$

O índice fora dos parênteses em cada símbolo indica a variável que é mantida constante durante a derivação. Se perguntarmos de quanto varia o volume molar com uma pequena variação de temperatura, mantendo-se a pressão constante, a resposta é dada pela expressão

$$d\overline{V} = \left(\frac{\partial \overline{V}}{\partial T}\right)_p dT.$$

A variação de volume com a pressão, mantendo-se a temperatura constante, é dada pela expressão

$$d\overline{V} = \left(\frac{\partial \overline{V}}{\partial p}\right)_T dp.$$

Se tanto a pressão como a temperatura variarem, então a variação total de volume será a soma das variações devidas às variações de volume com a temperatura e com a pressão. Assim,

$$d\overline{V} = \left(\frac{\partial \overline{V}}{\partial T}\right)_p dT + \left(\frac{\partial \overline{V}}{\partial p}\right)_T dp.$$

Esta é a *diferencial total* da função. Qualquer função de duas variáveis $f(x, y)$ possui uma diferencial total df, dada pela expressão

$$df = \left(\frac{\partial f}{\partial x}\right)_y dx + \left(\frac{\partial f}{\partial y}\right)_x dy. \tag{AI.2}$$

AI.6 SOLUÇÃO DA EQ. (4.27)

A Eq. (4.27) pode ser escrita sob a forma

$$Af(z) = f(x)f(y),$$

onde $z = x + y$. Derivemos esta equação com relação a x:

$$A \frac{df(z)}{dz}\left(\frac{\partial z}{\partial x}\right) = f'(x)f(y),$$

e com relação a y:

$$A \frac{df(z)}{dz}\left(\frac{\partial z}{\partial y}\right) = f(x)f'(y).$$

Porém, $\partial z/\partial x = \partial (x + y)/\partial x = 1$ e $\partial z/\partial y = 1$, de forma que estas duas equações são levadas para as formas

$$Af'(z) = f'(x)f(y) \quad \text{e} \quad Af'(z) = f(x)f'(y).$$

Os primeiros membros das equações são iguais e, portanto, $f'(x)f(y) = f(x)f'(y)$. Dividindo-se essa igualdade por $f(x)f(y)$, obtemos

$$\frac{f'(x)}{f(x)} = \frac{f'(y)}{f(y)}.$$

484 / FUNDAMENTOS DE FÍSICO-QUÍMICA

O primeiro membro desta equação aparentemente é função apenas de x, enquanto o segundo membro não depende de x mas apenas de y. Isto somente será possível se cada membro da equação for uma constante, β. Assim,

$$\frac{f'(x)}{f(x)} = \beta \quad \text{e, portanto,} \quad \frac{df(x)}{f(x)} = \beta \, dx.$$

Integrando-se, obtemos $\ln f(x) = \beta x + \ln A$ e, portanto, $f(x) = A \exp. (\beta x)$, que é a solução da equação funcional, Eq. (4.27).

AI.7 O MÉTODO DOS MÍNIMOS QUADRADOS

Freqüentemente deseja-se descrever um conjunto de pontos ou um conjunto de quantidades, calculadas a partir de dados experimentais, por uma função matemática contendo parâmetros que possam ser ajustados de forma que a curva resultante seja a que "melhor" se ajusta aos dados. O método dos mínimos quadrados é uma forma sistemática para a determinação dos valores dos parâmetros que resultam na melhor adaptação dos dados por uma função específica.

Em princípio, o método pode ser usado para qualquer tipo de função, mas na prática verificamos que, a não ser que a função seja polinomial, a quantidade de trabalho numérico é proibitiva. Por essa razão, iremos restringir aqui nossas considerações às funções polinomiais.

Suponha que temos um conjunto de N pontos, (x_i, y_i), que desejamos aproximar por uma curva da forma

$$y = a + bx + cx^2 + \cdots. \tag{AI.3}$$

A derivação do valor experimental de y a partir do valor calculado é d_i, onde

$$d_i = y_i - (y_i)_{\text{calc}}. \tag{AI.4}$$

Como o valor calculado de y é obtido da Eq. (AI.3), temos

$$d_i = y_i - (a + bx_i + cx_i^2 + \cdots). \tag{AI.5}$$

Se a função for uma boa representação dos dados e os erros forem ao acaso, d_i será tanto negativo como positivo e o somatório dos d_i sobre todos os pontos será próximo de zero.

$$\sum_i d_i \approx 0.$$

Uma forma melhor para se medir a proximidade de ajuste é elevar d_i ao quadrado e, então, somar os d_i^2; dessa maneira, os desvios positivos e negativos não irão cancelar um ao outro. Essa soma de d_i^2 é uma quantidade que indica o quanto a curva se ajusta aos dados. Definimos σ^2, a variância, como

$$\sigma^2 = \frac{1}{N} \sum_{i=1}^{N} d_i^2 \tag{AI.6}$$

Quanto menor for o valor de σ^2, melhor terá sido o ajuste da curva aos dados. Como σ^2 depende das constantes a, b, c, ... , escolhemos essas constantes para que σ^2 seja minimizado. Assim, o valor da soma dos quadrados será um valor mínimo e, por essa razão, damos o nome de método dos mínimos quadrados.

$$\sigma^2 = \frac{1}{N} \sum_{i=1}^{N} (y_i - a - bx_i - cx_i^2)^2. \qquad (AI.7)$$

Para minimizar essa expressão, derivamos σ^2 em relação a a, depois em relação a b e assim por diante. (Nota: É implícito em todos esses segmentos que todas as somas são a partir de $i = 1$ até $i = N$.)

$$\frac{\partial \sigma^2}{\partial a} = \frac{1}{N} \sum 2(y_i - a - bx_i - cx_i^2)(-1);$$

$$\frac{\partial \sigma^2}{\partial b} = \frac{1}{N} \sum 2(y_i - a - bx_i - cx_i^2)(-x_i);$$

$$\frac{\partial \sigma^2}{\partial c} = \frac{1}{N} \sum 2(y_i - a - bx_i - cx_i^2)(-x_i^2).$$

Se fizermos cada uma dessas derivadas igual a zero e em seguida as dividirmos por $(-2/N)$, as condições para o mínimo serão

$$\sum (y_i - a - bx_i - cx_i^2) = 0;$$

$$\sum (y_i - a - bx_i - cx_i^2)x_i = 0; \qquad (AI.8)$$

$$\sum (y_i - a - bx_i - cx_i^2)x_i^2 = 0.$$

Estas equações podem ser resolvidas explicitamente para a, b e c. Iremos fazer aqui somente o caso da reta.

Para a linha reta, faremos $c = 0$ e usaremos apenas as duas primeiras equações, as quais poderão ser escritas como

$$\sum y_i - a \sum 1 - b \sum x_i = 0$$

e

$$\sum x_i y_i - a \sum x_i - b \sum x_i^2 = 0.$$

Lembrando que $\sum_{i=1}^{N} 1 = N$, poderemos resolver essas duas equações para a e b e obter

$$a = \frac{(\sum x_i^2)(\sum y_i) - (\sum x_i)(\sum x_i y_i)}{N \sum x_i^2 - (\sum x_i)^2} \qquad (AI.9)$$

e

$$b = \frac{N \sum x_i y_i - (\sum x_i)(\sum y_i)}{N \sum x_i^2 - (\sum x_i)^2} \qquad (AI.10)$$

486 / FUNDAMENTOS DE FÍSICO-QUÍMICA

Para usar essas equações temos que construir as quantidades Σx_i, Σy_i, $\Sigma x_i y_i$ e Σx_i^2. Felizmente, muitas das calculadoras manuais modernas têm um programa de regressão linear já desenvolvido que calcula a e b a partir das Eqs. (AI.9) e (AI.10) nos bastando apenas entrar com os dados. Algumas calculadoras não possuem o programa de regressão linear, mas no lugar disso têm uma função estatística que calcula essas somas e as armazena nos registros adequados. Nesse caso, as somas podem ser chamadas dessas memórias e usadas nas Eqs. (AI.9) e (AI.10) para calcular a e b. (Muito tempo pode ser poupado pela leitura do livro de instruções de sua calculadora!)

Essas equações também podem ser escritas em termos dos valores médios das várias quantidades $\Sigma x_i = N \langle x \rangle$, $\Sigma x_i^2 = N \langle x^2 \rangle$ e assim por diante. Dessa forma,

$$a = \frac{\langle x^2 \rangle \langle y \rangle - \langle x \rangle \langle xy \rangle}{\langle x^2 \rangle - \langle x \rangle^2} \qquad (AI.11)$$

e

$$b = \frac{\langle xy \rangle - \langle x \rangle \langle y \rangle}{\langle x^2 \rangle - \langle x \rangle^2}. \qquad (AI.12)$$

Os erros prováveis em a e em b são dados por X_a e X_b.

$$X_a = r \sqrt{\frac{\langle x^2 \rangle}{N[\langle x^2 \rangle - \langle x \rangle^2]}} \quad \text{e} \quad X_b = r \sqrt{\frac{1}{N[\langle x^2 \rangle - \langle x \rangle^2]}},$$

onde $r = 0,6745 \ldots \sqrt{N\sigma^2/(N-2)}$. O valor de σ^2 pode ser obtido usando-se a Eq. (AI.5) para calcular d_i, elevando-se em seguida ao quadrado e fazendo-se o somatório, ou a partir da relação

$$\sigma^2 = \langle y^2 \rangle - \langle y \rangle^2 - b^2 (\langle x^2 \rangle - \langle x \rangle^2). \qquad (AI.13)$$

AI.8 VETORES E MATRIZES

AI.8.1 Vetores

Em três dimensões, descrevemos um vetor como uma quantidade que possui magnitude e direção. Um vetor pode ser escrito como uma soma de três termos; cada termo é uma quantidade escalar multiplicada por um vetor unitário, que está na direção de um dos três eixos perpendiculares entre si. Em coordenadas cartesianas, por exemplo, o vetor $\mathbf{a}$ é escrito na forma

$$\mathbf{a} = a_x \mathbf{i} + a_y \mathbf{j} + a_z \mathbf{k}, \qquad (AI.14)$$

em que $\mathbf{i}$, $\mathbf{j}$ e $\mathbf{k}$ são os vetores unitários nas direções x, y e z, respectivamente, e a_x, a_y e a_z são as quantidades escalares, isto é, as *componentes* do vetor.

O produto escalar de dois vetores $\mathbf{a}$ e $\mathbf{b}$ é escrito pela notação $\mathbf{a} \cdot \mathbf{b}$ e é definido por

$$\mathbf{a} \cdot \mathbf{b} = a_x b_x + a_y b_y + a_z b_z. \qquad (AI.15)$$

Esta é, naturalmente, uma quantidade escalar. A partir dessa definição, verificamos que o produto escalar de dois vetores ortogonais (vetores perpendiculares) é zero. Seja, por exemplo, $\mathbf{a} = a_x\mathbf{i} + (0)\mathbf{j} + (0)\mathbf{k}$ e $\mathbf{b} = (0)\mathbf{i} + b_y\mathbf{j} + (0)\mathbf{k}$. Como $\mathbf{a}$ é paralelo ao eixo x e $\mathbf{b}$ é paralelo ao eixo y, então $\mathbf{a}$ e $\mathbf{b}$ são ortogonais entre si. Assim, pela Eq. (AI.15) do produto escalar, temos

$$\mathbf{a} \cdot \mathbf{b} = a_x(0) + (0)b_y + (0)(0) = 0$$

O produto escalar de um vetor com ele próprio é igual ao quadrado do comprimento do vetor:

$$\mathbf{a} \cdot \mathbf{a} = a_x^2 + a_y^2 + a_z^2 = |a|^2. \qquad (AI.16)$$

O comprimento do vetor é

$$|a| = (a_x^2 + a_y^2 + a_z^2)^{1/2} \qquad (AI.17)$$

Essas expressões não são limitadas a vetores de 3 dimensões, podendo ser escritas, geralmente, para vetores de n dimensões:

$$\mathbf{a} \cdot \mathbf{b} = \sum_{i=1}^{n} a_i b_i$$

$$|a| = \left(\sum_{i=1}^{n} a_i^2 \right)^{1/2}. \qquad (AI.18)$$

AI.8.2 Matrizes

Uma matriz é um arranjo de quantidades, na maioria das vezes um arranjo retangular ou quadrado. Podemos ter, por exemplo,

$$[a_x \quad a_y \quad a_z].$$

Esta matriz é uma matriz 1×3, possuindo uma linha e três colunas. É também chamada um vetor linha, pois seus elementos podem ser considerados como sendo as componentes de um vetor de três dimensões. Podemos também escrever os componentes de um vetor como uma coluna:

$$\begin{bmatrix} b_x \\ b_y \\ b_z \end{bmatrix}$$

Esta é uma matriz 3×1, que tem três linhas e 1 coluna. É também chamada um *vetor coluna.*

A matriz produto de um vetor linha com um vetor coluna possui a mesma forma do produto escalar de dois vetores.

$$[a_x \quad a_y \quad a_z]\begin{bmatrix} b_x \\ b_y \\ b_z \end{bmatrix} = [a_x b_x + a_y b_y + a_z b_z].$$

488 / FUNDAMENTOS DE FÍSICO-QUÍMICA

O resultado dessa multiplicação de matrizes é uma quantidade única (um escalar), que é uma matriz 1×1 de um só elemento.

Qualquer matriz pode ser considerada como sendo constituída de um grupo de vetores linha e, ou, um grupo de vetores coluna. Consideremos, por exemplo, as matrizes **A** e **B**,

$$\mathbf{A} = \begin{bmatrix} a_{11} & a_{12} & a_{13} \\ a_{21} & a_{22} & a_{23} \end{bmatrix} \qquad \mathbf{B} = \begin{bmatrix} b_{11} & b_{12} \\ b_{21} & b_{22} \\ b_{31} & b_{32} \end{bmatrix}.$$

A posição dos elementos na matriz é indicada pelos dois índices; o primeiro índice determina o número da linha e o segundo o número da coluna.

A matriz **A** é composta de dois vetores linha ou três vetores coluna bidimensionais, enquanto que a matriz **B** é composta de três vetores linha e dois vetores coluna. A matriz produto de **A** e **B** é uma matriz que possui elementos que são os produtos escalares entre os vetores que compõem **A** e **B**. Assim,

$$\mathbf{AB} = \begin{bmatrix} a_{11} & a_{12} & a_{13} \\ a_{21} & a_{22} & a_{23} \end{bmatrix} \begin{bmatrix} b_{11} & b_{12} \\ b_{21} & b_{22} \\ b_{31} & b_{32} \end{bmatrix} = \begin{bmatrix} c_{11} & c_{12} \\ c_{21} & c_{22} \end{bmatrix}.$$

O produto escalar do primeiro vetor linha de **A** com o primeiro vetor coluna de **B** fornece o elemento da primeira linha e primeira coluna da matriz produto **C**. Desta forma,

$$c_{11} = a_{11}b_{11} + a_{12}b_{21} + a_{13}b_{31}.$$

Similarmente, o produto entre a primeira linha de **A** e a segunda coluna de **B** fornece o elemento da primeira linha e segunda coluna da matriz produto. Assim,

$$c_{12} = a_{11}b_{12} + a_{12}b_{22} + a_{13}b_{32}.$$

Para o elemento da linha de ordem i e da coluna de ordem k da matriz produto, temos

$$c_{ik} = \sum_{j=1}^{3} a_{ij}b_{jk}. \tag{AI.19}$$

Claramente, para essa operação ter sentido, o número de colunas em **A** precisa ser igual ao número de linhas em **B**; se essa condição não for satisfeita, o produto **AB** não será definido. Dessa maneira, se **A** for uma matriz $m \times n$ (m linhas e n colunas) e **B** for uma matriz $p \times q$ (p linhas e q colunas), o produto **AB** será definido somente se $n = p$. A matriz produto será uma matriz $m \times q$. Da mesma forma, o produto **BA** só será definido se $q = m$. A matriz produto será, nesse caso, uma matriz $p \times n$.

O caráter de uma matriz quadrada, $\chi(\mathbf{A})$, é a soma dos elementos da diagonal principal,

$$\chi(\mathbf{A}) = \sum_{i=1}^{n} a_{ii} \tag{AI.20}$$

A característica de uma matriz retangular (não-quadrada) não é definida.

AI.8.3 Operações de Simetria como Matrizes

COMUTAÇÕES

Na Seç. 23.15.2 usamos matrizes para representar as operações de simetria de um grupo. Essas matrizes são bastante fáceis de ser construídas. Consideremos as operações no grupo C_{2v}. Na Eq. (23.34), resumimos os efeitos das operações sobre coordenadas de um ponto. Para o operador C_2, temos, por exemplo,

$$C_2(x, y, z) = (-x, -y, z).$$

Podemos escrever essa igualdade como uma matriz multiplicação:

$$\begin{bmatrix} a_{11} & a_{12} & a_{13} \\ a_{21} & a_{22} & a_{23} \\ a_{31} & a_{32} & a_{33} \end{bmatrix} \begin{bmatrix} x \\ y \\ z \end{bmatrix} = \begin{bmatrix} -x \\ -y \\ z \end{bmatrix}.$$

Quais elementos deverão aparecer na linha superior se x deve ser substituído por $-x$? Escrevendo o produto do vetor linha superior com o vetor coluna obtemos

$$a_{11}x + a_{12}y + a_{13}z = -x.$$

Assim, $a_{11} = -1, a_{12} = 0$ e $a_{13} = 0$. Após fazermos um ou dois produtos por esse método, aprendemos logo a fazê-lo por inspeção. A matriz completa é

$$\begin{bmatrix} -1 & 0 & 0 \\ 0 & -1 & 0 \\ 0 & 0 & 1 \end{bmatrix} \begin{bmatrix} x \\ y \\ z \end{bmatrix} = \begin{bmatrix} -x \\ -y \\ z \end{bmatrix}$$

Então, o operador C_2 poderá ser representado pela matriz

$$C_2 = \begin{bmatrix} -1 & 0 & 0 \\ 0 & -1 & 0 \\ 0 & 0 & 1 \end{bmatrix}.$$

Da mesma forma,

$$\sigma_v \begin{bmatrix} x \\ y \\ z \end{bmatrix} = \begin{bmatrix} x \\ -y \\ z \end{bmatrix} \quad \text{sendo} \quad \sigma_v = \begin{bmatrix} 1 & 0 & 0 \\ 0 & -1 & 0 \\ 0 & 0 & 1 \end{bmatrix}.$$

Como a tabela de multiplicação do grupo requer que $C_2\sigma_v = \sigma_v'$ é necessário que

$$\sigma_v' = \begin{bmatrix} -1 & 0 & 0 \\ 0 & -1 & 0 \\ 0 & 0 & 1 \end{bmatrix} \begin{bmatrix} 1 & 0 & 0 \\ 0 & -1 & 0 \\ 0 & 0 & 1 \end{bmatrix} = \begin{bmatrix} -1 & 0 & 0 \\ 0 & 1 & 0 \\ 0 & 0 & 1 \end{bmatrix}.$$

ROTAÇÕES

A matriz que descreve a transformação de um vetor bidimensional mediante a rotação de um ângulo ϕ pode ser desenvolvida usando-se o diagrama de Argand (Fig. AI.1). O ponto (x, y), quando submetido a uma rotação no sentido anti-horário de um ângulo ϕ, é transformado no ponto (x', y'). Como as coordenadas (x', y') estão relacionadas com (x, y)? Uma vez que o comprimento do vetor a partir da origem é o mesmo em ambos os casos, podemos escrever que

$$x + iy = re^{i\theta} \quad \text{e} \quad x' + iy' = re^{i(\theta + \phi)}.$$

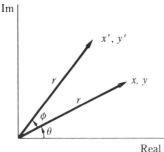

Fig. AI.1

Fazendo a combinação desses termos para eliminar $re^{i\theta}$, obtemos

$$x' + iy' = (x + iy)e^{i\phi} = (x + iy)(\cos\phi + i\,\text{sen}\,\phi)$$
$$x' + iy' = x\cos\phi + y(-\text{sen}\,\phi) + i(x\,\text{sen}\,\phi + y\cos\phi).$$

Igualando as partes real e imaginária em ambos os lados da equação, encontramos as duas relações

$$x' = x\cos\phi + y(-\text{sen}\,\phi)$$

e

$$y' = x\,\text{sen}\,\phi + y\cos\phi,$$

que na notação matricial fica

$$\begin{bmatrix} x' \\ y' \end{bmatrix} = \begin{bmatrix} \cos\phi & -\text{sen}\,\phi \\ \text{sen}\,\phi & \cos\phi \end{bmatrix} \begin{bmatrix} x \\ y \end{bmatrix} = \mathbf{C}_\phi \begin{bmatrix} x \\ y \end{bmatrix}.$$

Assim, para o operador $\mathbf{C}_\phi$, correspondente a uma rotação no sentido anti-horário de um ângulo ϕ, temos

$$\mathbf{C}_\phi = \begin{bmatrix} \cos\phi & -\text{sen}\,\phi \\ \text{sen}\,\phi & \cos\phi \end{bmatrix}.$$

Essa matriz foi usada na Seç. 23.15.2 para o C_3, na qual $\phi = 2/3\pi$.

APÊNDICE II

Alguns Fundamentos de Eletrostática

AII.1 LEI DE COULOMB

Considere uma carga, q, na origem do sistema de coordenadas e uma carga, q', no ponto P a uma distância r da origem. A força que atua sobre as duas cargas no vácuo é dada pela lei de Coulomb,

$$F = \frac{qq'}{4\pi\epsilon_0 r^2}.$$

(AII.1)

Isto nos diz que a força é proporcional ao produto das cargas e inversamente proporcional ao quadrado da distância. A constante de proporcionalidade no sistema SI é definida como $1/4\pi\epsilon_0$, onde ϵ_0 é chamado de permissividade do vácuo. Por definição,

$$\frac{1}{4\pi\epsilon_0} = c^2(10^{-7} \text{ N s}^2 \text{ C}^{-2}) \quad \text{(exatamente)},$$

(AII.2)

onde $c = 2{,}99792458 \times 10^8$ m/s, a velocidade da luz no vácuo. Introduzindo este valor para c, encontramos

$$\frac{1}{4\pi\epsilon_0} = 8{,}98755179 \times 10^9 \text{ newton metro}^2 \text{ coulomb}^{-2}$$

$$\approx 9 \times 10^9 \text{ N m}^2 \text{ C}^{-2}.$$

AII.2 O CAMPO ELÉTRICO

O campo elétrico, E, num ponto qualquer, é definido como a força que atua sobre uma carga positiva unitária situada neste ponto. Em termos das cargas descritas na Seç. (AII.1), $E = F/q'$, ou

$$E = \frac{q}{4\pi\epsilon_0 r^2}.$$

(AII.3)

O campo devido a uma carga é radial: se q é positiva, o campo é positivo e dirigido para fora ao longo do raio; se q é negativo, o campo é dirigido para dentro em direção à carga.

492 / FUNDAMENTOS DE FÍSICO-QUÍMICA

Se várias cargas estão presentes, q_j, o campo é a soma vetorial dos campos produzidos em P por cada uma das cargas. Podemos escrever isto como

$$\mathbf{E} = \frac{1}{4\pi\epsilon_0} \sum_j \frac{q_j \mathbf{e}_j}{r_j^2},$$ (AII.4)

onde r_j é a distância entre o ponto P e a posição da carga q_j e $\mathbf{e}_j$ é o vetor unitário na direção da carga q_j para o ponto P. Este é o princípio da superposição. (Particularmente nesta expressão enfatizamos o caráter vetorial de $\mathbf{E}$ imprimindo-o em negrito.)

AII.3 O POTENCIAL ELÉTRICO

O potencial elétrico, ϕ, em qualquer ponto, é o trabalho necessário para movimentar uma carga positiva unitária do infinito até o ponto em questão. Uma vez que E é a força que atua sobre uma carga positiva unitária, podemos escrever

$$\phi = \int_\infty^r E(-dr) = \int_\infty^r (-E)dr.$$ (AII.5)

Como exemplo, tomando-se E da Eq. (AII.3) encontramos

$$\phi = - \int_\infty^r \frac{q\,dr}{4\pi\epsilon_0 r^2} = \frac{q}{4\pi\epsilon_0 r}$$ (AII.6)

Da Eq. (AII.5) segue que $E = - \partial\phi/\partial r$. Assim, se soubermos o potencial poderemos obter a componente radial do campo diferenciando em relação a r. De forma mais geral podemos escrever

$$E_x = - \frac{\partial\phi}{\partial x}; \qquad E_y = - \frac{\partial\phi}{\partial y}; \qquad E_z = - \frac{\partial\phi}{\partial z}$$ (AII.7)

As componentes do campo são obtidas por diferenciação do potencial em relação as coordenadas.

Pelo princípio da superposição, o potencial em qualquer ponto é a soma dos potenciais produzidos por todas as cargas. Assim,

$$\phi = \sum_j \frac{q_j}{4\pi\epsilon_0 r_j}.$$ (AII.8)

Uma vez que esta fórmula envolve apenas a adição de quantidades escalares, ela é mais fácil de calcular do que o somatório na Eq. (AII.4). Após o cálculo do potencial por esta fórmula, pode-se calcular a componente do campo em qualquer direção desejada diferenciando-se com relação à coordenada; Eq. (AII.7).

AII.4 O FLUXO

Temporariamente, desviaremos a nossa atenção para considerarmos o fluxo de um fluido incompressível, com velocidade v, através de uma superfície S (Fig. AII.1a). Para começar, assu-

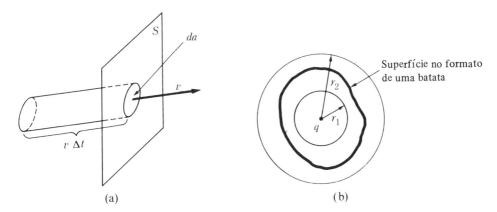

Fig. AII.1

miremos que o vetor velocidade é perpendicular à superfície. Assim, num intervalo de tempo Δt todo o fluido dentro do cilindro de comprimento $v \, \Delta t$ passará através do elemento de superfície da. O fluxo através do elemento da é $v \, \Delta t \, da$. O fluxo é definido como o escoamento por unidade de tempo, de forma que o fluxo é $v \, da$. Obviamente, se o escoamento fosse tangencial à superfície, nenhum fluido passaria *através* da superfície. Dessa forma, no caso geral para o qual o vetor velocidade não é perpendicular à superfície, a componente normal da velocidade, v_n, determina o fluxo através da superfície. O fluxo total é obtido integrando-se o produto $v_n \, da$ sobre a superfície inteira. (A integração sobre a superfície é simbolizada por um S escrito ao lado do sinal de integral.) Assim, obtemos para o fluxo

$$\text{Fluxo} = \int_S v_n \, da. \tag{AII.9}$$

Podemos definir o fluxo em qualquer campo vetorial da mesma maneira. Para o vetor campo elétrico podemos escrever o fluxo de E,

$$\text{Fluxo} = \int_S E_n \, da \tag{AII.10}$$

Suponha que desejamos calcular o fluxo através da superfície de uma esfera de raio r, a qual tem uma carga q no seu centro. O campo na superfície da esfera é dado pela Eq. (AII.3). Uma vez que o campo tem direção radial, $E_n = E$. O campo também é constante na superfície da esfera; conseqüentemente podemos removê-lo da integral e obter

$$\text{Fluxo} = E_n \int_S da = E_n(\text{área}) = E_n 4\pi r^2 = \frac{q}{4\pi\epsilon_0 r^2}(4\pi r^2);$$

$$\text{Fluxo} = \frac{q}{\epsilon_0}. \tag{AII.11}$$

Esta é a lei de Gauss.

494 / FUNDAMENTOS DE FÍSICO-QUÍMICA

O ponto importante do resultado na Eq. (AII.11) é que o fluxo através da superfície de uma esfera é independente do tamanho da esfera. Suponha que consideremos duas esferas concêntricas de raios r_1 e r_2 com uma carga q no centro comum (Fig. AII.1b). Pela Eq. (AII.11), o fluxo para fora da esfera 1 e o fluxo para fora da esfera 2 são ambos iguais a q/ϵ_0. Isto significa que o fluxo é conservado; o que flui para fora da esfera pequena também flui para fora da esfera grande. Mas isto implica que o fluxo não depende da *forma* da superfície. Imagine uma superfície enrugada, do formato de uma batata, situada dentro do espaço entre as duas esferas. O fluxo através desta superfície também deve ser q/ϵ_0. Mas a partir disto tem-se que a carga q não precisa estar no centro. (É difícil de se definir o centro da batata.) A Eq. (AII.11) está correta se a carga estiver em qualquer lugar dentro da superfície. Além disso, segue-se que várias cargas poderiam estar dentro da superfície e, pela lei de superposição, Eq. (AII.4), podemos obter a lei de Gauss na forma

$$\text{Fluxo} = \frac{Q}{\epsilon_0}, \tag{AII.12}$$

onde Q é a soma algébrica das cargas dentro da superfície sem considerarmos as suas posições. A carga pode até mesmo ser distribuída continuamente. Se ρ é a densidade de carga, ou seja, a carga por unidade de volume, então

$$Q = \int_V \rho \, dV. \tag{AII.13}$$

A integração é feita sobre o volume limitado pela superfície. A forma final da lei de Gauss é

$$\int_S E_n \, da = \frac{Q}{\epsilon_0}, \tag{AII.14}$$

na qual se entende que S é qualquer superfície *fechada*.

Note-se que o fluxo final a partir do anel definido pelas duas esferas é zero. O que escoa para dentro em r_1 escoa para fora em r_2. Isto está de acordo com a aplicação da lei de Gauss diretamente ao anel. Uma vez que não há carga dentro dele, $q = 0$ e o fluxo é zero.

AII.5 A EQUAÇÃO DE POISSON

A seguir calcularemos o fluxo através de uma pequena superfície cúbica. Consideremos primeiramente o fluxo na direção x, através das faces localizadas em x e $x + dx$ na Fig. AII.2. A componente x do campo vetorial tem o valor E_x em x e $E_x + (\partial E_x/\partial x)\Delta x$ em $x + \Delta x$. Assim, o fluxo para fora do cubo na direção x é a componente x de E multiplicada pela área da face, $\Delta y \, \Delta z$. Adicionando-se os fluxos através das superfícies a x e $x + \Delta x$, teremos

$$(\text{Fluxo})_x = -E_x \, \Delta y \, \Delta z + \left(E_x + \frac{\partial E_x}{\partial x}\right)\Delta x \, \Delta y \, \Delta z = \frac{\partial E_x}{\partial x} \Delta x \, \Delta y \, \Delta z.$$

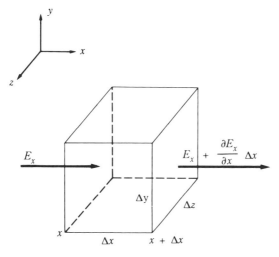

Fig. AII.2

Um argumento similar mostra que os fluxos nas direções y e z são dados por

$$(\text{Fluxo})_y = \frac{\partial E_y}{\partial y} \Delta x \, \Delta y \, \Delta z; \quad \text{e} \quad (\text{Fluxo})_z = \frac{\partial E_z}{\partial z} \Delta x \, \Delta y \, \Delta z.$$

O fluxo total para fora deste pequeno cubo é a soma dos três termos

$$\left(\frac{\partial E_x}{\partial x} + \frac{\partial E_y}{\partial y} + \frac{\partial E_z}{\partial z}\right)\Delta V,$$

onde fizemos $\Delta x \, \Delta y \, \Delta z = \Delta V$, o volume do cubo. Se integrarmos esta expressão sobre todo o volume obteremos o fluxo total:

$$\text{Fluxo} = \int_V \left(\frac{\partial E_x}{\partial x} + \frac{\partial E_y}{\partial y} + \frac{\partial E_z}{\partial z}\right) dV. \qquad (\text{AII.15})$$

Usando as Eqs. (AII.12) e (AII.13) teremos

$$\int_V \left(\frac{\partial E_x}{\partial x} + \frac{\partial E_y}{\partial y} + \frac{\partial E_z}{\partial z}\right) dV = \int_V \frac{\rho}{\epsilon_0} \, dV. \qquad (\text{AII.16})$$

A Eq. (AII.16) estará correta somente se os integrandos em ambos os lados forem iguais; então,

$$\frac{\partial E_x}{\partial x} + \frac{\partial E_y}{\partial y} + \frac{\partial E_z}{\partial z} = \frac{\rho}{\epsilon_0}. \qquad (\text{AII.17})$$

496 / FUNDAMENTOS DE FÍSICO-QUÍMICA

Se substituirmos E_x, E_y e E_z pelos valores da Eq. (AII.7), obteremos

$$\frac{\partial^2 \phi}{\partial x^2} + \frac{\partial^2 \phi}{\partial y^2} + \frac{\partial^2 \phi}{\partial z^2} = - \frac{\rho}{\epsilon_0}. \qquad \text{(AII.18)}$$

Esta é a equação de Poisson que relaciona o potencial elétrico com a densidade de carga no espaço. Como o operador Laplaciano, ∇^2, é definido por

$$\nabla^2 = \frac{\partial^2}{\partial x^2} + \frac{\partial^2}{\partial y^2} + \frac{\partial^2}{\partial z^2},$$

podemos escrever a equação de Poisson na forma

$$\nabla^2 \phi = - \frac{\rho}{\epsilon_0}. \qquad \text{(AII.19)}$$

Esta equação combina as duas leis da eletrostática: a lei de Gauss e o fato de que E pode ser derivado de um potencial escalar pela Eq. (AII.7).

Em uma situação de simetria esférica, tal como o modelo de Debye-Hückel descrito na Seç. 16.7, o potencial é uma função somente de r e a equação de Poisson, Eq. (AII.19), torna-se

$$\frac{1}{r^2} \frac{\partial}{\partial r} \left(r^2 \frac{\partial \phi}{\partial r} \right) = - \frac{\rho}{\epsilon_0}. \qquad \text{(AII.20)}$$

Na Seç. 26.2 mostramos que, na presença de um dielétrico, as equações válidas no vácuo podem ser aplicadas se a carga que produz o campo, q, for substituída por q/ϵ_r. Isto é equivalente a substituirmos ϵ_0 por $\epsilon = \epsilon_r \epsilon_0$, onde ϵ é a permissividade do meio e ϵ_r é a permissividade relativa do meio, ou seja, a constante dielétrica. Este resultado é correto para um meio eletricamente isotrópico, tal como os líquidos e gases, mas aplicável somente de forma aproximada aos materiais anisotrópicos (a maioria dos sólidos).

Você encontrará uma discussão bastante clara deste assunto em R. P. Feynman, R. B. Leighton e M. Sands, *The Feynman Lectures on Physics,* Reading, Mass, Addison-Wesley, 1964, Vol. II, Caps. 4, 5, 10 e 11.

APÊNDICE III[*]

O Sistema Internacional
de Unidades: SI

AIII.1 AS QUANTIDADES E UNIDADES BÁSICAS DO SI

Uma quantidade física é um produto de um *valor numérico* (um número puro) e uma *unidade*.

As sete unidades básicas dimensionalmente independentes no SI são dadas na Tab. AIII.1. Nós não teremos oportunidade de usar a quantidade física intensidade luminosa neste livro.

Tab. AIII.1 Quantidades Físicas e Unidades Básicas

Quantidade física	Símbolo da quantidade	Nome da unidade SI	Símbolo para a unidade SI
Comprimento	l	metro	m
Massa	m	quilograma	kg
Tempo	t	segundo	s
Corrente elétrica	I	ampère	A
Temperatura termodinâmica	T	kelvin	K
Quantidade de substância	n	mol	mol
Intensidade luminosa	I_ν	candela	cd

[*]As citações no Apêndice III foram tiradas do *Pure and Applied Chemistry*, 51:1-41, 1979. As partes restantes seguem, rigorosamente, o conteúdo dessa publicação. Reproduzido com a permissão da UIQPA. Os símbolos, unidades e nomenclaturas recomendados emitidos periodicamente pela UIQPA são publicados na revista *Pure and Applied Chemistry*, editada pela Pergamon Press, Oxford.

AIII.2 DEFINIÇÕES DAS UNIDADES BÁSICAS SI

Metro: O metro é o comprimento igual a 1.650.763,73 comprimentos de onda no vácuo da radiação correspondente à transição entre os níveis $2p_{10}$ e $5d_5$ do átomo de Criptônio-86.

Quilograma: O quilograma é a unidade de massa e é igual à massa do protótipo internacional do quilograma.

Segundo: O segundo é a duração de 9.192.631.770 períodos da radiação correspondente à transição entre os dois níveis hiperfinos do estado fundamental do átomo de césio-133.

Ampère: O ampère é a corrente elétrica constante que, se mantida em dois condutores paralelos retilíneos, de comprimento infinito e de seção reta desprezível, colocados no vácuo e separados entre si de 1 metro, poderá produzir entre esses condutores uma força igual a 2×10^{-7} newton por metro de comprimento.

Kelvin: O kelvin, unidade de temperatura termodinâmica, é a fração 1/273,16 da temperatura termodinâmica do ponto triplo da água.

Candela: A candela é a intensidade luminosa, na direção perpendicular, de uma superfície de 1/600.000 metros quadrados de um corpo negro na temperatura de solidificação da platina, sob uma pressão de 101.325 newtons por metro quadrado.

498 / FUNDAMENTOS DE FÍSICO-QUÍMICA

Mol: O mol é a quantidade de substância de um sistema que contém tantas unidades elementares quanto o número de átomos que existem em 0,012 quilogramas de carbono-12. Quando o mol é usado, as unidades elementares precisam ser especificadas e podem ser átomos, moléculas, íons, elétrons, outras partículas ou grupos específicos de tais partículas.

AIII.3 QUANTIDADES FÍSICAS SECUNDÁRIAS

Todas as outras quantidades físicas são consideradas, por definição, como sendo derivadas, e tendo suas dimensões também derivadas, das sete quantidades físicas básicas independentes, envolvendo apenas multiplicação, divisão, diferenciação e, ou, integração.

A velocidade de uma partícula, por exemplo, é definida por $v = ds/dt$ e tem a dimensão comprimento/tempo (l/t); a unidade SI é o metro por segundo (m/s).

A Tab. AIII.2 lista um número de quantidades secundárias comuns e suas unidades; essas unidades não possuem nomes especiais. A Tab. AIII.3 lista um número de quantidades secundárias comuns que têm nomes especiais para as suas unidades.

Tab. AIII.2 Unidades SI Secundárias sem Nomes Especiais

Quantidade física	Símbolo da quantidade	Nome da unidade SI	Símbolo da unidade SI
Área	A	metro quadrado	m^2
Volume	V	metro cúbico	m^3
Densidade	ρ	quilograma por metro cúbico	$kg\ m^{-3}$
Velocidade	u, v, w, c	metro por segundo	$m\ s^{-1}$
Concentração*	$\bar{c}$	mol por metro cúbico	$mol\ m^{-3}$
Intensidade do campo elétrico	E	volt por metro	$V\ m^{-1}$

*Para a concentração em mol/l = mol/dm³ usamos c. Assim, $\bar{c} = 1000c$.

Tab. AIII.3 Nomes e Símbolos Especiais para Certas Unidades SI Secundárias

Quantidade física	Nome da unidade SI	Símbolo para a unidade SI	Definição da unidade SI
Força	newton	N	$kg\ m\ s^{-2}$
Pressão = força/área	pascal	Pa	$N\ m^{-2} = kg\ m^{-1}\ s^{-2}$
Energia	joule	J	$N\ m = kg\ m^2\ s^{-2}$
Potência = energia/tempo	watt	W	$J\ s^{-1} = kg\ m^2\ s^{-3}$
Carga elétrica	coulomb	C	$A\ s$
Diferença de potencial elétrico	volt	V	$J\ C^{-1} = kg\ m^2\ s^{-3}\ A^{-1}$
Resistência elétrica	ohm	Ω	$V\ A^{-1} = kg\ m^2\ s^{-3}\ A^{-2}$
Condutância elétrica	siemens	S	$A\ V^{-1} = kg^{-1}\ m^{-2}\ s^3\ A^2$
Capacitância elétrica	farad	F	$C\ V^{-1} = kg^{-1}\ m^{-2}\ s^4\ A^2$
Fluxo magnético	weber	Wb	$V\ s = kg\ m^2\ s^{-2}\ A^{-1}$
Densidade de fluxo magnético	tesla	T	$Wb\ m^{-2} = kg\ s^{-2}\ A^{-1}$
Freqüência	hertz	Hz	s^{-1}

AIII.4 PREFIXOS SI

Para designar múltiplos e submúltiplos da unidade básica, usamos um prefixo padrão junto ao símbolo da unidade. Esses prefixos encontram-se listados na Tab. AIII.4.

Tab. AIII.4 Prefixos SI

Submúltiplo	Prefixo	Símbolo	Múltiplo	Prefixo	Símbolo
10^{-1}	deci	d	10	deca	da
10^{-2}	centi	c	10^2	hecto	h
10^{-3}	milli	m	10^3	quilo	k
10^{-6}	micro	μ	10^6	mega	M
10^{-9}	nano	n	10^9	giga	G
10^{-12}	pico	p	10^{12}	tera	T
10^{-15}	femto	f	10^{15}	peta	P
10^{-18}	atto	a	10^{18}	exa	E

Exemplos: $1 \text{ km} = 10^3 \text{ m}; \quad 1 \text{ ns} = 10^{-9} \text{ s}.$

Note que a unidade básica para a massa, 1 kg, já é prefixada. Nós não adicionamos um segundo prefixo, mas usamos, preferencialmente, um prefixo simples à unidade grama. Dessa forma, usamos ng e não pkg; mg e não μkg; Mg e não kkg. Quando fazemos a potência ou a raiz de uma unidade com prefixo, a unidade inteira é elevada à potência.

Exemplos: 1 dm^3 significa 1 (dm)^3 e não $1 \text{ d (m}^3)$;
1 km^2 significa 1 (km)^2 e não $1 \text{ k (m}^2)$.

AIII.5 ALGUMAS REGRAS GRAMATICAIS

AIII.5.1 Escrevendo os Símbolos para as Unidades e Prefixos

Os símbolos para as unidades e qualquer prefixo são impressos em romano, sem espaço entre eles. O símbolo da unidade é seguido de um único ponto, no caso de estar terminando uma sentença, e nunca é colocado no plural. Assim, temos

10 kg, não 10 kg., e não 10 kgs.

Os símbolos para as unidades derivadas de um nome próprio são escritos com letra maiúscula, mas os nomes das unidades não o são.

Exemplos: 10 volts é simbolizado por 10 V; 100 joules é simbolizado por 100 J.

500 / FUNDAMENTOS DE FÍSICO-QUÍMICA

AIII.5.2 Símbolos das Quantidades Secundárias

Um produto de duas unidades diferentes pode ser escrito dos seguintes modos: N m ou N $\times$ m ou N $\cdot$ m. Neste livro, usamos o primeiro método, colocando, simplesmente, um espaço entre os símbolos.

Um quociente pode ser escrito como kJ/mol ou kJ mol^{-1} ou em qualquer outra forma que não seja ambígua. Não se deve usar mais de um traço inclinado (/) em uma expressão, a não ser que o parêntese seja incluído para evitar a ambiguidade; dessa maneira, escreve-se (m/s)/(V/m) e não m/s/V/m.

AIII.5.3 Títulos em Tabelas e Legendas de Gráficos

As entradas nas tabelas desse livro são todas números puros. O título da tabela contém o quociente da quantidade física dividido pela unidade. Por exemplo, na Tab. AV.1, a segunda coluna tem na sua parte superior o título ΔH_f^o/kJ mol^{-1}. Nesse caso, obtemos o valor de ΔH_f^o colocando o título da tabela igual ao número puro que ela indica; para o O_3 (g) encontramos ΔH_f^o/kJ mol^{-1} = 142,7, o que equivale a ΔH_f^o = 142,7 kJ mol^{-1} = 142,7 kJ/mol.

Na Tab. 7.1, os valores das constantes na expressão $C_p/R = a + bT + cT^2 + \ldots$ são tabelados. O título da terceira coluna é $b/10^{-3}$ K^{-1}; para obtermos o valor de b para o oxigênio, colocamos o número encontrado na tabela igual ao título da coluna. Dessa maneira, $b/10^{-3}$ K^{-1} = = 1,6371, o que equivale a b = 1,6371 $\times$ 10^{-3} K^{-1}. Note que o título dessa tabela também pode ser escrito como 1000b/K^{-1} ou 1000b K ou ainda (Deus me livre!) k b K. Por uma escolha apropriada do título da tabela, teremos as entradas apresentadas numa forma conveniente.

O mesmo método vem sendo seguido na especificação dos eixos coordenados nos gráficos; na construção de um gráfico de pressão contra temperatura, o eixo vertical pode ser indicado como p/MPa e o eixo horizontal como T/K.

AIII.6 EQUAÇÕES COM PROBLEMAS DIMENSIONAIS

A relação entre a temperatura Celsius, t, e a temperatura termodinâmica, T, proporciona uma ilustração da quantidade de cálculo. Antigamente, teríamos escrito

$$T = t + T_0,$$

sendo T_0 = 273,15 K. Mas, pela atual situação, essa equação apresenta um problema dimensional. A unidade para t é $^\circ$C, enquanto que a unidade para T é K. Exatamente falando, podemos escrever

$$T/\text{K} = t/^\circ\text{C} + T_0/\text{K} = t/^\circ\text{C} + 273,15.$$

Cada termo nessa representação é um número puro e a dificuldade (presente nesta circunstância) desaparece. Assim, podemos escrever para t

$$t = (T/\text{K} - 273,15)^\circ\text{C}$$

Como $1°C = 1$ K (exatamente), essa dificuldade é tanto imaginária como real, embora a questão não deva ser esquecida.

A Eq. (11.50) é um outro exemplo de dificuldade dimensional. Antigamente, costumava-se escrever a relação entre a constante de equilíbrio expressa em termos da pressão e a constante de equilíbrio expressa em termos da concentração como

$$K_p = K_c(RT)^{\Delta v},$$

que é, dimensionalmente, um absurdo. A Eq. (11.50) corrente possui duas formas corretas de ser escrita, que são

$$K_p = K_c\left(\frac{RT}{101,325 \text{ J/mol}}\right)^{\Delta v} = {'K_c}(0{,}08206 \ T/\text{K})^{\Delta v}.$$

Estas duas formas têm sentido, dimensionalmente falando. A presença do fator numérico que é de difícil manuseio é o preço que pagamos por usarmos atmosfera e mol/l como unidades de concentração!

AIII.7 UM SÍMBOLO – UMA QUANTIDADE

Como uma regra geral, o símbolo para uma quantidade física não deve ser diferente para unidades diferentes da quantidade física. Assim, m deve ser a massa e não o número de quilogramas ou o número de gramas e l deve ser o comprimento e não o número de metros ou o número de pés.

Tenho violado deliberadamente essa regra ao usar dois símbolos diferentes para a concentração volumétrica. O símbolo tradicional para a concentração volumétrica, em unidades de mol por litro, é c. Esta não é uma unidade SI, uma vez que não é derivada diretamente de unidades básicas e, além disso, envolve um fator numérico. Será uma unidade SI no momento em que envolver unidades SI legítimas para a quantidade da substância (mol) e o volume (dm^3). Como uma unidade prática de concentração, o c irá nos acompanhar por um longo tempo. Em vez de usar esse símbolo para a unidade SI de concentração derivada da unidade básica, mol/m^3, introduzi o símbolo $\tilde{c}$ para a unidade básica SI de concentração. O uso de $\tilde{c}$ nas equações evita tanto os fatores numéricos embaraçosos como a confusão com a concentração em moles por litro. Semelhantemente, usei $\tilde{N}$ para o número de moléculas por metro cúbico.

APÊNDICE IV

Tab. AIV.1 Constantes Fundamentais

Quantidade	Símbolos e equivalências	Valor
Constante dos gases perfeitos	R	$8,31441(26)$ J K^{-1} mol^{-1}
Zero da escala Celsius	T_0	$273,15$ K exatamente
Atmosfera padrão	p_0	$1,01325 \times 10^5$ Pa exatamente
Volume molar padrão do gás ideal	$V_0 = RT_0/p_0$	$22,41383(70) \times 10^{-3}$ m^3 mol^{-1}
Constante de Avogadro	N_A	$6,022045(31) \times 10^{23}$ mol^{-1}
Constante de Boltzmann	$k = R/N_A$	$1,380662(44) \times 10^{-23}$ J K^{-1}
Aceleração padrão da gravidade	g	$9,80665$ m s^{-2} exatamente
Carga elementar	e	$1,6021892(46) \times 10^{-19}$ C
Constante de Faraday	$F = N_A e$	$96484,56(27)$ C mol^{-1}
Velocidade da luz no vácuo	c	$2,99792458(1) \times 10^8$ m s^{-1}
Constante de Planck	h	$6,626176(36) \times 10^{-34}$ J s
	$\hbar = h/2\pi$	$1,0545887(57) \times 10^{-34}$ J s
Massa em repouso do elétron	m	$9,109534(47) \times 10^{-31}$ kg
Massa em repouso do próton	m_p	$1,6726485(86) \times 10^{-27}$ kg
Massa em repouso do nêutron	m_n	$1,6749543(86) \times 10^{-27}$ kg
Unidade de massa atômica	$1\ u = 10^{-3}$ kg mol$^{-1}/N_A$	$1,6605655(86) \times 10^{-27}$ kg

Tab. AIV.1 (Continuação) Constantes de Uso Menos Freqüente e Quantidades Compostas

Permeabilidade do vácuo	μ_0	$4\pi \times 10^{-7}$ V s^2 C^{-1} m^{-1} exatamente
Permissividade do vácuo	$\epsilon_0 = 1/\mu_0 c^2$	$8,85418782(5) \times 10^{-12}$ C V^{-1} m^{-1}
	$4\pi\epsilon_0$	$1,11265006(6) \times 10^{-10}$ C^2 N^{-1} m^{-2}
	$1/4\pi\epsilon_0$	$8,9875518(5) \times 10^9$ N m^2 C^{-2}
Constante da gravitação universal	G	$6,6720(27) \times 10^{-11}$ m^3 kg^{-1} s^{-2}
Constante de Rydberg	$R_\infty = me^4/8\epsilon_0^2 h^3 c$	$1,097373177(83) \times 10^7$ m^{-1}
Raio de Bohr	$a_0 = 4\pi\epsilon_0 h^2/me^2$	$5,2917706(44) \times 10^{-11}$ m
Hartree (energia)	$E_h = 2hcR_\infty = e^2/4\pi\epsilon_0 a_0$	$4,359814(24) \times 10^{-18}$ J
Magneton de Bohr	$\mu_B = eh/2m$	$9,274078(36) \times 10^{-24}$ J T^{-1}
Magneton nuclear	$\mu_N = eh/2m_p$	$5,050824(20) \times 10^{-27}$ J T^{-1}
Momento eletromagnético	μ_e	$9,284832(36) \times 10^{-24}$ J T^{-1}
Fator de Lande, g, para o elétron livre	$g_e = 2\mu_e/\mu_B$	$2,0023193134(70)$
Razão giromagnética do próton	γ_p	$2,6751987(75) \times 10^8$ s^{-1} T^{-1}

Pure and Applied Chemistry, 51:1, 1979. Reproduzido com permissão. O número entre parênteses é a incerteza estimada do último algarismo do valor. Essa estimativa é três vezes o desvio padrão.

Tab. AIV.2 Constantes Matemáticas e Séries

$\pi = 3,14159265\dots$

$e = 2,7182818\dots$

$\ln x = 2,302585\dots \log_{10} x$

$$\operatorname{sen} x = x - \frac{x^3}{3!} + \frac{x^5}{5!} - \frac{x^7}{7!} + \cdots \qquad \text{(qualquer } x)$$

$$\cos x = 1 - \frac{x^2}{2!} + \frac{x^4}{4!} - \frac{x^6}{6!} + \cdots \qquad \text{(qualquer } x)$$

$$e^x = 1 + x + \frac{x^2}{2!} + \frac{x^3}{3!} + \frac{x^4}{4!} + \cdots \qquad \text{(qualquer } x)$$

$$\ln(1 + x) = x - \tfrac{1}{2}x^2 + \tfrac{1}{3}x^3 - \tfrac{1}{4}x^4 + \cdots \qquad x^2 < 1$$

$$(1 + x)^{-1} = 1 - x + x^2 - x^3 + \cdots \qquad x^2 < 1$$

$$(1 - x)^{-1} = 1 + x + x^2 + x^3 + \cdots \qquad x^2 < 1$$

$$(1 - x)^{-2} = 1 + 2x + 3x^2 + 4x^3 + \cdots \qquad x^2 < 1$$

APÊNDICE V

Propriedades Químicas Termodinâmicas a 298,15 K

Tab. AV.1

Substância	$\Delta H_f^\circ/kJ\ mol^{-1}$	$\Delta G_f^\circ/kJ\ mol^{-1}$	$S^\circ/J\ K^{-1}\ mol^{-1}$	$C_p^\circ/J\ K^{-1}\ mol^{-1}$
$O(g)$	249,17	231,75	160,946	21,91
$O_2(g)$	0	0	205,037	29,35
$O_3(g)$	142,7	163,2	238,82	39,20
$H(g)$	217,997	203,26	114,604	20,786
$H_2(g)$	0	0	130,570	28,82
$OH(g)$	38,95	34,23	183,64	29,89
$H_2O(l)$	$-285,830$	$-237,178$	69,950	75,291
$H_2O(g)$	$-241,814$	$-228,589$	188,724	33,577
$H_2O_2(l)$	$-187,78$	$-120,42$	109,6	89,1
$F(g)$	79,39	61,92	158,640	22,74
$F_2(g)$	0	0	202,685	31,30
$HF(g)$	$-273,30$	$-275,40$	173,665	29,13
$Cl(g)$	121,302	105,70	165,076	21,84
$Cl_2(g)$	0	0	222,965	33,91
$HCl(g)$	$-92,31$	$-95,299$	186,786	29,1
$Br(g)$	111,86	82,429	174,904	20,79
$Br_2(l)$	0	0	152,210	75,69
$Br_2(g)$	30,91	3,14	245,350	36,02
$HBr(g)$	$-36,38$	$-53,43$	198,585	29,14
$I(g)$	106,762	70,28	180,673	20,79
$I_2(c)$	0	0	116,139	54,44
$I_2(g)$	62,421	19,36	260,567	36,9
$HI(g)$	26,36	1,72	206,480	29,16
$S(c,\ rômbico)$	0	0	32,054	22,6
$S(c,\ monoclínico)$	0,33			
$S(g)$	276,98	238,27	167,715	23,67
$SO_2(g)$	$-296,81$	$-300,19$	248,11	39,9
$SO_3(g)$	$-395,7$	$-371,1$	256,6	50,7
$H_2S(g)$	$-20,6$	$-33,6$	205,7	34,2
$H_2SO_4(l)$	$-813,99$	$-690,10$	156,90	138,9
$N(g)$	472,68	455,57	153,189	20,79
$N_2(g)$	0	0	191,502	29,12
$NO(g)$	90,25	86,57	210,65	29,84
$NO_2(g)$	33,18	51,30	240,0	37,2
$N_2O(g)$	82,0	104,2	219,7	38,45
$N_2O_3(g)$	83,7	139,4	312,2	65,6
$N_2O_4(g)$	9,16	97,8	304,2	77,3

PROPRIEDADES QUÍMICAS TERMODINÂMICAS A 298,15 K / 505

Tab. AV.1 (Continuação)

Substância	$\Delta H_f^\circ/\text{kJ mol}^{-1}$	$\Delta G_f^\circ/\text{kJ mol}^{-1}$	$S^\circ/\text{J K}^{-1}\text{ mol}^{-1}$	$C_p^\circ/\text{J K}^{-1}\text{ mol}^{-1}$
$N_2O_5(g)$	11	115	356	85
$NH_3(g)$	$-45,94$	$-16,5$	192,67	35,1
$HNO_3(l)$	$-174,1$	$-80,8$	155,6	109,9
$NOCl(g)$	51,7	66,1	261,6	44,69
$NH_4Cl(c)$	$-314,4$	$-203,0$	94,6	84,1
$P(g)$	316,5	278,3	163,085	20,79
$P_2(g)$	144,0	104	218,01	32,0
$P_4(c, \alpha, \text{branco})$	0	0	164,4	95,36
$P_4(g)$	·58,9	24,5	279,9	67,15
$PCl_3(g)$	-287	-268	311,7	71,8
$PCl_5(g)$	-375	-305	364,5	112,8
$C(c, \text{grafita})$	0	0	5,74	8,53
$C(c, \text{diamante})$	1,897	2,900	2,38	6,12
$C(g)$	716,67	671,29	157,988	20,84
$CO(g)$	$-110,53$	$-137,15$	197,556	29,12
$CO_2(g)$	$-393,51$	$-394,36$	213,677	37,11
$CH_4(g)$	$-74,8$	$-50,8$	186,15	35,31
$HCHO(g)$	-117	-113	218,7	35,4
$CH_3OH(l)$	$-238,7$	$-166,4$	127	82
$C_2H_2(g)$	226,7	209,2	200,8	43,9
$C_2H_4(g)$	52,3	68,1	219,5	43,6
$C_2H_6(g)$	$-84,7$	$-32,9$	229,5	52,6
$CH_3COOH(l)$	-485	-390	160	124
$C_2H_5OH(l)$	$-277,7$	$-174,9$	161	111,5
$C_6H_6(g)$	82,93	129,66	26,92	85,29
$Si(c)$	0	0	18,81	20
$Si(g)$	450	411	167,870	22,25
$SiO_2(c, \alpha\text{-quartzo})$	$-910,7$	$-856,7$	41,46	44,4
$SiH_4(g)$	34	57	204,5	42,8
$SiF_4(g)$	$-1614,95$	$-1572,7$	282,65	73,6
$Pb(c)$	0	0	64,80	26,4
$PbO(c, \text{vermelho})$	$-219,0$	$-188,9$	66,5	45,8
$PbO_2(c)$	-277	$-217,4$	68,6	64,6
$PbS(c)$	-100	-99	91	49,5
$PbSO_4(c)$	$-919,94$	$-813,2$	148,49	103,21
$Al(c)$	0	0	28,35	24,4
$Al_2O_3 (c, \alpha\text{-cor índon})$	$-1675,7$	-1582	50,92	79,0
$Zn(c)$	0	0	41,63	25,4
$Zn(g)$	130,42	95,18	160,875	20,79
$ZnO(c)$	$-350,46$	$-318,3$	43,64	40,3
$Hg(l)$	0	0	75,90	27,98
$Hg(g)$	61,38	31,85	174,860	20,79
$HgO(c, \text{vermelho})$	$-90,8$	$-58,56$	70,3	44,1
$Cu(c)$	0	0	33,15	24,43
$CuO(c)$	-157	-130	42,6	42,3
$Cu_2O(c)$	-169	-146	93,1	63,6
$Ag(c)$	0	0	42,55	25,35
$Ag_2O(c)$	$-31,0$	$-11,2$	121	65,9

506 / FUNDAMENTOS DE FÍSICO-QUÍMICA

Tab. AV.1 (*Continuação*)

Substância	$\Delta H_f^\circ/\text{kJ mol}^{-1}$	$\Delta G_f^\circ/\text{kJ mol}^{-1}$	$S^\circ/\text{J K}^{-1}\text{ mol}^{-1}$	$C_p^\circ/\text{J K}^{-1}\text{ mol}^{-1}$
$AgCl(c)$	$-127,070$	$-109,80$	$96,23$	$50,8$
$Ag_2S(c, \alpha)$	$-32,6$	$-40,7$	$144,0$	$76,5$
$Fe(c, \alpha)$	0	0	$27,3$	$25,1$
$Fe_{0.947}O(c, \text{wustita})$	$-266,3$	$-245,1$	$57,5$	$48,1$
$Fe_2O_3(c, \text{hematita})$	$-824,2$	$-742,2$	$87,4$	$103,8$
$Fe_3O_4(c, \text{magnetita})$	-1118	-1015	146	$143,4$
$FeS(c, \alpha)$	-100	$-100,4$	$60,3$	$50,5$
$FeS_2(c, \text{pirita})$	-178	-167	$52,9$	$62,2$
$Ti(c)$	0	0	$30,6$	$25,0$
$TiO_2(c, \text{rutílio})$	-945	-890	$50,3$	$55,0$
$TiCl_4(l)$	-803	-737	$252,3$	$145,2$
$Mg(c)$	0	0	$32,68$	$24,9$
$MgO(c)$	$-601,5$	$-569,4$	$26,95$	$37,2$
$MgCO_3(c)$	-1096	-1012	66	$75,5$
$Ca(c)$	0	0	$41,6$	$25,3$
$CaO(c)$	$-635,09$	$-604,0$	$38,1$	$42,8$
$Ca(OH)_2(c)$	$-986,1$	$-898,6.$	$83,4$	$87,5$
$CaC_2(c)$	-60	-65	$70,0$	$62,7$
$CaCO_3(c, \text{calcita})$	$-1206,9$	$-1128,8$	93	$81,9$
$SrO(c)$	-592	-562	54	$45,0$
$SrCO_3(c)$	-1220	-1140	97	$81,4$
$BaO(c)$	-554	-525	$70,4$	$47,8$
$BaCO_3(c)$	-1216	-1138	112	$85,4$
$Na_2O(c)$	$-414,2$	$-375,5$	$75,1$	$69,1$
$NaOH(c)$	$-425,61$	$-379,53$	$64,45$	$59,5$
$NaF(c)$	$-573,65$	$-543,51$	$51,5$	$46,9$
$NaCl(c)$	$-411,15$	$-384,15$	$72,1$	$50,5$
$NaBr(c)$	$-361,06$	$-348,98$	$86,8$	$51,4$
$NaI(c)$	$-287,8$	$-286,1$	$98,5$	$52,1$
$Na_2SO_4(c)$	$-1387,1$	$-1270,2$	$149,6$	$128,2$
$Na_2SO_4 \cdot 10H_2O$	$-4327,3$	$-3647,4$	592	
$NaNO_3(c)$	$-467,9$	$-367,1$	$116,5$	$92,9$
$KF(c)$	$-567,3$	$-537,8$	$66,6$	$49,0$
$KCl(c)$	$-436,75$	$-409,2$	$82,6$	$51,3$
$KClO_3(c)$	$-397,7$	$-296,3$	143	$100,2$
$KClO_4(c)$	$-432,8$	$-303,2$	151	$112,4$
$KBr(c)$	$-393,80$	$-380,7$	$95,9$	$52,3$
$KI(c)$	$-327,90$	$-324,89$	$106,3$	$52,9$

g: gás; l: líquido; c: cristal.

Os valores na Tab. AV.1 foram calculados a partir dos dados de D. D. Wagman, W. H. Evans, V. B. Parker, I. Halow, S. M. Bailey e R. H. Schumm, *Selected Values of Chemical Thermodynamic Properties*, NBS Technical Notes 270-3, 4, 5, 6, 7 e 8.

Para a obtenção dos valores em joules, os valores tabelados em calorias foram multiplicados por 4,184. O produto foi, então, arredondado para evitar que seja dada a idéia de uma precisão maior do que as entradas originais possam justificar. Por exemplo, a entrada no NBS para a entropia do HgO(vermelho) é 16,80 cal/K mol; assim, teremos que $16,80 \times 4,184 = 70,291$ J/K mol. Esse valor foi arredondado para 70,3 J/K mol, em vez de 70,29. Conseqüentemente, os valores podem, na realidade, ser conhecidos com um grau de precisão maior do que os valores aqui indicados.

Uns poucos valores foram tirados do CODATA Bulletin N⁰ 28, *Recommended Key Values of Thermodynamics*, 1977.

APÊNDICE VI

Tabela de Caracteres dos Grupos

C_{2v}	E	C_2	$\sigma_v(xz)$	$\sigma_v'(yz)$		
a_1	1	1	1	1	z	x^2, y^2, z^2
a_2	1	1	-1	-1	R_z	xy
b_1	1	-1	1	-1	x, R_y	xz
b_2	1	-1	-1	1	y, R_x	yz

C_{3v}	E	$2C_3$	$3\sigma_v$		
a_1	1	1	1	z	$x^2 + y^2, z^2$
a_2	1	1	-1	R_z	
e	2	-1	0	$(x, y)(R_x, R_y)$	$(x^2 - y^2, xy)(xz, yz)$

C_{2h}	E	C_2	i	σ_h		
a_g	1	1	1	1	R_z	x^2, y^2, z^2, xy
b_g	1	-1	1	-1	R_x, R_y	xz, yz
a_u	1	1	-1	-1	z	
b_u	1	-1	-1	1	x, y	

D_{2h}	E	$C_2(z)$	$C_2(y)$	$C_2(x)$	i	$\sigma(xy)$	$\sigma(xz)$	$\sigma(yz)$		
a_g	1	1	1	1	1	1	1	1		x^2, y^2, z^2
b_{1g}	1	1	-1	-1	1	1	-1	-1	R_z	xy
b_{2g}	1	-1	1	-1	1	-1	1	-1	R_y	xz
b_{3g}	1	-1	-1	1	1	-1	-1	1	R_x	yz
a_u	1	1	1	1	-1	-1	-1	-1		
b_{1u}	1	1	-1	-1	-1	-1	1	1	z	
b_{2u}	1	-1	1	-1	-1	1	-1	1	y	
b_{3u}	1	-1	-1	1	-1	1	1	-1	x	

D_{3h}	E	$2C_3$	$3C_2$	σ_h	$2S_3$	$3\sigma_v$		
a_1'	1	1	1	1	1	1		$x^2 + y^2, z^2$
a_2'	1	1	-1	1	1	-1	R_z	
e'	2	-1	0	2	-1	0	(x, y)	$(x^2 - y^2, xy)$
a_1''	1	1	1	-1	-1	-1		
a_2''	1	1	-1	-1	-1	1	z	
e''	2	-1	0	-2	1	0	(R_x, R_y)	(xz, yz)

APÊNDICE VII

Respostas dos Problemas

Nota 1. Algarismos significativos

Nos problemas onde os valores nominais das variáveis são dados para ilustrar um cálculo, decidimos (de forma um tanto arbitrária) fornecer as respostas numéricas com três algarismos significativos, a menos que haja alguma razão óbvia num problema particular para fazermos de outra forma. Por exemplo, "Qual o volume que um mol de um gás ideal ocupa sob 2 atm de pressão e a 20°C?" A resposta é dada como 12,0 l. Os valores "um mol", "2 atm" e "20°C" são valores nominais dados para ilustrar o uso da lei dos gases ideais. Essas quantidades podem ser tomadas como exatas no cálculo. Não vemos nenhuma necessidade de escrevermos 1,00 mol, 2,00 atm e 20,0°C a cada vez que se propõe um cálculo. Por outro lado, se o enunciado do problema contém uma medida, devem-se observar as regras para os algarismos significativos. Por exemplo, "Uma amostra de metano é confinada sob uma pressão de 745 mmHg, a uma temperatura de 22,0°C, num volume de 175 ml. Qual é a massa de gás, assumindo-se um comportamento ideal?" A resposta é 0,113 g, mas neste caso colocamos três algarismos significativos porque temos três algarismos significativos em 175 ml. O estudante deve estar atento aos casos nos quais o número de algarismos significativos diminui, como ocorre freqüentemente nas subtrações. Nesses problemas tentamos especificar os dados cuidadosamente, de forma que não haja ambigüidade nos cálculos.

Nota 2.

Todos os problemas foram feitos usando-se uma calculadora programável de memória contínua; todas as constantes fundamentais foram armazenadas na calculadora na precisão máxima. Assim, o valor de R usado sempre foi 8,31441 J/K mol, o de N_A foi sempre 6,022045 $\times$ $\times 10^{23}$/mol e T foi sempre calculado como $T = 273,15 + t$. Como conseqüência, as respostas no livro podem mostrar diferenças triviais no último algarismo significativo de valores calculados usando-se $R = 8,31$ J/K mol, $T_0 = 273$ K e $N_A = 6,02 \times 10^{23}$/mol. Acreditamos que ninguém perderá o sono por isto.

Nota 3.

Nos problemas onde se determinam quantidades a partir do coeficiente angular e/ou linear do gráfico de uma linha reta, estes coeficientes foram calculados usando-se o método dos mínimos quadrados aplicado aos pontos (o programa já instalado na calculadora para fazer regressão linear).

Capítulo 2

2.1 449 °C   **2.2** 300 mol; 9,6 kg   **2.3** 892,1 μg   **2.4** (a) 818,3 μg   (b) 142,2 cm³
2.5 "R" = 10,1325 J/K mol; "N_A" = 7,339 $\times 10^{23}$/"mol"; "M_H" = 1,228 g/"mol";
"M_O" = 19,50 g/"mol"

RESPOSTAS DOS PROBLEMAS / 511

2.6 $\alpha = 1/T$ **2.7** $\kappa = 1/p$ **2.8** $(\partial p/\partial T)_V = \alpha/\kappa$

2.9 (p/atm, mol%) (a) H_2: 6,15; 94,2%; O_2: 0,38; 5,8%; p_t/atm = 6,53
(b) N_2: 0,440; 53,3%; O_2: 0,385; 46,7%; p_t/atm = 0,825
(c) CH_4: 0,769; 51,5%; NH_3: 0,724; 48,5%; p_t/atm = 1,493
(d) H_2: 6,15; 97,3%; Cl_2: 0,17; 2,7%; p_t/atm = 6,32

2.10 (p/atm: N_2, O_2, Ar) 0,762; 0,205; 0,0098; (x_i: N_2, O_2, Ar, H_2O) 0,762; 0,205; 0,0098; 0,023

2.11 (a) 69% N_2, 18% O_2, 0,88% Ar, 12% H_2O
(b) 12.2 L (c) 0,993

2.12 30 L **2.13** 20% O_2, 80% H_2 **2.14** (a) 98,0% N_2, 2,0% H_2O (b) 10,2 L

2.15 10,3 mol% H_2 **2.16** 0,747 N_2, 0,101 O_2, 0,086 H_2O, 0,058 CO_2, 0,010 Ar

2.17 59,9% butano **2.18** 154,7 g/mol

2.19 (a) 5,64 g/mol (b) 56,4 g/mol (c) 56,4 kg/mol (d) polímeros

2.20 633 Torr; 462 Torr

2.21 (a) $5,8 \times 10^{-20}$ m (b) Sim. As batatas procuram ficar o mais próximo do fundo

2.22 $+0,024$ atm

2.23 (p_i/atm) N_2: $2,44 \times 10^{-3}$; CO_2: $0,0701 \times 10^{-3}$; p_t/atm = $2,51 \times 10^{-3}$; $x_{N_2} = 0,972$
(b) 1.10×10^6 mol

2.24 (p/atm: 50 km, 100 km; mol %: 50 km, 100 km)
N_2: ($3,06 \times 10^{-3}$, $1,20 \times 10^{-5}$; 89,0%, 87,7%)
O_2: ($3,73 \times 10^{-4}$, $6,66 \times 10^{-7}$; 10,8%, 4,86%)
Ar: ($3,44 \times 10^{-6}$, $1,27 \times 10^{-9}$; 0,100%, 0,00930%)·
CO_2: ($5,0 \times 10^{-8}$, $8,2 \times 10^{-12}$; 0,0014%, $6,0 \times 10^{-5}$%)
Ne: ($3,3 \times 10^{-7}$, $6,1 \times 10^{-9}$; 0,0097%, 0,045%)
He: ($2,3 \times 10^{-6}$, $1,0 \times 10^{-6}$; 0,066%, 7,5%)
p_{total}/atm: 50 km: $3,44 \times 10^{-3}$; 100 km: $1,37 \times 10^{-5}$

2.25 $0,924\ c_0$ **2.26** (a) 38 cm (b) $9,71 \times 10^{-4}$ mol/L (c) $1,94 \times 10^{-4}$ mol

2.27 $c_{top} = 0,098$ mol/m³, $c_0 = 0,102$ mol/m³

2.28 (a) 65,2 kg/mol (b) 6,36 g (c) 0,244 mol/m³ **2.29** 1,41 km **2.30** 53

2.32 (a) $p_i = \tilde{c}_i RT$ (b) Se $r_i = n_i/n_1$, então $p_1 = p/(1 + \Sigma r_i)$; $p_i = r_i p/(1 + \Sigma r_i)$

2.34 10 km, 0,81; 15 km, 0,73

2.35 (a) $N = \tilde{N}_0 ART/Mg$, onde A = área da terra, $\tilde{N}_0$ = número de moléculas/m³ ao nível do solo
(c) $5,27 \times 10^{18}$ kg

2.36 (a) $\langle x_i \rangle = (x_i^0/M_i)/\Sigma x_i^0/M_i$ (b) N_2: 0,804; O_2: 0,189; Ar: 0,007

2.37 $Z = (RT/Mg)\ln 2$

2.38 [$(V/n)/$(L/mol): α_e, $\alpha = 0$] 2 atm: 13,7; 12,2; 1 atm: 28,6; 24,5; $\frac{1}{2}$ atm: 60,3; 48,9

2.39 $Z = 1 + \alpha$; como $p \to 0$, $\alpha \to 1$ e $Z \to 2$; N_2O_4 torna-se $2NO_2$.

Capítulo 3

3.1 12,1 cm³/mol **3.2** $a = 0,018$ Pa m⁶/mol², $b = 2,0 \times 10^{-5}$ m³/mol

3.3 $a = 0,212$ Pa m⁶/mol², $b = 1,89 \times 10^{-5}$ m³/mol, $R = 5,15$ J/K mol;
$a = 0,553$ Pa m⁶/mol², $b = 3,04 \times 10^{-5}$ m³/mol, $\overline{V}_c = 9,13 \times 10^{-5}$ m³/mol

3.4 $a = 3p_c \overline{V}_c^2 T_c$; $b = \frac{1}{3}\overline{V}_c$; $R = 8p_c \overline{V}_c/T_c$ **3.5** $a = e^2 p_c \overline{V}_c^2$; $b = \frac{1}{2}\overline{V}_c$; $R = \frac{1}{2}e^2 p_c \overline{V}_c/T_c$

3.6 (a) 0,520 L/mol (b) 0,195 L/mol (c) 0,146 L/mol

3.7 De 100°C até 25°C, p decresce 30 vezes, $1/T$ aumenta apenas de 1,2.

3.8 (p/atm, Z); 200 K: (100; 0,513); (200; 0,270); (400; 0,954); (600; 3,91); (800; 10,01); (1000; 20,12);
1000 K: (100; 1,0218); (200; 1,0500); (400; 1,1288); (600; 1,244); (800; 1,401); (1000; 1,608).

3.9 0,1942 L/mol **3.10** B-B: 0,2673 L/mol; vdW: 0,3818 L/mol

3.11 (B-B; vdW); O_2: (399,5 K; 522 K); CO_2: (867,8 K; 1026 K)

3.12 (a) $7,914 \times 10^{-5}$ m³/mol (b) 311,3 atm

3.13 $\alpha = (1/T)[1 + (2a/RT^2)(p/RT)]/[1 + (b - a/RT^2)(p/RT)]$; $T_B = (a/Rb)^{1/2}$

3.15 $(-dp/p) = (Mg/ZRT)\,dz$; $\ln(p/p_0) + B(p - p_0) = -Mgz/RT$

3.18 $T = 2a/Rb$; $(\partial Z/\partial p)_{max} = b^2/4a$

512 / FUNDAMENTOS DE FÍSICO-QUÍMICA

Capítulo 4

4.1 (m/s; 300 K, 500 K); c_{mq}: 484,624; $\langle c \rangle$: 446,575; c_{mp}: 395,510; para o H_2 as velocidades são 4 vezes maiores.

4.2 (a) $\langle c_{O_2} \rangle = 440$ m/s; $\langle c_{O_2} \rangle / \langle c_{CCl_4} \rangle = 2,19$ (b) $6,07 \times 10^{-21}$ J; mesma E.C.

4.3 (a) 3,74 kJ/mol, 6.24 kJ/mol (b) $6,21 \times 10^{-21}$ J **4.4** 3.24×10^{-10} m/s; 98 anos

4.5 10 km; 12 km **4.6** 96,6 K; 0,00925 **4.7** $(3 - 8/\pi)^{1/2}(kT/m)^{1/2}$ **4.8** $(\frac{3}{2})^{1/2}kT$

4.9 (a) $\langle t \rangle = (2m/\pi kT)^{1/2}$ (b) $(1 - 2/\pi)^{1/2}(m/kT)^{1/2}$ (c) 0,333 **4.10** 0,310 **4.11** $\frac{1}{2}kT$

4.12 kT: 0,572; $2kT$: 0,262; $5kT$: 0,018; $10kT$: $1,62 \times 10^{-4}$ **4.13** 0,766 **4.14** 0,676

4.15 (a) $9,48 \times 10^{-22}$ (b) $3,0 \times 10^{-304}$ (c) $4,33 \times 10^{-14}$ (d) $4,4 \times 10^{-14}$

4.16 0,0661; 0,198; 0,314 **4.17** $(\bar{C}_v/R)_{total} = 3,059$; 3,307; 3,396

4.18 $[\theta_s, (\bar{C}_v/R)_{vib}]$: (3,360 kK; 0,001618); (1,890 kK; 0,07114); (954,1 K; 0,4536); (954,1 K; 0,4536)

4.19 $2,58 \times 10^{13}$ Hz **4.20** 0,04540; 0,1707; 0,7241; 0,9207; 0,9638

4.21 $\bar{C}_v/R$: 3,0274; 3,2256; 3,9363; 5,0399 **4.22** (a) 0,2292 (b) $1,024 \times 10^{-9}$

4.23 0,0831 **4.24** 0,6931; 447 K

Capítulo 5

5.1 46 atm **5.3** 32,2 kJ/mol **5.4** $p_\infty = 1,450 \times 10^6$ atm; $p_{298} = 0,02819$ atm

5.5 $1/T = (1/T_0) + (M_{air}gz/Q_{vap}T_a)$; 94 °C **5.9** 118,1 kJ/mol; 1177 K

5.10 $a = \alpha_0; b = \frac{1}{2}(\alpha' + \alpha_0^2); c = \frac{1}{6}(\alpha'' + 3\alpha'\alpha_0 + \alpha_0^3)$

Capítulo 6

6.1 400 kJ **6.2** 0,098 J **6.3** 12 kJ **6.4** (a) 31% (b) Nenhuma

6.5 (a) (t, t'): (0, 0); (25; 2,52); (50; 11,7); (75; 37,6); (100; 100)

(b) $(p/mmHg, t')$: (40; 0,40); (100; 2,6); (400; 19,7); (760; 46,5)

6.6 $t' = t[1 + b(t - 100)/(a + 100b)]$ **6.7** 409,83

Capítulo 7

7.1 (a) $-30,3$ K (b) 0 K (c) 10.1 K **7.2** 12,6 J/K **7.3** $Q = W = 4$ kJ; $\Delta U = \Delta H = 0$

7.4 (a) $Q = W = 8,22$ kJ; $\Delta U = \Delta H = 0$ (b) $Q = W = -8,22$ kJ; $\Delta U = \Delta H = 0$

7.5 $Q = W = -20,3$ kJ; $\Delta U = \Delta H = 0$

7.6 $W_{rev} = nRT\ln(V_2/V_1) + n^2(RTb - a)[(1/V_1) - (1/V_2)]$

7.7 $Q = 2746$ J/mol; $W = 2727$ J/mol; $\Delta U = 18,5$ J/mol; $\Delta H = 31.7$ J/mol

7.8 $Q_p = \Delta H = -1559$ J/mol; $W = -624$ J/mol; $\Delta U = -935$ J/mol

7.9 $Q_v = \Delta U = 1560$ J/mol; $W = 0$; $\Delta H = 2180$ J/mol

7.10 $\Delta U = 9,4$ kJ/mol; $\Delta H = 11,9$ kJ/mol

7.11 (a) $W = 830$ J/mol (b) $Q = -1250$ J/mol; $\Delta U = -2080$ J/mol; $\Delta H = -2910$ J/mol

7.12 (a) $W = 105$ mJ (b) $Q_p = \Delta H = 20,90$ kJ; $\Delta U = 20,90$ kJ

7.13 *Caso 1*: $T_2 = 1380$ K; $Q = 0$; $\Delta U = -W = 13,5$ kJ/mol; $\Delta H = 22,4$ kJ/mol;

Caso 2: $T_2 = 1071$ K; $Q = 0$; $\Delta U = -W = 16,0$ kJ/mol; $\Delta H = 22,4$ kJ/mol.

Para n moles T_2 é o mesmo; W, ΔU e ΔH são n vezes maiores.

7.14 *Caso 1*: $T_2 = 754$ K; $Q = 0$; $\Delta U = -W = 5,66$ kJ/mol; $\Delta H = 9,44$ kJ/mol.

Caso 2: $T_2 = 579$ K; $Q = 0$; $\Delta U = -W = 5,80$ kJ/mol; $\Delta H = 8,12$ kJ/mol

7.15 *Caso 1*: $T_2 = 192$ K; $Q = 0$; $\Delta U = -W = -1,35$ kJ/mol; $\Delta H = -2,24$ kJ/mol.

Caso 2: $T_2 = 223$ K; $Q = 0$; $\Delta U = -W = -1,60$ kJ/mol; $\Delta H = -2,24$ kJ/mol

7.16 *Caso 1*: $T_2 = 119$ K; $Q = 0$; $\Delta U = -W = -2,26$ kJ/mol; $\Delta H = -3,76$ kJ/mol.

Caso 2: $T_2 = 155$ K; $Q = 0$; $\Delta U = -W = -3,01$ kJ/mol; $\Delta H = -4,22$ kJ/mol

7.17 $T_2 = 202$ K; $Q = 0$; $\Delta U = -W = -1,20$ kJ/mol; $\Delta H = -2,00$ kJ/mol

7.18 $Q = 0$; $\Delta U = -W = -208$ J/mol; $\Delta H = -291$ J/mol

7.19 $T_2 = 235$ K; $Q = 0$; $\Delta U = -W = -1,21$ kJ/mol; $\Delta H = -1,69$ kJ/mol

7.20 (a) 110,5 kPa (b) 107,9 kPa **7.21** 1,66

7.22 $Q = 0$; $\Delta U = -W = 624$ J/mol; $\Delta H = 873$ J/mol

7.23 $p_2 = 452$ kPa; $Q = 0$; $\Delta U = -W = 6,24$ kJ/mol; $\Delta H = 8,73$ kJ/mol

RESPOSTAS DOS PROBLEMAS / 513

7.24 (a) $\Delta U = \Delta H = 0; Q = W = 1,69$ kJ/mol
(b) $W = 0; Q_V = \Delta U = 1,00$ kJ/mol; $\Delta H = 1,66$ kJ/mol
(a) + (b): $Q = 2,69$ kJ/mol; $W = 1,69$ kJ/mol; $\Delta U = 1,00$ kJ/mol; $\Delta H = 1,66$ kJ/mol

7.25 (a) $\Delta U = \Delta H = 0; Q = W = 0,50$ kJ/mol
(b) $W = 0; Q_V = \Delta U = -1,04$ kJ/mol; $\Delta H = -1,46$ kJ/mol
(a) + (b): $Q_V = -0,54$ kJ/mol; $W = 0,50$ kJ/mol; $\Delta U = -1,04$ kJ/mol; $\Delta H = -1,46$ kJ/mol

7.26 (a) $M = (nRT/gh)(1 - p_2/p_1)$ (b) $M' = (nRT/gh)[(p_1/p_2) - 1]$
(c) $M' - M = (nRT/gh)(p_1 - p_2)^2/p_1 p_2$
(d) $M = 1,27$ Mg; $M' = 2,54$ Mg; $M' - M = 1,27$ Mg

7.27 (a) $W = RT[2 - (P'/p_1) - (p_2/P')]$ (b) $P' = (p_1 p_2)^{1/2}$ (c) $W_{max} = 2RT[1 - (p_2/p_1)^{1/2}]$

7.28 -9004 J/mol

7.29 (a) $Q_p = \Delta H = 6195,3$ J/mol; $W = 1662,9$ J/mol; $\Delta U = 4532,4$ J/mol
(b) $Q_V = \Delta U = 4532,4$ J/mol; $W = 0; \Delta H = 6195,3$ J/mol

7.30 $-3,54$ kJ/mol   **7.31** 490 atm   **7.32** 60 atm

7.33 $Q = 0; W = 2400$ J/mol; $\Delta U = -2400$ J/mol; $\Delta H = -2900$ J/mol

7.34 3,47 kJ/mol

7.35 (a) $-285,4$ kJ/mol   (b) $-562,0$ kJ/mol   (c) 142 kJ/mol   (d) 172,45 kJ/mol
(e) $-128,2$ kJ/mol   (f) $-851,5$ kJ/mol   (g) $-179,06$ kJ/mol   (h) -128 kJ/mol
(i) 178,3 kJ/mol

7.36 (a) $-287,9$ kJ/mol   (b) $-558,3$ kJ/mol   (c) 144 kJ/mol   (d) 169,97 kJ/mol
(e) $-120,8$ kJ/mol   (f) $-851,5$ kJ/mol   (g) $-176,58$ kJ/mol   (h) -130 kJ/mol
(i) 175,8 kJ/mol

7.37 (a) 49,07 kJ/mol   (b) $-631,12$ kJ/mol   **7.38** $-59,8$ kJ/mol

7.39 (a) -5635 kJ/mol   (b) -2232 kJ/mol   (c) 1195 J/K

7.40 (a) $-1366,9$ kJ/mol   (b) $-277,6$ kJ/mol

7.41 FeO: $-266,3$ kJ/mol; Fe_2O_3: $-824,2$ kJ/mol

7.42 (a) -937 kJ/mol   (b) -933 kJ/mol   **7.43** H_2S: $-20,6$ kJ/mol; FeS_2: -178 kJ/mol

7.44 -180 kJ/mol

7.45 (a) 44,016 kJ/mol   (b) 2,479 kJ/mol   (c) 41,537 kJ/mol   (d) 40,887 kJ/mol

7.46 $-45,98$ kJ/mol   **7.47** 132,86 kJ/mol   **7.48** $-223,91$ kJ/mol   **7.49** $-53,87$ kJ/mol

7.50 298 K: $-1255,5$ kJ/mol; 1000 K: $-1259,8$ kJ/mol   **7.51** $-812,2$ kJ/mol

7.52 (a) -73 kJ/mol   (b) -804 kJ/mol   **7.53** $-57,18$ kJ/mol

7.54 $-61,9$ kJ/mol; $-68,3$ kJ/mol

7.55 $[nAq; \Delta H_S/(kJ/mol)]$: (1; $-27,80$); (2; $-41,45$); (4; $-53,89$); (10; $-66,54$); (20; $-70,93$);
(100; $-73,65$); (∞; $-95,28$)

7.56 $[\Delta H/(kJ/mol); \Delta U/(kJ/mol)]$ (a) (428,22; 425,74)   (b) (926,98; 922,02)
(c) (498,76; 496,28)

7.57 SiF: 596 kJ/mol; SiCl: 398 kJ/mol; CF: 490 kJ/mol; NF: 279 kJ/mol; OF: 215 kJ/mol;
HF: 568 kJ/mol

7.58 (a) 415,9 kJ/mol   (b) 330,6 kJ/mol   (c) 589,3 kJ/mol   (d) 810,8 kJ/mol

7.59 302,4 kJ/mol   **7.60** (a) 7500 K   (b) 2900 K   (c) 5100 K   **7.61** 27 unidades

7.62 6,9 min   **7.63** Para $\Delta p = 10$ atm, $\Delta H = 18,2$ J/mol; Para $\Delta T = 10$ K, $\Delta H = 753$ J/mol

7.64 3.78 °C

7.65 (a) 1,667   (b) 1,286   (c) 1,167   (d) $\gamma_{Ar} = 1,667; \gamma_{N_2} = 1,400; \gamma_{I_2} = 1,292; \gamma_{H_2O} = 1,329$
(e) $\gamma = 1$

Capítulo 8

8.1 (a) Máquina de Carnot inversa; faz $W_{comp} = 0$
(b) Máquina de Carnot normal; faz $Q_{2, comp} = 0$

8.2 0,251

8.3 (a) 62,7%   (b) 41,9% menos 5% de outras perdas = 37%   (c) 119 Mg/hr
(d) 36 200 MJ/min   (e) 9,2 °C

514 / FUNDAMENTOS DE FÍSICO-QUÍMICA

8.4 (a) 80% (b) 1500 K **8.5** 6,2 m² **8.6** 640 W **8.7** 0,24 cv **8.8** 457 g/min
8.9 0,52 cv **8.10** 255 K **8.11** 2,79 m²
8.12 (a) 9,9 (b) 0.69
   (c) Caso (a): A fornalha fornece 0,081 da energia fornecida pela bomba de calor por unidade de combustível fóssil consumido. A bomba de calor é mais econômica. Caso (b): A fornalha fornece 1,16 da energia fornecida pela bomba de calor. A fornalha é mais econômica.
8.13 (a) 2,2 (b) 7,5% **8.14** Alta temp.: 23,0; Baixa temp.: 10,0
8.15 $\eta = 36{,}0$; RRE = 128
8.16 (a) $t = 373{,}15(1 - T/273{,}15)$ (b) $t = T - 273{,}15$
8.17 (a) $-R \ln 2 = -5{,}76$ J/K mol (b) $-R \ln 2$ (c) $+R \ln 2$
   (d) $R \ln 2 \neq 0$; note que $\Delta S_1 > Q_1/T$.

Capítulo 9

9.1 (a) 13,7 J/K mol (b) 22,8 J/K mol (c) três vezes maior em cada caso
9.2 (a) 47,948 J/K mol (b) 178,540 J/K mol **9.3** 13,2 J/K mol
9.4 (a) 11,71 J/K mol (b) 40,06 J/K mol **9.5** 25,00 J/K mol **9.6** 81,5 J/K mol
9.7 (a) 1,03 J/K mol S (b) 3,14 J/K mol S (c) 8,2 J/K mol S_8; 25,1 J/K mol S_8
9.8 (a) 23,488 J/K mol (b) 154,443 J/K mol **9.9** 216,127 J/K mol
9.10 (a) 99,89 J/K mol (b) 18,47 kJ/mol **9.11** 33,77 J/K mol
9.12 $\Delta H = 2849{,}5$ J/mol; $\Delta S = 8{,}8934$ J/K mol
9.13 (a) 5,763 J/K mol (b) 28,82 J/K mol
9.14 16,021 J/K mol **9.15** 10,1 J/K mol
9.16 $Q = 487$ J/mol; $\Delta U = 187$ J/mol; $\Delta H = 312$ J/mol; $\Delta S = 6{,}78$ J/K mol
9.17 $Q = 2747$ J/mol; $W = 2728$ J/mol; $\Delta U = 18{,}5$ J/mol; $\Delta H = 31{,}7$ J/mol; $\Delta S = 9{,}152$ J/K mol
9.18

	$Q/$(J/mol)	$W/$(J/mol)	$\Delta U/$(J/mol)	ΔH(J/mol)	$\Delta S/$(J/K mol)	$(Q/T)/$(J/K mol)
(a)	1250	0	1250	2080	2,39	—
(b)	2080	830	1250	2080	5,98	—
(c)	1730	1730	0	0	5,77	5,77
(d)	1250	1250	0	0	5,77	4,17
(e)	0	0	0	0	5,77	0
(f)	0	748	-748	-1250	1,12	0
(g)	0	910	-910	-1520	0	0

9.19 16,49 J/K mol **9.20** $\gamma = 0{,}00063276$ J/K² mol; $a = 0{,}00007222$ J/K⁴ mol
9.21 26,80 J/K mol **9.22** (a) $-0{,}377$ J/K mol (b) $-0{,}369$ J/K mol
9.23 $-0{,}0355$ J/K mol; $-0{,}0355$ J/K mol **9.24** $(\partial S/\partial p)_T = -V\alpha$ **9.25** $\Delta T = -1{,}49$ K
9.27 Estado final: 11,2 g de gelo e 38,8 g de H_2O líquido a 0°C; $\Delta H = 0$; $\Delta S = 0{,}50$ J/K
9.28 (a) 0,28 g; 0,01 J/K mol (b) 0,77 g; 0,02 J/K (c) 34 g; 0,6 J/K (d) 123 g; 1,6 J/K
9.29 (a) Todos líquidos a 64,0°C (b) 23 J/K **9.30** (a) 108 g (b) 144 J/K
9.31 (a) 15 (b) 15 (c) $\frac{3}{5}$ **9.32** (a) 10 (b) 1 (c) 2; $\Delta S = k \ln 2$
9.33 (a) N_c^N (b) $N_c(N_c - 1)(N_c - 2)\ldots[N_c - (N - 1)] = N_c!/(N_c - N)!$ (c) 0,4927
9.34 18.27 J/K mol
9.35 $[x_a, S_{mis}/(J/K\ mol)]$: (0, 0); (0,2; 4,16); (0,4; 5,60); (0,5; 5,76); (0,6; 5,60); (0,8; 4,16); (1,0; 0)

Capítulo 10

10.1 $a/\overline{V}^2$ **10.3** 5,29 J/mol; 120 J/mol
10.4 (a) $(\partial S/\partial V)_T = R/(\overline{V} - b)$ (b) $\Delta S = R \ln[(\overline{V}_2 - b)/(\overline{V}_1 - b)]$ (c) $\Delta S_{vdW} > \Delta S_{id}$
10.5 $(\partial U/\partial V)_T = 2a/T\overline{V}^2$; $(\partial U/\partial V)_T = [a/\overline{V}(\overline{V} - b)]e^{-a/RTV}$
10.6 $p = T(\partial p/\partial T)_V$; $p = Tf(V)$
10.9 (a) $\Delta H = -2{,}48$ kJ/mol; $\Delta S = -38{,}9$ J/K mol
   (b) $\Delta H = -1{,}75$ kJ/mol; $\Delta S = -38{,}6$ J/K mol
   (c) Para ambos os casos: $\Delta H_{id} = 0$; $\Delta S_{id} = -38{,}3$ J/K mol
10.10 $\Delta H = -4{,}120$ kJ/mol; $\Delta S = -55{,}946$ J/K mol **10.12** $\overline{C}_p \mu_{JT} = (2a/RT) - b$

RESPOSTAS DOS PROBLEMAS / 515

10.14 $-3,44$ kJ/mol

10.15 (a) $\bar{A} = \bar{A}°(T) - RT\ln(V/V°)$ (b) $A = \bar{A}° - RT\ln[(\bar{V} - b)/(\bar{V}° - b)] - [a/\bar{V}) - a/\bar{V}°)]$

10.16 $-8,03$ kJ/mol

10.17 $\Delta G = RT\ln(p/p°) + (b - a/RT)(p - p°)$ onde $p° = 1$ atm   **10.18** $-7,92$ kJ/mol

10.19 (a) 5,74 kJ/mol (b) 16 J/mol (c) 6,4 J/mol (d) 24 J/mol

10.20 $\ln f = \ln p + (b - a/RT)(p/RT)$ **10.23** Iguale as derivadas cruzadas.

10.26 $p\kappa \ll T\alpha$; $-3,55$ J/atm

10.29 (a) $\bar{S} = \bar{S}°(T) - R\ln p$; $\bar{V} = RT/p$; $\bar{H} = \mu°(T) + T\bar{S}°(T) = \bar{H}°(T); U(T) = \bar{H}°(T) - RT = U°(T)$

   (b) $\bar{S} = \bar{S}°(T) - R(\ln p) - ap/RT^2$; $\bar{V} = (RT/p) + b - (a/RT); \bar{H} = \bar{H}°(T) + [b - (2a/RT)]p$ onde $\bar{H}°(T) = \mu°(T) + T\bar{S}°(T); \bar{U} = \bar{H}° - RT - (ap/RT) = \bar{U}°(T) - ap/RT$

Capítulo 11

11.2 $[p/\text{atm}, \mu/(\text{kJ/mol})]$: $(\frac{1}{2}, -18,2); (2, -14,8); (10, -10,8); (100, -5,1)$

11.3 (a) $-34,4$ kJ (b) $-47,3$ kJ (c) $-12,9$ kJ

11.4 (a) 18,7 J/K (b) $-5,58$ kJ

   (c) e (d) $(\xi/\text{mol}, \Delta G_{\text{mis}}/\text{kJ}, G/\text{kJ})$; $(0, -5,58, -5,58); (0,2, -7,57, -14,17);$ $(0,4, -7,81, -21,0); (0,6, -6,97, -26,8); (0,8, -4,90, -31,3); (1,0, 0, -33,0)$

   (e) $\xi_e = 0,939$ mol; $G = -33,2$ kJ

11.5 (a) $\Delta G_{\text{mis}} = 12RT\{\frac{1}{3}\ln\frac{1}{3} + [(8 - n)/12]\ln[(8 - n)/12] + (n/12)\ln(n/12)\}$ (b) $n = 4$ mol

   (c) $-2,74$ kJ/mol

11.7 (a) $G = \mu°_{H_2(g)} + \mu°_{I_2(g)} + \xi\Delta G° + 2RT[\ln p + (1 - \xi)\ln\frac{1}{2}(1 - \xi) + \xi\ln\xi]$

   (b) $G = \mu°_{H_2(g)} + \mu°_{I_2(s)} + \xi\Delta G° + RT[(1 - \xi)\ln(1 - \xi) + 2\xi\ln 2\xi - (1 + \xi)\ln(1 + \xi) + (1 + \xi)\ln p]$

11.8 $K_p = 112,9$; $x_{HI} = 0,842$; idem a 10 atm.

11.9 (a) $1,6 \times 10^{-5}$; $1,6 \times 10^{-4}$ (b) 1 atm: 0,999969; 10 atm: 0,99969

   (c) $K_x = 6,2 \times 10^{-4}$; $K_c = 1,5 \times 10^{-3}$

11.10 (a) $6,6 \times 10^{-58}$ (c) $K_x = 3,3 \times 10^{-57}$; $K_c = 1,6 \times 10^{-56}$

11.11 $5,09 \times 10^{-3}$; $2,36 \times 10^{-3}$ **11.12** (a) 0,186 (b) 0,378 (c) 0,186   **11.13** $1,3 \times 10^{-6}$

11.14 (a) $\Delta G° = 37$ kJ/mol; $\Delta H° = 88$ kJ/mol (b) 19 (c) 1 atm: 0,975; 5 atm: 0,890

11.15 (a) $1,906 \times 10^{-25}$ (b) 0,06667 (c) 1300 K   **11.16** (a) $6,89 \times 10^{-15}$ (b) 1350 K

11.17 $-11,1$ kJ/mol

11.18 (a) 0,982 (b) $\Delta H° = 88,9$ kJ/mol; $\Delta G° = -2,49$ kJ/mol; $\Delta S° = 175,7$ J/K mol

11.19 (a) 0,64 (b) 3,0 kJ/mol   **11.20** (a) 0,14 (b) $2,0 \times 10^{-18}$ (c) 101 kJ/mol

11.21 (a) 0,379; 1,28 (b) $\Delta G°_{700} = 5,65$ kJ/mol; $\Delta G°_{800} = -1,64$ kJ/mol; $\Delta H° = 56,7$ kJ/mol

11.22 (a) 1,40, $-2,80$ kJ/mol (b) $-29,72$ kJ/mol   **11.23** 5,7 kJ/mol

11.24 (a) $8,6 \times 10^{-6}$ (b) $3,2 \times 10^{-6}$ (c) $(K_x)_{5\text{ atm}} = 5(K_x)_{1\text{ atm}}$

11.25 40,888 kJ/mol   **11.26** 3,23 kJ/mol

11.27 (a) $-19,0$ kJ/mol; 0,765 kJ/mol; $-22,6$ J/K mol (b) 0,474

11.28 (a) 3,851; 1,563 (b) $-12,78$ kJ/mol; $-21,42$ J/K mol (c) $-6,40$ kJ/mol

11.29 $MgCO_3$: 570 K; $CaCO_3$: 1110 K; $SrCO_3$: 1400 K; $BaCO_3$: 1600 K

11.30 (a) 52,20 kJ/mol (b) 555 K (c) 0,160 Torr (d) 0,0421 Torr (e) 24,29 kJ/mol

11.31 (298,15 K $-$ 548 K): $\Delta G°/(\text{kJ/mol}) = -369,43 + 0,1530(T/\text{K} - 298,15)$

   (548 K $-$ 693 K): $\Delta G°/(\text{kJ/mol}) = -331,2 + 0,111(T/\text{K} - 548)$

   (693 K $-$ 1029 K): $\Delta G°/(\text{kJ/mol}) = -315,1 + 0,122(T/\text{K} - 693)$

   (1029 K $-$ 1180 K): $\Delta G°/(\text{kJ/mol}) = -274,1 - 0,0039(T/\text{K} - 1029)$

   (1180 K $-$ T): $\Delta G°/(\text{kJ/mol}) = -274,7 + 0,00934(T/\text{K} - 1180)$

11.32 (a) $2,30 \times 10^{-5}$ atm

   (b) $\ln K_p = 10\,950,1/T - 0,185\ln T + 1,242 \times 10^{-3}T + 0,051 \times 10^5/T^2 - 12,486$;

   $\Delta H°/(\text{J/mol}) = -91\,044 - 1,54\ln T + 10,33 \times 10^{-3}T^2 - 0,84 \times 10^5/T$;

   $\Delta S°/(\text{J/K mol}) = -105,35 - 1,54\ln T + 20,66 \times 10^{-3}T - 0,42 \times 10^5/T^2$

516 / FUNDAMENTOS DE FÍSICO-QUÍMICA

11.33 (a) 460,3 K

(b) $\log_{10} K_p = -1691,5/T - 0,9047 \log_{10} T + 6,084$;

$\Delta H^\circ/(\text{J/mol}) = 32\,384 - 7,522\,T$;

$\Delta S^\circ/(\text{J/K mol}) = 108,96 - 17,32 \log_{10} T$

11.34 A razão O_2/CO_2 é constante; há relativamente menos CO nas pressões mais altas.

		O_2	CO	CO_2
(a)	600 K	$3,92 \times 10^{-33}$	0,121	99,88
	1000 K	$6,25 \times 10^{-20}$	68,4	31,6
(b)	600 K	$3,99 \times 10^{-33}$	0,130	99,87
	1000 K	$6,16 \times 10^{-20}$	71,2	28,8
(c)	1000 K	$1,41 \times 10^{-19}$	34,0	66,0

11.35

	A/G	B/G	C/G	D/G	E/G	F/G
(a)	$9,86 \times 10^{-8}$	$1,50 \times 10^{-6}$	$4,12 \times 10^{-6}$	$2,49 \times 10^{-5}$	$4,60 \times 10^{-7}$	$2,03 \times 10^{-4}$

(b) Não

	A	B	C	D	E	F	G
(c) mol %:	$9,86 \times 10^{-6}$	$1,50 \times 10^{-4}$	$4,12 \times 10^{-4}$	$2,49 \times 10^{-3}$	$4,60 \times 10^{-5}$	0,0203	99,98
(d) mol %:	0,0870	0,414	0,623	1,79	0,110	5,28	91,70

11.36 (a) $(900;\ 1,2 \times 10^{-9})$; $(1200;\ 3,8 \times 10^{-5})$

(b) $(900;\ 2,1 \times 10^{-13})$; $(1200;\ 5,1 \times 10^{-9})$

(c) A nenhuma temperatura.

11.37 (a) 201,2 kJ/mol; 489,0 kJ/mol

(b) 900 K: $2,27 \times 10^{-13}$; 0,00271; 0,9973; 1200 K: $5,25 \times 10^{-9}$; 0,117;-0,883

11.38 (c) A entropia é independente de z; $H_i = \bar{H}_i^\circ(T) + M_i gz$

11.40 (c) $(T/\text{K}; \bar{C}_p/R)$: (200; 9,68); (240; 14,08); (280; 21,56); (320; 85,23); (330; 90,75); (360; 59,68); (400; 19,13); (440; 10,87); (480; 9,39)(500; 9,17)

11.41 (a) $1,0 \times 10^{-16}$; $1,6 \times 10^{-7}$ (b) $1,9 \times 10^{25}$; $7,8 \times 10^{13}$

(c) Para (a): $2,0 \times 10^{-8}$; $8,0 \times 10^{-4}$; Para (b): $1 - 1,1 \times 10^{-13}$; $1 - 5,6 \times 10^{-8}$

11.42 ΔG_{mis} é maior para a reação 2.   **11.43** 300

Capítulo 12

12.1 76 kJ/mol   **12.2** 60,8 °C

12.3 (a) 29,8 kJ/mol   (b) 34 °C; 29 °C   (c) 97,4 J/K mol   (d) 861 J/mol

12.4 (a) 94,3 °C   (b) 134,1 °C   **12.5** 0,03128 atm = 3169 Pa

12.6 1162 K; 101,4 kJ/mol; 87,3 J/K mol

12.7 (a) 48,5 kJ/mol; 489 K; 99,2 J/K mol   (b) 7,65 mmHg = 1020 Pa

(c) $\Delta H_{\text{sub}} = 71,0$ kJ/mol; $\Delta H_{\text{fus}} = 22,5$ kJ/mol   (d) $T < 226,3$ K

12.8 (a) 384 K; 10,8 kPa   (b) 45,1 kJ/mol; 98,9 J/K mol   (c) 19,11 kJ/mol

12.9 22,8 kJ/mol; 239 K

12.10 (a) $1/T = (1/T_0) + M_{\text{ar}} gh/T_a \Delta H_{\text{vap}}$, onde T_0 e P.E. a 1 atm   (b) 86°C   (c) 25°C

12.11 (a) $\ln p = 10,8(1 - T_b/T)$ (b) 72 kPa   **12.12** S_8: 117 J/K mol; P_4: 90,0 J/K mol

12.14 $d \ln \tilde{c}/dT = (\Delta H_{\text{vap}} - RT)/RT^2 = \Delta U_{\text{vap}}/RT^2$

12.15 (a) p_0/RT_b, $p_0 = 1$ atm   (b) $\ln(T_H/T_0) = (\Delta H_{\text{vap}}/R)[(1/T_b) - (1/T_H)]$

(c) $(T_H/\text{K}; T_b/\text{K})$: (50; 59,0); (100; 109,9); (200; 205,8); (300; 297,5); (400; 386,7)

(d) [Substância: T_H/K; $\Delta S_H/(\text{J/K mol})$; $\Delta S_T/(\text{J/K mol})$]; (Ar: 77,4; 84,2, 74,7); (O_2: 80,3; 85,0; 75,6); (CH_4: 101,8; 80,4; 73,3); (Kr: 110,1; 82,0; 75,3); (Xe: 156,9; 80,6; 76,6); (CS_2: 324,3; 82,6; 83,8) Note: $\langle \Delta S_H \rangle = 82,5 \pm 1,9$ J/K mol; $\langle \Delta S_T \rangle = 76,6 \pm 3,7$ J/K mol

12.16 1,50 GPa = 14800 atm   **12.17** (a) 0,36 °C   (b) 3400 atm   (c) -24 °C

12.18 119°C; Faixa possível de 83°C até 277°C   **12.19** 13°C   **12.20** Rômbico

12.21 0,017 mmHg = 2,3 Pa

RESPOSTAS DOS PROBLEMAS / 517

Capítulo 13

13.1 (a) 60 g/mol   (b) 333 g   **13.2** 428 g   **13.3** 0,0099; 0,0050; 0,00010   **13.4** (d) M

13.5 9,986 kPa   **13.6** 242 g/mol; cerca de duas vezes o valor esperado   **13.7** 3,577 K kg/mol

13.8 $(x, T/K)$: (1,0; 273); (0,8; 252); (0,6; 229); (0,4; 203); (0,2; 170)

13.9 (vol %; T/K): (0; 273); (20; 265); (40; 254); (60; 238); (80; 208)

13.10 $m > 0,59$ mol/kg   **13.11** $a = K_f$; $b = -\frac{1}{2}MK_f[1 + 2(K_f/MT_0) - (\Delta C_p/R)(K_f/MT_0)^2]$

13.12 3.8 K; 0,018; 470 kPa; 250 g/mol   **13.13** $K_b/(\text{K kg/mol})$; 1,730; 2.631; 3,77; 0.188; 2,391

13.14 A 1 atm faça $K_{\text{eb}} = K_{\text{eb}}^\circ$; $T_{\text{eb}} = T_0$; Assim, $K_{\text{eb}}(p) = K_{\text{eb}}^\circ/[1 - (RT_0/\Delta H_{\text{vap}}) \ln p]^2$;

$[p/\text{mmHg}; K_{eb}/(\text{K kg/mol}]$: (760; 0,5130); (750; 0,5120); (740; 0,5109)

13.15 (a) 0,250   (b) 0,534   **13.16** (a) 0,236   (b) 90,8 g I_2/100 g hexano

13.17 19,1 kJ/mol; 80,0 °C   **13.18** 250 kPa   **13.19** 3,75 m; 36,7 kPa   **13.20** 62,0 kg/mol

13.21 (a) $x = (1 - \tilde{c}\overline{V}_2^\circ)/(1 + \tilde{c}\overline{V}^\circ - \tilde{c}\overline{V}_2^\circ)$

Capítulo 14

14.1 (a) 60,44 mmHg   (b) $y_b = 0,6817$ (c) 44,25 mmHg   (d) $x_b = 0,1718$

(e) 56,42 mmHg; $x_b = 0,3433$; $y_b = 0,6268$

14.2 27,3 mol %   **14.3** (a) 0,560   (b) 0,884

14.4 (a) 25 mmHg; $x_{\text{EtCl}} = 0,50$ (b) $x_{\text{EtCl}} = 0,61$ **14.5** $p_A^\circ = 2$ atm; $p_B^\circ = 0,5$ atm

14.6 $x_1 = [(p_1^\circ p_2^\circ)^{1/2} - p_2^\circ]/(p_1^\circ - p_2^\circ)$; $p = (p_1^\circ p_2^\circ)^{1/2}$

14.9 Se X_1 é a fração molar global de l, então $p_{\text{superior}} = X_1 p_1^\circ + (1 - X_1)p_2^\circ$;

$1/p_{\text{inferior}} = (X_1/p_1^\circ) + (1 - X_1)/p_2^\circ$.

14.10 $b = $ benzeno; $t = $ tolueno;

(a) $\exp(-\Delta S_{\text{vap}}^\circ/R) = x_b \exp(-T_{0b}\Delta S_{\text{vap}}^\circ/RT) + (1 - x_b)\exp(-T_{0t}\Delta S_{\text{vap}}^\circ/RT)$

(b) $x_b = 0,401$

14.12 (a) $p = (1 - x_2)p_1^\circ + K_h x_2$ (b) $1/p = (y_1/p_1^\circ) + (1 - y_1)/K_h$

14.13 1,71 cm³; 17,1 cm³; $N_2/O_2 = 2,02$ **14.14** $-13,9$ kJ/mol   **14.15** 380 cm³

14.16 (a) $m/(\text{mol/kg})$: 0,0346; 0,0265   (b) 0,776; 0,594

14.17 (gas; α); (He; 0,0097); (Ne; 0,0097); (Ar; 0,0313); (Kr; 0,0507); (Xe; 0,101)

14.18 (a) 0,036   (b) (1 atm; 0,0373); (4 atm; 0,0776)   **14.19** 0,33

14.20 (a) 10,6 cm³   (b) 5,09 cm³   (c) Como $n \rightarrow \infty$, 2,71 cm³   **14.21** $-608,44$ kJ/mol

14.22 $-9,957$ kJ/mol   **14.23** $-17,124$ kJ/mol

Capítulo 15

15.1 (a) 730 mmHg   (b) ~ 92 °C   (c) 4,13 g; 4,14 g

15.2 (a) 129,7 g; 50,3 g   (b) 3,99 mol; 2,41 mol   **15.3** 0,858; 249 °C

15.4 (b) [massa % Cu; t/°C (ideal)]; (0; 660); (20; 597); (40; 517); (60; 474); (80; 696); (100; 1083)

15.5 ~ -13 °C   **15.6** 15%   **15.7** 62%

15.8 $x_{\text{Ni}} = 0,90$; $x_{\text{Cu}}' = 0,079$; $x_{\text{Ni}}' = 0,921$ $T = 1694$ K

15.9 No líquido ou em α ou em β: $F = 2$. Em (Líq. + α) ou (Líq. + β) ou $(\alpha + \beta)$: $F = 1$. Em abc: $F = 0$.

15.10 Em $aCBe$: $F = 2$; em Aab ou bcd ou Ade: $F = 1$; em Abd: $F = 0$.

15.11 (a) K_2CO_3 (s) + sol. em de; então K_2CO_3 (s) + sol. d + sol. b; então sol. bc + sol. dc; então uma sol.

(b) K_2CO_3 (s) + sol. em ab; então K_2CO_3 (s) + sol. b + sol. d; K_2CO_3 (s) + sol. em de; uma sol. na região entre e e B.

15.12 (a) Em sol., $F = 2$; Em sol. + Na_2SO_4 ou sol. + hidrato ou Na_2SO_4 + hidrato ou gelo + hidrato: $F = 1$; em e e ao longo de bc, $F = 0$.

(b) A 25°C: o hidrato sólido precipita, quando a solução aparece, Na_2SO_4 aparece, o hidrato lentamente se decompõe; finalmente ficamos apenas com Na_2SO_4. A 35°C: o sal anidro precipita; o líquido evapora e finalmente temos apenas Na_2SO_4.

15.13 Em b o $Fe_2Cl_6 \cdot 12H_2O$ precipita; em c o sistema aparece seco. Entre c e d forma-se líquido em equilíbrio com $Fe_2Cl_6 \cdot 12H_2O$; entre d e e o sistema está inteiramente líquido. Em e o $Fe_2Cl_6 \cdot 7H_2O$ precipita; em f o sistema parece seco; aparece líquido entre f e g; entre g e h o sistema está inteiramente líquido; em h o $Fe_2Cl_6 \cdot 5H_2O$ precipita; em i o sistema torna-se seco; $Fe_2Cl_6 \cdot 5H_2O$ e $Fe_2Cl_6 \cdot 4H_2O$

518 / FUNDAMENTOS DE FÍSICO-QUÍMICA

estão presentes na linha vertical, aparecendo, então, o Fe_2Cl_6 anidro; em j temos uma mistura de $Fe_2Cl_6 \cdot 4H_2O$ e Fe_2Cl_6.

Capítulo 16

16.1 (a) 0,99818; 0,99633; 0,99055; 0,9802; 0,9690; 0,9564
(b) 0,99998; 0,99992; 0,99947; 0,9979; 0,9951; 0,9909
(d) 1,24
16.2 $(a; \gamma)$: (0,061; 1,03); (0,135; 1,10); (0,211; 1,14)
16.3 $(a; \gamma)$: (0,9382; 0,997); (0,8688; 0,991); (0,7994; 0,981)
16.4 (a) 1,000; 0,959; 0,898 (b) 1,000; 1,038; 1,074 (c) 177 J/mol
16.5 (a) μ_i° é o μ do i puro (b) $RT \ln \gamma_i = w(1 - x_i)^2$ (c) 1,140; 1,0763; 1,0332; 1,00820; 1,000
16.6 $(a_2; \gamma_2)$: (0,0986; 0,986); (0,196; 0,981)
16.7 0,0149; 0,0209; 0,0322; 0,0437; 0,0583; 0,0832; 0,1077
16.8 $(a_+; a)$: (a) 0,0769; 0,00591 (b) 0,0421; 7,44 $\times$ 10^{-5} (c) 0,016; 2,6 $\times$ 10^{-4}
(d) 0,075; 3,2 $\times$ 10^{-5} (e) 0,0089; 5,7 $\times$ 10^{-11}
16.9 (a) $[m/(\text{mol/kg})]$: 0,0794; 0,05; 0,05; 0,114 (b) $[I_c/(\text{mol/kg})]$: 0,15; 0,05; 0,20; 0,30
16.10 HCl: 0,988; 0,964; $CaCl_2$: 0,960; 0,879; $ZnSO_4$: 0,910, 0,743 **16.11** 3,0 nm; 0,30 nm
16.12 (a) 0,736 (b) 1,68/$\varkappa$
16.13 $(m/\text{mol/kg})$; 100$\varkappa$; 100α_0): (0,01; 4,18; 4,09); (0,10; 1,37; 1,31); (1,0; 4,51; 4,18)
16.14 0,0202; 0,0346; 0,149 **16.15** 10^5s: 1,29; 1,38; 1,56; 1,84
16.16 (a) 2,5 $\times$ 10^{-5} (b) 1,6 $\times$ 10^{-5}

Capítulo 17

17.1 (a) $-1,473$ V; não-espontânea (b) $-0,312$ V; não-espontânea (c) 1,344 V; espontânea
17.2 (a) 1,56 $\times$ $10^{-5,3}$ (b) 5,25 $\times$ 10^{-10} (c) 2,64 $\times$ 10^{44}
17.3 (a) 1,54 $\times$ 10^{37} (b) 8,0 $\times$ 10^{16} (c) 1 $\times$ 10^{-3} (d) 8,7 $\times$ 10^{40} (e) 5 $\times$ 10^{46}
(f) 1,7 $\times$ 10^{-8}
17.4 (a) $Ni_2O_3(s) + Fe(s) \rightarrow 2NiO(s) + FeO(s)$ (b) Independente de a_{KOH} (c) 1100 kJ/kg
17.5 (a) 0,38 (b) $PbO_2(s) + Pb(s) + 4H^+ + 2SO_4^{2-} \rightarrow 2PbSO_4(s) + 2H_2O(l)$; sim
(c) 415 kJ/mol PbO_2 (d) $\mathscr{E} = 2,041 + 0,05916 \log_{10} a$ (e) 605,4 kJ/kg
17.6 (a) $Fe^{2+} + 2Hg(l) + SO_4^{2-} \rightarrow Fe(s) + Hg_2SO_4(s)$
(b) $-1,114$ V; 2,1 $\times$ 10^{-36}; 2,036 kJ/mol
17.7 (a) 1,8 $\times$ 10^{-4} (b) 0,029
17.8 (a) 10 (b) 0,10 (c) 8,1 $\times$ 10^{-5}; 4,0 $\times$ 10^{-3}; 0,16; 0,50; 0,91; 0,998; 0,99996
17.9 (a) $K = 2,8 \times 10^6$ (b) -37 kJ/mol
17.10 (a) 0,799 V; 0,740 V; 0,681 V; 0,622 V (b) 0,324 V (c) $-0,151$ V
17.11 ϕ/V: 0,298; 0,339; 0,399; 0,458; 0,510; 0,562; 0,621; 0,681; 0,722
17.12 (a) $\phi'' < 0$ (b) $\phi'' < -0,414$ V (c) Solução básica
17.13 (a) $\phi'' > 0,401$ V (b) $\phi > 1,229$ V (c) $\phi'' > 0,815$ (d) Solução ácida
17.14 Na^+: $-261,9$ kJ/mol; Pb^{2+}: $-24,3$ kJ/mol; Ag^+: 77,10 kJ/mol **17.15** $-10,5$ kJ/mol
17.16 $-131,1$ kJ/mol
17.17 $\mathscr{E}^\circ = 0,22238$ V; $[m/(\text{mol/kg})$; $\gamma_+]$: (0,001, 0,965); (0,01; 0,905); (0,1; 0,796); (1,0; 0,809);
(3; 1,316)
17.18 0,075 V; 0,156 V; 0,190 V
17.19 (a) $[t/^\circ C; \Delta G/(\text{kJ/mol}); \Delta S/(\text{J/K mol}); \Delta H/(\text{kJ/mol})]$: (0; $-369,993$; 10,83; $-367,036$);
(25; $-370,394$; 21,25; $-364,060$) (b) 0,131
17.20 0,171 **17.21** 0,78
17.22 $2AgCl(s) + H_2(f = 1) \rightarrow 2Ag(s) + 2HCl(aq, m = 0,1)$; $\Delta G = -66,785$ kJ/mol;
$\Delta S = -59,886$ J/K mol; $\Delta H = -86,137$ kJ/mol
17.23 (a) $H_2(p = 1 \text{ atm}) \rightarrow H_2(p = 0,5 \text{ atm})$; $\mathscr{E} = 8,90$ mV
(b) $Zn^{2+}(a = 0,1) \rightarrow Zn^{2+}(a = 0,01)$; $\mathscr{E} = 29,6$ mV
17.24 0,8261; 11,1 mV **17.25** $\approx 2 \times 10^{-12}$

RESPOSTAS DOS PROBLEMAS / 519

17.26 (a) e (c) $[\xi/0{,}1 \text{ mol}; \mathscr{E}/V; \Delta G/\Delta G_{\text{total}}]$: $(0; 1{,}100; 0)$; $(0{,}5; 1{,}086; 0{,}505)$;
$(0{,}9; 1{,}062; 0{,}903)$; $(0{,}99; 1{,}032; 0{,}9906)$; $(0{,}999; 1{,}002; 0{,}9991)$; $(0{,}9999; 0{,}973; 0{,}9999)$

17.27 (a) $(f; \mathscr{E}/V)$: $(0{,}01; 0{,}653)$; $(0{,}1; 0{,}714)$; $(0{,}3; 0{,}749)$; $(0{,}5; 0{,}771)$; $(0{,}7; 0{,}793)$; $(0{,}9; 0{,}827)$;
$(0{,}99; 0{,}889)$

(b) $(v/\text{mL}; \mathscr{E}/V)$: $(40; 0{,}735)$; $(49{,}0; 0{,}671)$; $(49{,}9; 0{,}611)$; $(49{,}99; 0{,}552)$; $(50{,}00; 0{,}36)$;
$(50{,}01; 0{,}26)$; $(50{,}1; 0{,}23)$; $(51{,}0; 0{,}20)$; $(60; 0{,}17)$

Capítulo 18

18.1 $2{,}18 \text{ J}$ **18.2** $2{,}11 \text{ J}$; -315 J **18.3** (a) $r_0 = 3\gamma/\Delta H_{\text{vap}}(1 - T/T_0)$; o mesmo (b) $0{,}44 \text{ nm}$

18.4 $0{,}108 \text{ N/m}$ **18.5** $1{,}46 \text{ cm}$ **18.6** $1{,}49 \text{ mm}$ **18.7** $5 \times 10^{-5} \text{ cm}$

18.8 $55{,}50 \text{ mN/m}$; $48{,}90 \text{ mN/m}$; $41{,}10 \text{ mN/m}$ **18.9** 288 Pa **18.10** $0{,}0273 \text{ N/m}$

18.11 r_1; $\Delta p = 12 \text{ Pa}$; r_2; $\Delta p = 6 \text{ Pa}$; raio do filme $= 2 \text{ cm}$; centrado na bolha menor

18.12 A bolha menor torna-se menor, a maior torna-se maior, até que o raio da bolha menor torne-se igual ao da bolha maior.

18.13 (a) 67 mJ/m^2 (b) $57{,}70 \text{ mJ/m}^2$ para o benzeno; $145{,}50 \text{ mJ/m}^2$ para água (c) 9 mN/m

18.14 (a) $-23{,}9 \text{ mN/m}$ (b) $77{,}6 \text{ mJ/m}^2$

18.15 $[\delta/\mu\text{m}; (T_0 - T)/\text{K}]$: $(10; 0{,}013)$; $(1; 0{,}13)$; $(0{,}1; 1{,}3)$; $(0{,}01; 13)$; $(0{,}001; 130)$

18.16 $(\delta/\mu\text{m}; x/x_0)$: $(1; 1{,}066)$; $(0{,}1; 1{,}9)$; $(0{,}01; 590)$ **18.17** p/kPa; $11{,}75$; $14{,}24$; $97{,}5$

18.18 $[t/^\circ\text{C}; g^\sigma/(\text{mJ/mol}); s^\sigma/(\mu\text{J/K mol}); u^\sigma/(\text{mJ/mol})]$: $(0; 75{,}5; 246; 143)$; $(30; 68{,}2; 242; 142)$;
$(60; 61{,}0; 238; 140)$; $(90; 53{,}9; 233; 138)$; $(120; 47{,}0; 228; 136)$; $(150; 40{,}3; 222; 134)$;
$(180; 33{,}7; 215; 131)$; $(210; 27{,}4; 208; 128)$; $(240; 21{,}3; 199; 124)$; $(270; 15{,}4; 189; 118)$;
$(300; 9{,}95; 176; 111)$; $(330; 4{,}95; 156; 99)$; $(360; 0{,}763; 114; 73{,}2)$; $(368; 0; 0; 0)$

18.19 $2{,}7 \text{ mm}$ **18.20** 81 g

18.21 (a) $k = 0{,}717 \text{ cm}^3$; $1/n = 0{,}567$ (b) $0{,}292; 0{,}453; 0{,}554; 0{,}623; 81 \text{ m}^2/\text{g}$

18.22 (a) $(p/\text{mmHg}; \theta)$: $(20; 0{,}604)$; $(50; 0{,}792)$; $(100; 0{,}884)$; $(200; 0{,}938)$; $(300; 0{,}958)$
(b) 12.000 m^2

18.23 (a) $27{,}66 \text{ cm}^3/\text{g}$ (b) $331 \text{ m}^2/\text{g}$
(c) 10 kPa; $0{,}562; 0{,}054; 0{,}0053; 0{,}378$; 20 kPa; $0{,}634; 0{,}123; 0{,}024; 0{,}213$
(d) $0{,}436; 0{,}607; 530 \text{ m}^2/\text{g}$

18.25 (a) $2{,}75 \ \mu\text{mol/m}^2$ (b) $3{,}65 \ \mu\text{mol/m}^2$ **18.26** Água: não haverá variação; Hg: formará uma bola.

ÍNDICE REMISSIVO

A

Abaixamento crioscópico, 303-6
  e atividade, 375
  e atividade prática, 379
  e coeficiente de atividade iônica médio, 384
Acumulador
  de chumbo, 430, 435
  de Edison, 434
Adsorção, 460-2
  em sólidos, 460
  física, 462
  química, 462
  tensão superficial e, 454
Adsorvato, 461
Análise térmica, 350
Ângulo de contato, 446
Anodo, definição de, 431
Área superficial, determinação da, 466
Ascensão e depressão capilar, 445-6
Atividade
  conceito de, 372
  de íon simples, 382
  de substâncias voláteis, 374
  determinação a partir dos potenciais das pilhas, 422-3
  e concentração efetiva, 380
  e equilíbrio de reação, 379-80
  em soluções eletrolíticas, 380-4
  iônica média, 382
  potencial químico e, 372, 380
  prática, 376-8
  propriedades coligativas e sistema prático, 377-8
  sistema prático
    para soluto não-volátil, 377
    para soluto volátil, 377
Atividades racionais, 373-5
  sistema de, 372
Atmosfera
  composição da, 26, 31
  iônica, 393
Átomo, 2

Avanço da reação, 5, 243
Avogadro
  número de, 4
  princípio de, 10
Azeótropos, 327-9
  tabela de, 328

B

Beattie-Bridgeman
  constantes de, 50
  equação de, 48
BET, isoterma de adsorção de, 463
Bolhas, 450
Boltzmann
  constante de, 70
  distribuição de, 26, 92
  paradoxo de, 202
Bomba calorimétrica, 142, 150
Bomba de calor, 171
Boyle
  lei de, 8
  temperatura de, 229
Bredig, arco de, 473
Brunauer, S., 463

C

Caesar, J., 32
Calor
  de combustão, 139
  de diluição, 142
  definição de, 107
  de formação, 136
    de átomos gasosos, tabela de valores, 148
    determinação do, 139
  de fusão, 92
  de mistura, 243
  de reação, 136-7
    a volume constante, 144
    dependência com a temperatura, 144
    medida do, 149
  de solução, 142
    diferencial, 142, 268

integral, 142
  de sublimação, 92
  de vaporização, 92
  equivalente mecânico do, 109
  na operação de pilha reversível, 413
  termodinâmico, definição de, 107
Calorimetria, 140, 149
Calorímetro adiabático, 149
Caminho, definição de, 106
Caminho reversível, 180
Campo elétrico, 491
Capacidade calorífica
  a pressão constante, 127
  a volume constante, 79
  de gases, 80
    tabela de valores, 147
  de sólidos próximos a 0 K, 197
  de um sistema reativo, 260
  de vibração, 78-81
  diferença $(C_p - C_v)$ de, 127
  e a lei de Debye com T^3, 196
  razão (C_p/C_v) de, 128
  tabela de, 80
Capacidade de avanço, 6
Carnot, S., 160
  ciclo de, 160-1, 173
Celsius, 101
Ciclo
  definição de, 108
  reversível, 160
Ciclo de Carnot, 160-1, 173
  com o gás ideal, 169
Clausius, R., 169
  desigualdade de, 176
Clément-Désormes, experiência de, 153
Coeficiente de absorção de Bunsen, 335
Coeficiente de atividade
  determinação a partir dos potenciais das pilhas, 422-3
  e propriedades coligativas, 384
  iônica médio, 383-4
    tabela de, 384

522 / ÍNDICE REMISSIVO

Coeficiente,
  de espalhamento, 453
  de Joule-Thompson, 131
  osmótico, 378
Colisão elástica, 54
Colóides, 472
  liófilos, 472
  liófobos, 472-3
    dupla camada elétrica e es-
      tabilidade de, 473
Coluna de destilação, 324-7
Coluna de fracionamento, 325
  com borbulhador, 325
Combustível fóssil, 172, 178
Componentes
  definição de, 291
  de velocidade, valores médios
    dos, 75
Compressão, 112
Compressibilidade
  coeficiente de, 181
    tabela de valores, 91
  de um sistema reativo, 260
  fator de, 226
Comprimento de Debye, 392
Condicionador de ar, 178
Conservação da energia, lei da, 97
Conservação da massa
  e a equação química, 4
  lei da, 3
Constante crioscópica, 305
  tabela de, 306
Constante de equilíbrio
  a partir de medidas calorimé-
    tricas, 255, 261
  de estabilidade, 418
  dependência da, com a tempe-
    ratura, 253-6
  dos gases perfeitos, 11
  ebulioscópica, 308
  em função da pressão, 249-50
  em soluções iônicas, 380
  em termos da fração molar, 250
  tabela de, 310
Constantes,
  críticas, 46
  fundamentais, 502
  matemáticas, 503
Contato térmico, 100
Contrapressão eletrosmótica, 470
Crioidrato, 350
Curva
  líquidus, 348, 357
  solidus, 357

D

Daniell, pilha de, 218, 403, 438

Debye, P., 196, 384
  comprimento de, 392
Debye-Hückel
  lei limite de, 391, 393
  teoria de, 385-93
Decomposição da pedra calcária,
  256
Decomposição do óxido mercúrico, 257
Derivada, 480
Destilação
  de líquidos imiscíveis, 345
  de líquidos parcialmente mis-
    cíveis, 345
  de misturas azeotrópicas,
    327-9
  fracionada, 324-7
  isotérmica, 321-2
Detergentes, 475
Diagrama de fase
  com formação de compostos,
    353
  de fases condensadas, 342
  de substâncias puras, 284-6
  do latão, 360
  do sistema
    água-butanol, 346
    água-carbonato de potássio-
      álcool metílico, 368
    água-cloreto de amônio-sul-
      fato de amônio, 365
    água-cloreto de sódio, 352
    água-cloreto férrico, 353
    água-nicotina, 344
    água-sulfato de cobre, 361
    água-sulfato de sódio, 358
    água-trietilamina, 344
    chumbo-antimônio, 350
    cobre-níquel, 357
    sódio-potássio, 356
  para a água, 284
  para o dióxido de carbono, 284
  para o enxofre, 285
  temperatura-composição, 322-3
Diagrama eutético, 348-53
  triangular, 361-2
Diálise, 473
Diferenciais
  exatas, 112, 174, 180
  exatas e inexatas, 119
  inexatas, 112
Difusão na superfície, 461
Dióxido de carbono, diagrama de
  fase do, 284
Distribuição
  barométrica, 23
  de Boltzmann, 26, 92

  para íons, 385
  de energia, 73, 205-7
  de Maxwell, 60, 85
    cálculo de valores médios a
      partir da, 72-3
    como uma distribuição de
      energia, 73
    verificação experimental da,
      85
  de Maxwell-Boltzmann, 85, 95
  de partículas em solução coloi-
    dal, 27
  de um soluto entre dois solven-
    tes, 336
  de velocidade, 60
  espacial, 60
  gaussiana, 63
  intervalo de, 60
  uniforme, 202
Du-Noüy, tensiômetro de, 441
Dupla camada, 468
  de Gouy, 469
  de Gouy-Chapman, 468
  de Helmholtz, 469
  de Stern, 469
  elétrica, 468
    estabilidade de colóides lió-
      fobos, 473

E

Efeito de Joule-Thompson, 131
  do íon comum, 395
  Dorn, 470
  salino, 394
  de solubilização, 395
Efeitos eletrocinéticos, 470
Eficiência
  da bomba de calor, 171
  do refrigerador, 171
Elemento, 1
Eletrodo
  de Calomelano, 414
  de mercúrio-óxido mercúrico,
    414
  de mercúrio-sulfato mercuro-
    so, 414
  de oxirredução, 415
  de prata-cloreto de prata, 414
  de quinidrona, 437
  gás-íon, 413
  metal-íon metálico, 413
  metal-sal insolúvel-ânion, 414
  potenciais de, 410
  tipos de, 413-5
Eletrodo padrão de hidrogênio
  (EPH), 401

ÍNDICE REMISSIVO / 523

Eletroforese, 471
Eletrólito,
    atividade do, 380-5
    potencial químico do, 381
Eletrólitos coloidais, 474
Eletroquímica, terminologia, 431
Eletrosmose, 471
Eletrostática, fundamentos da, 491
Elevação do ponto de solidificação,
    357-8
Elevação ebulioscópica, 302, 308-9
    e atividade, 375
Embebição, 472
Emmet, P. H., 463
Emulsões, 476
Energia
    cinética, 97, 99
        de uma molécula, 57
        do movimento caótico, 58
        média, 59
    conservação da, 99
    conversão entre tipos de,
        97-104
    de deformação, 97
    de Helmholtz, 217
        propriedades da, 224
    de ligação, 149
    de translação, 78
    de vibração, 78
    do sistema, definição, 117
    elétrica, 97
    livre (ver "energia de Gibbs")
    livre de Helmholtz, 217
    magnética, 97
    mecânica, 97
        conservação da
    média por molécula, 72
    nuclear, 97
    potencial, 97
    propriedades da, 119
    relativística, 97
    rotacional, 78
    solar, 177
    superficial, 97, 440-1
        de pequenas partículas, 448
        formulação termodinâmica,
        444
    térmica, 97, 99
    tipos de, 97
Energia de Gibbs, 217-9, 228, 454
    como função do avanço, 246
    contribuição elétrica, 387
    da reação da pilha, 398
    de elétrons, 408
    de filme superficial, 440
    de formação, 250-3
    de gases ideais, 227

de gases reais, 228
de líquidos e sólidos, 226
dependência com a temperatu-
    ra, 229
de reação, 244
    valores padrões, 247
de solução eletrolítica, 381
de uma mistura, 236
do processo de mistura, 239-43
emulsões e a, 476
e o potencial da pilha, 406
padrão, 250-3
    de adsorção, 467
    de reação, 247
    em pilha ácida de chumbo,
    430
parcial molar, 238
sumário das convenções, 402
variação em composição e a,
    234-76
Entalpia, 125
    de formação, 138
    de formação padrão, 139
    de ligação, 147
    valores convencionais de, 139
Entropia, 180-210
    como função de T, 195
    como função de T e p, 190-1
    como função de T e V, 187
    definição estatística de, 204
    do processo de mistura, 208,
    239-43
    do universo, 209
        reações químicas e, 263
    e probabilidade, 200-3
    estado padrão para o gás ideal,
    194
    propriedades da, 180-210
    valores padrões, tabela de, 198
Enxofre, diagrama de fase para o,
    285
Equação
    de Beattie-Bridgeman, 49
        constantes para a, 48
    de Berthelot, 48
        modificada, 49
    de Clapeyron, 281
        integração da, 286-7
    de Clausius-Clapeyron, 93,
    258, 309
    de Dieterici, 48
    de estado, 8, 14
        para mistura gasosa, 19
        termodinâmica, 223-4
    de Gibbs-Duhem, 266, 300,
    378, 455
    de Gibbs-Helmholtz, 230, 303

de van der Waals, 44
de van't Hoff, 310
de virial, 49
termométrica, 101-2
Equações fundamentais da termo-
    dinâmica, 221-2
    químicas, 4
Equilíbrio
    condições de, 215-6
    constante de (ver "constante de
    equilíbrio")
    de fases em sistemas simples,
    277-96
    de vaporização, 258
    e integração da equação de Cla-
    peyron, 286-7
    em pilhas eletroquímicas, 398
    em sistemas de três componen-
    tes, 361
    em sistemas não-ideais, 372-97
    em soluções iônicas, 393-5
    entre fases condensadas, 342-71
    gás-sólido, 360
    heterogêneo, 256
    homogêneo, 256
    líquido-gás, 282
    líquido-líquido, 342-5
    líquido-líquido em sistemas de
    três componentes, 363
    mecânico, condição para o, 227
    químico, 234, 246-8
        em misturas de gases ideais,
        246-8
        entre gases ideais e fases
        condensadas puras, 256
    sólido-gás, 284
    sólido-líquido, 281, 348-53
    térmico, 101
        condição de, 216
        princípio do, 101
Equipartição da energia, 77-81
Escala de temperatura, 10, 103-4
    absoluta, 103
    definição corrente de, 103
    do gás ideal, 103, 169
    Kelvin, 104, 169
    termodinâmica, 104, 169
Espontaneidade, condições de,
    216-9
Espumas, 476
Estabilidade
    mecânica, 180
    térmica, 180
Estado
    crítico, 44
    de um sistema, 8
    equação de, 8

524 / ÍNDICE REMISSIVO

excitado, 81
fundamental, 81
propriedade de, 117
Estados correspondentes, princípios dos, 47
metaestáveis, 44
Estados padrões
para a energia de Gibbs, 226
resumo, 402
para atividade prática, 376
para eletrodo de hidrogênio, 408
para eletrodos, 406
para gás ideal, 194
para solução diluída ideal, 331-4
Estatística em termodinâmica, 195-9
Estequiometria, 4
Excesso superficial, 455
Expansão térmica,
coeficiente de, 9
tabela de valores, 91
Experiência de Joule, 109, 122, 129
de Joule-Thompson, 123, 129
Extensão da reação (ver "avanço da reação")

F

Fase, definição de,
diagrama de (ver "diagrama de fase")
reação de, 354
Fases
condensadas, 89-95
Fator de compressibilidade, 228
Fem, 405
Fenômenos elétricos em interfaces, 468
Filmes superficiais, 458
Fluxo, 493
Fogão-geladeira, 166
Fontes de energia, 427-8
condições para, 428
pilhas eletroquímicas como, 428
úteis, 430
Força eletromotriz, 405
Forças
atrativas, 36
intermoleculares, 36, 93
responsáveis pelas transformações naturais, 220
Fração molar, definição de, 20
Freundlich, isoterma de adsorção de, 461

Fronteira, definição de, 107
Fugacidade, 228, 237
Função, 480
conteúdo máximo de trabalho, 218
de Gibbs, 217
de Helmholtz, 217
de várias variáveis, 482
distribuição, 60-5
gaussiana, 63
erro, 68
fatorial, 68
trabalho, 217
Funções termodinâmicas, dependência com a composição, 263
Fusão, calor de, 93

G

Galvanoplastia, 427
Gases,
cálculo da pressão em, 54
capacidade calorífica dos, 80
estrutura dos, 53
liquefação dos, 35
modelo dos, 53
reais,
energia de Gibbs de, 229
isotermas de, 41
teoria cinética dos, 53-6
Gases ideais
desvios da lei dos, 34-7
mistura de, quantidades parciais molares em, 264
Gás ideal,
em ciclo de Carnot, 169
isóbaras de, 16
isométricas de, 16
isotermas de, 15
potencial químico de (puro), 237
potencial químico em uma mistura de, 238-9
propriedades do, 15
Gay-Lussac, 9
Gel, 472
Gelatina, 473
Gibbs, J. Willard, 291
isoterma de adsorção de, 458
Gotas sésseis, 450
Gotículas, pressão de vapor de, 447
Gouy, 468
Grahame, D. C., 468
Grau de dissociação, efeito salino no, 394
Graus de liberdade, 77
termodinâmicos, 290

Grupo, tabela de caracteres de, 508

H

Helmholtz, 468
dupla camada de, 468
energia de, 217
energia livre de, 217
função de, 218
planos de, 468
Hidrogênio,
eletrodo padrão de, 402
orto e para, 209
Hückel, E., 384

I

Integrais para teoria cinética dos gases, 70
Integral, 481
cíclica, 117
Interface, fenômeno elétrico na, 468
Isoterma de adsorção
de BET, 463
de Fleundlich, 461
de Gibbs, 458
de Langmuir, 462
Isotermas
da equação de van der Waals, 43
do gás ideal, 16
Isótopos, 2

J

Joule, experiência de, 109, 123, 129
lei de, 123, 129, 223
Joule-Thompson
coeficiente de, 130, 225
efeito de, 130
experiência de, 123, 129

K

Kelvin, 103
escala de temperatura, 167

L

Langmuir, I., 458, 460
bandeja de, 458
isoterma de adsorção de, 462
Langmuir e Blodgett, método de, 460

ÍNDICE REMISSIVO / 525

Legendas de gráficos, 500
Lei
da conservação da energia, 97
de Boyle, 8
de Charles, 8-9
de Coulomb, 491
de Dalton, 20, 29, 59
de distribuição barométrica, 23
de Gauss, 494
de Henry, 377
   e a solubilidade dos gases, 334
de Hess, 140
de Joule, 123, 129
de Raoult, 299, 316, 329
   e soluções não-ideais, 374
de repartição de Nernst, 336
de solubilidade ideal, 307
de van der Waals, 449
dos gases ideais, 10
limite de Debye-Hückel, 391, 393
Lewis, G. N., 372
Linha de amarração, 322
Líquidos, 89-95
superaquecidos, 44
Liquidus, curva, 348

M

Máquina
de Carnot, 169
   bomba de calor, 171
   refrigerador, 170, 177
reversível, 164
térmica, 164
   rendimento da, 164
Massa atômica, 3
unitária, 2
Massa molar, 3
determinação da, 17
de um gás, 10, 17
Matemática
diferenciais exatas e inexatas, 183-6
idéias gerais, 480-90
integrais para energia cinética, 65-7
Matrizes, 486-90
operações de sistema com, 489
Maxwell,
distribuição de, 59-65, 86 (ver "distribuição de Maxwell")
relações de, 222
Maxwell-Boltzman, distribuição de, 85
Meia-pilha, 403

potencial de, 409
Método dos mínimos quadrados, 484-6
dos resíduos úmidos, 367
Micelas, 474
Microestado de um sistema, 203
Miscibilidade parcial
em líquidos, 345-7
em sólidos, 358
Mistura,
composição, variável da, 19
energia de Gibbs da, 236
equação de estado, 19
gasosa, 20
ideal, definição de, 236-7
Moinho coloidal, 474
Mol, 4
de reação, 4
Molalidade,
definição de, 19
iônica média, 383
Molaridade, definição de, 19
Molécula, 2
Moléculas poliméricas, distribuição no campo gravitacional, 27
Moto-contínuo
de primeira espécie, 121
de segunda espécie, 162-4
Movimento
caótico, energia cinética do, 58
de translação, 78
de vibração, 78
modos de, 78
rotacional, 81
térmico, 58
Mudança de estado, 109, 161
adiabática, 131-3
a pressão constante, 124
a volume constante, 121-2
definição de, 106
reversível e irreversível, 115

N

Nernst, W., 197, 261
equação de, 406
teorema do calor de, 197, 261
Número de Avogadro, 4
de transferência, 425
de transporte, 425

O

Operações de simetria com matrizes, 489
Osmótica, 309-13
Óxido mercúrico, decomposição de, 258

P

Paradoxo de Boltzmann, 201
Pausa eutética, 351
Pedra calcária, decomposição de, 256
Peptização, 473
Peritética, reação, 351
Peso atômico (ver "massa atôca")
Peso molecular (ver "massa molar")
Pilha
com transferência, 424
de combustível, 428, 431-3
de concentração, 423-6
de hidrogênio-oxigênio, 431
diagramas de, 402-3
eletroquímica, 398-9
   classificação de, 428
   como fonte de energia, 428
   diagramas para, 402-3
primária, 428
reação em, 398
reversível, 420
   efeito de calor em, 413
seca, 398
secundária, 428
sem transferência, 426
tabela de reações em, 432
Poisson, equação de, 388, 496
Polímeros, massas molares de, 28
Pólo negativo, 431
positivo, 431
Ponte salina, 403, 427
Ponto,
de fusão incongruente, 353
peritético, 354
triplo, 279
Potência da unidade, 172, 178
Pico do Giz, Md., 177
Potenciais
de superfície, 460
do eletrodo padrão de hidrogênio, tabela de valores, 410
padrões de meia-pilha
   constantes de equilíbrio a partir de, 415-7
   determinação de, 421
Potencial
da pilha
   dependência com a temperatura, 412
   e a energia de Gibbs, 405
   medidas do, 419
de eletrodo, 409
de escoamento, 471

526 / ÍNDICE REMISSIVO

de junção líquida, 403
de meia-pilha, 415-7
  determinação de valores
    padrões, 421
  significado de, 417-9
de sedimentação, 471
elétrico, 398, 492
  na superfície de uma esfera,
    386
eletroquímico, 400
químico, 236
  atividade e, 372
  de eletrólitos, 380-5
  de espécies eletricamente
    carregadas, 399-402
    convenções para, 400-2
  de gás ideal na mistura,
    238-9
  de gás ideal puro, 237
  de soluto em solução biná-
    ria ideal, 300
  e atividade, 380
  em solução ideal, 300, 317
  em soluções diluídas ideais,
    331-4
  para meio iônico, 383
  temperatura e, 278
  zeta, 471, 474
Potenciômetro, 420
Pratos teóricos, 327
Pressão de vapor, 92
  abaixamento da, 299, 305
  atividade e, 375
  de gotículas, 447
  de sais hidratados, 360
  de solução binária, 318-20
  efeito da pressão, 289
Pressão osmótica, 303, 309
  e atividade, 376
  medida da, 313
Pressão parcial, 238
  conceito de, 21
  e a lei de Dalton, 20, 59
Pressões parciais, 247
  de equilíbrio, 247
  quociente próprio das, 247
Primeiro princípio da termodinâmica, 97, 106, 135-6, 160
Princípio de Avogadro, 11
Princípio de LeChatelier, 258-60
Princípio zero da termodinâmica,
  99
Probabilidade e entropia, 200-3
Processo, definição de, 106
Processo de mistura,
  energia de Gibbs do, 239-43
  entropia no, 208, 239-43

variação de volume no, 243
Processos
  eletroquímicos industriais, 427
  naturais, direção de, 99
  reais, 116
Produto de solubilidade, constante do, 419
Propriedades
  coligativas, 297, 301-3
  extensivas, definição de, 14
  intensivas, definição de, 15 (ver
    "variáveis intensivas")
  termodinâmicas, 504-7

Q

Quantidade de substância, 4
Quantidades parciais molares, 264
  em misturas de gases ideais, 267
Quantização, 77-81
Quociente próprio
  de atividades, 380
  de coeficientes de atividade,
    380
  de fugacidade e atividade, 409
  de molalidades, 380
  de pressões, 247

R

Razão de rendimento energético
  (RRE), 178
  molar, definição de, 19
Reação
  de fase, 354
  de formação, 136-8
  endotérmica, 135
  exotérmica, 135
  peritética, 354
Reações químicas, 135-6
  acopladas, 262
  e a entropia do universo, 262
  variação de entropia nas, 199
Refrigerador de Carnot, 170, 177
Regra
  cíclica, 184-7
  da alavanca, 320-1
  das fases, 277, 289-92
  de adição, 264
  de Shulz-Hardy, 474
Relações de Maxwell, 222
Rendimento de voltagem, 430
Resíduos úmidos, método dos, 367
Resolução dos problemas, 133
Reversibilidade de pilha eletroquímica, 420
RRE, 178

S

Sabões, 474
Sal duplo, formação de, 368
Segundo princípio da termodinâmica, 161-2
  enunciado de Clausius, 169
  enunciado de Kelvin-Planck,
    162, 169
Séries (matemáticas), 503
Sistema
  aberto, definição de, 106
  chumbo-antimônio, 349
  de composição variável, 234-68
  definição de, 106
  estado do, 106
  fechado, definição de, 106
  isolado, 106
  propriedades do, 106
Sistema Internacional de Unidades
  (SI), 4, 497-501
Sol, 472
Solidus, curva, 356
Solubilidade, 306
  de gases e a lei de Henry, 334
  de partículas finas, 447, 449
  de sais, 364
  efeito do eletrólito inerte na,
    394-5
  efeito do íon comum na, 364-5
  produto de, 418
Solubilidade ideal, lei da, 307
Solução
  coloidal, distribuição de partí-
    culas em, 27
  diluída ideal, 316, 329-31
    estados padrões para, 331-4
    potenciais químicos em,
      331-4
  ideal
    como lei limite, 297
    definição de, 238-9, 297
    equilíbrio químico em, 342
    potencial químico em, 300,
      317
    propriedades de, 277
  isotônica, 312
  sólida ideal, 358-9
Soluções, 297, 316-41
  binárias, 318-20
  conjugadas, 344
  eletrolíticas,
    energia de Gibbs, 380
    equilíbrio em, 393-5
    estrutura de, 385-93
    iônicas (ver "soluções eletro-
      líticas")

sólidas, 357
Soluto, definição de, 297
Solvente, definição de, 297
Stern, 468
  dupla camada de, 469
Sublimação,
  calor de, 91-2
Substância, 1

T

Teller, E., 463
Temperatura
  como parâmetro de distribuição, 75
  conceito de, 101
  crítica de solução, 344
  de chama, 158
  escala de, 10
  escala gasosa, 10
  escala termodinâmica, 10
  eutética, 349
  zero absoluto de, 58
Temperaturas
  características de vibração, 81-4
  consolutas, 344
Tendência de escape
  contribuições à, 400
  de espécies carregadas, 400-2
Tensão interfacial
  água-vários líquidos, 452
  líquido-líquido, 451
  líquido-sólido, 451
Tensão superficial, 94, 439-40
  adsorção e, 454
  de líquidos, 440
  grandeza da, 440
  medida da, 441
    método da gota, 443
    método da placa de vidro de Wilhelmy, 442
    método da pressão máxima, 450
  tensiômetro, 441
Tensiômetro de duNouy, 441
Teorema

de Gibbs-Konovalov, 327
de Taylor, 481
do calor de Nernst, 197, 261
do valor médio, 481
Teoria cinética dos gases, 53s
  integrais que ocorrem na, 69
Terceiro princípio da termodinâmica, 180-2, 195-9, 260
Termodinâmica (ver também "primeiro princípio da termodinâmica", "segundo princípio da termodinâmica" e "terceiro princípio da termodinâmica")
  definições de, 106
  equações fundamentais da, 221-2
  princípio zero da, 99
  reação química, 135-6
Termodinâmico
  calor, definição de, 108
  trabalho,
    definição de, 107
    valores máximos e mínimos de, 113
Termometria, 101-4
Termoquímica, 101-4
Termos termodinâmicos, 106-7
Tetróxido de nitrogênio, dissociação do, 251
Títulos em tabelas, 500
Trabalho
  de expansão, 109
  definição termodinâmica da, 107
  elétrico, 218, 400
  máximo e mínimo, 113
Transformações naturais
  entropia e, 208
  forças responsáveis pelas, 220
Trouton, regra de, 182-3

U

UIQPA, 217
Unidade relativa, 299
Universo, entropia do, 209

V

Van der Waals
  equação de, 43
  forças de, 89, 462, 473
Van't Hoff, equação de, 310
Vaporização
  calor de, 91
  equilíbrio de, 259
Variações de entropia
  a T constante, 181-2
  com as variações de outras variáveis de estado, 186-7
  nas reações químicas, 199
  nos gases ideais, 192-4
Variáveis
  composição de, 19
  extensivas, 14, 19
  intensivas, 14, 19
  naturais, 222
  reduzidas, 47
Variável
  de estado, definição de, 106
  dependente, 15, 480, 482
  independente, 15, 480, 482
Velocidade
  componente da, 64, 78
  de reação, 78
    dependência com a temperatura, 78
  distribuição de, 60
  espaço de, 64
  mais provável, 73
  média, 75
  média quadrática, 58
Vetores, 486
Vetor velocidade, componente do, 56
Viscosidade, 94
  de filme, 460
Vizinhanças, definição de, 106
Volta, A., 427
Voltagem, rendimento de, 428
Volume de mistura, 243
Von Weimarn, lei de, 449

Z

Zero absoluto, 58

CONSTANTES FUNDAMENTAIS

(Valores aproximados; os valores mais precisos encontram-se no Apêndice IV)

Quantidade	Símbolo	Valor
Constante dos gases perfeitos	R	$8{,}314$ J K^{-1} mol^{-1}
Zero da escala Celsius	T_0	$273{,}15$ K
Atmosfera padrão	p_0	$1{,}013 \times 10^5$ Pa
Volume molar padrão dos gases ideais	$\overline{V}_0 = RT_0/p_0$	$22{,}41 \times 10^{-3}$ m^3 mol^{-1}
Número de Avogadro	N_A	$6{,}022 \times 10^{23}$ mol^{-1}
Constante de Boltzmann	$k = R/N_A$	$1{,}381 \times 10^{-23}$ J K^{-1}
Aceleração padrão da gravidade	g	$9{,}807$ m s^{-2}
Carga elementar	e	$1{,}602 \times 10^{-19}$ C
Constante de Faraday	$F = N_A e$	$9{,}648 \times 10^4$ C mol^{-1}
Velocidade da luz no vácuo	c	$2{,}998 \times 10^8$ m s^{-1}
Constante de Planck	h	$6{,}626 \times 10^{-34}$ J s
	$\hbar = h/2\pi$	$1{,}055 \times 10^{-34}$ J s
Massa em repouso do elétron	m	$9{,}110 \times 10^{-31}$ kg
Permissividade do vácuo	ξ_0	$8{,}854 \times 10^{-12}$ C^2 N^{-1} m^{-2}
	$4\pi\xi_0$	$1{,}113 \times 10^{-10}$ C^2 N^{-1} m^{-2}
	$1/4\pi\xi_0$	$8{,}988 \times 10^9$ N m^2 C^{-2}
Raio de Bohr	$a_0 = 4\pi\xi_0\hbar^2/me^2$	$5{,}292 \times 10^{-11}$ m
Hartree (energia)	$E_h = e^2/4\pi\xi_0 a_0$	$4{,}360 \times 10^{-18}$ J

FATORES DE CONVERSÃO

$1\ l = 10^{-3}$ m^3 (exatamente) $= 1$ dm^3

1 atm $= 1{,}01325$ Pa (exatamente)

1 atm $= 760$ Torr (exatamente)

1 Torr $= 1{,}000$ mmHg

1 cal $= 4{,}184$ J (exatamente)

1 erg $= 1$ din cm $= 10^{-7}$ J (exatamente)

1 eV $= 96{,}48456$ kJ/mol

1 Å $= 10^{-10}$ m $= 0{,}1$ nm $= 100$ pm

1 in $= 2{,}54$ cm (exatamente)

1 lb $= 453{,}6$ g

1 gl $= 3{,}785\ l$

1 Btu $= 1{,}055$ kJ

1 cv $= 746$ W

DADOS MATEMÁTICOS

$\pi = 3,14159265 \ldots$; $e = 2,7182818 \ldots$; $\ln x = 2,302585 \ldots \log x$

$e^x = 1 + x + \dfrac{x^2}{2!} + \dfrac{x^3}{3!} + \ldots \text{(qualquer } x)$

$\ln(1 + x) = x - 1/2x^2 + 1/3x^3 - 1/4x^4 + \ldots (x^2 < 1)$

$(1 + x)^{-1} = 1 - x + x^2 - x^3 + \ldots (x^2 < 1)$

$(1 - x)^{-1} = 1 + x + x^2 + x^3 + \ldots (x^2 < 1)$

$(1 - x)^{-2} = 1 + 2x + 3x^2 + 4x^3 + \ldots (x^2 < 1)$

PREFIXOS SI

Submúltiplo	Prefixo	Símbolo
10^{-1}	deci	d
10^{-2}	centi	c
10^{-3}	mili	m
10^{-6}	micro	μ
10^{-9}	nano	η
10^{-12}	pico	p
10^{-15}	fento	f
10^{-18}	atto	a

Múltiplo	Prefixo	Símbolo
10	deca	da
10^2	hecto	h
10^3	quilo	k
10^6	mega	M
10^9	giga	G
10^{12}	tera	T
10^{15}	peta	P
10^{18}	exa	E

Pré-impressão, impressão e acabamento

grafica@editorasantuario.com.br
www.graficasantuario.com.br
Aparecida-SP